（2022年版）

国网四川省电力公司输变电工程 35~220kV 变电站通用设计

实施方案

国网四川省电力公司　组编

中国电力出版社
CHINA ELECTRIC POWER PRESS

变电站通用设计是国家电网有限公司标准化建设成果的重要组成部分。国网四川省电力公司结合四川电网建设需求和电网技术发展，在现行国网变电站通用设计的基础上，编制完成《国网四川省电力公司输变电工程35~220kV变电站通用设计实施方案（2022年版）》，达到施工图深度。

本书共6篇29章，包括总论，220、110、35kV变电站通用设计施工图设计，35～220kV变电站施工图标准化套用图，35～220kV变电站施工图方案说明及图纸。

本书供公司系统内各设计单位以及从事电力建设工程规划、管理、施工、安装、生产运行等专业人员使用。

图书在版编目（CIP）数据

国网四川省电力公司输变电工程35～220kV变电站通用设计实施方案：2022年版 / 国网四川省电力公司组编. —北京：中国电力出版社，2023.1

ISBN 978-7-5198-6436-1

Ⅰ. ①国… Ⅱ. ①国… Ⅲ. ①输电–电力工程–工程设计–设计方案–四川②变电所–电力工程–设计方案–四川 Ⅳ. ①TM7②TM63

中国版本图书馆CIP数据核字（2022）第008628号

出版发行：中国电力出版社
地　　址：北京市东城区北京站西街19号（邮政编码100005）
网　　址：http://www.cepp.sgcc.com.cn
责任编辑：高　芬（010-63412717）
责任校对：黄　蓓　常燕昆
装帧设计：张俊霞
责任印制：石　雷

印　　刷：三河市百盛印装有限公司
版　　次：2023年1月第一版
印　　次：2023年1月北京第一次印刷
开　　本：880毫米×1230毫米　横16开本
印　　张：18.5
字　　数：655千字
定　　价：890.00元（含1DVD）

《国网四川省电力公司输变电工程35～220kV变电站通用设计实施方案（2022年版）》

编 委 会

主　任　明自强

副主任　冯　瀚　李　焱　刘　顿　蓝健均　范荣全

委　员　赵奎运　唐俊宇　李　果　唐　杨　董　斌　黄　杨　张文涛　罗　宁　曾文慧　刘晓宇　陈中国
倪　江　方　源　谭文强　杨向飞　杨小磊

《国网四川省电力公司输变电工程35～220kV变电站通用设计实施方案（2022年版）》

工 作 组

牵头单位　国网四川省电力公司

成员单位　国网四川省电力公司建设部
国网四川省电力公司设备管理部
国网四川省电力公司应急消防保卫部
国网四川省电力公司电力调度控制中心
国网四川省电力公司经济技术研究院

《国网四川省电力公司输变电工程35～220kV变电站通用设计实施方案（2022年版）》

编 制 人 员

总论

编 制 人 员　李　果　张全明　唐　杨　张文涛　罗　宁　邹　斌　曾文慧　刘晓宇　陈中国　倪　江　李春梅
王涵宇　焦一飞　任　昊　熊晓曼　杨　楠　李　宇　张　凯　陈　晨　杨　丹　李金阳　杜思颖

编 写 单 位　国网四川省电力公司建设部
国网四川省电力公司经济技术研究院

通用设计模块编号　SC－220－A2－10

编 制 单 位　四川电力设计咨询有限责任公司

审　　　核　李　晔

设计总工程师　洪志鹏

校　　　核　王正华　李根富　陈　浩　胡德峰　刘　洪　韩根伟

编　　　写　陈　瑢　赵守贵　葛　华　程　杰　曹斯祚　孙旭颖　董泽兴　王　川　刘学诚　程　峰

通用设计模块编号　SC－220－A3－2

编 制 单 位　四川电力设计咨询有限责任公司

审　　　　核　王亚莉

设计总工程师　洪志鹏

校　　　　核　王正华　李根富　陈　浩　胡德峰　刘　洪　韩根伟

编　　　　写　陈　瑢　赵守贵　葛　华　刘学诚　周辰昕　王　杨　李毅伟　詹　杰　代明明　王云柳

通用设计模块编号　**SC－220－B－2（10）**

编 制 单 位　成都城电电力工程设计有限公司

审　　　　核　罗　琛　李松涛

设计总工程师　张大鹏

校　　　　核　赵会杰　骆彦凌　杨勇金　马晓飞　郑万友

编　　　　写　王　超　宋小丽　全　丽　郭雨林　周　超　陈继强　何朝烽　贺靖皓　倪新元

通用设计模块编号　**SC－220－B－2（35）**

编 制 单 位　成都城电电力工程设计有限公司

审　　　　核　罗　琛　李松涛

设计总工程师　张大鹏

校　　　　核　赵会杰　骆彦凌　全　丽　宋小丽　郑万友

编　　　　写　王　超　马晓飞　杨勇金　郭雨林　周　超　陈继强　何朝烽　贺靖皓　谭小新

通用设计模块编号　**SC－110－B－1**

编 制 单 位　四川南充电力设计有限公司

审　　　核　唐海英　邓　军

设计总工程师　周　茂

校　　　核　唐来福　张家全　黄　政　刘　建　张作亮

编　　　写　李　奎　张力涓　姜传刚　谢　霜　常万宽　钟　凯

通用设计模块编号　**SC－110－B－3**

编 制 单 位　四川锦能电力设计有限责任公司

审　　　核　欧　莉　陈　愚

设计总工程师　任小瑜

校　　　核　简华阳　佘春燕　沈　洋

编　　　写　刘保忠　徐　爽　邹龙辉　吴玲燕　游宇姝　彭　渝

通用设计模块编号　**SC－110－A2－6**

编 制 单 位　成都城电电力工程设计有限公司

审　　　核　罗　琛　李松涛

设计总工程师　杨　峰

校　　　核　赵会杰　骆彦凌　全　丽　郭雨林　黄　霞　刘福山　陈继强　杨　浩

编　　　写　卿　楚　郭红卫　韩芝瑜　何朝烽　贺靖皓　邓　益　文冀东　胡　晓

通用设计模块编号　SC－35－E1－1

编 制 单 位　四川锦能电力设计有限责任公司

审　　　核　欧　莉　陈　愚

设计总工程师　任小瑜

校　　　核　简华阳　佘春燕　沈　洋

编　　　写　徐　琪　徐　爽　彭　渝　刘世品

通用设计模块编号　SC－35－E1－2

编 制 单 位　成都城电电力工程设计有限公司

审　　　核　罗　琛　李松涛

设计总工程师　张大鹏

校　　　核　赵会杰　骆彦凌　全　丽　卿　楚　郭红卫　韩芝瑜　何成均

编　　　写　郭雨林　黄　霞　刘福山　何朝烽　贺靖皓　邓　益　文冀东　胡　晓

序

国网四川省电力公司积极融入国家战略全局和四川发展大局，深入贯彻国家电网有限公司发展战略，打造“一体四翼”发展布局四川样板，立足新发展阶段、适应新发展形势、落实新发展理念，大力推进以标准化为基础、绿色化为方向、模块化为方式、智能化为内涵的高质量电网建设，加快实现四川电网提档升级。

为深入推进变电站设计标准化，提供安全可靠、技术先进、投资合理、运维便捷的变电站设计通用方案，推动“四化”目标有力落地，2022年，国网四川省电力公司组织省经研院、有关设计单位，结合四川电网规划、电网建设和运行维护实际需要，历时10个月，在充分调研、精心比选、反复论证的基础上，编制形成了《国网四川省电力公司输变电工程35～220kV变电站通用设计实施方案（2022年版）》，切实保障变电站安全、优质、高效建设，为四川电网高质量发展奠定坚实技术基础。

实施方案凝聚了四川电力系统广大工程技术和管理人员的心血和汗水，是国网四川省电力公司推行标准化建设的重要成果。希望实施方案的出版和应用，能够为设计、施工、管理人员提供技术参考，不断提升电网建设“四化”水平，为打造新型电力系统四川样板、服务治蜀兴川做出积极贡献。

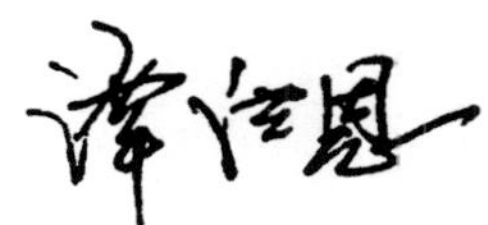

前　言

变电站通用设计是国家电网有限公司标准化建设成果的重要组成部分。2022 年 1～11 月，国网四川省电力公司建设部、设备管理部、消防保卫部、电力调度控制中心、经济技术研究院及 4 家设计单位，结合四川电网建设需求和电网技术发展，在现行国家电网有限公司变电站通用设计基础上，编制完成 35～220kV 变电站通用设计四川省公司实施方案，达到施工图深度。

《国网四川省电力公司输变电工程 35～220kV 变电站通用设计实施方案（2022 年版）》主要包括变电站施工图技术导则、通用设计实施方案、施工图标准化套用图、施工图方案说明及图纸。

一、在现行《国家电网公司输变电工程通用设计 220kV 变电站模块化建设（2017 年版）》《国家电网公司输变电工程通用设计 35～110kV 智能变电站模块化建设施工图通用设计（2016 年版）》《国网基建部关于发布 35～750kV 变电站通用设计通信、消防部分修订成果的通知》（基建技术〔2019〕51 号）、《国网基建部关于发布输变电工程通用设计通用设备应用目录（2022 年版）》（基建技术〔2022〕3 号）基础上，结合工程需求和技术发展，开展方案研究、设计优化，形成四川电网 35～220kV 变电站通用设计模块 8 个，其中 220kV 变电站模块 3 个，110kV 变电站模块 3 个，35kV 变电站模块 2 个。

二、针对四川电网系统条件、地理环境、施工条件、运维能力等，分别制定四川电网 220kV、110kV、35kV 变电站通用设计技术导则。

本书共分 6 篇，第 1 篇为总论；第 2～4 篇分别为 220、110、35kV 变电站通用设计施工图设计，对通用设计技术导则和使用条件及技术特点、基本模块划分等进行了详细说明；第 5 篇为 35～220kV 变电站施工图标准化套用图，第 6 篇为 35～220kV 变电站施工图方案说明及图纸，包括 8 个 220、110、35kV 变电站通用设计实施方案，以电子出版物形式附于书后。

由于编者水平有限，不妥之处在所难免，敬请读者批评指正。

编　者

2022 年 11 月

目　录

第1篇　总　论

第2篇　220kV变电站通用设计施工图设计

第3篇　110kV变电站通用设计施工图设计

第4篇　35kV变电站通用设计施工图设计

第5篇　35～220kV变电站施工图标准化套用图

第6篇　35～220kV变电站施工图方案说明及图纸

第1篇

总　　论

第1章　概　　述

1.1　编制原则

变电站通用设计编制坚持“安全可靠、技术先进、投资合理、标准统一、运行高效”的设计原则。努力做到统一性、可靠性、适应性、先进性、经济性和灵活性的协调统一。

（1）统一性。建设标准统一，设计原则统一，设计深度统一，设备规范统一。

（2）可靠性。各个基本方案安全可靠，通过模块拼接得到的技术方案安全可靠。

（3）适应性。综合考虑四川省各地区的实际情况，具有广泛的适用性，并能在一定时间内满足不同规模、不同类型、不同外部条件的要求。

（4）先进性。推广应用电网新技术，鼓励设计创新，设备选型先进合理，占地面积小，注重环保，各项技术经济指标先进。

（5）经济性。综合考虑工程初期投资与长期运行费用，追求工程寿命期内最佳的企业经济效益。

（6）灵活性。通用设计模块划分合理，接口灵活，便于调整，方便使用。

1.2　成果内容

本次修订工作是在《国家电网公司输变电工程通用设计 220kV 变电站模块化建设（2017 年版）》《国家电网公司输变电工程通用设计 35～110kV 智能变电站模块化建设施工图通用设计（2016 年版）》《国网基建部关于发布输变电工程通用设计通用设备应用目录（2022 年版）的通知》（基建技术〔2022〕3 号）成果基础上的深化、补充和完善，本次修订形成的工作成果包括 220kV 变电站通用设计实施方案、110kV 变电站通用设计实施方案、35kV 变电站通用设计实施方案。每个电压等级的实施方案包括技术导则、通用设计实施方案、标准化套用图和施工图四部分。

结合四川电网规划和建设需求，研究确定 8 个模块化建设通用设计实施方案（包括设计说明、方案图纸、主要设备材料清册），其中，220kV 户外 HGIS 方案 1 个、220kV 全户内 GIS 方案 1 个、220kV 半户内 GIS 方案 1 个；110kV 户外 HGIS 方案 2 个、110kV 全户内 GIS 方案 1 个；35kV 预制舱方案 2 个。

1.3　成果特点

（1）采用模块化思路、标准化设计，实现通用互换。采用模块化设计思路，对变电站按照功能区域划分基本模块，各基本模块统一技术标准、设计图纸，全面应用“四统一”通用设备，实现模块、设备通用互换。

（2）应用工业化理念，实施模块化建设，大幅提高工程建设效率。全站采用装配式建构筑物，户外站采用预制舱式二次组合设备等模块化建设关键设计技术，最大限度实现工厂内规模生产、集成调试、标准配送，现场机械化施工，减少现场“湿作业”，减少现场安装、接线、调试工作，提高工程建设安全、质量、效率。

（3）通用设计实施方案覆盖面广，满足公司系统建设需要。8 个通用设计实施方案覆盖各种类型变电站，满足“十四五”期间国网四川省电力公司系统绝大多数35～220kV变电站工程建设需要，方案适用性强。

（4）达到施工图深度，促进设计水平提升。通用设计实施方案达到施工图深度，更好地指导工程建设，有利于提升四川省公司系统内设计、评审、建设单位专业水平，为35～220kV变电站深入实施模块化建设奠定基础。

第2章 工作方式和工作过程

2.1 工作方式

国网四川省电力公司建设部统一组织，国网四川省电力公司经济技术研究院牵头，四川电力设计咨询有限责任公司、成都城电电力工程设计有限公司、四川锦能电力设计有限公司、四川南充电力设计有限公司等设计单位参加编制，按照统一进度开展编制工作。

（1）广泛调研，征求意见。由国网四川省电力公司建设部统一组织，在现行变电站通用设计基础上，结合电网规划，广泛调研应用需求，优化确定技术方案组合，并征求各市（县）级公司意见。

（2）统一组织，分工负责。由国网四川省电力公司建设部统一组织，牵头单位组织编制设计技术导则，统一组织设计成果评审。

（3）严格把关、保证质量。成立协调组，把控工作进度，确保工作质量，保证按期完成。国网经济技术研究院有限公司专家共同把关，保证设计成果质量。

（4）工程验证，全面推广。依托工程设计建设，应用模块化建设通用设计成果，修改完善并全面推广应用。

2.2 工作过程

35～220kV变电站通用设计实施方案工作分为优化技术方案组合、编制完善设计导则、编制实施方案主要图、编制套用图、编制实施方案施工图、审查统稿形成设计成果六个阶段。

（1）调研需求，优化技术方案组合。2022年1月，调研各地市公司“十四五”期间35～220kV变电站通用设计各模块应用需求，根据应用情况确定方案。

（2）编制技术导则，确保技术合理先进。2022年2～3月，编制设计技术导则初稿，经市（县）级公司征求意见，经评审后成稿。4～5月，各专业明确施工图设计具体要求，编制施工图深度设计技术导则初稿，结合示范工程建设，经广泛征求意见、深化讨论、细化设计后，经评审后成稿。

（3）组织设计，开展实施方案主要图设计。2022年6～7月，根据国网通用设计及相关文件要求，编制四川实施方案主要设计图纸。

（4）提炼可套用图，形成套用图集。2022年8月，梳理各专业施工图，提炼各方案重复性图纸，梳理形成标准化套用图目录。对标准化套用图统一编号、统一绘制，形成套用图集。

（5）编制实施方案施工图，形成四川实施方案。2022年9～10月，各承担单位编制通用设计。先后召开1次集中工作会、2次评审会，经编制单位内部校核、交叉互查、专家评审后，修改、完善后形成四川通用设计实施方案。

（6）统稿，形成设计成果。2022年10～11月，召开统稿会，统一图纸表达、套用图应用等，形成通用设计成果。

第3章 设计依据

3.1 设计依据性文件

基建技术〔2017〕21号 国网基建部关于开展220kV智能变电站模块化建设的通知。

3.2 主要设计标准、规程规范

下列设计标准、规程规范中凡是注日期的引用文件，其随后所有的修改单或修订版均不适用于本通用设计，鼓励根据本标准达成协议的各方研究是否可使用这些文件的最新版本。凡是不注日期的引用文件，其最新版本适用于本通用设计。

GB/T 2887—2011　计算机场地通用规范

GB/T 9361—2011　计算机场地安全要求

GB/T 12755—2008　建筑用压型钢板

GB/T 14285—2006　继电保护和安全自动装置技术规程

GB/T 30155—2013　智能变电站技术导则

GB 50006—2010　厂房建筑模数协调标准

GB 50007—2011　建筑地基基础设计规范

GB 50009—2012　建筑结构荷载规范

GB 50010—2010　混凝土结构设计规范（2015 年版）

GB 50011—2016　建筑抗震设计规范（附条文说明）（2016 年版）

GB 50016—2014　建筑设计防火规范（2018 年版）

GB 50017—2017　钢结构设计标准

GB/T 50064—2014　交流电气装置的过电压保护和绝缘配合设计规范

GB 50065—2011　交流电气装置的接地设计规范

GB 50116—2013　火灾自动报警系统设计规范

GB 50217—2018　电力工程电缆设计标准

GB 50223—2008　建筑工程抗震设防分类标准

GB 50227—2017　并联电容器装置设计规范

GB 50229—2019　火力发电厂与变电站设计防火标准

GB 50260—2013　电力设施抗震设计规范

GB 50345—2012　屋面工程技术规范

GB 51022—2015　门式刚架轻型房屋钢结构技术规范

GB/T 51072—2014　110（66）kV～220kV 智能变电站设计规范

GB 50059—2011　35kV～110kV 变电站设计规范

GB 50060—2008　3～110kV 高压配电装置设计规范

JG/T 368—2012　钢筋桁架楼承板

DL/T 448—2016　电能计量装置技术管理规程

DL/T 860—2004　电力自动化通信网络和系统

DL/T 5002—2021　地区电网调度自动化设计规程

DL/T 5003—2017　电力系统调度自动化设计规程

DL/T 5044—2014　电力工程直流电源系统设计技术规程

DL/T 5056—2007　变电站总布置设计技术规程

DL/T 5136—2012　火力发电厂、变电站二次接线设计技术规程

DL/T 5137—2001　电测量及电能计量装置设计技术规程

DL/T 5155—2016　220kV～1000kV 变电站站用电设计技术规程

DL/T 5202—2004　电能量计量系统设计技术规程

DL/T 5218—2012　220kV～750kV 变电站设计技术规程

DL/T 5222—2021　导体和电器选择设计规程

DL/T 5103—2012　35kV～220kV 无人值班变电站设计规程

DL/T 5242—2010　35kV～220kV 变电站无功补偿装置设计技术规定

DL/T 5352—2018　高压配电装置设计规范

DL/T 5390—2014　发电厂和变电站照明设计技术规定

DL/T 5457—2012　变电站建筑结构设计规程

DL/T 5510—2016　智能变电站设计技术规定

Q/GDW 441　智能变电站继电保护技术规范

Q/GDW 678　智能变电站一体化监控系统功能规范

Q/GDW 679　智能变电站一体化监控系统建设技术规范

Q/GDW 1161—2013　线路保护及辅助装置标准化设计规范

Q/GDW 1166.8　国家电网公司输变电工程初步设计内容深度规定 第 8 部分：220kV 智能变电站

Q/GDW 1175—2013　变压器、高压并联电抗器和母线保护及辅助装置标准化设计规范

Q/GDW1381.5　国家电网公司输变电工程施工图设计内容深度规定　第 5 部分：220kV 智能变电站

Q/GDW 11152—2014　智能变电站模块化建设技术导则

Q/GDW 11154—2014　智能变电站预制电缆技术规范

Q/GDW 11155—2014　智能变电站预制光缆技术规范

Q/GDW 11157—2014　预制舱式二次组合设备技术规范

办基建〔2013〕3 号　国家电网公司办公厅关于印发智能变电站 110kV 保护测控装置集成和 110kV 合并单元智能终端装置集成技术要求的通知

联办技术〔2015〕1 号　国网联办关于印发智能变电站有关技术问题研讨会纪要的通知

联办技术〔2015〕2 号　国网联办关于印发智能变电站有关技术问题第二次研讨会纪要的通知

基建技术〔2019〕20 号　国网基建部关于 35～750kV 输变电工程设计质量控制“一单一册”（2019 年版）的通知

四川 35～500kV 输变电工程设计常见问题清册（2021 年版）

国家电网科〔2017〕549 号　国家电网公司关于印发电网设备技术标准差异条款统一意见的通知

国家电网公司输变电工程通用设计 220kV 变电站模块化建设（2017 年版）

国家电网公司输变电工程通用设计 35～110kV 智能变电站模块化建设施工图通用设计（2016 年版）

基建技术〔2019〕51 号　国网基建部关于发布 35～750kV 变电站通用设计通信、消防部分修订成果的通知

基建技术〔2022〕3 号　国网基建部关于发布输变电工程通用设计通用设备应用目录（2022 年版）的通知。

第 4 章　通用设计应用说明

4.1　适用范围

按照变电站主变压器建设规模、配电装置型式等不同，35～220kV 变电站通用设计共分为 8 个技术方案，设计时应根据具体工程条件，从中选择适用的方案作为变电站本体设计。

本通用设计范围是变电站围墙以内，设计标高零米以上，未包括受外部条件影响的项目，如系统通信、保护通道、进站道路、竖向布置、站外给排水、地基处理等。

假定站址条件：

（1）海拔：＜1000m。

（2）环境温度：–30～＋40℃。

（3）最热月平均最高温度：35℃。

（4）覆冰厚度：10mm。

（5）设计风速：30m/s（50 年一遇 10m 高 10min 平均最大风速）。

（6）设计基本地震加速度：0.10*g*。

（7）年平均雷暴日：＜50 日，近 3 年雷电检测系统记录平均落雷密度＜3.5 次/（km^2•年）。

（8）声环境：变电站噪声排放需满足国家法规和相关标准要求。具体工程根据实际情况考虑。

（9）地基：地基承载力特征值取 f_{ak}=150kPa，地下水无影响，场地同一标高。

（10）采暖：按非采暖区设计。

4.2　方案分类和编号

4.2.1　方案分类

35～220kV 变电站通用设计实施方案分为 GIS、HGIS、预制舱三种型式，通用设计采用模块化设计思路，每个基本方案均由若干基本模块组成，基本模块可划分为若干子模块，具体工程可根据本期规模使用的子模块进行调整。

基本方案：综合考虑电压等级、建设规模、电气主接线型式、配电装置型式等，220、110kV 变电站按照 GIS、HGIS 划分为全户内、半户内、户外基本方案，35kV 变电站为预制舱基本方案。

基本模块：按照布置或功能分区将每个基本方案划分若干基本模块。

4.2.2　方案编号

通用设计方案编号。方案编号由四个字段组成：省级公司代号—变电站电压等级—分类号—方案序列号。

第一字段　“省级公司代号”SC 代表四川电网通用设计。

第二字段　“变电站电压等级”为 220、110、35，220 代表 220kV 变电站通用设计方案；110 代表 110kV 变电站通用设计方案，35 代表 35kV 变电站通用设计。

第三字段　“分类号”由 A、B、E 组成，A 代表 GIS 方案，其中，A2 代表全户内站，A3 代表半户内站；B 代表 HGIS 方案；E 代表预制舱站。

第四字段　“方案序列号”用 1、2、3…表示。字段后“(35)”“(10)”表示低压侧电压等级为 35kV 和 10kV。

通用设计方案编号示意如下：

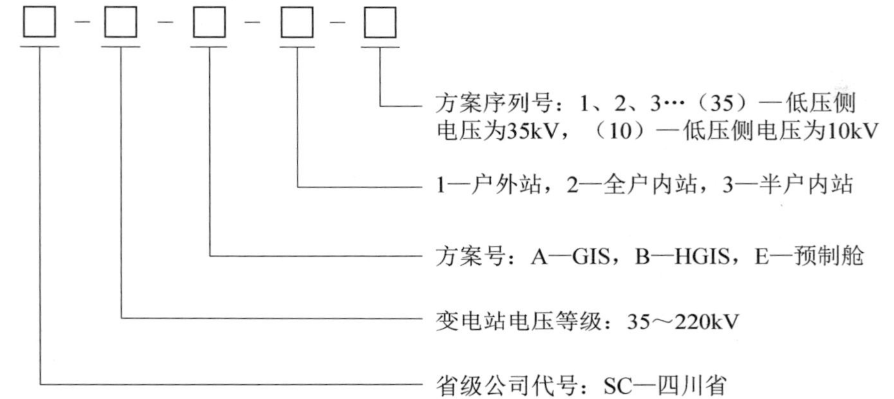

4.3 图纸编号

（1）通用设计施工图纸编号。图纸编号由 5 个字段组成：变电站电压等级—分类号—方案序列号—卷册编号—流水号。

第一字段～第四字段：含义同通用设计方案编号。

第五字段“卷册编号”：由 D0101、D0201、T0101、N0101、S0101 等组成，其中，D01 代表电气一次专业，D02 代表电气二次专业，T 代表土建建筑、结构专业，N 代表暖通，S 代表水工。

第六字段“流水号”：01、02…表示。

（2）标准化套用图编号。套用图编号由 5 个字段组成：TY—专业代号—图纸主要内容—序号—小序号。

第一字段“TY”：代表“套用”。

第二字段“专业代号”：由 D1、D2、T 组成，其中，D1 代表电气一次专业，D2 代表电气二次专业，T 代表土建建筑、结构专业。

第三字段“图纸主要内容”：由通用设备代号、主要建（构）筑物简称等组成，其中，通用设备代号与通用设备一致。

第四、五字段“流水号”：用 01－1、02－1、…表示。第五字段可为空。

4.4 初步设计

4.4.1 方案选用

工程设计选用时，首先应根据工程条件在基本方案中直接选择适用的方案，工程初期规模与本通用设计不一致时，可通过调整子模块的方式选取。

当无可直接适用的基本方案时，应因地制宜，分析基本方案后，从中找出适用的基本模块，按照通用设计同类型基本方案的设计原则，通过基本模块和子模块的合理拼接和调整，形成所需要的设计方案。

4.4.2 基本模块的拼接

模块的拼接中，道路中心线是模块拼接衔接线，应注意不同模块道路宽度，如有不同应按总布置要求进行调整。模块的拼接中，当以围墙为对接基准时，应注意对道路、主变压器引线、电缆沟位置的调整。拼接时可先对道路、围墙，然后调整主变压器引线的挂点位置。如主变压器引线偏角过大而影响相间风偏安全距离；或影响导线对构架安全距离时，可将模块整体位移，然后调整主变压器引线的挂点位置，以获得最佳拼接效果。

4.4.3 初步设计的形成

确定变电站设计方案后，应再加入外围部分完成整体设计。实际工程初步设计阶段，对方案选择建议依据以下文件：

（1）国家相关的政策、法规和规章。

（2）工程设计有关的规程、规范。

（3）政府和上级有关部门批准、核准的文件。

（4）可行性研究报告及评审文件。

（5）设计合同或设计委托文件。

（6）城乡规划、建设用地、防震减灾、地质灾害、压覆矿产、文物保护、消防和劳动安全卫生等相关依据。

4.5 施工图设计

4.5.1 核实详细资料

根据初步设计评审及批复意见，核对工程系统参数，核实详勘资料，开展电气、力学等计算，落实通用设计方案。

4.5.2 编制施工图

按照 Q/GDW 1381《国家电网公司输变电工程施工图设计内容深度规定》的要求，根据工程具体条件，以公司实施方案施工图为基础，合理选用相关标准化套用图，编制完成全部施工图。

4.5.3 核实厂家资料

设备中标后，应及时核对厂家资料是否满足通用设备技术及接口要求，不符合规范的应要求厂家修改后重新提供。

第5章 技术方案组合

5.1 220kV 变电站

本次选取 3 个方案作为四川电网 220kV 变电站通用设计方案，其技术方案组合见表 5-1。

表 5-1 220kV 变电站通用设计技术方案组合

序号	通用设计方案编号	建设规模	接线型式	总布置及配电装置	围墙内占地面积（hm^2）/总建筑面积（m^2）
1	SC-220-B-2	主变压器：2/3×180MVA； 220kV：4/8 回； 110kV：4/14 回； 10kV：20/30 回； 10kV 电容器：每台主变压器 4/4 组 （35kV：12/12 回； 35kV 电容器：每台主变压器 2/2 组）	220kV：本期双母线，远期双母线单分段； 110kV：本期及远期双母线； 10kV：本期单母线三分段，按单母线分段运行，远期单母线四分段 （35kV：本期单母线分段，远期单母线分段+单元接线）	主变压器：户外布置； 220kV：户外 HGIS，架空出线； 110kV：户外 HGIS，架空出线； 10kV：户内开关柜单列布置（35kV：户内充气柜单列布置）； 低压电容器户外一列式布置； 接地变压器及消弧线圈成套装置户外布置； 220、110kV 间隔层，公用及主变压器二次设备布置于二次设备室	1.8896/1109 （1.9125/912）
2	SC-220-A2-10	主变压器：2/3×240MVA； 220kV 出线：6/10 回； 110kV 出线：10/16 回； 10kV 出线：24/36 回； 10kV 电容器：每台主变压器 2/2 组； 10kV 电抗器：每台主变压器 3/3 组	220kV：本期及远期双母线单分段； 110kV：本期及远期双母线单分段； 10kV：本期单母线三分段，按单母线分段运行，远期单母线四分段	全户内一幢楼布置，主变压器户内布置； 一层布置主变压器、220kV GIS、110kV GIS、10kV 开关柜（双列布置）、并联电抗器、接地变压器及消弧线圈成套装置、二次设备；二层布置并联电容器； 220kV 全电缆出线； 110kV 全电缆出线； 各电压等级间隔层设备下放布置，公用及主变压器二次设备布置在二次设备室	0.7497/5566
3	SC-220-A3-2	主变压器：2/3×240MVA； 220kV 出线：4/10 回； 110kV 出线：6/14 回； 10kV 出线：24/36 回； 10kV 电容器：每台主变压器 3/3 组； 10kV 电抗器：每台主变压器 2/2 组	220kV：本期及远期双母线单分段； 110kV：本期及远期双母线； 10kV：本期单母线三分段，按单母线分段运行，远期单母线四分段	两幢楼平行布置，主变压器户外布置； 220kV 配电装置楼：一层布置并联电容器、并联电抗器，二层布置 220kV GIS 及二次设备、4 回架空出线、6 回电缆出线； 110kV 配电装置楼：一层布置 10kV 开关柜（双列布置）、接地变压器及消弧线圈成套装置，二层布置 110kV GIS 及二次设备、4 回架空出线、10 回电缆出线； 各电压等级间隔层设备下放布置，公用及主变压器二次设备布置在二次设备室	0.8685/4278

5.2 110kV 变电站

本次选取 3 个方案作为四川电网 110kV 变电站通用设计方案，其技术方案组合见表 5-2。

表 5－2　　110kV 变电站通用设计技术方案组合

序号	通用设计方案编号	建设规模	接线型式	总布置及配电装置	围墙内占地面积（hm²）/总建筑面积（m²）
1	SC－110－B－1	主变压器：2/3×50MVA； 110kV：2/4 回； 35kV：6/6 回； 10kV：16/28 回； 10kV 电容器：每台主变压器 2/2 组	110kV：本期及远期单母线分段； 35kV：本期及远期单母线分段； 10kV：本期单母线分段，远期单母线三分段	110kV：户外 HGIS，设置 1 个Ⅱ型预制舱； 35kV：户内开关柜单列布置； 10kV：户内开关柜双列布置； 低压电容器户外布置； 接地变压器及消弧线圈成套装置户外布置； 站控层及公用设备布置于二次设备间	0.4815/737
2	SC－110－B－3	主变压器：2/3×50MVA； 110kV：2/4 回； 10kV：24/36 回； 10kV 电容器：每台主变压器 2/2 组	110kV：本期及远期单母线分段 10kV：本期单母线三分段，按单母线分段运行，远期单母线四分段	110kV：户外 HGIS，设置 1 个Ⅱ型预制舱； 10kV：户内开关柜双列布置，低压电容器户外布置，接地变压器及消弧线圈成套装置户外布置； 站控层及公用设备布置于二次设备间	0.4519/628
3	SC－110－A2－6	主变压器：2/3×63MVA； 110kV：2/4 回； 10kV：28/42 回； 10kV 电容器：每台主变压器 2/2 组	110kV：本期及远期单母线分段； 10kV：本期单母线三分段，按单母线分段运行，远期单母线四分段接线	110kV：户内 GIS； 10kV：户内开关柜双列布置； 低压电容器户内布置； 接地变压器及消弧线圈成套装置户内布置； 站控层及公用设备布置于二次设备间	0.4257/1214

5.3　35kV 变电站

本次选取 2 个方案作为四川电网 35kV 变电站通用设计方案，其技术方案组合见表 5－3。

表 5－3　　35kV 变电站通用设计技术方案组合

序号	通用设计方案编号	建设规模	接线型式	总布置及配电装置	围墙内占地面积（hm²）/总建筑面积（m²）
1	SC－35－E1－1	主变压器：1/1×6.3MVA； 35kV：1/1 回； 10kV：4/4 回； 10kV 电容器：每台主变压器 1/1 组	35kV：本期及远期线变组，电缆进出线 10kV：本期及远期单母线，电缆进出线	35kV 和 10kV 开关柜及二次屏柜均布置于预制舱内；10kV 电容器户外布置；站用变压器户外布置	0.067（高海拔 0.0716）/48
2	SC－35－E1－2	主变压器：1/2×6.3MVA； 35kV：2/2 回； 10kV：4/8 回； 10kV 电容器：每台主变压器 1/1 组	35kV：本期及远期单母线； 10kV：本期单母线，远期单母线分段	主变压器：户外布置； 35、10kV：开关柜预制舱单列布置； 低压电容器户外布置	0.1165/73

第 6 章　技术方案适用条件及技术特点

6.1　220kV 变电站

220kV 变电站技术方案适用条件及技术特点见表 6－1。

表 6-1　　220kV 变电站技术方案适用条件及技术特点

序号	方案类型	适用条件	技术特点
1	B-2（户外 HGIS）	（1）人口密度较高、土地较昂贵地区； （2）受外界条件限制，站址选择困难地区； （3）特殊环境条件地区：高地震烈度、高海拔、严重污染、高寒地区等	（1）电压等级：220kV/110kV/35（10）kV；主变压器户外布置； 220kV：本期双母线，远期双母线单分段，HGIS 户外布置，全架空出线； 110kV：本期及远期双母线，HGIS 户外布置，全架空出线； 35kV：本.期单母线分段，远期单母线分段+单元接线，户内开关柜单列布置； 10kV：本期单母线分段，远期单母线四分段，户内开关柜单列布置。 （2）模块化二次设备、预制式智能控制柜、预制光电缆。 （3）建筑物外墙采用一体化铝镁锰复合墙板、纤维水泥复合墙板或一体化纤维水泥集成板等，内墙采用纤维水泥复合墙板、轻钢龙骨石膏板或一体化纤维水泥集成墙板。屋面板采用钢筋桁架楼承板
2	A2（全户内 GIS）	（1）人口密度高、土地昂贵地区； （2）受外界条件限制，站址选择困难地区； （3）复杂地质条件、高差较大的地区； （4）特殊环境条件地区：高地震烈度、高海拔、严重污染和大气腐蚀性严重、严寒和日温差大等地区； （5）对噪声环境要求较高的地区	（1）电压等级 220kV/110kV/10kV；主变压器户内布置； 220kV：本期及远期双母线单分段；GIS 户内布置；全电缆出线； 110kV：本期及远期双母线单分段；GIS 户内布置，全电缆出线； 10kV：本期单母线分段，远期单母线四分段，户内开关柜双列布置。 （2）模块化二次设备、预制式智能控制柜、预制光电缆。 （3）建筑物外墙采用一体化铝镁锰复合墙板、纤维水泥复合墙板或一体化纤维水泥集成板等，内墙采用纤维水泥复合墙板、轻钢龙骨石膏板或一体化纤维水泥集成墙板。屋面板采用钢筋桁架楼承板
3	A3（半户内 GIS）	（1）人口密度高、土地昂贵地区； （2）受外界条件限制，站址选择困难地区； （3）复杂地质条件、高差较大的地区； （4）特殊环境条件地区：高海拔、严重污染和大气腐蚀性严重、严寒和日温差大等地区	（1）电压等级 220kV/110kV/10kV；主变压器户外布置； 220kV：本期及远期双母线单分段；GIS 户内布置；架空电缆混合出线； 110kV：本期及远期双母线；GIS 户内布置，架空电缆混合出线； 10kV：本期单母线分段，远期单母线四分段，户内开关柜双列布置。 （2）模块化二次设备、预制式智能控制柜、预制光电缆。 （3）建筑物外墙采用一体化铝镁锰复合墙板、纤维水泥复合墙板或一体化纤维水泥集成板等，内墙采用纤维水泥复合墙板、轻钢龙骨石膏板或一体化纤维水泥集成墙板。屋面板采用钢筋桁架楼承板

6.2　110kV 变电站

110kV 变电站技术方案适用条件及技术特点见表 6-2。

表 6-2　　110kV 变电站技术方案适用条件及技术特点

序号	方案类型	适用条件	技术特点
1	B（户外 HGIS）	（1）人口密度较高、土地较昂贵地区； （2）受外界条件限制，站址选择困难地区； （3）复杂地质条件、高差较大的地区； （4）特殊环境条件地区：高地震烈度、高海拔、严重污染等	（1）电压等级：110kV/35kV/10kV；主变压器户外布置； 110kV：本期及远期单母线分段，HGIS 户外布置，全架空出线； 35kV：本期及远期单母线分段，户内开关柜单列布置； 10kV：本期单母线分段，远期单母线三分段/四分段，户内开关柜双列布置。 （2）预制舱式二次组合设备、模块化二次设备、预制式智能控制柜、预制光电缆。 （3）建筑物外墙采用纤维水泥复合墙板（其中岩棉组合结构为一体化结构体系，应具有防火专业机构认可报告），内墙采用纤维水泥复合墙板。屋面板采用钢筋桁架楼承板
2	A2（全户内 GIS）	（1）人口密度高、土地昂贵地区； （2）受外界条件限制，站址选择困难地区； （3）复杂地质条件、高差较大的地区； （4）特殊环境条件地区：高地震烈度、高海拔、严重污染和大气腐蚀性严重、严寒和日温差大等地区； （5）对噪声环境要求较高的地区	（1）电压等级：110kV/10kV；主变压器户内布置； 110kV：本期及远期单母线分段，GIS 户内布置，全电缆出线； 10kV：本期单母线三分段，按单母线分段运行，远期单母线四分段，户内开关柜双列布置。 （2）模块化二次设备、预制式智能控制柜、预制光电缆。 （3）建筑物外墙采用一体化铝镁锰复合墙板、纤维水泥复合墙板或一体化纤维水泥集成板等，内墙采用纤维水泥复合墙板、轻钢龙骨石膏板或一体化纤维水泥集成墙板。屋面板采用钢筋桁架楼承板

6.3　35kV 变电站

35kV 变电站技术方案适用条件及技术特点见表 6-3。

表 6-3　　35kV 变电站技术方案适用条件及技术特点

序号	方案类型	适用条件	技术特点
1	E1（户外预制舱）	（1）人口密度高、土地昂贵地区； （2）受外界条件限制，站址选择困难地区； （3）复杂地质条件、高差较大的地区； （4）特殊环境条件地区：高地震烈度、高海拔、严重污染等	（1）电压等级：35/10kV；主变压器户外布置； 35kV：本期及远期线变组（或单母线），电缆进出线； 10kV：本期及远期单母线（或单母线分段），电缆进出线； （2）预制舱式一、二次设备，模块化二次设备； （3）建筑物外墙采用一体化纤维水泥集成板，内墙采用一体化纤维水泥集成墙板。屋面板采用钢筋桁架楼承板

第 2 篇

220kV 变电站通用设计施工图设计

第 7 章　220kV 施工图技术导则

7.1　概述

7.1.1　设计对象

国网四川省电力公司 220kV 变电站通用设计施工图设计技术原则依据国家和电力行业相关设计技术规定，总结了 220kV 智能变电站模块化建设施工图设计经验，同时结合国家电网公司通用设计、通用设备、标准工艺及“两型三新一化”相关要求进行编制。

国网四川省电力公司 220kV 变电站通用设计实施方案施工图系在《国网基建部关于发布输变电工程通用设计通用设备应用目录（2022 年版）的通知》（基建技术〔2022〕3 号）的基础上，结合四川电网建设实际情况选择 3 个通用设计方案编制完成。

7.1.2　模块化建设原则

采用技术成熟、运行可靠的电气主接线方案，主要电气设备采用国家电网公司通用设备。电气一、二次集成设备最大程度实现工厂内规模生产和调试，实现模块化配送，减少现场安装和调试工程量。

各电压等级配电装置采用技术成熟、布置合理的配电装置型式，在环境条件相同的情况下，主接线和设备型式相同的配电装置应统一配电装置型式，实现配电装置布置尺寸标准化，布置型式模块化。

监控、保护、通信等站内公用二次设备宜按功能设置一体化监控模块、电源模块、通信模块等；间隔层设备宜按电压等级或按电气间隔设置模块，户外变电站宜采用模块化二次设备、预制式智能控制柜，户内变电站宜采用模块化二次设备和预制式智能控制柜；过程层智能终端、合并单元宜放下布置于智能控制柜，智能控制柜与 GIS 控制柜一体化设计。

宜采用预制电缆和预制光缆实现一次设备与二次设备、二次设备间的光缆、电缆即插即用标准化连接。

变电站高级应用应满足电网大运行、大检修的运行管理需求，采用模块化设计、分阶段实施。

建筑物，构、支架宜采用装配式钢结构，实现标准化设计、工厂化制作、机械化安装。

构筑物基础采用标准化尺寸，定型钢模浇制。

7.2　电气部分

7.2.1　电气主接线图

电气主接线根据初步设计所确定的接线形式开展施工图设计。

一键顺控要求：220、110kV 出线采用三相电压互感器，主变压器 220、110kV 侧增加三相电压互感器；全站每台电动隔离/接地开关增加 2 只微动开关（每个三工位开关增加 4 只微动开关）。

（1）220kV 电气接线。220kV 配电装置最终出线规模根据电网规划，远期发展存在不确定因素时可考虑适当增加预留回路，出线和变压器连接元件总数达 10 回以上时，宜采用双母线单分段接线，如出线条件允许，同名回路宜布置于分段两侧。

采用 GIS 设备，远期接线为双母线单分段接线时，当本期元件总数为 4

回及以上时，可提前装设分段断路器。采用 HGIS 设备，远期接线为双母线单分段接线时，当本期元件总数为 10 回及以上时，可提前装设分段断路器。

（2）110kV 电气接线。220kV 变电站中的 110kV 配电装置，全户内站采用双母线单分段接线；半户内站原则上采用双母线接线，充分论证必要性后也可采用双母线单分段接线；全户外站采用双母线接线，根据系统需要，也可采用双母线单分段接线。

（3）35kV 电气接线。35（10）kV 配电装置宜采用单母线分段接线，并根据主变压器台数和负荷的重要性确定母线分段数量。当第三或第四台主变压器低压侧仅接无功时，其低压侧配电装置宜采用单元制单母线接线。

三台主变压器时，也可采用单母线四分段（四段母线，中间两段母线之间不设分段）接线。

（4）主变压器中性点接地方式。主变压器 220、110kV 侧中性点采用直接接地方式；实际工程需结合系统条件考虑是否装设主变压器直流偏磁治理装置。

35（10）kV 依据系统情况、出线线路总长度及出线线路性质确定系统采用不接地、经消弧线圈或小电阻接地方式。

7.2.2 避雷器设置

本通用设计按以下原则设置避雷器，实际工程需计算确定。

（1）架空出线应装设避雷器；三绕组变压器高、中压侧一般不设避雷器（当变压器套管距离架空进线避雷器的距离 110~220kV 系统不超过 130m 时）；GIS 母线可不设避雷器。

（2）全部出线间隔均采用电缆连接时，仅设置母线避雷器（母线避雷器与变压器的距离不超过表 7－1 中规定的距离）。电缆转架空线连接处设置避雷器。

表 7－1　避雷器至主变压器间的最大电气距离

系统标称电压（kV）	进线长度（km）	进线路数（m）			
		1	2	3	≥4
35	1.0	20	40	50	55
	1.5	40	55	65	75
	2.0	50	75	90	105
110	1.0	55	85	105	115
	1.5	90	120	145	165
	2.0	125	170	205	230
220	2.0	125（90）	195（140）	235（170）	265（190）

7.2.3 电气总平面

变电站总平面布置应满足总体规划要求，并应遵循通用设计及“两型三新一化”变电站设计要求，使站内工艺布置合理，功能分区明确，交通便利，配电装置引线流畅，及其他相关专业配合协调，以最少土地资源达到变电站建设要求。

出线方向应适应各电压等级线路走廊要求，尽量减少线路交叉和迂回。

变电站大门及道路的设置应满足主变压器、大型装配式预制件等的整体运输要求。户内变电站宜采用智能控制柜，布置于装配式建筑内。

站内电缆沟、管布置在满足安全及使用要求下，应力求最短路径、最少转弯，可适当集中布置，减少交叉。电缆沟宽度宜采用 800、1100mm 或 1400mm 等规格。

7.2.4 配电装置

配电装置型式的选择，应根据设备选型及进出线方式，结合工程实际情况，因地制宜，并与变电站总体布置协调，通过技术经济比较确定。在技术经济合理时，应优先采用占地少的配电装置型式。

配电装置布局紧凑合理，主要电气设备及建构筑物的布置应便于安装、消防、扩建、运维、检修及试验工作，尽量减小由此产生的停电影响。

配电装置可结合总平面布置进一步合理优化，确保在任一工况下配电装置内部电气设施之间及其与建（构）筑物之间距离符合 DL/T 5352《高压配电装置设计规程》的要求。

220kV 模块化变电站中 220kV 及 110kV 配电装置主要考虑采用户外 HGIS 组合电器、户内 GIS 组合电器等。10kV 配电装置采用户内空气绝缘开关柜，35kV 配电装置采用户内 SF_6 气体绝缘开关柜。

7.2.4.1 户外配电装置

（1）总体要求。户外配电装置的布置，导体、电气设备、架构的选择，应满足在当地环境条件下正常运行、安装检修、短路和过电压时的安全要求，并满足规划容量要求。

220kV 户外配电装置应设置设备搬运以及检修通道和必要的巡视小道。

配电装置各回路的相序排列宜一致。一般按面对出线，从左到右、从远到近、从上到下的顺序，相序为 A、B、C。对户内硬导体及户外母线桥裸导体应有相色标志，A、B、C 相色标志应为黄、绿、红三色。对于扩建工程应与原有配电装置相序一致。

配电装置内的母线排列顺序，一般靠变压器侧布置的母线为Ⅰ母，靠线路侧布置的母线为Ⅱ母；双层布置的配电装置中，下层布置的母线为I母，上层布置的母线为Ⅱ母。

220、110kV 架空出线三相电压互感器及架空进（出）线避雷器采用户外AIS 设备布置。

（2）跨线设计。220、110kV 各跨导线以上人状况为最大荷载条件。跨线耐张绝缘子串仅限于根部可以三相同时上人，三相上人总重（人及工具）不超过 1000N/相；跨线中部有引下线处仅可以单相上人，单相上人总重（人及工具）不超过 1500N/相。主变压器进线档不考虑三相同时上人。

各跨导线在安装紧线时应采用上滑轮牵引方案，牵引线与地面的夹角不大于 45°，并严格控制放线速度，以满足构架的荷载条件。安装紧线时，梁上上人荷载不应超过 2000N。

主变压器架构的设计仅考虑 220、110kV 主变压器进线档导线的荷载，不考虑主变压器上节油箱的起吊重量，主变压器检修需起吊上节油箱时，必须采用吊车进行。

跨线弧垂应根据跨线电压等级、导线型号、跨距长度、电气距离校验及构架受力要求等多方面因素确定。

（3）出线构架设计。当户外配电装置采用架空出线时，其出线构架应满足线路张力要求及进线档允许偏角要求。如果出线零档线采用同塔双回路，则终端塔宜设在两出线间隔的垂直平分线上。

各级电压配电装置出线挂环常规控制水平张力为 220kV 导线 10kN/相、地线 5kN/根；110kV 导线 5kN/相、地线 3kN/根。实际工程中出线梁受力要求应根据线路资料进行复核。

（4）专业配合要求。户外配电装置设计需要向土建专业提供以下资料：

1）平面布置资料：其中包括构、支架的定位，道路围墙等的布置等。

2）设备支架资料：需包含设备支架制作详图、设备荷重、埋管要求等。

3）构架资料：需包括构架受力、导线挂线角度要求、爬梯设置要求等。构架受力计算应按单相上人、三相上人、最大风速、最低温度、最高温度等不同工况下的计算结果分别给出。爬梯设置需满足检修需要和安全距离要求，设置护笼或防坠落装置。

（5）配电装置尺寸。以下为根据通用设计边界条件推荐的配电装置标准尺寸（见表 7－2 和表 7－3）。当具体工程处于高海拔等特殊环境条件时需进行修正。当具体工程处于复杂地形环境地区时，还需对出线架构高度进行校核。

表 7－2　　220kV 户外 HGIS 配电装置尺寸　　（m）

项　目	控制距离
间隔宽度	12.5/25（单回/双回）
出线挂点高度	18
设备相间距离	3.5
跨线相间距离	3.75

表 7－3　　110kV 户外 HGIS 配电装置尺寸　　（m）

项　目	控制距离
间隔宽度	7.5/15（单回/双回）
出线挂点高度	12
设备相间距离	2.0
跨线相间距离	2.0

7.2.4.2　户内配电装置

（1）总体要求。与 GIS 配电装置连接并需单独检修的电气设备、母线和出线，均应配置接地开关。一般情况下，出线回路的线路侧接地开关和母线接地开关应采用具有关合动稳定电流能力的快速接地开关。

GIS 配电装置宜采用多点接地方式，当选用分相设备时，应设置外壳三相短接线，并在短接线上引出接地线通过接地母线接地。

GIS 配电装置每间隔应分为若干个隔室，隔室的分隔应满足正常运行、检修和扩建的要求。

220、110kV 电缆进（出）线三相电压互感器及避雷器采用内置式，架空出线三相电压互感器及避雷器采用户外 AIS 设备布置。

（2）布置原则。GIS 配电装置布置的设计，应考虑其安装、检修、起吊、运行、巡视以及气体回收装置所需的空间和通道。起吊设备容量应能满足起吊最大检修单元要求。

配电装置采用单列布置，避免双列布置，以满足室内 GIS 运输及安装的空间要求。

同一间隔 GIS 配电装置的布置应避免跨土建结构缝。

GIS 配电装置室内应清洁、防尘，GIS 配电装置室内地面宜采用耐磨、防滑、高硬度地面，并应满足 GIS 配电装置设备对基础不均匀沉降的要求。

对于全电缆进出线的GIS 配电装置，应留有满足现场耐压试验电气距离的空间。

（3）专业配合要求。户内 GIS 组合电器土建资料应包括 GIS 的基础埋件、各埋件点的荷重，户内 GIS 最大吊装单元尺寸，设备运输通道设置要求，接地件位置及做法等。

户内 GIS 室搬运通道大门门框高度要求不宜小于以下值：220kV GIS 4000mm（宽）×4500mm（高）、110kV GIS 3200mm（宽）×4000mm（高）。

（4）配电装置尺寸。以下为根据通用设计边界条件推荐的配电装置标准尺寸（具体工程需根据站址条件进行修正，见表 7－4 和表 7－5）。

220kV 户内 GIS 出线间隔中心距宜选用 2m，部分间隔可结合工程建筑物梁柱、电缆竖井位置等调整间隔宽度。为便于巡视、检修、耐压试验等，对于 220kV 紧凑型组合电器，设备本身结构应便于观察密度继电器、分合闸指示、操动机构的例行检查、局部放电检测、水分检测、主回路电阻检测。当建筑物尺寸具备条件时，可适当增加 GIS 间隔之间的距离，该距离一般不小于 400mm。厂房高度按吊装元件考虑，最大起吊重量不大于 5t，配电装置室内吊装净高不小于 7m。为避免或减少扩建停电，增加双断口母线隔离开关布置方案，相应户内 GIS 配电装置室纵向尺寸不小于 13m。户内 GIS 配电装置架空进、出线间隔宽度按两间隔共一跨，取 24m（当具体工程处于高海拔等特殊环境条件时需进行修正）。

110kV 户内 GIS 间隔宽度宜选用 1m 或 1.3m（进出线间隔之间），部分间隔可结合工程建筑物梁柱、电缆竖井位置等调整间隔宽度。为便于巡视、检修、耐压试验等，对于 110kV 紧凑型组合电器，设备本身结构应便于观察密度继电器、分合闸指示、操动机构的例行检查、局部放电检测、水分检测、主回路电阻检测。当建筑物尺寸具备条件时，可在每个间隔之间或每两个间隔之间增加距离，该距离一般不小于 400mm。厂房高度按吊装元件考虑，最大起吊重量不大于 3t，配电装置室内吊装净高不小于 6.5m。配电装置室纵向宽度净宽不小于 9.7m。户内 GIS 配电装置架空进、出线间隔宽度按两间隔共一跨，取 15m（当具体工程处于高海拔等特殊环境条件时需进行修正）。

表 7－4　220kV 户内 GIS 配电装置尺寸　（m）

项　目	控制距离
间隔宽度	2.4
室内吊装净高	7.0
室内纵向净宽	13

表 7－5　110kV 户内 GIS 配电装置尺寸　（m）

项　目	控制距离
间隔宽度	1.0（1.3）
室内吊装净高	6.5
室内纵向净宽	10.0

7.2.4.3　10～35kV 户内开关柜

（1）户内开关柜室内各种通道的最小宽度（净距），不宜小于表 7－6 所列数值。

表 7－6　配电装置室内各种通道的最小宽度（净距）　（mm）

布置方式	通道分类		
	维护通道	操作通道	
		固定式	移开式
设备单列布置时	800	1500	单车长＋1200
设备双列布置时	1000	2000	双车长＋900

此外，当连续布置开关柜较长时，在不同母线段之间应设置维护通道。

（2）配电装置尺寸，3 个实施方案均为双列布置，以下是根据通用设计边界条件推荐双列布置的标准尺寸：

1）35kV 配电装置宜采用户内 SF_6 气体绝缘开关柜，配电装置尺寸见表 7－7。单层建筑室内双列布置时，柜前净距不小于 2.0m。开关柜柜后净距不小于 1m。当柜后设高压电缆沟时，沟宽 1.1m，柜后净距按不小于 1.3m 考虑。多层建筑受相关楼层约束时根据具体方案确定。

2）当海拔 $H \leqslant 2000$m 时，10kV 配电装置宜采用户内空气绝缘开关柜，配电装置尺寸见表 7－8；海拔 $H > 2000$m 时，10kV 配电装置宜采用户内 SF_6 气体绝缘开关柜；空气绝缘开关柜单层建筑室内双列布置时，柜前净距不小于 2.5m。开关柜柜后净距不小于 1m。当柜后设高压电缆沟时，沟宽 1.1m，柜后净距按不小于 1.3m 考虑。多层建筑受相关楼层约束时根据具体方案确定。

3）35（10）kV 户内配电装置室搬运通道大门门框高度要求不宜小于以下值：35kV 2400mm（宽）×3200mm（高）、10kV 2400mm（高）×2800mm（高）。

表 7-7　35kV 户内 SF_6 气体绝缘开关柜配电装置尺寸　(m)

项目	控制距离
间隔宽度	0.8
室内净高	4.5
室内纵向净宽（单列）	6.0
室内纵向净宽（双列）	9.0

表 7-8　10kV 户内空气绝缘开关柜配电装置尺寸　(m)

项目	控制距离
间隔宽度	0.8（1.0）
室内净高	3.8
室内纵向净宽（单列）	6.0
室内纵向净宽（双列）	9.0

7.2.4.4　变压器的布置

（1）户外油浸变压器。油量为 2500kg 及以上的户外油浸变压器之间的最小间距应符合表 7-9 的规定。

表 7-9　户外油浸变压器之间的最小间距　(m)

电压等级（kV）	最小间距
35	5
110	8
220	10

（2）户内油浸变压器。户内油浸变压器有散热器挂本体及散热器与本体分离两种布置方式，布置图可参照通用设备中变压器部分内容。

户内油浸变压器外廓与变压器室四壁的最小净距不应小于表 7-10 所列数值。

表 7-10　户内油浸变压器外廓与变压器室四壁的最小净距　(mm)

变压器容量	1000kVA 及以下	1250kVA 及以上
变压器与后壁侧壁之间	600	800
变压器与门之间	800	1000

（3）干式站用变压器。设置于室内的无外壳干式变压器，其外廓与四周墙壁的净距不应小于 600mm。干式变压器之间的距离不应小于 1000mm，并应满足巡视维修的要求。对全封闭型干式变压器可不受上述距离的限制，但应满足巡视维护的要求。

7.2.5　设备安装

变电站电气设备的安装应根据工艺标准库的要求，设计工艺标准化与安装效果感观度相结合，结合工程总体实际安装情况，通过技术经济比较确定合适的设备安装工艺。典型设备安装主要分为变压器安装，组合电器安装，AIS 设备安装，电容器、电抗器安装，母线安装，开关柜安装等。

7.2.5.1　总体原则

（1）设备安装时，应满足安装地点的自然环境条件。

（2）工艺布置设计应考虑土建施工误差，确保电气安全距离的要求留有适当裕度。

（3）充油电气设备的布置，应满足带电观察油位、油温时安全、方便的要求，并应便于抽取油样。

（4）除支持绝缘子外，其余电气一次设备均应通过两点与主接地网相连接。

7.2.5.2　变压器安装

（1）户内主变压器安装。

1）总油量超过 100kg 的户内油浸变压器，应安装在单独的变压器间内。变压器外廓与变压器室四周墙壁净距不宜小于 800mm。

2）在户内配电装置楼板下的适当位置设置吊环，并在楼板引线孔或安装孔的两侧留出挑耳，作为搁置起吊轻型设备的横梁用。

（2）户外主变压器安装。

1）户外单台电气设备的油量在 1000kg 以上时，应设置储油或挡油设施。

2）防火间距不能满足最小净距要求时，应设置防火墙。

3）在防火要求较高的场所，有条件时宜选用非油绝缘的电气设备。

（3）主变压器各侧连接线的选择。主变压器高中压侧引线一般采用软导线连接，低压侧一般采用硬母线连接，与主变压器连接时应设置伸缩金具，金具的选择应与变压器套管的接线端子和硬母线相配合。

（4）接地。

1）变压器铁芯、夹件的接地引下线应与油箱绝缘，从装在油箱上的套管引出后一并在油箱下部与油箱连接接地，接地处应有明显的接地符号或“接地”字样。

2）主变压器中性点直接接地时，应采用两根接地引下线引至主地网的不同方向，接地引线与设备本体采用镀锌螺栓搭接。

（5）主变压器基础的固定方案。当主变压器基础采用条形基础时，土建基础梁的表面预埋钢板，变压器底座宜采用点焊方式固定在基础的预埋钢板上。

（6）走线槽的设置。

1）主变压器本体上的端子箱、机构箱引出的电缆应采用不锈钢槽盒保护，槽盒大小应与箱底开孔尺寸一致，高度为箱底至基础，与端子箱、机构箱的连接采用螺栓。

2）当主变压器户外布置时，端子箱、机构箱引出的电缆采用热镀锌钢管保护，以方便穿越卵石层至电缆沟。

（7）站用变压器安装。

1）油浸式站用变压器的储油柜上的油位计朝向应便于观察。

2）站用变压器高、低压套管引出线采用硬母线连接时统一加装热缩套。

3）户外布置的变压器低压侧母线穿墙若采用环氧树脂绝缘板封堵，则需在其上方设置雨篷，以防漏水并损坏绝缘。

7.2.5.3 组合电器安装

HGIS 和 GIS 底座建议采用焊接固定在水平预埋钢板的基础上，也可采用地脚螺栓或化学锚栓方式固定。

对于 HGIS 和 GIS 出线套管支架，其高度应能保证套管最低部位距离地面不小于 2500mm。

在 GIS 配电装置间隔内，应设置一条贯穿所有 GIS 间隔的接地母线或环形接地母线。将 GIS 配电装置的接地线引至接地母线，由接地母线再与接地网连接；接地点的接触面和接地连线的截面积应能安全地通过故障接地电流，接地引线与设备本体采用螺栓搭接。

智能控制柜的基础宜采用螺栓固定于基础槽钢上，不宜采用点焊。箱柜底座与主接地网连接牢靠，可开启门应采用软铜绞线可靠接地。

7.2.5.4 AIS 设备安装

（1）电压互感器安装。互感器本体与接地网两处可靠接地，电容式套管末屏、TV 的 N 端、二次备用线圈一端可靠接地；采用高位布置时，安装在支架上，用螺栓与支架固定；每个支架应有两个接地点，接地点高度与其他设备接地点一致。

（2）避雷器安装。

1）采用高位布置时，安装在支架上，用螺栓与支架固定。泄漏电流监测仪安装处宜设置接地端子，便于表计接地；避雷器支架下部设两接地端子，采用接地线分别连接至地网不同的网格线上。

2）避雷器压力释放口方向应合理，监测仪安装高度可按工程实际情况确定。

（3）隔离开关及接地开关的安装。隔离开关及接地开关的设备支架采用地脚螺栓固定，地脚螺栓一次浇注在土建基础上。每个支架应分别设有上下两组接地件，下接地件应设置两个。

（4）穿墙套管安装。穿墙套管垂直安装时，法兰应向上；水平安装时，法兰应在外。穿墙套管安装板应割磁处理或采用非导磁材料。1500A 及以上的穿墙套管安装板宜采用非导磁材料制作。穿墙套管端部的金属夹板（紧固件除外）应采用非磁性材料。

7.2.5.5 电容器、电抗器安装

（1）电容器安装。

1）电容器外壳应与固定电位连接牢固可靠（螺栓压接）。

2）网门应装设行程开关，并需装设电磁锁或机械编码锁。对于活动式网门上的电缆应采用多股软铜线电缆。

3）围栏内应铺设碎石（设备基础以外），围栏基础作出挡油坎，围栏应采用非金属合成材料。

4）空芯串联电抗器之间及其与周围钢构件之间净距要等于或大于制造厂要求的数值。钢构件不应构成闭合回路。

（2）电抗器安装。

1）35kV 单相干式空芯并联电抗器为户外安装。一般采用户外水平“一”字形或“品”字形布置，带防雨帽。采用玻璃钢支柱支撑安装。

2）电抗器周围及上下有影响区域内不得有封闭金属环，水泥基础内不得有封闭钢筋。电抗器接地线不应成封闭环形。安装在干式空芯电抗器防磁范围内的支柱绝缘子，其产品应为非磁性绝缘子。

3）35kV 单相干式空芯并联电抗器和 35kV 三相油浸式并联电抗器底部安装钢板均采用焊接方式与基础预埋件连接。

7.2.5.6 母线安装

（1）软导线安装。

1）双分裂导线的间距可取 100～200mm。载流量较小的回路，如电压互感器、耦合电容器等回路，可采用较小截面的导线。

2）在确定分裂导线间隔棒的间距时，应考虑短路动态拉力的大小、时间对构架和电器接线端子的影响，避开动态拉力最大值的临界点。对架空导线间隔棒的间距可取较大的数值，对设备间的连接导线，间距可取较小的数值。

3）在空气中含盐量较大的沿海地区或周围气体对铝有明显腐蚀的场所宜选用防腐型铝绞线或铜绞线。

（2）硬导体安装。

1）硬导体除满足工作电流、机械强度和电晕等要求外，导体形状还应满足电流分布均匀、机械强度高、散热良好、有利于提高电晕起始电压、安装检修简单、连接方便。

2）为消除管形导体的端部效应，可适当延长导体端部或在端部加装屏蔽电极。

3）硬导体和电器连接处，应装设伸缩接头或采取防振措施。

7.2.5.7 开关柜安装

（1）在配电装置室内应预埋基础槽钢，基础槽钢与变电站地网可靠连接。

（2）开关柜的底部框架应放置在基础槽钢上，可用地脚螺钉将其与基础槽钢相连或用电焊与基础槽钢焊牢。

（3）接地母线须为扁铜排，所有需要接地的设备和回路须接于此排。

7.2.6 交流站用电系统

站用电源采用交直流一体化电源系统。

全站配置两台站用变压器，每台站用变压器容量按全站计算负荷选择，当全站只有一台主变压器时，其中一台站用变压器的电源宜从站外非本站供电线路引接。站用变压器容量根据主变压器容量和台数、配电装置形式和规模、建筑通风采暖方式等不同情况计算确定，寒冷地区需考虑户外设备或建筑室内电热负荷。

站用电低压系统应采用 TN－C－S，系统的中性点直接接地。系统额定电压 380/220V。站用电母线采用按工作变压器划分的单母线接线，相邻两段工作母线同时供电分列运行。两段工作母线间不应装设自动投入装置。

油浸变压器应安装在单独的小间内，变压器的高、低压套管侧或者变压器靠维护门的一侧宜加设网状遮栏。变压器储油柜宜布置在维护入口侧。

检修电源的供电半径不宜大于 50m。主变压器附近电源箱的回路及容量宜满足滤注油的需要。

7.2.7 防雷接地

7.2.7.1 站内防雷

220kV 变电站防雷设计需满足 GB/T 50064《交流电气装置的过电压保护和绝缘配合设计规范》、GB/T 50057《建筑物防雷设计规范》等要求。220kV 变电站采用避雷针（避雷线）、屋顶避雷带联合构成全站防雷保护。

当 220、110kV 配电装置采用户外配电装置时，站区内需设置避雷针作为防直击雷保护措施。

独立避雷针（含悬挂独立避雷线的架构）的接地电阻在土壤电阻率不大于 500Ω·m 的地区不应大于 10Ω。

独立避雷针（线）宜设独立的接地装置。独立避雷针与配电装置带电部分、变电站电气设备接地部分、架构接地部分之间的空气中距离 S_a，以及独立避雷针的接地装置与发电厂或变电站接地网间的地中距离 S_e，应符合规范要求，并且 S_a 不宜小于 5m，S_e 不宜小于 3m。

装有避雷针和避雷线的架构上的照明灯电源线，均必须采用直接埋入地下的带金属外皮的电缆或穿入金属管的导线。电缆外皮或金属管埋地长度在 10m 以上，才允许与 35kV 及以下配电装置的接地网及低压配电装置相连接。

当采用全户内布置，所有电气设备均布置在户内，只需在建筑顶部设置的避雷带对全站进行防直击雷保护。该避雷带的网络为 8～10m，每隔不大于 18m 设引下线接地。上述接地引下线应与主接地网连接，并在连接处加装集中接地装置。其地下连接点至变压器及其他设备接地线与主接地网的地下连接点之间，沿接地体的长度不得小于 15m。

7.2.7.2 站内接地

主接地网采用水平接地体为主，垂直接地体为辅的复合接地网，接地网工频接地电阻设计值应满足 GB/T 50065—2011《交流电气装置的接地设计规范》要求。

户外站主接地网宜选用热镀锌扁钢，对于土壤碱性腐蚀较严重的地区宜选用钢质接地材料。户内、半户内变电站主接地网设计考虑后期开挖困难，宜采用铜质或铜覆钢接地材料，对于土壤酸性腐蚀较严重的地区，需经济技术比较后确定设计方案。

有效接地和低电阻接地系统中发电厂、变电站电气装置保护接地的接地电阻一般情况下应符合 $R \leqslant \frac{2000}{I}$，其中，$R$ 为考虑到季节变化的最大接地电阻，I 为计算用的流经接地装置的入地短路电流。当接地装置的接地电阻不符合上述要求时，可通过技术比较增大接地电阻，但不得大于 5Ω。

不接地、消弧线圈接地和高电阻接地系统中发电厂、发电站电气装置保护接地的接地电阻应符合 $R \leqslant \frac{120}{I}$，但不应大于 4Ω。

在有效接地系统及低电阻接地系统中，变电站电气装置中电气设备接地线的截面应按接地短路电流进行热稳定校验。钢接地线的短时温度不应超过 400℃，铜接地线不应超为 450℃。校验不接地、消弧线圈接地和高电阻接地系统中电气设备接地线的热稳定时，敷设在地上的接地线长时间温度不应大于 150℃，敷设在地下的接地线长时间温度不应大于 100℃。

根据热稳定条件，未考虑腐蚀时，接地线的最小截面应符合下式要求

$$S_g \geqslant \frac{I_g}{C_g} \times \sqrt{t_e} \tag{7-1}$$

式中 S_g——接地线的最小截面；

I_g——流过接地线的短路电流稳定值；

t_e——短路的等效持续时间；

C_g——接地线材料的热稳定系数。

关于 t_e 值，当继电保护装置配置有两套速动主保护、近接地后备保护、断路器失灵保护和自动重合闸时，t_e 应按下式取值

$$t_g \geqslant t_m + t_f + t_0 \tag{7-2}$$

式中 t_m——主保护动作时间，s；

t_f——断路器失灵保护动作时间，s；

t_0——断路器开断时间，s。

当继电保护装置配有一套速动主保护，近或远（或远近结合的）后备保护和自动重合闸，t_e 应按下式取值

$$t_e \geqslant t_0 + t_r \tag{7-3}$$

式中 t_r——第一级后备保护的动作时间，s。

7.2.8 照明

变电站内设置正常工作照明和应急照明。正常工作照明采用 380/220V 三相五线制，由站用电源供电。应急照明采用逆变电源供电。

户外配电装置场地宜采用节能型投光灯；户内 GIS 配电装置采用节能型泛光灯；其他室内照明光源宜采用 LED 灯。

变电站的照明种类可分为正常照明和应急照明。应急照明包括备用照明、安全照明和疏散照明。

户外配电装置考虑设置正常照明，不设应急照明。场区道路照明根据实际需要设置。

主控通信楼户内配电装置和其他房间除设置正常照明外，根据需要设置备用照明，且应考虑设置必要的疏散照明。

变电站宜装设应急照明的工作场所可参照表 7－11。

表 7－11　　变电站宜装设应急照明的工作场所

工作场所	备用照明	疏散照明
控制室、继电室及电子设备间	√	
通信机房	√	
户内配电装置	√	
站用电室	√	
蓄电池室	√	
主要通道、主要出入口		√
主要楼梯间		√

备用照明根据实际需要设置，无人值班变电站应尽量减少简化备用照明。

户外灯具采用集中布置、分散布置、集中与分散相结合的布置方式，推荐采用分散布置。考虑到维护方便，不推荐在构架和避雷针高处安装；当采用构架上安装时，要保证安全距离和安全检修条件。低处布置的投光灯，宜具有水平旋转和垂直旋转的支架。

室内灯具布置，可采用均匀布置和选择性布置两种方式。

灯具、插座布置和安装工艺应符合《国家电网有限公司输变电工程标准工艺变电工程电气分册（2022 年版）》中建筑电气部分的相关要求，并应在图纸中注明需采用的标准工艺。

7.2.9 电缆敷设及防火

7.2.9.1 线缆选型

线缆选择及敷设按照 GB 50217《电力工程电缆设计规范》进行，并需符

合 GB 50229《火力发电厂与变电站设计防火标准》、DL 5027《电力设备典型消防规范》有关防火要求。

变电站线缆选择宜视条件采用单端或双端预制型式。高压电气设备本体与汇控柜或智控柜之间宜采用标准预制电缆连接。

变电站火灾自动报警系统的供电线路、消防联动控制线路应采用耐火铜芯电线电缆。其余线缆采用阻燃电缆，阻燃等级不低于 C 级，电缆宜选用铜导体。

低压电缆宜选用交联聚乙烯型或聚氯乙烯型挤塑绝缘类型，中压电缆宜选用交联聚乙烯绝缘类型。明确需要与环境保护协调时，不得选用聚氯乙烯绝缘电缆。高压交流系统中电缆线路，宜选用交联聚乙烯绝缘类型。

60℃以上高温场所应按经受高温及其持续时间和绝缘类型要求，选用耐热聚氯乙烯、交联聚乙烯或乙丙橡皮绝缘等耐热型电缆。高温场所不宜选用普通聚氯乙烯绝缘电缆。

–15℃以下低温环境，应按低温条件和绝缘类型要求，选用交联聚乙烯、聚乙烯绝缘、耐寒橡皮绝缘电缆。低温环境不宜选用聚氯乙烯绝缘电缆。

在人员密集的公共设施，以及有低毒阻燃性防火要求的场所，可选用交联聚乙烯或乙丙橡皮等不含卤素的绝缘电缆。防火有低毒性要求时，不宜选用聚氯乙烯电缆。

7.2.9.2 敷设通道

二次设备室一般不设置电缆半层。若二次设备室位于建筑一层，可采用电缆沟作为屏柜电缆进出通道，也可辅助设置柜顶桥架；若二次设备室位于建筑二层及以上，可采用架空活动地板层作为电缆通道，也可在活动地板层设置槽盒。

主控室或二次设备室布置于建筑二层或以上，且进出线缆较少则可选择电缆桥架与下层电缆沟道联通；进出线缆较多时宜采用竖井，并按规定设置爬梯等人行设施。

宜采用标准化电缆沟，依据现场施工空间需求，设置电缆沟内作业维护通道尺寸设置，统一电缆支架尺寸，形成 3 种宽度电缆沟方案，分别是 800、1100、1400mm。

7.2.9.3 敷设方式

（1）光缆敷设可视条件采用槽盒、桥架或支架敷设方式，宜采用槽盒或桥架敷设方式并辅以穿管敷设方式过渡。

（2）根据电缆和光缆敷设的特点，工程中应在核算敷设断面电缆、光缆数量的基础上，按实际需求设计电缆通道截面积。

（3）在电缆（光缆）敷设时需考虑其转弯半径的要求。

1）电缆最小弯曲半径见表 7–12。

2）光缆转弯半径应大于其自身直径的 20 倍。

表 7–12　电缆最小弯曲半径

<table>
<tr><th colspan="3">电缆型式</th><th>多芯</th><th>单芯</th></tr>
<tr><td rowspan="3">控制电缆</td><td colspan="2">非铠装型、屏蔽型软电缆</td><td>6D</td><td rowspan="3">—</td></tr>
<tr><td colspan="2">铠装型、铜屏蔽型</td><td>12D</td></tr>
<tr><td colspan="2">其他</td><td>10D</td></tr>
<tr><td rowspan="3">橡皮绝缘电力电缆</td><td colspan="2">无铅包、钢铠护套</td><td colspan="2">10D</td></tr>
<tr><td colspan="2">裸铅包护套</td><td colspan="2">15D</td></tr>
<tr><td colspan="2">钢铠护套</td><td colspan="2">20D</td></tr>
<tr><td rowspan="2">塑料绝缘电缆</td><td colspan="2">无铠装</td><td>15D</td><td>20D</td></tr>
<tr><td colspan="2">有铠装</td><td>12D</td><td>15D</td></tr>
<tr><td rowspan="3">油浸纸绝缘电力电缆</td><td colspan="2">铝套</td><td colspan="2">30D</td></tr>
<tr><td rowspan="2">铅套</td><td>有铠装</td><td>15D</td><td>20D</td></tr>
<tr><td>无铠装</td><td>20D</td><td>—</td></tr>
<tr><td colspan="3">自容式充油（铅包）电缆</td><td>—</td><td>20D</td></tr>
</table>

注　D 为电缆直径。

（4）在满足电缆（光缆）敷设容量要求的前提下，永久性建筑之间主通道宜采用小型清水混凝土电缆沟。

（5）在满足电缆（光缆）敷设容量要求的前提下，屋外 GIS 配电装置场地主通道宜采用地面桥架（槽盒），桥架（槽盒）需根据工程环境条件满足防火和耐腐蚀等要求。

（6）在满足电缆（光缆）敷设容量要求的前提下，GIS 室内线缆通道宜采用浅槽或槽盒，槽盒需根据工程环境条件满足防火和耐腐蚀等要求。

（7）光缆在垂直敷设时，应特别注意光缆的承重问题，一般每两层要将光缆固定一次；光缆穿墙或穿楼层时，要加带护口的保护用塑料管。

（8）电缆应按照电缆应用场景，按照防火要求进行分沟、分侧、分层敷设。10kV 及以上高压电力电缆设置专沟或直埋敷设。低压动力电缆、控制电缆和光缆可共沟敷设。

1）分沟敷设：① 10kV 及以上高压电力电缆与低压电缆应分沟敷设；② 站用变压器至站用电室之间的动力电缆，两组及以上蓄电池组动力电缆应按照重要动力电缆分沟敷设。

2）分侧敷设：① 变压器强油风（水）冷却装置双电源回路动力电缆、消防水泵及变压器水喷雾装置双电源回路动力电缆、直流主屏至直流分电屏双电源回路动力电缆等重要动力电缆应分侧敷设；② 系统保护（线路、母联、母差）双电源回路控制电缆、双重化继电保护回路控制电缆、断路器操作直流电源双回路控制电缆等重要控制电缆应分侧敷设；③ 220kV 变电站导引光缆应分侧敷设；④ 当电缆沟支架单侧布置时，上述重要电缆不具备分侧敷设条件，应分层敷设。

3）分层敷设：直流充电装置双电源回路动力电缆，交流配电屏至配电区动力电源箱双电源回路动力电缆应分层敷设。

（9）同一通道内电缆数量较多时，若在同一侧的多层支架上敷设，应按电压等级由高至低的电力电缆、强电至弱电的控制和信号电缆、通信电缆由上而下的顺序排列。

（10）同一层支架上电缆排列的配置，应符合下列规定：

1）控制和信号电缆可紧靠或多层重叠。

2）除交流系统用单芯电力电缆的同一回路可采取“品”字型配置外，对重要的同一回路多根电力电缆，不宜重叠。

3）交流系统用单芯电缆情况外，电力电缆相互间宜有 1 倍电缆外径的空隙。

（11）抑制电气干扰强度的弱电回路控制和信号电缆，敷设时可采取下列措施：

1）与电力电缆并行敷设时相互间距，在可能范围内宜远离；对电压高、电流大的电力电缆间距宜更远。

2）敷设于配电装置内的控制和信号电缆，与耦合电容器或电容式电压互感、避雷器或避雷针接地处的距离，宜在可能范围内远离。

3）沿控制和信号电缆可平行敷设屏蔽线，也可将电缆敷设于保护管或槽盒中。

7.2.9.4 电缆沟层间防火

电缆沟防火隔离措施主要有防火分隔、防火封堵、阻燃材料涂敷等，电缆沟内防火隔离措施的设置应遵循 GB 50229《火力发电厂与变电站设计防火标准》、GB 50217《电力工程电缆设计标准》的相关要求。

（1）层间防火设置原则。当动力电缆、控制电缆、通信光缆敷设于同一电缆沟内时，控制电缆、通信光缆的电压低、负荷小且大部分回路处于冷态，本身不易自发起火；动力电缆载流量大、运行温度较高，且有短路击穿的可能，应作为变电站层间防火的重点。

电缆沟层间防火措施通过设置防火隔板、耐火槽盒、阻燃管等方式实现。

每层敷设的动力电缆应设置防火隔板进行分隔；重要回路控制电缆的其中一个回路应设置防火隔板进行分隔；通信光缆敷设于耐火槽盒进行分隔。

（2）层间防火隔板。层间防火隔板采用 L 形，通过对其底边宽度及翻边高度的设定，可控制着火电缆仅在本层内燃烧，从而实现层间及侧间的有效隔离，同时便于电缆散热、施工安装、运行维护。

L 形防火隔板平铺于电缆托臂上方，相邻隔板间通过连接件固定；单块隔板长 1600mm、宽 300mm、厚 10mm；动力电缆托臂层隔板翻边高 80mm，控制电缆托臂层隔板翻边高 50mm。

L 形防火隔板采用无机型，耐火时间≥1.0h，抗弯强度≥10MPa，其余性能需满足 GB 23864《防火封堵材料》的相关要求。

（3）耐火槽盒

耐火槽盒采用耐火复合型槽盒（外层为钢制镀锌后涂覆钢结构防火涂料，内层为非金属防火层），槽盒的耐火性能应不低于 GB 29415《耐火电缆槽盒》规定的 F2 级要求。

7.2.9.5 电缆孔、洞的封堵

（1）盘柜类封堵。低压柜柜底用耐火隔板、无机堵料及有机堵料组合封堵，封堵厚度与楼板相同。

（2）电缆穿侧墙类封堵。

1）建筑物侧墙一次电缆留孔用耐火隔板、防火包或者无机堵料、有机堵料组合封堵，封堵厚度与墙相同。

2）电缆桥架贯穿内墙孔封堵用耐火隔板、无机堵料、有机堵料组合封堵，封堵厚度与墙相同。

3）电缆桥架贯穿接外墙孔封堵用耐火隔板、无机堵料、有机堵料组合封堵，封堵厚度与墙相同。

（3）电缆穿管类封堵。电缆穿管孔洞用有机堵料封堵。封堵厚度＞50mm。

（4）端子箱类封堵。端子箱用有机堵料封堵，封堵厚度＞120mm。

（5）电缆竖井封堵。电缆竖井用角钢、耐火隔板、防火包、有机堵料组合

封堵，封堵厚度与楼板相同。

（6）电缆穿楼板孔洞封堵。

1）楼板预留孔洞用角钢、耐火隔板、扎花钢板及防火包组合封堵，封堵厚度与楼板厚度相同。

2）一次电缆穿楼板孔洞用耐火隔板、防火包、无机堵料及有机堵料组合封堵，封堵厚度与楼板相同；当孔洞较大时用角钢加固。

3）二次电缆穿楼板孔洞用耐火隔板、无机堵料及有机堵料组合封堵，封堵厚度与楼板相同。

（7）电缆沟封堵。电缆沟用耐火隔板、有机堵料及防火包组合封堵，封堵厚度为 240mm。电缆桥架贯穿接墙孔用耐火隔板、无机堵料、有机堵料组合封堵，封堵厚度与墙相同。

（8）各设备房间电缆入口，进入设备的孔洞以及电缆沟的接口处，穿过各层楼板的竖井口均需封堵，其封堵厚度应大于 100mm。

（9）消防封堵只起防火作用，不考虑承重。所采用的防火材料对设备无腐蚀作用。

7.3 二次系统

遵循 GB/T 51072《110（66）kV～220kV 智能变电站设计规范》《模块化二次设备设计技术导则》《220kV 变电站模块化建设通用设计技术导则》、DL/T 5136《火力发电厂、变电站二次接线设计技术规程》、DL/T 5044《电力工程直流电源系统设计技术规程》等设计规范、标准及国家电网公司相关文件要求。

7.3.1 二次设备室及屏（柜）布置

7.3.1.1 二次设备室的布置

（1）二次设备室应符合 GB/T 2887《计算机场地通用规范》、GB/T 9361《计算机场地安全要求》的规定，应尽可能避开强电磁场、强振动源和强噪声源的干扰，还应考虑防尘、防潮、防噪声，并符合防火标准。二次设备室内宜采用电缆沟。

（2）二次设备室的布置要有利于防火和有利于紧急事故时人员的安全疏散，其净空高度应满足屏柜的安装要求。

（3）二次设备柜采用集中布置时，备用柜数宜按远期规模的 10%～15%考虑。

（4）二次设备室的屏间距离和通道宽度，要考虑运行维护及控制、保护装置调试方便。二次设备室屏间距离和通道宽度要求详见表 7－13。

（5）二次设备室设置 3 面集中接线柜，宜结合进线口位置布置在长边侧屏柜两端。

表 7－13　　二次设备室屏间距离和通道宽度

距离名称	采用尺寸（mm）	
	一般	最小
屏正面至屏正面	1800	1400
屏正面至屏背面	1500	1200
屏背面至屏背面	1000	800
屏正面至墙	1500	1200
屏背面至墙	1200	800
边屏至墙	1200	800
主要通道	1600～2000	1400

注 1. 复杂保护或继电器凸出屏面时，不宜采用最小尺寸。
2. 直流屏、事故照明屏等动力屏的背面间距不宜小于 1000mm。
3. 屏背面至屏背面之间的距离，当屏背面地坪上设有电缆沟盖板时，可适当放大。

7.3.1.2 二次屏（柜）的选择及安装

（1）室内屏（柜）的选择。

1）二次设备室内柜体尺寸宜统一。设备不靠墙布置采用后接线设备，屏柜宜采用 2260mm×600mm×600mm（高×宽×深，高度中包含 60mm 眉头），交流屏柜宜采用 2260mm×800mm×600mm（高×宽×深，高度中包含 60mm 眉头）。站控层服务器柜可采用 2260mm×600mm×900mm（高×宽×深，高度中包含 60mm 眉头）屏柜。

2）全站二次系统设备柜体颜色应统一。

（2）预制式智能控制柜的选择。

1）柜的结构。柜结构为柜前后开门、垂直自立、柜门内嵌式的柜式结构，正视柜体转轴在右边，门把手在左边。

2）柜的颜色。全站预制式智能控制柜柜体颜色应统一。

3）柜的要求。

a. 宜采用双层不锈钢结构，内层密闭，夹层通风；当采用户内布置时，柜体的防护等级不低于 IP40；当采用户外布置时，柜体的防护等级不低于 IP54。

b. 宜具有散热和加热除湿装置，在温湿度传感器达到预设条件时启动。

c. 应根据具体外部环境的条件选择合适的柜体。预制式智能控制柜内部的环境应能够满足保护、测控、智能终端、合并单元等二次元件的长年正常工作温度、电磁干扰、防水防尘条件，不影响其运行寿命。

（3）屏柜的安装。采用前后开门屏（柜），宜在屏（柜）底部两侧开孔，开孔尺寸宜为 300mm×150mm。

（4）二次设备的布置要求。

1）对于间隔层设备下放布置时，GIS 智能控制柜应合理设置柜体结构、分舱，双重化配置的保护设备、过程层交换机、智能组件应分别安装在不同的舱体中；对于间隔层设备集中布置时，双重化的智能组件可安装在同一舱体，应有明显的分隔标记。

2）对于间隔层设备集中布置时，屏面布置应在满足试验、运行方便的条件下适当紧凑。保护、测控、交换机设备共同组屏时，宜按照保护、测控、交换机的顺序由上至下依次排列。

3）相同安装单位的屏面布置宜对应一致，各屏上设备安装的横向高度应整齐一致。

4）试验部件与连接片，安装中心线离地面高度不宜低于 300mm。

5）屏内安装装置高度不宜低于 800mm。

7.3.2 二次回路设计

7.3.2.1 二次回路的基本要求

（1）变电站的强电控制系统电源额定电压选用 220V。

（2）断路器的控制回路应满足下列要求：① 应有电源监视，并宜监视跳、合闸绕组回路的完整性；② 有防止断路器“跳跃”的电气闭锁装置；③ 应使用断路器机构内的防跳回路。

（3）断路器控制电源消失及控制回路断线应发出报警信号。

（4）保护双套配置的设备，相应的断路器可配置两组跳闸线圈。变电站装设有两组蓄电池，对具有两组独立跳闸系统的断路器，应由两组蓄电池的直流电源分别供电。

（5）在计算机监控系统控制的断路器、隔离开关、接地开关的状态量信号应同时接入开、闭两个状态信号。

（6）继电保护及自动装置的动作等信号应通过站控层网络直接接入站控层主机，装置告警、故障信号应通过硬接点接入计算机监控系统。

（7）二次电流回路额定电流宜选 1A；电压回路宜为 100V。

7.3.2.2 二次“虚回路”的基本要求

（1）根据保护原理及自动化方案，应绘制 SV 信息流图及 GOOSE 信息流图，表达设备间逻辑关系。SV 信息流图反映设备间电流电压数据流的连接，GOOSE 信息流图反映设备控制原理和信号传输要求等内容。

（2）以 SV/GOOSE 信息流图为基础，根据 IED 制造厂商提供的具体设备虚端子图及原理接线图，绘制 SV/GOOSE 信息配置信息及光缆回路。

（3）SV/GOOSE 信息流图应包含信息传输回路图。信息传输回路图表示 SV 和 GOOSE 信息的实际传输路径，包括中间环节交换机。同时信息流中应包括保护原理和控制、信号、闭锁等信息。

（4）SV/GOOSE 信息逻辑配置应包含模拟量开入、开关量开入、开关量开出的分类，将智能设备之间的虚端子通过直观的形式连接起来。信息逻辑配置应包含信息内容、起点设备名称、起点设备虚端子号、起点设备数据属性、终点设备名称、终点设备虚端子号、终点设备数据属性。

7.3.3 二次网络设计

7.3.3.1 站控层网络

（1）可传输 MMS 报文和 GOOSE 报文。

（2）220kV 变电站站控层/间隔层网络宜采用双重化星型以太网络，站控层交换机可按二次设备室或按电压等级配置交换机，并相互级联。

（3）站控层 MMS 信息应在站控层网络传输。站控层 MMS 信息应具备间隔层设备支持的全部功能，其内容应包含四遥信息及故障录波报告信息，四遥信息主要包含保护、测控、故障录波装置的模拟量、设备参数、定值区号及定值、自检信息、保护动作事件及参数、设备告警、软压板遥控、断路器/刀闸遥控、远方复归、同期控制等。

（4）站控层/间隔层 GOOSE 信息可在站控层网络传输。主要用于间隔层设备间通信，其内容可包含站域保护后备保护跳闸信息、过负荷联切、低频低压减负荷、35（10）kV 多合一装置 GOOSE 信息、测控联闭锁信息等。

7.3.3.2 过程层网络

（1）可传输 GOOSE 报文和 SV 报文。

（2）双重化配置的保护装置应分别接入各自 GOOSE 和 SV 网络，单套配置的测控装置等宜通过独立的数据接口控制器接入双重化网络，对于相量测量装置、电能表等仅需接入 SV 采样值单网。

（3）过程层 SV 信息可采用过程层网络传输，也可采用点对点方式传输。

主要用于过程层设备与间隔层设备间通信，其内容应包含合并单元与保护、测控、故障录波、PMU、电能表等装置间传输的电流、电压采样值信息。

（4）过程层 GOOSE 信息可采用过程层网络传输，也可采用点对点方式传输。主要用于过程层设备与间隔层设备间通信，其内容应包含合并单元、智能终端与保护、测控、故障录波等装置间传输的一次设备本体位置/告警信息、合并单元/智能终端自检信息、保护跳闸/重合闸信息、测控遥控合闸/分闸信息以及保护失灵启动和保护联闭锁信息等。

（5）220、110kV 应按电压等级配置过程层网络。220kV 及主变压器 110kV 侧过程层网络宜采用星形双网结构；110kV 过程层网络宜采用星型单网结构。220kV 宜按间隔配置过程层交换机。110kV 宜集中设置过程层交换机。

（6）35kV 及以下电压等级不配置独立过程层网络，SV 报文可采用点对点方式传输，GOOSE 报文可利用站控层网络传输。

（7）主变压器高、中压侧宜按照电压等级分别配置过程层网络，主变压器低压侧不配置独立过程层网络，相关信息接入主变压器中压侧过程层网络。变压保护、测控等装置接入不同电压等级的过程层网络时，应采用相互独立的数据接口控制器。

7.3.4 二次设备的选择及配置

7.3.4.1 控制保护设备

控制开关的选择应符合该二次回路额定电压、额定电流、分断电流、操作频繁率、电寿命和控制接线等的要求。

二次回路的保护设备用于切除二次回路的短路故障，并作为回路检修、调试时断开交、直流电源之用。二次电源回路宜采用自动开关。

对具有双套配置的快速主保护和断路器具有双跳闸线圈的安装单位，其控制回路和继电保护、自动装置回路应分设独立的自动开关，并由不同的直流母线段分别向双套主保护供电。

控制回路、继电保护、自动装置屏内电源消失时应有报警信号。

凡两个及以上安装单位公用的保护或自动装置的供电回路，应装设专用的自动开关。

控制回路的自动开关应有监视，可用断路器控制回路的监视装置进行监视。保护、自动装置及测控装置回路的自动开关应有监视，其信号应接至计算机监控系统。

各安装单位的控制、信号电源，宜由电源屏或电源分屏的馈线以辐射状供电，供电线应设保护及监视设备。

7.3.4.2 小母线

控制屏及保护屏顶不宜设置小母线。35（10）kV 开关柜顶可设置小母线，小母线宜采用ϕ6mm 的绝缘铜棒。

7.3.4.3 端子排

端子排应由阻燃材料构成。端子的导电部分应为铜质。潮湿地区宜采用防潮端子。

每个安装单位应有其独立的端子排。同一屏上有几个安装单位时，各安装单位端子排的排列应与屏面布置相配合。

当一个安装单位的端子过多或一个屏上仅有一个安装单位时，可将端子排成组地布置在屏的两侧。

每一安装单位的端子排应编有顺序号，并宜在最后留 2～5 端子作为备用。当条件许可时，各组端子排之间也宜留 1～2 个备用端子。在端子排组两端应有终端端子。

根据通用互换的原则，端子排按不同功能进行划分，端子排布置应考虑各插件的位置，避免接线相互交叉。

端子排列应符合标准，正、负极之间应有间隔，断路器的跳闸和合闸回路、直流（+）电源和跳合闸回路不能接在相邻端子上，端子排应编号。

汇控柜内的端子排按照“功能分段”的原则分别设置：交流回路、直流回路，TA 回路，TV 回路，断路器控制回路，隔离、接地开关控制回路，辅助触点及报警回路等。

汇控柜端子排的一侧为制造厂内部接线，另一侧供用户接线。一个端子宜只接入一根导线。端子排间应留有足够的空间，便于外部电缆的连接。

7.3.4.4 SCD 文件及虚端子

SCD 文件配置主要进行系统的通信子网配置、IED 设备配置以及 SCD 文件检查，SCD 文件以装置为对象订阅全站信息，装置具有唯一性。

IED 设备的配置是将装置 ICD 文件导入 SCD 文件中，并按照实际设备数量进行实例化配置，主要包括 IED 命名及描述配置、IP 地址配置、GOOSE 控制块及其相关参数配置、SV 传输控制块及其相关参数配置、虚端子连接配置等。

GOOSE、SV 输入输出信号为网络上传递的变量，与传统屏柜的端子存在着对应的关系，为了便于形象地理解和应用 GOOSE、SV 信号，这些信号的逻辑连接点称为虚端子。

装置 GOOSE 输入定义采用虚端子的概念，在以“GOIN”为前缀的 GGIO 逻辑节点实例中定义 DO 信号，DO 信号与 GOOSE 外部输入虚端子一一对应，通过该 GGIO 中 DO 的描述和 dU 可以确切描述该信号的含义。

在 SCD 文件中每个装置的 LLN0 逻辑节点中的 Inputs 部分定义了该装置输入的 GOOSE 连线，每一个 GOOSE 连线包含了装置内部输入虚端子信号和外部装置的输出信号信息，虚端子与每个外部输出信号为一一对应关系。

装置采样值输入定义采用虚端子的概念，在以“SVIN”为前缀的 GGIO 逻辑节点实例中定义 DO 信号，DO 信号与采样值外部输入虚端子一一对应，通过该 GGIO 中 DO 的描述和 dU 可以确切描述该信号的含义，作为采样值连线的依据。

在 SCD 文件中每个装置的 LLN0 逻辑节点中的 Inputs 部分定义了该装置输入的采样值连线，每一个采样值连线包含了装置内部输入虚端子信号和外部装置的输出信号信息，虚端子与每个外部输出采样值为一一对应关系。Extref 中的 IntAddr 描述了内部输入采样值的引用地址，应填写与之相对应的以“SVIN”为前缀的GGIO中DO信号的引用名，引用地址的格式为“LD/LN.DO”。

SCD 文件配置完成后，应对文件 SCL 语法合法性、文件模型实例及数据集正确性、IP 地址和组播地址、VLAN 及优先级通信参数正确性、虚端子连接正确性和完整性及其二次回路描述正确性等进行检查。

7.3.4.5 二次设备室内布线及外部光电缆接口

（1）电缆宜直接从各柜体引至室外。

（2）二次设备室与室外光纤联系应采用预制光缆。

（3）二次设备室内宜设置集中接线柜实现对外光缆接线即插即用。

7.3.4.6 控制电缆

（1）控制电缆的选型应符合 GB 50217 及 DL/T 5136、DL/T 5137 的有关规定。微机型继电保护装置及计算机测控装置所有二次回路的电缆均应使用屏蔽电缆。

（2）信号回路电缆截面宜采用 1.5mm^2，控制回路电缆截面宜采用 2.5mm^2。对电流二次回路，连接导线截面积应按电流互感器的额定二次负荷计算确定，至少应不小于 4mm^2。对于电压二次回路，连接导线截面积应按允许的电压降计算确定，至少应不小于 2.5mm^2。

（3）主变压器、断路器、隔离开关、接地开关等设备本体与智能控制柜之间的控制、信号回路宜采用预制电缆连接。

（4）预制电缆的使用应遵循以下配置原则：

1）预制电缆应自带航空插头，宜采用体积小、集成密度高、防护性能高、机械性能强、稳定性好的航空插头。

2）宜实现一次设备本体与智能控制柜之间标准的输入、输出，以提高抗干扰能力、适应现场工作环境、便于施工、提高现场实施质量。

3）当一次设备本体至就地控制柜间路径满足预制电缆敷设要求时（全程无电缆穿管）优先选用双端预制电缆。应准确测算双端预制电缆长度，避免出现电缆长度不足或过长情况。预制电缆余长有足够的收纳空间。

4）当电缆采用穿管敷设时，宜采用单端预制电缆，预制端宜设置在智能控制柜侧。预制缆端采用圆形连接器且满足穿管要求时也可采用双端预制。

5）预制电缆采用双端预制且为穿管敷设方式下，宜选用圆形高密度连接器。

6）在满足试验、调试要求前提下，预制电缆插座端宜直接引至二次装置背板端子排。

（5）预制电缆导线应采用多股软导线。预制电缆规格宜按推荐规格选择，见表 7－14。

表 7－14　　预 制 电 缆 规 格

规格	信号回路	控制回路	电流、电压及交流电源回路
截面（mm^2）	1.5	2.5	4
芯数	4、8、12、19	4、8、12、19	4、8、12

（6）电缆应采用电解铜导体、PVC 绝缘，并铠装、阻燃的屏蔽电缆。

（7）交、直流回路不能共用同一根电缆，两套跳闸回路不能共用同一根电缆，控制和动力回路不能共用同一根电缆。

7.3.4.7 光缆和网线

（1）光缆选择。

1）光缆的选用根据其传输性能、使用的环境条件决定；除线路纵联保护专用光纤外，其余宜采用缓变型多模光纤。室外预制光缆宜采用铠装非金属加强芯阻燃光缆，当采用槽盒或穿管敷设时，宜采用非金属加强芯阻燃光缆。室内光缆可采用尾缆。

2）光缆芯数宜选用 4 芯、8 芯、12 芯或 24 芯；尾缆（软装光缆）宜采用

4 芯、8 芯、12 芯规格。每根光缆或尾缆应至少预留 2 芯备用芯，一般预留 20% 备用芯。

3）柜内二次装置间连接宜采用单芯或多芯跳线。

（2）同一室（舱）内站控层网络宜采用网线连接；跨室（舱）或数据级联时站控层网络宜采用光缆连接。

（3）双套保护的电流、电压，以及 GOOSE 跳闸控制回路等需要增强可靠性的两套系统，应采用各自独立的光缆。

（4）光缆起点、终点为同一对象的多个相关装置时（在同一智能控制柜内对应一套继电保护的多个装置），可合用同一根光缆进行连接，一根光缆的芯数不宜超过 24 芯。

（5）跨房间、跨场地不同屏柜间二次装置连接宜采用预制光缆。

（6）预制光缆的使用应遵循以下配置原则：

1）预制光缆应自带连接器，宜采用体积小、集成密度高、防护性能高、机械性能强、稳定性好的带分支的连接器。

2）为了保证光缆的可靠性和使用寿命，应采用密封性能良好和便于接续的光缆接头，宜采用标准化的光纤接口、熔接或插接工艺，可以根据需要适当选用无需现场熔接的预制光缆组件。

3）室外预制光缆可采用双端预制方式，也可采用单端预制方式。

4）双端预制光缆应准确测算预制光缆敷设长度，避免出现光缆长度不足或过长情况。可利用柜体底部或特制槽盒两种方式进行光缆余长收纳。

（7）应根据室外光缆、尾缆、跳线不同的性能指标、布线要求预先规划合理的柜内布线方案，有效利用线缆收纳设备，合理收纳线缆余长及备用芯，满足柜内布线整洁美观、柜内布线分区清楚、线缆标识明晰的要求，便于运行维护。

7.3.5 一键顺控设计

7.3.5.1 基本要求

（1）操作内容。变电站一键顺控包括对母线、线路、变压器等设备的倒闸操作，实现运行、热备用、冷备用三种状态间的转换操作。开关柜采用手动手车时，实现运行、热备用两种状态间的转换操作。

一键顺控范围包含操作涉及的一次设备和二次设备，一次设备包括 10～220kV 断路器和电动隔离开关（含电动手车），二次设备包括继电保护装置、安全自动装置等可远程投退的软压板和可远程切换的定值区。

（2）功能要求。变电站一键顺控应实现操作项目软件预制、操作任务模块式搭建、设备状态自动识别、防误联锁智能校核、操作步骤一键启动、操作过程视频联动等功能。

由监控系统按照预设程序与防误策略，选择相应的操作任务，自动导出变电站操作票并按步骤顺序执行操作；依据遥测、遥信、状态传感器信息等多重判据，判别确认设备实时状态信息，直至所有步骤全部完成；采用防误双校核和设备状态双确认机制，确保操作控制安全可靠。

7.3.5.2 总体方案

变电站一键顺控功能在站端实现，部署于安全Ⅰ区，由站控层设备（监控主机、智能防误主机、Ⅰ区数据通信网关机）、间隔层设备（测控装置）及一次设备传感器共同实施。具体由监控主机实现相关功能，与智能防误主机之间进行防误逻辑双校核，通过Ⅰ区数据通信网关机采用 DL/T 634.5104 通信协议实现调控/集控站端对变电站一键顺控功能的调用。

双确认防误逻辑中，对断路器和刀闸的位置状态确认应至少包含不同源或不同原理的主辅双重判据。主判据应为断路器和隔离开关的机构辅助开关触点双位置信息，辅助判据宜为设备所在回路的电压、电流遥测信息及带电显示装置反馈的有无电信息或设备状态传感器反馈的位置状态信息。

一键顺控通信规约宜遵循 DL/T 860《变电站通信网络和系统》的有关规定，满足 GB/T 36572《电力监控系统网络安全防护导则》有关要求。

7.3.5.3 设备配置

（1）站控层设备。

1）监控主机。由监控系统主机内置的一键顺控功能软件实现一键顺控功能。

执行操作时，监控主机宜通过物理隔离设备与Ⅳ区视频主机实现联动，Ⅳ区视频主机自动推送被操作设备区的安全环境监视画面。

2）智能防误主机。配置 1 套智能防误主机，智能防误功能模块 1 套部署于监控主机，1 套部署于智能防误主机；当与生产部门达成一致时，2 套智能防误功能模块也可分别由 2 台监控主机集成。

监控主机的防误逻辑与智能防误主机的防误逻辑应相互独立，两套防误逻辑共同实现防误双校核功能。

3）Ⅰ区数据通信网关机。一键顺控数据通信功能由监控系统Ⅰ区数据通信网关机集成。

调控/集控站端通过站内Ⅰ区数据通信网关机调用站端一键顺控功能，并接收一键顺控执行情况的相关信息。

（2）间隔层设备。主判据、辅助判据信息原则上接入本间隔过程层设备，经本间隔测控装置上传至监控系统站控层；当过程层设备无法接入时，直接接入本间隔测控装置上传至监控系统站控层。

1）间隔配置双套智能终端。主判据位置信息接入本间隔第一套智能终端。断路器的辅助判据信息接入合并单元或测控装置（采用三相带电显示装置时接入第二套智能终端）。隔离开关、接地开关的辅助判据位置信息接入第二套智能终端，辅助判据位置信息可接入智能终端的双点遥信开入。

2）间隔配置单套智能终端。主判据、辅助判据位置信息宜接入本间隔合并单元智能终端集成装置，也可接入本间隔保护测控集成装置。

3）间隔不配置智能终端。主判据位置信息接入本间隔保护测控集成装置；按电压等级配置公用测控装置，接入辅助判据位置信息。

7.3.5.4 设备双确认

（1）断路器。断路器双确认主判据采用位置遥信信息，辅助判据采用遥测信息。

1）主判据。采用断路器的合位、分位双位置辅助接点。对于分相断路器，采用三相辅助接点串联方式。

2）辅助判据。采用三相电流和电压。

110kV及以上电压等级各间隔，220kV变电站主变压器进线间隔的电压辅助判据，宜取自母线及各间隔三相电压互感器（提高辅助判据可靠性的同时，可提高二次回路可靠性并适应远期结算关口点调整）；当实际工程中配置三相电压互感器存在困难时，也可取自三相带电显示装置。

三相带电显示装置应具备遥信和自检功能。

（2）隔离开关、接地开关（含AIS、GIS、HGIS、充气开关柜中的隔离开关、接地开关）。隔离开关、接地开关双确认主判据采用辅助开关接点位置信息，辅助判据采用传感器位置信息。

1）主判据。采用隔离开关、接地开关的合位、分位双位置辅助接点。对于分相操作机构，采用三相位置串联方式。

2）辅助判据。采用微动开关，在分闸、合闸位置各安装1只微动开关。对于三工位开关，隔离开关、接地开关各安装2只微动开关，对于分相操作机构，采用三相位置串联方式。

辅助判据所需微动开关应尽量安装于靠近开关本体位置一侧，也可安装在机构箱内部。安装在机构箱内部时，其安装位置应与“启停电机”用微动开关相同，但不得有电气联系。

微动开关安装位置应固定，保证后期更换、检修时，其与机构的相对位置及角度不变。

隔离开关、接地开关处于不同的状态切换过程中，微动开关应可靠准确判断其分闸到位、合闸到位两种位置状态。

（3）开关柜电动手车。35（10）kV开关柜手车宜采用电动手车。开关柜电动手车双确认主判据采用辅助开关接点位置信息，辅助判据采用传感器位置信息。

1）主判据。采用工作位置、试验位置双位置辅助接点。

2）辅助判据。采用微动开关，在开关柜电动手车的工作位置、试验位置各安装1只微动开关。对微动开关的要求同隔离开关、接地开关。

7.3.6 直流电源及交流不停电电源

7.3.6.1 直流系统

操作电源额定电压采用220V，通信电源额定电压–48V。

蓄电池容量选择应满足全站电气负荷按2h事故放电时间计算，对于偏远地区，事故放电时间按4h计算。

在进行蓄电池容量选择时，直流负荷统计计算时间和直流负荷统计负荷系数选取应分别按照表7–15和表7–16执行。

表7–15　　直流负荷统计计算时间

序号	负荷名称	经常	事故放电计算时间						
			初期（min）	持续（h）					随机（s）
			1	0.5	1.0	1.5	2.0	3.0	5
1	控制、保护、继电器	√	√	—	—	—	√	—	—
2	监控系统、智能装置、智能组件	√	√	—	—	—	√	—	—
3	UPS	—	√	—	—	—	√	—	—
4	INV	—	—	—	√	—	—	—	—
5	DC/DC	√	√	—	—	—	√	—	—

表 7-16　　直流负荷统计负荷系数

序号	负荷名称	负荷系数	备注
1	控制、保护、继电器	0.6	
2	监控系统、智能装置、智能组件	0.8	
3	UPS	0.6	
4	INV	0.8	
5	DC/DC	0.8	
6	断路器跳闸	0.6	
7	恢复供电断路器合闸	1.0	
8	事故照明	1.0	

注　事故初期（1min）的冲击负荷，按如下原则统计：

1. 低电压、母线保护、低频减载等跳闸回路按实际数量统计。
2. 控制、信号和保护回路等按实际负荷统计。

当蓄电池的容量小于 300Ah 时，宜采用组柜方式布置在二次设备室内；当蓄电池的容量在 300Ah 及以上时应设专用的蓄电池室，采用组架方式安装。

馈线开关选用专用直流空气开关，各直流回路的空气开关的额定电流进行选择计算，分馈线开关与总开关额定电流级差应保证 3 级及以上。

电缆截面的选择计算，根据负荷性质、负荷容量、压降要求、供电距离和电缆材质计算直流各进出线回路以及蓄电池回路的电缆截面。直流柜与直流分电柜间的电缆截面，应根据分电柜最大负荷电流选择。

蓄电池组引出线为电缆时，其正极和负极的引出线不应共用一根电缆。由直流柜和直流分电柜引出的控制、信号和保护馈线应选择铜芯电缆。

两组蓄电池宜布置在不同的蓄电池室；也可布置在同一个蓄电池室，并在两组蓄电池间设置防爆隔断墙。

7.3.6.2　不间断电源系统

不间断电源 UPS 的供电负荷包括：① 计算机监控系统；② 电能计费系统；③ 火灾报警系统；④ 系统调度调信系统。

7.3.7　时钟同步系统

（1）主时钟应双重化配置，支持北斗导航系统（BD）、全球定位系统（GPS）和地面授时信号，优先采用北斗导航系统，另配置扩展装置实现站内所有对时设备的软、硬对时。

（2）站控层设备对时宜采用 SNTP 方式。

（3）间隔层设备对时宜采用 IRIG-B、1pps 方式。

（4）过程层设备对时宜采用 IRIG-B 光信号。

（5）时间同步系统应具备 RJ45、ST、RS-232/485 等类型对时输出接口扩展功能，工程中输出接口类型、数量宜按远期需求配置。

7.3.8　智能辅助监控系统

7.3.8.1　系统结构

全站配置 1 套智能辅助监控系统，由综合应用服务器、巡视主机、各子系统前端设备及通信设备组成。子系统包含一次设备在线监测子系统、二次系统在线监测子系统、火灾消防子系统、安全防卫子系统、动环子系统、智能锁控子系统、智能巡视子系统等，实现一次设备、二次设备及回路在线监测、火灾、消防、安全警卫、动力环境的监视及控制、智能锁控、安全环境监视及设备智能巡视等功能。

站控层统一采用 DL/T 860 通信报文。一次设备在线监测、二次系统在线监测、火灾消防、安全防卫、动力环境子系统宜部署于安全Ⅱ区，信息接入综合应用服务器，并通过Ⅱ区网关机与集控站站交互信息；当集控站尚未建成的过渡期，且运维主站部署在Ⅳ区时，通过Ⅳ区网关机与主站交互信息。

智能巡视子系统部署于安全Ⅳ区，信息接入巡视主机，与集控站智能巡视集中监控系统交互信息；当集控站尚未建成的过渡期，站端信息与运维主站交互信息。安全Ⅱ区与安全Ⅳ区之间通过正、反向隔离装置互联。

变电站宜采用有线传输方式，当条件不具备需采用无线传输方式时，应设置安全接入区，部署于安全Ⅳ区，配置安全接入网关、无线汇聚接点以及各类无线传感器等。无线传感器采用微功率无线接口与汇聚节点通信，数据传输应满足无线组网协议及无线网通信协议要求。

7.3.8.2　一次设备在线监测子系统

一次设备在线监测子系统实现主变压器油温及油位监测、油中溶解气体监测、铁芯夹件接地电流监测；开关绝缘气体密度监测、开关柜触头测温，避雷器泄漏电流监测等功能，配置前端监测设备。330～750kV GIS（HGIS）设备预留特高频局放传感器和测试接口。

前端设备实时采集各一次设备状态信息，点对点传输至就地配置的一次设备在线监测终端，监测终端采用 DL/T 860 协议将数据整合上送至综合应用服务器。其中，主变压器监测终端宜按照主变压器配置，开关、避雷器监测终端宜按照电压等级配置。

变电站一次设备在线监测系统设备配置一览表见表 7－17。

表 7－17　　各电压等级一次设备在线监测系统配置一览表

序号	设备	330～750kV	220kV	110kV	66kV	35kV	10kV
一	主变压器						
1.1	油温、油位远传表计	●	●	●	●	●	/
1.2	油中溶解气体在线监测	●	●	○	○	×	/
1.3	铁芯夹件接地电流	●	●	●	●	×	/
1.4	中性点成套设备避雷器泄漏电流数字化远传表计	×	●	●	●	×	/
二	高抗						
2.1	油温、油位远传表计	●	/	/	/	/	/
2.2	油中溶解气体在线监测	●	/	/	/	/	/
2.3	铁芯夹件接地电流	●	/	/	/	/	/
三	GIS/HGIS						
3.1	绝缘气体密度远传表计	●	●	●	●	●	/
3.2	GIS/HGIS 内置避雷器泄漏电流数字化远传表计	●	●	●	●	●	/
3.3	特高频局部放电	预留接口	×	×	×	×	×
四	断路器						
4.1	绝缘气体密度远传表计	●	●	●	●	●	/
五	空气绝缘开关柜（仅用于进线柜、分段柜等大电流开关柜）						
5.1	触头测温	/	/	/	/	/	●
六	气体绝缘开关柜						
6.1	绝缘气体密度远传表计	/	/	/	/	●	●
七	独立避雷器						
7.1	泄漏电流数字化远传表计	●	●	●	●	/	/

注　●表示应配置；○表示地下变电站、城市重要中心站宜配置；×表示不配置；/表示无此设备。

7.3.8.3　火灾消防监测子系统

变电站火灾消防监测子系统包括消防信息传输控制单元、模拟量变送器等设备，配合火灾自动报警系统，实现站内火灾报警信息的采集、传输和联动控制。

火灾自动报警系统内的前端设备通过总线上送数据至消防信息传输控制单元，消防信息传输控制单元采用标准协议将数据整合上送至综合应用服务器。

火灾消防监测子系统配置原则如下：

（1）根据探测区域及区域内电气设备特点，变电站应配置不同原理和类型的火灾探测器。

（2）各房间应配置点型感温感烟火灾探测器或吸气式感烟探测器。

（3）蓄电池室应配置防爆感烟火灾探测器。

（4）有设备运行温度要求的区域，如变压器室、电缆夹层、电缆竖井、室外主变、室外高抗等区域，应配置缆式线型定温火灾探测器。

7.3.8.4　安全防卫子系统

变电站安全防卫监测子系统按照安全防范要求，配置安防监控终端、防盗报警控制器、门禁控制器、电子围栏、红外双鉴探测器、红外对射探测器、声光报警器、紧急报警按钮等设备。对未使用门禁刷卡授权进站、攀爬围墙、翻越大门等非法入侵行为，由围墙上方的电子围栏及进站大门上方的红外对射探测器发送信号至防盗报警控制器进行声光报警，并联动智能巡视系统摄像机，推送报警区域的视频画面，清晰显示人员活动情况。

安全防卫监测子系统的设计需要统筹变电站反恐要求，变电站反恐等级由电网企业和公安机关共同确定。

前端设备通过 RJ45、I/O、RS485 等接口方式与安防监控终端进行通信，安防监控终端采用 DL/T 860 协议将数据整合上送至综合应用服务器，并发送给巡视主机，实现站端安全警卫信息的采集和监控。

安全防卫监测子系统配置原则如下：

（1）变电站应配置 1 套安防监控终端，布置于二次设备室。

（2）变电站围墙应配置电子围栏，大门入口宜配置红外对射探测器用于周界安防。

（3）对于无人值班的警卫室或有人值班变电站的监控室，应配置紧急报警按钮。

（4）各设备室对外门窗处可配置红外双鉴探测器用于非法入侵监测。

（5）大门入口及主要设备室应配置门禁。

（6）变电站大门入口应设置门铃。

7.3.8.5　动环子系统

变电站动力环境监测子系统包括动环监控终端、空调控制器、照明控制器、除湿机控制箱、风机控制器、水泵控制器、温湿度传感器、微气象传感器、水浸传感器、水位传感器、绝缘气体监测传感器等设备。

前端设备通过 RS485、I/O 等接口方式与动环监控终端进行通信，动环监控终端采用 DL/T 860 协议将数据整合上送至综合应用服务器。

动力环境监测子系统配置原则如下：

（1）变电站应配置 1 套动环监控终端，布置于二次设备室。

（2）主要一次设备室、二次设备室应配置温湿度传感器。

（3）存在绝缘气体泄漏隐患的设备室应配置绝缘气体泄漏监测传感器。

（4）电缆层、室外电缆沟等电缆集中区域宜配置水浸传感器，集水井应配置水位传感器。

（5）各变电站主控楼楼顶宜配置 1 套一体化微气象传感器，采集室外温度、湿度、风速、风向、气压、雨量等数据。

（6）有灯光补充需求的站内场地应配置辅助灯光。

7.3.8.6 智能锁控子系统

变电站锁控子系统由锁控监控终端、电子钥匙、锁具等配套设备组成。自成后台系统，后台具备上送开锁任务、人员及锁具配置信息，下发开锁任务至电子钥匙等功能。预留锁控监控终端接入辅助设备智能监控系统的接口。不应具有“一匙通开”功能。

智能锁控子系统配置原则如下：

（1）1 台锁控控制器、电子钥匙（35～220kV 变电站配置电子钥匙 2 把，330～750kV 变电站配置 4 把）集中部署，并配置一把备用紧急解锁钥匙；

（2）锁具部署在全站房间门、二次屏柜门、端子箱门、爬梯门、围栏门（不含防止电气误操作的锁具）；消防小室门、水泵房门等需要常开的场合，无需部署锁具。

7.3.8.7 智能巡视子系统

变电站智能巡视子系统由巡视主机、视频设备等组成，实现数据采集、自动巡视、智能分析、实时监控、智能联动、远程操作等功能。室内外设备的巡视作业宜由摄像机完成。

变电站智能巡视子系统采用分层、分布、开放式的网络构架，由站层设备和前端设备构成，部署在安全Ⅳ区。系统通过 1 套物理隔离设备与站内安全Ⅰ/Ⅱ区系统互连，通过综合数据网与集控站智能巡视集中监控系统交互信息（过渡期与运维主站通信）。站控层宜配置 1 套巡视主机、1 套存储设备、1 套网络交换机等设备。服务器、存储设备的容量应满足变电站远景规模的要求。

系统前端设备主要包括全景摄像机、高清枪机、高清球机、高清防爆半球机、云台摄像机、红外热成像摄像机等，高清摄像机须具备夜视功能。前端设备按本期规模配置。

（1）巡视主机。220kV 及以下变电站配置独立边缘巡视主机。边缘巡视主机部署在变电站，具备站内摄像机、机器人、无人机、声纹监测装置等巡视设备接入能力，边缘巡视主机接收来自区域巡视主机的模型同步、任务控制、设备控制等命令，调度对应的巡视设备完成数据采集，将采集数据上送，同时还应具备静默数据筛选、智能联动以及巡视设备状态上送等功能。

前端设备相关视频图像及告警信息采用 TCP/UDP、FTPS 传输协议上传至巡视主机，与主辅设备监控系统，实现与安全Ⅰ、Ⅱ区的联动。

（2）视频监控。智能巡视子系统摄像机配置原则如下：

1）主变压器（含调补变压器）、高抗应配置红外测温摄像机，实现本体、套管、引线头、引流线、储油柜、末屏的自动测温巡视。

2）变电站周界宜立杆装设摄像机，出入口处宜配置枪型摄像机，满足清晰监视周界及出入口人员活动情况、体貌特征和车辆号牌等要求。

3）油温表、绕组温度表、油压表等参量宜通过数字化远传实现图像采集功能；对于套管油位表等参量宜通过摄像机进行图像采集数据。

4）当配置双光谱红外测温摄像机时，应相应减少可见光摄像机的配置数量；

5）可见光摄像机优先选用数字式高清摄像机，分辨率不低于 1080P，应具备夜视功能。

7.3.8.8 联动功能

智能联动含主辅联动、子系统间联动及子系统内部联动功能。

（1）应支持监控主机、综合应用服务器及巡视主机之间联动控制，在进行巡视期间，应支持向监控主机、综合应用服务器发送联动任务功能。

（2）当巡视主机接到联动信号时，应支持根据配置的联动信号和巡视点位的对应关系，自动生成巡视任务，对需要复核的点位进行巡视。

（3）应能实现用户自定义的设备联动，包括照明、暖通、火灾、消防、环境监测等相关设备的联动。

（4）在夜间或照明不良情况下需要启动摄像机摄像时，联动辅助灯光。

（5）发生火灾时，联动报警设备所在区域的摄像机跟踪拍摄火灾情况、自动解锁房间门禁，自动切断风机、电暖气、空调及除湿机电源。

（6）发生非法入侵时，打开报警防区的灯光照明、联动报警设备所在区域的摄像机，并启动报警功能。

（7）当配电装置室 SF_6 气体浓度超标时，自动启动相应的风机并启动报警功能，必要时可联动相应区域的摄像机。

（8）通过对室内环境温度、湿度的实时采集，自动启动或关闭风机、空调、电暖气和除湿机系统、百叶窗。

（9）发生水浸及水位越限时，自动启动相应的水泵排水并启动报警功能。

（10）发生强对流天气时，实时记录环境信息，实现告警上传并联动相应设备。

7.3.9　预制式二次设备

为提高现场施工的效率和质量，变电站采用预制式二次设备。预制式二次设备主要包括预制舱式二次组合设备和预制式智能控制柜。户内 GIS 设备宜采用预制式智能控制柜等智能主设备。

预制式智能控制柜应支持标准机箱安装，组件布置顺序宜按照合并单元、保护装置、测控装置、主 IED 及状态监测 IED、智能终端、模拟接线面板、硬压板、过程层交换机的顺序自上而下依次排列布置，柜内设备的安排及端子排的布置应保证各间隔的独立性，在一套装置检修时不影响其他任何一套装置的正常运行。

7.3.10　互感器二次参数选择

常规互感器应符合 GB 20840.3、GB 20840.2 的有关规定。具体工程应根据实际参数进行核算。

变压器保护各侧电流互感器变比，不宜使平衡系数大于 10；母线保护各支路电流互感器变比差不宜大于 4 倍；差动保护应采用特性一致的电流互感器。

结算计量点线路宜配置常规互感器。考核计量点计量与测量可共用电流互感器二次绕组。

7.3.10.1　对常规电流互感器的要求

（1）电流互感器二次绕组的数量、准确等级应满足保护、测量、计量和自动装置的要求。

（2）保护用数据的双 A/D 采样应由合并单元实现，每个合并单元输出两路数字采样值由同一路通道进入一套保护装置。

（3）保护用电流互感器准确级应不低于 5P，P 类保护用电流互感器应考虑满足复合误差要求的准确限值倍数；测量、计量用二次绕组准确级宜采用 0.2S 级。

（4）电流互感器二次绕组所接负荷应保证实际二次负荷在 25%～100%额定二次负荷范围内。

（5）当二次电流为 1A 时，0.2S 级测计量 TA 容量为 5VA。TA 容量应根据具体工程情况合理选择。

7.3.10.2　对常规电压互感器的要求

（1）电压互感器二次绕组的数量、准确等级应满足保护、测量、计量和自动装置的要求。

（2）常规电压互感器保护用数据的双 A/D 采样应由合并单元实现，每个合并单元输出两路数字采样值由同一路通道进入一套保护装置。

（3）计量用电压互感器的准确级采用 0.2 级；保护、测量共用电压互感器的准确级为 0.5（3P）级。

（4）电压互感器的二次绕组额定输出，应保证二次负荷在额定负荷的 25%～100%范围，以保证电压互感器的准确度。

（5）计量用电压互感器二次回路允许的电压降应满足不同回路要求；保护用电压互感器二次回路允许的电压降应在电压互感器负荷最大时不大于额定二次电压的 3%。

（6）220、110（66）kV 母线应装设三相电压互感器，220、110kV 进出线宜配置三相电压互感器。35/10kV 母线宜装设三相电压互感器。

（7）TV 容量应根据具体工程情况合理选择。

7.3.11　光缆、电缆的标准化连接

7.3.11.1　光缆的标准化连接

为了保证光缆的可靠性和使用寿命，应采用密封性能良好和便于接续的光缆接头，宜采用标准化的光纤接口、熔接或插接工艺，可以根据需要适当选用无需现场熔接的预制光缆组件。

柜内二次装置间连接宜采用跳纤，室内不同屏柜间二次装置连接宜采用尾缆或软装光缆，跨房间、跨场地不同屏柜间二次装置连接可采用无金属、阻燃、多芯室外预制光缆。

室外预制光缆可采用双端预制方式，也可采用单端预制方式。

预制光缆应自带连接器，宜采用体积小、集成密度高、防护性能高、机械性能强、稳定性好的带分支的连接器。

7.3.11.2 电缆的标准化连接

宜实现一次设备本体与智能控制柜之间标准的输入、输出，以提高抗干扰能力、适应现场工作环境、便于施工、提高现场实施质量。

主变压器、GIS 本体与智能控制柜之间二次控制电缆宜采用航空插头连接，断路器、刀闸、互感器与智能控制柜之间二次控制电缆宜采用标准化连接，条件具备时可采用航空插头连接。

当电缆采用穿管敷设时，宜采用单端预制电缆，预制端宜设置在智能控制柜侧。预制缆端采用圆形连接器且满足穿管要求时也可采用双端预制。各供货商应按照标准化设计图纸，进行航空插头及电缆的制作、检验、测试、连接，实现快捷的、标准的二次控制电缆连接方式，减少现场电缆接线工作量，提高连接可靠性。

航空插头的选型应满足回路工作额定电压、额定电流的要求，同时还需要满足接触电阻、屏蔽性能、机械性能、振动、冲击、碰撞等要求；航空插头的连接方式应满足接触电阻等的要求；航空插头还应满足现场环境温湿度等要求。

航空插头宜采用高可靠性的防误插头；当一个间隔内部有多个相同的接插件时，需要有防止航空插件插错位置的措施，以保证间隔内部若干个航空插头的防误插，避免误操作，便于现场安装及运行、检修工作。

7.3.12 二次设备接地和抗干扰

（1）保护装置之间、保护装置至开关场就地端子箱之间联系电缆以及高频收发信机的电缆屏蔽层应双端接地，使用截面不小于 $4mm^2$ 多股铜质软导线可靠连接到等电位接地网的铜排上。

（2）由开关场的变压器、断路器、隔离刀闸和电流、电压互感器等设备至开关场就地端子箱之间的二次电缆应经金属管从一次设备的接线盒（箱）引至电缆沟，并将金属管的上端与上述设备的底座和金属外壳良好焊接，下端就近与主接地网良好焊接。上述二次电缆的屏蔽层在就地端子箱处单端使用截面不小于 $4mm^2$ 多股铜质软导线可靠连接至等电位接地网的铜排上，在一次设备的接线盒（箱）处不接地。

（3）所有敏感电子装置的工作接地应不与安全地或保护地混接。

（4）在二次设备室、敷设二次电缆的沟道、就地端子箱及保护用结合滤波器等处，使用截面不小于 $100mm^2$ 的裸铜排敷设与变电站主接地网紧密连接的等电位接地网。

（5）在二次设备室内，沿屏（柜）布置方向敷设截面不小于 $100mm^2$ 的专用接地铜排，并首末端连接后构成室内等电位接地网。室（舱）内等电位接地网必须用至少 4 根以上、截面不小于 $50mm^2$ 的铜排（缆）与变电站的主接地网可靠一点接地。连接点处需设置明显的二次接地标识。

（6）在二次设备室内暗敷接地干线，在离地板 300mm 处设置临时接地端子。

（7）沿二次电缆的沟道敷设截面不少于 $100mm^2$ 的裸铜排（缆），构建室外的等电位接地网。开关场的就地端子箱内应设置截面不少于 $100mm^2$ 的裸铜排，并使用截面不少于 $100mm^2$ 的铜缆与电缆沟道内的等电位接地网连接。

（8）有电联系的电压互感器二次侧的接地应仅在一个控制室或继电器室相连一点接地。为保证接地可靠，各电压互感器的中性线不得接有可能断开的断路器等。已在二次设备室一点接地的电压互感器二次绕组，宜在开关场将二次绕组中性点经放电间隙或氧化锌阀片接地。为防止造成电压二次回路多点接地的现象，应定期检查放电间隙或氧化锌阀片。

（9）公用电流互感器二次绕组二次回路只允许、且必须在相关保护屏（柜）内一点接地。独立的、与其他电压互感器和电流互感器的二次回路没有电气联系的二次回路应在开关场一点接地。

（10）微机型继电保护装置屏（柜）内的交流供电电源的中性线不应接入等电位接地网。

7.4 土建部分

7.4.1 站址基本条件

海拔＜1000m，设计基本地震加速度值 0.10g，建筑场地为Ⅱ类，设计风速 30m/s，地基承载力特征值 f_{ak}=150kPa，地下水无影响，非采暖区，场地同一标高。

7.4.2 总平面及竖向布置

7.4.2.1 站址征地

站址征地图应注明坐标及高程系统，应标注指北针，并提供测量控制点坐标及高程。在地形图上绘出变电站围墙及进站道路的中心线、征地轮廓线及规划控制红线等。

变电站征（占）地面积一览表见表 7－18。

表 7－18　　变电站征（占）地面积一览表

序号	指标名称	单位	数量	备注
1	站址总用地面积	hm^2		
1.1	站区围墙内占地面积	hm^2		
1.2	进站道路占地面积	hm^2		
1.3	站外供水设施占地面积	hm^2		
1.4	站外排水设施占地面积	hm^2		
1.5	站外防（排）洪设施占地面积	hm^2		
1.6	其他占地面积	hm^2		

7.4.2.2　总平面布置图

（1）变电站的总平面布置图应根据生产工艺、运输、防火、防爆、环境保护和施工等方面的要求，按最终规模对站区的建、构筑物，管线及道路进行统筹安排。

（2）图中应表示进站道路、站外排水沟、挡土墙、护坡等，综合布置各种主要管沟，并标明其相对关系和尺寸。

（3）图中应标明站内各建筑物、构架、主变压器场地、围墙、道路等建构筑物的控制点坐标，并在说明中标明建筑坐标与测量坐标间相互的换算关系。

（4）图中应标注指北针，并应标出指北针与建筑坐标的夹角。

（5）图中应标明各道路的宽度及转弯半径。

（6）场地处理。变电站配电装置场地宜采用碎石地坪不设检修小道，操作地坪按电气专业要求设置。

规划部门对绿化有明确要求时，可进行简易绿化，但应综合考虑养护管理，选择经济合理的本地区植物，不应选用高级乔灌木、草皮或花木。

（7）应按 DL/T 5056《变电站总布置设计技术规程》，在图中列出表主要技术经济指标一览表（见表 7－19）和站区建（构）筑物一览表（见表 7－20）。

表 7－19　　主要技术经济指标一览表

序号	名 称		单位	数量	备注
1	站址总用地面积		hm^2		
1.1	站区围墙内占地面积		hm^2		
1.2	进站道路占地面积		hm^2		
1.3	站外供水设施占地面积		hm^2		
1.4	站外排水设施占地面积		hm^2		
1.5	站外防（排）洪设施占地面积		hm^2		
1.6	其他占地面积		hm^2		
2	进站道路长度（新建/改造）		m		
3	站外供水管长度		m		
4	站外排水管长度		m		
5	站内主电缆沟长度		m		
6	站内外挡土墙体积		m^3		
7	站内外护坡面积		m^2		
8	站址土（石）方量	挖方（−）	m^3		
		填方（+）	m^3		
8.1	站区场地平整	挖方（−）	m^3		
		填方（+）	m^3		
8.2	进站道路	挖方（−）	m^3		
		填方（+）	m^3		
8.3	建（构）筑物基槽余土		m^3		
8.4	站址土方综合平衡	挖方（−）	m^3		
		填方（+）	m^3		
9	站内道路面积		m^2		
10	屋外场地面积		m^2		
11	总建筑面积		m^2		
12	站区围墙长度		m		

注　如有软弱土或特殊地基处理方式引起的土石方量变化可调整相应项目。

表 7－20　　站区建（构）筑物一览表

序号	名 称	单位	数量	备注
1	配电装置室（楼）	m^2		
2	二次设备室	m^2		
3	220kV 配电装置场地	m^2		

续表 7－20

序号	名 称	单位	数量	备注
4	110kV 配电装置场地	m^2		
5	主变压器场地	m^2		
6	电容器场地	m^2		
7	雨水泵井	座		
8	事故油池	座		
9	独立避雷针	根		
10	消防水池	m^2		
11	消防泵房	m^2		占地面积/建筑面积

7.4.2.3 竖向布置

（1）竖向布置的形式应综合考虑站区地形、场地及道路允许坡度、站区排水方式、土石方平衡等条件来确定，场地的地面坡度宜取 0.5%～2%。

（2）图中应标出站区各建（构）筑物、道路、配电装置场地、围墙内侧及站区出入口处的设计标高，建筑物设计标高以室内地坪为±0.000。标明场地、道路及排水沟排水坡度及方向。

7.4.2.4 土（石）方平衡

根据总平面布置及竖向布置要求，采用横断面法、方网格法、分块计算法或经鉴定的计算软件计算土（石）方工程量，绘制场区土方图，编制土方平衡表。对土方回填或开挖的技术要求作必要说明。

7.4.3 站内外道路

（1）站内外道路的型式。进站道路宜采用公路型道路；站内道路宜采用公路型道路，湿陷性黄土地区、膨胀土地区宜采用城市型道路；路面可采用混凝土路面或沥青混凝土路面。采用公路型道路时，路面宜高于场地设计标高150mm。

（2）站内道路宜采用环形道路。变电站大门宜面向站内主变压器运输道路。

变电站大门及道路的设置应满足主变压器、大型装配式预制件、预制舱式二次组合设备等整体运输的要求。

（3）其他。进站道路与桥涵或沟渠等交汇处应标明其坐标并绘制断面详图。站内道路平面布置应标明站内地下管沟，并标示穿越道路管沟的位置。

7.4.4 装配式建筑

7.4.4.1 建筑物布置

（1）建筑应严格按工业建筑标准设计，风格统一、造型协调、方便生产运行，并做好建筑“四节（节能、节地、节水、节材）一环保”工作。建筑材料选用因地制宜，选择节能、环保、经济、合理的材料。

（2）变电站内建筑物名称和房间名称应统一。

（3）变电站设配电装置室（楼）、消防泵房等建筑物，各类型变电站均设置独立的警卫室。

（4）建筑物按无人值守运行设计，仅设置生产用房及辅助生产用房。

户外变电站生产用房设有二次设备室、蓄电池室、35（10）kV 配电装置室等。

全户内变电站生产用房设有主变压器室、散热器室、220kV GIS 室、110kV GIS 室、35（10）kV 配电装置室、电抗器室、接地变压器消弧线圈室、电容器室、站用变压器室、二次设备室、蓄电池室等。

半户内变电站生产用房除主变压器室、散热器室外，其余生产用房同户内变电站设置。

辅助生产用房设有安全工具间、资料室、男女卫生间、1～2 间机动用房、警卫室等。边远地区、维稳地区的变电站可根据需要适当增加附属用房。

（5）建筑设计的模数应结合工艺布置要求协调，宜按 GB 50006《厂房建筑模数协调标准》执行，建筑物柱距一般不宜超过三种。

主变压器室：进深 15m，开间 13m，层高 10.5m。

散热器室：进深 15m 开间 7.5m。

220kV GIS 室：跨度宜采用 13.0m，净高 7m。

110kV GIS 室：跨度宜采用 10m，净高 6.5m。

35（10）kV 配电装置室采用单列布置时，跨度宜采用 7.5m（6m）；采用双列布置时，跨度宜采用 12 m（9m）；采用混合布置时，跨度采用 11m。35kV 配电装置室净高 4.5m，10kV 配电装置室站内净高 4m；主变压器运输道路宽度为 4.5m，转弯半径不小于 12m；消防道路宽度为 4m，转弯半径不小于 9m；检修道路宽度为 3m、转弯半径 7m。

消防道路路边至建筑物（长/短边）外墙之间距不宜小于 5m。道路外边缘距离围墙轴线距离宜为 1.5m。

楼梯间轴线宽度宜为 3m、走廊轴线宽度宜为 2.1m。

全户内站变电站电缆层高出室外地坪高度按照 1.5m 考虑，电缆层层高 3.8m。

7.4.4.2 墙体

（1）应选用节能环保、经济合理的材料；应满足保温、隔热、防水、防火、强度及稳定性要求。

（2）墙板尺寸应根据建筑外形进行排版设计，减少墙板长度和宽度种类，在满足荷载及温度作用的前提下，结合生产、运输、安装等因素确定，避免现场裁剪、开洞；采用工业化生产的成品，减少现场叠装，减少现场涂刷，便于安装。

（3）外围护墙体应根据使用环境条件合理选用，宜采用一体化铝镁锰复合墙板、纤维水泥复合墙板或一体化纤维水泥集成板等一体化墙板。强腐蚀性地区宜优先选用水泥基板材。

（4）应根据使用条件合理选择墙体中间保温层材料及厚度。

（5）用于防火墙时，应满足 3h 耐火极限。

（6）建筑内隔墙宜采用纤维水泥复合墙板、轻钢龙骨石膏板或一体化纤维水泥集成墙板。

（7）变压器室设计应采取泄压措施，泄压墙宜采用装配式轻质墙体，轻质墙体容重不宜大于 60kg/m^2，且具备泄压迅速、强度良好、轻质、耐久、防火和安装拆卸方便等特点。

7.4.4.3 屋面

（1）屋面板采用钢筋桁架楼承板，轻型门式刚架结构屋面板宜采用压型钢板复合板。屋面宜设计为结构找坡，平屋面采用结构找坡不得小于 5%，建筑找坡不得小于 3%，天沟、檐沟纵向找坡不得小于 1%。寒冷地区建筑物屋面宜采用坡屋面，坡屋面坡度应符合设计规范要求。

（2）屋面采用有组织防水，防水等级采用 Ⅰ 级。

7.4.4.4 室内外装饰装修

（1）外墙外挂板应免二次涂刷，内墙采用涂料装饰或免二次涂刷。采用非金属外墙板时，建筑外装饰色彩与周围景观相协调。

（2）变电站楼、地面做法应按照现行国家标准图集或地方标准图集选用，无标准选用时，可按国家电网公司输变电工程标准工艺选用。

（3）主变压器室、配电装置室、电抗器室、电容器室、站用变压器室、蓄电池室等电气设备房间宜采用环氧树脂漆地坪、自流平地坪、地砖或细石混凝土地坪等；卫生间、室外台阶采用防滑地砖，卫生间四周除门洞外，应做高度不应小于 120mm 混凝土翻边。

（4）卫生间设铝扣板吊顶，其余房间和走道均不宜设置吊顶。当采用坡屋面时宜设吊顶。

（5）室内装饰装修应满足 GB 50222《建筑内部装修设计防火规范》防火要求。

7.4.4.5 门窗

（1）门窗应设计成规整矩形，不应采用异型窗。

（2）门窗宜设计成以 3m 为基本模数的标准洞口，尽量减少门窗尺寸，一般房间外窗宽度不宜超过 1.50m，高度不宜超过 1.50m。

（3）门采用木门、钢门、铝合金门。

（4）外窗宜采用断桥铝合金门窗或塑钢窗，窗玻璃宜采用中空玻璃。蓄电池室、卫生间的窗采用磨砂玻璃。

（5）建筑外门窗抗风压性能分级不得低于 4 级，气密性能分级不得低于 3 级，水密性能分级不得低于 3 级，保温性能分级为 7 级，隔音性能分级为 4 级，外门窗采光性能等级不低于 3 级。

7.4.4.6 楼梯、坡道、台阶及散水

（1）楼梯尺寸设计应经济合理。楼梯间轴线宽度宜为 3m，踏步高度不宜小于 0.15m，步宽不宜大于 0.30m。踏步应防滑。室内台阶踏步数不应小于 2 级。当高差不足 2 级时，应按坡道要求设置。

（2）楼梯梯段改变方向时，扶手转向端处的平台最小宽度不应小于梯段宽度，并不得小于 1.20m。

（3）室内楼梯扶手高度不宜小于 0.90m。靠楼梯井一侧水平扶手长度超过 0.50m 时，其高度不应小于 1.05m。

（4）踏步、坡道、台阶采用细石混凝土或水泥砂浆材料。

（5）细石混凝土散水宽度为 0.80m，湿陷性黄土地区不得小于 1.50m。散水与建筑物外墙间应留置沉降缝，缝宽 20～25mm，纵向 6m 左右设分隔缝一道。

7.4.4.7 建筑节能

（1）控制建筑物窗墙比，窗墙比应满足国家规范要求。

（2）建筑外窗选用中空玻璃，改善门窗的隔热性能。

（3）墙面、屋面宜采用保温隔热层设计。

7.4.5 装配式结构

7.4.5.1 基本设计规定

（1）装配式建筑物宜采用钢结构。结构体系宜采用钢框架结构或轻型门式刚架结构。当单层建筑物恒载、活载均不大于 0.7kN/m^2，基本风压不大于 0.7kN/m^2 时可采用轻型门式刚架结构。地下电缆层采用钢筋混凝土结构。

（2）根据 GB 50068《建筑结构可靠性设计统一标准》，建筑结构安全等级取为二级；根据 GB 50011《建筑抗震设计规范》、GB 50223《建筑工程抗震设防分类标准》，建筑抗震设防类别取为乙类或丙类；荷载标准值、荷载分项系数、荷载组合值系数等，应满足 GB 50009《建筑结构荷载规范》和 DL/T 5427《变电站建筑结构设计技术规程》的规定。结构的重要性系数 γ_0 宜取 1.0。

（3）承重结构应按承载力极限状态和正常使用极限状态进行设计，按承载能力极限状态设计时，采用荷载效应的基本组合；按正常使用极限状态设计时，采用荷载效应的标准组合。

7.4.5.2 材料

（1）钢结构梁柱等主要承重构件宜采用 Q235、Q355 钢材，截面采用 H 型或箱型。

（2）钢结构的传力螺栓连接宜选用高强度螺栓连接，高强度螺栓宜选用 8.8 级、10.9 级，高强度螺栓的预拉应力应满足表 7－21 的要求，钢结构构件上螺栓钻孔直径宜比螺栓直径大 1.5～2.0m。

表 7－21　　高强度螺栓的预拉应力值

螺栓公称直径（mm）	M16	M20	M22	M24	M27	M30
螺栓预拉力（kN）	100	155	190	225	290	355

（3）Q355 与 Q355 钢之间焊接宜采用 E50 型焊条，Q235 与 Q235 钢之间焊接宜采用 E43 型焊条，Q235 与 Q355 钢之间焊接宜采用 E43 型焊条，焊缝的质量等级不小于二级。

7.4.5.3 结构布置

结构柱网尺寸按照模块化建设通用设计要求进行布置，厂房框架柱采用 H 形、箱形截面；框架梁宜采用 H 型截面；梁柱宜采用刚性连接。次梁的布置应综合考虑设备布置和工艺要求，次梁宜与主梁铰接，并与楼板组成简支组合梁。

7.4.5.4 钢结构计算的基本原则

（1）钢结构的计算宜采用空间结构计算方法，对结构在竖向荷载、风荷载及地震荷载作用下的位移和内力进行分析。

（2）进行构件的截面设计时，应分别对每种荷载组合工况进行验算，取其中最不利的情况作为构件的设计内力。荷载及荷载效应组合应满足 GB 50009《建筑结构荷载规范》的规定。

（3）框架柱在压力和弯矩共同作用下，应进行强度计算、平面内和平面外稳定计算。在验算柱的稳定性时，框架柱的计算长度应根据有无支撑情况按照 GB 50017《钢结构设计标准》 进行计算。

（4）柱与梁连接处，柱在与梁上翼缘对应位置宜设置水平加劲肋，以形成柱节点域，节点域腹板的厚度应满足节点域的屈服承载力要求和抗剪强度要求。

（5）中心支撑宜采用十字交叉支撑，且宜采用 H 型截面，支撑在框架内宜相向对称布置，每层不同方向在水平方向的投影面积，不宜超过 10%。

（6）当设地下室时，钢框架柱应直接延伸至基础。不设地下室时，柱也应能可靠地传递柱身荷载，宜采用埋入式、插入式或外包式柱脚；6、7 度抗震设防时也可采用外露式柱脚，柱与基础的连接采用锚栓连接，锚栓宜采用 Q355 钢材，钢柱脚宜设置钢抗剪件，抗剪件的选择应根据计算确定。

7.4.5.5 钢结构节点设计与构造

（1）梁与柱的连接要求。梁与柱刚性连接节点应具有足够的刚性。梁与柱的连接应验算其在弹性阶段的连接强度、弹塑性阶段的极限承载力、在梁翼缘拉力和压力作用下腹板的受压承载力和柱翼缘板刚度、节点域的抗剪承载力。

箱型柱在与梁翼缘对应位置处应设横向隔板，隔板应采用全熔透对接焊缝与柱壁板相连。H 型柱在与梁翼缘对应位置处应设横向加劲肋，加劲肋与柱翼缘应采用全熔透对接焊缝连接，与腹板可采用角焊缝连接。

加劲板（隔板）厚度不应小于梁翼缘厚度，强度与梁翼缘相同。

梁腹板与柱的连接螺栓不宜小于两列，且螺栓总数不宜小于计算值的 1.5 倍。

H 型截面柱在弱轴方向与主梁刚性连接时，应在主梁翼缘对应位置设置柱水平加劲肋，其厚度分别与梁翼缘和腹板厚度相同。柱水平加劲肋与柱翼缘和腹板均为全熔透坡口焊缝，竖向连接板柱腹板连接为角焊缝。

（2）柱与柱的连接要求。焊接 H 型截面柱，腹板与翼缘的组合焊缝可采用角焊缝或部分熔透焊的K形坡口焊缝。

箱型截面柱壁板四角的焊缝一般采用部分焊透的V形或J形焊缝，焊脚尺寸可根据实际作用的水平剪力计算确定，但不得小于壁板厚度2/3。

梁与柱刚性连接时，焊接H型截面柱在梁翼缘上下各500mm范围内，柱翼缘与柱腹板之间或箱型柱壁板之间的连接焊缝应采用全熔透坡口焊缝。

柱的拼接接头应位于框架节点塑性区以外，宜在框架梁上方1.3m附近，上下柱的对接接头应采用全熔透焊。柱拼接接头上下各100mm范围内，焊接H型截面柱翼缘与腹板间或箱型柱壁板之间的连接焊缝，应采用全熔透坡口焊缝，柱的接头处应设置安装耳板，厚度宜大于10mm。

钢柱的上下层截面应保持一致，当需要变截面时，柱的截面尺寸宜保持不变，仅改变翼缘厚度。

（3）梁与梁的连接要求。主梁的现场拼接节点，一般应设在内力较小的位置。也可根据施工安装方便的需要，设置在距离梁端1m左右的位置处。连接节点应按照板件截面面积的等强条件进行设计。

次梁与主梁的连接宜为铰接，次梁与主梁的竖向加劲板宜采用高强螺栓连接。

（4）梁腹板开孔补强要求。为满足电气工艺要求，梁腹板上需开孔时应满足以下要求：

1）当圆孔尺寸不大于梁高的1/3，孔洞的间距大于3倍的孔径，且在梁端1/8跨度范围内无开孔时，可不予补强。

2）当开孔需要补强时，在梁腹板上加焊V形加劲肋，且纵向加劲板伸过洞口的长度不小于矩形孔的高度，加劲肋的宽度为梁翼缘宽度的1/2，厚度与腹板同。

（5）楼、屋面底模构造要求。屋面板宜选用钢筋桁架楼承板，楼面板宜采用压型钢板为底模的现浇钢筋混凝土板或钢筋桁架楼承板，应满足建筑防水、保温、耐腐蚀性能和结构承载等功能。压型钢板质量应符合GB/T 12755《建筑用压型钢板》要求，宜选用闭口型热镀钢板，其基板应选用厚度不小于0.5mm的双面热镀锌钢板。在组合楼板的正弯矩区应根据使用阶段的受力情况及防火设计的要求确定是否配置受力钢筋。压型钢板公母肋扣合处，应采用有效的机械连接固定，当采用自攻螺丝或拉铆钉固定时，固定间距不宜大于500mm。钢筋桁架楼承板的型号及技术参数根据JG/T 368《钢筋桁架楼承板》选用，屋面钢筋桁架楼承板建议选用HB1－90，楼板厚度取120mm。底模钢板厚度不应小于0.5mm，宜采用咬口式搭缝构造。压型钢板或楼承板端部的连接宜采用圆柱头栓钉将压型钢板与钢梁焊接固定，栓钉宜穿透压型钢板焊于钢梁翼缘上。栓钉的直径不宜大于19mm。

（6）采用钢框架建筑物主体结构的框架梁与框架柱、主梁与次梁、围护结构的次檩条与主檩条（或龙骨）、围护结构与主体结构、雨篷挑梁与雨篷梁、雨篷梁与主体框架柱之间宜采用全螺栓连接。

7.4.5.6 钢结构防腐和防火

（1）钢结构防腐。钢结构建筑物梁柱均应进行防腐处理，可采用热镀锌、冷喷锌或涂层防腐。

钢柱脚埋入地下部分应采用比基础或连接处混凝土等级高一级的混凝土包裹，包裹厚度不宜小于50mm。

（2）钢结构防火。丙类钢结构多层厂房主变压器室和散热器室的耐火等级为一级，钢柱和防火墙的耐火极限为3.0h，钢梁的耐火极限为2.0h，如为单层布置，钢柱的耐火极限为2.5h。

丁、戊类单层钢结构厂房耐火等级为二级，钢柱耐火极限为2.0h，钢梁的耐火极限为1.5h。

1）防火板。耐火等级为一级的丙类钢结构多层厂房柱宜采用防火板外包防火构造。板材的耐火性能应经国家检测机构认定。外包板的厚度和层数应根据外包板的板材形式和结构的耐火极限进行计算选定。

2）防火涂料。根据建筑物耐火等级，确定各构件的耐火极限，选择厚、薄型的防火涂料。防火涂料的厚度应满足表7－22的要求。防火涂料的黏结强度宜大于0.05MPa；钢结构节点部位的防火涂料宜适当加厚。

表7－22　防火涂料的耐火极限

涂层厚度（mm）	20	30	40	50
耐火极限（h）	1.5	2.0	2.5	3.0

7.4.6 装配式构筑物

7.4.6.1 围墙

（1）围墙形式可采用大砌块实体围墙，砌体材料因地制宜，采用环保材料（如混凝土空心砌块），围墙高度不低于2.3m。围墙饰面采用水泥砂浆或干粘石抹面，围墙顶部宜设置预制压顶。大砌块推荐尺寸为600mm（长）×300mm（宽）×300mm（高）或600mm（长）×200mm（宽）×300mm（高）。围墙中及转角处设置构造柱，构造柱间距不宜大于 3m，采用标准钢模浇制。当造价较为经济时，可采用装配式围墙，如城市规划有特殊要求的变电站可采用通透式围墙。

（2）饰面及压顶。围墙饰面采用水泥砂浆或干粘石抹面。围墙压顶应采用预制压顶。

（3）围墙变形缝。围墙变形缝宜留在墙垛处，缝宽 25mm，并与墙基础伸缩缝上下贯通，变形缝间距不大于 15m。

7.4.6.2 大门

站区大门宜采用电动实体推拉门或平开门，宽度不宜小于 5.0m，门高不宜小于 2.0m。

7.4.6.3 防火墙

（1）主变压器防火墙宜采用框架＋大砌块、框架＋砌块、框架＋预制墙板、组合钢模板清水钢筋混凝土等形式。墙体需满足耐火极限≥3h 的要求。装配式防火墙应根据主变压器构架钢管根开和防火墙长度设置钢筋混凝土现浇柱。

（2）主变压器防火墙的耐火等级为一级，墙应高出储油柜顶，墙长应不小于储油坑两侧各 1m。结构采用平法布置表示梁、柱的配筋。

（3）防火墙墙体材料应采用环保材料，宜就地取材。

7.4.6.4 电缆沟

（1）配电装置区不设置电缆支沟，可采用电缆埋管或电缆排管。电缆沟宽度宜采用 800、1100、1400mm。

（2）电缆支沟可采用电缆槽盒，主电缆沟宜采用砌体、现浇混凝土或钢筋混凝土沟体，砌体沟体顶部宜设置预制压顶。沟深≤1000mm 时，沟体宜采用砌体；沟体≥1000mm 或离路边＜1000mm 时，沟体宜采用现浇混凝土。在湿陷性黄土地区及寒冷地区，采用混凝土电缆沟。电缆沟沟壁应高出场地地坪 100mm。当造价较为经济时，可采用装配式电缆沟。

（3）电缆沟盖板采用包角钢混凝土盖板或有机复合盖板，风沙地区盖板应带槽口盖板。盖板每边宜超出沟壁（压顶）外沿 50mm。电缆沟支架宜采用角钢支架。潮湿环境下，宜采用复合支架。

（4）带油设备周边电缆沟采用企口式电缆沟盖板。

7.4.6.5 构架

（1）结构型式。构架柱宜采用钢管 A 柱；三角形钢桁架梁；梁柱连接采用铰接。柱与基础之间宜采用地脚螺栓连接。

（2）构造要求。人字柱的根开与柱高之比不宜小于 1/7。构架梁的高跨比：格构式钢梁不宜小于 1/25；变电构架人字柱的主柱与水平横杆的连接，应在平面外有足够的刚度，以保证拉压杆的共同工作。

（3）爬梯及接地。构架设计应设有便利维护检修人员上下的直爬梯，直爬梯的设置应满足带电检修的上人条件，梯宽不宜小于 0.40m，爬梯第一档到地面的距离为 450mm，爬梯底部宜设置防止人随意攀爬的带锁安全门。构架柱在距地面 0.5m 高处均设接地件，接地件位于柱外侧。柱脚排水孔设在人字柱内侧最低点。爬梯应设置安全护笼或防坠落装置。

（4）防腐。构架应根据大气腐蚀介质采取有效的防腐措施，对通常环境条件的钢结构宜采用热镀锌防腐或冷喷锌。

（5）构架基础。采用标准钢模浇制混凝土，基础尺寸推荐采用 1800、2100、2400、2700mm。

7.4.6.6 设备支架

（1）设备支架应与构架的结构型式相协调，可采用钢管结构。管母支架采用 T 型支架或 π 型支架。设备支架钢管与基础之间宜采用地脚螺栓连接。接地件根据电气要求设置，接地件位于柱外侧。柱脚排水孔设在支架柱最低点。

（2）防腐。支架应根据大气腐蚀介质采取有效的防腐措施，对通常环境条件的钢结构宜采用热镀锌防腐或冷喷锌。

（3）支架基础。采用标准钢模浇制混凝土，基础尺寸推荐采用 900、1200、1500mm。

7.4.6.7 避雷针

独立避雷针及构架避雷针采用钢管结构型式或格构式结构。

对一般气候条件地区，避雷针钢材应具有常温冲击韧性的合格保证；当结构工作环境温度低于 0℃但高于－20℃时，避雷针钢材应具有 0℃冲击韧性的合格保证；当结构工作环境温度低于－20℃时，避雷针钢材应具有－20℃冲击韧性的合格保证。

应严格控制避雷针针身的长细比，法兰连接处应采用有劲肋板法兰刚性连接。螺栓的紧固应采用力矩扳手，安装时的紧固力矩需满足 GB 50205《钢结构工程施工质量验收规范》的相关要求。

7.4.7 给排水

水源宜采用自来水水源或打井供水。生活污水排入市政污水管网或经化粪池预处理后定期清掏外运，不设污水处理装置。站区雨水采用散排或集中排放。主变压器设油水分离式总事故油池，油池有效容积按最大主变压器油量的100%设计。排水设施在经济合理时，可采用预制式成品构件。

7.4.8 暖通

建筑物内生产用房应根据工艺设备对环境温度的要求采用分体空调或多联空调，寒冷地区可采用电辐射加热器。警卫室等人员房间设置分体空调。

蓄电池室、GIS 室和配电室等电气房间应根据规范要求设置风机通风，蓄电池室风机与氢气报警装置联锁运行，若蓄电池室不设报警装置风机应连续通风。GIS 室风机与 SF_6 报警装置联锁。主变压器室、电抗器室等运行噪声大的电气设备间通风应兼顾环保降噪需要。

采暖、通风、空调系统与报警系统联动闭锁，同时具备自动启停、现场控制和远方控制的功能。

7.4.9 消防

建筑物按建筑体积、火灾危险性分类及耐火等级确定是否设置消防给水及消火栓系统。主变压器固定灭火系统原则上采用水喷雾灭火系统。建筑物配置移动式化学灭火器。电缆从室外进入室内的入口处，应采取防止电缆火灾蔓延的阻燃及分隔的措施。

消防器材按 DL 5027《电力设备典型消防规程》附表配置。

7.5 绿色建设

7.5.1 总体原则

为了践行绿色发展理念，贯彻落实国网公司“一体四翼”发展布局，推动输变电工程建设由传统模式向绿色建造方式转型升级，深入推进输变电工程高质量建设，助力国网公司“碳达峰、碳中和”行动实施，依据国家绿色建造相关法律法规，标准规范及公司有关规定，坚持“两型三化顶层设计”、坚持“四个阶段”分步实施、坚持“五方主体”协同推进工作原则。

7.5.2 电气一次

根据《国家电网有限公司关于全面推进输变电工程绿色建造的指导意见》（国家电网基建〔2021〕367 号）及 GB 20052—2022《电力变压器能效限定值及能效等级》的要求选择设备等。

选择低损耗变压器：变压器的空载损耗和短路损耗为变压器的能耗指标，设备选择需满足主变压器能耗选择需满足Ⅱ级及以上能耗的要求，从根源上解决主变压器能耗高的问题。

选择节能照明灯具：采用绿色照明技术，在工艺生产建构筑物内全面选择高效率照明灯具和长寿命光源，采用能耗较低的 LED 灯具或节能较高的节能型灯具等。户外配电装置区域照明采用投光灯与路灯相结合措施，路灯和投光灯分别控制，根据变电站不同的场地进行分区域控制，以达到节能，减少能耗。

7.5.3 电气二次

（1）变电站应整体考虑保护、自动化、通信等二次设备的布置。二次设备室宜按规划建设规模一次建成，在便于巡视和检修的条件下，二次设备室布置应紧凑，应合理预留屏位。

（2）变电自动化系统宜配置一键顺控功能，以提升变电站智能化水平，减少运维人员工作量。

（3）变电站宜配置接入远程监控的智能辅助监控系统，以实现站内照明、通风、排水、空调、火灾报警、电子围栏等功能的联动控制。

（4）变电站二次设备应选择低功耗服务器等节能型产品。

（5）二次组屏方案设计应考虑设备的功耗和散热，同一屏柜中不宜配置过多设备。

（6）除主变压器间隔外，10（35）kV 间隔宜采用保护测控集成装置，以减少设备、降低功耗。主变压器间隔和 110kV 以上间隔测控装置宜独立配置。

（7）220kV 及以下户内变电站间隔层设备宜下放布置于智能控制柜。

（8）智能变电站宜采用预制光缆。起点、终点为同一对象的多根光缆宜按照双重化原则整合。

（9）站控层设备宜采用 SNTP 对时方式，间隔层和过程层设备宜采用 IRIG-B、1pps 对时方式，以减少计算机屏蔽电缆的使用量。

7.5.4 变电土建

7.5.4.1 总平面设计

（1）站址选择要因地制宜，靠近负荷中心，进出线合理，交通便利，尽量不占用农田林地，提高土地利用率。场地设计应有效利用地域自然条件，实现建筑布局、交通组织、场地环境、场地设施和管网的合理设计。

（2）站址选择应避开滑坡、泥石流、地震断裂带等地质危险地段；场地周围应无危险化学品、易燃易爆危险源的威胁；无不良土壤的影响；尽量避开易发生洪涝的地区。变电站建造行为对周围环境无不良影响。

（3）变电站总平面布置应满足总体规划要求，预留发展用地应按最终规模一次征地。

（4）站区总平面布置宜尽量规整，站内工艺布置合理，功能分区明确。宜将近期建设的建构筑物集中布置，以利分期建设和节约用地。

（5）积极采用通用基础，基础宜考虑一次性建成，避免土建二次进场。涉及深基坑的构筑物工程，应一次性建成。

（6）在变电站整体改造时，应充分利用原有建筑、基础及构架。

（7）变电站在兼顾出线顺畅的前提下，宜结合自然地形合理进行竖向布置，当站区地形有明显单向坡度时，宜采用台阶式布置，并根据土石方工程量的计算比较确定台阶的位置。场地设计标高应兼顾洪（潮）水位标高、场地排水、土质边坡条件等。

（8）场地的土石方宜结合建构筑物基础出土、室内回填土、地下管线沟槽和道路工程的土方量、景观用土进行自平衡，也可与周边地块建设场地土方进行平衡，避免重复运输，力求减少外购土方和土方外运量。

（9）站外挖、填方边坡宜根据周围环境及边坡土质状况优先采用喷播等绿色环保措施，防止水土流失，保护自然环境。

（10）充分保护耕地农田，可考虑采用净地表层土回收利用等生态补偿措施。

（11）变电站围墙型式应根据站址位置、城市规划和环境要求等因素综合确定，宜优先选用与周边相匹配的装配式围墙。根据节约用地和便于安全保卫原则力求规整，地形复杂或山区变电站的围墙可结合地形布置。

（12）变电站的主出入口宜面向当地道路，便于引接进站道路。城市变电站的主入口方位及处理要求宜与城市规划和街景相协调。

（13）进站道路设计应结合地形综合考虑，宜利用已有道路或路基，站外道路建设应充分考虑施工临时道路与永久道路的结合利用。

（14）变电站根据当地具体情况和规划要求，可考虑场地绿化布置，就地取材选用环保植物。合理选择绿化方式，植物种植应适应当地气候和土壤，易于维护。

7.5.4.2 建筑设计

（1）建筑设计除满足电气设备的运行要求外，尚应符合城市规划等部门提出的规划要求和对环境、噪声、景观、节能等方面要求。

（2）建筑外观与周边环境相协调，简洁大方，分区合理。

（3）宜按照“被动式技术优先、主动式技术优化”的原则，根据实际情况，优化建筑空间布局及设备布置，充分挖掘建筑本体与设备在节约资源方面的潜力。

（4）建筑物外立面造型协调，装配式墙板、门窗等建筑模数协调统一。门窗的设置、尺寸、功能和质量应符合使用、节能、设备运输和安装检修的要求。

（5）建筑物内隔墙型式应因地制宜，宜采用装配式轻质隔墙，使用新型、环保建筑材料，考虑节能环保、防火、防潮隔热等相关措施。

（6）建筑物外墙、屋面、外门窗等围护结构的力学性能、热工性能和耐久性等应符合相应产品标准规定，并应满足设计使用年限要求。建筑采用外保温时，外墙和屋面应减少挑出构件、附墙构件和屋顶突出物，外墙与屋面的热桥部分应采取阻断措施。

（7）建筑体形系数、外围护结构（外墙、屋顶、外门窗）的热工参数（如传热系数、热惰性指标等）应符合现行国家标准对围护结构相关保温和气密性等规定。

（8）外墙饰面材料、室内装饰装修材料、防水和密封材料等宜选用耐久性好、易维护、无毒的材料。合理选用可再循环材料、可再利用材料。在保证功能性的前提下，宜选用以废弃物为原料生产的利废建材。

（9）建筑物装饰装修宜选用工业化内装饰，优先采用装配式装修。装配式钢结构建筑内部不应为强调观感，采用装饰性材料对钢柱、钢梁等结构件进行包裹；鼓励在涉水房间内采用干式施工的装配式防水型板材墙面。

（10）选用的装饰装修材料在满足 GB 50222《建筑内部装修设计防火规范》的同时，要符合国家现行绿色产品评价标准。宜优先选用获得绿色建材评价认证标识的建筑材料和产品。

（11）当变电站处于噪音控制严格地区时，变电站设计宜通过选择户内变布置方式，或采取设备隔振垫、吸音板、隔音屏障、实体围墙等措施，满足噪声控制要求。

（12）管材、管线、管件应选用耐腐蚀、抗老化、耐久性能好的材料，活动配件应选用长寿命产品，并应考虑部品之间合理的寿命匹配性；不同使用寿命的部品组合时，构造应便于分别拆换、更新和升级。

（13）变电站建筑物外墙不宜选择玻璃幕墙，避免产生光污染。

（14）建筑管线宜与建筑结构分离布置，便于安装、检修、维护。

（15）结合城市绿化可持续发展，变电站建筑设计可采用立体绿化设计，利用植物对建筑物或构筑物的屋面、墙面及立面进行绿化和美化。

7.5.4.3 结构设计

（1）变电站应综合考虑安全耐久、节能减排、易于建造等因素，根据建筑物的重要性、安全等级、抗震设防烈度等要求，优先采用工厂加工、现场组装的装配式结构体系。

（2）地基处理方案应经济合理，减少对环境的污染。宜选用工厂化预制的桩型；当采用灌注桩时，宜考虑采用长螺旋钻孔压灌桩技术等；尽量避免采用人工挖孔桩，提高机械化施工；桩基施工宜结合实际情况选用低噪、环保、节能、高效的机械设备和工艺。

（3）按照有效防治水土流失的要求，合理优化地下构筑物、挡墙、护坡设计；深基坑宜采用沉井、支护桩等，减少基坑开挖方量。

（4）建构筑物部品部件应采用标准化设计，固化构件选型、构件模块；固化专业间接口设计，形成设备电气接口和土建接口标准化方案；推广使用集成化、模块化、预制式建筑部品，提高工程品质，降低运行维护成本。

（5）变电站混凝土原则上应采用预拌混凝土；宜采用预拌砂浆；钢筋连接宜采用机械连接。

（6）钢结构宜采用全螺栓连接，减少现场焊接。钢结构楼板宜采用免支撑的楼板承重体系。

（7）钢管柱构（支）架可采用冷喷锌防腐，减少对环境的污染。

（8）建筑结构材料宜优先选择高强轻质、高耐久性混凝土、耐候和耐火结构钢等。

7.5.4.4 给排水及消防设计

（1）变电站地下管线布置应按变电站的最终规模统筹规划，管线（沟道）与建（构）筑物基础、道路之间在平面与竖向上应相互协调，近远期结合，合理布置，便于扩建。

（2）场地应采用有组织排水，实现雨污分流，永临结合。

（3）竖向设计应有利于雨水的收集或排放，应结合各地气候条件，采用“渗、滞、蓄、净、用、排”等措施对施工期间及建筑竣工后的场地雨水进行有效统筹控制。

（4）合理规划场地地表和屋面雨水径流。

（5）管材选用应符合耐腐蚀、抗老化、耐久性等绿色材料要求。

（6）结合坡度、山地特点，宜采用雨污水自流排放，取消或减少雨水泵井设置。

（7）场地事故油池应具有油水分离措施。

（8）使用较高用水效率等级的卫生器具。

（9）利用场地空间设置绿色雨水基础设施，可通过收集、沉淀、过滤、消毒等处理，将雨水直接利用于除饮用水外的生活用水中。

7.5.4.5 暖通设计

（1）变电站宜优化建筑空间和平面布局，改善自然通风效果，建筑排烟系统宜优先采用自然排烟系统。

（2）配电装置室通风系统可设置温度自动控制装置，设定风机的启停温度，以利于节能和减少噪声。

（3）暖通设计时要做好经济性比较，保证空调及采暖设备的可调节性及可操作性。空调设备宜选用环保冷媒，满足绿色环保的要求。

（4）变电站通风设备宜选用高效、低噪声风机，合理选择通风设备的保温材料。

（5）主变压器及电抗器的散热器等主要散热设备宜结合当地实际情况布置在户外，如布置在户内时应采取隔热散热措施。

第 8 章　SC－220－B－2（10）通用设计实施方案

8.1　SC－220－B－2（10）方案主要技术条件

SC－220－B－2（10）方案主要技术条件见表 8－1。

表 8－1　　SC－220－B－2（10）方案主要技术条件

序号	项目		技术条件
1	建设规模	主变压器	本期 2×180MVA，远期 3×180MVA
		出线	220kV：本期出线 4 回，远期出线 8 回，架空出线； 110kV：本期出线 4 回，远期出线 14 回，架空出线； 10kV：本期出线 20 回，远期出线 30 回，电缆出线
		无功补偿装置	每台主变压器配置 10kV 并联电容器 4 组，单组容量为 8000kvar
2	站址基本条件		海拔＜1000m，设计基本地震加速度 0.10*g* 考虑，重现期 50 年的基本风速 V_0≤30m/s，地基承载力特征值 f_{ak}=150kPa，无地下水影响，假设场地为同一标高，污秽等级 d 级
3	电气主接线		220kV 本期采用双母线接线，远期采用双母线单分段接线； 110kV 本期及远期采用双母线接线； 10kV 本期采用单母线分段接线，远期采用单母线四分段接线
4	主要设备选型		220、110、10kV 短路电流控制水平分别为 50、40、31.5kA； 主变压器采用三相、三绕组、有载调压、低损耗、自然油循环自冷变压器； 220kV 采用户外 HGIS； 110kV 采用户外 HGIS； 10kV 采用户内空气绝缘开关柜，电容器柜配置 SF_6 断路器，其余配置真空断路器； 10kV 并联电容器采用户外框架式； 10kV 接地变压器及消弧线圈成套装置采用户外干式
5	电气总平面		主变压器：户外布置； 220kV：户外 HGIS，架空出线； 110kV：户外 HGIS，架空出线； 10kV：户内开关柜单列布置
6	二次系统		全站采用模块化二次设备、预制式智能控制柜及预制光、电缆的二次设备模块化设计方案； 变电站自动化系统按照一体化监控设计； 采用常规互感器＋合并单元； 220、110kV GOOSE 与 SV 共网，保护直采直跳； 220kV 及主变压器采用保护、测控独立装置，110kV 采用保护测控集成装置，10kV 采用保护测控集成装置； 采用一体化电源系统，通信电源不独立设置； 220、110kV 间隔层、公用及主变压器二次设备布置在二次设备室
7	土建部分		围墙内占地面积 1.8896hm²； 全站总建筑面积 1109m²，其中主控通信室建筑面积 496m²； 建筑物结构型式为钢结构； 建筑物外墙采用纤维水泥复合板，内墙采用水泥纤维板或复合轻质内墙板，屋面板采用钢筋桁架楼承板； 围墙采用钢筋混凝土装配式围墙； 构支架与基础采用地脚螺栓连接

8.2　SC－220－B－2（10）方案基本模块划分

SC－220－B－2（10）方案主要包括 220kV 配电装置模块、110kV 配电装置模块、主变压器模块、10kV 配电装置模块、10kV 无功补偿模块、配电装置室模块、模块化二次设备模块 7 个基本模块，模块内容说明见表 8－2。

表 8－2　　SC－220－B－2（10）方案基本模块内容说明

序号	基本模块编号	基本模块名称	基本模块描述
1	SC－220－B－2（10）－220	220kV 配电装置模块	220kV 本期 4 回出线、2 回主变压器进线，远期 8 回出线、3 回主变压器进线；220kV 本期采用双母线接线，远期采用双母线单分段接线。220kV 采用 HGIS 户外布置，架空出线
2	SC－220－B－2（10）－110	110kV 配电装置模块	110kV 本期 4 回出线、2 回主变压器进线，远期 14 回出线、3 回主变压器进线；110kV 本期采用双母线接线，远期接线形式不变。110kV 采用 HGIS 户外布置，架空出线
3	SC－220－B－2（10）－ZB	主变压器模块	主变压器本期 2 台 180MVA，远期 3 台 180MVA，采用 220/115/10.5kV 三相、三绕组、有载调压变压器，主变压器户外布置

续表 8-2

序号	基本模块编号	基本模块名称	基本模块描述
4	SC-220-B-2（10）-10	10kV 配电装置模块	10kV 本期 20 回出线、2 回主变压器进线，远期 30 回出线、3 回主变压器进线；10kV 本期采用单母线分段接线，远期采用单母线四分段接线。10kV 采用空气绝缘开关柜户内单列布置
5	SC-220-B-2（10）-10WGBC	10kV 无功补偿模块	本期及远期每组主变压器 10kV 侧分别设置 4 组 8000kvar 并联电容器
6	SC-220-B-2（10）-PDS	配电装置室模块	单层建筑，钢框架结构，建筑面积 448m^2
7	SC-220-B-2（10）-YZC	模块化二次设备	全站设置 1 个二次设备室

8.3 SC-220-B-2（10）方案主要图纸

SC-220-B-2（10）方案主要图纸见图 8-1～图 8-18，设计方案说明及其他图纸见书后所附光盘。

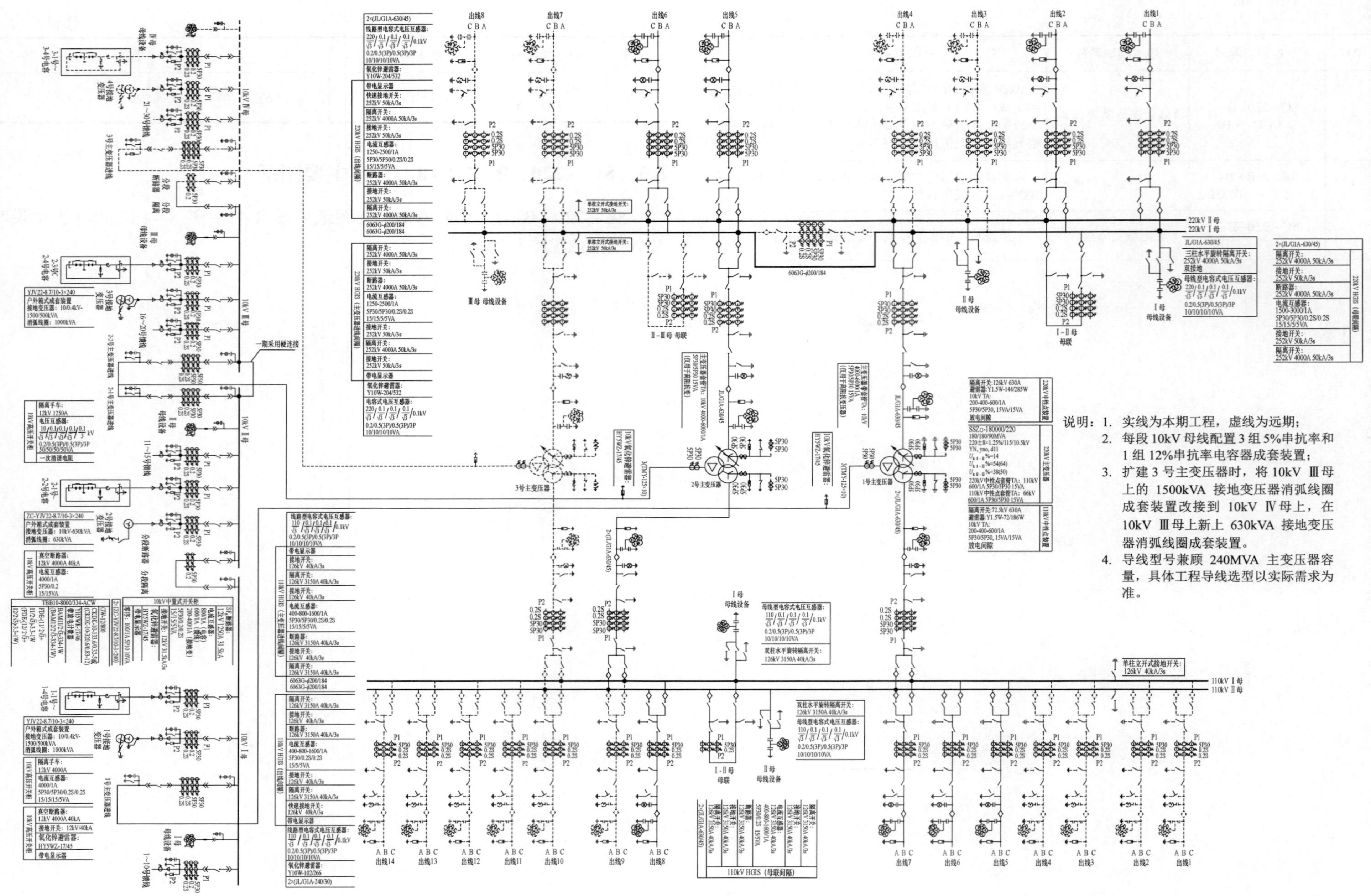

图 8-1　SC-220-B-2（10）电气主接线图

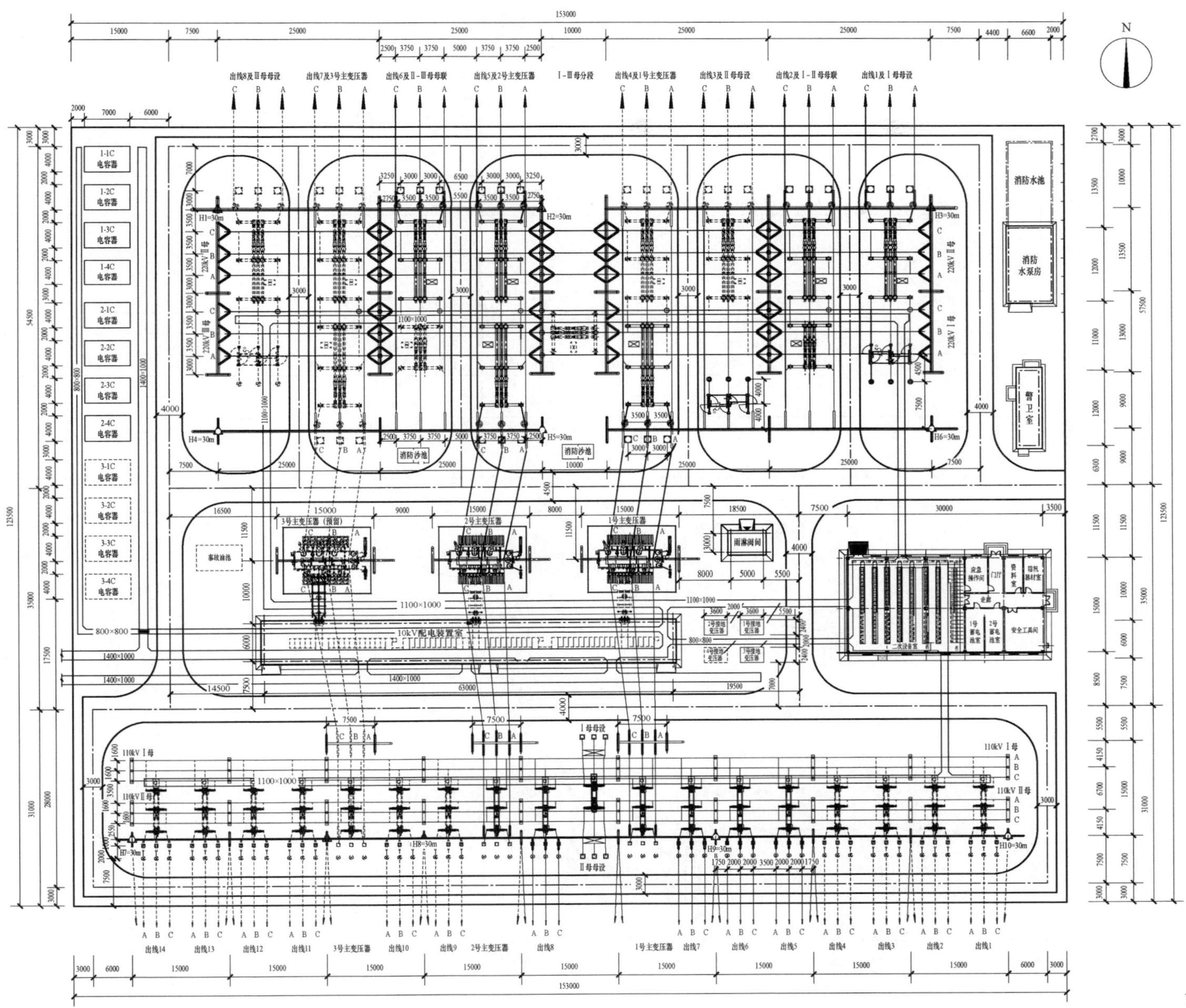

说明：实线为本期工程，虚线为远期。

图 8-2　SC-220-B-2（10）电气总平面布置图

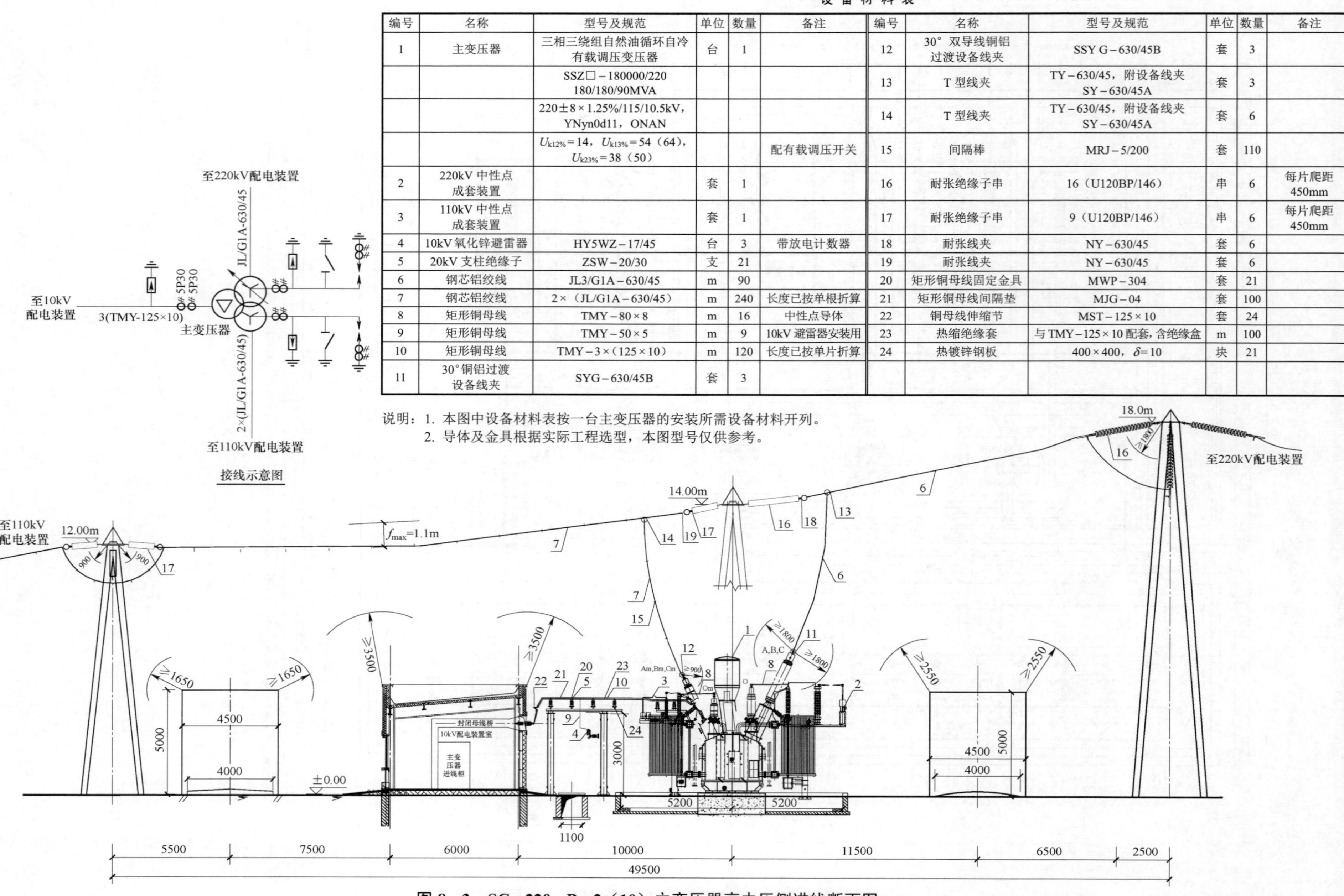

设备材料表

编号	名称	型号及规范	单位	数量	备注	编号	名称	型号及规范	单位	数量	备注
1	主变压器	三相三绕组自然油循环自冷有载调压变压器	台	1		12	30° 双导线铜铝过渡设备线夹	SSY G－630/45B	套	3	
		SSZ□－180000/220 180/180/90MVA				13	T 型线夹	TY－630/45，附设备线夹 SY－630/45A	套	3	
		220±8×1.25%/115/10.5kV，YNyn0d11，ONAN				14	T 型线夹	TY－630/45，附设备线夹 SY－630/45A	套	6	
		$U_{k12\%}$=14，$U_{k13\%}$=54（64），$U_{k23\%}$=38（50）			配有载调压开关	15	间隔棒	MRJ－5/200	套	110	
2	220kV 中性点成套装置		套	1		16	耐张绝缘子串	16（U120BP/146）	串	6	每片爬距450mm
3	110kV 中性点成套装置		套	1		17	耐张绝缘子串	9（U120BP/146）	串	6	每片爬距450mm
4	10kV 氧化锌避雷器	HY5WZ－17/45	台	3	带放电计数器	18	耐张线夹	NY－630/45	套	6	
5	20kV 支柱绝缘子	ZSW－20/30	支	21		19	耐张线夹	NY－630/45	套	6	
6	钢芯铝绞线	JL3/G1A－630/45	m	90		20	矩形铜母线固定金具	MWP－304	套	21	
7	钢芯铝绞线	2×（JL/G1A－630/45）	m	240	长度已按单根折算	21	矩形铜母线间隔垫	MJG－04	套	100	
8	矩形铜母线	TMY－80×8	m	16	中性点导体	22	铜母线伸缩节	MST－125×10	套	24	
9	矩形铜母线	TMY－50×5	m	9	10kV 避雷器安装用	23	热缩绝缘套	与 TMY－125×10 配套，含绝缘盒	m	100	
10	矩形铜母线	TMY－3×（125×10）	m	120	长度已按单片折算	24	热镀锌钢板	400×400，δ=10	块	21	
11	30°铜铝过渡设备线夹	SYG－630/45B	套	3							

说明：1. 本图中设备材料表按一台主变压器的安装所需设备材料开列。
2. 导体及金具根据实际工程选型，本图型号仅供参考。

图 8－3　SC－220－B－2（10）主变压器高中压侧进线断面图

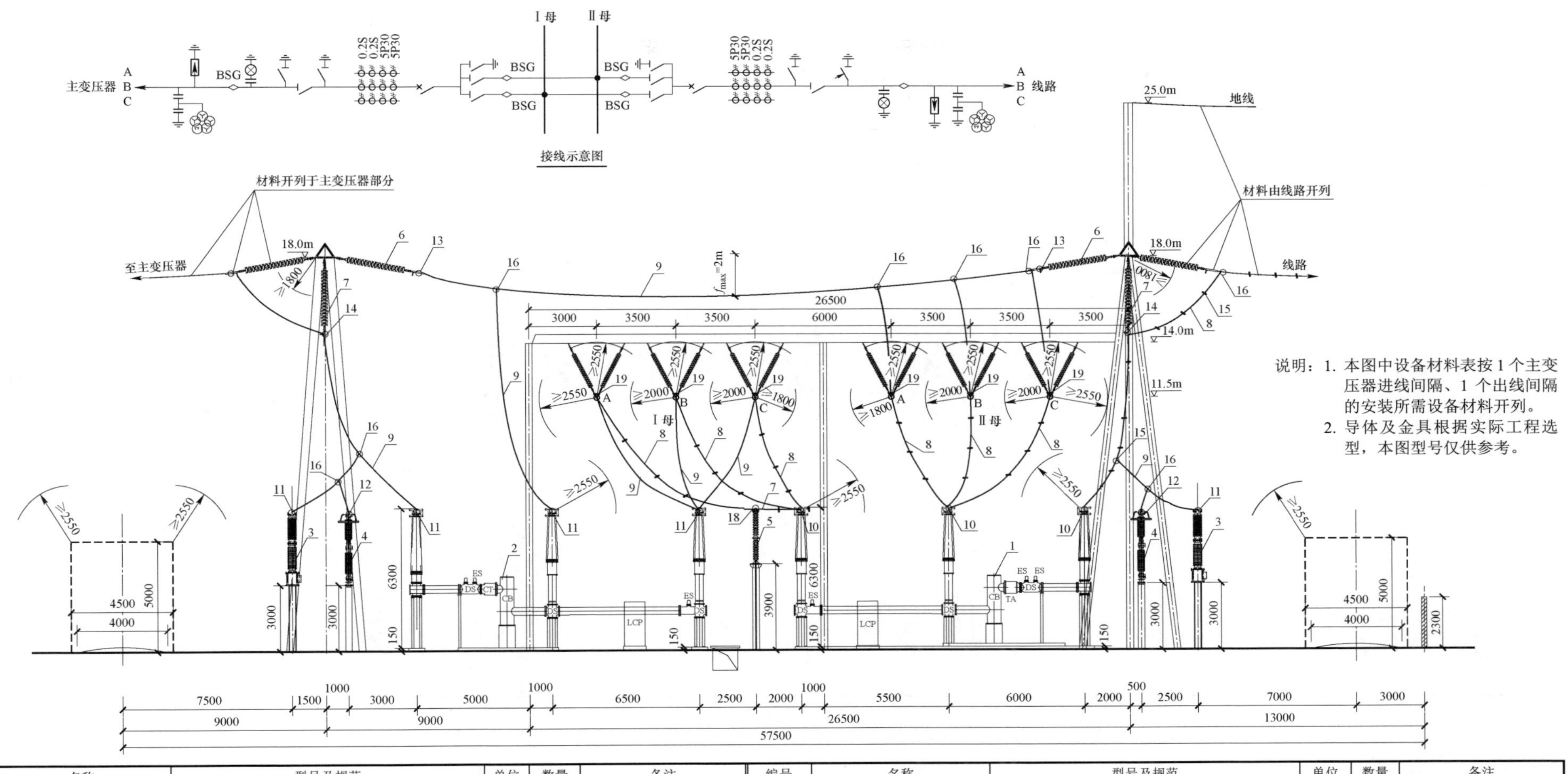

说明：1. 本图中设备材料表按1个主变压器进线间隔、1个出线间隔的安装所需设备材料开列。
2. 导体及金具根据实际工程选型，本图型号仅供参考。

编号	名称	型号及规范	单位	数量	备注	编号	名称	型号及规范	单位	数量	备注
1	220kV HGIS 架空出线间隔	252kV，4000A，50kA（3s），125kA	套	1	详细参数见主接线图	11	设备线夹	SY－630/45A	套	9	带排水孔
2	220kV HGIS 架空主变压器进线间隔	252kV，4000A，50kA（3s），125kA	套	1	详细参数见主接线图	12	设备线夹	SY－630/45B	套	12	带排水孔
3	电压互感器	电容式 220/ $\sqrt{3}$ /0.1/ $\sqrt{3}$ /0.1/ $\sqrt{3}$ /0.1/ $\sqrt{3}$ /0.1kV 0.2/0.5（3P）/0.5（3P）/3P 10/10/10/10VA	台	6		13	耐张线夹	NY－630/45	套	6	
4	氧化锌避雷器	Y10W4－204/532 瓷附在线监测仪	台	6		14	悬垂线夹	CGB－5	套	9	
5	支柱绝缘子	ZSW－252/12.5	只	1		15	双导线 T 型线夹	TYS－630/200	套	3	带 SY－630/45 设备线夹
6	耐张绝缘子串	16（U120BP/146）	串	6	每片爬距 450mm	16	T 型线夹	TY－630/45	套	21	带 SY－630/45 设备线夹
7	悬垂绝缘子串	16（U120BP/146）	串	6	每片爬距 450mm	17	间隔棒	MRJ－5/200	套	150	每隔 1m 安装 1 套
8	钢芯铝绞线	2×（JL3/G1A－630/45）	m	300	已折算成单根	18	双软母线固定金具	MSG－6/200	套	1	
9	钢芯铝绞线	JL3/G1A－630/45	m	200		19	管母线 T 型金具	MGT－200	套	12	带相应设备线夹
10	双导线设备线夹	SSY－630/45A－200	套	9	带排水孔						

图 8－4　SC－220－B－2（10）220kV 屋外配电装置主变压器、线路断面图

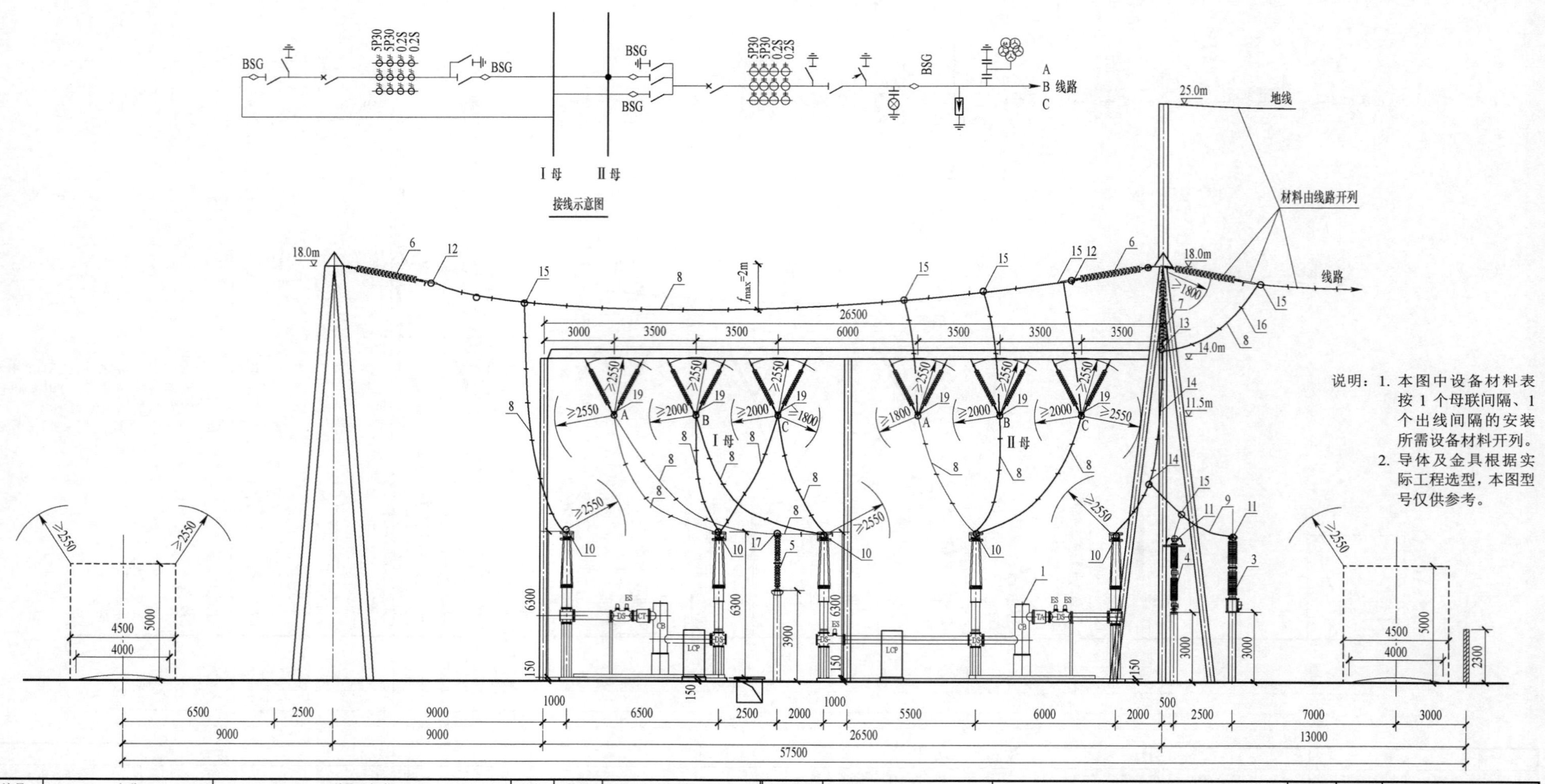

编号	名称	型号及规范	单位	数量	备注	编号	名称	型号及规范	单位	数量	备注
1	220kV HGIS 架空出线间隔	252kV，4000A，50kA（3s），125kA	套	1	详细参数见主接线图	10	双导线设备线夹	SSY－630/45A－200	套	15	带排水孔
2	220kV HGIS 母联间隔	252kV，4000A，50kA（3s），125kA	套	1	详细参数见主接线图	11	设备线夹	SY－630/45B	套	6	带排水孔
3	电压互感器	电容式 220/ $\sqrt{3}$ /0.1/ $\sqrt{3}$ /0.1/ $\sqrt{3}$ /0.1/ $\sqrt{3}$ /0.1kV 0.2/0.5（3P）/0.5（3P）/3P 10/10/10/10VA	台	3		12	耐张线夹	NY－630/45	套	6	
4	氧化锌避雷器	Y10W4－204/532 瓷 附在线监测仪	台	3		13	悬垂线夹	CGB－5	套	6	
5	支柱绝缘子	ZSW－252/12.5	只	2		14	双导线 T 型线夹	TYS－630/200	套	3	带 SY－630/45 设备线夹
6	耐张绝缘子串	16（U120BP/146）	串	6	每片爬距 450mm	15	T 型线夹	TY－630/45	套	21	带 SY－630/45 设备线夹
7	悬垂绝缘子串	16（U120BP/146）	串	6	每片爬距 450mm	16	间隔棒	MRJ－5/200	套	325	每隔 1m 安装 1 套
8	钢芯铝绞线	2×（JL3/G1A－630/45）	m	650	已折算成单根	17	双软母线固定金具	MSG－6/200	套	1	
9	钢芯铝绞线	JL3/G1A－630/45	m	30		18	管母线 T 型金具	MGT－200	套	12	带相应设备线夹

图 8－5　SC－220－B－2（10）220kV 屋外配电装置母联、线路断面图

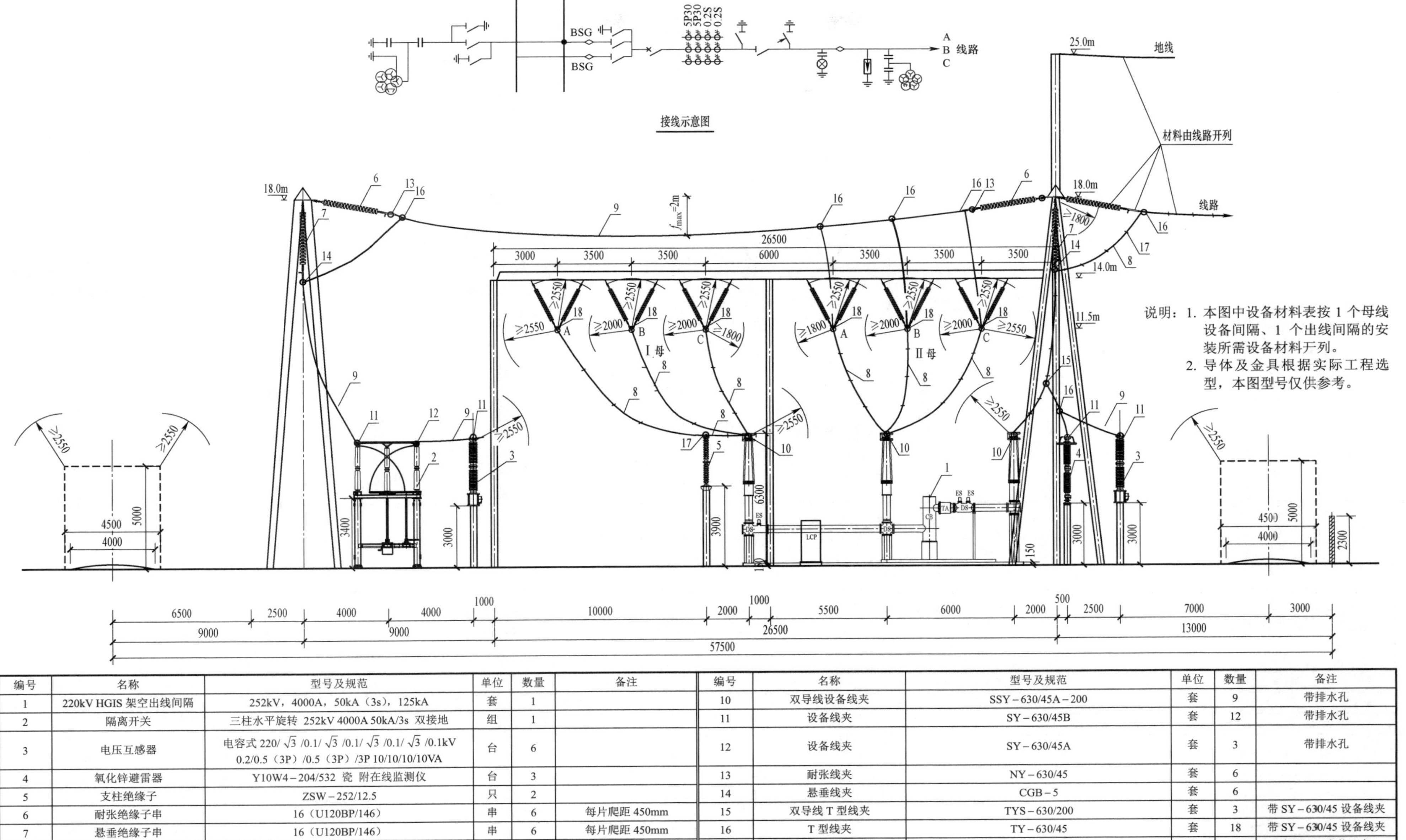

编号	名称	型号及规范	单位	数量	备注	编号	名称	型号及规范	单位	数量	备注
1	220kV HGIS 架空出线间隔	252kV，4000A，50kA（3s），125kA	套	1		10	双导线设备线夹	SSY－630/45A－200	套	9	带排水孔
2	隔离开关	三柱水平旋转 252kV 4000A 50kA/3s 双接地	组	1		11	设备线夹	SY－630/45B	套	12	带排水孔
3	电压互感器	电容式 220/ $\sqrt{3}$ /0.1/ $\sqrt{3}$ /0.1/ $\sqrt{3}$ /0.1/ $\sqrt{3}$ /0.1kV 0.2/0.5（3P）/0.5（3P）/3P 10/10/10/10VA	台	6		12	设备线夹	SY－630/45A	套	3	带排水孔
4	氧化锌避雷器	Y10W4－204/532 瓷 附在线监测仪	台	3		13	耐张线夹	NY－630/45	套	6	
5	支柱绝缘子	ZSW－252/12.5	只	2		14	悬垂线夹	CGB－5	套	6	
6	耐张绝缘子串	16（U120BP/146）	串	6	每片爬距 450mm	15	双导线 T 型线夹	TYS－630/200	套	3	带 SY－630/45 设备线夹
7	悬垂绝缘子串	16（U120BP/146）	串	6	每片爬距 450mm	16	T 型线夹	TY－630/45	套	18	带 SY－630/45 设备线夹
8	钢芯铝绞线	2×（JL3/G1A－630/45）	m	300	已折算成单根	17	间隔棒	MRJ－5/200	套	150	每隔 1m 安装 1 套
9	钢芯铝绞线	JL3/G1A－630/45	m	200		18	管母线 T 型金具	MGT－200	套	6	带 SSY－630/45 设备线夹

图 8－6　SC－220－B－2（10）220kV 屋外配电装置Ⅱ母母线设备、线路断面图

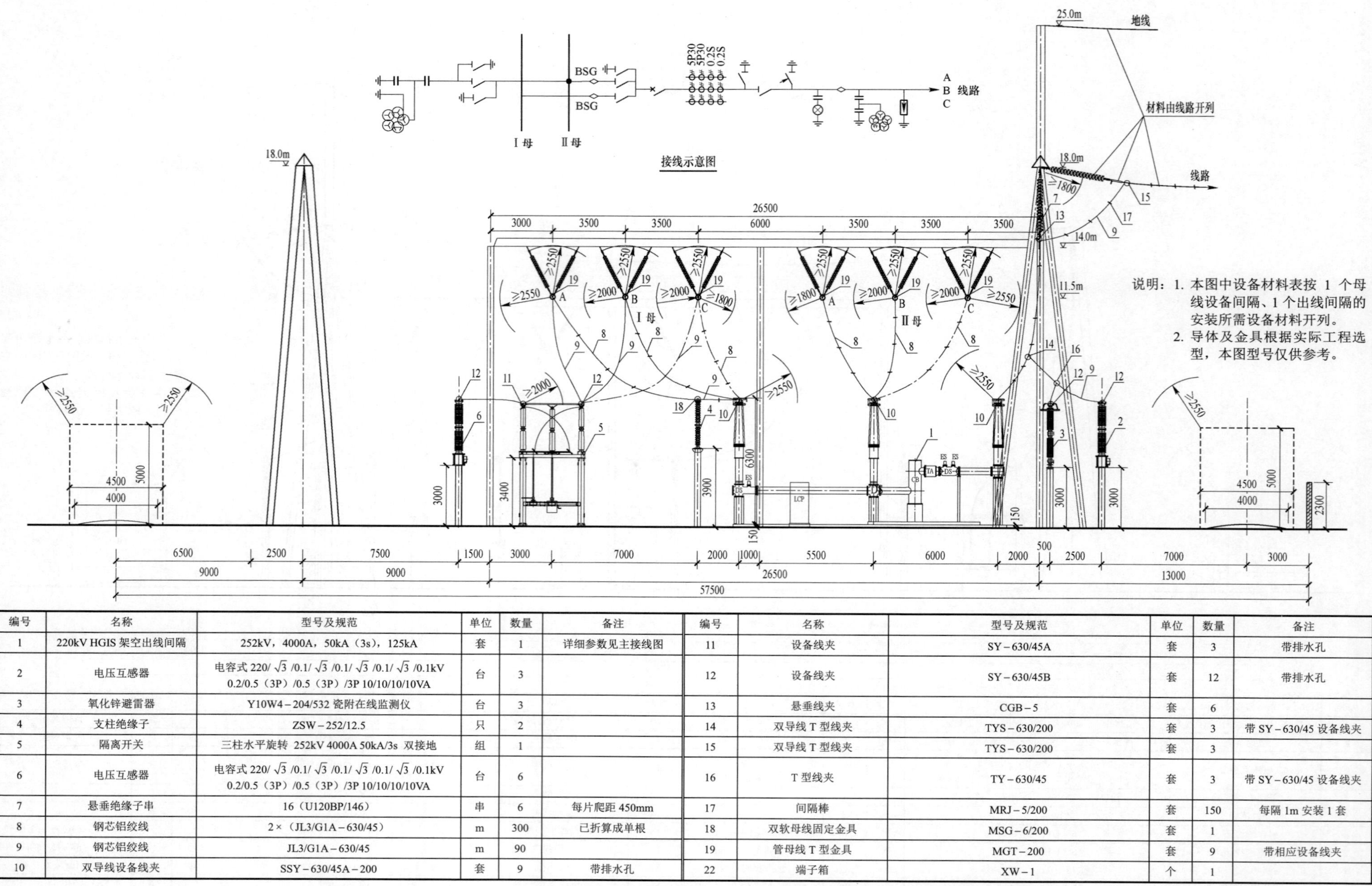

编号	名称	型号及规范	单位	数量	备注	编号	名称	型号及规范	单位	数量	备注
1	220kV HGIS 架空出线间隔	252kV，4000A，50kA（3s），125kA	套	1	详细参数见主接线图	11	设备线夹	SY－630/45A	套	3	带排水孔
2	电压互感器	电容式 220/ $\sqrt{3}$ /0.1/ $\sqrt{3}$ /0.1/ $\sqrt{3}$ /0.1/ $\sqrt{3}$ /0.1kV 0.2/0.5（3P）/0.5（3P）/3P 10/10/10/10VA	台	3		12	设备线夹	SY－630/45B	套	12	带排水孔
3	氧化锌避雷器	Y10W4－204/532 瓷附在线监测仪	台	3		13	悬垂线夹	CGB－5	套	6	
4	支柱绝缘子	ZSW－252/12.5	只	2		14	双导线 T 型线夹	TYS－630/200	套	3	带 SY－630/45 设备线夹
5	隔离开关	三柱水平旋转 252kV 4000A 50kA/3s 双接地	组	1		15	双导线 T 型线夹	TYS－630/200	套	3	
6	电压互感器	电容式 220/ $\sqrt{3}$ /0.1/ $\sqrt{3}$ /0.1/ $\sqrt{3}$ /0.1/ $\sqrt{3}$ /0.1kV 0.2/0.5（3P）/0.5（3P）/3P 10/10/10/10VA	台	6		16	T 型线夹	TY－630/45	套	3	带 SY－630/45 设备线夹
7	悬垂绝缘子串	16（U120BP/146）	串	6	每片爬距 450mm	17	间隔棒	MRJ－5/200	套	150	每隔 1m 安装 1 套
8	钢芯铝绞线	2×（JL3/G1A－630/45）	m	300	已折算成单根	18	双软母线固定金具	MSG－6/200	套	1	
9	钢芯铝绞线	JL3/G1A－630/45	m	90		19	管母线 T 型金具	MGT－200	套	9	带相应设备线夹
10	双导线设备线夹	SSY－630/45A－200	套	9	带排水孔	22	端子箱	XW－1	个	1	

图 8－7　SC－220－B－2（10）220kV 屋外配电装置Ⅰ（Ⅲ）母母线设备、线路（远期）断面图

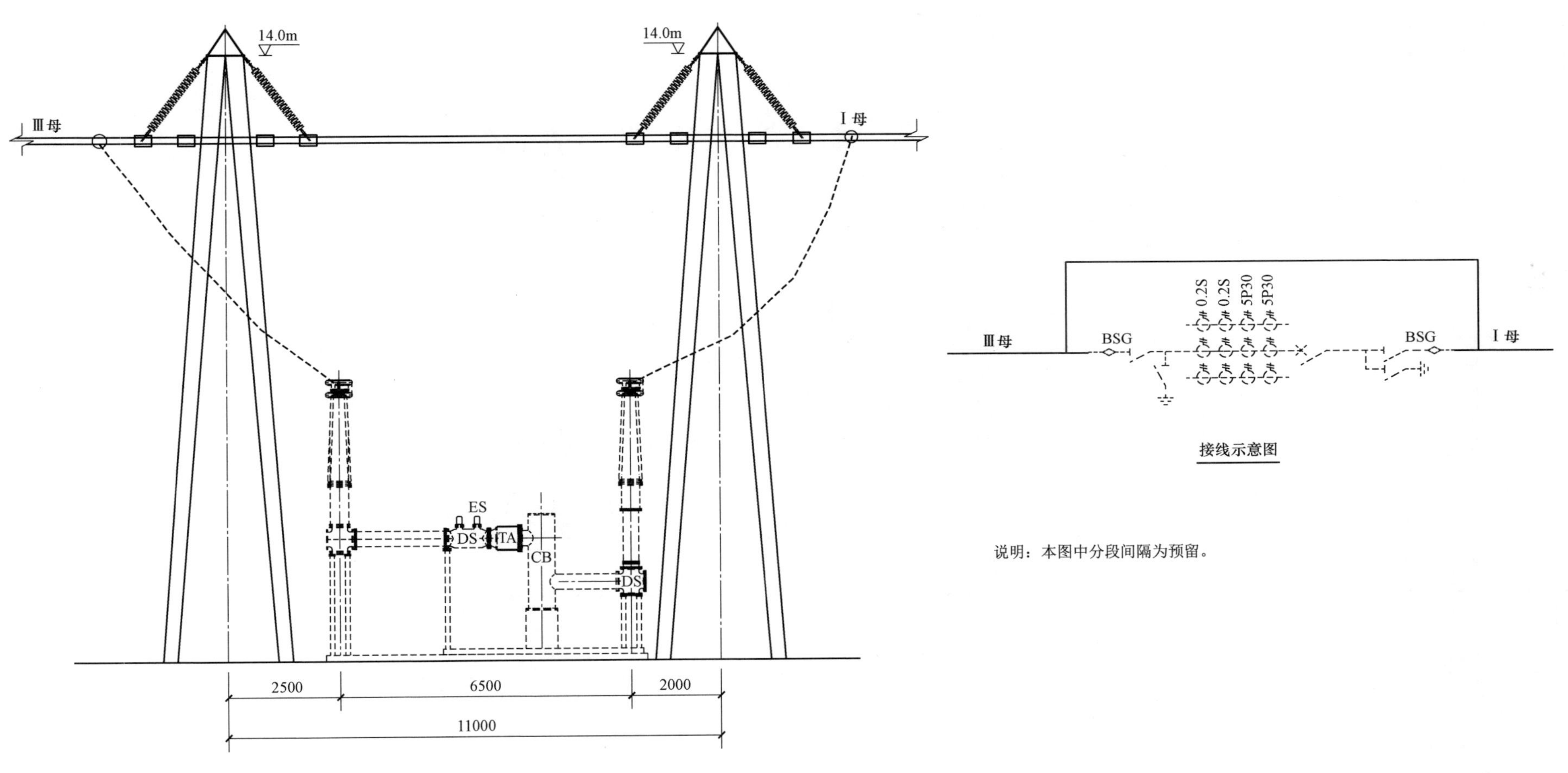

图 8-8　SC-220-B-2（10）220kV 屋外配电装置Ⅰ-Ⅲ母分段断面图

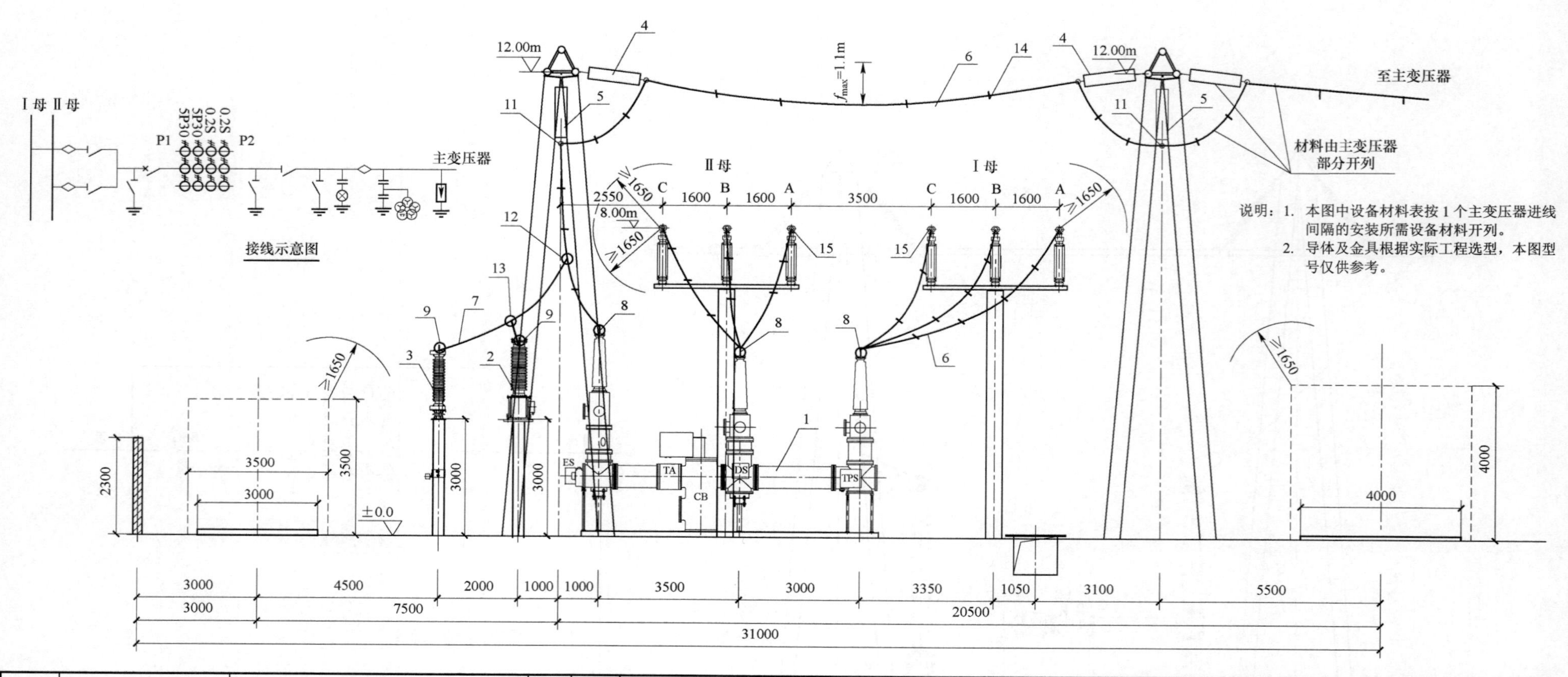

编号	名称	型号及规范	单位	数量	备注	编号	名称	型号及规范	单位	数量	备注
1	110kV HGIS 架空主变压器进线间隔	126kV，3150A，40kA（3s），125kA	套	1	详细参数见主接线图	9	设备线夹	SY－630/45B	套	6	带排水孔
2	电压互感器	电容式 110/ $\sqrt{3}$ /0.1/ $\sqrt{3}$ /0.1/ $\sqrt{3}$ /0.1/ $\sqrt{3}$ /0.1kV 0.2/0.5（3P）/0.5（3P）/3P 10/10/10/10VA	台	3		10	耐张线夹	NY－630/45	套	6	
3	氧化锌避雷器	Y10WZ－102/266 瓷 附在线监测仪	台	3		11	悬垂线夹	CGB－5	套	12	
4	耐张绝缘子串	9（U120BP/146）	串	6	每片爬距 450mm	12	双导线T型线夹	TYS－630/200	套	3	带 SY－630/45 设备线夹
5	悬垂绝缘子串	9（U120BP/146）	串	6	每片爬距 450mm	13	T型线夹	TY－630/45	套	15	带 SY－630/45 设备线夹
6	钢芯铝绞线	2×（JL3/G1A－630/45）	m	220	已折算成单根	14	间隔棒	MRJ－5/200	套	125	每隔 1m 安装 1 套
7	钢芯铝绞线	JL/G1A－630/45	m	30		15	管母线T型金具	MGT－200	套	6	带 SSY－630/45－200 设备线夹
8	双导线设备线夹	SSY－630/45A－200	套	9	带排水孔						

图 8－9　SC－220－B－2（10）110kV 屋外配电装置主变压器断面图

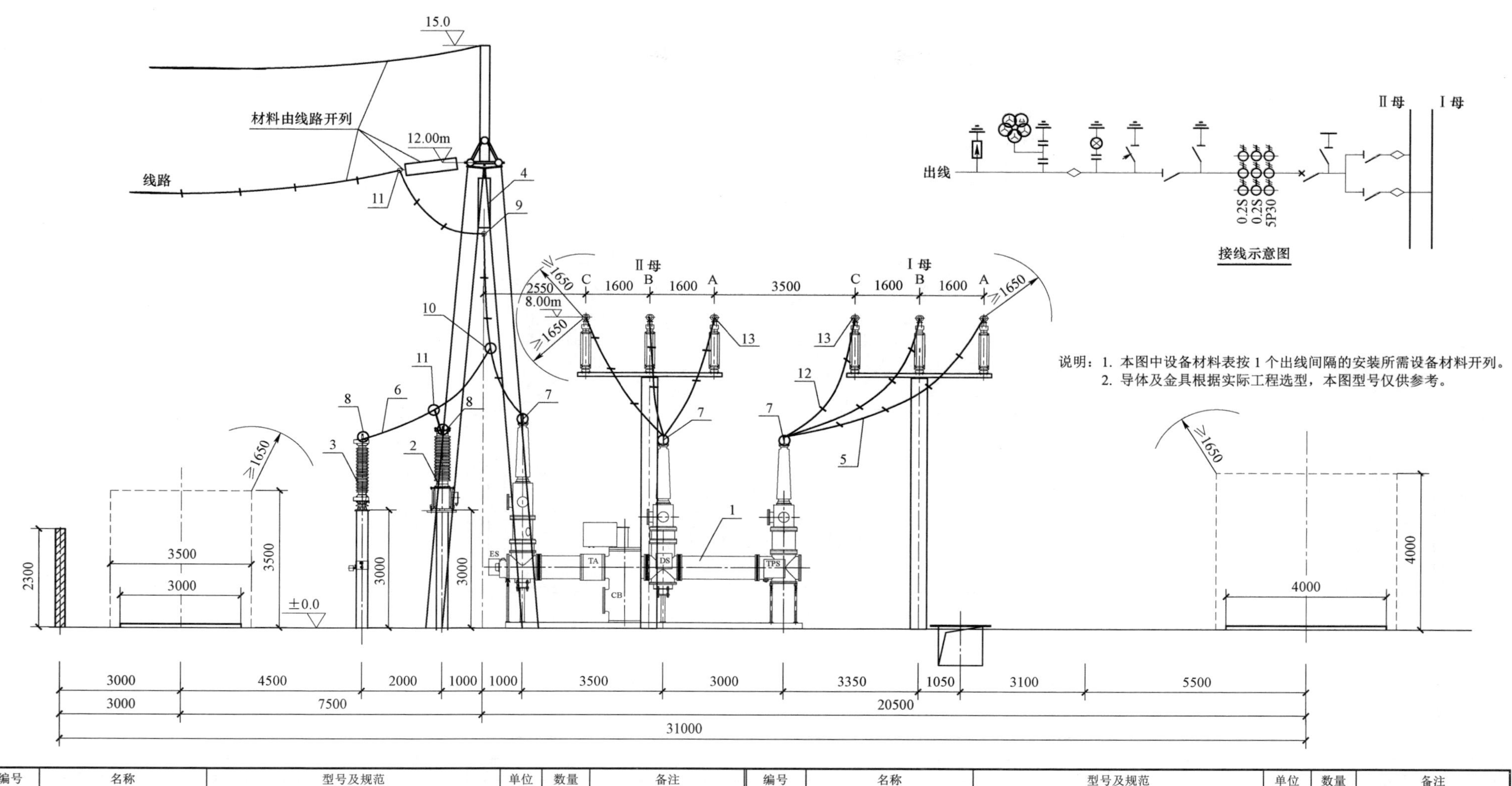

说明：1. 本图中设备材料表按 1 个出线间隔的安装所需设备材料开列。
2. 导体及金具根据实际工程选型，本图型号仅供参考。

编号	名称	型号及规范	单位	数量	备注	编号	名称	型号及规范	单位	数量	备注
1	110kV HGIS 架空出线间隔	126kV，3150A，40kA（3s），125kA	套	1	详细参数见主接线图	8	设备线夹	SY－240/30B	套	6	带排水孔
2	电压互感器	电容式 110/ $\sqrt{3}$ /0.1/ $\sqrt{3}$ /0.1/ $\sqrt{3}$ /0.1/ $\sqrt{3}$ /0.1kV 0.2/0.5（3P）/0.5（3P）/3P 10/10/10/10VA	台	3		9	悬垂线夹	CGB－5	套	6	
3	氧化锌避雷器	Y10WZ－102/266 瓷 附在线监测仪	台	3		10	双导线 T 型线夹	TYS－240/200	套	3	带 SY－240/30 设备线夹
4	悬垂绝缘子串	9（U120BP/146）	串	3	每片爬距 450mm	11	T 型线夹	TY－240/30	套	9	带 SY－240/30 设备线夹
5	钢芯铝绞线	2×（JL/G1A－240/30）	m	150	已折算成单根	12	间隔棒	MRJ－5/200	套	125	每隔 1m 安装 1 套
6	钢芯铝绞线	JL/G1A－240/30	m	30		13	管母线 T 型金具	MGT－200	套	6	带 SSY－240/200 设备线夹
7	双导线设备线夹	SSY－240/30A－200	套	9	带排水孔						

图 8－10　SC－220－B－2（10）110kV 屋外配电装置出线断面图

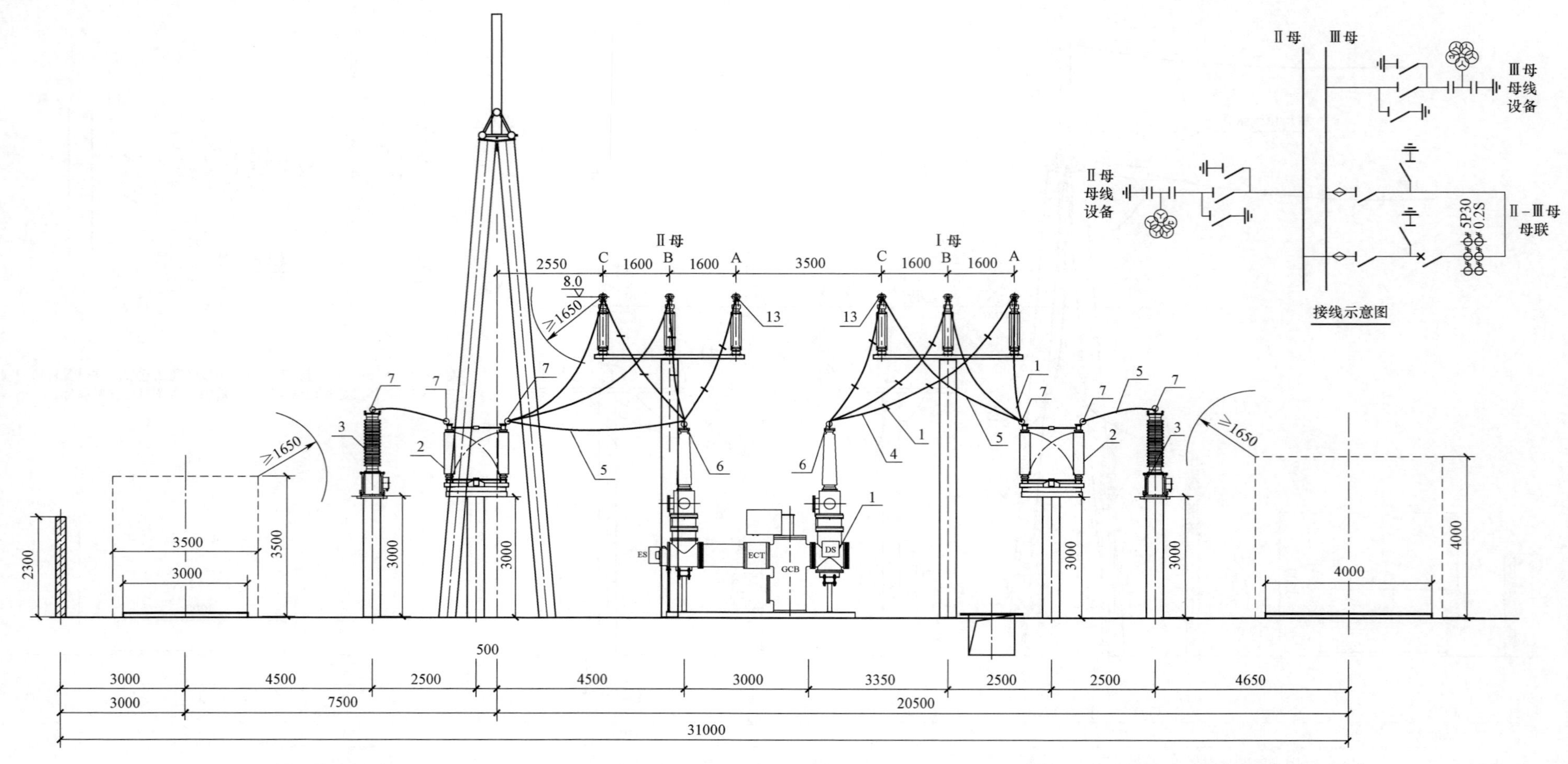

编号	名称	型号及规范	单位	数量	备注
1	110kV HGIS 母联间隔	126kV，3150A，40kA（3s），125kA	套	1	详细参数见主接线图
2	隔离开关	双柱水平旋转 126kV 3150A，50kA/3s 双接地	组	2	
3	电压互感器	电容式 110/ $\sqrt{3}$ /0.1/ $\sqrt{3}$ /0.1/ $\sqrt{3}$ /0.1/ $\sqrt{3}$ /0.1kV 0.2/0.5（3P）/0.5（3P）/3P 10/10/10/10VA	台	6	
4	耐热铝合金钢芯铝绞线	2×（JL3/G1A－630/45）	m	100	已折算成单根
5	钢芯铝绞线	JL/G1A－630/45	m	30	
6	双导线设备线夹	SSY－630/45A－200	套	6	带排水孔
7	设备线夹	SY－630/45B	套	18	带排水孔
8	间隔棒	MRJ－5/200	套	50	每隔 1m 安装 1 套
9	管母线 T 型金具	MGT－200	套	6	带 SSY－630/45－200 设备线夹
10	管母线 T 型金具	MGT－200	套	6	带 SY－630/45 设备线夹

说明：1. 本图中设备材料表按 1 个母联间隔、2 个母线设备间隔的安装所需设备材料开列。

2. 导体及金具根据实际工程选型，本图型号仅供参考。

图 8－11　SC－220－B－2（10）110kV 屋外配电装置Ⅰ－Ⅱ母母联及母线设备断面图

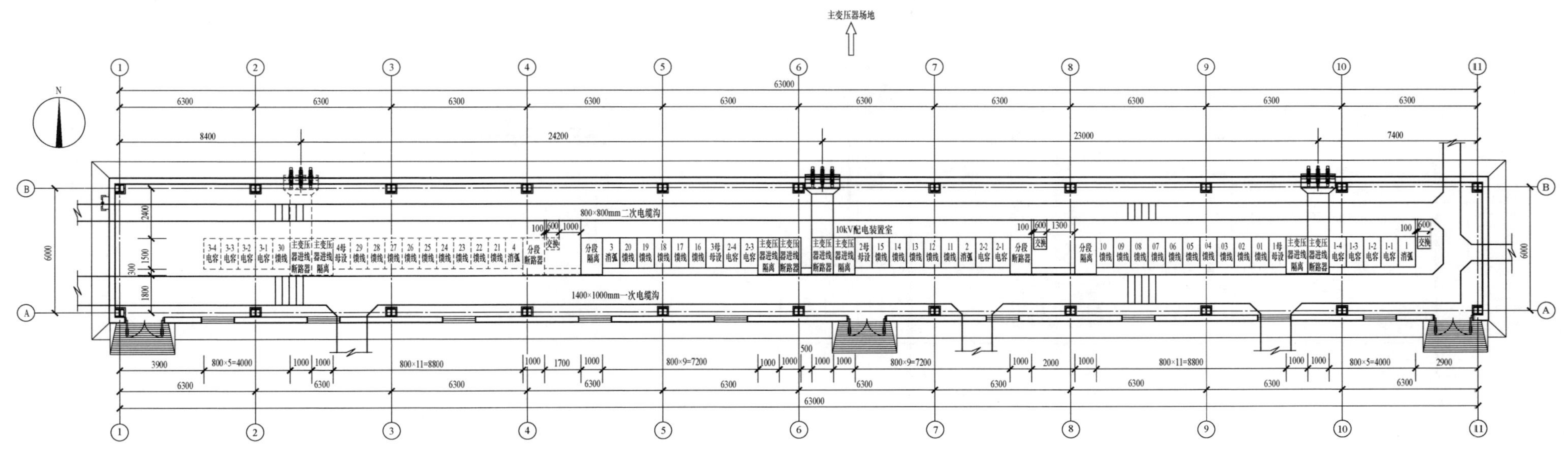

10kV配电装置室平面布置图

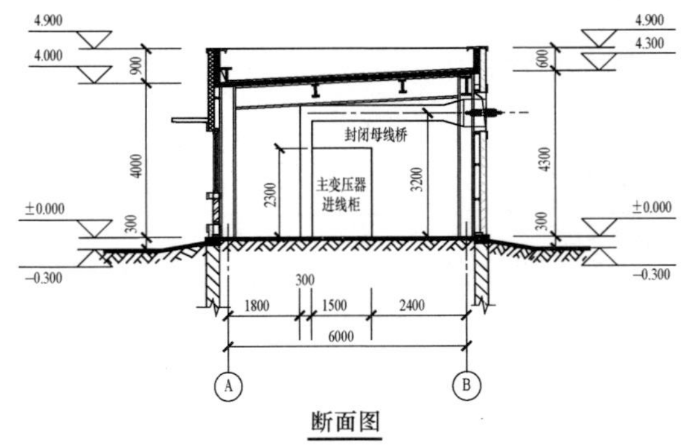

断面图

图 8-12　SC-220-B-2（10）10kV 屋内配电装置平断面图

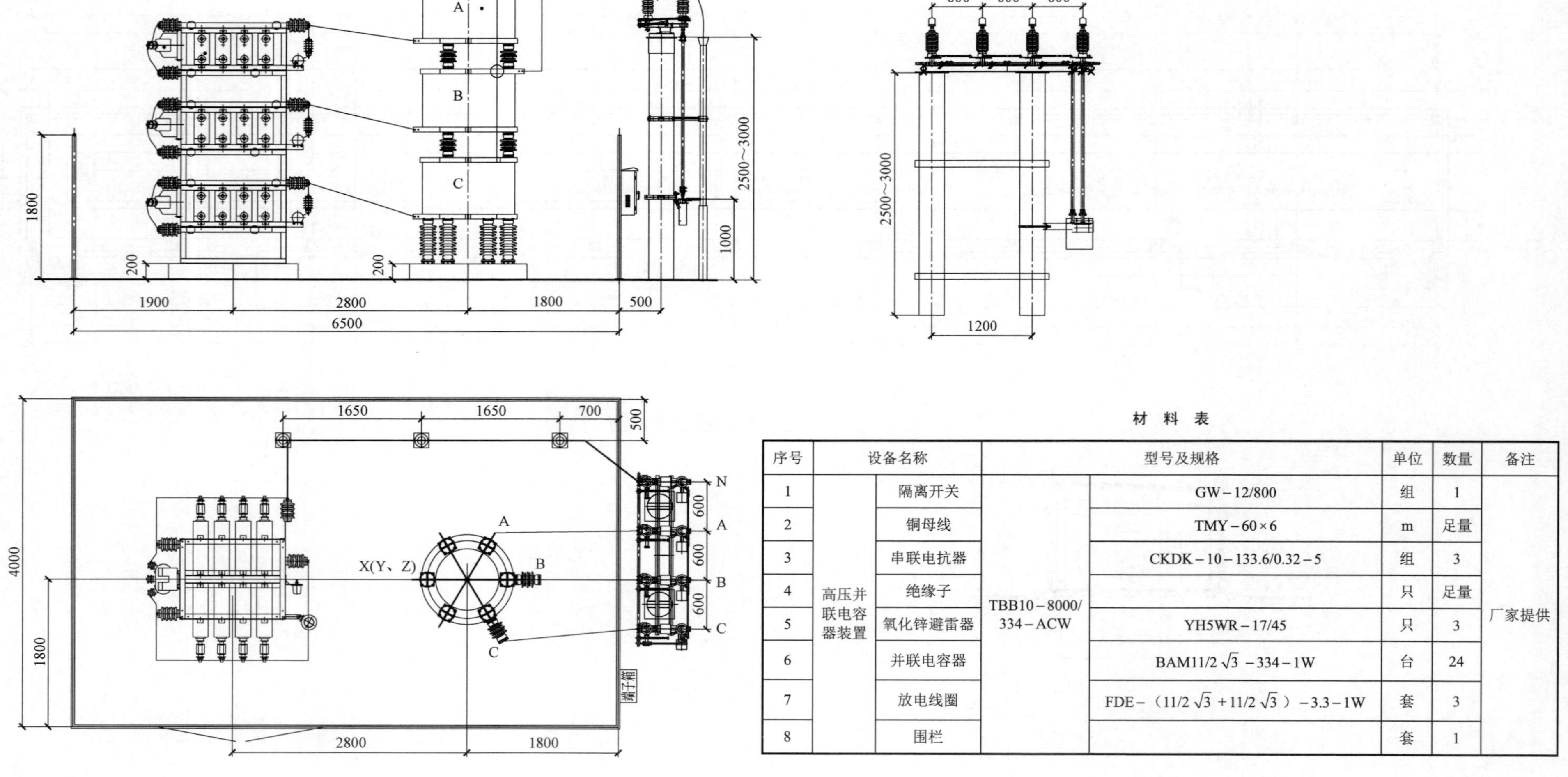

材 料 表

序号	设备名称		型号及规格		单位	数量	备注
1	高压并联电容器装置	隔离开关	TBB10－8000/334－ACW	GW－12/800	组	1	厂家提供
2		铜母线		TMY－60×6	m	足量	
3		串联电抗器		CKDK－10－133.6/0.32－5	组	3	
4		绝缘子			只	足量	
5		氧化锌避雷器		YH5WR－17/45	只	3	
6		并联电容器		BAM11/2 $\sqrt{3}$ －334－1W	台	24	
7		放电线圈		FDE－（11/2 $\sqrt{3}$ +11/2 $\sqrt{3}$ ）－3.3－1W	套	3	
8		围栏			套	1	

图 8－13 SC－220－B－2（10）10kV 电容器平断面图

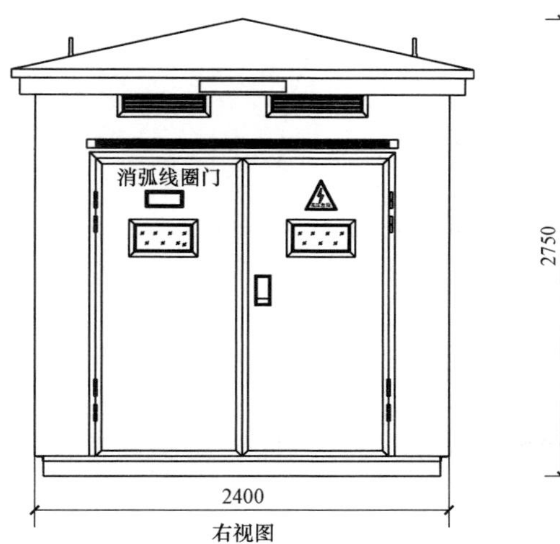

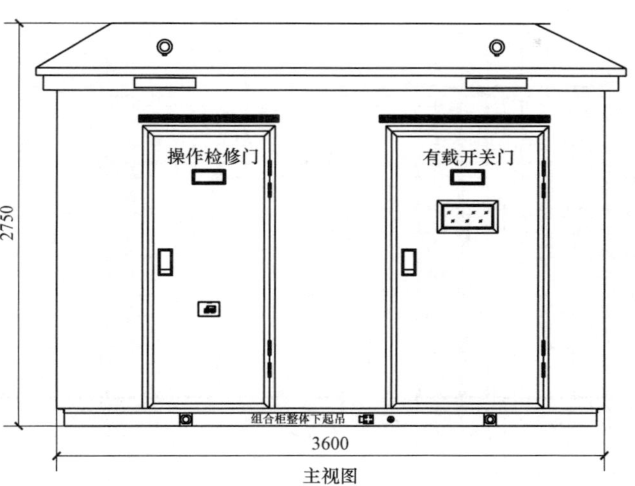

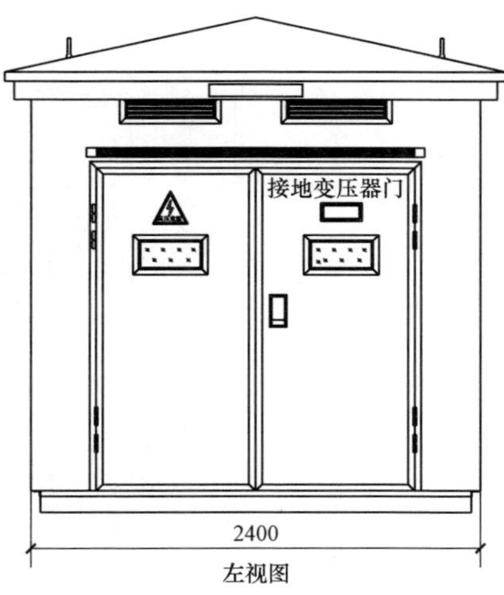

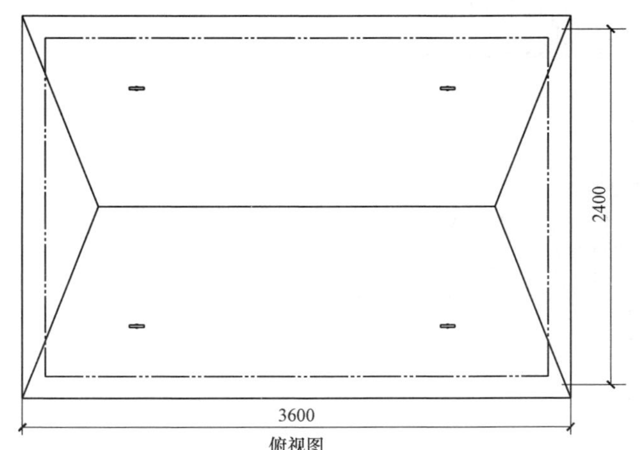

设 备 材 料 表

编号	名称	型号及规范	单位	数量	备注
	10kV 消弧线圈成套装置		套	1	厂家成套装置提供
	每套含：				
1	接地变压器	接地变压器：10/0.4kV－1500/500kVA	台	1	
2	消弧线圈	消弧线圈：1000kVA	台	1	
3	有载开关		台	1	
4	阻尼电阻		台	4	
5	可控硅组件		台	1	

图 8－14　SC－220－B－2（10）10kV 消弧线圈接地变压器成套装置平断面图

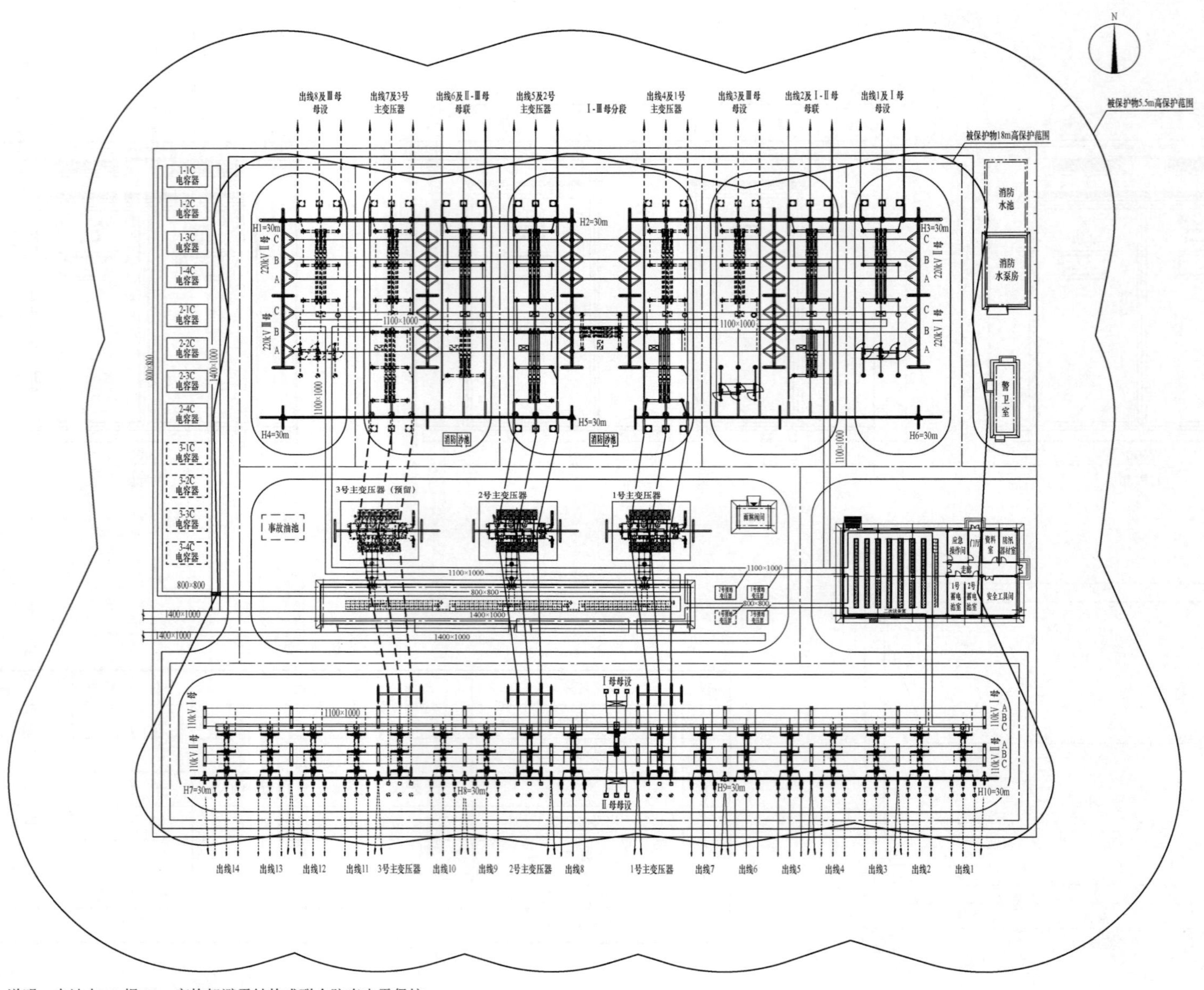

说明：本站由 10 根 30m 高构架避雷针构成联合防直击雷保护。

图 8－15　SC－220－B－2（10）全站防直击雷保护范围图（一）

避雷针保护范围计算结果

避雷针编号	避雷针高度（m）	被保护物高度 h_x（m）	避雷针有效高度 h_a（m）	单针保护半径 r_x（m）	两针间距离 D（m）	两针间等效距离 D'（m）	两针间最低保护高度 h_o（m）	双针保护最小宽度 b_x（m）	高度影响系数
1#-2#	30-30	18.5	11.5-11.5	11.5-11.5	50.0	50.0	22.9	6.6	1.00
1#-2#	30-30	5.5	24.5-24.5	34-34	50.0	50.0	22.9	27.8	1.00
1#-3#	30-30	5.5	24.5-24.5	34-34	110.0	110.0	14.3	18.2	1.00
1#-4#	30-30	18.5	11.5-11.5	11.5-11.5	35.5	35.5	24.9	8.7	1.00
1#-4#	30-30	5.5	24.5-24.5	34-34	35.5	35.5	24.9	29.5	1.00
1#-5#	30-30	18.5	11.5-11.5	11.5-11.5	61.3	61.3	21.2	4.7	1.00
1#-5#	30-30	5.5	24.5-24.5	34-34	61.3	61.3	21.2	26.2	1.00
1#-6#	30-30	5.5	24.5-24.5	34-34	115.6	115.6	13.5	17.1	1.00
1#-7#	30-30	5.5	24.5-24.5	34-34	100.9	100.9	15.6	20	1.00
1#-8#	30-30	5.5	24.5-24.5	34-34	104.8	104.8	15	19.2	1.00
1#-9#	30-30	5.5	24.5-24.5	34-34	125.9	125.9	12	14.7	1.00
1#-10#	30-30	5.5	24.5-24.5	34-34	157.4	157.4	7.5	5.2	1.00
2#-3#	30-30	18.5	11.5-11.5	11.5-11.5	60	60	21.4	5.0	1.00
2#-3#	30-30	5.5	24.5-24.5	34-34	60	60	21.4	26.4	1.00
2#-4#	30-30	18.5	11.5-11.5	11.5-11.5	61.3	61.3	21.2	4.7	1.00
2#-4#	30-30	5.5	24.5-24.5	34-34	61.3	61.3	21.2	26.2	1.00
2#-5#	30-30	18.5	11.5-11.5	11.5-11.5	35.5	35.5	24.9	8.7	1.00
2#-5#	30-30	5.5	24.5-24.5	34-34	35.5	35.5	24.9	29.5	1.00
2#-6#	30-30	18.5	11.5-11.5	11.5-11.5	69.7	69.7	20	2.9	1.00
2#-6#	30-30	5.5	24.5-24.5	34-34	69.7	69.7	20	25.1	1.00

避雷针保护范围计算结果

避雷针编号	避雷针高度（m）	被保护物高度 h_x（m）	避雷针有效高度 h_a（m）	单针保护半径 r_x（m）	两针间距离 D（m）	两针间等效距离 D'（m）	两针间最低保护高度 h_o（m）	双针保护最小宽度 b_x（m）	高度影响系数
2#-7#	30-30	5.5	24.5-24.5	34-34	118.5	118.5	13.1	16.5	1.00
2#-8#	30-30	5.5	24.5-24.5	34-34	101.7	101.7	15.5	19.9	1.00
2#-9#	30-30	5.5	24.5-24.5	34-34	103.5	103.5	15.2	19.5	1.00
2#-10#	30-30	5.5	24.5-24.5	34-34	122.9	122.9	12.4	15.6	1.00
3#-4#	30-30	5.5	24.5-24.5	34-34	115.6	115.6	13.5	17.1	1.00
3#-5#	30-30	18.5	11.5-11.5	11.5-11.5	69.7	69.7	20	2.9	1.00
3#-5#	30-30	5.5	24.5-24.5	34-34	69.7	69.7	20	25.1	1.00
3#-6#	30-30	18.5	11.5-11.5	11.5-11.5	35.5	35.5	24.9	8.7	1.00
3#-6#	30-30	5.5	24.5-24.5	34-34	35.5	35.5	24.9	29.5	1.00
3#-7#	30-30	5.5	24.5-24.5	34-34	158.9	158.9	7.3	4.6	1.00
3#-8#	30-30	5.5	24.5-24.5	34-34	127.1	127.1	11.8	14.4	1.00
3#-9#	30-30	5.5	24.5-24.5	34-34	105.5	105.5	14.9	19.1	1.00
3#-10#	30-30	5.5	24.5-24.5	34-34	100.7	100.7	15.6	20.1	1.00
4#-5#	30-30	18.5	11.5-11.5	11.5-11.5	50.0	50.0	22.9	6.6	1.00
4#-5#	30-30	5.5	24.5-24.5	34-34	50.0	50.0	22.9	27.8	1.00
4#-6#	30-30	5.5	24.5-24.5	34-34	110.0	110.0	14.3	18.2	1.00
4#-7#	30-30	18.5	11.5-11.5	11.5-11.5	65.9	65.9	20.6	3.8	1.00
4#-7#	30-30	5.5	24.5-24.5	34-34	65.9	65.9	20.6	25.6	1.00
4#-8#	30-30	18.5	11.5-11.5	11.5-11.5	71.8	71.8	19.7	2.4	1.00
4#-8#	30-30	5.5	24.5-24.5	34-34	71.8	71.8	19.7	24.9	1.00

避雷针保护范围计算结果

避雷针编号	避雷针高度（m）	被保护物高度 h_x（m）	避雷针有效高度 h_a（m）	单针保护半径 r_x（m）	两针间距离 D（m）	两针间等效距离 D'（m）	两针间最低保护高度 h_o（m）	双针保护最小宽度 b_x（m）	高度影响系数
4#-9#	30-30	5.5	24.5-24.5	34-34	100.1	100.1	15.7	20.2	1.00
4#-10#	30-30	5.5	24.5-24.5	34-34	137.6	137.6	10.3	11.5	1.00
5#-6#	30-30	18.5	11.5-11.5	11.5-11.5	60	60	21.4	5.0	1.00
5#-6#	30-30	5.5	24.5-24.5	34-34	60	60	21.4	26.4	1.00
5#-7#	30-30	5.5	24.5-24.5	34-34	90.5	90.5	17.1	21.8	1.00
5#-8#	30-30	18.5	11.5-11.5	11.5-11.5	67.1	67.1	20.4	3.5	1.00
5#-8#	30-30	5.5	24.5-24.5	34-34	67.1	67.1	20.4	25.5	1.00
5#-9#	30-30	18.5	11.5-11.5	11.5-11.5	69.7	69.7	20	2.9	1.00
5#-9#	30-30	5.5	24.5-24.5	34-34	69.7	69.7	20	25.1	1.00
5#-10#	30-30	5.5	24.5-24.5	34-34	96.3	96.3	16.2	20.9	1.00
6#-7#	30-30	5.5	24.5-24.5	34-34	139.3	139.3	10.1	11.1	1.00
6#-8#	30-30	5.5	24.5-24.5	34-34	101.6	101.6	15.5	19.9	1.00
6#-9#	30-30	18.5	11.5-11.5	11.5-11.5	72.7	72.7	19.6	2.1	1.00
6#-9#	30-30	5.5	24.5-24.5	34-34	72.7	72.7	19.6	24.7	1.00
6#-10#	30-30	18.5	11.5-11.5	11.5-11.5	65.5	65.5	20.6	3.8	1.00
6#-10#	30-30	5.5	24.5-24.5	34-34	65.5	65.5	20.6	25.7	1.00
7#-8#	30-30	18.5	11.5-11.5	11.5-11.5	45	45	23.6	7.4	1.00
7#-8#	30-30	5.5	24.5-24.5	34-34	45	45	23.6	28.4	1.00
7#-9#	30-30	5.5	24.5-24.5	34-34	90	90	17.1	21.9	1.00
7#-10#	30-30	5.5	24.5-24.5	34-34	135	135	10.7	12.2	1.00

避雷针保护范围计算结果

避雷针编号	避雷针高度（m）	被保护物高度 h_x（m）	避雷针有效高度 h_a（m）	单针保护半径 r_x（m）	两针间距离 D（m）	两针间等效距离 D'（m）	两针间最低保护高度 h_o（m）	双针保护最小宽度 b_x（m）	高度影响系数
8#-9#	30-30	18.5	11.5-11.5	11.5-11.5	45	45	23.6	7.4	1.00
8#-9#	30-30	5.5	24.5-24.5	34-34	45	45	23.6	28.4	1.00
8#-10#	30-30	5.5	24.5-24.5	34-34	90.0	90.0	17.1	21.9	1.00
9#-10#	30-30	18.5	11.5-11.5	11.5-11.5	45.0	45.0	23.6	7.4	1.00
9#-10#	30-30	5.5	24.5-24.5	34-34	45.0	45.0	23.6	28.4	1.00

图 8-15　SC-220-B-2（10）全站防直击雷保护范围图（二）

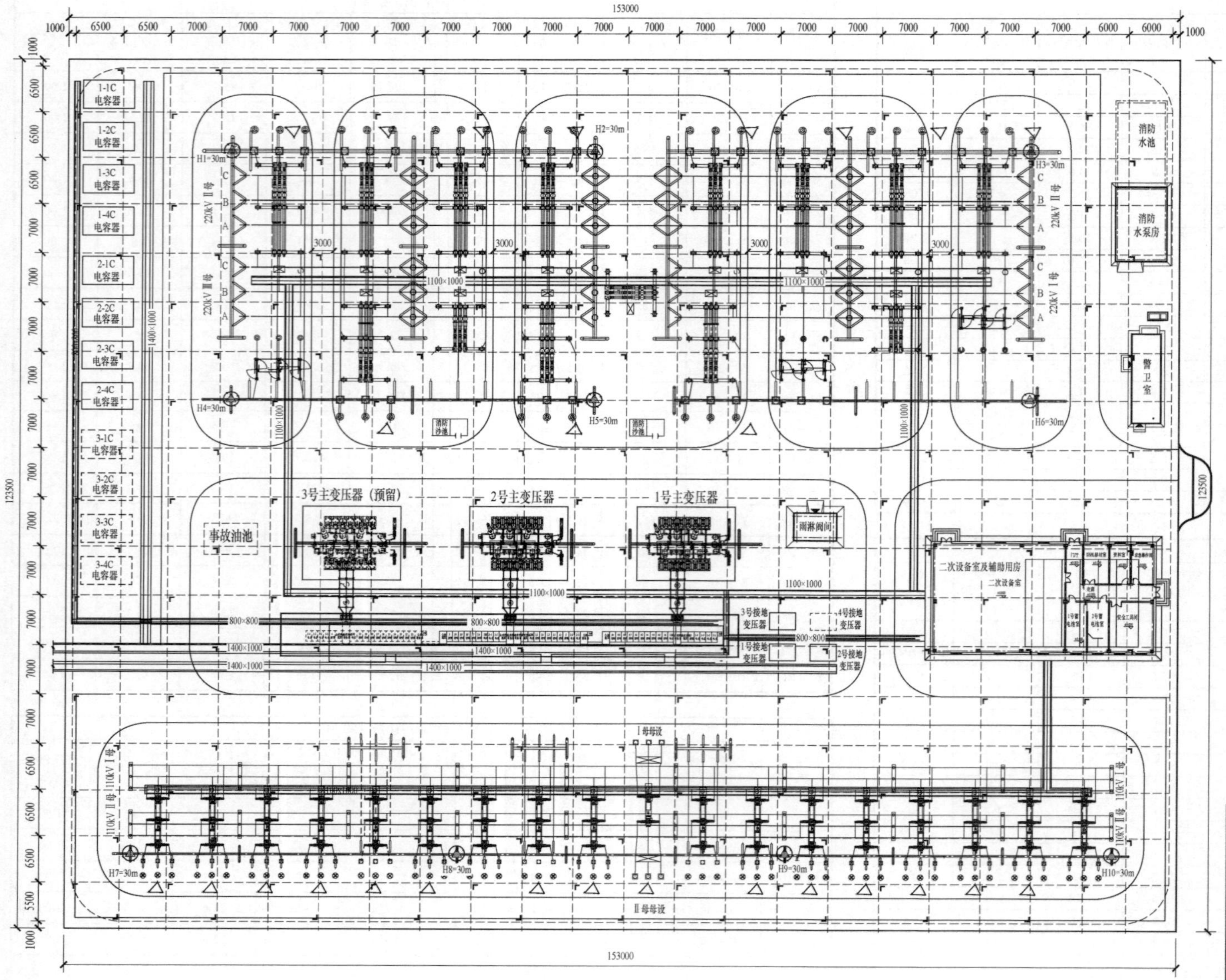

图例

- 水平接地体(热镀锌扁钢 −60×8)
- 垂直接地极(角钢∠63×63×6, L=2500)
- 电缆沟通长接地体(热镀锌扁钢 −60×8)
- 二次设备等电位接地体(扁铜 TMY−25×4)
- 避雷针集中接地装置(热镀锌扁钢 −60×8 与角钢∠63×63×6, L=2500现场加工)
- 避雷器集中接地装置(热镀锌扁钢 −60×8 与角钢∠63×63×6, L=2500现场加工)

说明：1. 主接地网水平接地体在无大开挖处埋深为800mm，有大开挖处弯入其底部，并保证 500mm 的距离。水平接地体采用－60×8 的热镀锌扁钢，敷设间距不小于 5m，图中标注尺寸可供参考，施工中遇建筑基础等可适当调整，但需保持接地体总量不变。垂直接地体采用∠63×63×6，L＝2500mm 热镀锌角钢作为接地极，敷设顶部与水平接地体等高，间距不小于相邻两根接地体长度之和，垂直接地体数量不应少于图中所示。

2. 接地网外缘必须闭合，其转弯处应作成圆弧形，其半径不小于接地体间距的一半。接地网边缘及经常有人出入的通道处应敷设砾石，在大门处敷设“帽檐式”均压带。

3. 金属门窗、爬梯及金属构件、设备的金属外壳、所有配电箱等均应以最短距离与室内环形接地母线连接，接地引线采用－60×8 的热镀锌扁钢，连接处采用搭接焊，要求焊接长度大于 120mm（至少三棱边焊接）。

4. 在电缆沟与水平接地体交叉处均需用－60×8 的热镀锌扁钢将沟内通长敷设的扁钢引出可靠接地。

5. 在接地装置周围，半径为 500mm 处的回填土，须采用土壤电阻率较低的素土回填（素土中不含砂石、建渣等），并分层夯实。场地回填土应采用土壤电阻率低的素土。

6. 接地装置的敷设方法参照全国通用电气装置标准图集 D563，并满足 GB 50169—2016 接地装置施工及验收规范的要求。

7. 主接地网敷设完毕后，如接地电阻实测值不能满足要求，应同时实测接触电势和跨步电势，如不能满足要求，需采用打接地深井等措施降低接地电阻。

8. 电缆沟的定位及电缆沟的出线方向，电缆沟内的接地扁钢详见土建专业相关图纸，本图仅供参考。

材 料 表

序号	设备名称	型号及规格	单位	数量	备注
1	热镀锌扁钢	—60×8	m	5000	主地网水平接地体
2	热镀锌扁钢	—60×8	m	2000	电缆沟内通长扁钢
3	热镀锌扁钢	—60×8	m	3000	设备接地扁钢
4	热镀锌角钢	∠63×63×6，L＝2500	根	300	垂直接地极
5	铜排	－25×4	m	1000	二次设备室、二次电缆沟
6	断接卡紧固件	2×（M16×35）	套	40	
7	放热焊接模具	BWDPAM	套	80	
8	焊药	250	罐	200	
9	模具夹	L160	副	5	
10	点火枪	T320	把	5	
11	清洁刷	T394	把	5	
12	低压绝缘子		套	400	
13	铜铁过渡块	60×60×20	块	80	

图 8－16　SC－220－B－2（10）全站防雷接地装置布置图

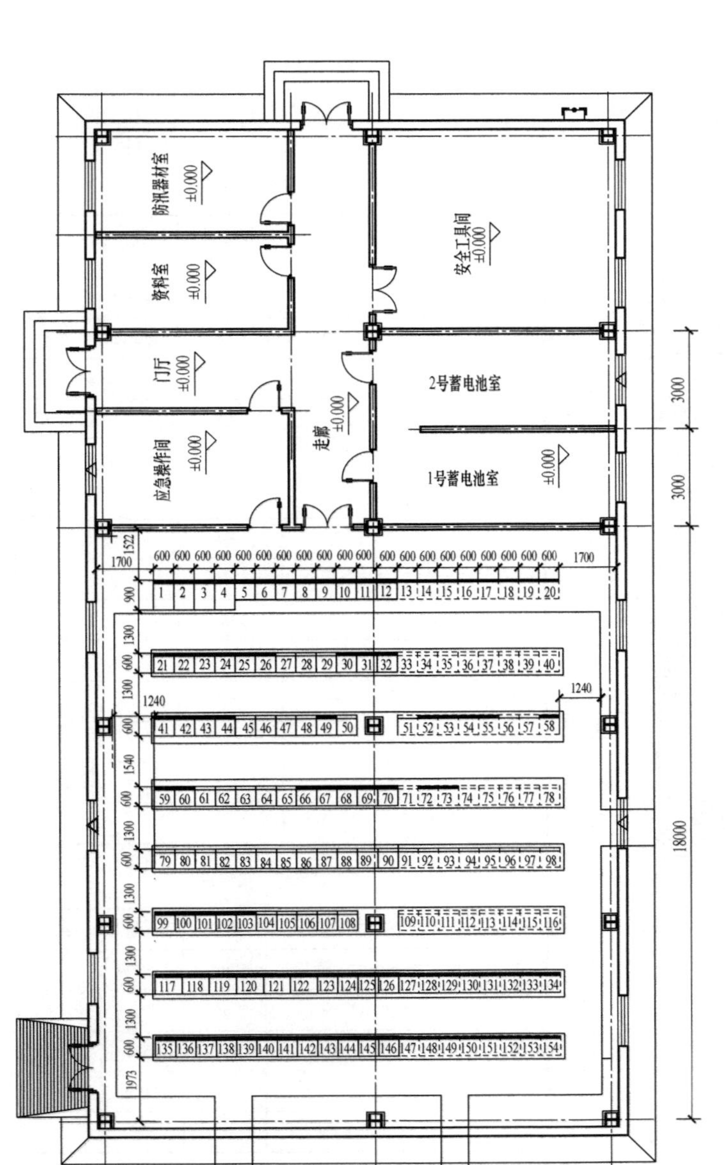

远期及备用

本期

注：双横线表示屏前。

二次设备室屏位一览表

屏号	名称	数量			备注
		单位	本期	远期	
1	智能巡视主机柜	面	1		
2	主机兼操作员工作柜	面	1		
3	智能防误主机柜	面	1		
4	综合应用服务器柜	面	1		
5	Ⅰ区数据通信网关机柜	面	1		Ⅰ区数据通信网关机＋站控层网络中心交换机
6	Ⅱ、Ⅳ区数据通信网关机柜	面	1		Ⅱ区＋Ⅳ区交换机＋站控层网络中心交换机
7～8	调度数据网柜	面	2		
9	交换机柜	面	1		
10～11	时钟同步时钟柜	面	2		
12	公用测控柜	面	1		
13～14	网络报文记录分析柜	面	2		
15～16	智能辅助监控系统柜	面	2		
17	220kV 故障录波柜	面	1		
18	110kV 故障录波柜	面	1		
19	220kV 公用测控柜	面	1		
20	110kV 公用测控柜	面	1		
21～22	1 号主变压器保护柜	面	2		
23	1 号主变压器测控柜	面	1		
24～25	2 号主变压器保护柜	面	2		
26	2 号主变压器测控柜	面	1		
27～28	3 号主变压器保护柜	面		2	
29	3 号主变压器测控柜	面		1	
30	主变压器故障录波柜	面	1		
31	主变压器电能表柜	面	1		
32	电能采集终端柜	面	1		
33～40	备用	面		8	
41～48	220kV 线路保护测控柜	面	4	4	
49～51	220kV 母联/分段保护测控柜	面	1	2	
52～53	220kV 母线保护柜	面	2		
54	220kV 母线测控柜	面	1		
55	220kV 线路电能表柜	面	1		
56～58	备用	面		3	
59～65	110kV 线路保护测控柜	面	2	5	
66	110kV 母联保护测控柜	面	1		
67	110kV 母线保护柜	面	1		
68	110kV 母线测控柜	面	1		
69	110kV 过程层交换机柜	面	1		
70～71	110kV 电能表柜	面	1	1	
72～73	消弧线圈控制柜	面	2		
74～98	备用	面		25	
99	事故照明电源柜	面	1		
100～101	UPS 电源柜	面	2		
102～103	通信电源柜	面	2		
104～116	备用	面		13	
117～124	交流电源柜	面	8		
125～134	直流电源柜	面	10		
135～138	通道接口柜	面	2	2	
139～154	通信屏柜	面	4	13	

图 8－17　SC－220－B－2（10）二次设备室屏位布置图

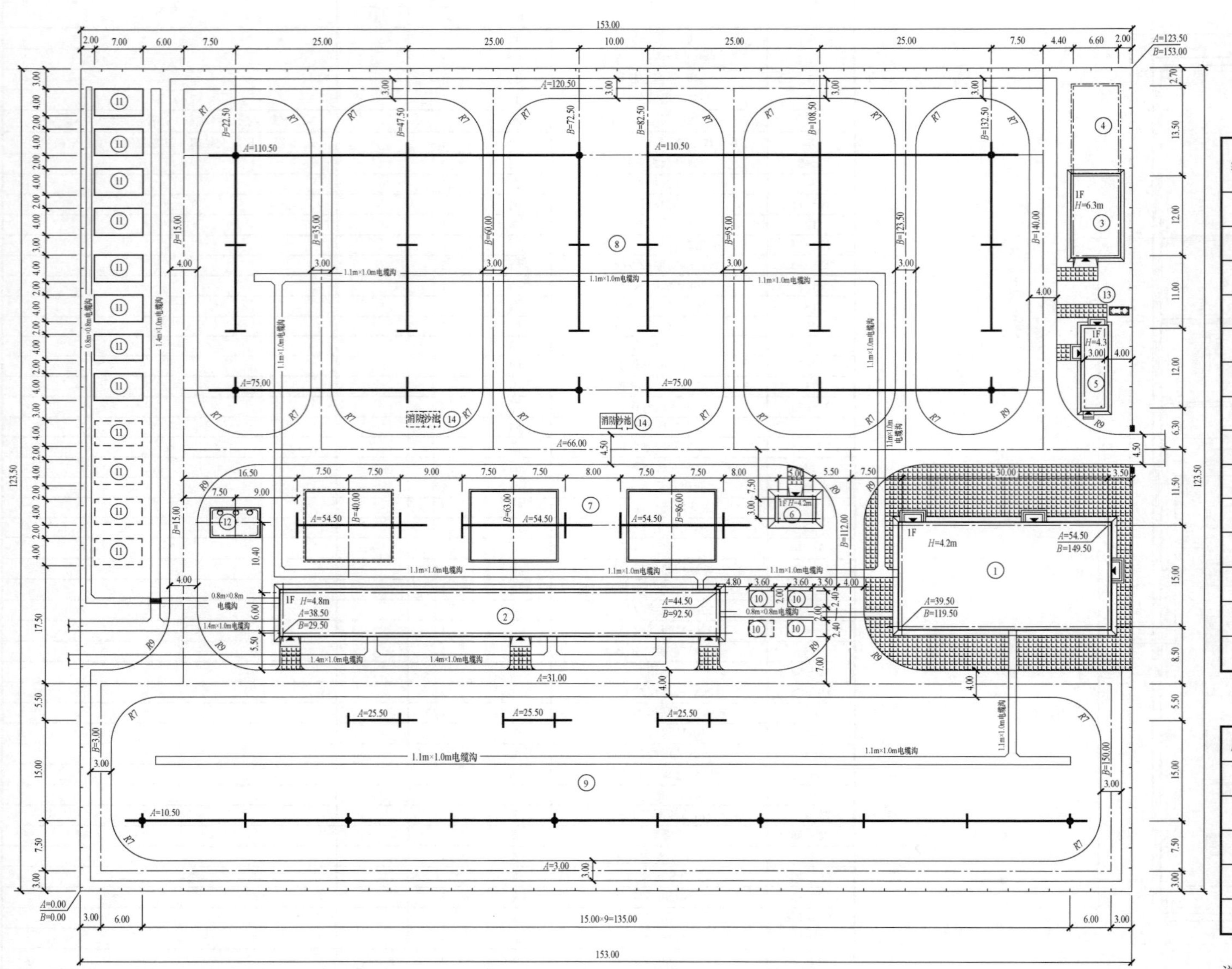

建（构）筑物一览表

编号	名称	占地面积（m^2）	备注
①	主控通信室	496	建筑面积 496m^2
②	10kV 配电装置室	448	建筑面积 448m^2
③	消防水泵房	92	建筑面积 92m^2
④	消防水池	185	有效容积 300m^3
⑤	警卫室	50	建筑面积 50m^2
⑥	雨淋阀间	23	建筑面积 23m^2
⑦	主变场地	994	
⑧	220kV 配电装置场地	5329	
⑨	110kV 配电装置场地	3486	
⑩	接地变场地	63	
⑪	10kV 电容器场地	798	
⑫	事故油池	33	
⑬	化粪池	4	
⑭	消防小室及砂池	13.5	

主要技术经济指标表

序号	名称	单位	数量	备注
1	站区围墙内占地面积	hm^2	1.8896	
2	站内主电缆沟	m	768	
3	站内道路面积	m^2	4531	
4	总建筑面积	m^2	1109	
5	围墙长度	m	553	

说明：图中标准尺寸以 m 为单位。

图 8-18　SC-220-B-2（10）土建总平面布置图

第9章　SC－220－B－2（35）通用设计实施方案

9.1　SC－220－B－2（35）方案主要技术条件

SC－220－B－2（35）方案主要技术条件见表9－1。

表9－1　　SC－220－B－2（35）方案主要技术条件

序号	项目		技术条件
1	建设规模	主变压器	本期2×180MVA，远期3×180MVA
		出线	220kV：本期出线4回，远期出线8回，架空出线； 110kV：本期出线4回，远期出线14回，架空出线； 35kV：本期出线12回，远期出线12回，电缆出线
		无功补偿装置	每台主变压器配置35kV并联电容器2组，单组容量为15000kvar
2	站址基本条件		海拔＜1000m，设计基本地震加速度0.10*g*考虑，重现期50年的基本风速V_0≤30m/s，地基承载力特征值f_{ak}=150kPa，无地下水影响，假设场地为同一标高，污秽等级d级
3	电气主接线		220kV本期采用双母线接线，远期采用双母线单分段接线； 110kV本期及远期采用双母线接线； 35kV本期采用单母线分段接线，远期采用单母线分段＋单元接线
4	主要设备选型		220、110、35kV短路电流控制水平分别为50、40、31.5kA； 主变压器采用三相、三绕组、有载调压、低损耗、自然油循环自冷变压器； 220kV采用户外HGIS； 110kV采用户外HGIS； 35kV采用户内SF_6气体绝缘开关柜； 35kV并联电容器采用户外框架式； 35kV接地变压器及消弧线圈成套装置采用户外干式
5	电气总平面		主变压器：户外布置； 220kV：户外HGIS，架空出线； 110kV：户外HGIS，架空出线； 35kV：户内开关柜单列布置
6	二次系统		全站采用模块化二次设备、预制式智能控制柜及预制光、电缆的二次设备模块化设计方案； 变电站自动化系统按照一体化监控设计； 采用常规互感器＋合并单元； 220、110kV GOOSE与SV共网，保护直采直跳； 220kV及主变压器采用保护、测控独立装置，110kV采用保护测控集成装置，35kV采用保护测控集成装置； 采用一体化电源系统，通信电源不独立设置； 220、110kV间隔层、公用及主变压器二次设备布置在二次设备室

续表9－1

序号	项目		技术条件
7	土建部分		围墙内占地面积1.9125hm^2； 全站总建筑面积912m^2，其中主控通信室建筑面积496m^2； 建筑物结构型式为钢结构； 建筑物外墙采用纤维水泥复合板，内墙采用水泥纤维板或复合轻质内墙板，屋面板采用钢筋桁架楼承板； 围墙采用钢筋混凝土装配式围墙； 构支架与基础采用地脚螺栓连接

9.2　SC－220－B－2（35）方案基本模块划分

SC－220－B－2（35）方案主要包括220kV配电装置模块、110kV配电装置模块、主变压器模块、35kV配电装置模块、35kV无功补偿模块、配电装置室模块、模块化二次设备模块7个基本模块，模块内容说明见表9－2。

表9－2　　SC－220－B－2（35）方案基本模块内容说明

序号	基本模块编号	基本模块名称	基本模块描述
1	SC－220－B－2（35）－220	220kV配电装置模块	220kV本期4回出线、2回主变压器进线，远期8回出线、3回主变压器进线；220kV本期采用双母线接线，远期采用双母线单分段接线。220kV采用HGIS户外布置，架空出线
2	SC－220－B－2（35）－110	110kV配电装置模块	110kV本期4回出线、2回主变压器过线，远期14回出线、3回主变压器进线；110kV本期采用双母线接线，远期接线形式不变。110kV采用HGIS户外布置，架空出线
3	SC－220－B－2（35）－ZB	主变压器模块	主变压器本期2台180MVA，远期3台180MVA，采用220/115/37kV三相、三绕组、有载调压变压器，主变压器户外布置
4	SC－220－B－2（35）－35	35kV配电装置模块	35kV本期12回出线、2回主变压器进线，远期12回出线、3回主变压器进线；35kV本期采用单母线分段接线，远期采用单母线分段＋单元接线。35kV采用充气式高压开关柜户内单列布置
5	SC－220－B－2（35）－35WGBC	35kV无功补偿模块	本期及远期每组主变压器35kV侧分别设置2组15000kvar并联电容器

续表 9－2

序号	基本模块编号	基本模块名称	基本模块描述
6	SC－220－B－2（35）－PDS	配电装置室模块	单层建筑，钢框架结构，建筑面积 251m^2
7	SC－220－B－2（10）－YZC	模块化二次设备	全站设置 1 个二次设备室

9.3 SC－220－B－2（35）方案主要图纸

SC－220－B－2（35）方案主要图纸见图 9－1～图 9－18，设计方案说明及其他图纸见书后所附光盘。

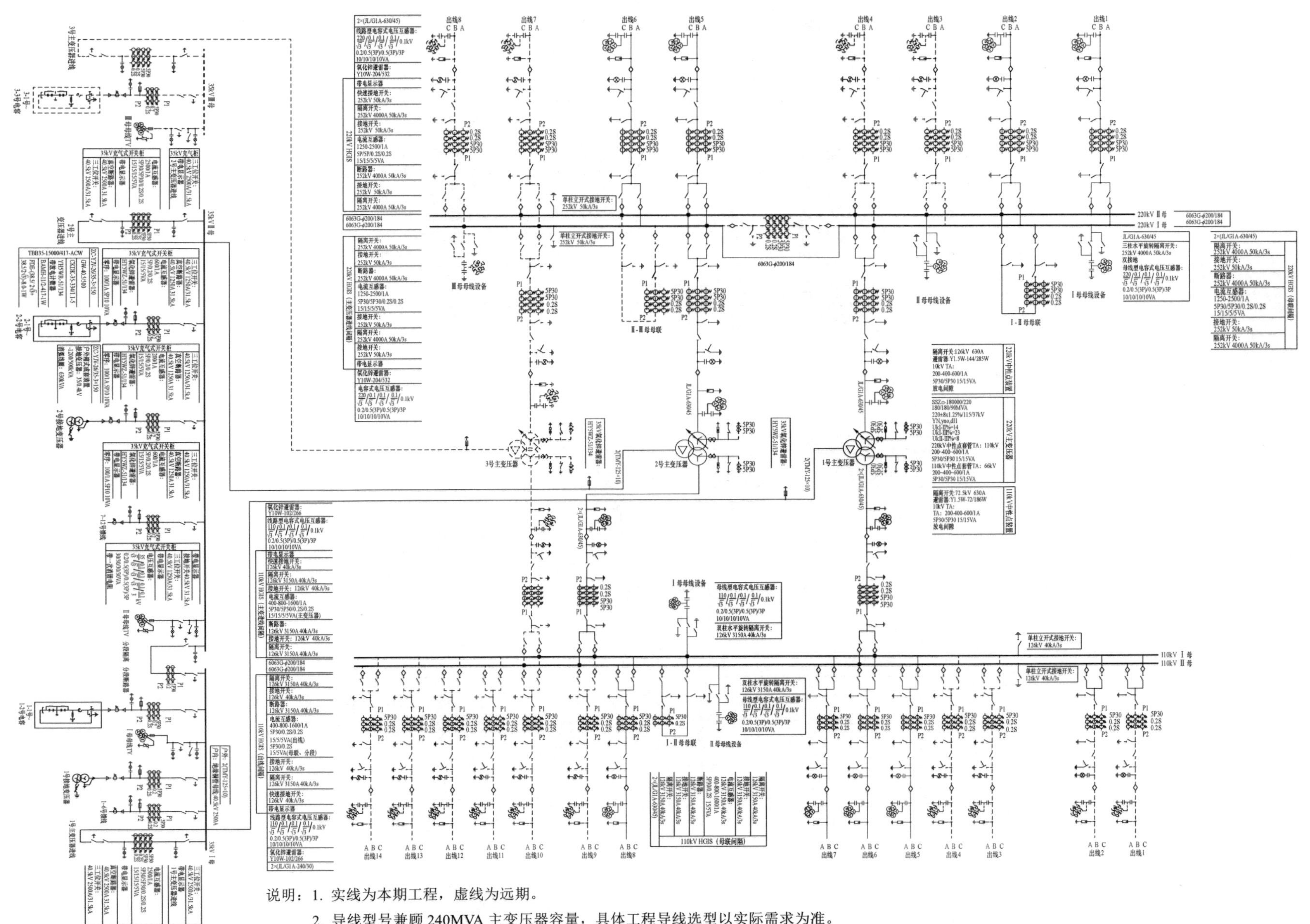

说明：1. 实线为本期工程，虚线为远期。

2. 导线型号兼顾 240MVA 主变压器容量，具体工程导线选型以实际需求为准。

图 9－1　SC－220－B－2（35）电气主接线图

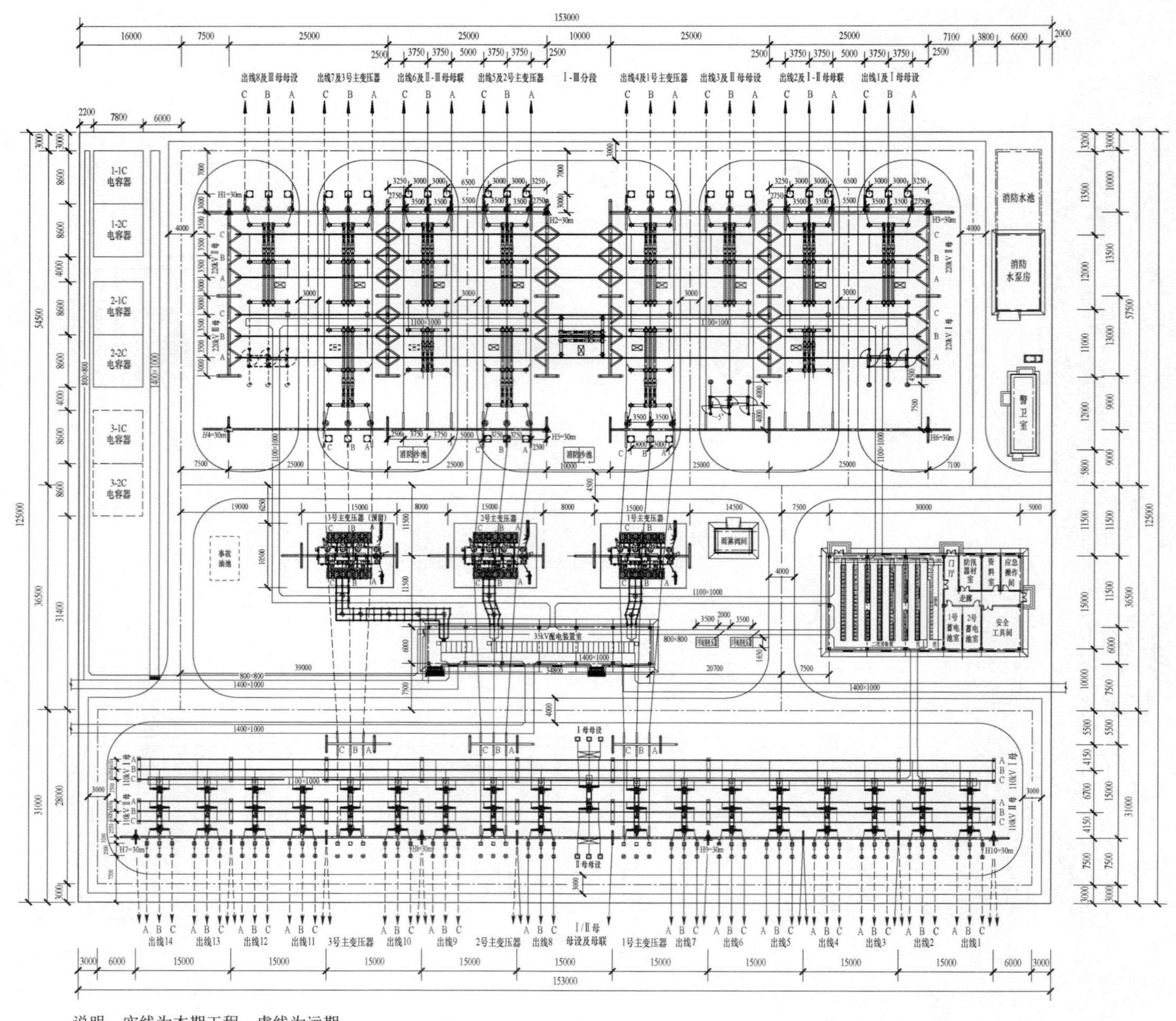

说明：实线为本期工程，虚线为远期。

图 9-2 SC-220-B-2（35）电气总平面布置图

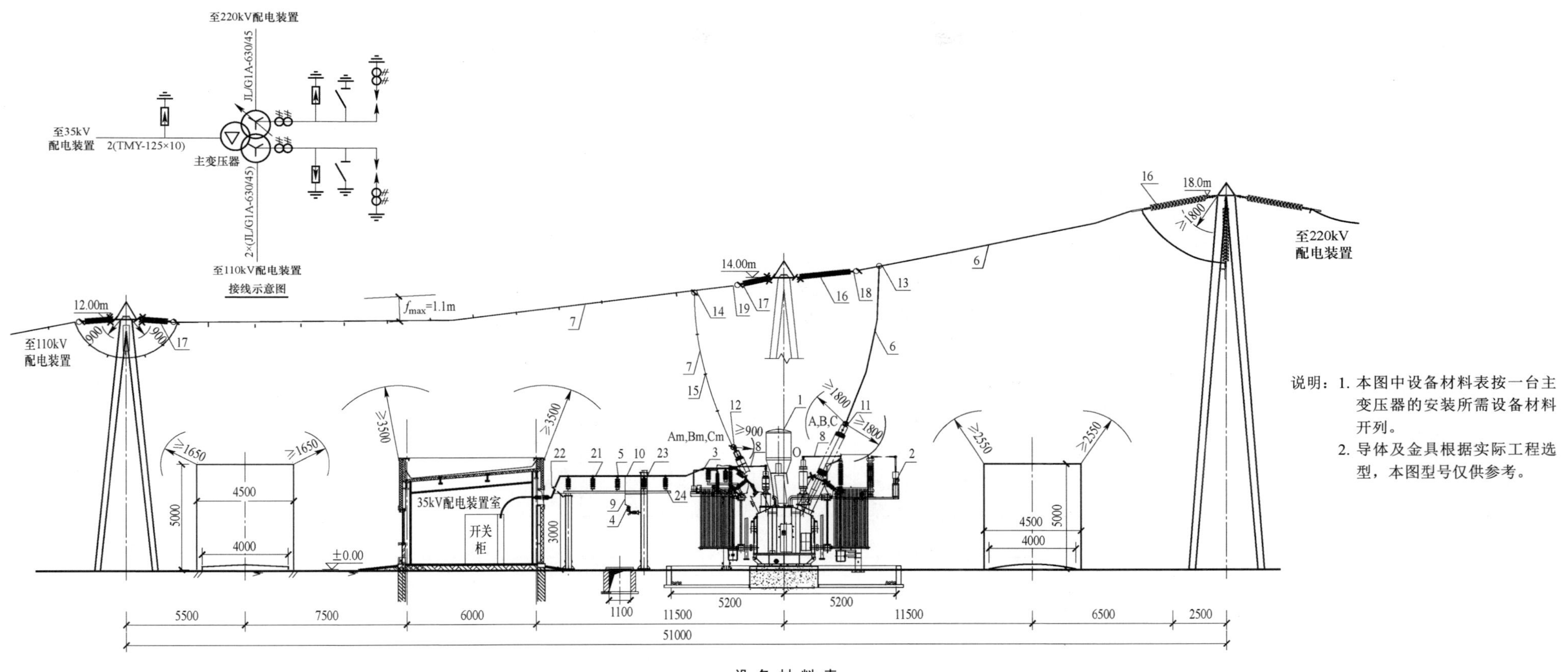

说明：1. 本图中设备材料表按一台主变压器的安装所需设备材料开列。
2. 导体及金具根据实际工程选型，本图型号仅供参考。

设 备 材 料 表

编号	名称	型号及规范	单位	数量	备注	编号	名称	型号及规范	单位	数量	备注
1	主变压器	三相三绕组自然油循环自冷有载调压变压器	台	1		12	30°双导线铜铝过渡设备线夹	SSYG－630/45B	套	3	
		SSZ□－180000/220 180/180/90MVA				13	T 型线夹	TY－630/45，附设备线夹 SY－630/45A	套	3	
		220±8×1.25%/115/37kV，YNyn0d11，ONAN				14	T 型线夹	TY－630/45，附设备线夹 SY－630/45A	套	6	
		U_k12% = 14，U_k13%＝23，U_k23%＝8			配有载调压开关	15	间隔棒	MRJ－5/200	套	110	
2	220kV 中性点成套装置		套	1		16	耐张绝缘子串	16（U120BP/146）	串	6	每片爬距 450mm
3	110kV 中性点成套装置		套	1		17	耐张绝缘子串	9（U120BP/146）	串	6	每片爬距 450mm
4	35kV 氧化锌避雷器	HY5WZ－51/134	台	3	带放电计数器	18	耐张线夹	NY－630/45	套	6	
5	35kV 支柱绝缘子	ZSW－40.5/30	支	24		19	耐张线夹	NY－630/45	套	6	
6	钢芯铝绞线	JL3/G1A－630/45	m	90		20	矩形铜母线固定金具	MWP－204	套	21	
7	钢芯铝绞线	2×（JL/G1A－630/45）	m	240	长度已按单根折算	21	矩形铜母线间隔垫	MJG－04	套	100	
8	矩形铜母线	TMY－80×8	m	16	中性点导体	22	铜母线伸缩节	MST－125×10	套	18	
9	矩形铜母线	TMY－50×5	m	9	10kV 避雷器安装用	23	热缩绝缘套	与 TMY－125×10 配套，含绝缘盒	m	100	
10	矩形铜母线	TMY－2×（125×10）	m	100	长度已按单片折算	24	热镀锌钢板	400×400，L＝10	块	21	
11	30°铜铝过渡设备线夹	SYG－630/45B	套	3							

图 9－3　SC－220－B－2（35）主变压器高中压侧进线断面图

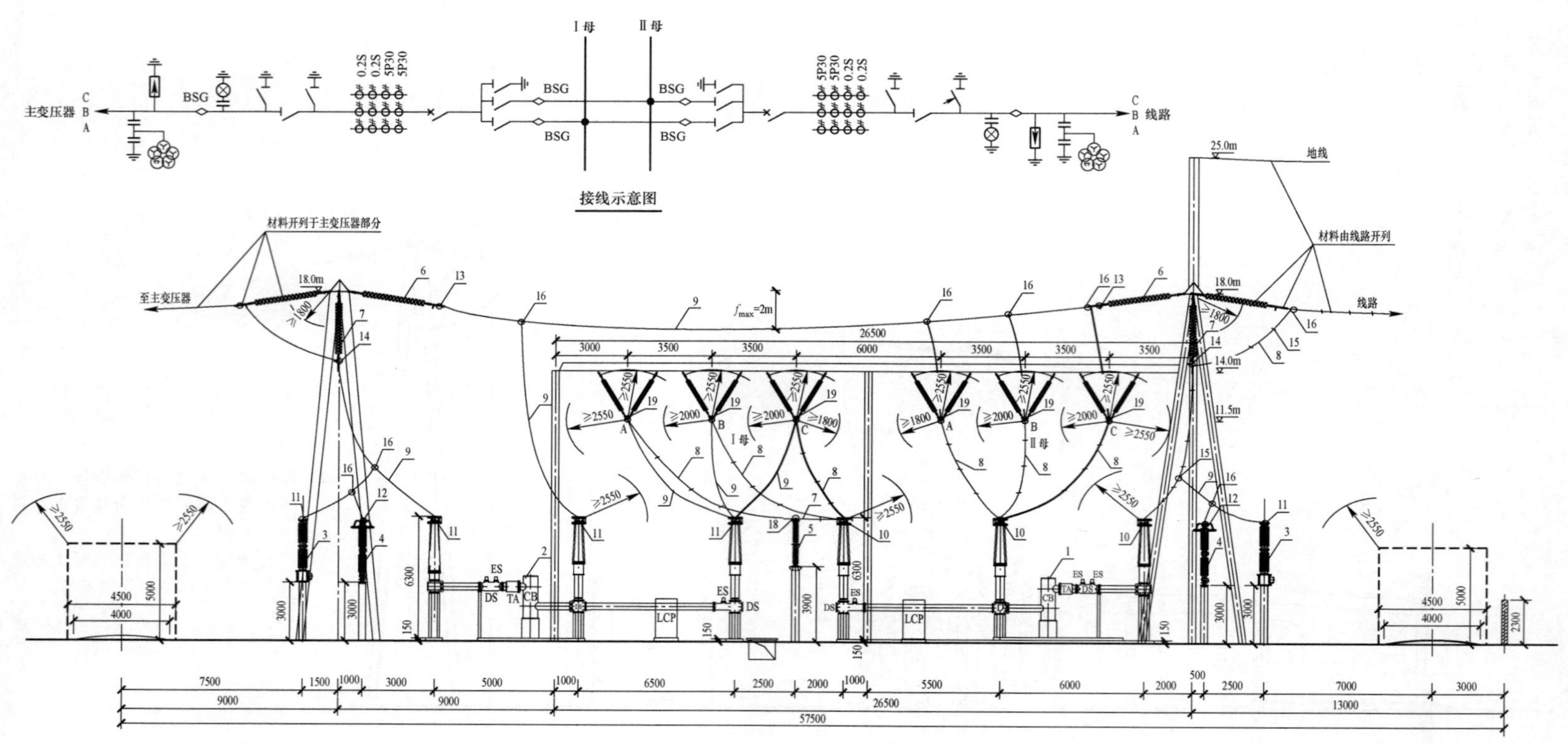

说明：1. 本图中设备材料表按 1 个主变压器进线间隔、1 个出线间隔的安装所需设备材料开列。

2. 导体及金具根据实际工程选型，本图型号仅供参考。

编号	名称	型号及规范	单位	数量	备注	编号	名称	型号及规范	单位	数量	备注
1	220kV HGIS 架空出线间隔	252kV，4000A，50kA（3s），125kA	套	1	详细参数见主接线图	11	设备线夹	SY－630/45A	套	9	带排水孔
2	220kV HGIS 架空主变压器进线间隔	252kV，4000A，50kA（3s），125kA	套	1	详细参数见主接线图	12	设备线夹	SY－630/45B	套	12	带排水孔
3	电压互感器	电容式 220/ $\sqrt{3}$ /0.1/ $\sqrt{3}$ /0.1/ $\sqrt{3}$ /0.1/ $\sqrt{3}$ /0.1kV 0.2/0.5（3P）/0.5（3P）/3P 10/10/10/10VA	台	6		13	耐张线夹	NY－630/45	套	6	
4	氧化锌避雷器	Y10W4－204/532 瓷附在线监测仪	台	6		14	悬垂线夹	CGB－5	套	9	
5	支柱绝缘子	ZSW－252/12.5	只	1		15	双导线 T 型线夹	TYS－630/200	套	3	带 SY－630/45 设备线夹
6	耐张绝缘子串	16（U120BP/146）	串	6	每片爬距 450mm	16	T 型线夹	TY－630/45	套	21	带 SY－630/45 设备线夹
7	悬垂绝缘子串	16（U120BP/146）	串	6	每片爬距 450mm	17	间隔棒	MRJ－5/200	套	150	每隔 1m 安装 1 套
8	钢芯铝绞线	2×（JL3/G1A－630/45）	m	300	已折算成单根	18	双软母线固定金具	MSG－6/200	套	1	
9	钢芯铝绞线	JL3/G1A－630/45	m	200		19	管母线 T 型金具	MGT－200	套	12	带相应设备线夹
10	双导线设备线夹	SSY－630/45A－200	套	9	带排水孔						

图 9－4　SC－220－B－2（35）220kV 屋外配电装置主变压器、线路断面图

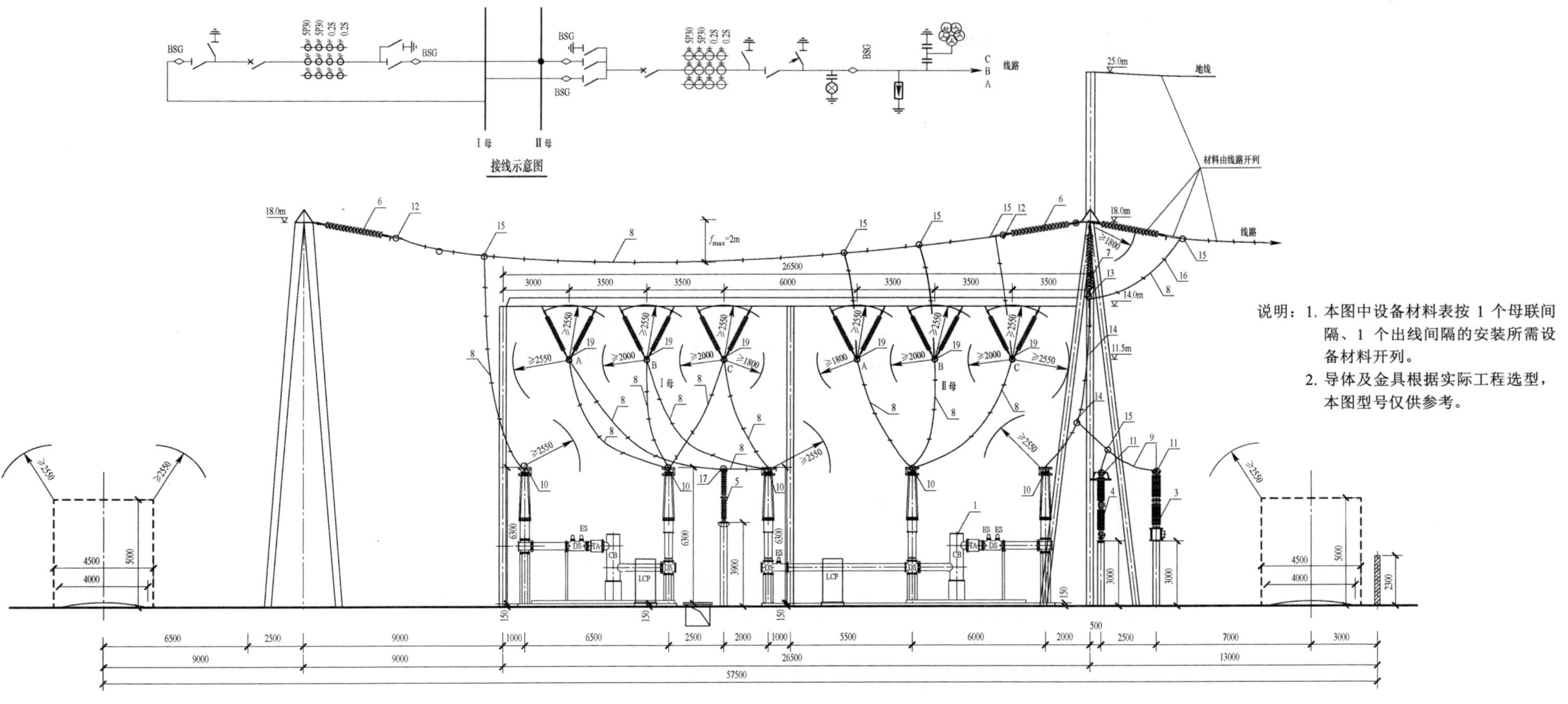

编号	名称	型号及规范	单位	数量	备注	编号	名称	型号及规范	单位	数量	备注
1	220kV HGIS 架空出线间隔	252kV，4000A，50kA（3s），125kA	套	1	详细参数见主接线图	10	双导线设备线夹	SSY－630/45A－200	套	15	带排水孔
2	220kV HGIS 母联间隔	252kV，4000A，50kA（3s），125kA	套	1	详细参数见主接线图	11	设备线夹	SY－630/45B	套	6	带排水孔
3	电压互感器	电容式 220/ $\sqrt{3}$ /0.1/ $\sqrt{3}$ /0.1/ $\sqrt{3}$ /0.1/ $\sqrt{3}$ /0.1kV 0.2/0.5（3P）/0.5（3P）/3P 10/10/10/10VA	台	3		12	耐张线夹	NY－630/45	套	6	
4	氧化锌避雷器	Y10W4－204/532 瓷 附在线监测仪	台	3		13	悬垂线夹	CGB－5	套	6	
5	支柱绝缘子	ZSW－252/12.5	只	2		14	双导线 T 型线夹	TYS－630/200	套	3	带 SY－630/45 设备线夹
6	耐张绝缘子串	16（U120BP/146）	串	6	每片爬距 450mm	15	T 型线夹	TY－630/45	套	21	带 SY－630/45 设备线夹
7	悬垂绝缘子串	16（U120BP/146）	串	6	每片爬距 450mm	16	间隔棒	MRJ－5/200	套	325	每隔 1m 安装 1 套
8	钢芯铝绞线	2×（JL3/G1A－630/45）	m	650	已折算成单根	17	双软母线固定金具	MSG－6/200	套	1	
9	钢芯铝绞线	JL3/G1A－630/45	m	30		18	管母线 T 型金具	MGT－200	套	12	带相应设备线夹

图 9－5　SC－220－B－2（35）220kV 屋外配电装置母联、线路断面图

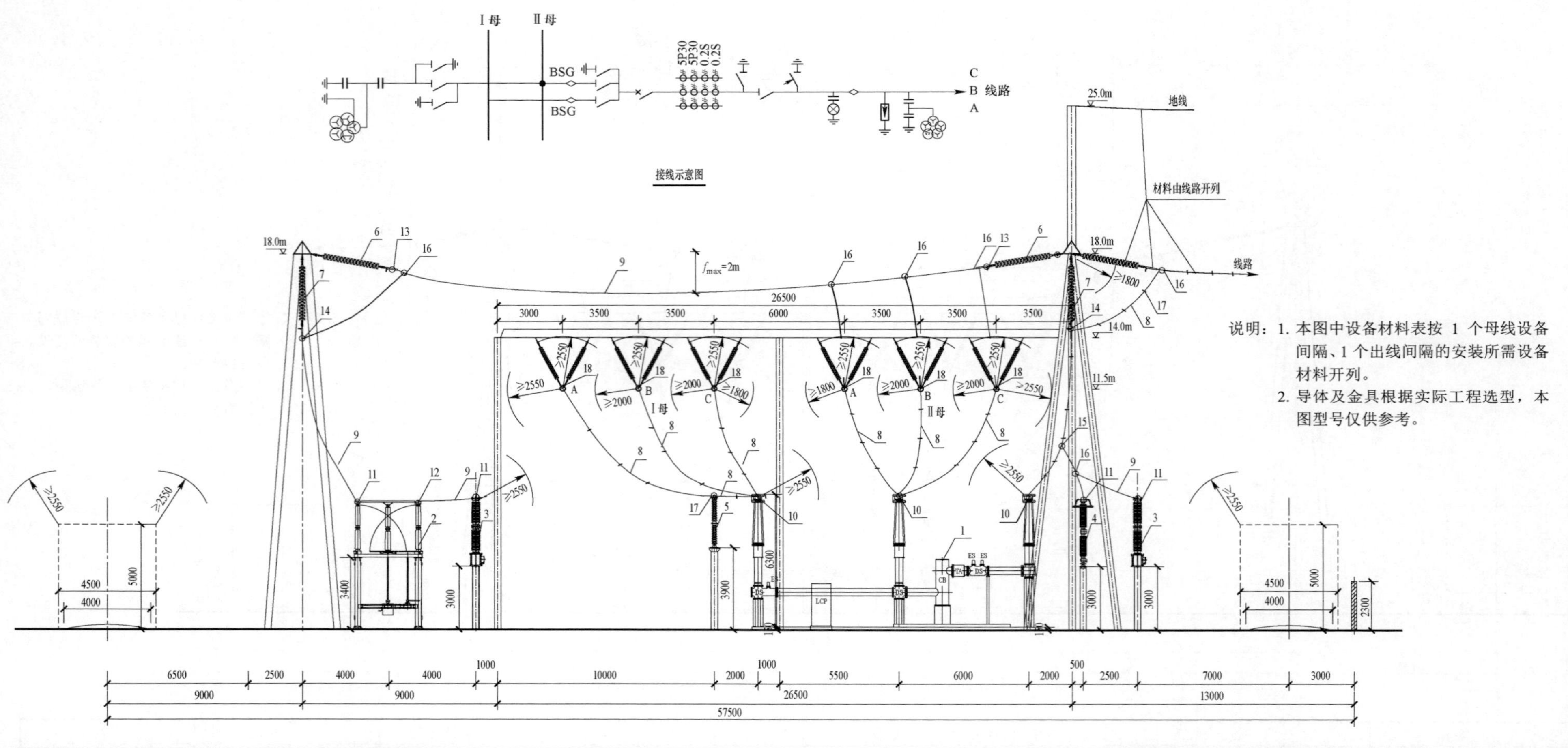

说明：1. 本图中设备材料表按 1 个母线设备间隔、1 个出线间隔的安装所需设备材料开列。
2. 导体及金具根据实际工程选型，本图型号仅供参考。

编号	名称	型号及规范	单位	数量	备注	编号	名称	型号及规范	单位	数量	备注
1	220kV HGIS 架空出线间隔	252kV，4000A，50kA（3s），125kA	套	1		10	双导线设备线夹	SSY－630/45A－200	套	9	带排水孔
2	隔离开关	三柱水平旋转 252kV 4000A 50kA/3s 双接地	组	1		11	设备线夹	SY－630/45B	套	12	带排水孔
3	电压互感器	电容式 $220/\sqrt{3}/0.1/\sqrt{3}/0.1/\sqrt{3}/0.1/\sqrt{3}/0.1$kV 0.2/0.5（3P）/0.5（3P）/3P 10/10/10/10VA	台	6		12	设备线夹	SY－630/45A	套	3	带排水孔
4	氧化锌避雷器	Y10W4－204/532 瓷 附在线监测仪	台	3		13	耐张线夹	NY－630/45	套	6	
5	支柱绝缘子	ZSW－252/12.5	只	2		14	悬垂线夹	CGB－5	套	6	
6	耐张绝缘子串	16（U120BP/146）	串	6	每片爬距 450mm	15	双导线 T 型线夹	TYS－630/200	套	3	带 SY－630/45 设备线夹
7	悬垂绝缘子串	16（U120BP/146）	串	6	每片爬距 450mm	16	T 型线夹	TY－630/45	套	18	带 SY－630/45 设备线夹
8	钢芯铝绞线	2×（JL3/G1A－630/45）	m	300	已折算成单根	17	间隔棒	MRJ－5/200	套	150	每隔 1m 安装 1 套
9	钢芯铝绞线	JL3/G1A－630/45	m	200		18	管母线 T 型金具	MGT－200	套	6	带 SSY－630/45 设备线夹

图 9－6 SC－220－B－2（35）220kV 屋外配电装置Ⅱ母母线设备、线路断面图

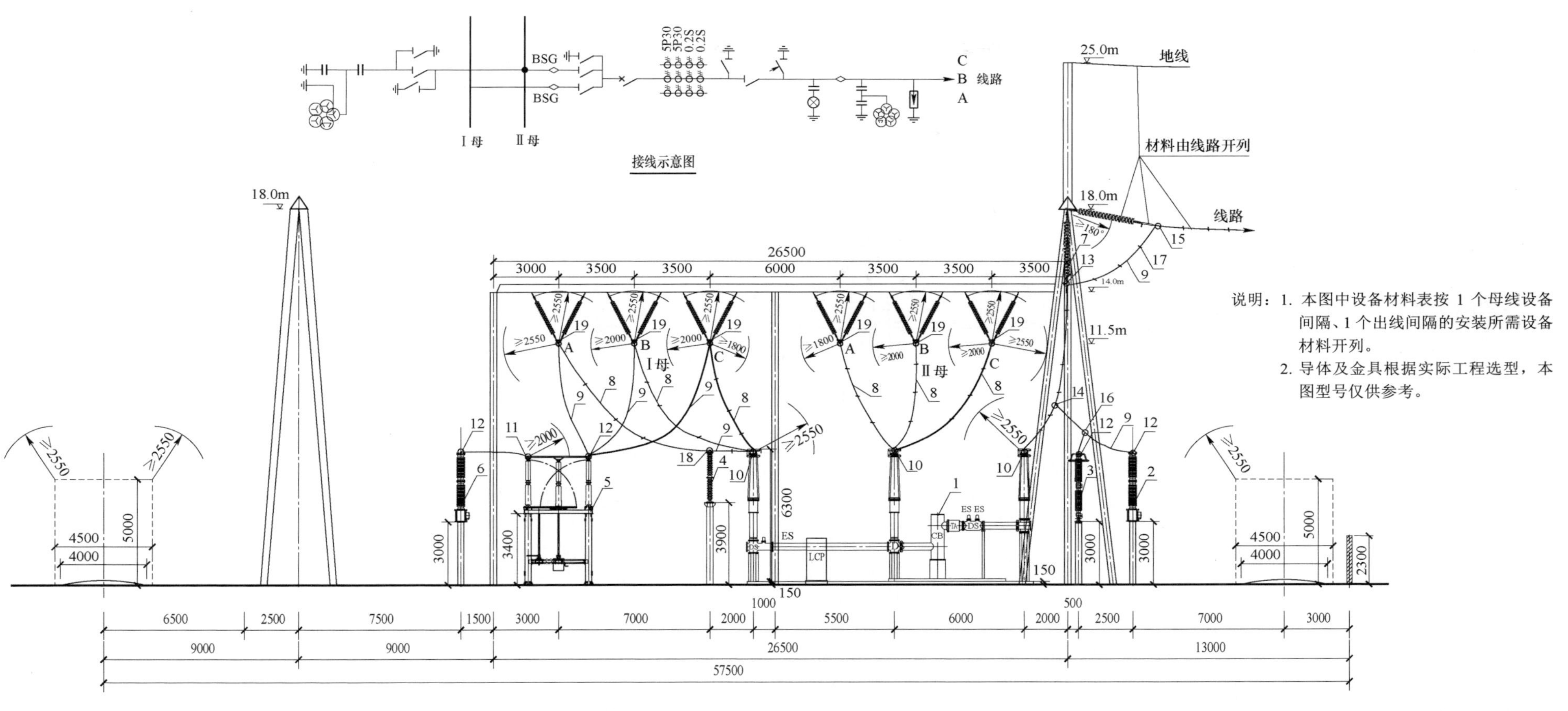

说明：1. 本图中设备材料表按 1 个母线设备间隔、1 个出线间隔的安装所需设备材料开列。

2. 导体及金具根据实际工程选型，本图型号仅供参考。

编号	名称	型号及规范	单位	数量	备注	编号	名称	型号及规范	单位	数量	备注
1	220kV HGIS 架空出线间隔	252kV，4000A，50kA（3s），125kA	套	1	详细参数见主接线图	11	设备线夹	SY－630/45A	套	3	带排水孔
2	电压互感器	电容式 220/ $\sqrt{3}$ /0.1/ $\sqrt{3}$ /0.1/ $\sqrt{3}$ /0.1/ $\sqrt{3}$ /0.1kV 0.2/0.5（3P）/0.5（3P）/3P 10/10/10/10VA	台	3		12	设备线夹	SY－630/45B	套	12	带排水孔
3	氧化锌避雷器	Y10W4－204/532 瓷 附在线监测仪	台	3		13	悬垂线夹	CGB－5	套	6	
4	支柱绝缘子	ZSW－252/12.5	只	2		14	双导线 T 型线夹	TYS－630/200	套	3	带 SY－630/45 设备线夹
5	隔离开关	三柱水平旋转 252kV 4000A 50kA/3s 双接地	组	1		15	双导线 T 型线夹	TYS－630/200	套	3	
6	电压互感器	电容式 220/ $\sqrt{3}$ /0.1/ $\sqrt{3}$ /0.1/ $\sqrt{3}$ /0.1/ $\sqrt{3}$ /0.1kV 0.2/0.5（3P）/0.5（3P）/3P 10/10/10/10VA	台	6		16	T 型线夹	TY－630/45	套	3	带 SY－630/45 设备线夹
7	悬垂绝缘子串	16（U120BP/146）	串	6	每片爬距 450mm	17	间隔棒	MRJ－5/200	套	150	每隔 1m 安装 1 套
8	钢芯铝绞线	2×（JL3/G1A－630/45）	m	300	已折算成单根	18	双软母线固定金具	MSG－6/200	套	1	
9	钢芯铝绞线	JL3/G1A－630/45	m	90		19	管母线 T 型金具	MGT－200	套	9	带相应设备线夹
10	双导线设备线夹	SSY－630/45A－200	套	9	带排水孔	20	端子箱	XW－1	个	1	

图 9－7 SC－220－B－2（35）220kV 屋外配电装置Ⅰ（Ⅲ）母母线设备、线路断面图

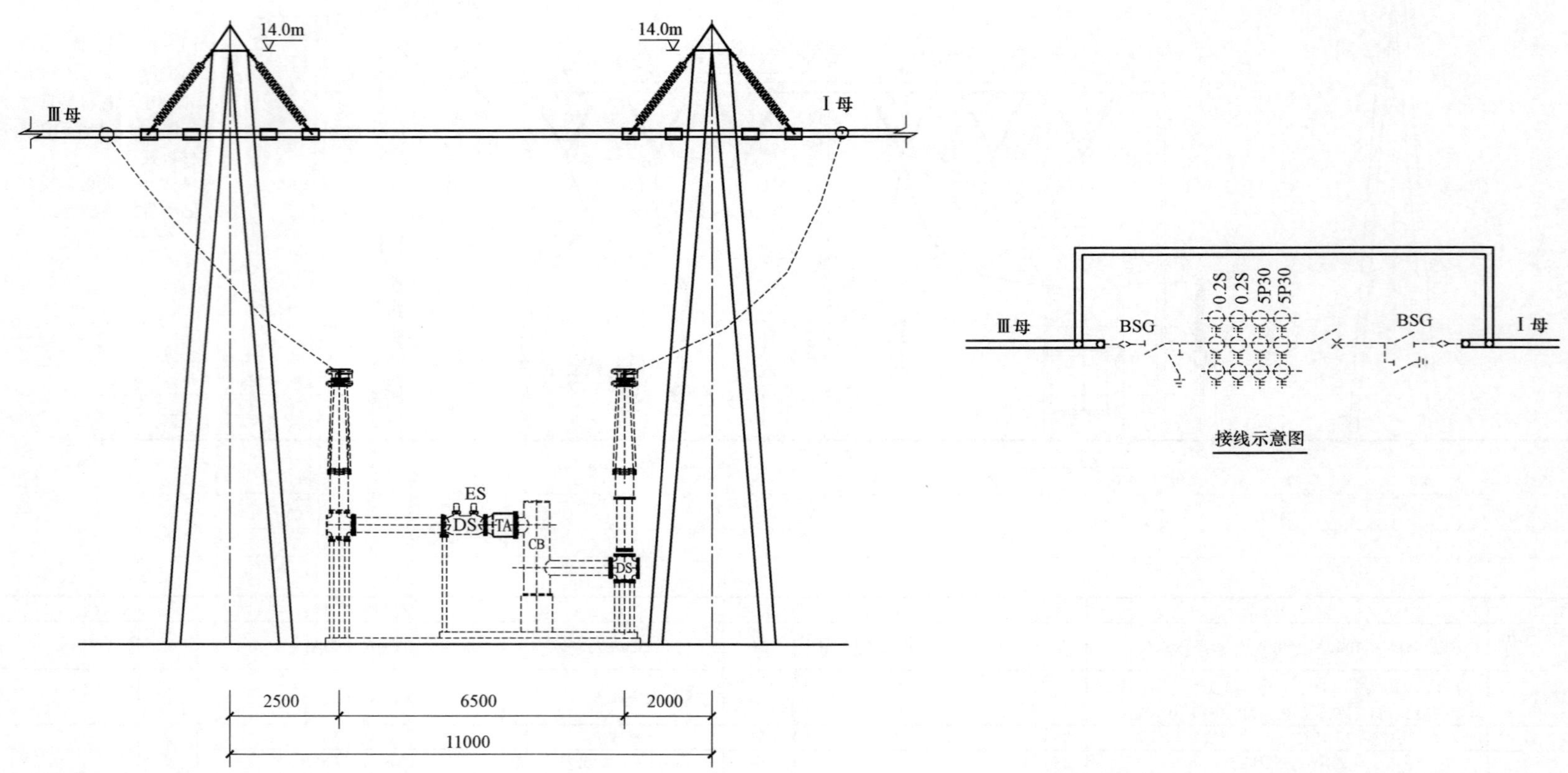

说明：本图中设备材料表按 1 个分段间隔的安装所需设备材料开列。

图 9－8　SC－220－B－2（35）220kV 屋外配电装置Ⅰ－Ⅲ母分段断面图

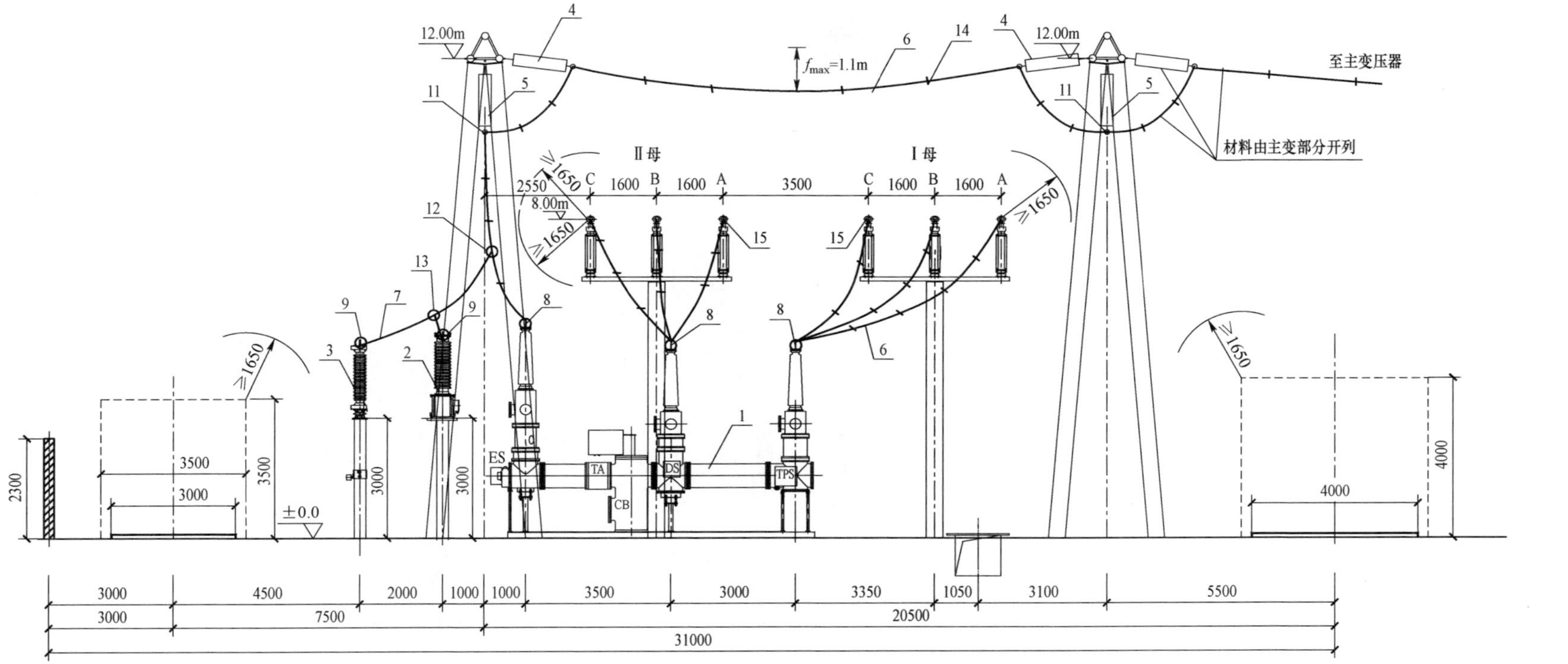

编号	名称	型号及规范	单位	数量	备注
1	110kV HGIS 架空主变压器进线间隔	126kV，3150A，40kA（3s），125kA	套	1	详细参数见主接线图
2	电压互感器	电容式 110/$\sqrt{3}$/0.1/$\sqrt{3}$/0.1/$\sqrt{3}$/0.1/$\sqrt{3}$/0.1kV 0.2/0.5（3P）/0.5（3P）/3P 10/10/10/10VA	台	3	
3	氧化锌避雷器	Y10WZ－102/266 瓷 附在线监测仪	台	3	
4	耐张绝缘子串	9（U120BP/146）	串	6	每片爬距 450mm
5	悬垂绝缘子串	9（U120BP/146）	串	6	每片爬距 450mm
6	钢芯铝绞线	2×（JL3/G1A－630/45）	m	220	已折算成单根
7	钢芯铝绞线	JL/G1A－630/45	m	30	
8	双导线设备线夹	SSY－630/45A－200	套	9	带排水孔
9	设备线夹	SY－630/45B	套	6	带排水孔
10	耐张线夹	NY－630/45	套	6	
11	悬垂线夹	CGB－5	套	12	
12	双导线 T 型线夹	TYS－630/200	套	3	带 SY－630/45 设备线夹
13	T 型线夹	TY－630/45	套	15	带 SY－630/45 设备线夹
14	间隔棒	MRJ－5/200	套	125	每隔 1m 安装 1 套
15	管母线 T 型金具	MGT－200	套	6	带 SSY－630/45－200 设备线夹

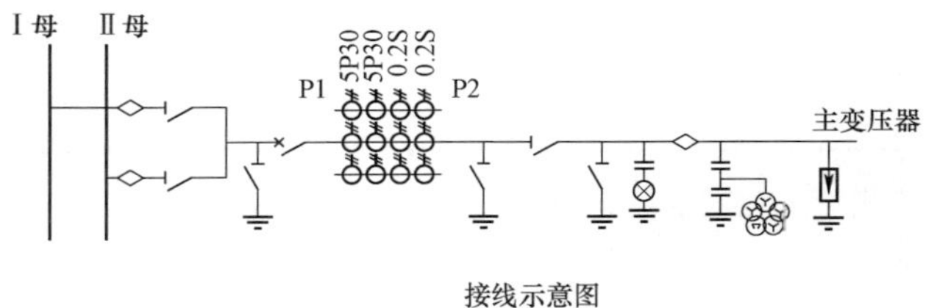

接线示意图

说明：1. 本图中设备材料表按 1 个主变压器进线间隔的安装所需设备材料开列。

2. 导体及金具根据实际工程选型，本图型号仅供参考。

图 9－9　SC－220－B－2（35）110kV 屋外配电装置主变压器断面图

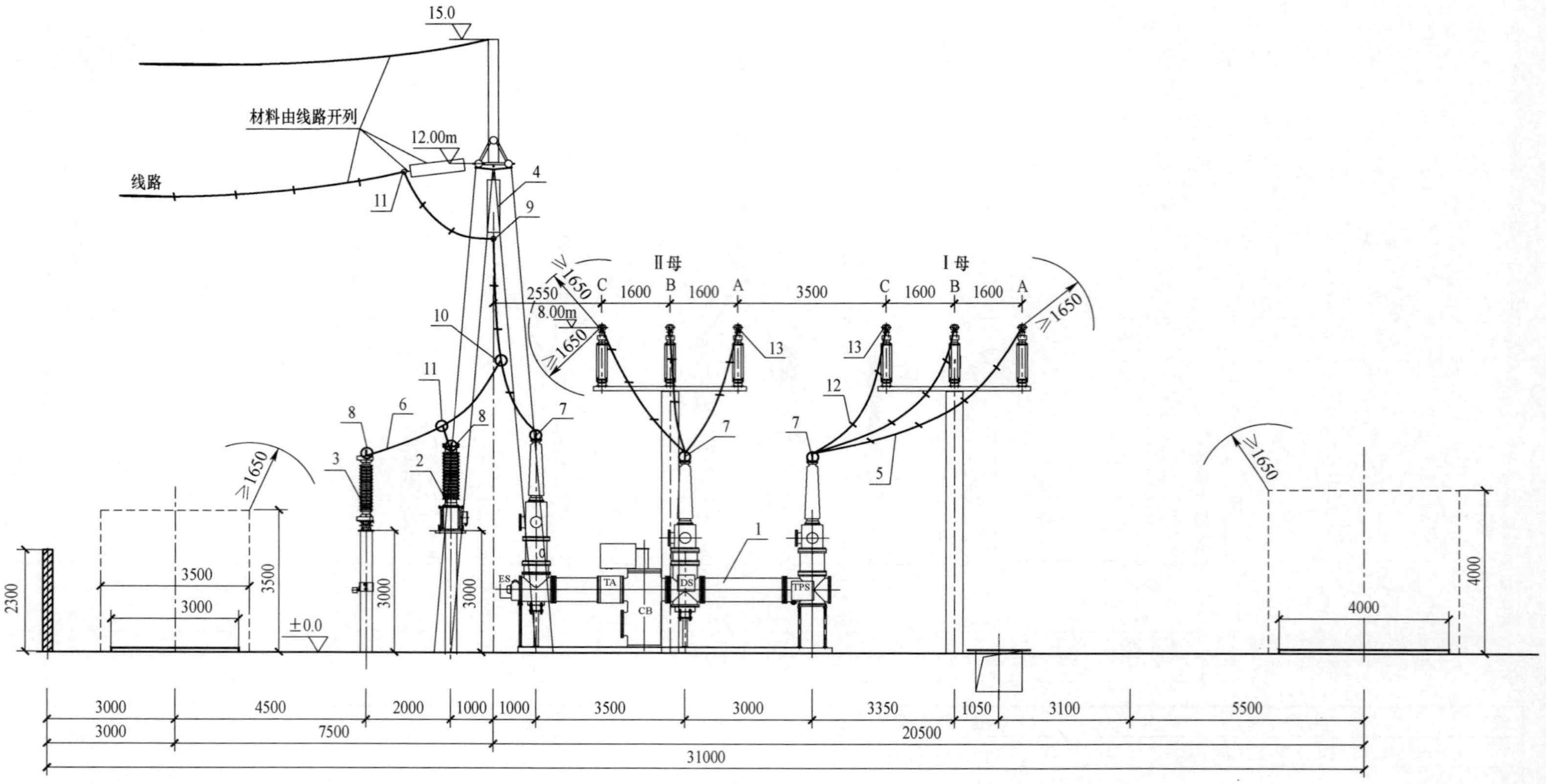

编号	名称	型号及规范	单位	数量	备注
1	110kV HGIS 架空出线间隔	126kV，3150A，40kA（3s），125kA	套	1	详细参数见主接线图
2	电压互感器	电容式 110/ $\sqrt{3}$ /0.1/ $\sqrt{3}$ /0.1/ $\sqrt{3}$ /0.1/ $\sqrt{3}$ /0.1kV 0.2/0.5（3P）/0.5（3P）/3P 10/10/10/10VA	台	3	
3	氧化锌避雷器	Y10WZ－102/266 瓷 附在线监测仪	台	3	
4	悬垂绝缘子串	9（U120BP/146）	串	3	每片爬距 450mm
5	钢芯铝绞线	2×（JL/G1A－240/30）	m	150	已折算成单根
6	钢芯铝绞线	JL/G1A－240/30	m	30	
7	双导线设备线夹	SSY－240/30A－200	套	9	带排水孔
8	设备线夹	SY－240/30B	套	6	带排水孔
9	悬垂线夹	CGB－5	套	6	
10	双导线 T 型线夹	TYS－240/200	套	3	带 SY－240/30 设备线夹
11	T 型线夹	TY－240/30	套	9	带 SY－240/30 设备线夹
12	间隔棒	MRJ－5/200	套	125	每隔 1m 安装 1 套
13	管母线 T 型金具	MGT－200	套	6	带 SSY－240/200 设备线夹

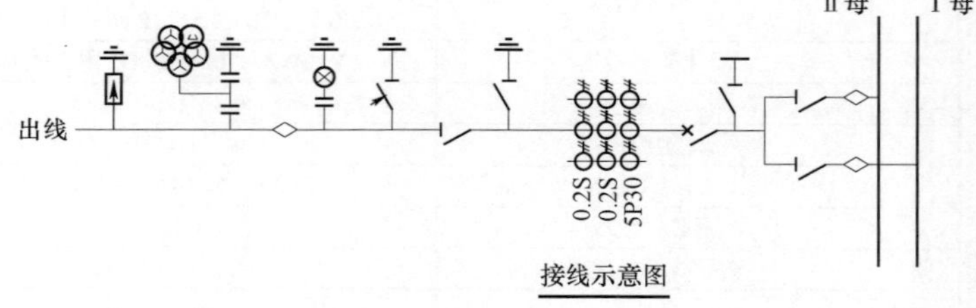

接线示意图

说明：1. 本图中设备材料表按 1 个出线间隔的安装所需设备材料开列。
2. 导体及金具根据实际工程选型，本图型号仅供参考。

图 9－10　SC－220－B－2（35）110kV 屋外配电装置出线断面图

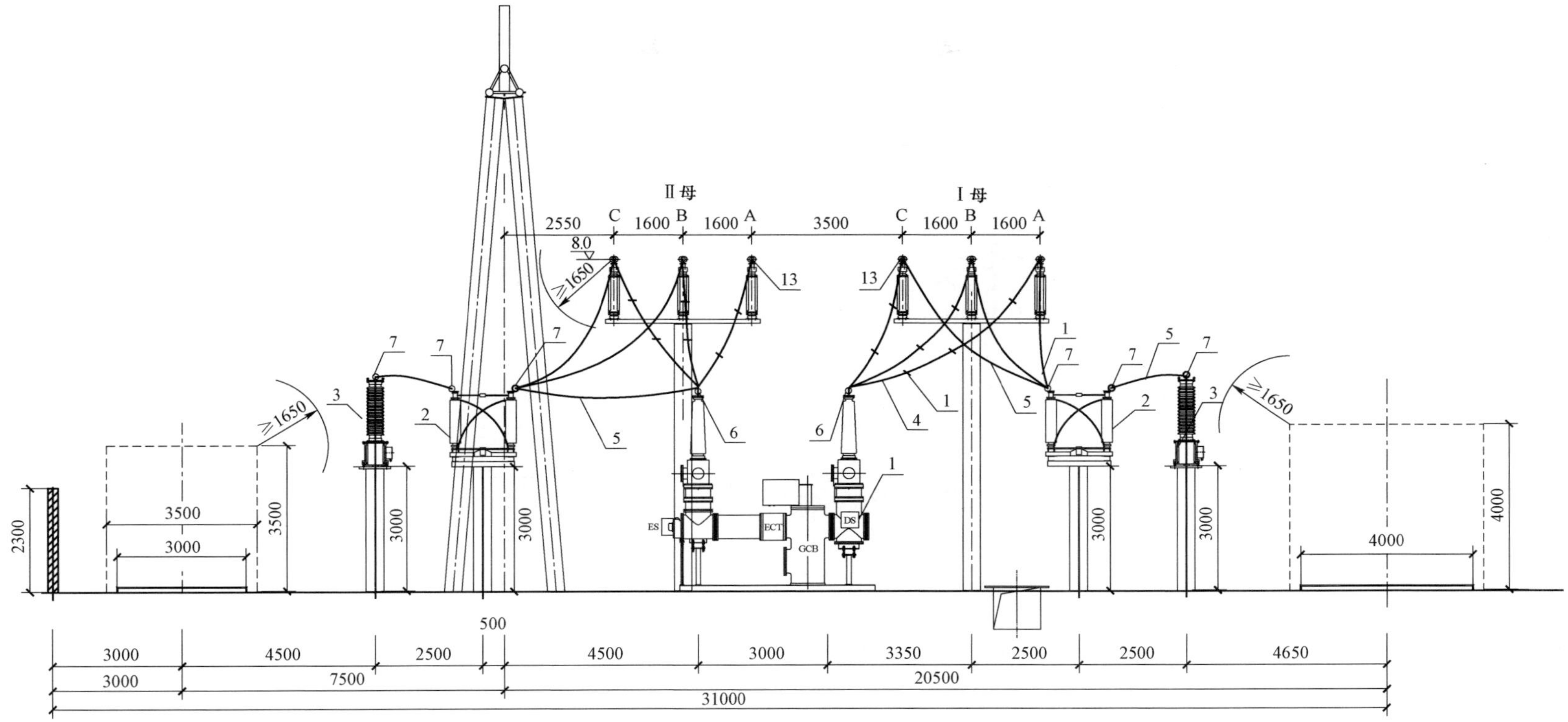

编号	名称	型号及规范	单位	数量	备注
1	110kV HGIS 母联间隔	126kV，3150A，40kA（3s），125kA	套	1	详细参数见主接线图
2	隔离开关	双柱水平旋转 126kV 3150A，50kA/3s 双接地	组	2	
3	电压互感器	电容式 $110/\sqrt{3}/0.1/\sqrt{3}/0.1/\sqrt{3}/0.1/\sqrt{3}/0.1$kV 0.2/0.5（3P）/0.5（3P）/3P 10/10/10/10VA	台	6	
4	耐热铝合金钢芯铝绞线	2×（JL3/G1A－630/45）	m	100	已折算成单根
5	钢芯铝绞线	JL/G1A－630/45	m	30	
6	双导线设备线夹	SSY－630/45A－200	套	6	带排水孔
7	设备线夹	SY－630/45B	套	18	带排水孔
8	间隔棒	MRJ－5/200	套	50	每隔 1m 安装 1 套
9	管母线 T 型金具	MGT－200	套	6	带 SSY－630/45－200 设备线夹
10	管母线 T 型金具	MGT－200	套	6	带 SY－630/45 设备线夹

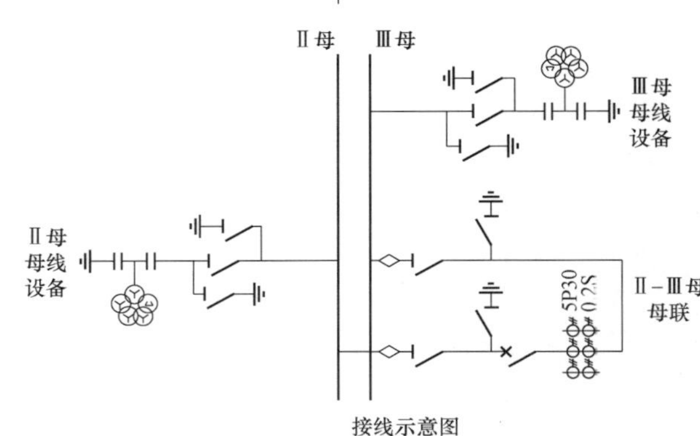

接线示意图

说明：1. 本图中设备材料表按 1 个母联间隔、2 个母线设备间隔的安装所需设备材料开列。
2. 导体及金具根据实际工程选型，本图型号仅供参考。

图 9－11　SC－220－B－2（35）110kV 屋外配电装置Ⅰ－Ⅱ母母联及母线设备断面图

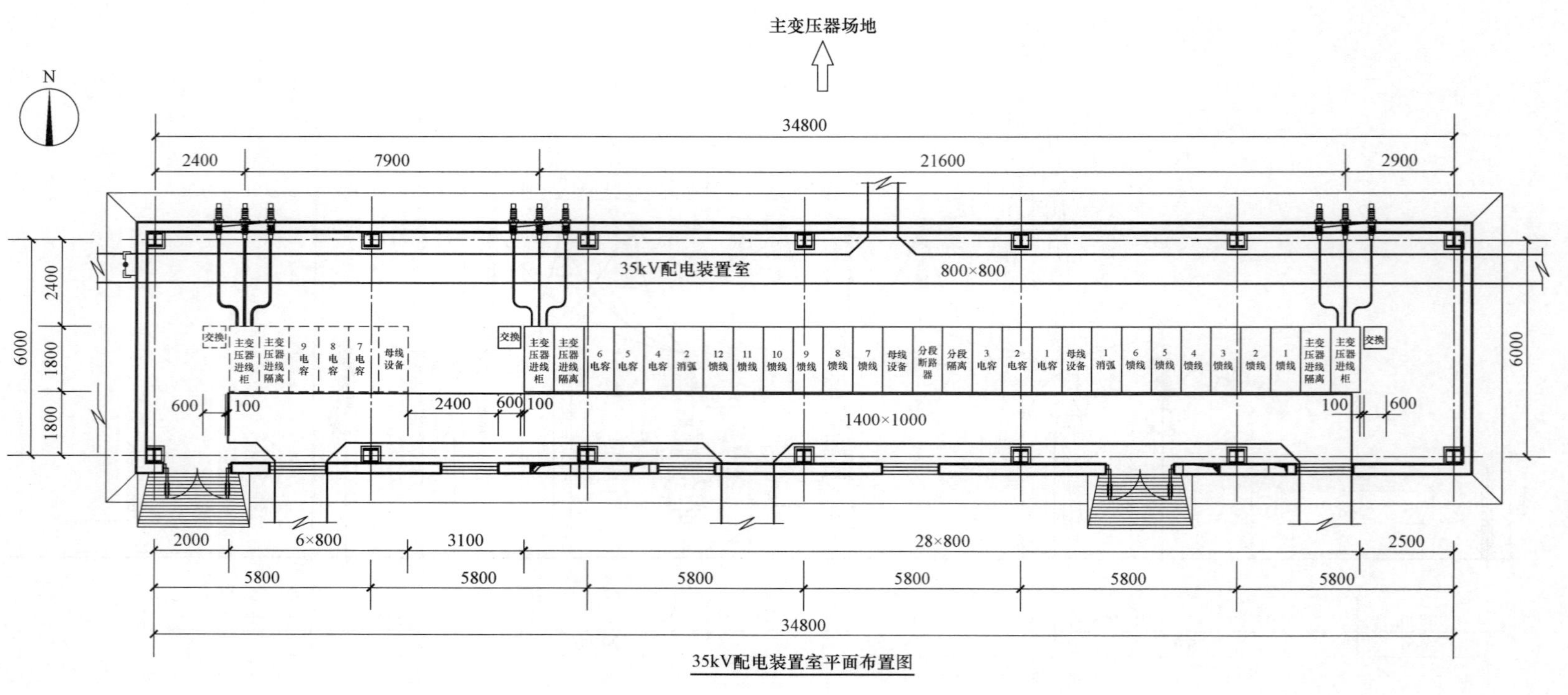

35kV配电装置室平面布置图

编号	名称	型号及规范	单位	数量	备注
1	35kV 充气式开关柜	40.5kV 2500A 31.5kA	面	/	主变压器进线柜
2	35kV 充气式开关柜	40.5kV 1250A 31.5kA	面	/	馈线柜
3	绝缘管母线	2500A	m	/	
4	母线桥横担		个	/	由绝缘管母线厂家提供
5	母线桥托架		个	/	由绝缘管母线厂家提供

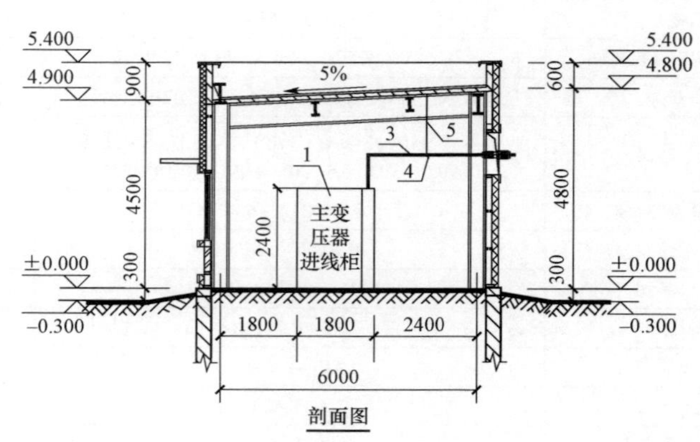

剖面图

图 9-12 SC-220-B-2（35）35kV 屋内配电装置平断面图

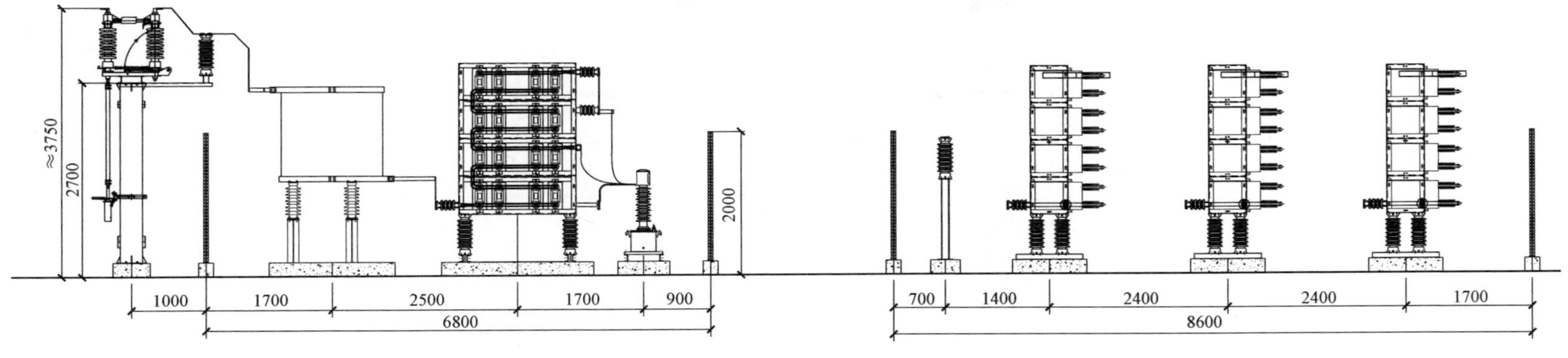

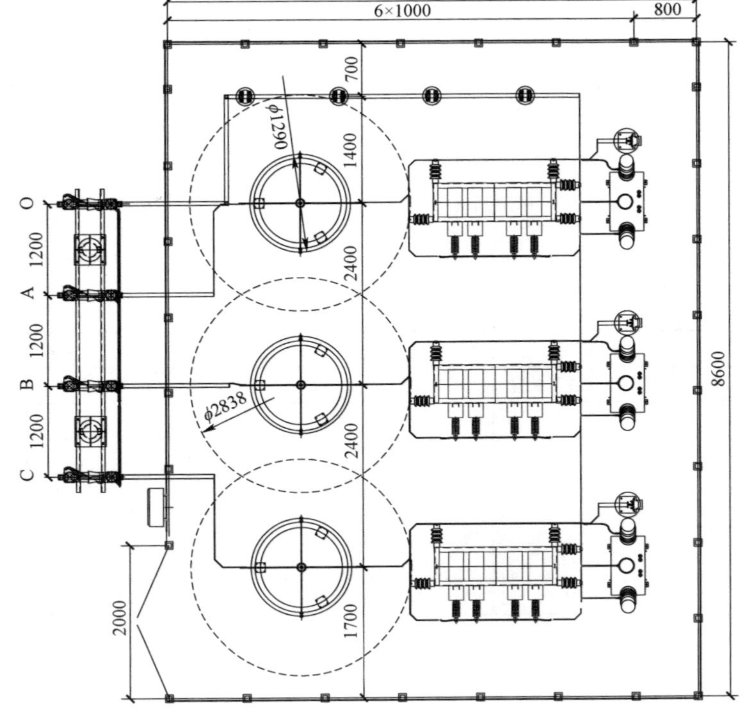

设备材料表

序号	名称	型号及规范	单位	数量	备注
	35kV 电容器组成套装置	TBB35－15000/417－ACW	套	1	
	每套含：				
1	隔离开关	GW－40.5/1250	组	1	
2	放电线圈	FDE－（38.5/2 $\sqrt{3}$ +38.5/2 $\sqrt{3}$ ）－8.0－1W	台	3	
3	电容器	BAMH－11/2－417－1W	台	24	厂家成套装置提供
4	电抗器	CKDK－35－334/1.1－5	台	3	
5	氧化锌避雷器	YH5WR－51/134	只	3	
6	铜母线	TMY－63×6.3	m	足量	
7	支柱绝缘子	ZSW－40.5/8	根	足量	
8	围栏		套	1	

图 9－13 SC－220－B－2（35）35kV 电容器平断面图

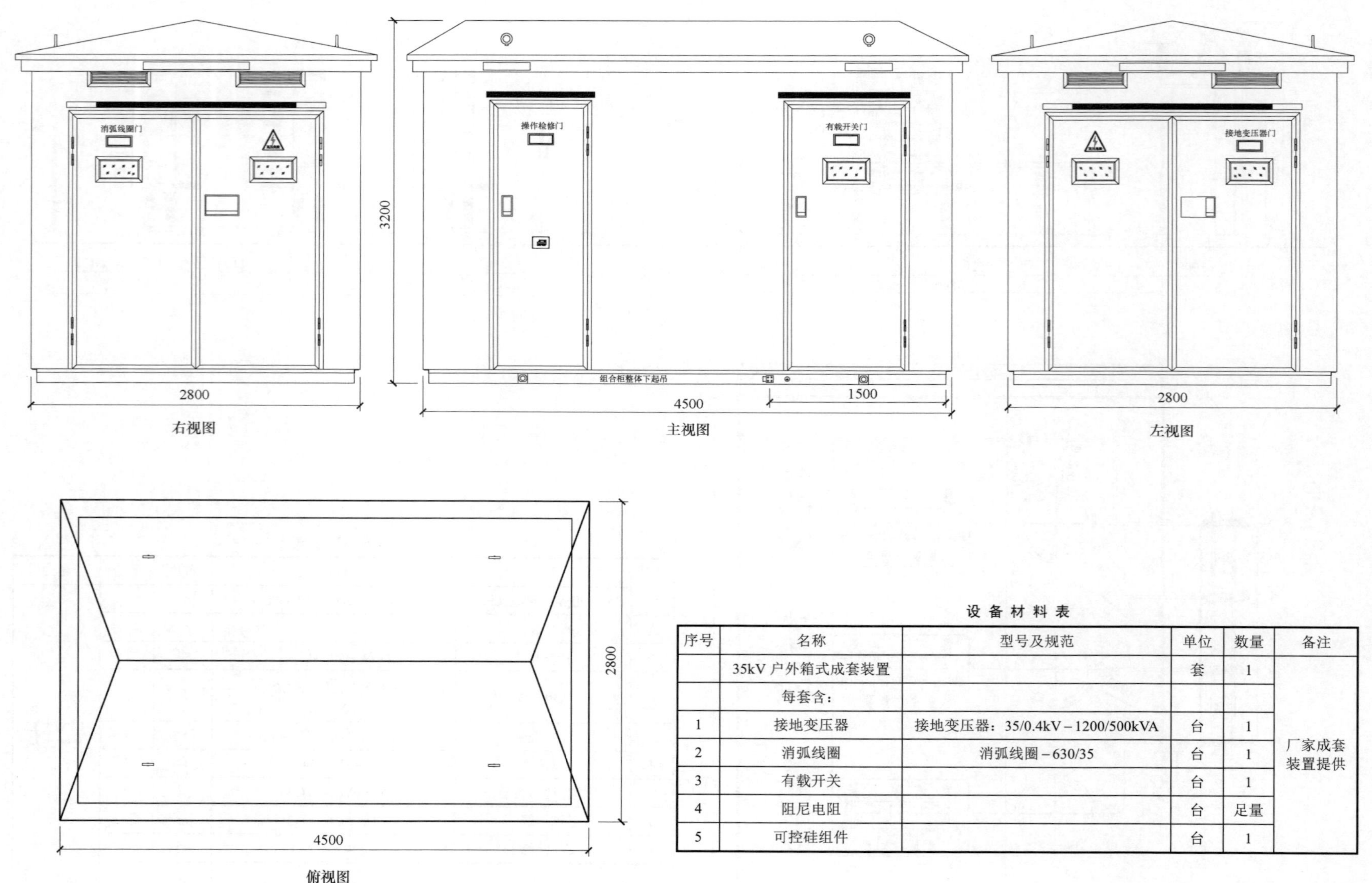

设备材料表

序号	名称	型号及规范	单位	数量	备注
	35kV 户外箱式成套装置		套	1	
	每套含：				厂家成套装置提供
1	接地变压器	接地变压器：35/0.4kV－1200/500kVA	台	1	
2	消弧线圈	消弧线圈－630/35	台	1	
3	有载开关		台	1	
4	阻尼电阻		台	足量	
5	可控硅组件		台	1	

图 9－14　SC－220－B－2（35）35kV 消弧线圈接地变压器成套装置平断面图

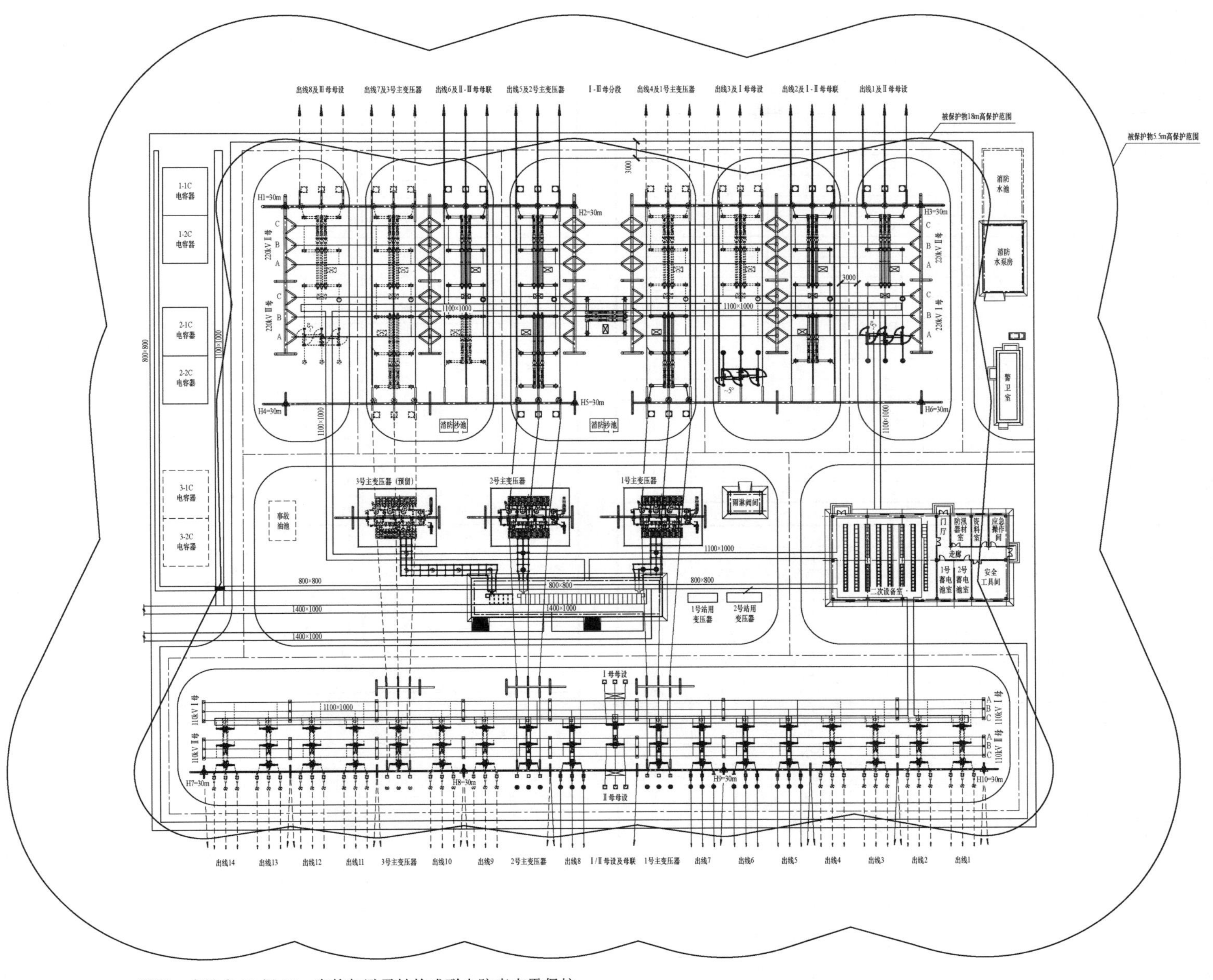

说明：本站由 10 根 30m 高构架避雷针构成联合防直击雷保护。

图 9－15　SC－220－B－2（35）全站防直击雷保护范围图（一）

避雷针保护范围计算结果

避雷针编号	避雷针高度（m）	被保护物高度 h_x（m）	避雷针有效高度 h_a（m）	单针保护半径 r_x（m）	两针间距离 D（m）	两针间等效距离 D'（m）	两针间最低保护高度 h_o（m）	双针保护最小宽度 b_x（m）	高度影响系数
1#－2#	30－30	18.5	11.5－11.5	11.5－11.5	50.0	50.0	22.9	6.6	1.00
1#－2#	30－30	5.5	24.5－24.5	34－34	50.0	50.0	22.9	27.8	1.00
1#－3#	30－30	5.5	24.5－24.5	34－34	110.0	110.0	14.3	18.2	1.00
1#－4#	30－30	18.5	11.5－11.5	11.5－11.5	35.5	35.5	24.9	8.7	1.00
1#－4#	30－30	5.5	24.5－24.5	34－34	35.5	35.5	24.9	29.5	1.00
1#－5#	30－30	18.5	11.5－11.5	11.5－11.5	61.3	61.3	21.2	4.7	1.00
1#－5#	30－30	5.5	24.5－24.5	34－34	61.3	61.3	21.2	26.2	1.00
1#－6#	30－30	5.5	24.5－24.5	34－34	115.6	115.6	13.5	17.1	1.00
1#－7#	30－30	5.5	24.5－24.5	34－34	102.5	102.5	15.4	19.7	1.00
1#－8#	30－30	5.5	24.5－24.5	34－34	106.0	106.0	14.9	19	1.00
1#－9#	30－30	5.5	24.5－24.5	34－34	126.5	126.5	11.9	14.6	1.00
1#－10#	30－30	5.5	24.5－24.5	34－34	157.5	157.5	7.5	5.1	1.00
2#－3#	30－30	18.5	11.5－11.5	11.5－11.5	60	60	21.4	5.0	1.00
2#－3#	30－30	5.5	24.5－24.5	34－34	60	60	21.4	26.4	1.00
2#－4#	30－30	18.5	11.5－11.5	11.5－11.5	61.3	61.3	21.2	4.7	1.00
2#－4#	30－30	5.5	24.5－24.5	34－34	61.3	61.3	21.2	26.2	1.00
2#－5#	30－30	18.5	11.5－11.5	11.5－11.5	35.5	35.5	24.9	8.7	1.00
2#－5#	30－30	5.5	24.5－24.5	34－34	35.5	35.5	24.9	29.5	1.00
2#－6#	30－30	18.5	11.5－11.5	11.5－11.5	69.7	69.7	20	2.9	1.00
2#－6#	30－30	5.5	24.5－24.5	34－34	69.7	69.7	20	25.1	1.00

避雷针保护范围计算结果

避雷针编号	避雷针高度（m）	被保护物高度 h_x（m）	避雷针有效高度 h_a（m）	单针保护半径 r_x（m）	两针间距离 D（m）	两针间等效距离 D'（m）	两针间最低保护高度 h_o（m）	双针保护最小宽度 b_x（m）	高度影响系数
2#－7#	30－30	5.5	24.5－24.5	34－34	120.3	120.3	12.8	16.1	1.00
2#－8#	30－30	5.5	24.5－24.5	34－34	103.4	103.4	15.2	19.5	1.00
2#－9#	30－30	5.5	24.5－24.5	34－34	104.7	104.7	15	19.3	1.00
2#－10#	30－30	5.5	24.5－24.5	34－34	123.6	123.6	12.3	15.4	1.00
3#－4#	30－30	5.5	24.5－24.5	34－34	115.6	115.6	13.5	17.1	1.00
3#－5#	30－30	18.5	11.5－11.5	11.5－11.5	69.7	69.7	20	2.9	1.00
3#－5#	30－30	5.5	24.5－24.5	34－34	69.7	69.7	20	25.1	1.00
3#－6#	30－30	18.5	11.5－11.5	11.5－11.5	35.5	35.5	24.9	8.7	1.00
3#－6#	30－30	5.5	24.5－24.5	34－34	35.5	35.5	24.9	29.5	1.00
3#－7#	30－30	5.5	24.5－24.5	34－34	160.6	160.6	7.1	4.0	1.00
3#－8#	30－30	5.5	24.5－24.5	34－34	128.9	128.9	11.6	13.9	1.00
3#－9#	30－30	5.5	24.5－24.5	34－34	107.2	107.2	14.7	18.8	1.00
3#－10#	30－30	5.5	24.5－24.5	34－34	102	102	15.4	19.8	1.00
4#－5#	30－30	18.5	11.5－11.5	11.5－11.5	50.0	50.0	22.9	6.6	1.00
4#－5#	30－30	5.5	24.5－24.5	34－34	50.0	50.0	22.9	27.8	1.00
4#－6#	30－30	5.5	24.5－24.5	34－34	110.0	110.0	14.3	18.2	1.00
4#－7#	30－30	18.5	11.5－11.5	11.5－11.5	67.6	67.6	20.3	3.4	1.00
4#－7#	30－30	5.5	24.5－24.5	34－34	67.6	67.6	20.3	25.4	1.00
4#－8#	30－30	18.5	11.5－11.5	11.5－11.5	72.7	72.7	19.6	2.1	1.00
4#－8#	30－30	5.5	24.5－24.5	34－34	72.7	72.7	19.6	24.7	1.00

避雷针保护范围计算结果

避雷针编号	避雷针高度（m）	被保护物高度 h_x（m）	避雷针有效高度 h_a（m）	单针保护半径 r_x（m）	两针间距离 D（m）	两针间等效距离 D'（m）	两针间最低保护高度 h_o（m）	双针保护最小宽度 b_x（m）	高度影响系数
4#－9#	30－30	5.5	24.5－24.5	34－34	100.3	100.3	15.7	20.2	1.00
4#－10#	30－30	5.5	24.5－24.5	34－34	137.4	137.4	10.4	11.6	1.00
5#－6#	30－30	18.5	11.5－11.5	11.5－11.5	60.0	60.0	21.4	5.0	1.00
5#－6#	30－30	5.5	24.5－24.5	34－34	60.0	60.0	21.4	26.4	1.00
5#－7#	30－30	5.5	24.5－24.5	34－34	92.3	92.3	16.8	21.6	1.00
5#－8#	30－30	18.5	11.5－11.5	11.5－11.5	68.8	68.8	20.2	3.2	1.00
5#－8#	30－30	5.5	24.5－24.5	34－34	68.8	68.8	20.2	25.2	1.00
5#－9#	30－30	18.5	11.5－11.5	11.5－11.5	70.8	70.8	19.9	2.7	1.00
5#－9#	30－30	5.5	24.5－24.5	34－34	70.8	70.8	19.9	25.0	1.00
5#－10#	30－30	5.5	24.5－24.5	34－34	96.6	96.6	16.2	20.9	1.00
6#－7#	30－30	5.5	24.5－24.5	34－34	140.9	140.9	9.9	10.6	1.00
6#－8#	30－30	5.5	24.5－24.5	34－34	103.3	103.3	15.2	19.5	1.00
6#－9#	30－30	18.5	11.5－11.5	11.5－11.5	74.5	74.5	19.4	1.6	1.00
6#－9#	30－30	5.5	24.5－24.5	34－34	74.5	74.5	19.4	24.5	1.00
6#－10#	30－30	18.5	11.5－11.5	11.5－11.5	66.8	66.8	20.5	3.6	1.00
6#－10#	30－30	5.5	24.5－24.5	34－34	66.8	66.8	20.5	25.5	1.00
7#－8#	30－30	18.5	11.5－11.5	11.5－11.5	45	45	23.6	7.4	1.00
7#－8#	30－30	5.5	24.5－24.5	34－34	45	45	23.6	28.4	1.00
7#－9#	30－30	5.5	24.5－24.5	34－34	90.0	90.0	17.1	21.9	1.00
7#－10#	30－30	5.5	24.5－24.5	34－34	135.0	135.0	10.7	12.2	1.00

避雷针保护范围计算结果

避雷针编号	避雷针高度（m）	被保护物高度 h_x（m）	避雷针有效高度 h_a（m）	单针保护半径 r_x（m）	两针间距离 D（m）	两针间等效距离 D'（m）	两针间最低保护高度 h_o（m）	双针保护最小宽度 b_x（m）	高度影响系数
8#－9#	30－30	18.5	11.5－11.5	11.5－11.5	45.0	45.0	23.6	7.4	1.00
8#－9#	30－30	5.5	24.5－24.5	34－34	45.0	45.0	23.6	28.4	1.00
8#－10#	30－30	5.5	24.5－24.5	34－34	90.0	90.0	17.1	21.9	1.00
9#－10#	30－30	18.5	11.5－11.5	11.5－11.5	45.0	45.0	23.6	7.4	1.00
9#－10#	30－30	5.5	24.5－24.5	34－34	45.0	45.0	23.6	28.4	1.00

图 9－15　SC－220－B－2（35）全站防直击雷保护范围图（二）

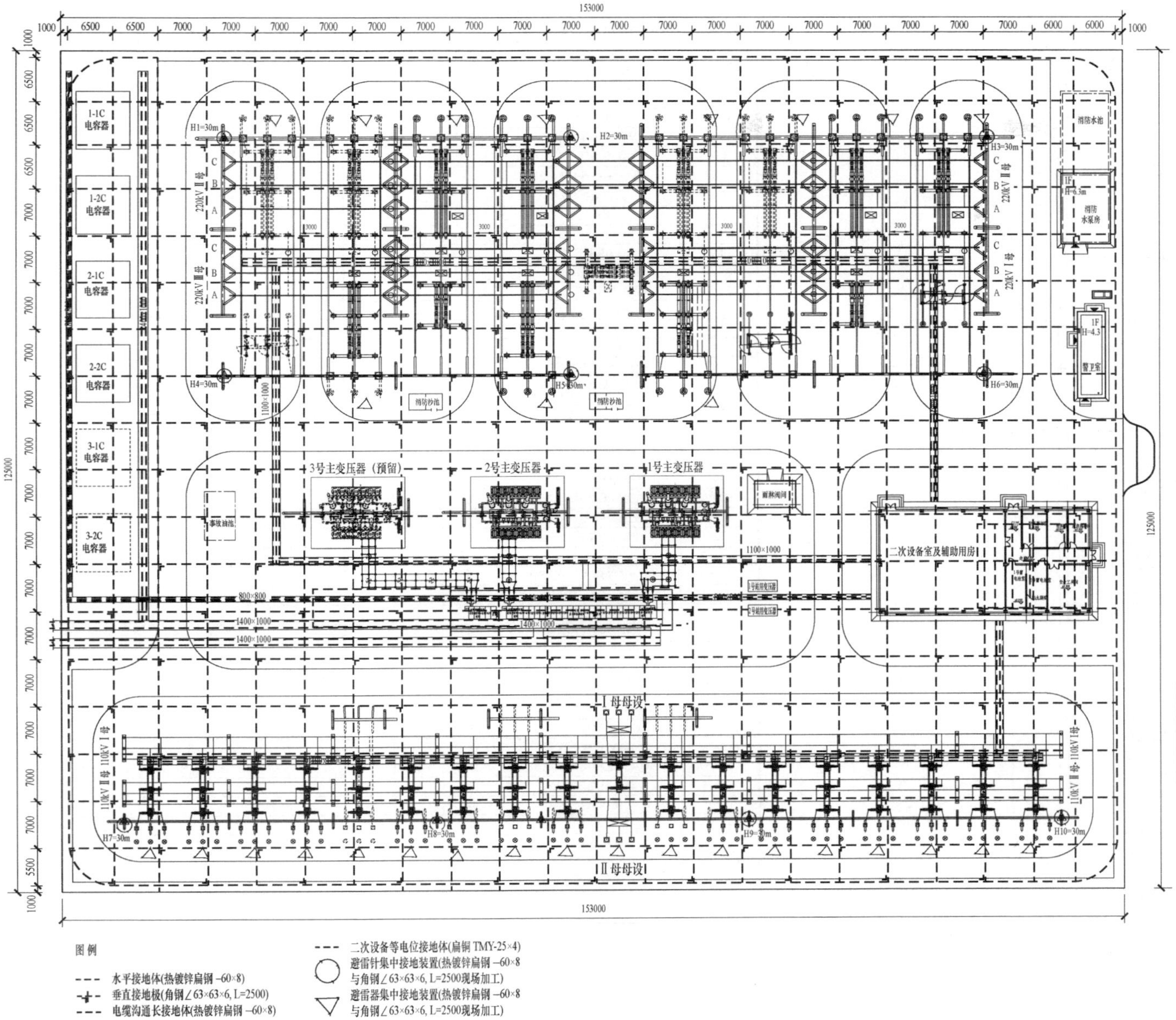

说明：1. 主接地网水平接地体在无大开挖处埋深为 800mm，有大开挖处弯入其底部，并保证 500mm 的距离。水平接地体采用 −60×8 的热镀锌扁钢，敷设间距不小于 5m，图中标注尺寸可供参考，施工中遇建筑基础等可适当调整，但需保持接地体总量不变。垂直接地体采用∠63×63×6，L=2500mm 热镀锌角钢作为接地极，敷设顶部与水平接地体等高，间距不小于相邻两根接地体长度之和，垂直接地体数量不应少于图中所示。

2. 接地网外缘必须闭合，其转弯处应作成圆弧形，其半径不小于接地体间距的一半。接地网边缘及经常有人出入的通道处应敷设砾石，在大门处敷设“帽檐式”均压带。

3. 金属门窗、爬梯及金属构件、设备的金属外壳、所有配电箱等均应以最短距离与室内环形接地母线连接，接地引线采用 −60×8 的热镀锌扁钢，连接处采用搭接焊，要求焊接长度大于 120mm（至少三棱边焊接）。

4. 在电缆沟与水平接地体交叉处均需用 −60×8 的热镀锌扁钢将沟内通长敷设的扁钢引出可靠接地。

5. 在接地装置周围，半径为 500mm 处的回填土，须采用土壤电阻率较低的素土回填（素土中不含砂石、建渣等），并分层夯实。场地回填土应采用土壤电阻率低的素土。

6. 接地装置的敷设方法参照全国通用电气装置标准图集 D563，并满足 GB 50169—2016 接地装置施工及验收规范的要求。

7. 主接地网敷设完毕后，如接地电阻实测值不能满足要求，应同时实测接触电势和跨步电势，如不能满足要求，需采用打接地深井等措施降低接地电阻。

8. 电缆沟的定位及电缆沟的出线方向，电缆沟内的接地扁钢详见土建专业相关图纸，本图仅供参考。

材 料 表

序号	设备名称	型号及规格	单位	数量	备注
1	热镀锌扁钢	−60×8	m	5000	主地网水平接地体
2	热镀锌扁钢	−60×8	m	2000	电缆沟内通长扁钢
3	热镀锌扁钢	−60×8	m	3000	设备接地扁钢
4	热镀锌角钢	∠63×63×6 L=2500	根	300	垂直接地极
5	铜排	−25×4	m	1000	二次设备室、二次电缆沟
6	断接卡紧固件	2×（M16×35）	套	40	
7	放热焊接模具	BWDPAM	套	80	
8	焊药	250	罐	200	
9	模具夹	L160	副	5	
10	点火枪	T320	把	5	
11	清洁刷	T394	把	5	
12	低压绝缘子		套	400	
13	铜铁过渡块	60×60×20	块	80	

图例

- 水平接地体(热镀锌扁钢 −60×8)
- 垂直接地极(角钢∠63×63×6, L=2500)
- 电缆沟通长接地体(热镀锌扁钢 −60×8)
- 二次设备等电位接地体(扁铜 TMY-25×4)
- 避雷针集中接地装置(热镀锌扁钢 −60×8 与角钢∠63×63×6, L=2500现场加工)
- 避雷器集中接地装置(热镀锌扁钢 −60×8 与角钢∠63×63×6, L=2500现场加工)

图 9−16　SC−220−B−2（35）全站防雷接地装置布置图

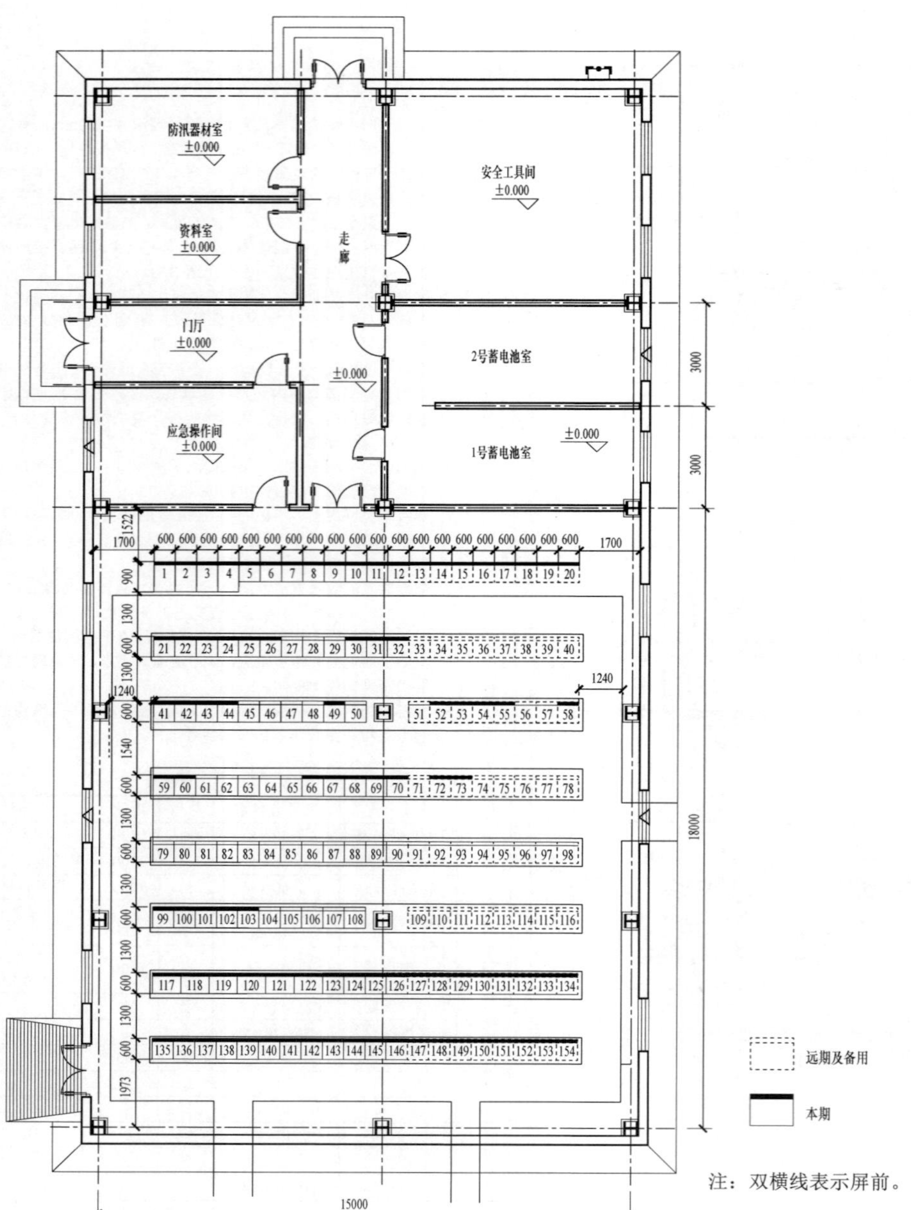

注：双横线表示屏前。

二次设备室屏位一览表

屏号	名称	数量			备注
		单位	本期	远期	
1	智能巡视主机柜	面	1		
2	主机兼操作员工作柜	面	1		
3	智能防误主机柜	面	1		
4	综合应用服务器柜	面	1		
5	Ⅰ区数据通信网关机柜	面	1		Ⅰ区数据通信网关机+站控层网络
6	Ⅱ、Ⅳ区数据通信网关机柜	面	1		Ⅱ区+Ⅳ区交换机+站控层网络中
7～8	调度数据网柜	面	2		
9	交换机柜	面	1		
10～11	时钟同步时钟柜	面	2		
12	公用测控柜	面	1		
13～14	网络报文记录分析柜	面	2		
15～16	智能辅助监控系统柜	面	2		
17	220kV 故障录波柜	面	1		
18	110kV 故障录波柜	面	1		
19	220kV 公用测控柜	面	1		
20	110kV 公用测控柜	面	1		
21～22	1 号主变压器保护柜	面	2		
23	1 号主变压器测控柜	面	1		
24～25	2 号主变压器保护柜	面	2		
26	2 号主变压器测控柜	面	1		
27～28	3 号主变压器保护柜	面		2	
29	3 号主变压器测控柜	面		1	
30	主变压器故障录波柜	面	1		
31	主变压器电能表柜	面	1		
32	电能采集终端柜	面	1		
33～40	备用	面		8	
41～48	220kV 线路保护测控柜	面	4	4	
49～51	220kV 母联/分段保护测控柜	面	1	2	
52～53	220kV 母线保护柜	面	2		
54	220kV 母线测控柜	面	1		
55	220kV 线路电能表柜	面	1		
56～58	备用	面		3	
59～65	110kV 线路保护测控柜	面	2	5	
66	110kV 母联保护测控柜	面	1		
67	110kV 母线保护柜	面	1		
68	110kV 母线测控柜	面	1		
69	110kV 过程层交换机柜	面	1		
70～71	110kV 电能表柜	面	1	1	
72～73	消弧线圈控制柜	面	2		
74～98	备用	面		25	
99	事故照明电源柜	面	1		
100～101	UPS 电源柜	面	2		
102～103	通信电源柜	面	2		
104～116	备用	面		13	
117～124	交流电源柜	面	8		
125～134	直流电源柜	面	10		
135～138	通道接口柜	面	2	2	
139～154	通信屏柜	面	4	13	

图 9-17　SC-220-B-2（35）二次设备室屏位布置图

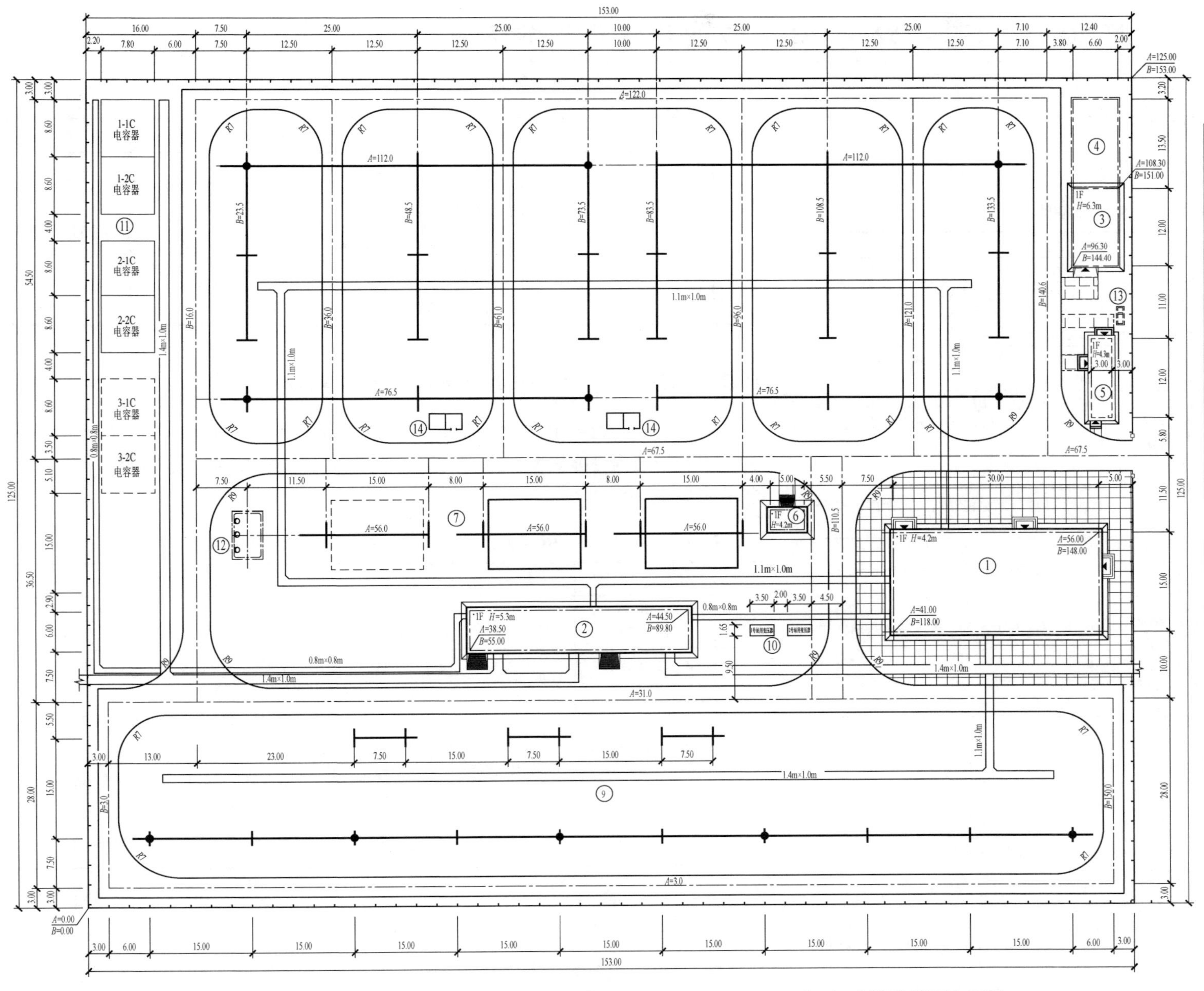

建（构）筑物一览表

编号	名称	占地面积（m²）	备注
①	主控通信室	496	建筑面积 496m²
②	35kV 配电装置室	251	建筑面积 251m²
③	消防水泵房	92	建筑面积 92m²
④	消防水池	174	有效容积 300m³
⑤	警卫室	50	建筑面积 50m²
⑥	雨淋阀间	23	建筑面积 23m²
⑦	主变压器场地	1350	
⑧	220kV 配电装置场地	5320	
⑨	110kV 配电装置场地	3480	
⑩	站用变场地	30	
⑪	35kV 电容器场地	1050	
⑫	事故油池	33	
⑬	化粪池	4	
⑭	消防小室及砂池	13.5×2	两座

主要技术经济指标表

序号	名称	单位	数量	备注
1	站区围墙内占地面积	hm²	1.9125	
2	站内主电缆沟	m	855	
3	站内道路面积	m²	4531	
4	总建筑面积	m²	912	
5	围墙长度	m	556	

说明：图中标准尺寸以 m 为单位。

图 9-18　SC-220-B-2（35）土建总平面布置图

第 10 章　SC－220－A2－10 通用设计实施方案

10.1　SC－220－A2－10 方案主要技术条件

SC－220－A2－10 方案主要技术条件见表 10－1。

表 10－1　　SC－220－A2－10 方案主要技术条件

序号	项目		技术条件
1	建设规模	主变压器	本期 2×240MVA，远期 3×240MVA
		出线	220kV：本期出线 6 回，远期出线 10 回，电缆出线； 110kV：本期出线 10 回，远期出线 16 回，电缆出线； 10kV：本期出线 24 回，远期出线 36 回，电缆出线
		无功补偿装置	每台主变压器配置 10kV 并联电容器 2 组，单组容量为 8000kvar；10kV 并联电抗器 3 组，单组容量为 10000kvar
2	站址基本条件		海拔＜1000m，设计基本地震加速度 0.10g 考虑，重现期 50 年的基本风速 V_0≤30m/s，地基承载力特征值 f_{ak} = 150kPa，无地下水影响，假设场地为同一标高，污秽等级 d 级
3	电气主接线		220kV 本期及远期采用双母线单分段接线； 110kV 本期及远期采用双母线单分段接线； 10kV 本期采用单母线三分段接线，按单母线分段运行，远期采用单母线四分段接线
4	主要设备选型		220、110、10kV 短路电流控制水平分别为 50、40、31.5kA； 主变压器选用三相三绕组低损耗、低噪声自冷式有载调压变压器； 220kV 采用户内 GIS； 110kV 采用户内 GIS； 10kV 采用户内空气绝缘开关柜，电容器柜配置 SF_6 断路器，其余配置真空断路器； 10kV 并联电容器采用户内框架式； 10kV 并联电抗器采用户内干式铁芯； 10kV 接地变压器采用户内干式
5	电气总平面		主变压器：户内布置； 220kV：户内 GIS，电缆出线； 110kV：户内 GIS，电缆出线； 10kV：户内高压开关柜双列布置； 10kV 电容器：户内框架式成套装置； 10kV 电抗器：户内干式铁芯
6	二次系统		全站采用模块化二次设备、预制式智能控制柜及预制光、电缆的二次设备模块化设计方案； 变电站自动化系统按照一体化监控设计； 采用常规互感器＋合并单元； 220、110kV GOOSE 与 SV 共网，保护直采直跳； 220kV 及主变压器采用保护、测控独立装置，110kV 采用保护测控集成装置，10kV 采用保护测控集成装置； 采用一体化电源系统，通信电源不独立设置； 间隔层设备下放布置，公用及主变压器二次设备布置在二次设备室
7	土建部分		围墙内占地面积 0.7497hm²； 全站总建筑面积 5566m²，其中配电装置室建筑面积 5376m²； 建筑物结构型式为钢结构； 建筑物外墙采用一体化铝镁锰复合墙板、纤维水泥复合墙板或一体化纤维水泥集成板等，内墙采用纤维水泥复合墙板、轻钢龙骨石膏板或一体化纤维水泥集成墙板。屋面板采用钢筋桁架楼承板； 围墙采用钢筋混凝土装配式围墙或大砌块实体围墙； 构支架与基础采用地脚螺栓连接

10.2　SC－220－A2－10 方案基本模块划分

SC－220－A2－10 方案主要包括 220kV 配电装置模块、110kV 配电装置模块、主变压器及 10kV 配电装置模块、配电装置楼模块 4 个基本模块，模块内容说明见表 10－2。

表 10－2　　SC－220－A2－10 方案基本模块内容说明

序号	基本模块编号	基本模块名称	基本模块描述
1	SC－220－A2－10－220	220kV 配置装置模块	220kV 出线：本期 6 回，远期 10 回；本期、远期采用双母线单分段接线，户内 GIS，电缆出线
2	SC－220－A2－10－110	110kV 配置装置模块	110kV 出线：本期线 10 回，远期 16 回；本期、远期采用双母线接线，户内 GIS，电缆出线
3	SC－220－A2－10－10	主变压器及 10kV 配电装置模块	主变压器：本期 2 台 240MVA，远期 3 台 240MVA，主变压器户内布置。 10kV 出线：本期 24 回，远期 36 回，采用单母线三分段接线，按单母线分段运行，远期采用单母线四分段接线，户内开关柜双列布置
4	SC－220－A2－10－PDS	配电装置楼模块	两层建筑，钢框架结构，建筑面积 5376m²

10.3　SC－220－A2－10 方案主要图纸

SC－220－A2－10 方案主要图纸见图 10－1～图 10－21，设计方案说明及其他图纸见书后所附光盘。

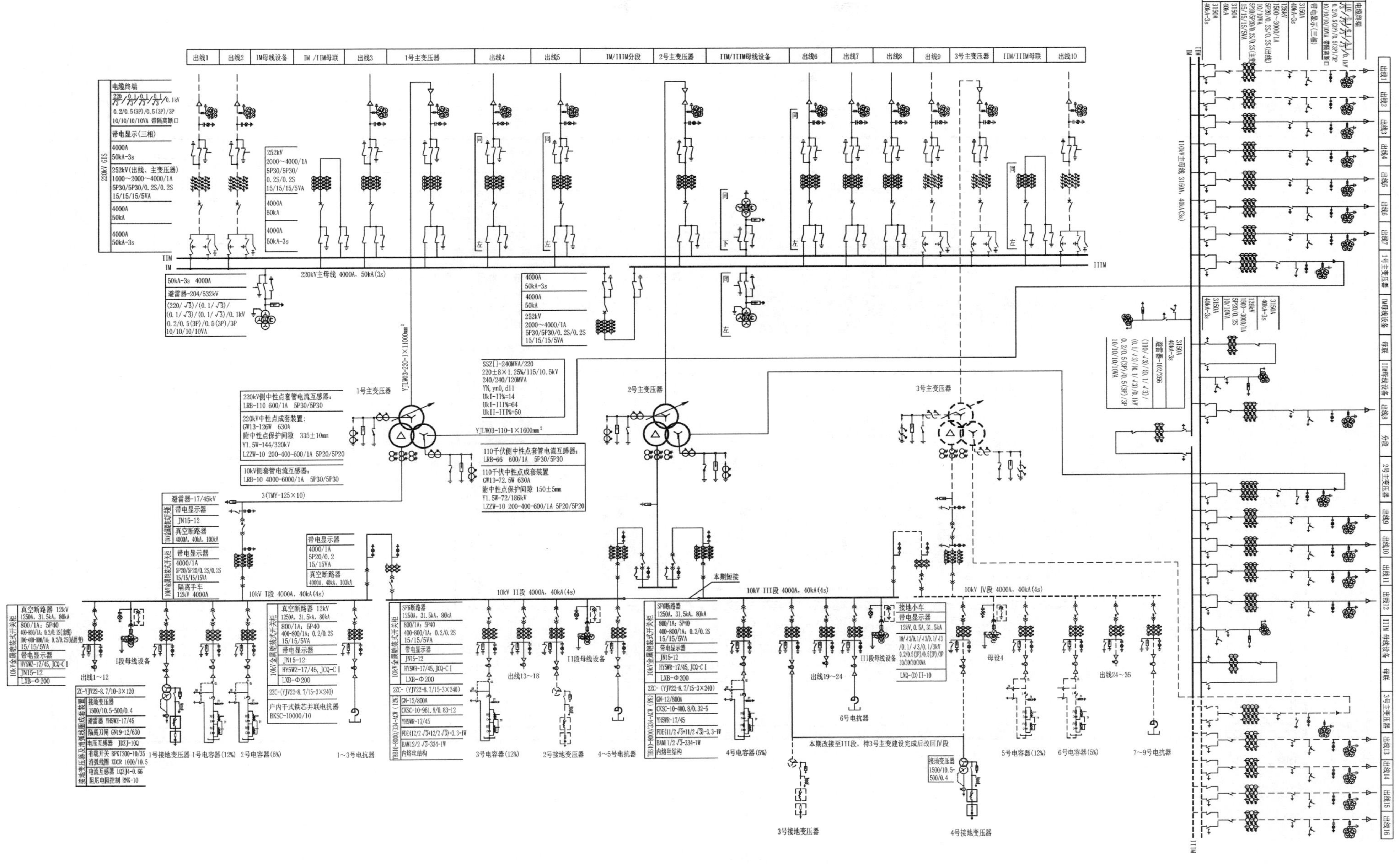

图 10-1 SC-220-A2-10 电气主接线图

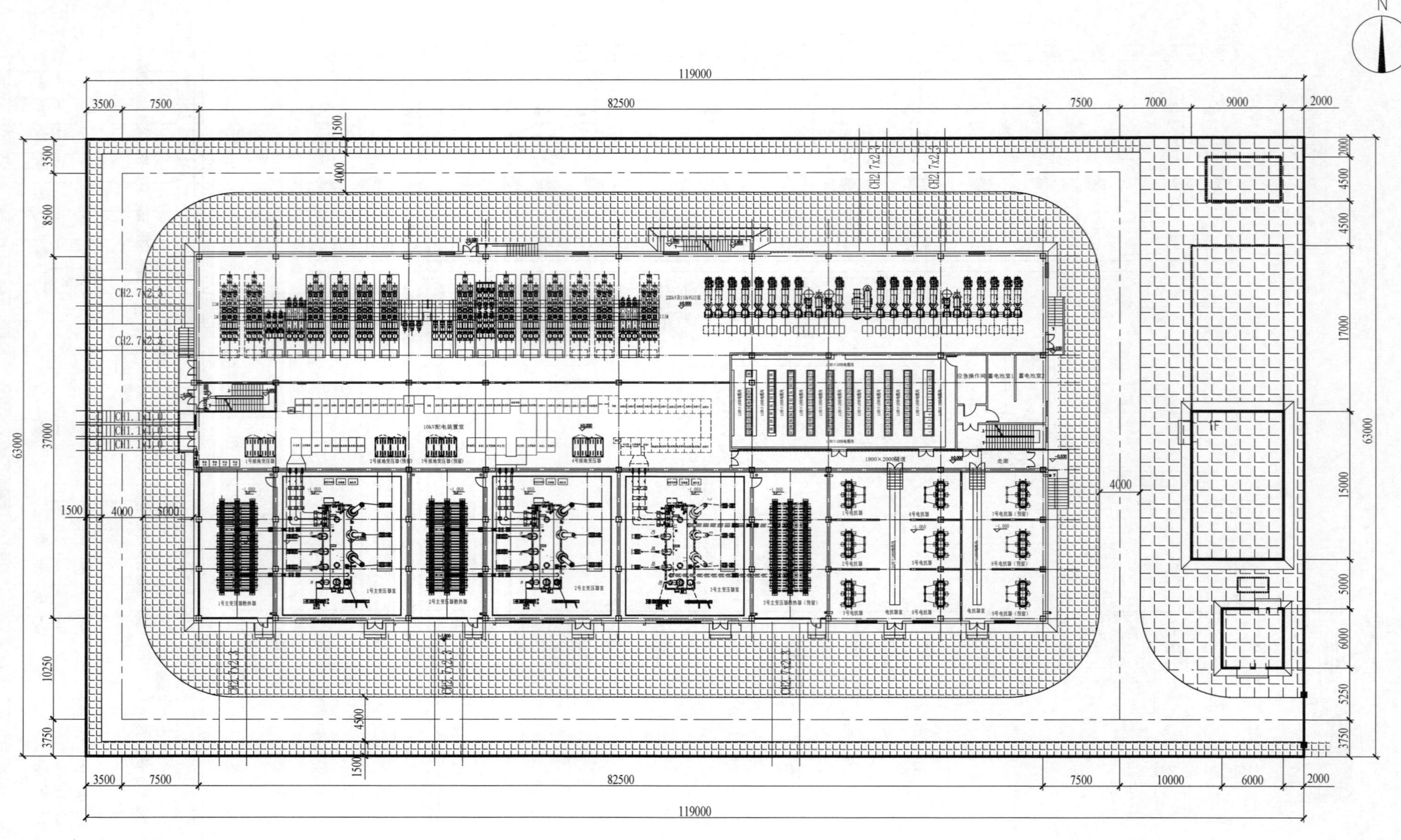

图 10-2　SC-220-A2-10 电气总平面布置图

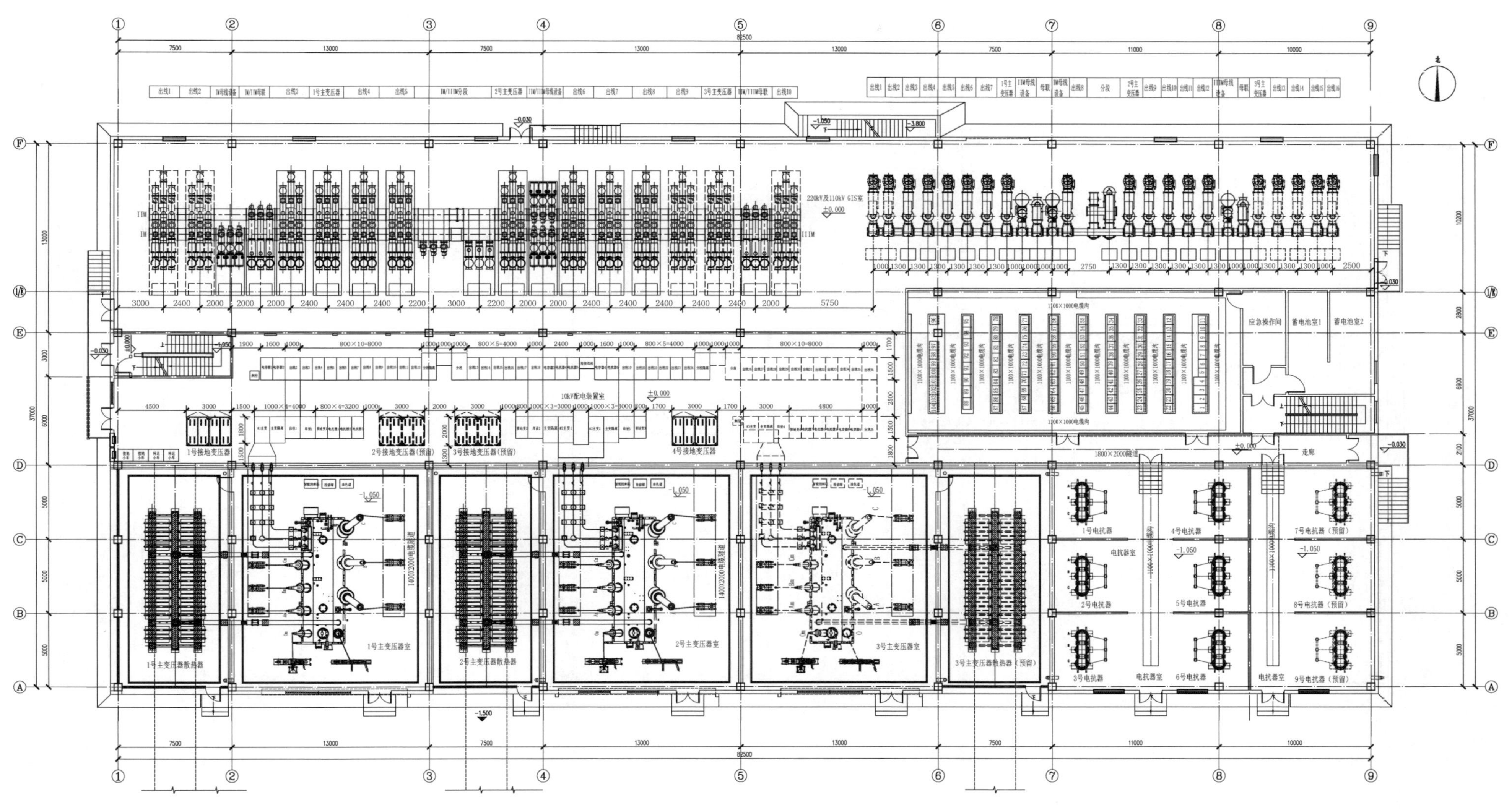

图 10-3 SC-220-A2-10 配电装置楼一层电气总平面布置图

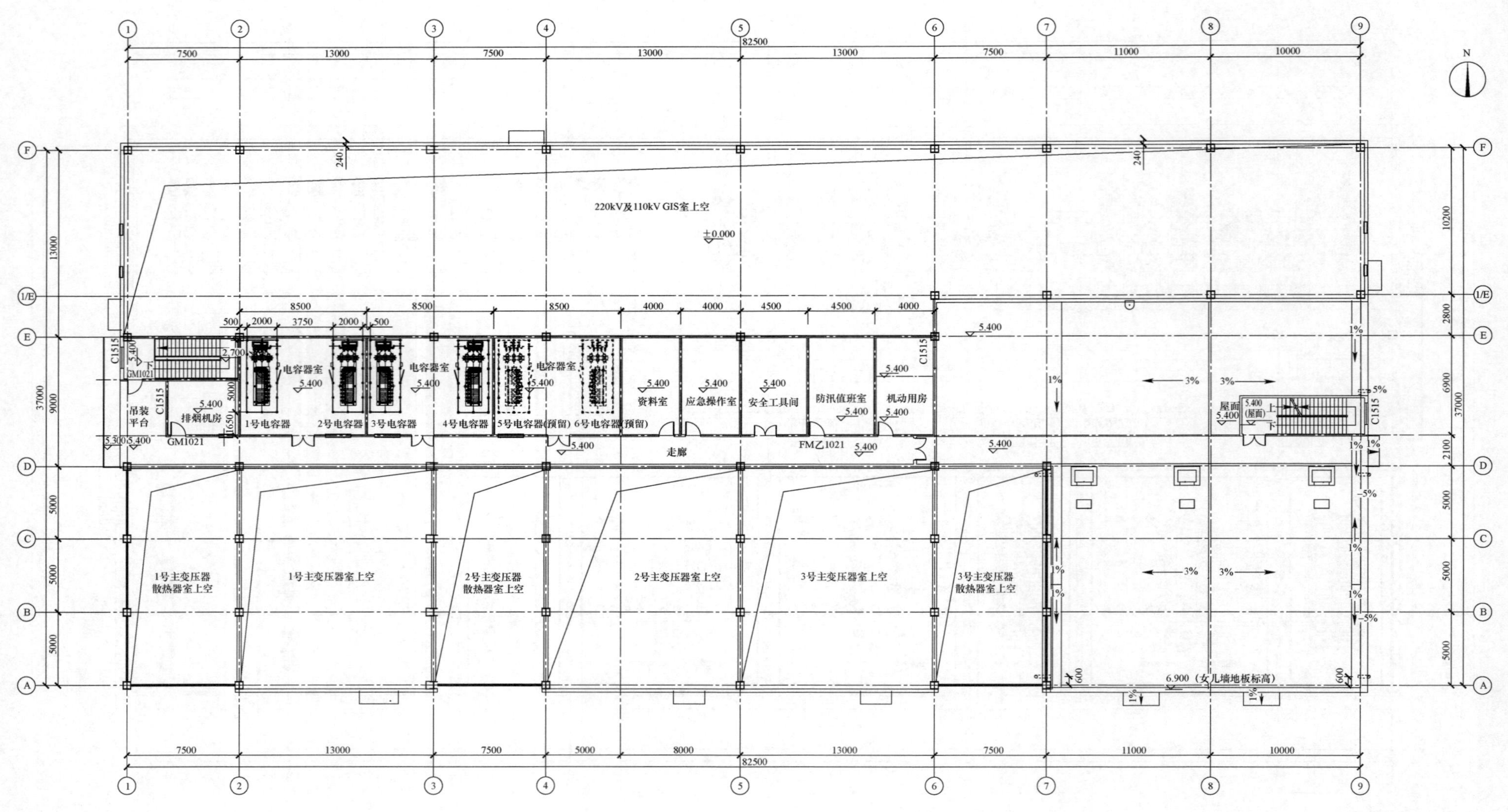

图 10－4 SC－220－A2－10 配电装置楼二层电气总平面布置图

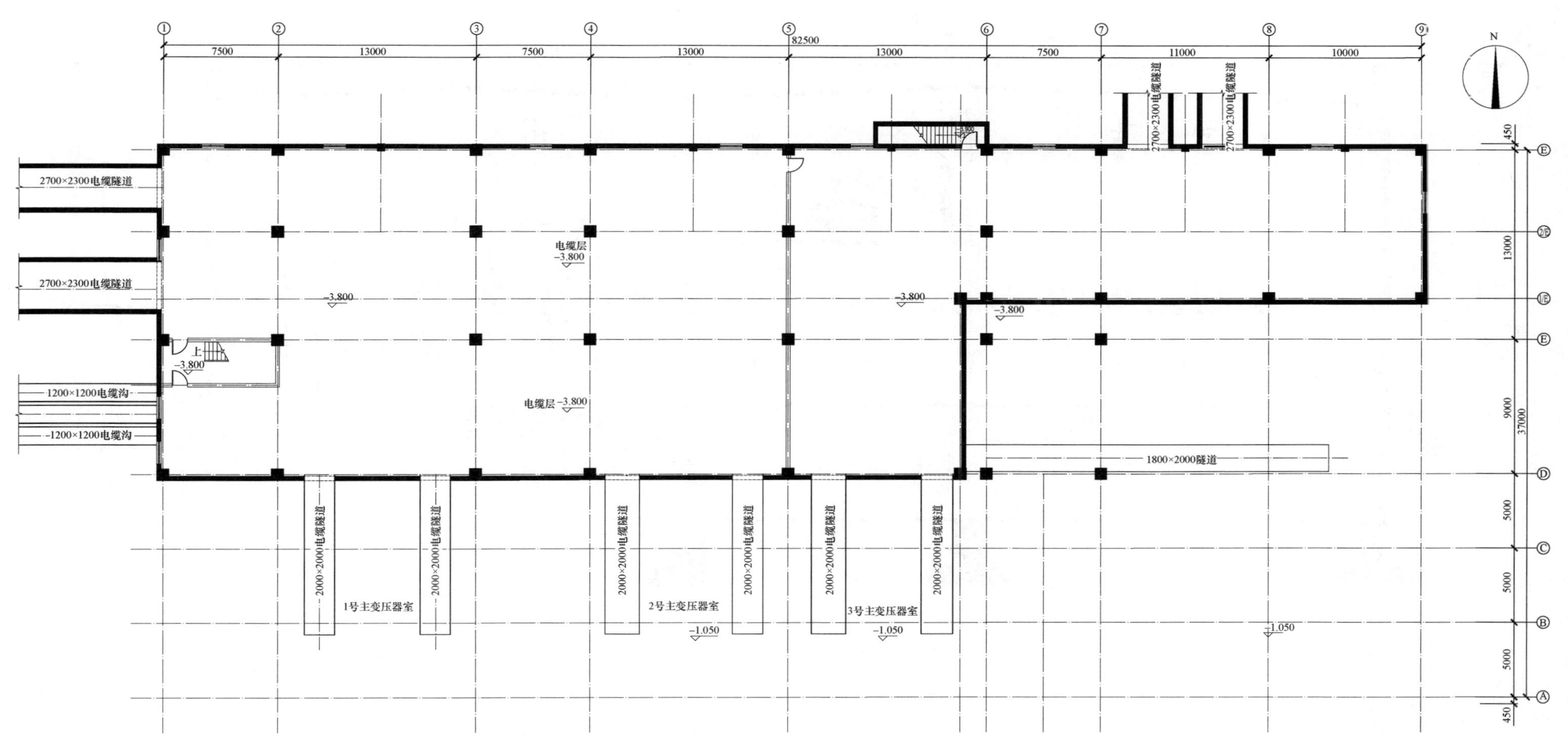

图 10-5 SC-220-A2-10 配电装置楼电缆夹层电气总平面布置图

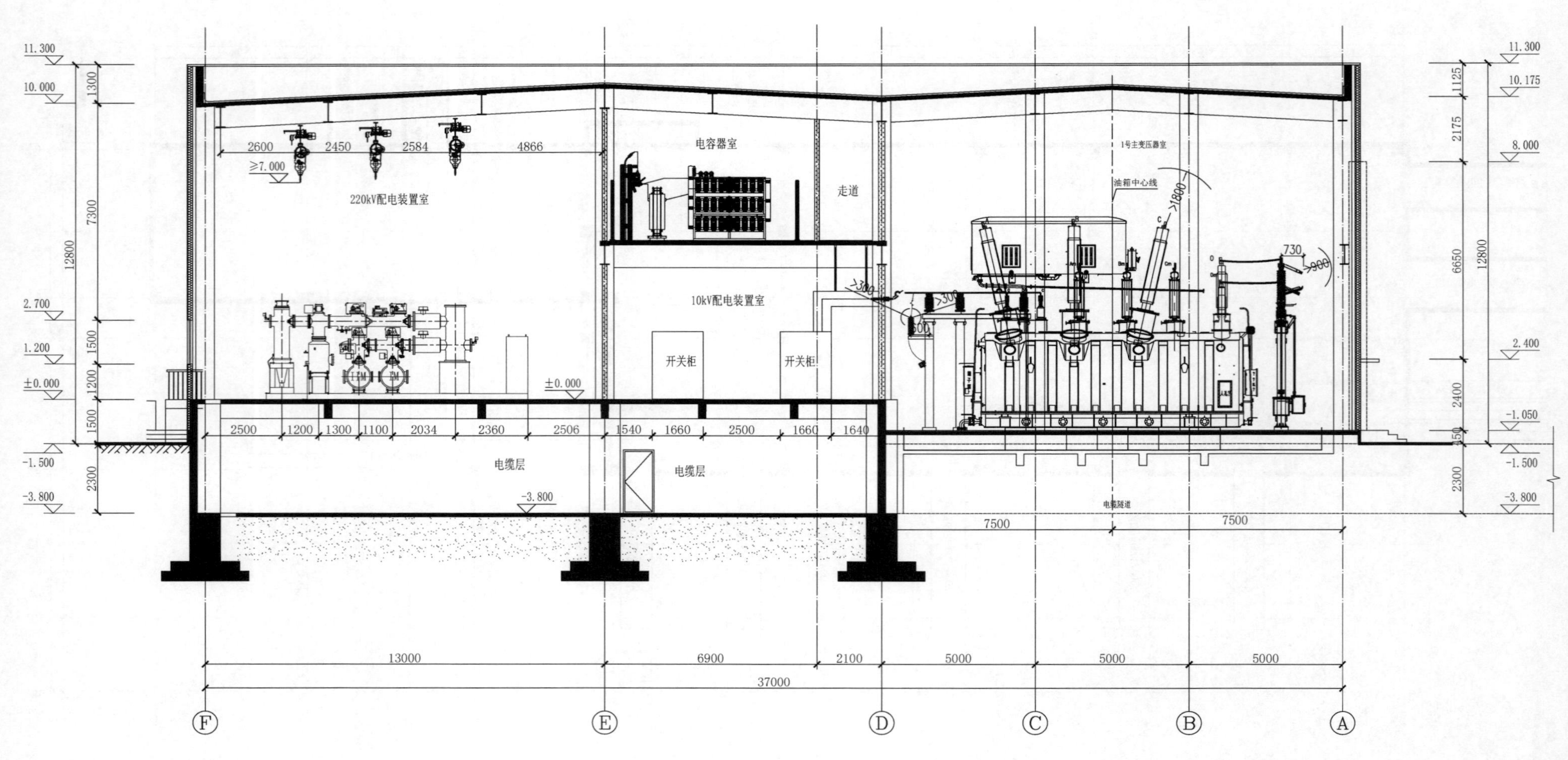

图 10-6 SC-220-A2-10 电气综合断面图

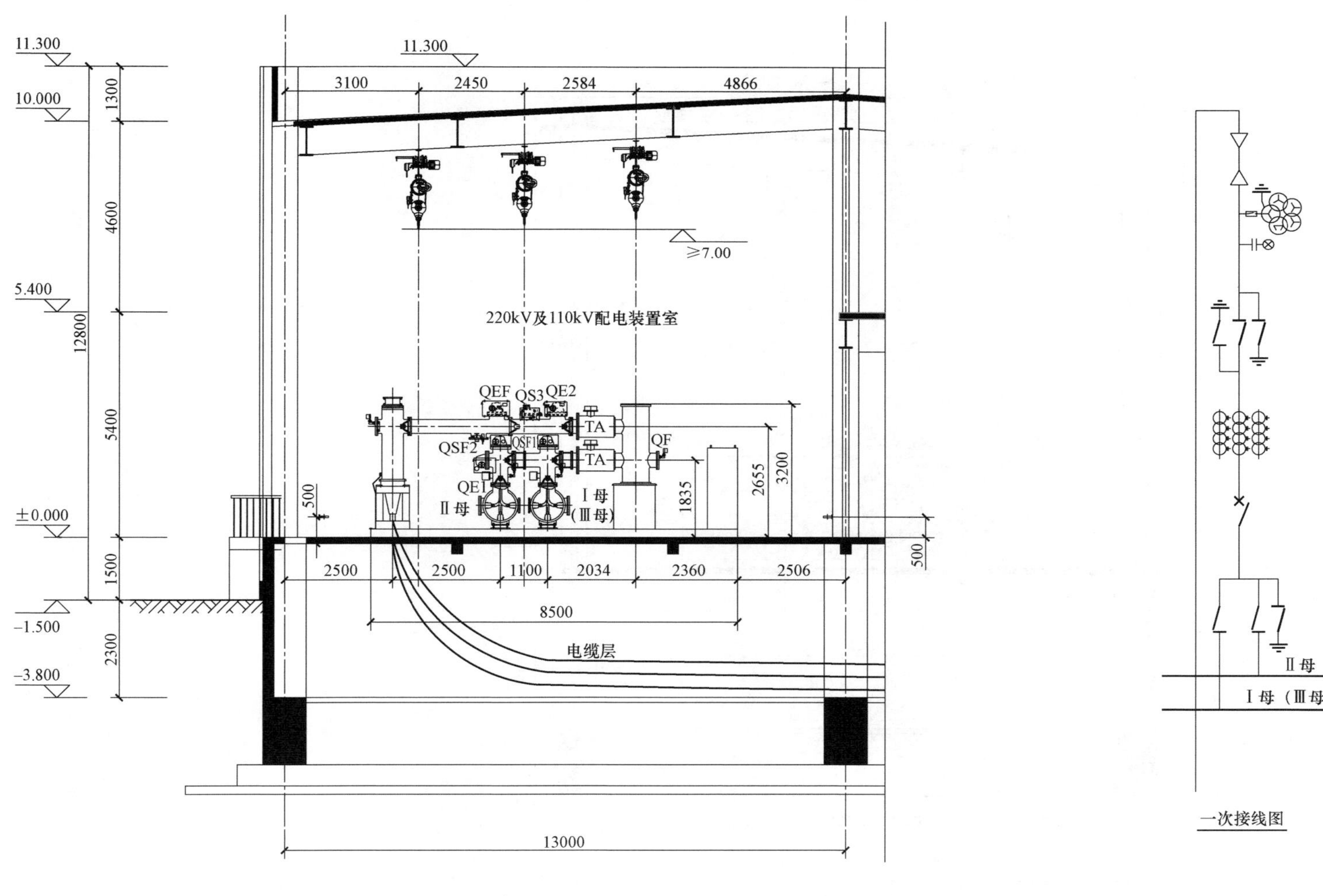

设备材料表

编号	名称	型号与规格	单位	数量	备注
1	主变压器进线间隔	252kV，4000A，50kA/3s，125kA	间隔	1	

图 10-7　SC-220-A2-10 220kV GIS 电缆进线断面图

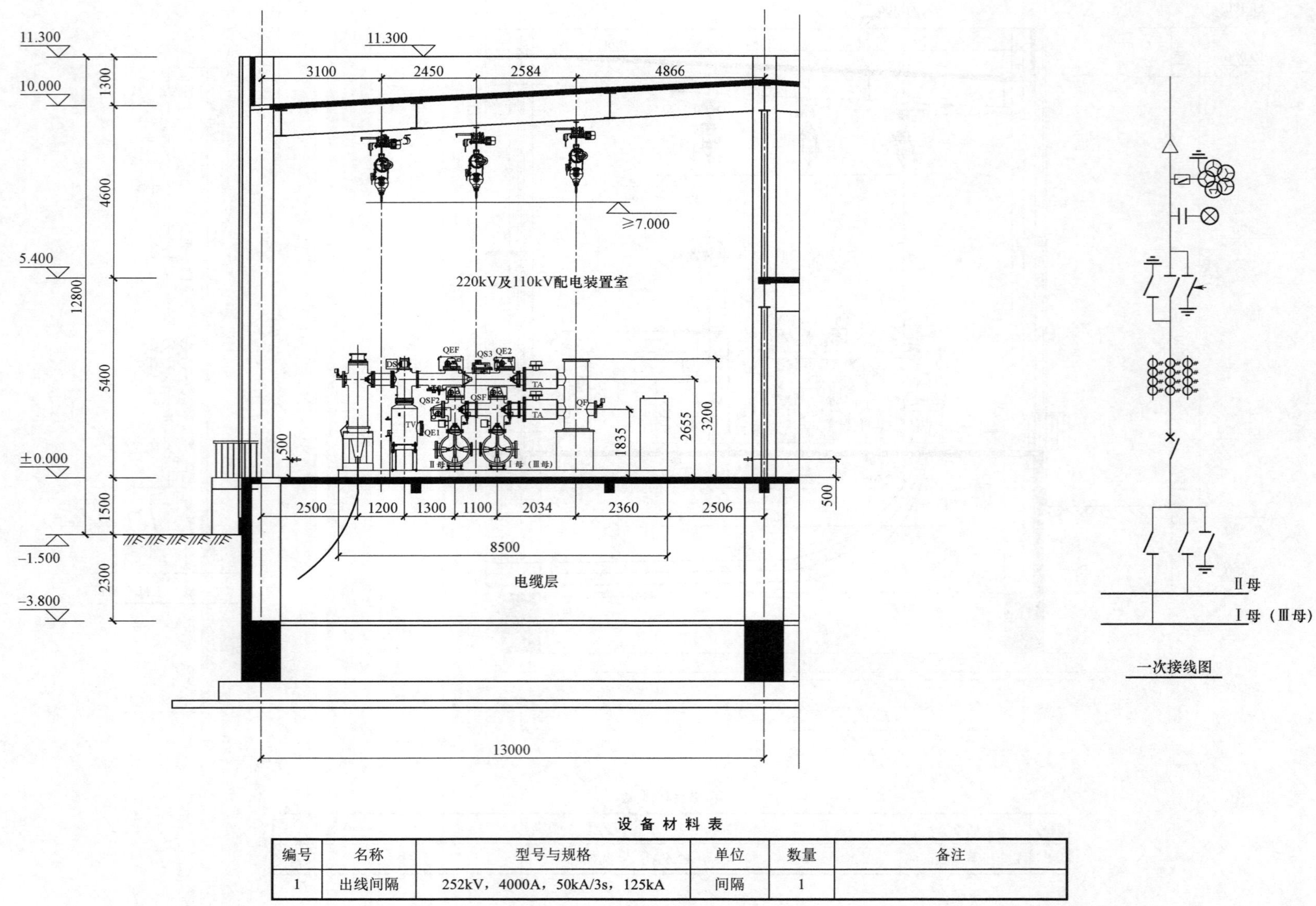

设备材料表

编号	名称	型号与规格	单位	数量	备注
1	出线间隔	252kV，4000A，50kA/3s，125kA	间隔	1	

图 10－8　SC－220－A2－10 220kV GIS 电缆出线断面图

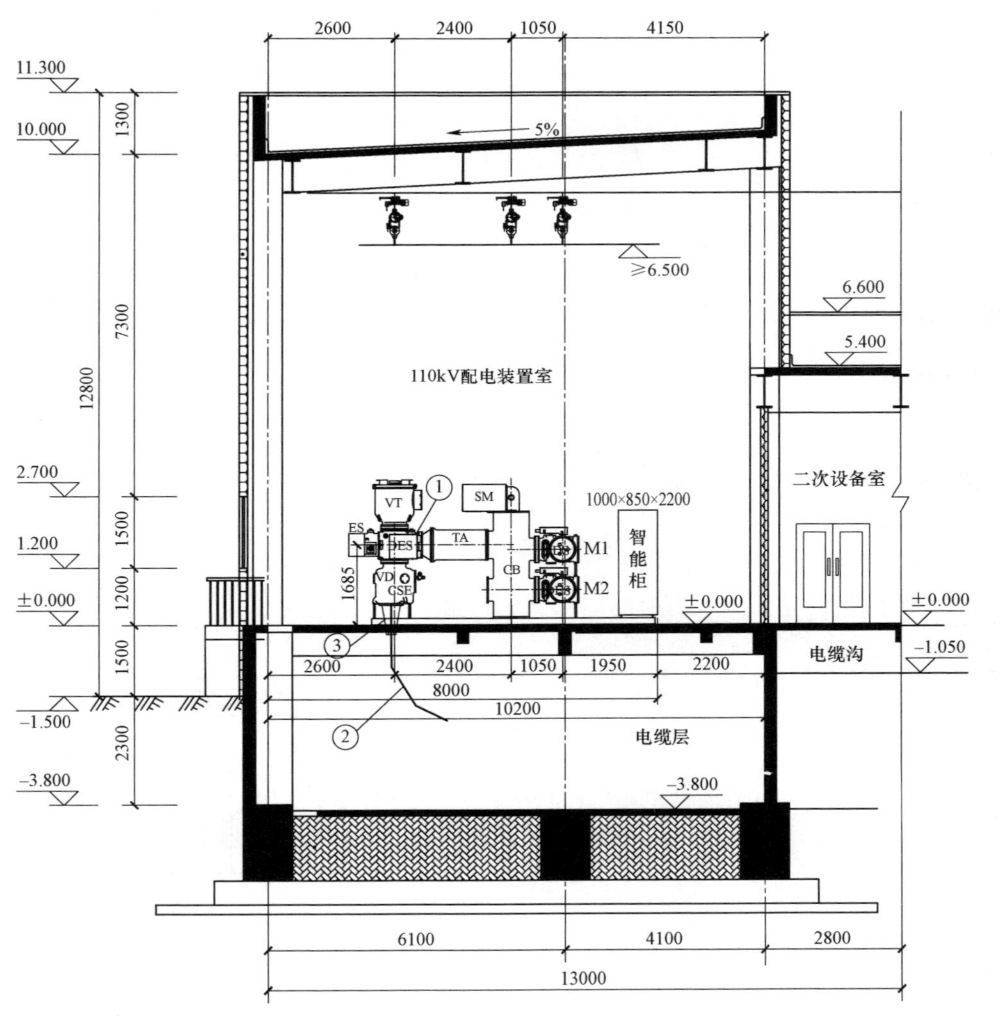

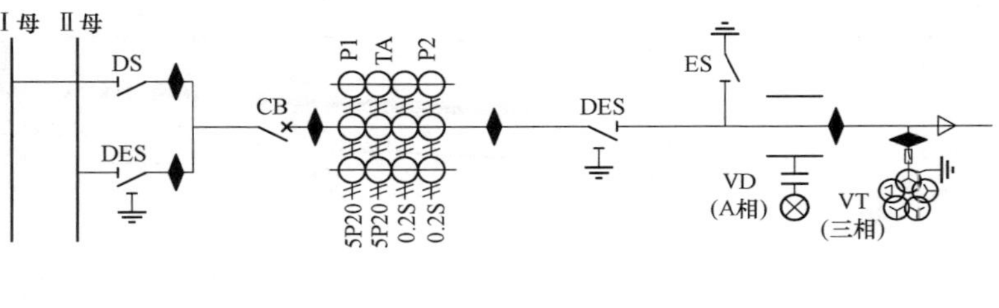

一次接线图

说明：1. 各设备的主要参数详见主接线图。
2. 此图适用于本期所有进线间隔。

编号	名称	规格	单位	数量	备注
①	110kV GIS 主变压器进线间隔	126kV，3150A，40kA/3s，100kA	间隔	1	
②	110kV 电缆	YJLW03－110－1×1600mm^2	m	250	连接主变压器 110kV 侧至 GIS 主变压器进线电缆终端
③	110kV 电缆终端	与 YJLW03－110－1×1600mm^2 配套 GIS 终端	套/三相	1	
④	110kV 电缆终端	与 YJLW03－110－1×1600mm^2 配套变压器终端	组		具体布置及开列见主变压器卷册

图 10－9 SC－220－A2－10 110kV GIS 电缆进线断面图

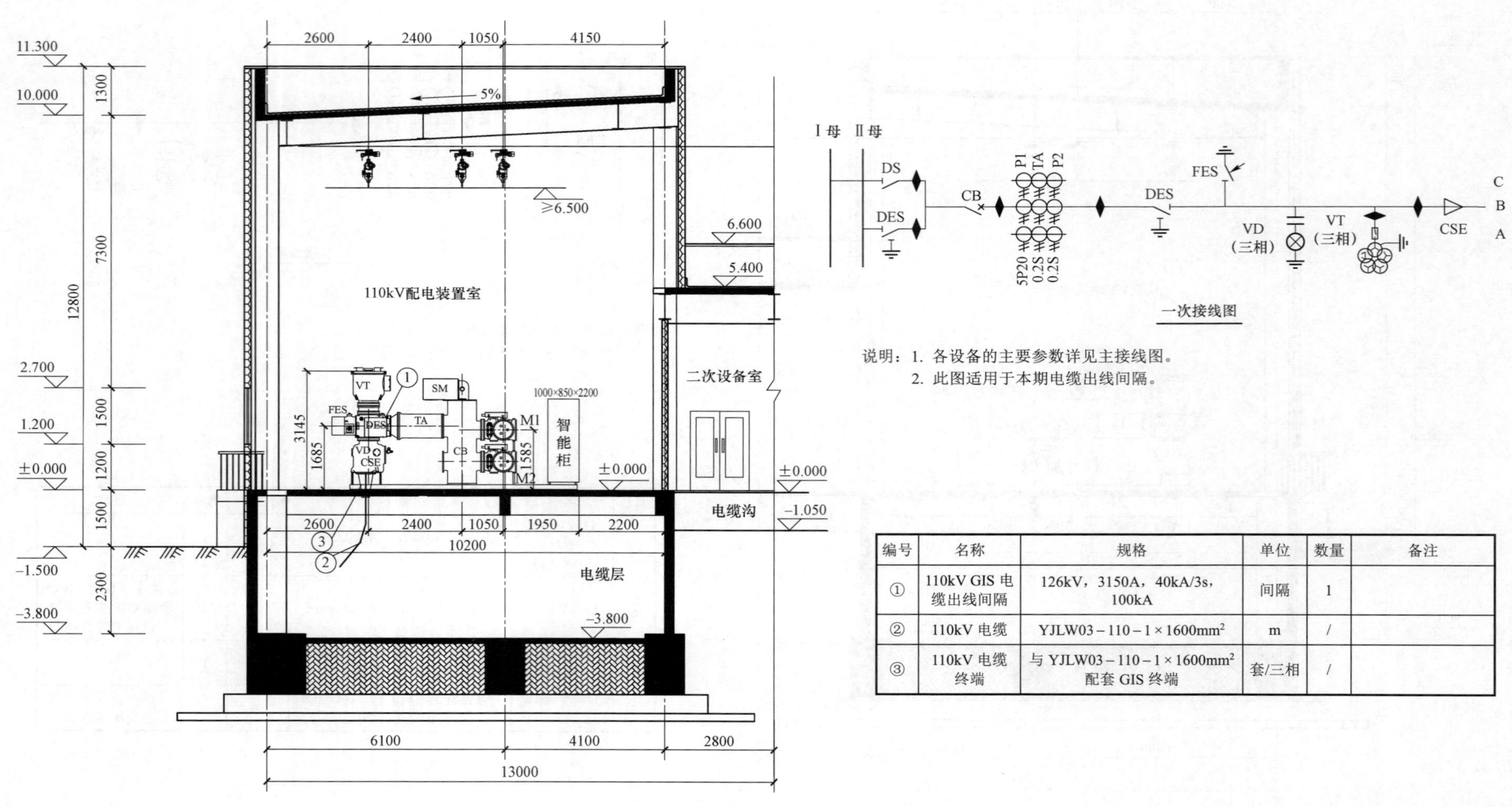

说明：1. 各设备的主要参数详见主接线图。
2. 此图适用于本期电缆出线间隔。

编号	名称	规格	单位	数量	备注
①	110kV GIS 电缆出线间隔	126kV，3150A，40kA/3s，100kA	间隔	1	
②	110kV 电缆	YJLW03－110－1×1600mm²	m	/	
③	110kV 电缆终端	与 YJLW03－110－1×1600mm² 配套 GIS 终端	套/三相	/	

图 10－10　SC－220－A2－10　110kV GIS 电缆出线断面图

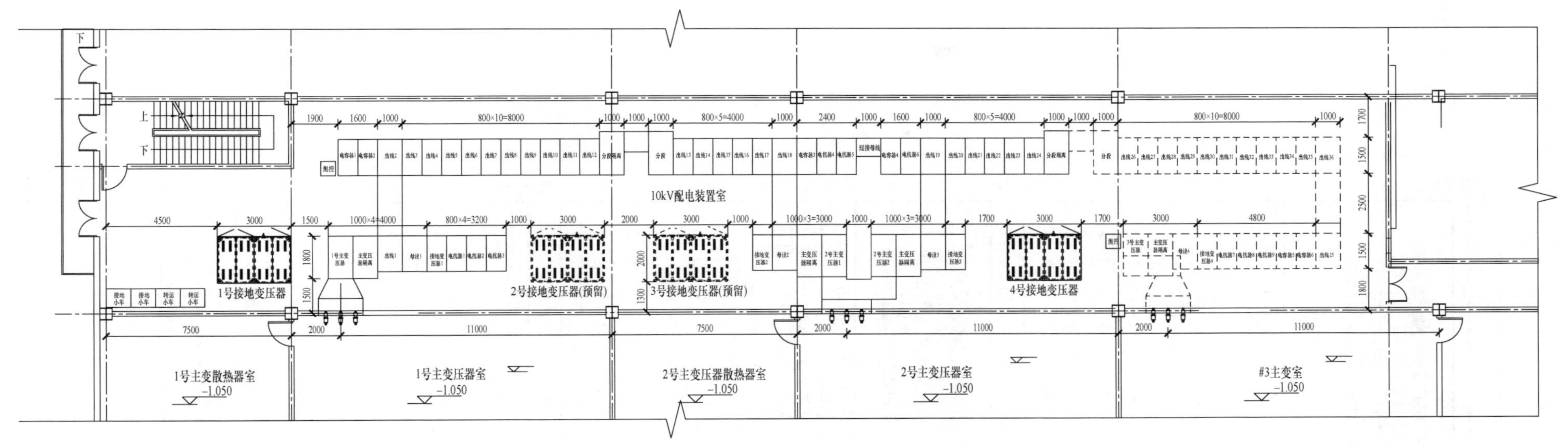

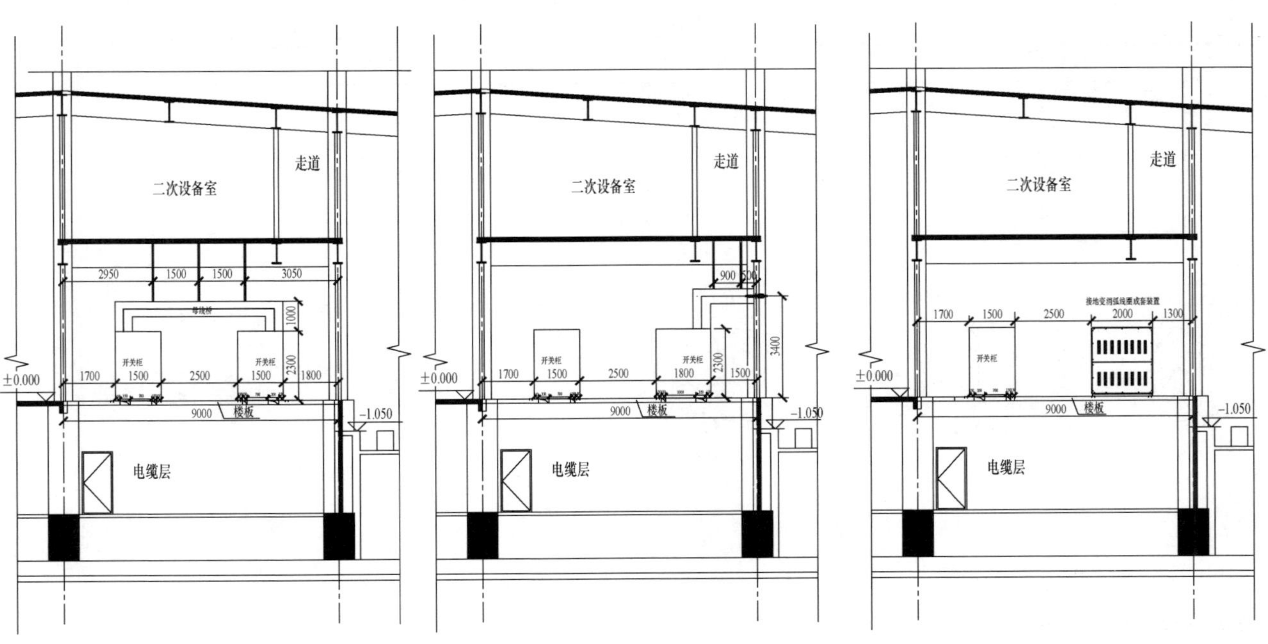

设 备 材 料 表

序号	名称	规格	单位	数量	备注
1	12kV 主变压器进线柜	KYN28－12（4000A，40kA，100kA，带真空断路器）	面	2	
2	12kV 主变压器隔离柜	KYN28－12（4000A，40kA/4s，100kA，不带真空断路器）	面	2	
3	12kV 出线柜	KYN28－12（1250A，31.5kA，80kA，带真空断路器）	面	24	
4	12kV TV 避雷器柜	KYN28－12（31.5kA/4s，80kA，不带真空断路器）	面	3	
5	12kV 分段隔离柜	KYN28－12（4000A，40kA/4s，100kA，不带真空断路器）	面	2	
6	12kV 分段断路器柜	KYN28－12（4000A，40kA，100kA，带真空断路器）	面	1	
7	12kV 电容器柜	KYN28－12（1250A，31.5kA，80kA，带 SF_6 断路器）	面	4	
8	12kV 电抗器柜	KYN28－12（1250A，31.5kA，80kA，带真空断路器）	面	6	
9	12kV 接地变柜	KYN28－12（1250A，31.5kA，80kA，带真空断路器）	面	3	
10	12kV 室内封闭母线桥	12kV，4000A，40kA/4s，100kA	m/三相	20	
11	24kV 穿墙套管	24kV，4000A，8kN	只	6	
12	接地小车	与 TV 柜配套	台	2	
13	转运小车		台	2	

图 10－11　SC－220－A2－10　10kV 配电装置平断面图

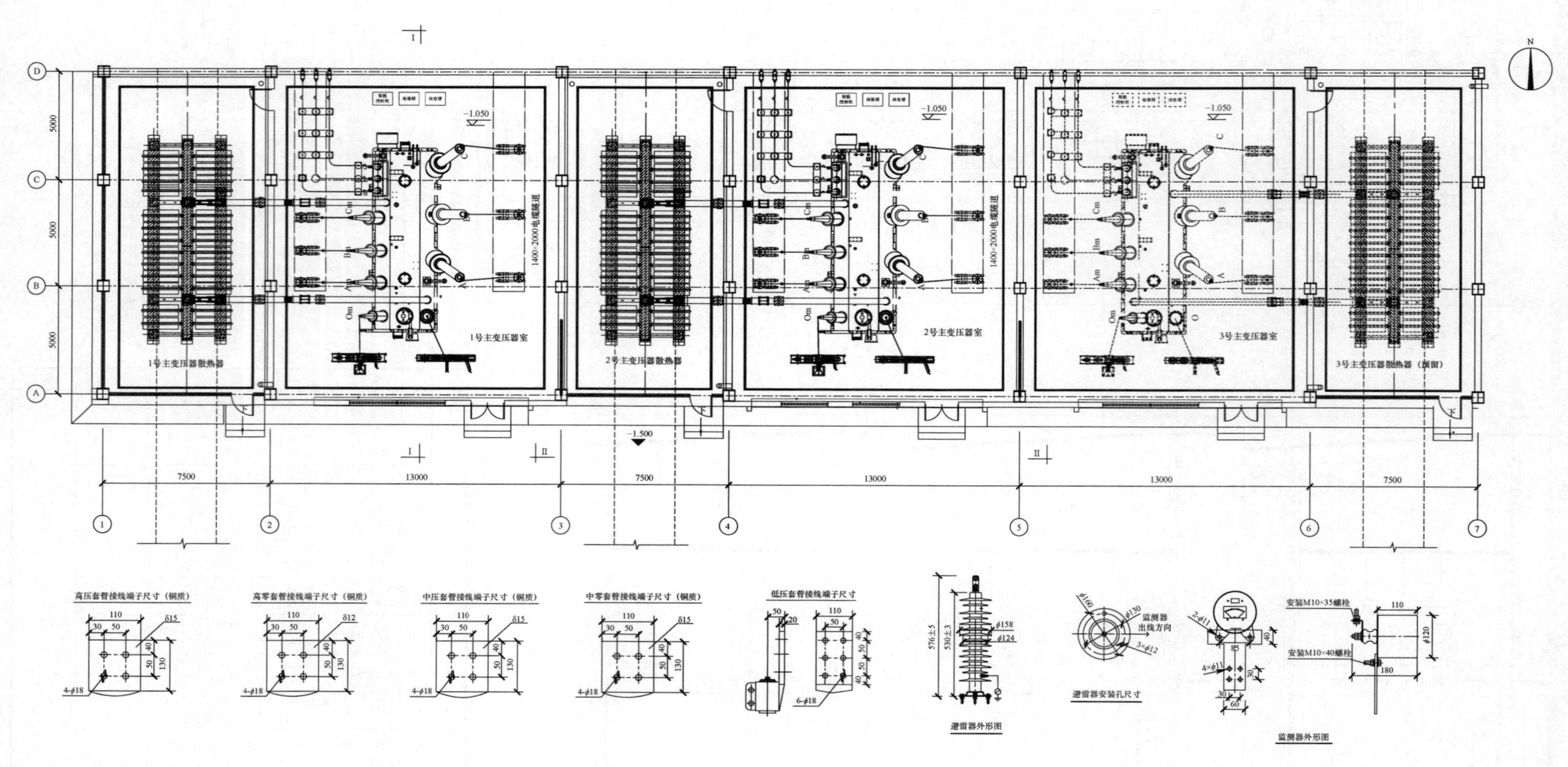

图 10-12 SC-220-A2-10 主变压器平断面图（一）

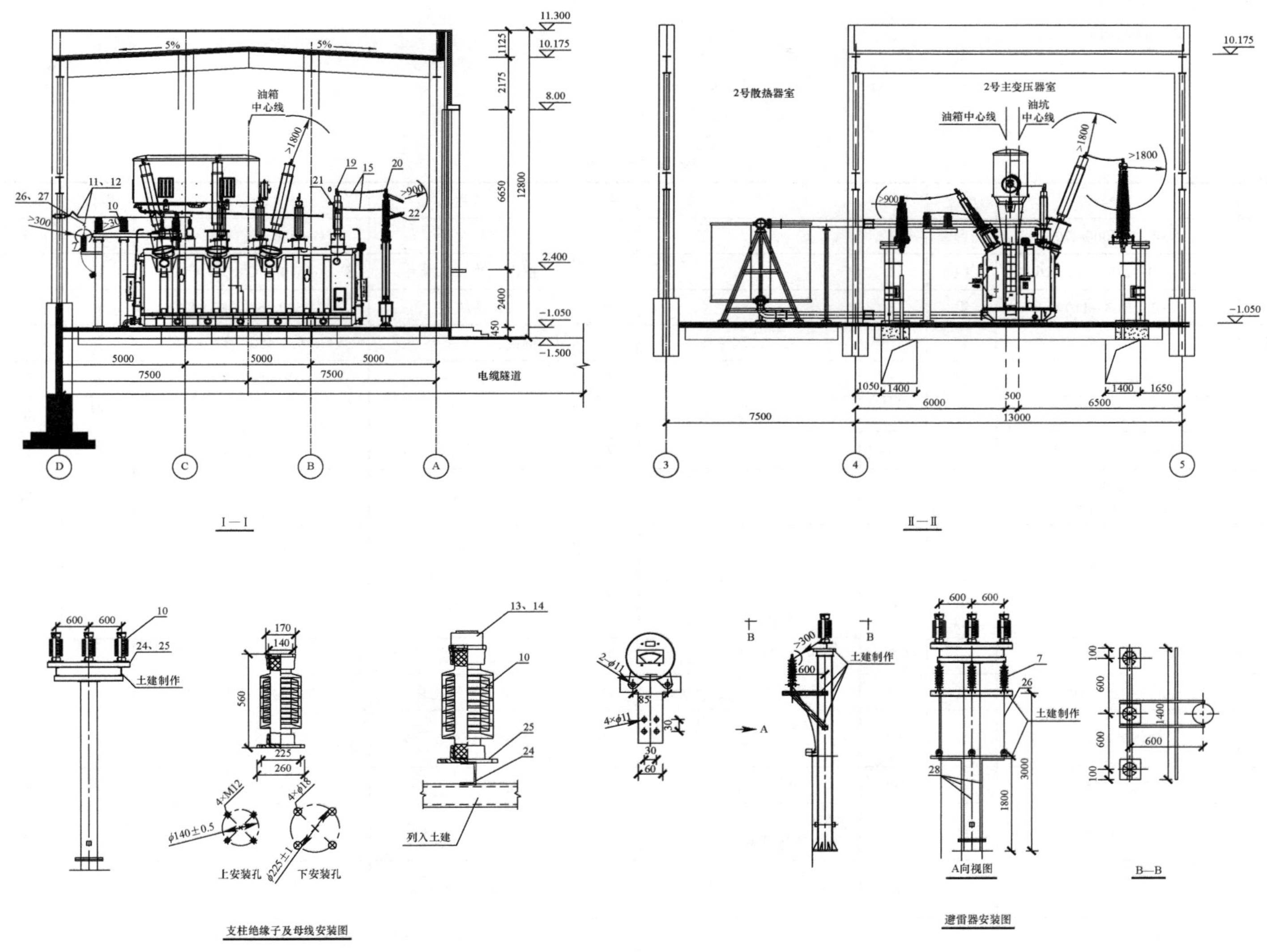

图 10-12　SC-220-A2-10 主变压器平断面图（二）

说明：1. 本期上 1 号主变压器、2 号主变压器。
2. 主变压器中性点保护间隙距离应按电网具体情况确定。220kV 一般选用 250～400mm，110kV 选用 90～150mm。
3. 主变压器、中性点成套装置等设备接地端子应与地网可靠连接。
4. 在线监测柜安装时应注意导油管一侧朝向油池方向。

设备材料表

序号	名称	型号	单位	数量	备注	序号	名称	型号	单位	数量	备注
1	主变压器	SSZ－240000/220	台	2		18	铜铝过渡设备线夹	SYG－630/45C（80×80）	套	6	
2	220kV 中性点成套装置	CG－JXB－220（W）/1600	组	2		19	铜铝过渡设备线夹	SYG－630/45C（130×110）	套	2	
3	110kV 中性点成套装置	SR－JXB－110	组	2		20	设备线夹	SY－630/45A（80×80）	套	2	
4	主变压器智能控制柜		台		列入二次专业	21	铜铝过渡设备线夹	SYG－630/45C（130×110）	套	2	
5	主变压器检修箱	ZXW－2/4 改	台	2		22	设备线夹	SY－630/45A（80×90）	套	2	
6	油色谱在线监测		台		列入二次专业	23	间隔棒	MRJ－6/120	套	6	
7	氧化锌避雷器	YH5WZ—51/134W	支	6		24	槽钢	[10　L=1500mm	根	9	
8	220kV 瓷套电缆终端	配 ZC－YJLW02－Z－127/220－1×1100mm²	支	6		25	钢板	－8×300×300	套	24	
9	110kV 瓷套电缆终端	配 ZC－YJLW02－Z－64/110－1×1600mm²	支	6		26	铜排	TMY－40×4	m	12	
10	支柱绝缘子	ZSW1－40.5/12.5	个	24	上法兰ϕ140，4×M12 下法兰ϕ225，4×M18	27	伸缩节	MS－40×4	套	6	含接头盒
11	铜母线	3TMY－125×10	m	90	以单片计，铜母线平放	28	镀锌扁钢	60×6	m		列入接地卷册
12	母线伸缩节	MS－100×10	套	24	材质为铜，含接头盒	29	热缩套（分相绝缘）	配 TMY－100×10	m	96	含接头盒
13	矩形母线平放固定金具	MNP－203	套	24	孔距尺寸根据绝缘子情况采购	30	热缩套（分相绝缘）	配 TMY－40×4	m	12	含接头盒
14	矩形母线间隔垫	MJG－03	套	300	间隔 0.2m 安装	31	螺栓螺母弹垫垫片	M16 镀锌	套	96	
15	钢芯铝绞线	LGJ－630/45	m	20	主变压器连接中性点设备、主变压器高压套管用	32	螺栓螺母弹垫垫片	M10 镀锌	套	42	
16	钢芯铝绞线	2XLGJ－630/45	m	18	主变压器中压套管用、单根总长	33	铜铝过渡设备线夹	SSYG－630/45C（130×110）	套	6	
17	铜铝过渡设备线夹	SYG－630/45C（130×110）	套	6		34	铜铝过渡设备线夹	SSYG－630/45C（110×100）	套	6	

图 10－12　SC－220－A2－10 主变压器平断面图（三）

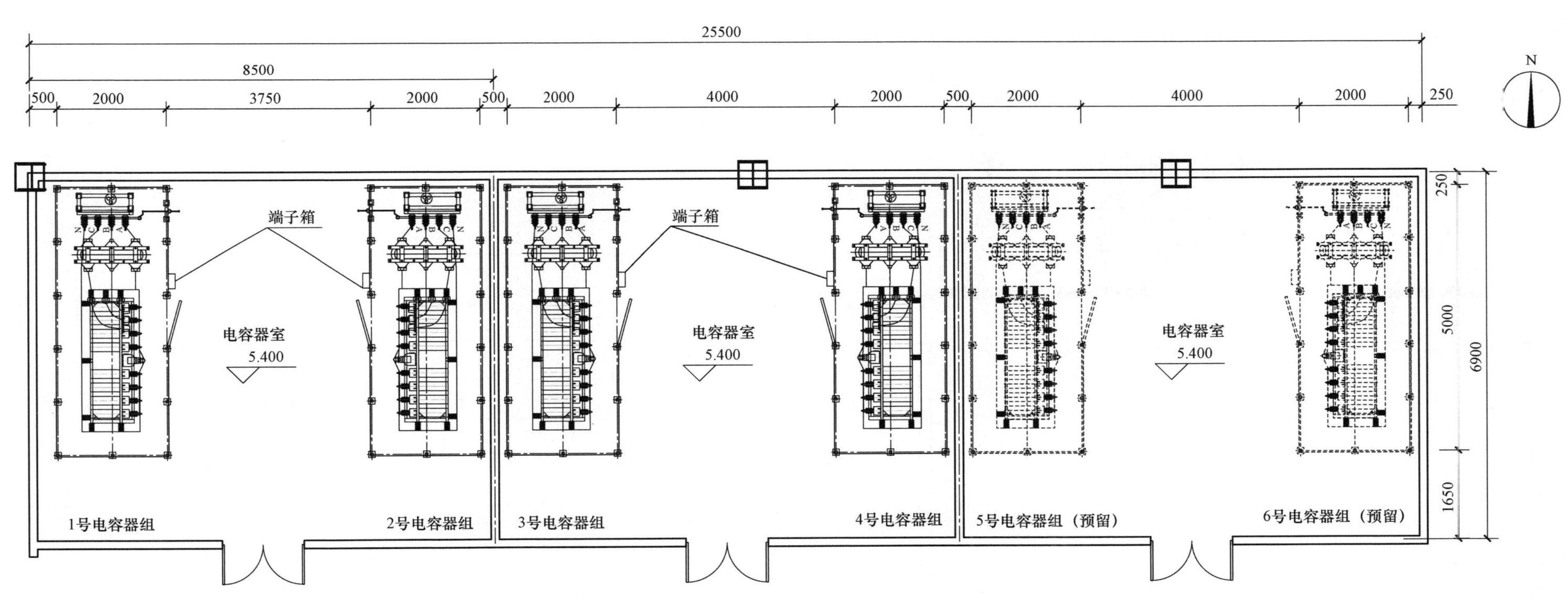

图 10－13　SC－220－A2－10　10kV 并联电容器平面图

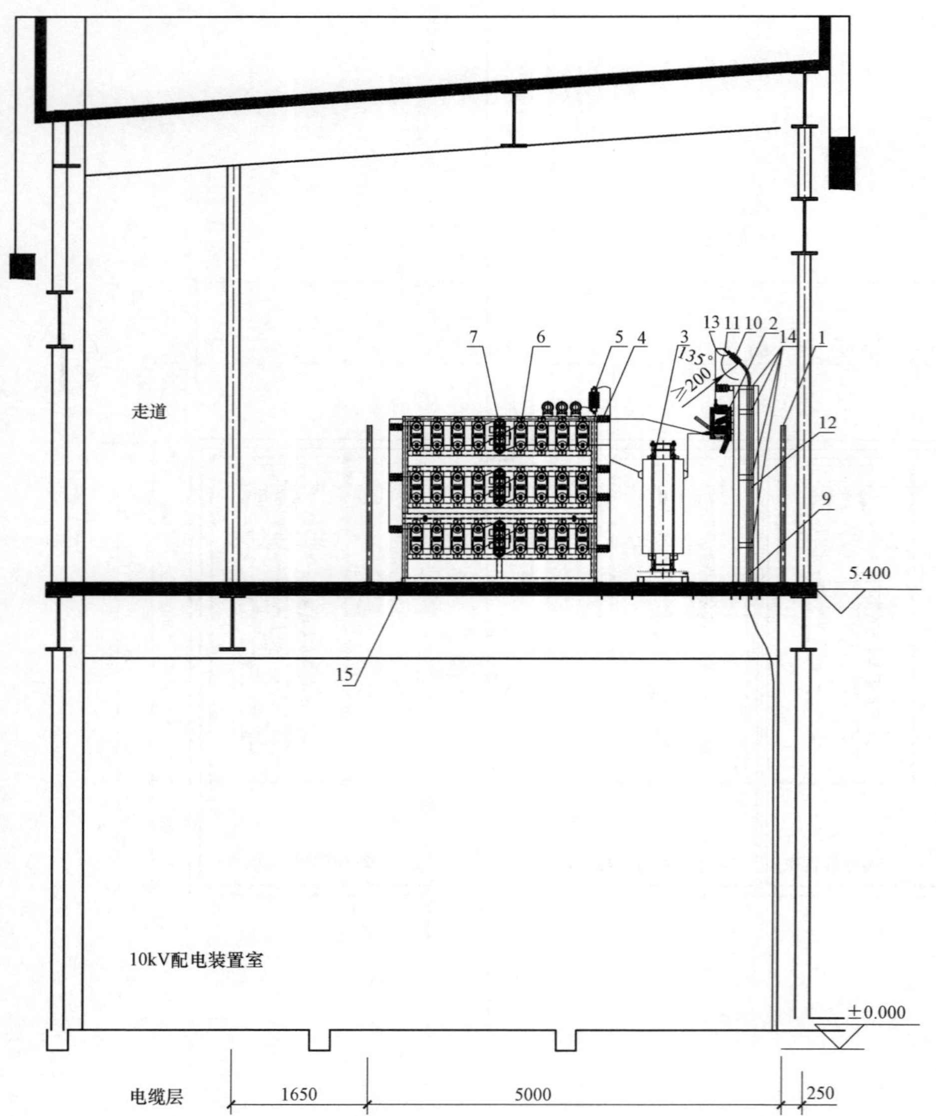

说明：1. 此图根据厂家资料绘制，现场到货如有不同，应根据厂家实际到货组装图安装。
2. 本图例所绘适用于 10kV 电容器，该布置对应总平面 1～4 号电容器。
3. 装置维护检修时，先断开电源，将所有电容器端子应短接并接地后，方可进行。
4. 装置和主要配套电器的接地端应与变电站主接地网可靠连接。
5. 电容器用隔离开关及其水平、垂直连杆和安装底座均有电容器厂家配套供应，应注意安装网门时候应不闭合，并应明显接地。
6. 绝缘与铝排采用硬母线固定金具连接，由电容器厂家配套。
7. 母线支柱绝缘子上法兰为非磁性材料。
8. 本设备材料表仅统计 1 组并联电抗器安装所需材料及数量，其余几组并联电抗器设备材料表参照本组。

序号	名称	型号	单位	数量	备注
1	围栏	网孔 30×30（不锈钢）	套	1	厂家提供 1 套
2	隔离开关	主刀地刀均手动，配 CS17 机构 GN12/800	套	1	
3	铁芯电抗器	CKSC－10－400.8/0.32－5%	台	1	
4	支柱绝缘子	ZSW－24/6	只	21	
5	避雷器	YH5WR－17/45 附泄漏电流和放电次数监测功能的在线监测仪	只	3	
6	电容器	BAM11/2 $\sqrt{3}$ －334－1W 内熔丝	台	24	
7	放电线圈	FDE（11/2 $\sqrt{3}$ ＋11/2 $\sqrt{3}$ ）－3.3－1W	台	3	
8	安装材料	围栏、母线、支柱绝缘子等其他安装材料（包括绝缘子、绝缘子支架、地脚螺栓等）	套	1	
9	电力电缆	2（ZC－YJV22－8.7/15－3×240）	m		列入 D0112 卷册
10	冷缩电缆头	ZC－2（YJV22－8.7/15－3×240）	个	4	包括对侧
11	电缆线鼻子	与 ZC－2（YJV22－8.7/15－3×240）配套	个	12	包括对侧
12	镀锌钢管		m		列入 D0112 卷册
13	铜排	－80×8 铜质镀锡	m	2	
14	槽钢	[10 热镀锌	m	5	用于固定钢管
15	接地扁钢	－60×8 扁钢热镀锌	m		开列于 D0110 卷册中

图 10－14 SC－220－A2－10 10kV 并联电容器断面图

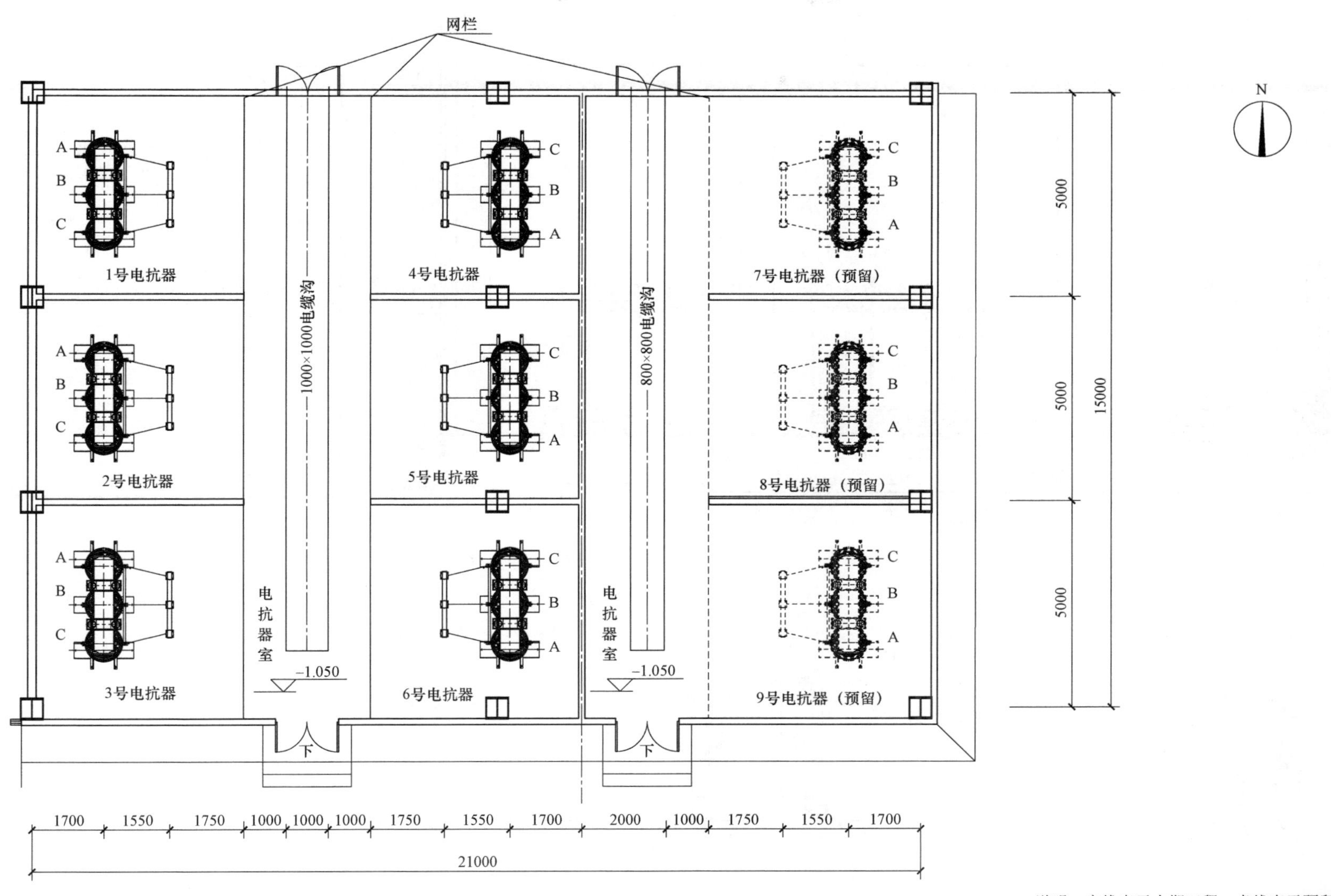

说明：实线表示本期工程，虚线表示预留工程。

图 10－15　SC－220－A2－10　10kV 并联电抗器平面图

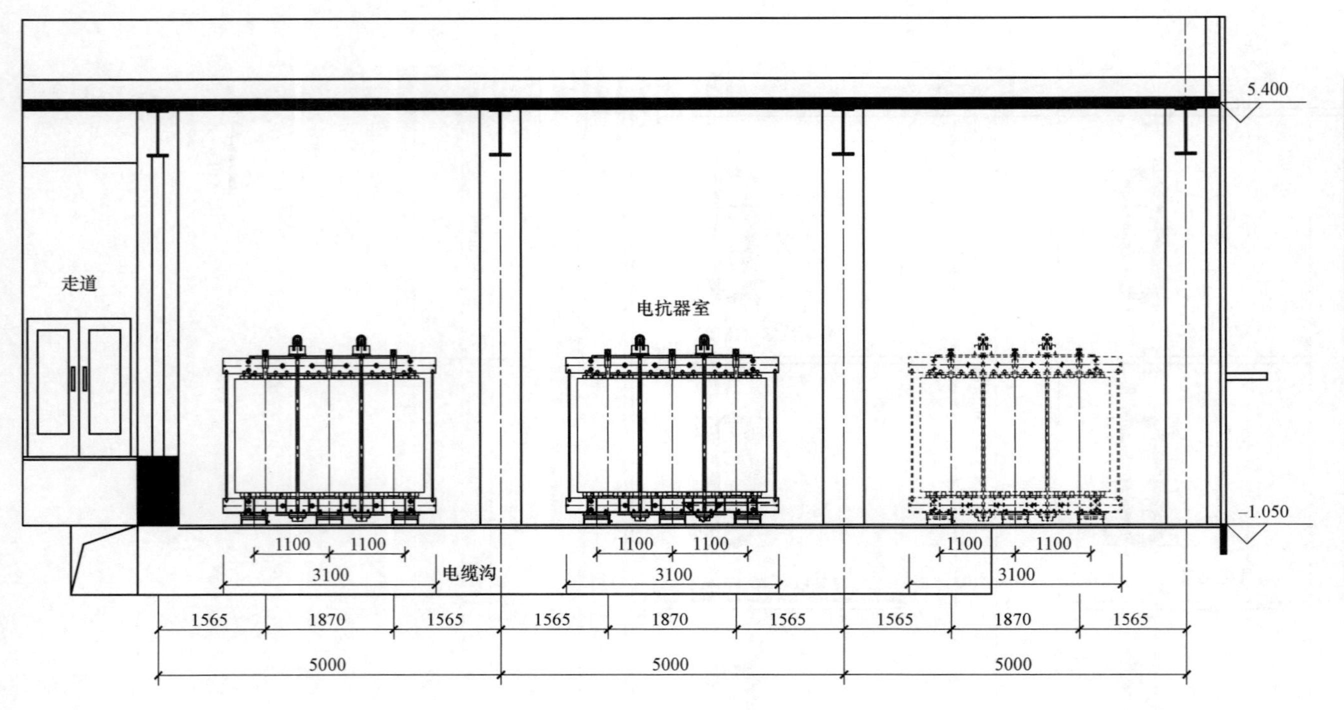

序号	名称	型号	单位	数量	备注
1	干式铁芯并联电抗器	BKSC－10000/10	台	1	厂家提供 1 套
2	支柱绝缘子	ZSW－24/6	只	3	
3	铜母排	TMY－80×8	m	10	
4	电力电缆	2（ZC－YJV22－8.7/15－3×240）	m		列 D0112 卷册
5	冷缩电缆头	ZC－YJV22－8.7/15－3×240）	个	4	包括对侧
6	电缆线鼻子	与 ZC－YJV22－8.7/15－3×240 配套	个	12	包括对侧
7	镀锌钢管		m		列 D0112 卷册
8	抱箍	－40×4 槽钢 L＝1200 热镀锌	套	1	配螺母、弹簧垫圈、垫圈
9	电缆管夹	30×3 槽钢 热镀锌 L＝0.5m/个	m	0.5	
10	槽钢	[10 热镀锌	m	0.3	用于固定电缆钢管
11	接地扁钢	－60×8 扁钢 热镀锌	m		开列于 D0110 卷册

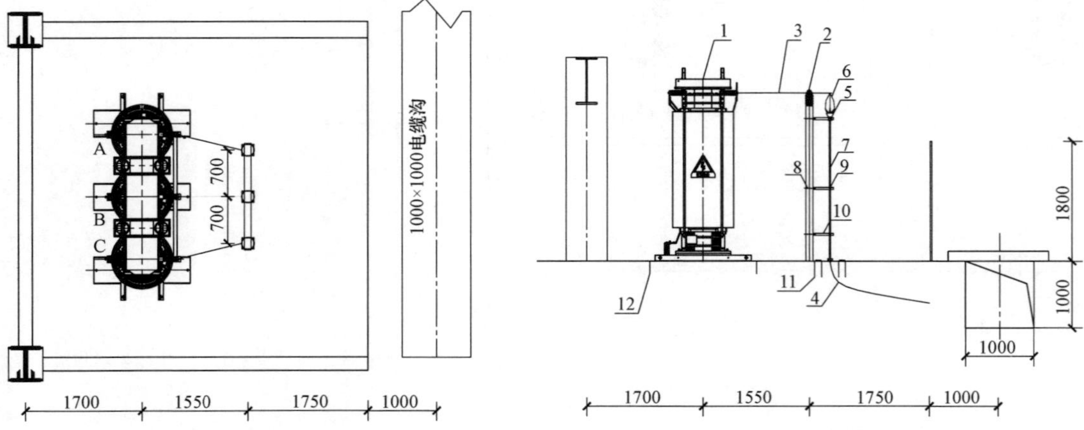

说明：本设备材料表仅统计 1 组并联电抗器安装所需材料及数量，其余几组并联电抗器设备材料表参照本组。

图 10－16 SC－220－A2－10 10kV 并联电抗器断面图

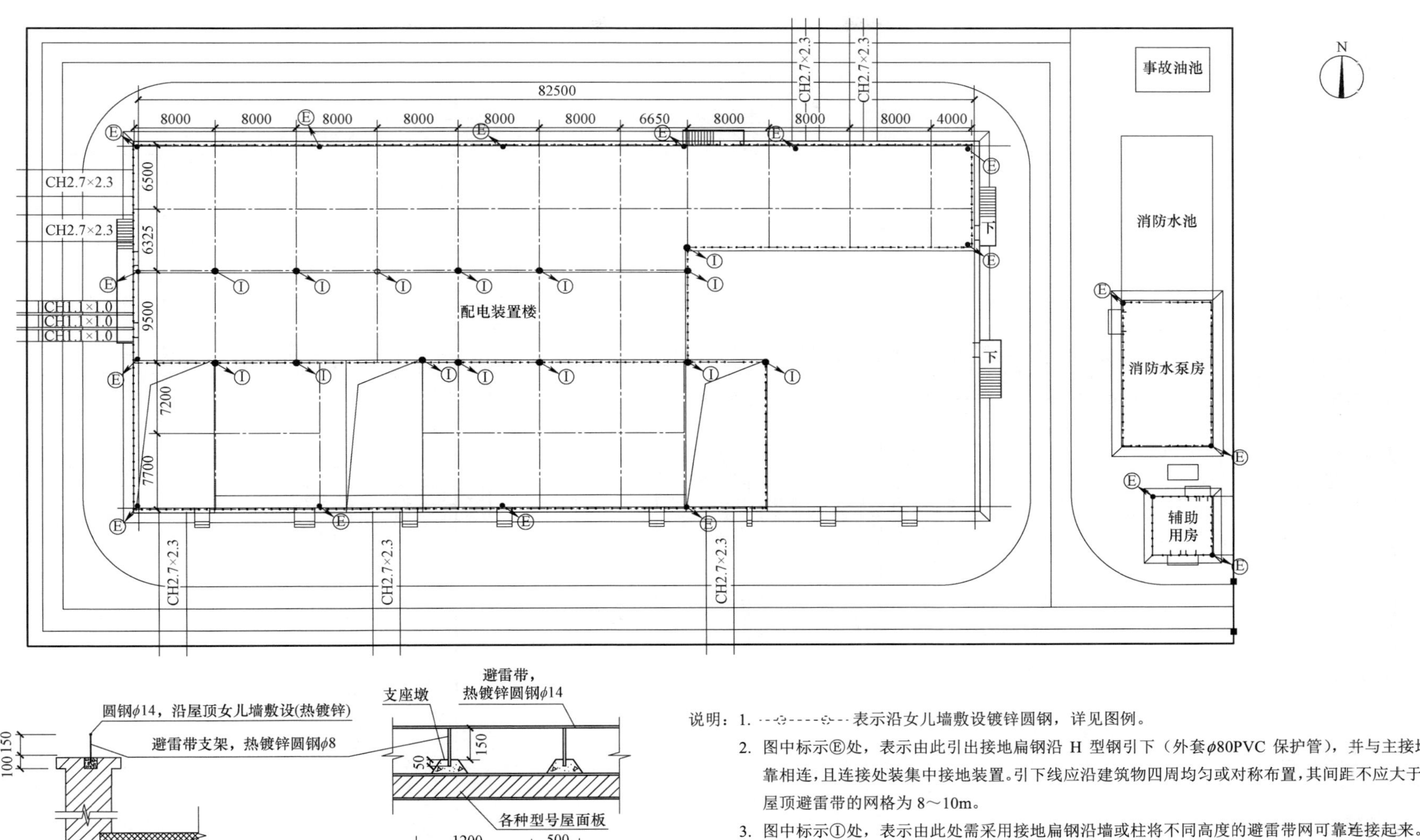

屋顶女儿墙及屋顶明装避雷带施工示意图

说明：1. ‑‑‑‑‑‑‑‑‑表示沿女儿墙敷设镀锌圆钢，详见图例。

2. 图中标示Ⓔ处，表示由此引出接地扁钢沿 H 型钢引下（外套ϕ80PVC 保护管），并与主接地网可靠相连，且连接处装集中接地装置。引下线应沿建筑物四周均匀或对称布置，其间距不应大于 18m。屋顶避雷带的网格为 8～10m。

3. 图中标示Ⓘ处，表示由此处需采用接地扁钢沿墙或柱将不同高度的避雷带网可靠连接起来。

4. 接地体之间的所有焊接点，应进行防腐处理。

5. 避雷带的引下线在距地面 1.5～1.8m 处设断卡便于测量，断接卡应加保护措施。

6. —‑—‑—‑—表示敷设于楼顶面的避雷带。

图 10-17　SC-220-A2-10 全站直击雷保护布置图

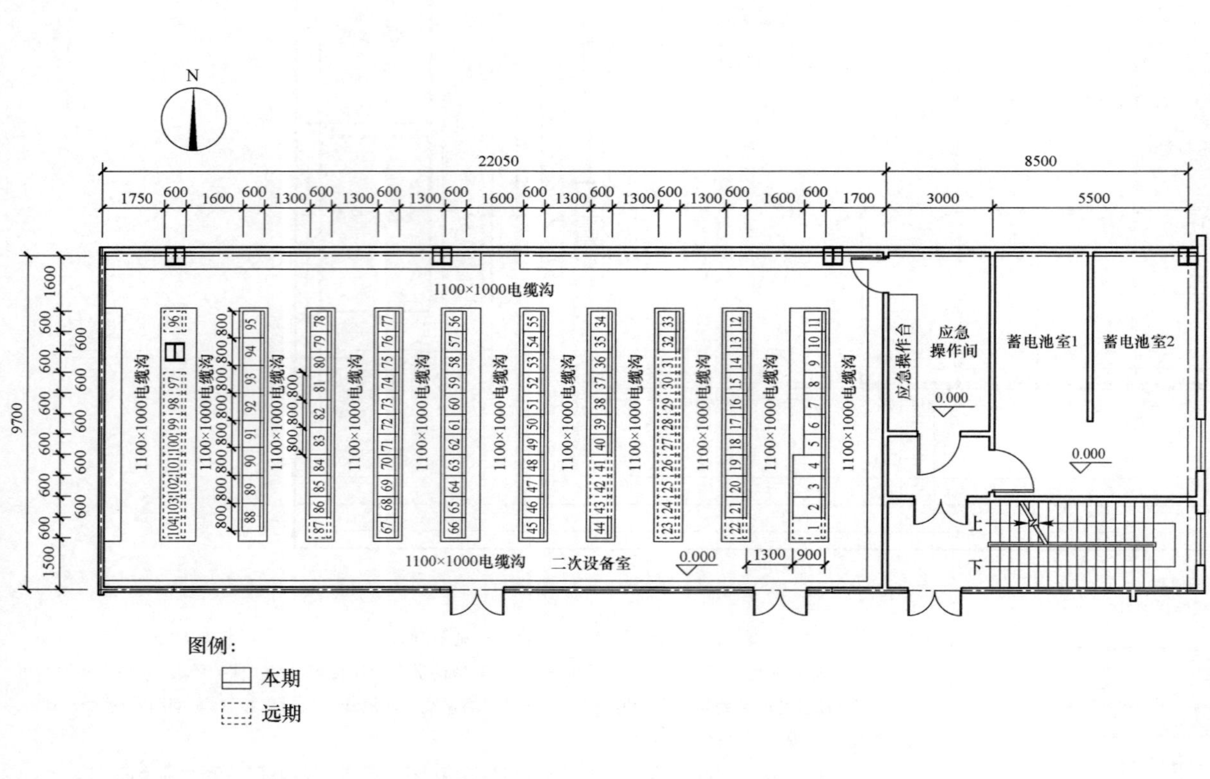

二次设备室屏位一览表

屏号	名称	数量			备注
		单位	本期	远期	
1	备用	面		1	
2	主机兼操作员工作柜	面	1		
3	智能防误主机柜	面	1		
4	综合应用服务器柜	面	1		Ⅳ区数据通信网关机+站控层网络中心交换机
5	智能巡视（视频监控）系统柜	面	1		
6	Ⅰ区数据通信网关机柜	面	1		Ⅰ区数据通信网关机+站控层网络中心交换机
7	Ⅱ区数据通信网关机柜	面	1		Ⅱ区数据通信网关机+站控层网络中心交换机
8	公用测控及站控层交换机柜	面	1		站控层网络交换机+公用测控装置
9～10	调度数据网柜	面	2		
11～12	智能辅助控制系统柜	面	2		
13～14	网络报文记录分析柜	面	2		
15～16	时钟同步柜	面	2		
17	110kV 故障录波柜	面	1		
18	220kV 故障录波柜	面	1		
19～20	220kV 母线保护柜	面	2		
21	110kV 母线保护	面	1		
22	备用	面		1	
23～26	备用	面		4	
27	220kV TV 并列柜	面		1	根据工程实际选择配置
28	110kV TV 并列柜	面		1	根据工程实际选择配置
39～30	安全稳定控制柜	面		2	预留
31～32	消弧线圈自动控制柜	面	1	1	预留 1 面
33	电能量采集柜	面	1		
34	主变压器电能表柜	面	1		
35～36	1 号主变压器保护柜	面	2		主变压器保护装置+过程层交换机
37	1 号主变压器测控柜	面	1		4 台主变压器测控装置
48～39	2 号主变压器保护柜	面	2		主变压器保护装置+过程层交换机
40	2 号主变压器测控柜	面	1		4 台主变压器测控装置
41～42	3 号主变压器保护柜	面		2	预留
43	3 号主变压器测控柜	面		1	预留
44	主变压器故障录波柜	面	1		
45～71	通信设备柜	面	27		通信屏柜数量可根据工程实际情况调整
72～73	220kV 线路保护通信接口柜	面	2		
74～75	通信电源柜	面	2		
76～77	UPS 电源柜	面	2		
78～80	Ⅱ段直流馈线柜	面	3		
81	2 号直流充电柜	面	1		
82	直流进线联络柜	面	1		
83	1 号直流充电柜	面	1		
84～86	Ⅰ段直流馈线柜	面	3		
87	备用	面		1	
88～89	Ⅰ段交流馈线柜	面	2		
90	1 号交流进线柜	面	1		
91	交流联络柜	面	1		
92	2 号交流进线柜	面	1		
93～94	Ⅱ段交流馈线柜	面	2		
95	事故照明逆变电源柜	面	1		
96～104	备用	面		9	

图 10－18　SC－220－A2－10 二次设备室屏位布置图

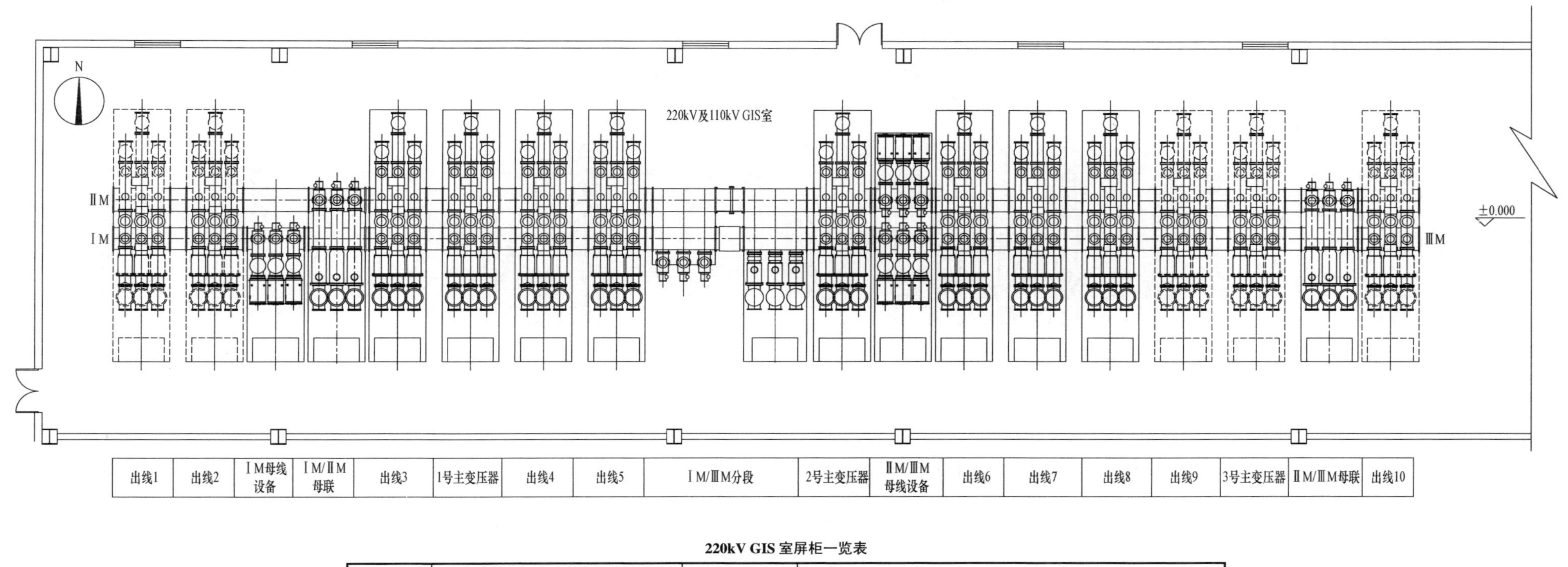

220kV GIS 室屏柜一览表

屏号	名称	数量			备注
		单位	本期	远期	
1E～10E	220kV 线路智能汇控柜	面	6	4	保护 A，B+测控+智能终端 A，B+合并单元 A，B+过程层交换机 A，B+电能表
11E～13E	220kV 母联/分段智能汇控柜	面	3		保护 A，B+测控+智能终端 A，B+合并单元 A，B+过程层交换机 A，B
14E	220kV Ⅰ母母线智能汇控柜	面	1		母线测控+智能终端+合并单元 A+间隔层交换机 A+监测终端
15E	220kV Ⅱ/Ⅲ母母线智能汇控柜	面	1		母线测控+智能终端+合并单元 B+间隔层交换机 B
16E～18E	220kV 主变压器进线智能汇控柜	面	2	1	智能终端 A，B+合并单元 A，B

图例：

本期

远期

图 10-19　SC-220-A2-10 220kV GIS 室二次设备平面布置图

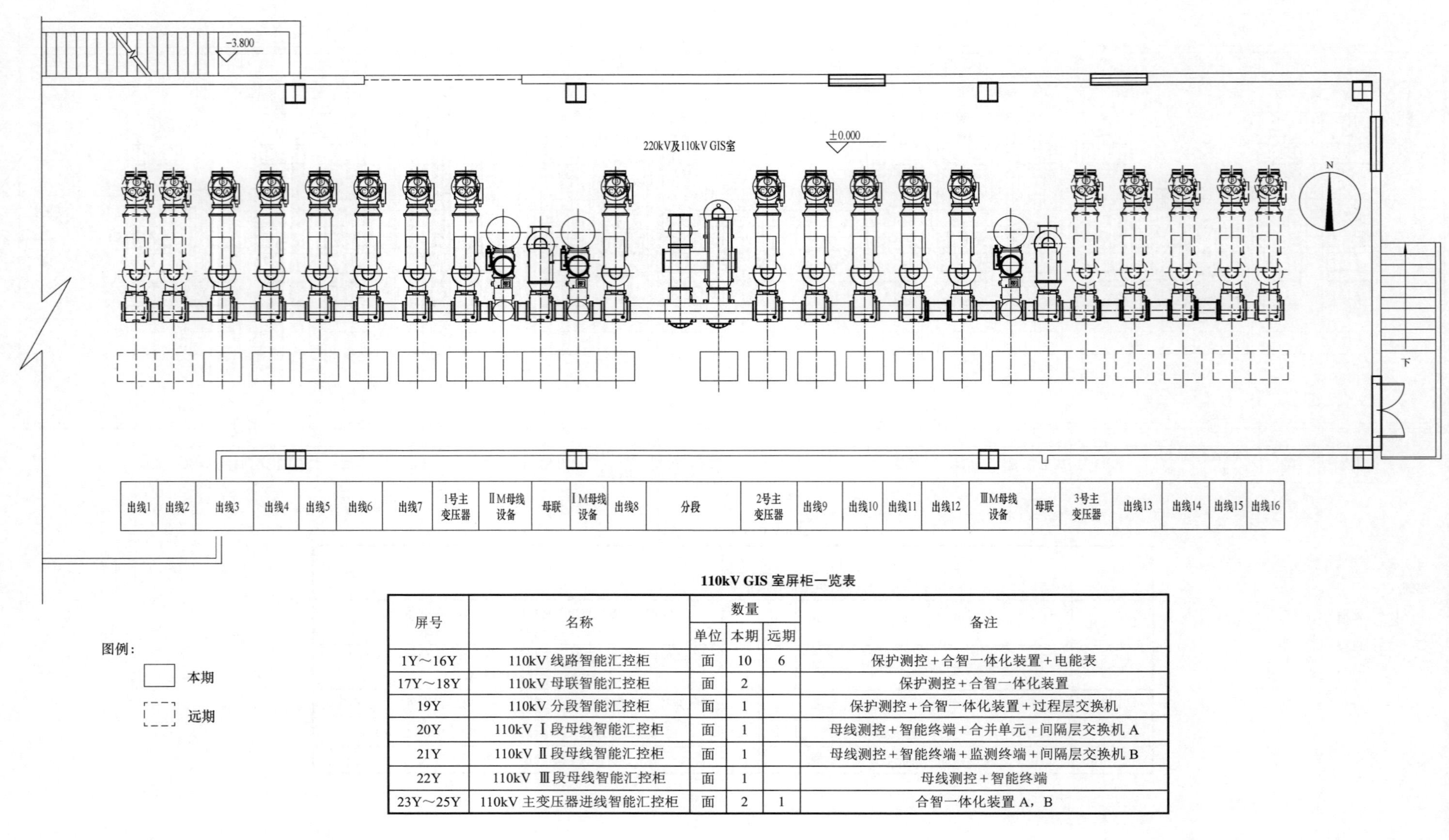

110kV GIS 室屏柜一览表

屏号	名称	数量			备注
		单位	本期	远期	
1Y～16Y	110kV 线路智能汇控柜	面	10	6	保护测控＋合智一体化装置＋电能表
17Y～18Y	110kV 母联智能汇控柜	面	2		保护测控＋合智一体化装置
19Y	110kV 分段智能汇控柜	面	1		保护测控＋合智一体化装置＋过程层交换机
20Y	110kV Ⅰ段母线智能汇控柜	面	1		母线测控＋智能终端＋合并单元＋间隔层交换机 A
21Y	110kV Ⅱ段母线智能汇控柜	面	1		母线测控＋智能终端＋监测终端＋间隔层交换机 B
22Y	110kV Ⅲ段母线智能汇控柜	面	1		母线测控＋智能终端
23Y～25Y	110kV 主变压器进线智能汇控柜	面	2	1	合智一体化装置 A，B

图 10－20　SC－220－A2－10　110kV GIS 室二次设备平面布置图

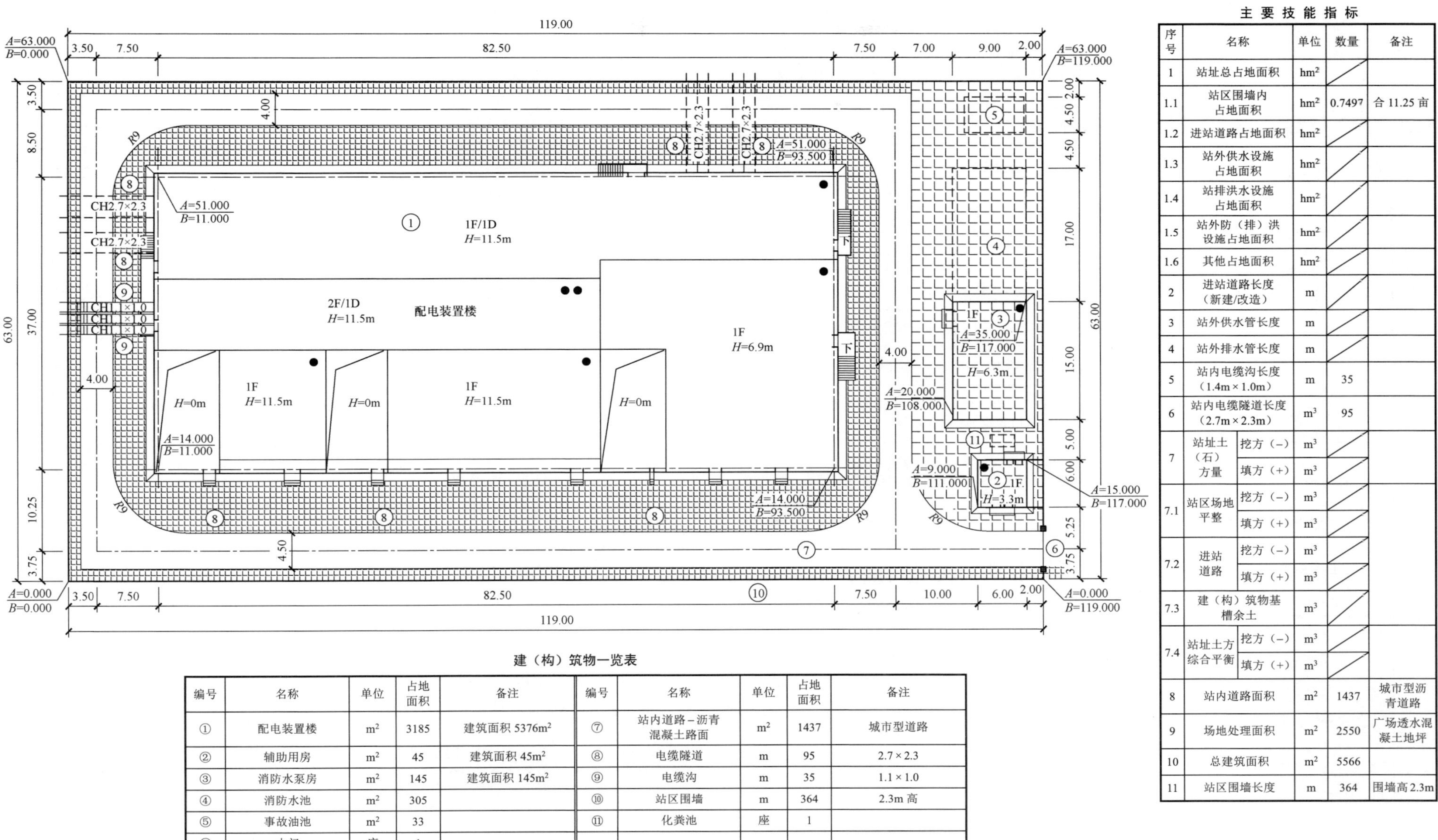

主要技能指标

序号	名称		单位	数量	备注
1	站址总占地面积		hm²		
1.1	站区围墙内占地面积		hm²	0.7497	合 11.25 亩
1.2	进站道路占地面积		hm²		
1.3	站外供水设施占地面积		hm²		
1.4	站排洪水设施占地面积		hm²		
1.5	站外防（排）洪设施占地面积		hm²		
1.6	其他占地面积		hm²		
2	进站道路长度（新建/改造）		m		
3	站外供水管长度		m		
4	站外排水管长度		m		
5	站内电缆沟长度（1.4m×1.0m）		m	35	
6	站内电缆隧道长度（2.7m×2.3m）		m³	95	
7	站址土（石）方量	挖方（–）	m³		
		填方（+）	m³		
7.1	站区场地平整	挖方（–）	m³		
		填方（+）	m³		
7.2	进站道路	挖方（–）	m³		
		填方（+）	m³		
7.3	建（构）筑物基槽余土		m³		
7.4	站址土方综合平衡	挖方（–）	m³		
		填方（+）	m³		
8	站内道路面积		m²	1437	城市型沥青道路
9	场地处理面积		m²	2550	广场透水混凝土地坪
10	总建筑面积		m²	5566	
11	站区围墙长度		m	364	围墙高 2.3m

建（构）筑物一览表

编号	名称	单位	占地面积	备注	编号	名称	单位	占地面积	备注
①	配电装置楼	m²	3185	建筑面积 5376m²	⑦	站内道路–沥青混凝土路面	m²	1437	城市型道路
②	辅助用房	m²	45	建筑面积 45m²	⑧	电缆隧道	m	95	2.7×2.3
③	消防水泵房	m²	145	建筑面积 145m²	⑨	电缆沟	m	35	1.1×1.0
④	消防水池	m²	305		⑩	站区围墙	m	364	2.3m 高
⑤	事故油池	m²	33		⑪	化粪池	座	1	
⑥	大门	座	1						

图 10–21 SC–220–A2–10 土建总平面布置图

第 11 章　SC－220－A3－2 通用设计实施方案

11.1　SC－220－A3－2 方案主要技术条件

SC－220－A3－2 方案主要技术条件见表 11－1。

表 11－1　　SC－220－A3－2 方案主要技术条件

序号	项目		技术条件
1	建设规模	主变压器	本期 2×240MVA，远期 3×240MVA
		出线	220kV：本期出线 4 回，远期出线 10 回，4 回架空出线，6 回电缆出线； 110kV：本期出线 6 回，远期出线 14 回，4 回架空出线，10 回电缆出线； 10kV：本期出线 24 回，远期出线 36 回，电缆出线
		无功补偿装置	每台主变压器配置 10kV 并联电容器 3 组，单组容量为 8000kvar； 10kV 并联电抗器 2 组，单组容量为 10000kvar
2	站址基本条件		海拔＜1000m，设计基本地震加速度 0.10g 考虑，重现期 50 年的基本风速 V_0≤30m/s，地基承载力特征值 f_{ak} =150kPa，无地下水影响，假设场地为同一标高，污秽等级 d 级
3	电气主接线		220kV 本期及远期采用双母线单分段接线； 110kV 本期及远期采用双母线接线； 10kV 本期采用单母线三分段接线，按单母线分段运行，远期采用单母线四分段接线
4	主要设备选型		220、110、10kV 短路电流控制水平分别为 50、40、31.5kA； 主变压器选用户外三相、三绕组低损耗、低噪声自冷式有载调压变压器； 220kV 采用户内 GIS； 110kV 采用户内 GIS； 10kV 采用户内空气绝缘开关柜，电容器柜配置 SF_6 断路器，其余配置真空断路器； 10kV 并联电容器采用户内框架式； 10kV 并联电抗器采用户内干式铁芯； 10kV 接地变压器采用户内干式
5	电气总平面		主变压器：户外布置； 220kV：户内 GIS，架空、电缆混合出线； 110kV：户内 GIS，架空、电缆混合出线； 10kV：户内高压开关柜双列布置； 10kV 电容器：户内框架式成套装置； 10kV 电抗器：户内干式铁芯

续表 11－1

序号	项目	技术条件
6	二次系统	全站采用模块化二次设备、预制式智能控制柜及预制光、电缆的二次设备模块化设计方案； 变电站自动化系统按照一体化监控设计； 采用常规互感器＋合并单元； 220、110kV GOOSE 与 SV 共网，保护直采直跳； 220kV 及主变压器采用保护、测控独立装置，110kV 采用保护测控集成装置，10kV 采用保护测控集成装置； 采用一体化电源系统，通信电源不独立设置； 间隔层设备下放布置，公用及主变压器二次设备布置在二次设备室
7	土建部分	围墙内占地面积 0.8685hm²； 全站总建筑面积 4278m²，其中配电装置室建筑面积 4119m²； 建筑物结构型式为钢结构； 建筑物外墙采用一体化铝镁锰复合墙板、纤维水泥复合墙板或一体化纤维水泥集成板等，内墙采用纤维水泥复合墙板、轻钢龙骨石膏板或一体化纤维水泥集成墙板。屋面板采用钢筋桁架楼承板； 围墙采用钢筋混凝土装配式围墙或大砌块实体围墙； 构支架与基础采用地脚螺栓连接

11.2　SC－220－A3－2 方案基本模块划分

SC－220－A3－2 方案主要包括 220kV 配电装置模块、110kV 配电装置模块、主变压器及 10kV 配电装置模块、220kV 配电装置楼模块及 110kV 配电装置楼模块 5 个基本模块，模块内容说明见表 11－2。

表 11－2　　SC－220－A3－2 方案基本模块内容说明

序号	基本模块编号	基本模块名称	基本模块描述
1	SC－220－A3－2－220	220kV 配置装置模块	220kV 出线：本期 4 回，远期 10 回；本期、远期采用双母线单分段接线，户内 GIS，电缆、架空混合出线
2	SC－220－A3－2－110	110kV 配置装置模块	110kV 出线：本期线 6 回，远期 14 回；本期、远期采用双母线接线，户内 GIS，电缆、架空混合出线

续表 11-2

序号	基本模块编号	基本模块名称	基本模块描述
3	SC-220-A3-2-10	主变压器及 10kV 配电装置模块	主变压器：本期 2 台 240MVA，远期 3 台 240MVA，主变压器户外布置。 10kV 出线：本期 24 回，远期 36 回，本期采用单母线分段接线，远期单母线四分段接线，户内开关柜双列布置
4	SC-220-A3-2-PDS1	220kV 配电装置楼模块	两层建筑（地上两层），钢框架结构，建筑面积 1864m^2

续表 11-2

序号	基本模块编号	基本模块名称	基本模块描述
5	SC-220-A3-2-PDL2	110kV 配电装置楼模块	三层建筑（地下电缆半层，地上两层），钢框架结构，建筑面积 2255m^2

11.3 SC-220-A3-2 方案主要图纸

SC-220-A3-2 方案主要图纸见图 11-1～图 11-24，设计方案说明及其他图纸见书后所附光盘。

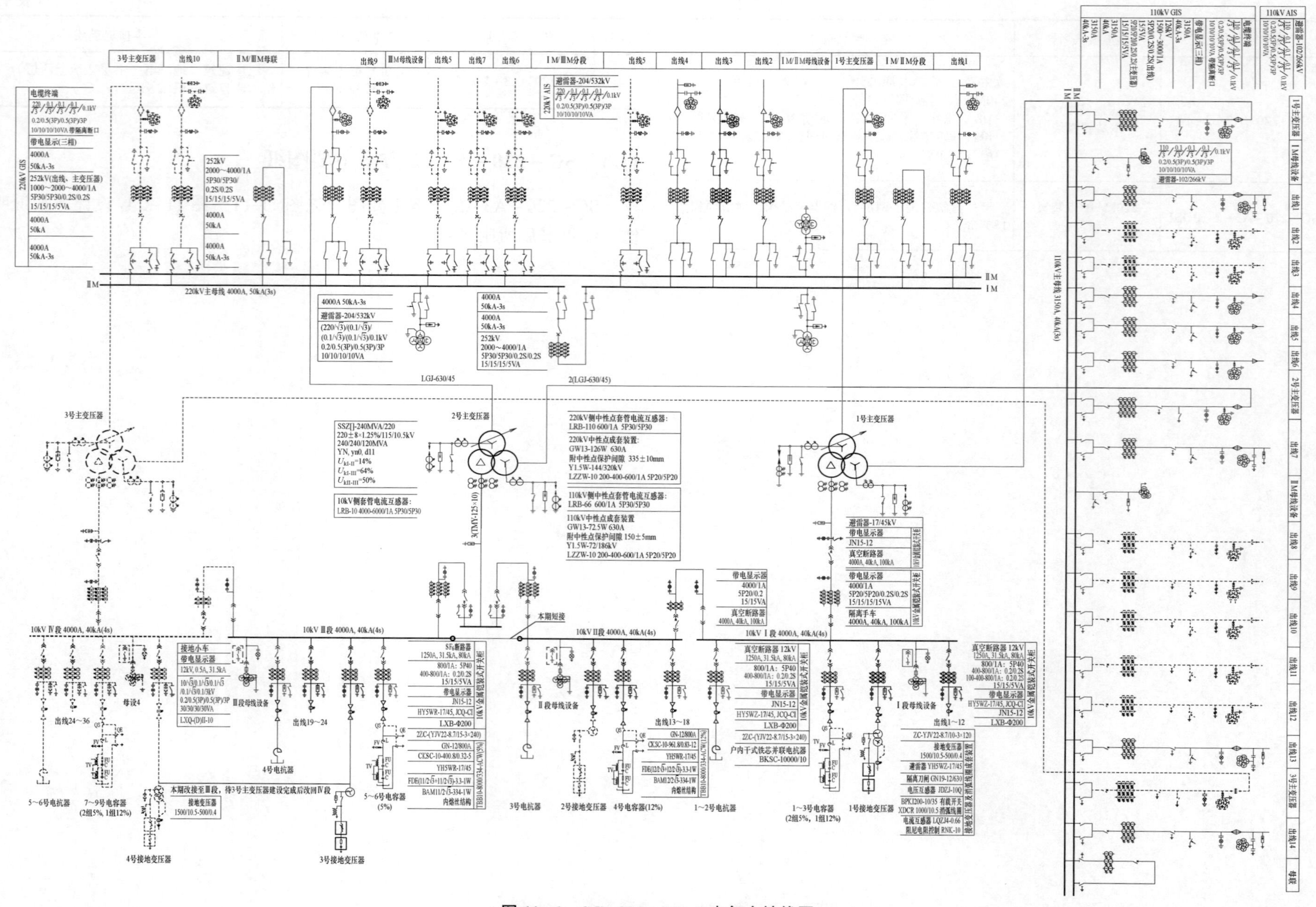

图 11-1　SC-220-A3-2 电气主接线图

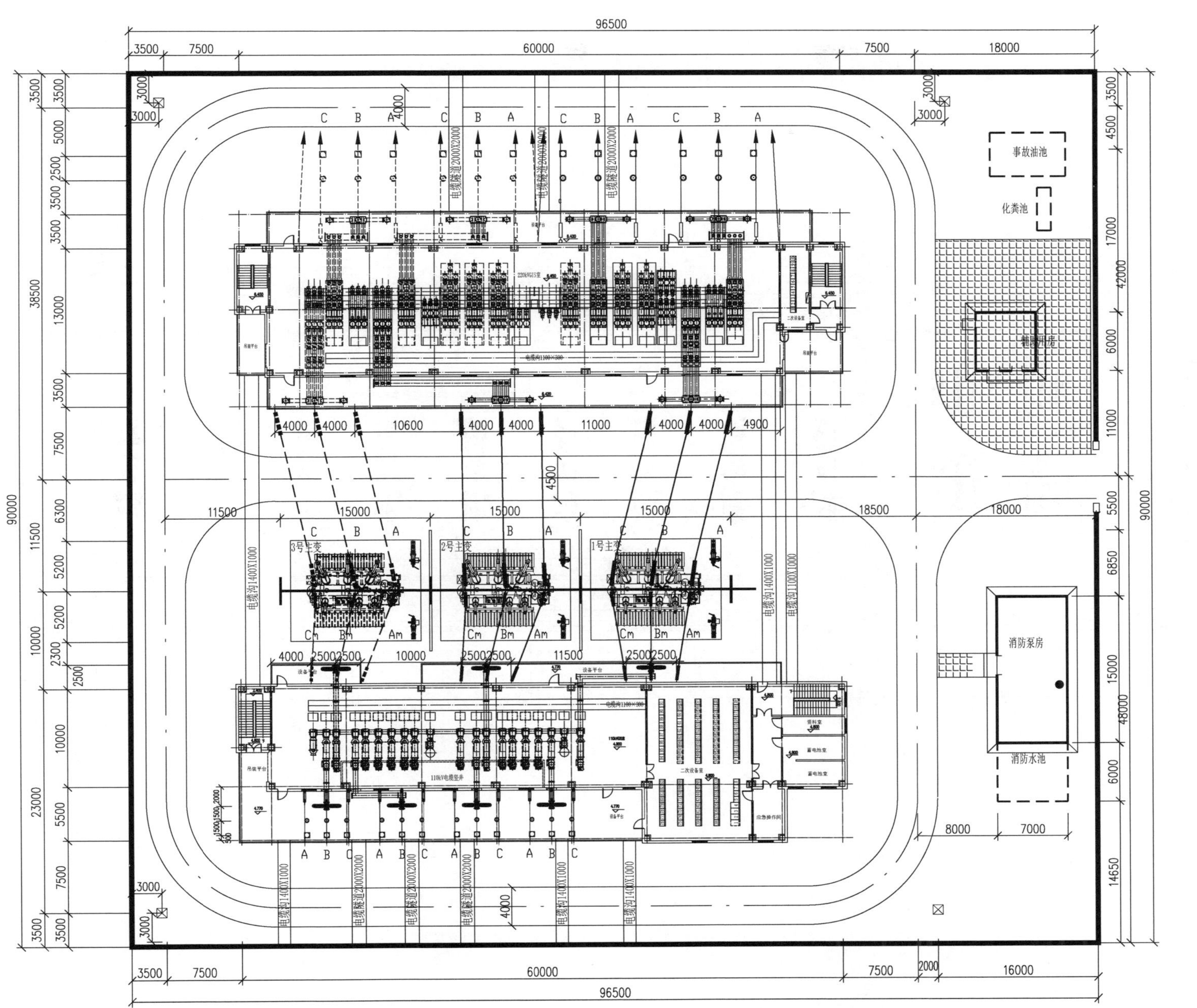

图 11-2　SC-220-A3-2 电气总平面布置图

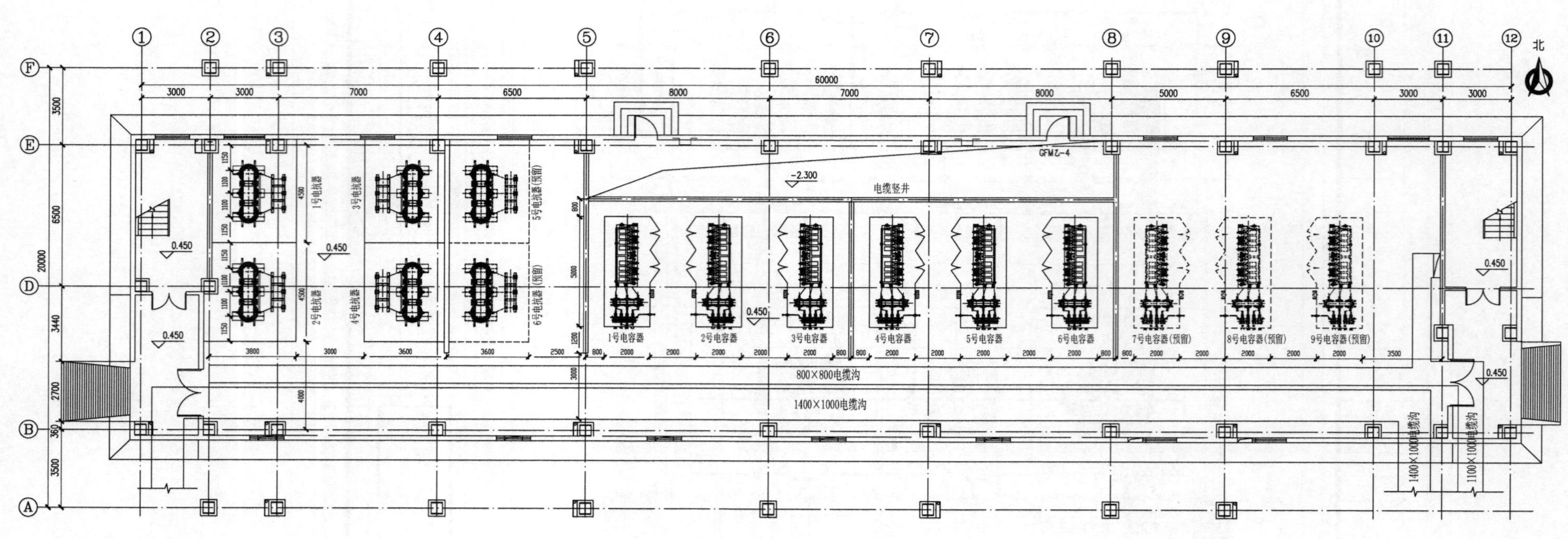

图 11-3　SC-220-A3-2 220kV 配电装置楼一层平面布置图

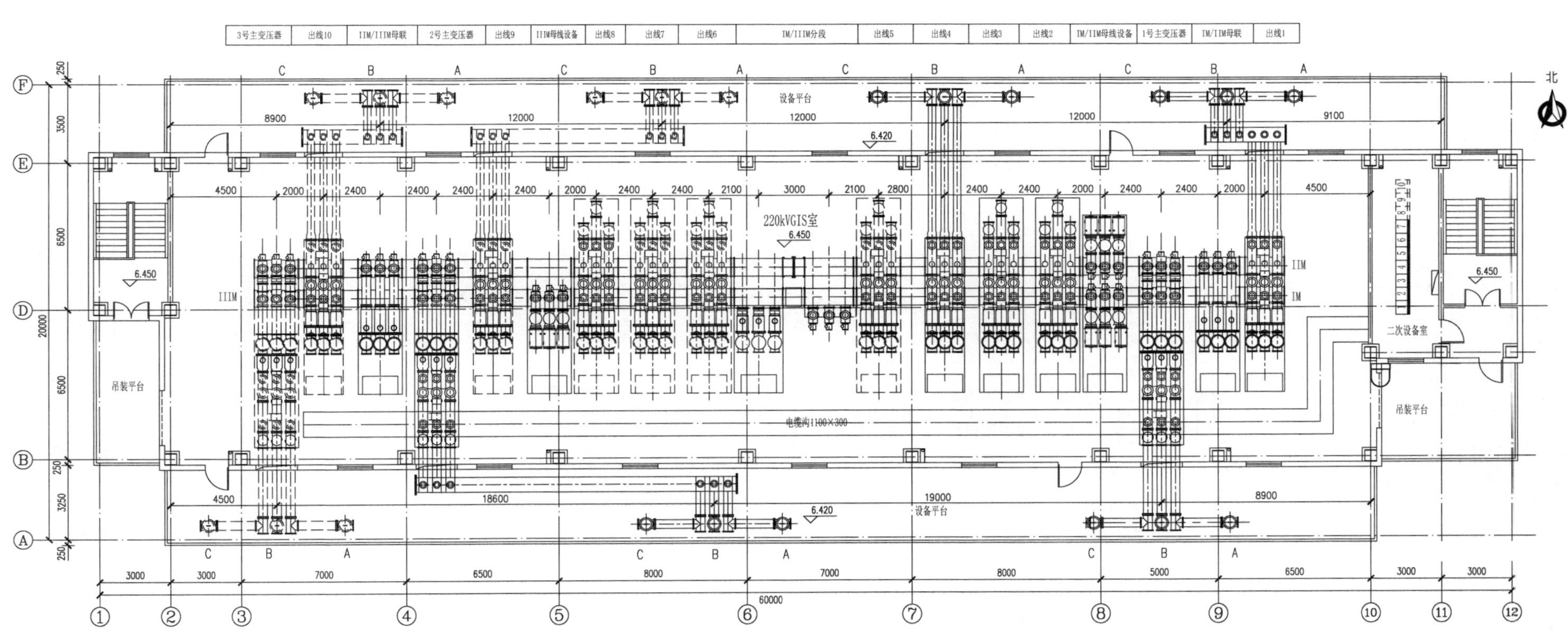

图 11-4　SC-220-A3-2 220kV 配电装置楼二层平面布置图

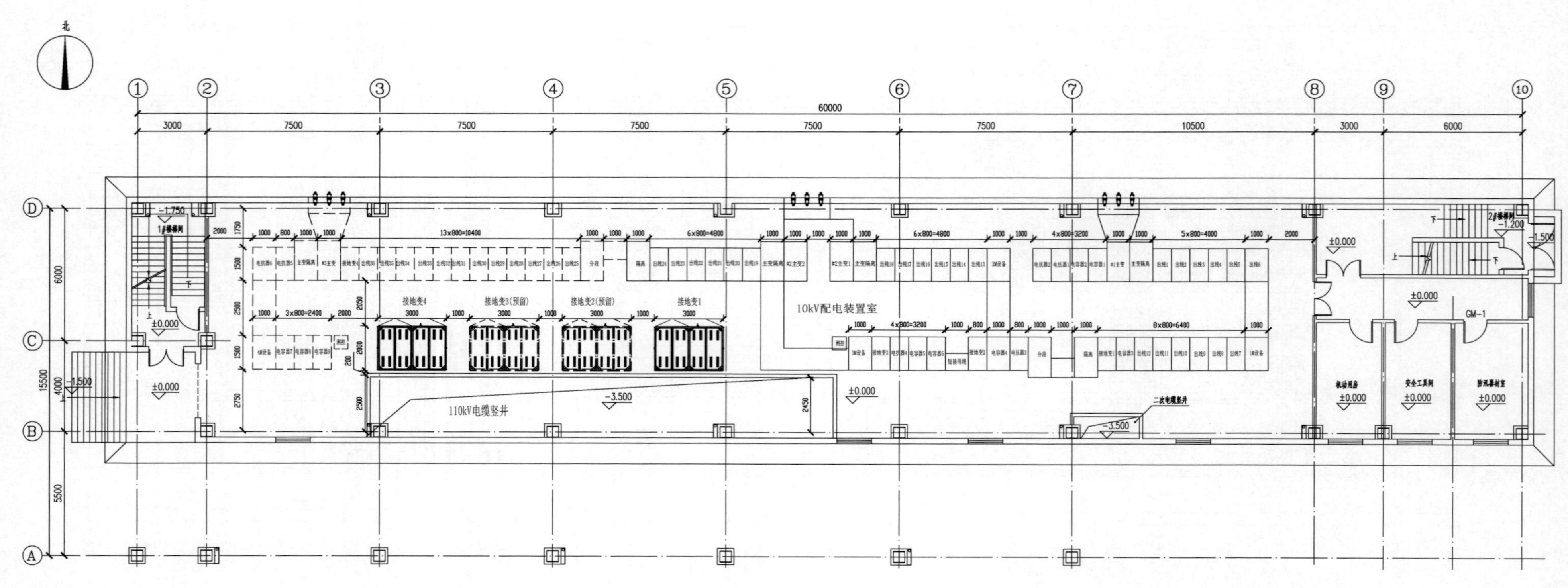

图 11-5　SC-220-A3-2　110kV 配电装置楼一层平面布置图

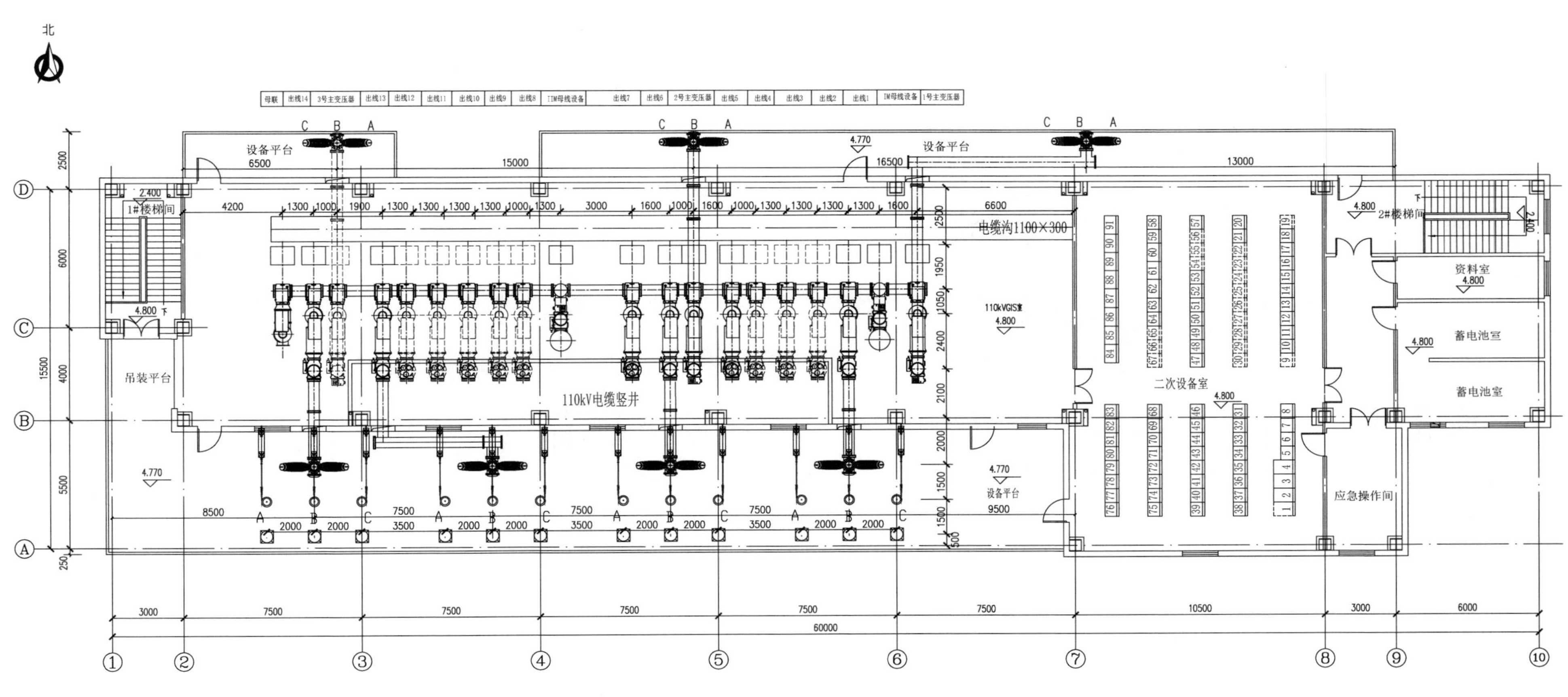

图 11-6　SC-220-A3-2 110kV 配电装置楼二层平面布置图

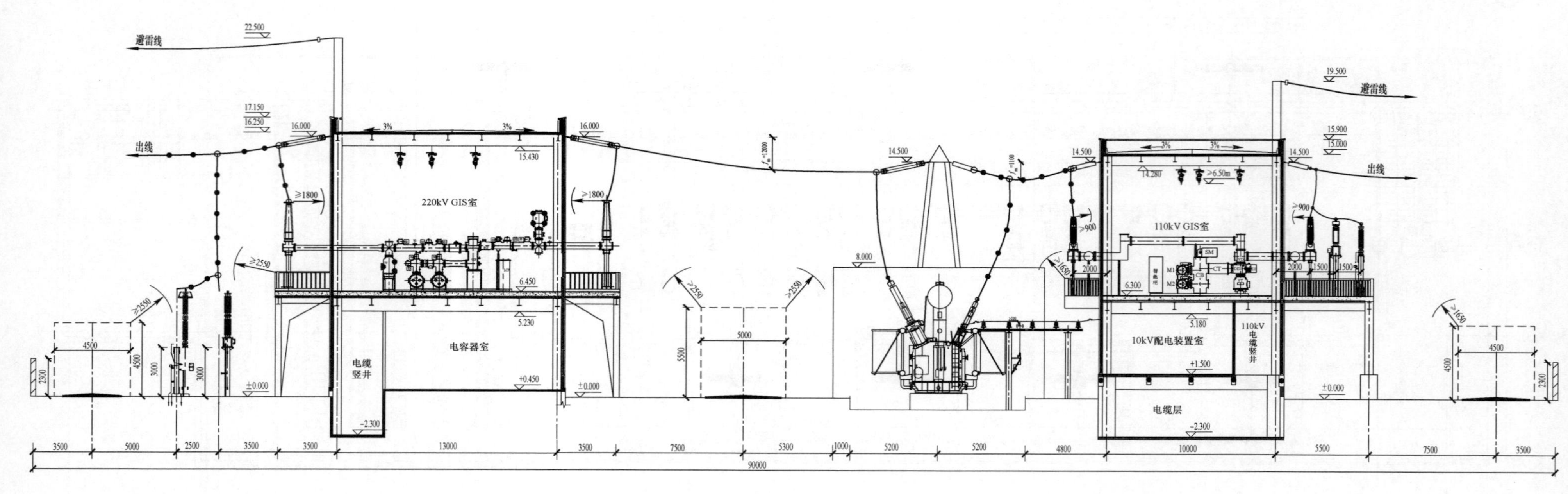

图 11－7　SC－220－A3－2 电气综合断面图

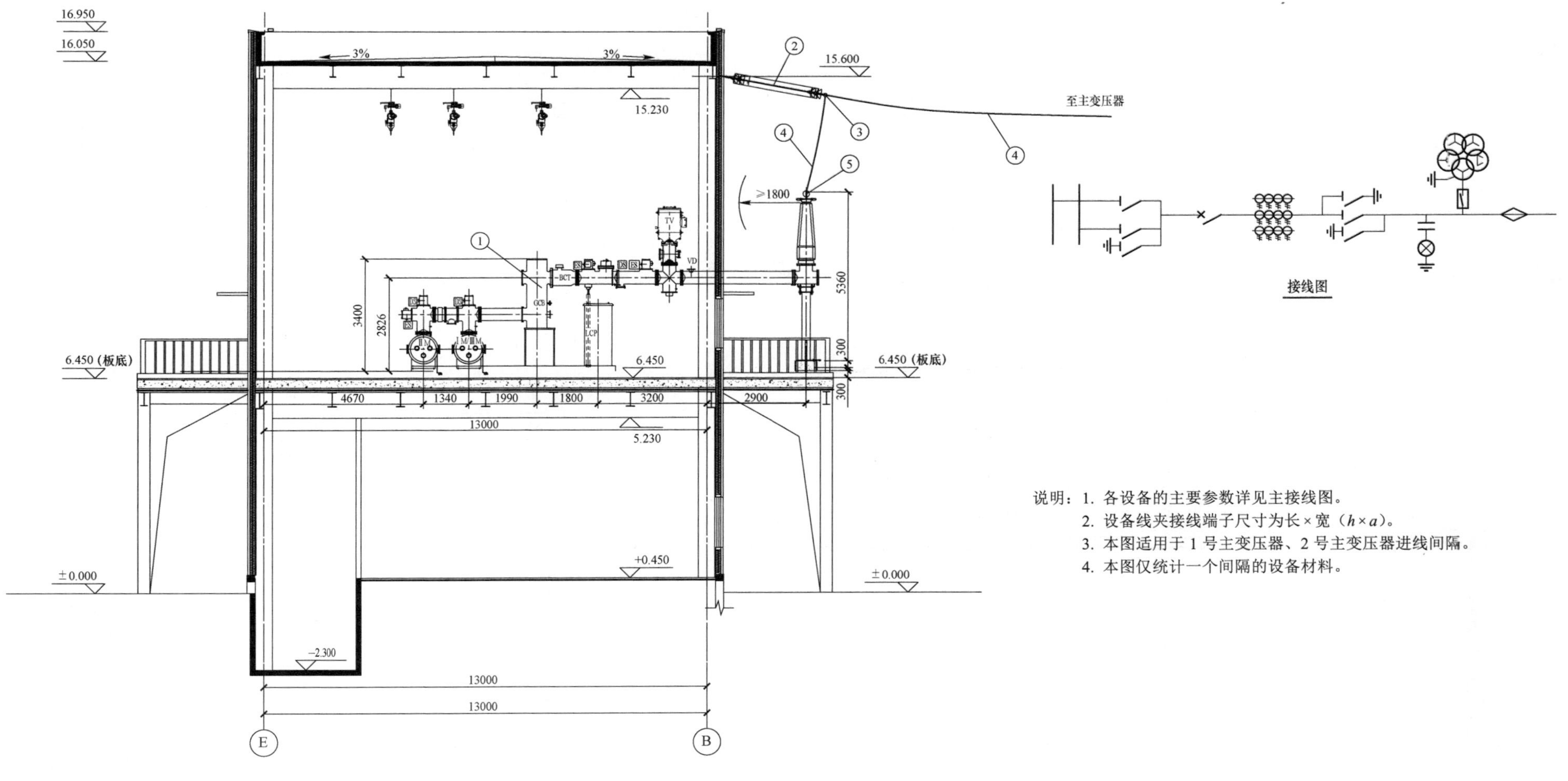

说明：1. 各设备的主要参数详见主接线图。
2. 设备线夹接线端子尺寸为长×宽（$h \times a$）。
3. 本图适用于1号主变压器、2号主变压器进线间隔。
4. 本图仅统计一个间隔的设备材料。

设备材料表

编号	名称	规格	单位	数量	备注
①	220kV GIS 主变压器进线间隔	252kV，5000A，50kA/3s，125kA	间隔	1	
②	耐张绝缘子串	16（XWP－21）	串	3	爬电距离为450mm/片
③	耐张线夹	NY－500/45	套	3	带引流线夹
④	钢芯铝绞线	LGJ－500/45	m	45	
⑤	设备线夹	SY－500/45A（$h \times a$）	套	3	GIS进线套管端子，（长h×宽a）mm，带排水孔

图11－8　SC－220－A3－2　220kV GIS 架空进线断面图

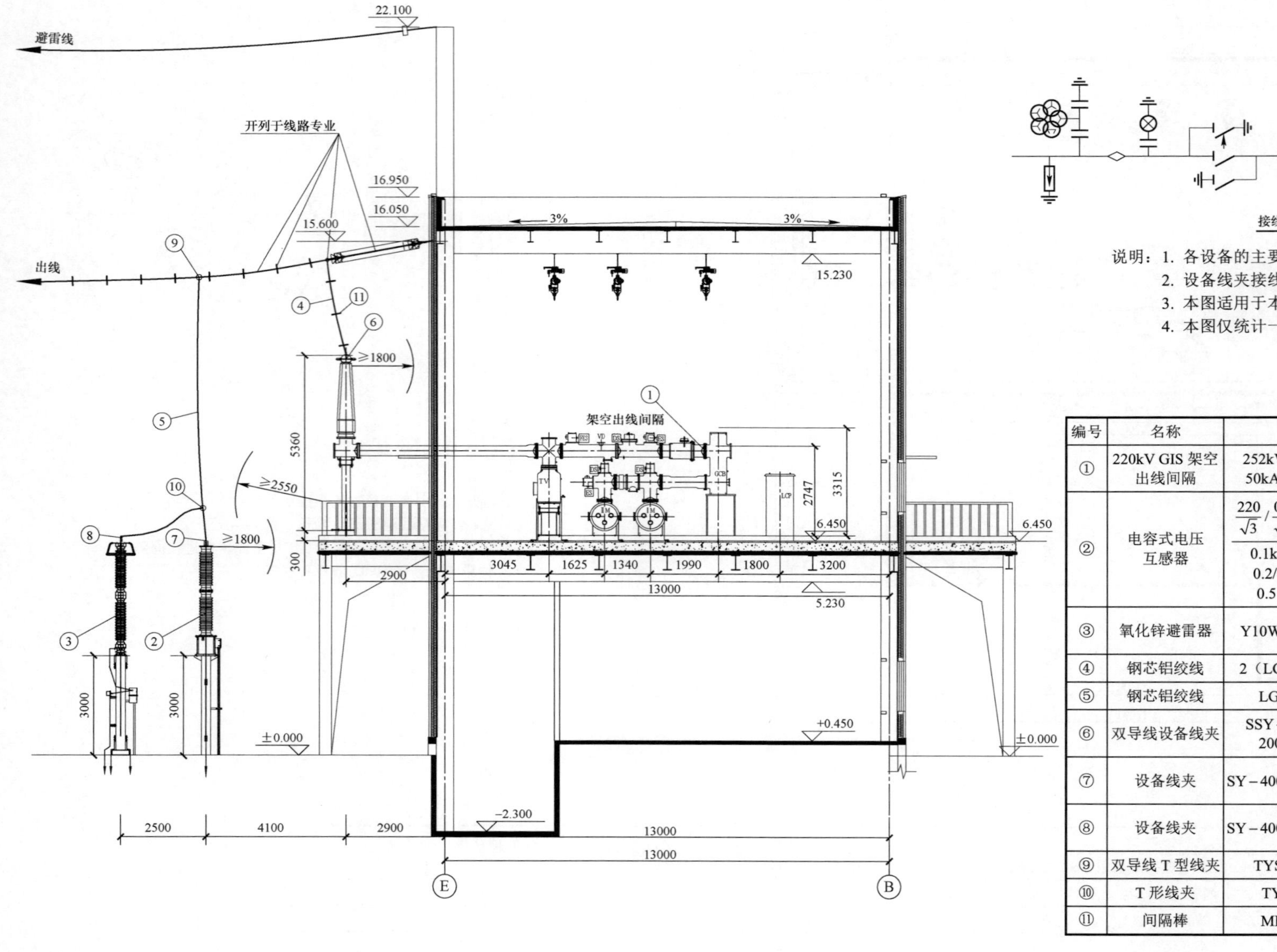

说明：1. 各设备的主要参数详见主接线图。
2. 设备线夹接线端子尺寸为长×宽（$h\times a$）。
3. 本图适用于本期所有架空出线间隔。
4. 本图仅统计一个间隔的设备材料。

设备材料表

编号	名称	规格	单位	数量	备注
①	220kV GIS 架空出线间隔	252kV，5000A，50kA/3s，125kA	间隔	1	
②	电容式电压互感器	$\frac{220}{\sqrt{3}}/\frac{0.1}{\sqrt{3}}/\frac{0.1}{\sqrt{3}}/\frac{0.1}{\sqrt{3}}/$ 0.1kV（三相）0.2/0.5（3P）/ 0.5（3P）/3P	台	3	线路型，三相
③	氧化锌避雷器	Y10W－204/532W	台	3	附带泄漏电流检测双指针计数器
④	钢芯铝绞线	2（LGJ－400/35）	m	30	已按单根导线统计
⑤	钢芯铝绞线	LGJ－400/35	m	40	
⑥	双导线设备线夹	SSY－400/35A－200（$h\times a$）	套	3	GIS 进线套管端子（长 $h\times$ 宽 a）mm，带排水孔
⑦	设备线夹	SY－400/35A（$h\times a$）	套	3	电压互感器端子（长 $h\times$ 宽 a）mm，带排水孔
⑧	设备线夹	SY－400/35C（$h\times a$）	套	3	避雷器端子（长 $h\times$ 宽 a）mm，带排水孔
⑨	双导线 T 型线夹	TYS－400/200	套	3	带引流线夹
⑩	T 形线夹	TY－400/35	套	3	带引流线夹
⑪	间隔棒	MRJ－5/200	套	9	每隔 1m 安装 1 套

图 11－9　SC－220－A3－2　220kV GIS 架空出线断面图

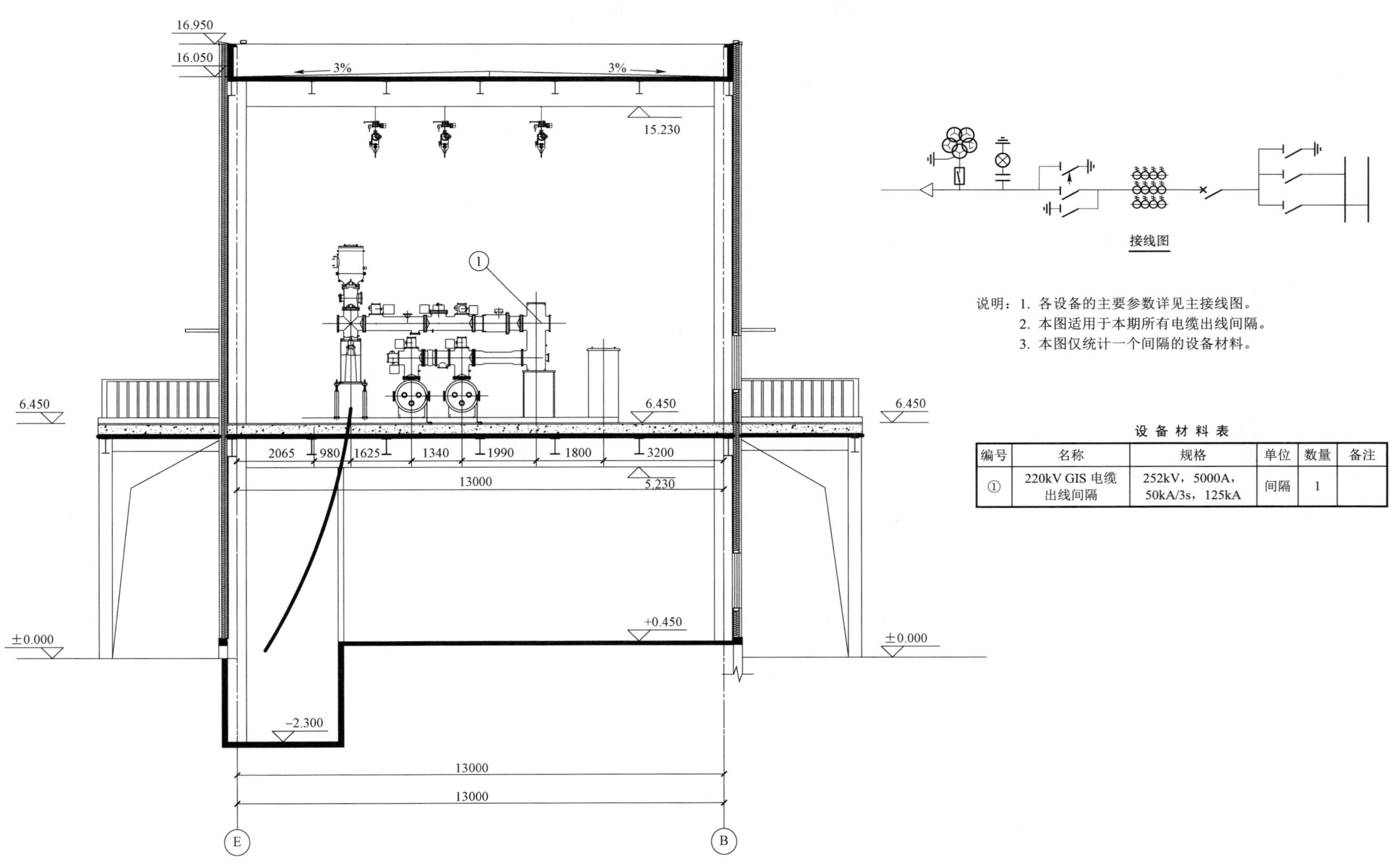

说明：1. 各设备的主要参数详见主接线图。
2. 本图适用于本期所有电缆出线间隔。
3. 本图仅统计一个间隔的设备材料。

设 备 材 料 表

编号	名称	规格	单位	数量	备注
①	220kV GIS 电缆出线间隔	252kV，5000A，50kA/3s，125kA	间隔	1	

图 11-10　SC-220-A3-2　220kV GIS 电缆出线断面图

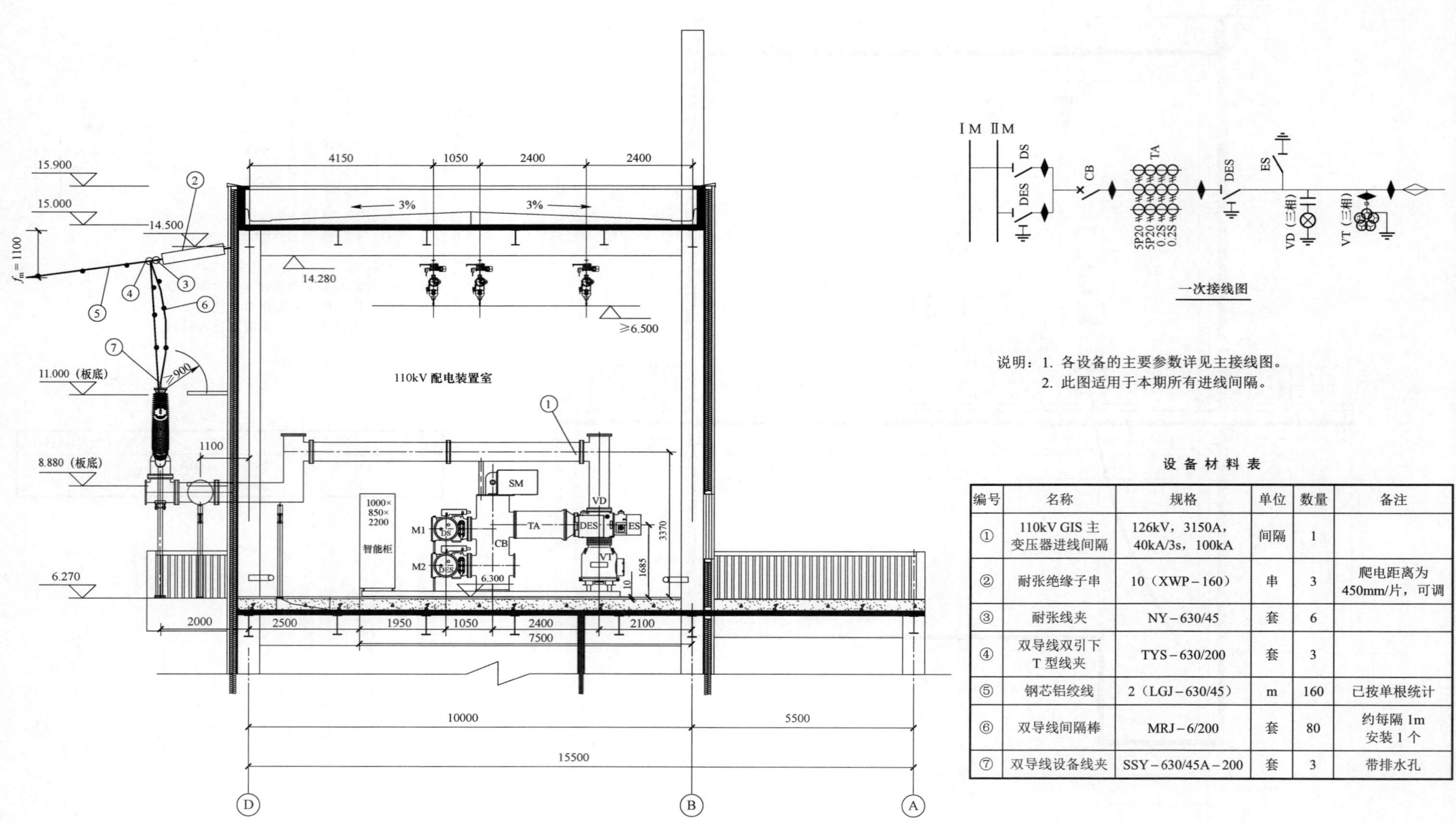

说明：1. 各设备的主要参数详见主接线图。
2. 此图适用于本期所有进线间隔。

设备材料表

编号	名称	规格	单位	数量	备注
①	110kV GIS 主变压器进线间隔	126kV，3150A，40kA/3s，100kA	间隔	1	
②	耐张绝缘子串	10（XWP－160）	串	3	爬电距离为450mm/片，可调
③	耐张线夹	NY－630/45	套	6	
④	双导线双引下T型线夹	TYS－630/200	套	3	
⑤	钢芯铝绞线	2（LGJ－630/45）	m	160	已按单根统计
⑥	双导线间隔棒	MRJ－6/200	套	80	约每隔1m安装1个
⑦	双导线设备线夹	SSY－630/45A－200	套	3	带排水孔

图 11－11　SC－220－A3－2　110kV GIS 架空进线断面图

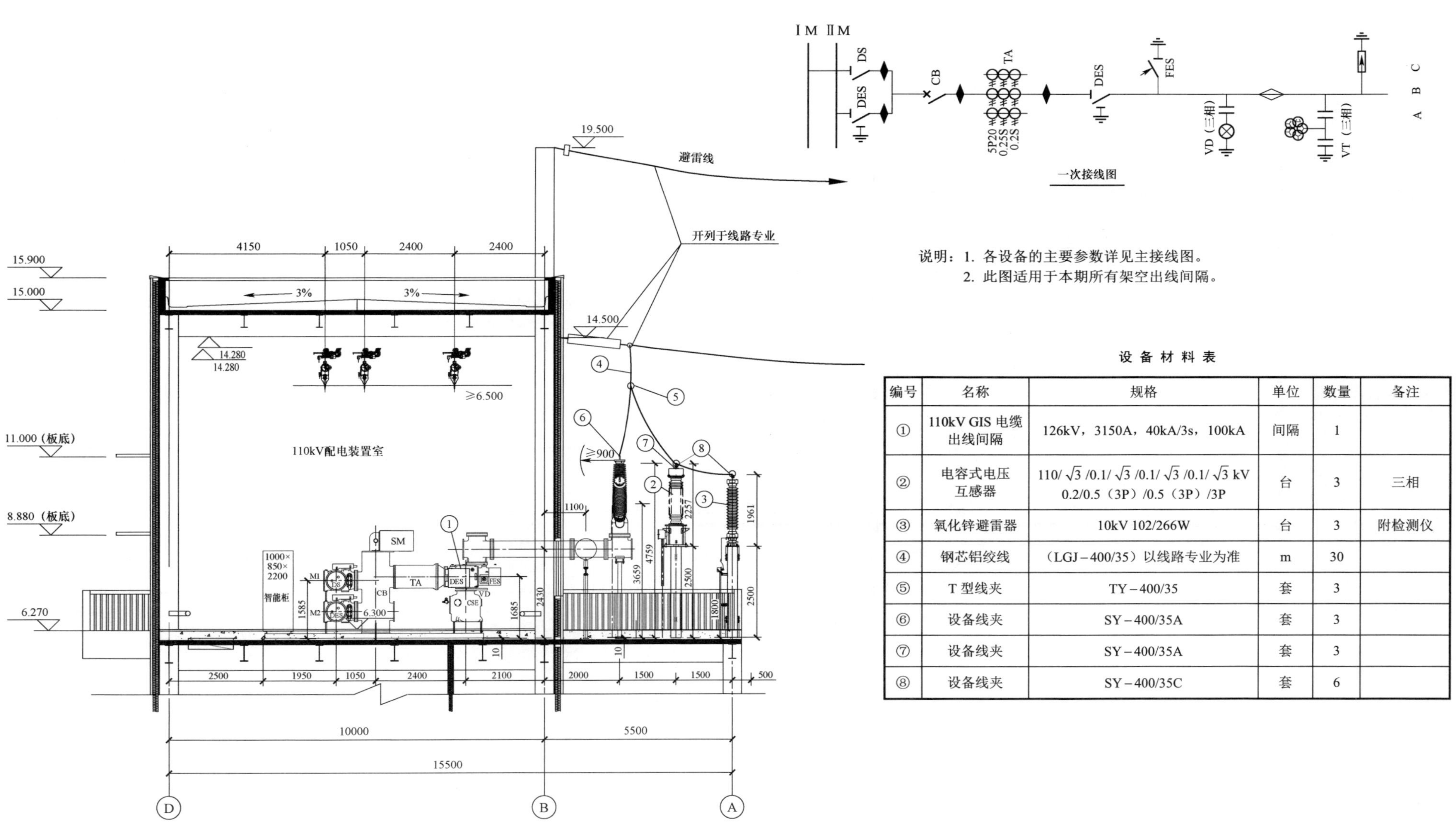

说明：1. 各设备的主要参数详见主接线图。
2. 此图适用于本期所有架空出线间隔。

设 备 材 料 表

编号	名称	规格	单位	数量	备注
①	110kV GIS 电缆出线间隔	126kV，3150A，40kA/3s，100kA	间隔	1	
②	电容式电压互感器	110/ $\sqrt{3}$ /0.1/ $\sqrt{3}$ /0.1/ $\sqrt{3}$ /0.1/ $\sqrt{3}$ kV 0.2/0.5（3P）/0.5（3P）/3P	台	3	三相
③	氧化锌避雷器	10kV 102/266W	台	3	附检测仪
④	钢芯铝绞线	（LGJ－400/35）以线路专业为准	m	30	
⑤	T 型线夹	TY－400/35	套	3	
⑥	设备线夹	SY－400/35A	套	3	
⑦	设备线夹	SY－400/35A	套	3	
⑧	设备线夹	SY－400/35C	套	6	

图 11－12　SC－220－A3－2　110kV GIS 架空出线断面图

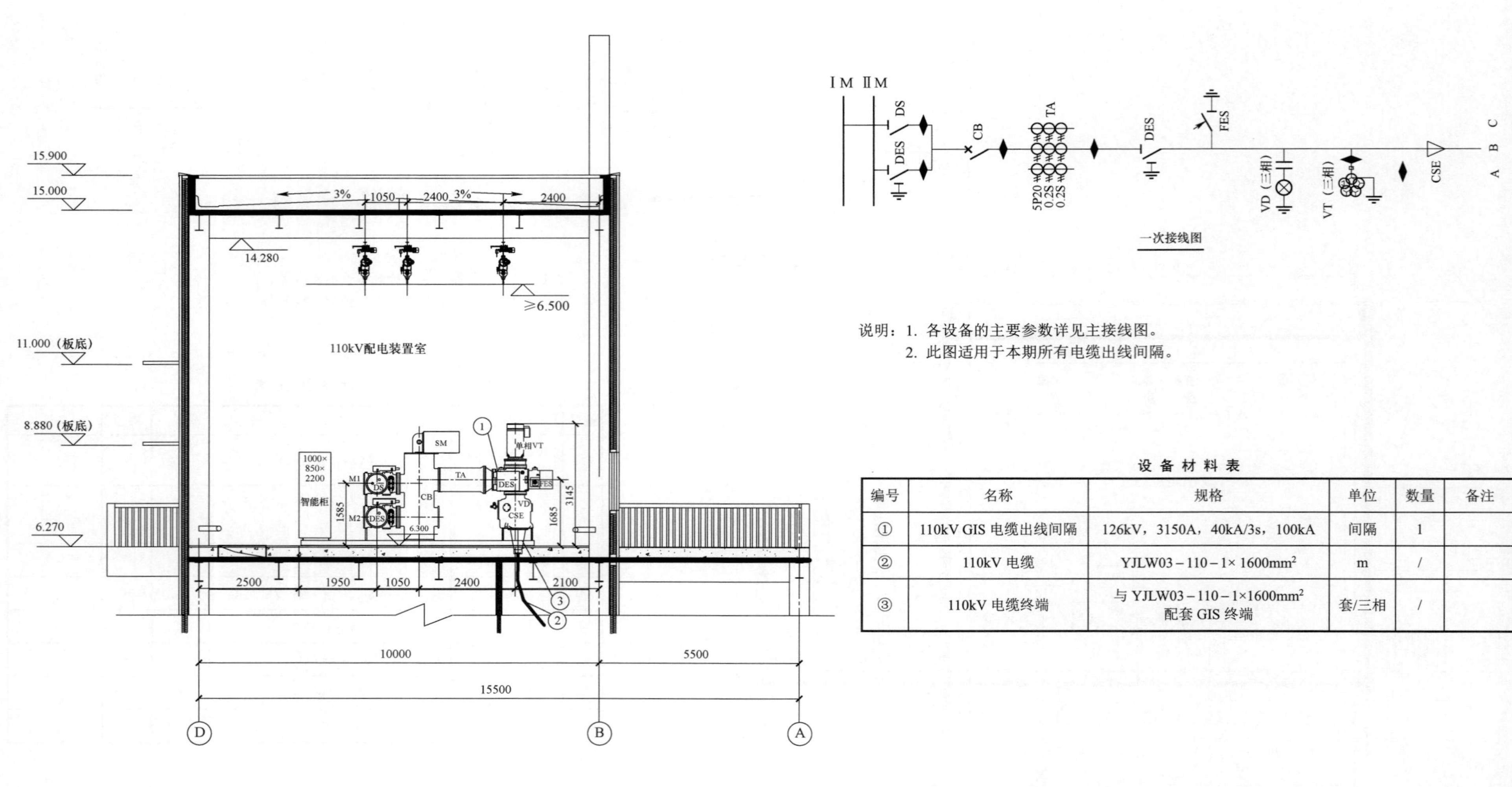

说明：1. 各设备的主要参数详见主接线图。
2. 此图适用于本期所有电缆出线间隔。

设 备 材 料 表

编号	名称	规格	单位	数量	备注
①	110kV GIS 电缆出线间隔	126kV，3150A，40kA/3s，100kA	间隔	1	
②	110kV 电缆	YJLW03－110－1× 1600mm²	m	/	
③	110kV 电缆终端	与 YJLW03－110－1×1600mm² 配套 GIS 终端	套/三相	/	

图 11－13　SC－220－A3－2　110kV GIS 电缆出线断面图

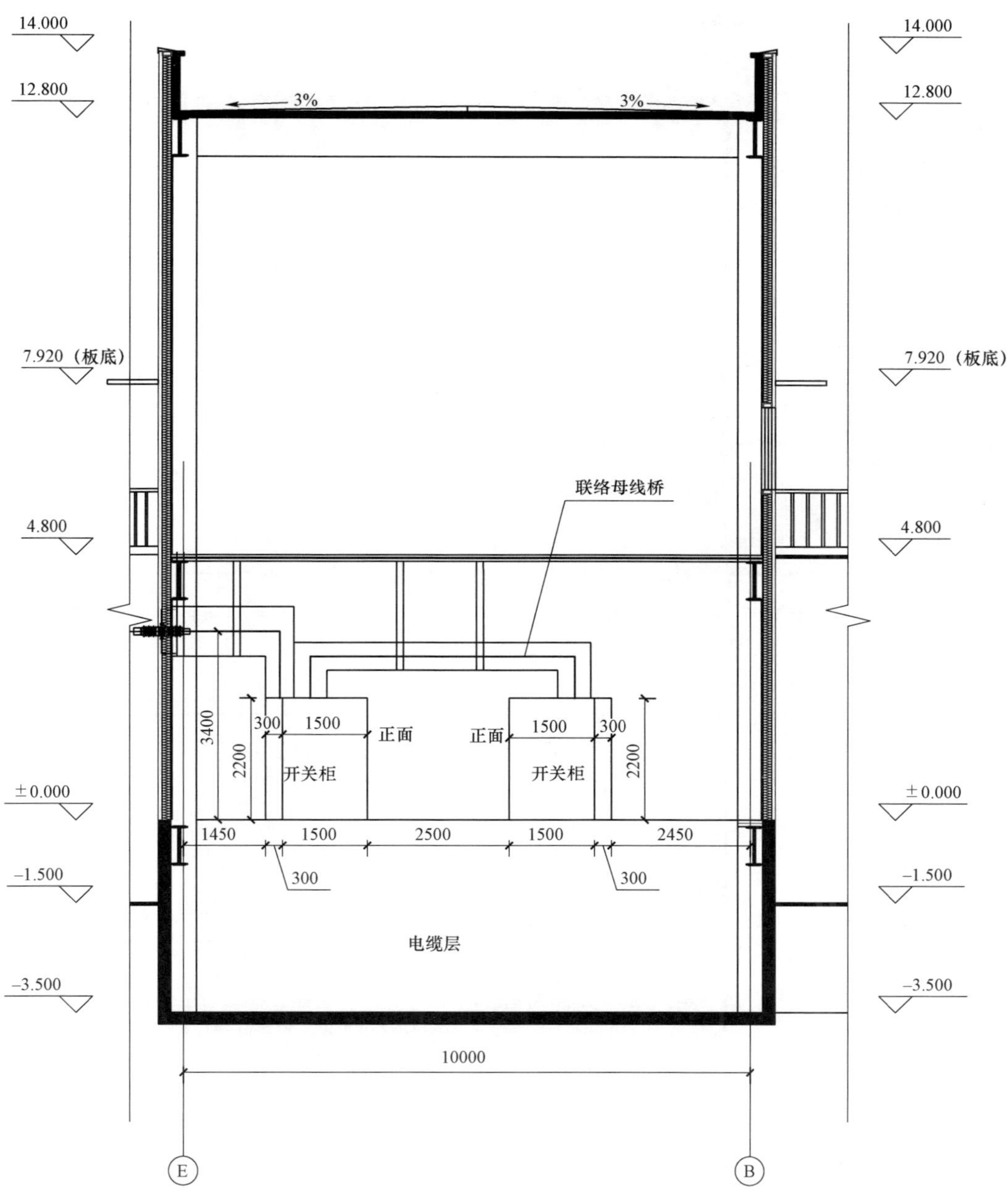

图 11-14　SC-220-A3-2 10kV 配电装置室断面图

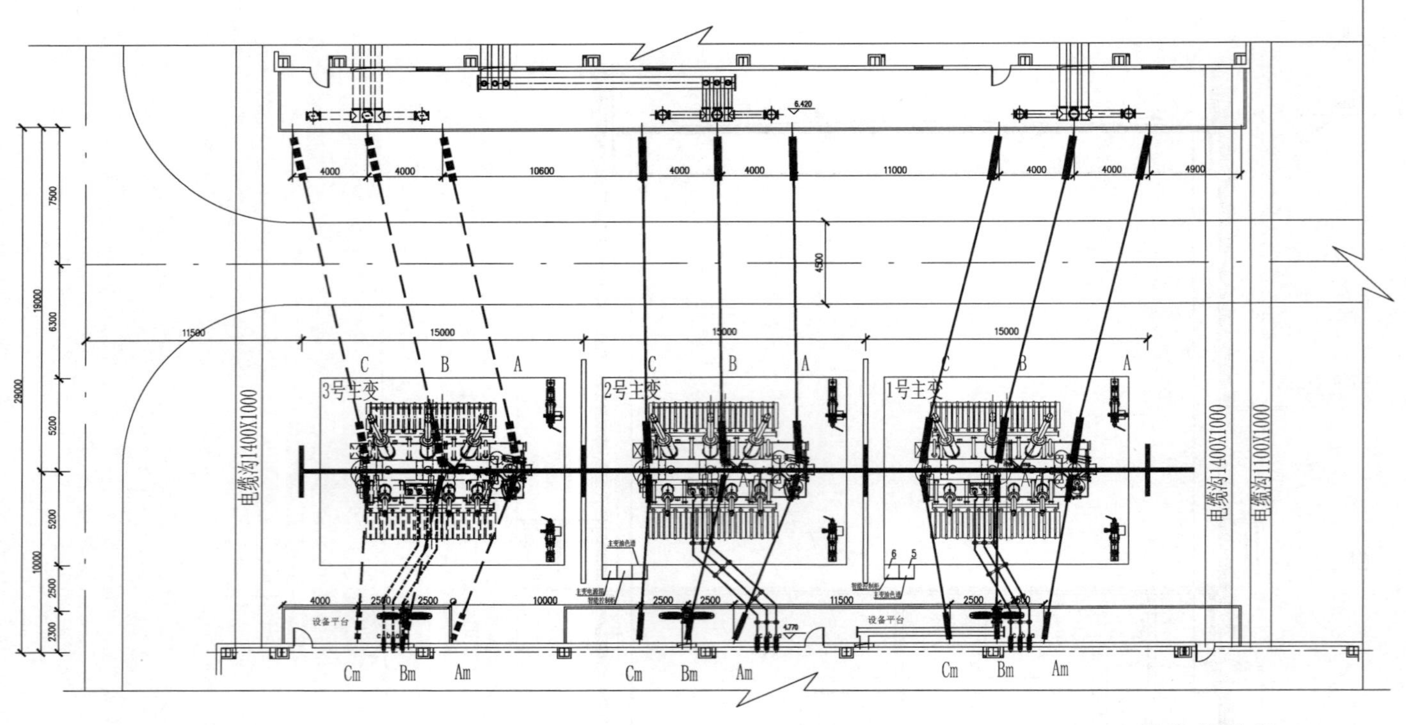

高压及中压中性点套管端子

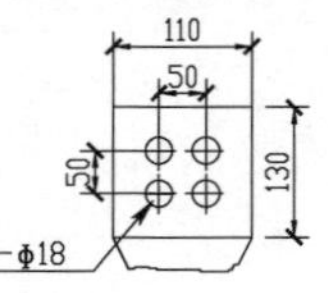

低压套管接线端子

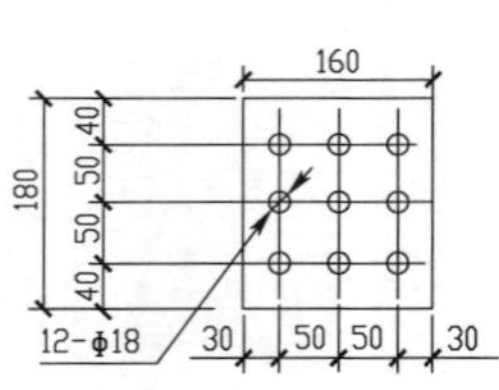

说明：实线内容表示本期工程，虚线内容表示预留部分。

设备材料表

序号	名称	型号及规格	单位	数量	备注
1	主变压器	SSZ[]－240000kVA/220 220±8×1.25%/115/10.5kV 240000/240000/120000kVA YN，yn0，d11 $U_{kI-II\%}=14$ $U_{kI-III\%}=64$ $U_{kII-III\%}=50$	台	2	配控制箱、有载调压开关； 附继电器、爬梯、信号温度计； 主变压器散热器单独放于主变散热器室
2	110kV 中性点成套装置	包括：	台	2	
		GW13－72.5W 630A　Y1.5W－72/186kV LZZW－10　100/1A　5P20/5P20			
3	220kV 中性点成套装置	包括：	台	2	
		GW13－126W 630A　Y1.5W－144/320kV LZZW－10　100/1A 5P20/5P20			
4	钢芯铝绞线	LGJ－500/45	m	20	
5	主变压器油色谱柜		个	2	
6	智能控制柜		个	2	
7	主变压器电源箱		个	1	

图 11－15　SC－220－A3－2 主变压器平面布置图

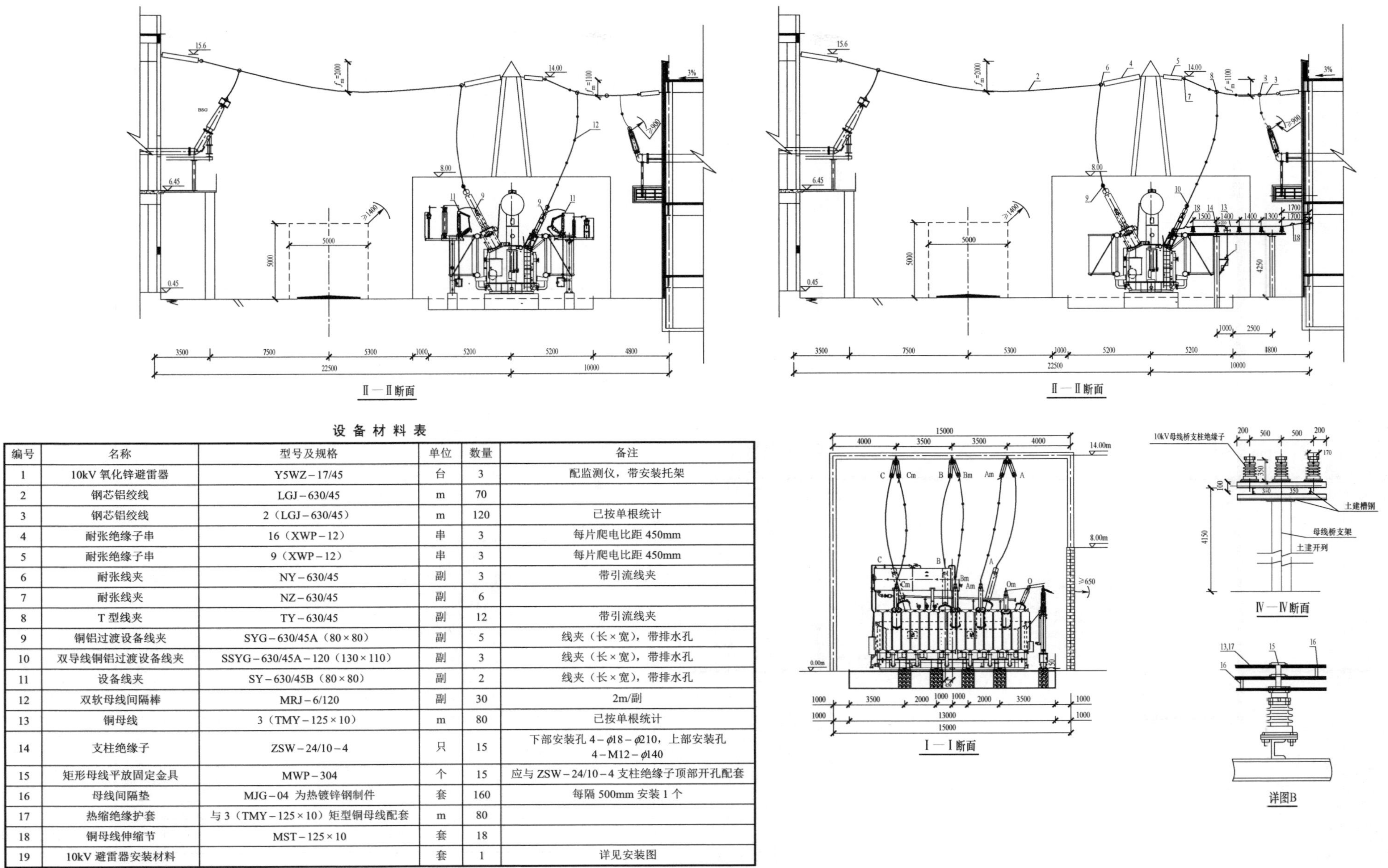

设备材料表

编号	名称	型号及规格	单位	数量	备注
1	10kV 氧化锌避雷器	Y5WZ－17/45	台	3	配监测仪，带安装托架
2	钢芯铝绞线	LGJ－630/45	m	70	
3	钢芯铝绞线	2（LGJ－630/45）	m	120	已按单根统计
4	耐张绝缘子串	16（XWP－12）	串	3	每片爬电比距 450mm
5	耐张绝缘子串	9（XWP－12）	串	3	每片爬电比距 450mm
6	耐张线夹	NY－630/45	副	3	带引流线夹
7	耐张线夹	NZ－630/45	副	6	
8	T 型线夹	TY－630/45	副	12	带引流线夹
9	铜铝过渡设备线夹	SYG－630/45A（80×80）	副	5	线夹（长×宽），带排水孔
10	双导线铜铝过渡设备线夹	SSYG－630/45A－120（130×110）	副	3	线夹（长×宽），带排水孔
11	设备线夹	SY－630/45B（80×80）	副	2	线夹（长×宽），带排水孔
12	双软母线间隔棒	MRJ－6/120	副	30	2m/副
13	铜母线	3（TMY－125×10）	m	80	已按单根统计
14	支柱绝缘子	ZSW－24/10－4	只	15	下部安装孔 4－φ18－φ210，上部安装孔 4－M12－φ140
15	矩形母线平放固定金具	MWP－304	个	15	应与 ZSW－24/10－4 支柱绝缘子顶部开孔配套
16	母线间隔垫	MJG－04 为热镀锌钢制件	套	160	每隔 500mm 安装 1 个
17	热缩绝缘护套	与 3（TMY－125×10）矩型铜母线配套	m	80	
18	铜母线伸缩节	MST－125×10	套	18	
19	10kV 避雷器安装材料		套	1	详见安装图

图 11－16　SC－220－A3－2 主变压器断面布置图

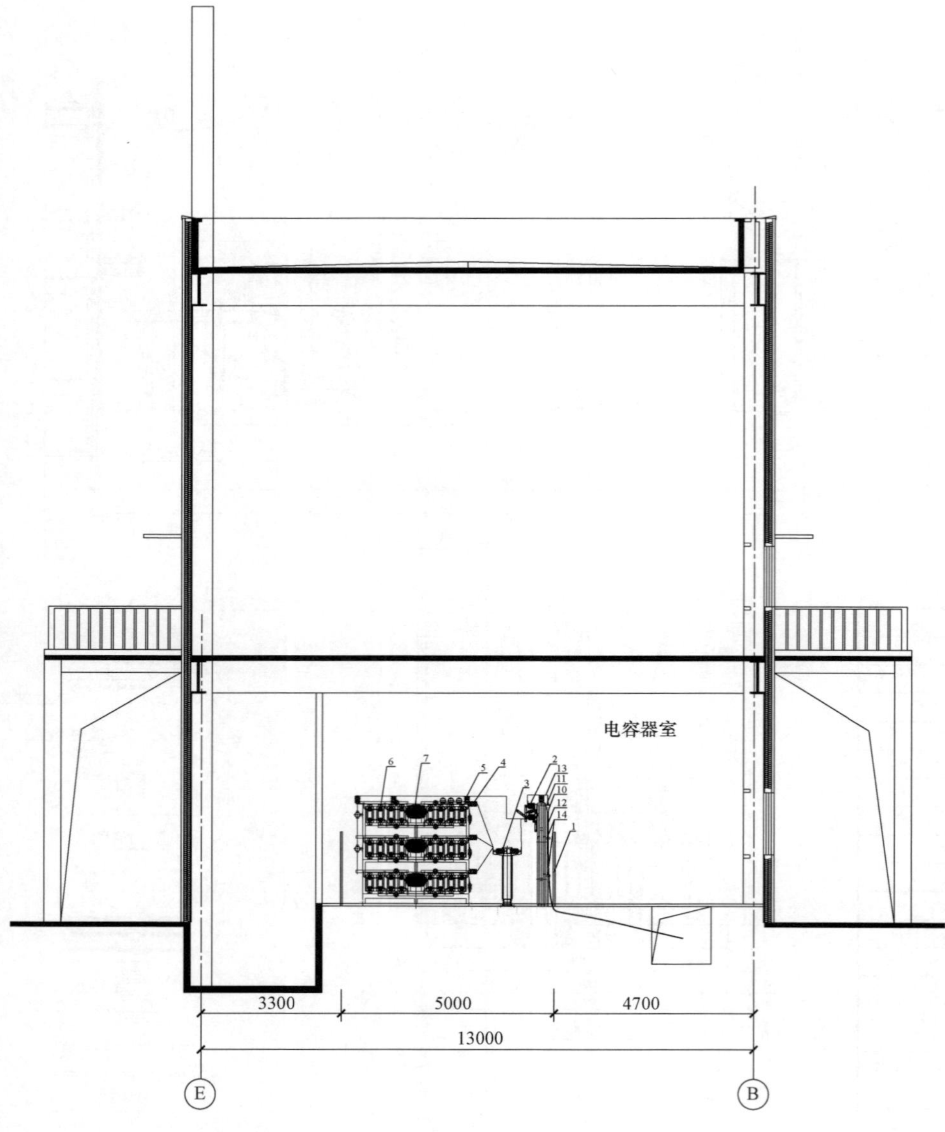

说明：1. 此图根据厂家资料绘制，现场到货如有不同，应根据厂家实际到货组装图安装。
2. 本图例所绘适用于 10kV 电容器，该布置对应总平面 1～6 号电容器。
3. 装置维护检修时，先断开电源，将所有电容器端子应短接并接地后，方可进行。
4. 装置和主要配套电器的接地端应与变电站主接地网可靠连接。
5. 电容器用隔离开关及其水平、垂直连杆和安装底座均有电容器厂家配套供应，应注意安装网门时候应不闭合，并应明显接地。
6. 绝缘与铝排采用硬母线固定金具连接，由电容器厂家配套。
7. 母线支柱绝缘子上法兰为非磁性材料。
8. 本设备材料表仅统计 1 组并联电抗器安装所需材料及数量，其余几组并联电抗器设备材料表参照本组。

设备材料表

编号	名称	型号	单位	数量	备注
1	围栏	网孔 30×30（不锈钢）	套	1	厂家提供 1 套
2	隔离开关	主刀地刀均电动机构 GN12/800 每台增加 4 只微动开关	套	1	
3	铁芯电抗器	CKSC－10－400.8/0.32－5%	台	1	
4	支柱绝缘子	ZSW－24/6	只	21	
5	避雷器	YH5WR－17/45 附泄漏电流和放电次数监测功能的在线监测仪	只	3	
6	电容器	BAM11/2 $\sqrt{3}$－334－1W 内熔丝	台	24	
7	放电线圈	FDE（11/2 $\sqrt{3}$＋11/2 $\sqrt{3}$）－3.3－1W	台	3	
8	安装材料	围栏、母线、支柱绝缘子等其他安装材料 （包括绝缘子、绝缘子支架、地脚螺栓等）	套	1	
9	电力电缆	2（ZC－YJV22－8.7/15－3×240）	m		列入 D0112 卷册
10	冷缩电缆头	ZC－2（YJV22－8.7/15－3×240）	个	4	包括对侧
11	电缆线鼻子	与 ZC－2（YJV22－8.7/15－3×240）配套	个	12	包括对侧
12	镀锌钢管		m		列入 D0112 卷册
13	铜排	－80×8　铜质镀锡	m	2	
14	槽钢	［10　热镀锌	m	5	用于固定钢管
15	接地扁钢	－60×8 扁钢　热镀锌	m		开列于 D0110 卷册中

图 11－17　SC－220－A3－2　10kV 并联电容器断面布置图

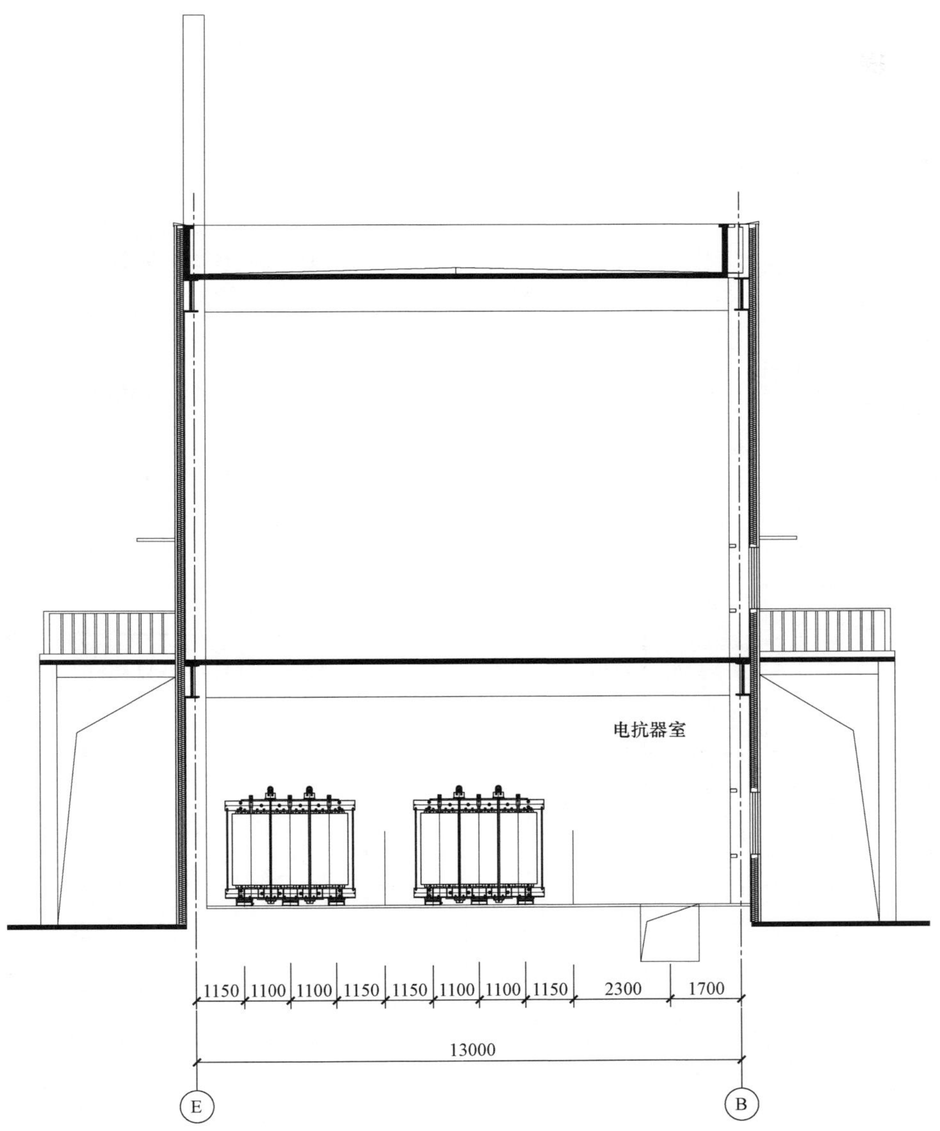

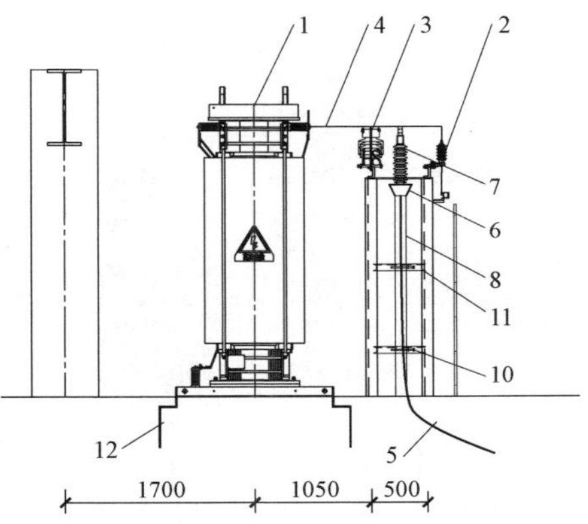

设 备 材 料 表

编号	名称	型号	单位	数量	备注
1	干式铁芯并联电抗器	BKSC－10000/10	台	1	厂家提供 1 套
2	避雷器	YH5WR－17/45－600A 附泄漏电流和放电次数监测功能的在线监测仪	只	3	
3	支柱绝缘子	ZSW－24/6	只	3	
4	铜母排	TMY－80×8	m	10	
5	电力电缆	2（ZC－YJV22－8.7/15－3×240）	m		列 D0112 卷册
6	冷缩电缆头	ZC－YJV22－8.7/15－3×240）	个	4	包括对侧
7	电缆线鼻子	与 ZC－YJV22－8.7/15－3×240 配套	个	12	包括对侧
8	镀锌钢管		m		列 D0112 卷册
9	抱箍	－40×4 槽钢　L=1200　热镀锌	套	1	配螺母、弹簧垫圈、垫圈
10	电缆管夹	30×3 槽钢　热镀锌　L=0.3m/个	个	2	
11	槽钢	[10　热镀锌	m	1	用于固定电缆钢管
12	接地扁钢	－60×8 扁钢　热镀锌	m		开列于 D0110 卷册

说明：本设备材料表仅统计 1 组并联电抗器安装所需材料及数量，其余几组并联电抗器设备材料表参照本组。

图 11－18　SC－220－A3－2　10kV 并联电抗器断面布置图

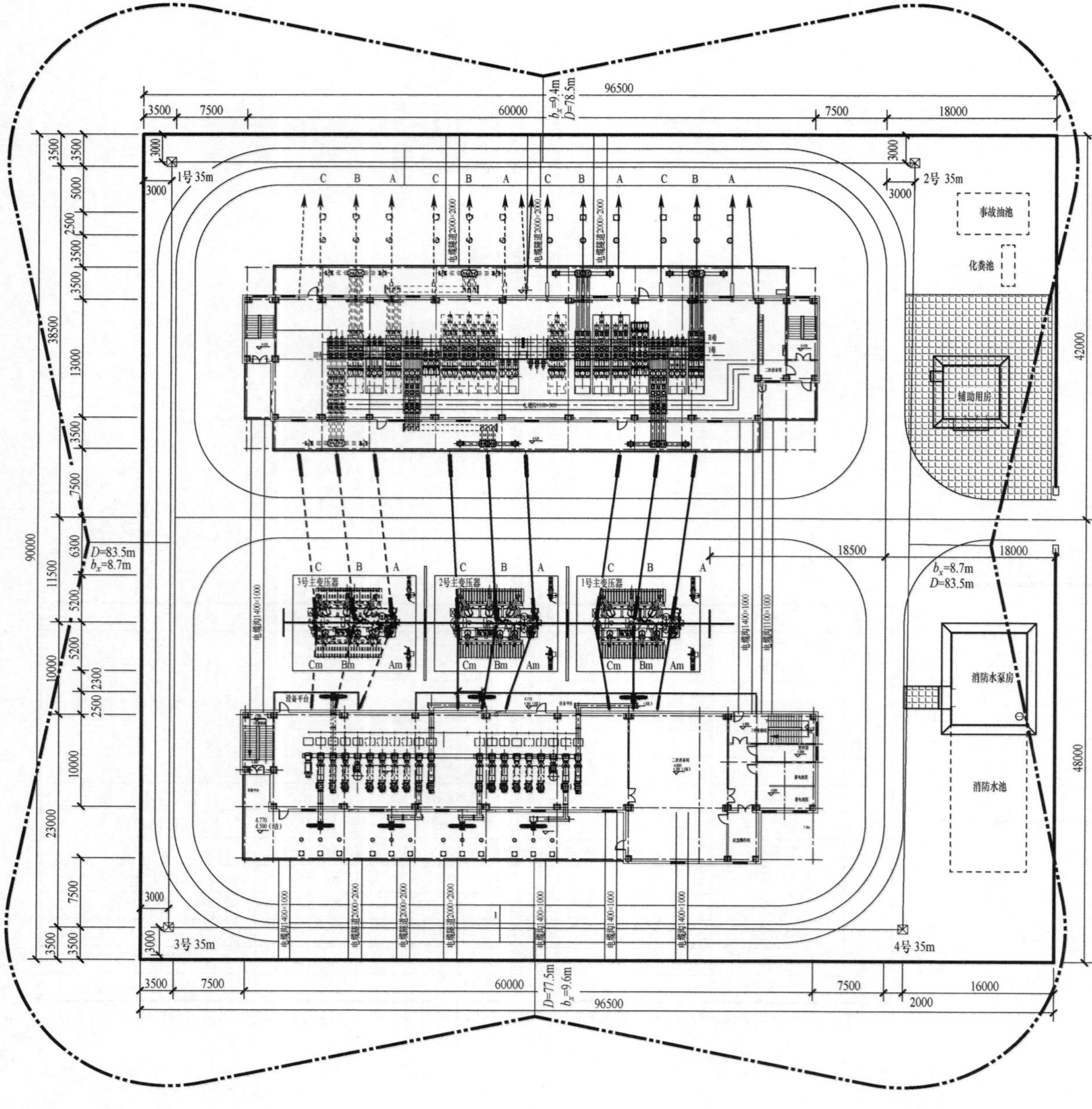

说明：1. 各避雷针高度为相对当地场地高度。1～4 号避雷针均为独立避雷针，高度为35m。

2. 场地坡度忽略不计，图中被保护物高度以变电站场地标高进行核算。

3. 保护高度 h_x 的确定：

（1）220kV 配电装置场地出线挂线点高度为 15.5m，配电装置楼室内外高差 0.45m，故保护高度 $h_x=15.5+0.45=15.95$m，取避雷针保护高度 17m；

（2）110kV 配电装置场地出线挂线点高度为 14m，配电装置楼室内外高差 0.45m，故保护高度 $h_x=14+0.45=14.45$m，取避雷针保护高度 15.5m；

（3）主变压器构架挂线点高度为 14m，构架梁高取 1.4m，故保护高度 $h_x=14+1.4=15.4$m，取避雷针保护高度 16m。

4. 根据避雷针保护平面图所示：

（1）主变压器构架、220kV 出线挂线点及 110kV 出线挂线点均在避雷针保护范围内；

（2）主变压器、GIS 设备均在避雷针保护范围内；

（3）本站建筑物按二类建筑物防雷设计，220kV 配电装置楼、110kV 配电装置楼、消防水泵房及辅助用房均不在避雷针滚球法保护范围内，屋顶设置避雷带作为建筑物的防直击雷保护措施。

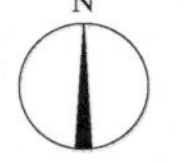

避雷针保护范围计算结果

避雷针编号	避雷针高度（m）	被保护物高度 h_x（m）	避雷针有效高度 h_a（m）	单针保护半径 r_x（m）	两针间距离 D（m）	两针间等效距离 D′（m）	两针间最低保护高度 h_o（m）	双针保护最小宽度 b_x（m）	高度影响系数
1 号－2 号	35－35	17	18－18	17.2－17.2	78.5	78.5	22.9	9.4	0.93
1 号－3 号	35－35	17	18－18	17.2－17.2	83.5	83.5	22.2	8.7	0.93
1 号－4 号	35－35	17	18－18	17.2－17.2	113.9	113.9	17.5	0.9	0.93
2 号－3 号	35－35	17	18－18	17.2－17.2	114.6	114.6	17.4	0.7	0.93
2 号－4 号	35－35	17	18－18	17.2－17.2	83.5	83.5	22.2	8.7	0.93
3 号－4 号	35－35	17	18－18	17.2－17.2	77.5	77.5	23.1	9.6	0.93

图例：

避雷针折线法17m保护高度保护范围

独立避雷针

图 11－19　SC－220－A3－2 全站直击雷保护布置图

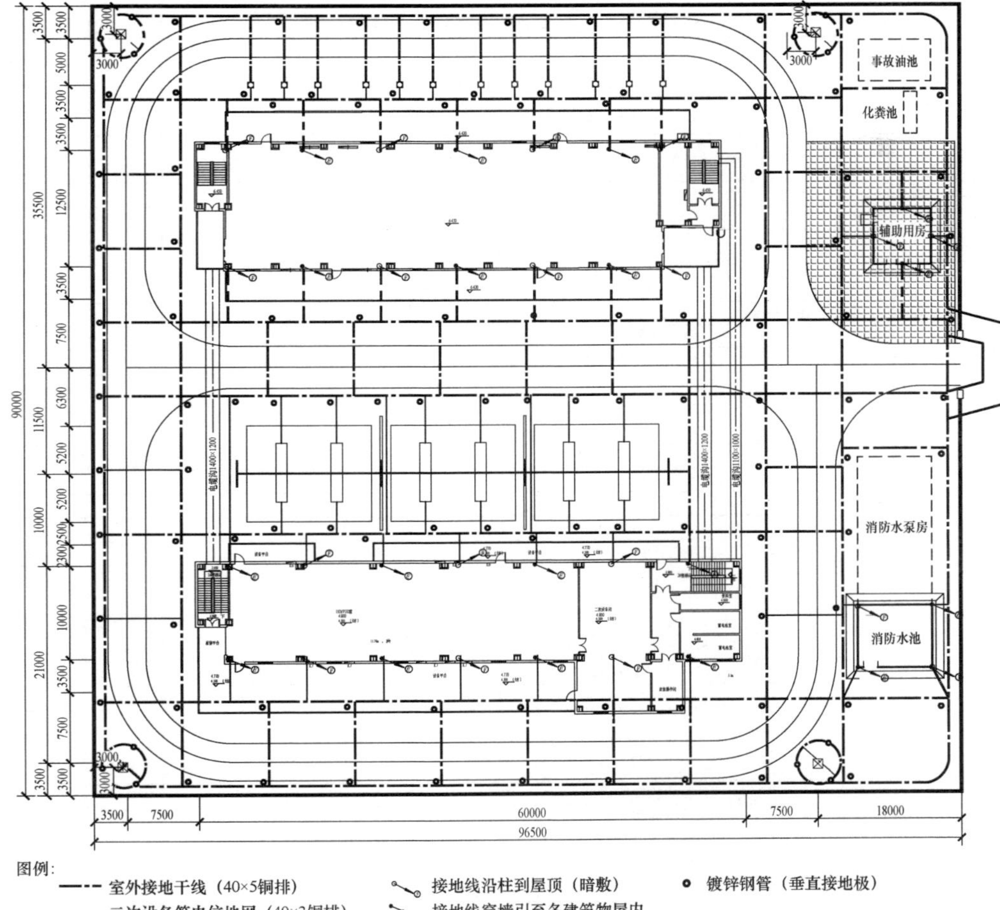

图例：

- ━·━ 室外接地干线（40×5铜排）
- ---- 二次设备等电位地网（40×3铜排）
- 接地线沿柱到屋顶（暗敷）
- 接地线穿墙引至各建筑物屋内
- ⊙ 镀锌钢管（垂直接地极）

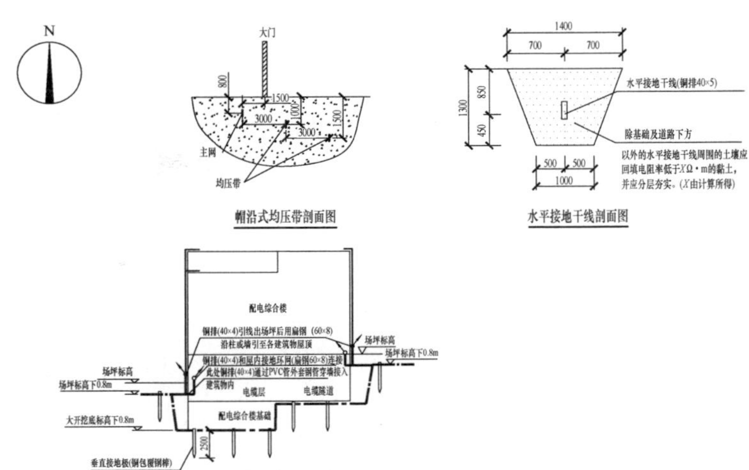

设备材料表

序号	名称	规格	单位	数量	备注
1	铜排	－40×5	m	2200	主接地网水平接地线
2	扁钢	－60×8 热镀锌	m	350	其他设备、构架等接地用
3	扁钢	－60×8 热镀锌	m	300	电缆沟支架接地
4	扁钢	－40×4 热镀锌	m	150	垂直接地极与水平接地网焊接
5	扁钢	－40×4 热镀锌	m	500	保安接地用
6	专用铜排	－40×3	m	150	二次电缆沟内等电位接地网用
7	铜覆钢接地棒	ϕ24 L=2.5m	根	117	垂直接地极，热镀锌，管壁厚度≥3.5mm
8	户外专用接地桩		个	12	
9	铜－钢水平接点	铜截面40×3，扁钢60×8	个	10	配套提供模具、工具及放热熔焊药粉等，包括全站的焊接点
10	铜－铜水平接点	铜截面40×3	个	57	
11	铜－铜“丁”字接点	铜截面40×3	个	15	
12	铜－铜“十”字接点	铜截面40×3	个	5	

说明：1. 本变电站为大电流接地系统，要求主接地网接地电阻值（在任何季节）最大不得大于 X 欧姆，施工时应对接地电阻实测，若不满足要求，通知设计进行复核。水平接地干线周围的土壤应满足电阻率不大于 $X\Omega\cdot m$ 的黏土。详见水平接地干线剖面图。请施工单位注意收集场地低电阻率的黏土用于回填。（X 根据具体计算所得）

2. 主接地网水平接地干线在无大开挖处放于场坪下 0.8m，有大开挖处放于大开挖的底标高下 0.8m 处，对水平接地干线的敷设要求详见：水平接地干线剖面图。主接地网水平接地干线采用铜排（40×5），间距 5～8m，接地体的敷设为示意，施工中遇到设备基础等可适当调整位置，但必须保持接地带总量不变。垂直接地极（标称直径 ϕ25，L＝2500）镀锌钢管顶端高出接地干线 0.1m。用于集中接地极的垂直接地极间距不小于 5m，其他垂直接地极间距 5～8m 左右，垂直接地极根数不应小于图中所示数量。

3. 为减小边角电势，接地网的边缘各角应作成圆弧形，圆弧的半径不宜小于水平接地干线间距的一半接地网边缘以及经常有人出入的走道处应敷设砾石或沥青路面。

4. 电缆隧道内的接地扁钢至少应以不同的两点与接地网相连，其本身构成良好的电气通路。

5. 所有照明配电箱及动力配电箱的金属外壳应以 40×4 扁钢与室内接地环网连接，配电箱的具体位置请参见照明图纸。

6. 室内预埋金属构件，设备的金属外壳和不带电的金属部分，各种金属管道以及保护接地，工作接地，均应以最短距离与室内环形接地母线连接，要求焊接牢固，接触良好。

7. 在变电站大门设帽沿式均压带，具体做法见详图。

8. 站内主控楼的建筑物楼板和 H 型钢必须进行等电位电气连接，具体要求如下：

（1）所有要求作为接地的 H 型钢应连接成电气通路（即连接处使用焊接连接）。

（2）所有框架柱的 H 型钢应从基础至屋顶形成电气通路（焊接连接）。并且应分别与各 H 型钢梁相交处焊接连接。同时每个 H 型钢离地坪 250mm 附近用 60×8 热镀锌扁钢与室外地下主接地网连接。

（3）每根 H 型钢梁应至少一点接地。

（4）GIS 室基座下的钢筋混凝土地板中的钢筋应焊接成网，并和室内接地环网相连接。

9. 铜－铜，铜－钢，均采用放热焊接。铜包覆钢材料的热稳定性和镀铜厚度应通过权威机构检测并提供相应的试验报告，以确保材料质量和使用寿命满足要求。

10. 铜覆钢接地材料应满足《电气工程接地用铜覆钢材料技术条件》（Q/GDW 466—2010）的技术性能要求，并按照标准要求在经国家实验室资格认证的检测中心进行型式试验，出具型式试验报告。

11. 铜覆钢材料连接应采用放热焊接型式，放热焊剂应满足《接地装置放热焊接技术导则》（Q/GDW 467—2010）技术要求。

图 11－20 SC－220－A3－2 全站接地范围图

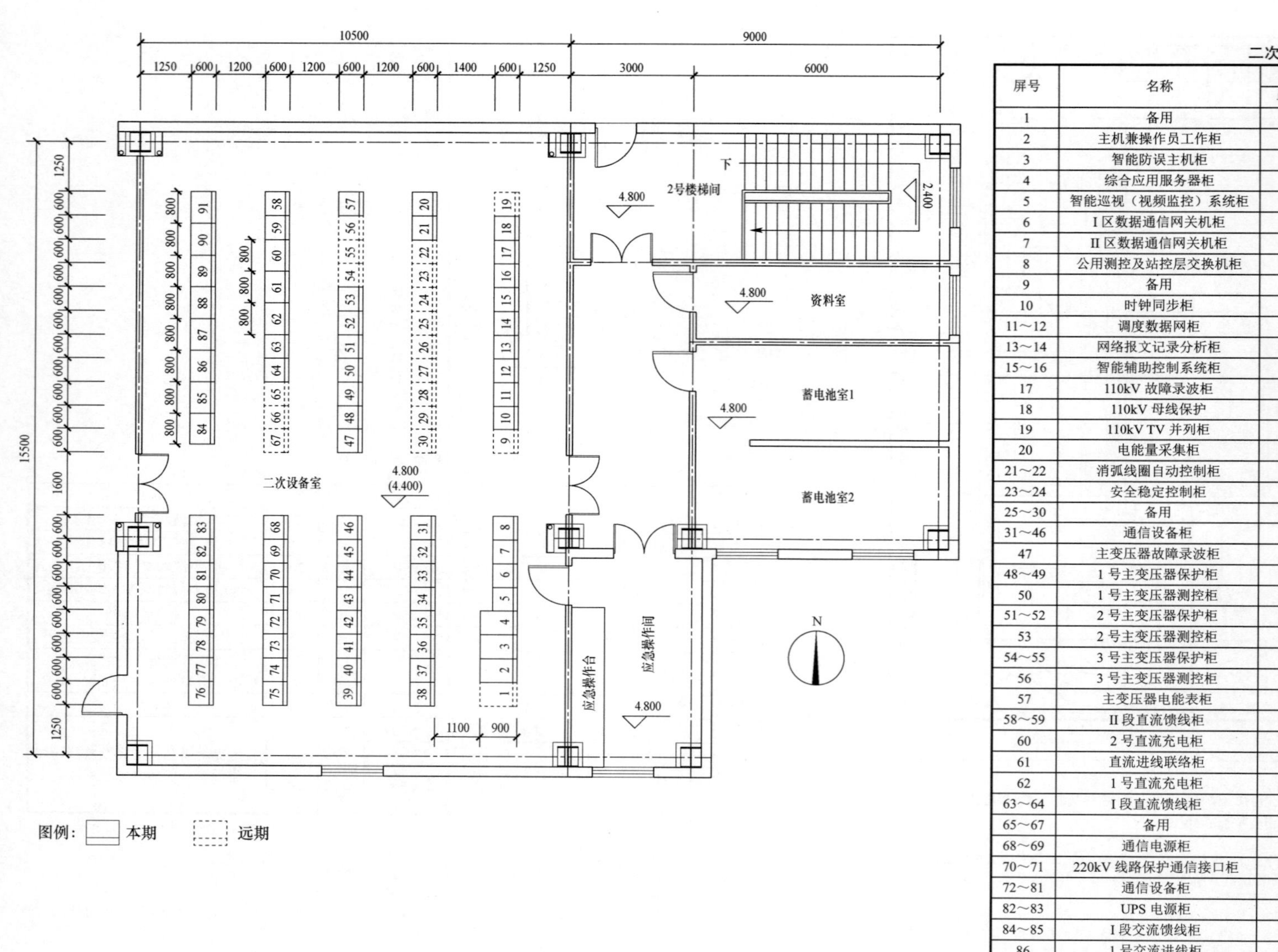

二次设备室屏位一览表

屏号	名称	数量			备注
		单位	本期	远期	
1	备用	面		1	
2	主机兼操作员工作柜	面	1		
3	智能防误主机柜	面	1		
4	综合应用服务器柜	面	1		IV 区数据通信网关机＋站控层网络中心交换机
5	智能巡视（视频监控）系统柜	面	1		
6	I 区数据通信网关机柜	面	1		I 区数据通信网关机+站控层网络中心交换机
7	II 区数据通信网关机柜	面	1		II 区数据通信网关机+站控层网络中心交换机
8	公用测控及站控层交换机柜	面	1		站控层网络交换机+公用测控装置
9	备用	面		1	
10	时钟同步柜	面	1		
11～12	调度数据网柜	面	2		
13～14	网络报文记录分析柜	面	2		
15～16	智能辅助控制系统柜	面	2		
17	110kV 故障录波柜	面	1		
18	110kV 母线保护	面	1		
19	110kV TV 并列柜	面		1	根据工程实际选择配置
20	电能量采集柜	面	1		
21～22	消弧线圈自动控制柜	面	1	1	预留 1 面
23～24	安全稳定控制柜	面		2	预留
25～30	备用	面		6	
31～46	通信设备柜	面	16		通信屏柜数量可根据工程实际情况调整
47	主变压器故障录波柜	面	1		
48～49	1 号主变压器保护柜	面	2		主变压器保护装置+过程层交换机
50	1 号主变压器测控柜	面	1		4 台主变压器测控装置
51～52	2 号主变压器保护柜	面	2		主变压器保护装置+过程层交换机
53	2 号主变压器测控柜	面	1		4 台主变压器测控装置
54～55	3 号主变压器保护柜	面		2	预留
56	3 号主变压器测控柜	面		1	预留
57	主变压器电能表柜	面	1		
58～59	II 段直流馈线柜	面	2		
60	2 号直流充电柜	面	1		
61	直流进线联络柜	面	1		
62	1 号直流充电柜	面	1		
63～64	I 段直流馈线柜	面	2		
65～67	备用	面		3	
68～69	通信电源柜	面	2		
70～71	220kV 线路保护通信接口柜	面	2		
72～81	通信设备柜	面	10		通信屏柜数量可根据工程实际情况调整
82～83	UPS 电源柜	面	2		
84～85	I 段交流馈线柜	面	2		
86	1 号交流进线柜	面	1		
87	交流联络柜	面	1		
88	2 号交流进线柜	面	1		
89～90	II 段交流馈线柜	面	2		
91	事故照明逆变电源柜	面	1		

图 11－21　SC－220－A3－2 二次设备室屏位布置图

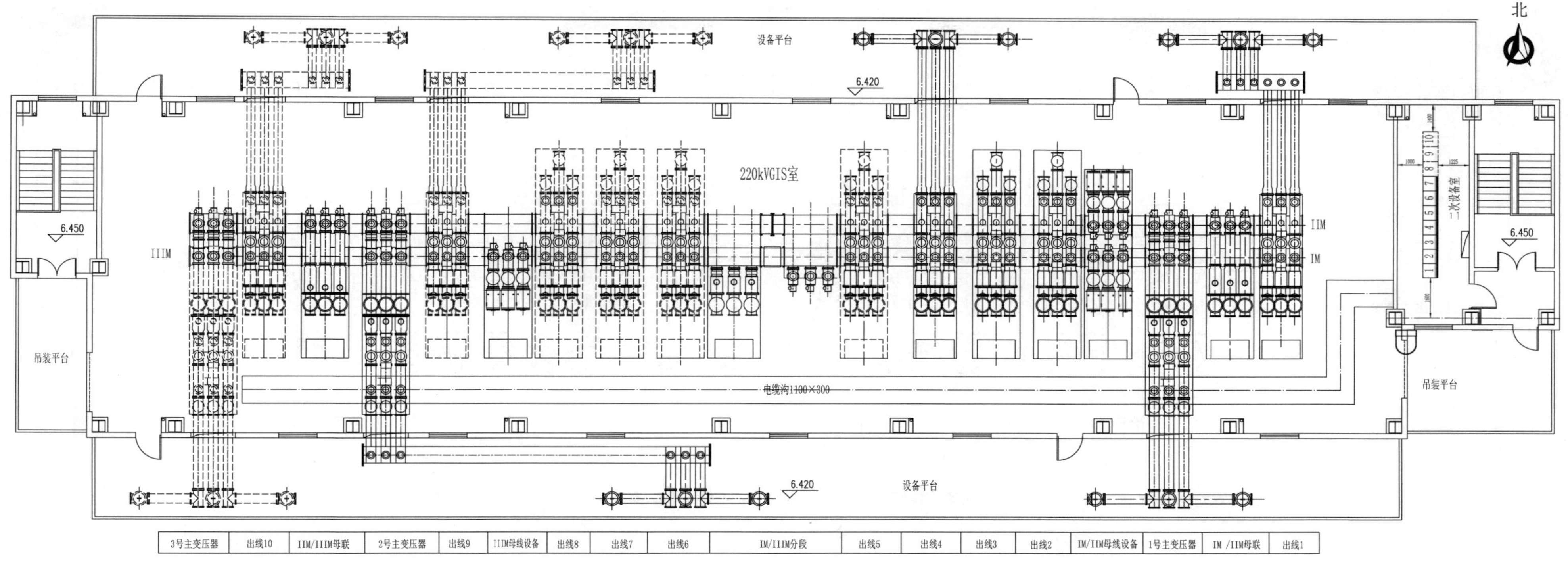

图例：

本期

远期

二次设备室屏位一览表

屏号	名称	数量			备注
		单位	本期	远期	
1～2	直流分电柜	面	2		
3	220kV 公用测控柜	面	1		220kV 公用测控
4	220kV 时间同步扩展柜	面	1		
5	220kV 故障录波柜	面	1		
6～7	220kV 母线保护柜	面	1		220kV 母线保护+过程层中心交换机
8	220kV TV 并列柜	面		1	根据工程实际选择配置
9～10	备用	面		2	

220kV GIS 室屏柜一览表

屏号	名称	数量			备注
		单位	本期	远期	
1E～10E	220kV 线路智能汇控柜	面	4	6	保护 A，B+测控+智能终端 A，B+合并单元 A，B+过程层交换机 A，B－电能表
11E～13E	220kV 母联/分段智能汇控柜	面	3		保护 A，B+测控+智能终端 A，B+合并单元 A，B+过程层交换机 A，B
14E	220kV Ⅰ/Ⅱ母母线智能汇控柜	面	1		母线测控+智能终端+合并单元 A+间隔层交换机 A
15E	220kV Ⅲ母母线智能汇控柜	面	1		母线测控+智能终端+合并单元 B+间隔层交换机 B+监测终端
16E～18E	220kV 主变压器进线智能汇控柜	面	2	1	智能终端 A，B+合并单元 A、B

图 11－22　SC－220－A3－2　220kV GIS 室二次设备平面布置图

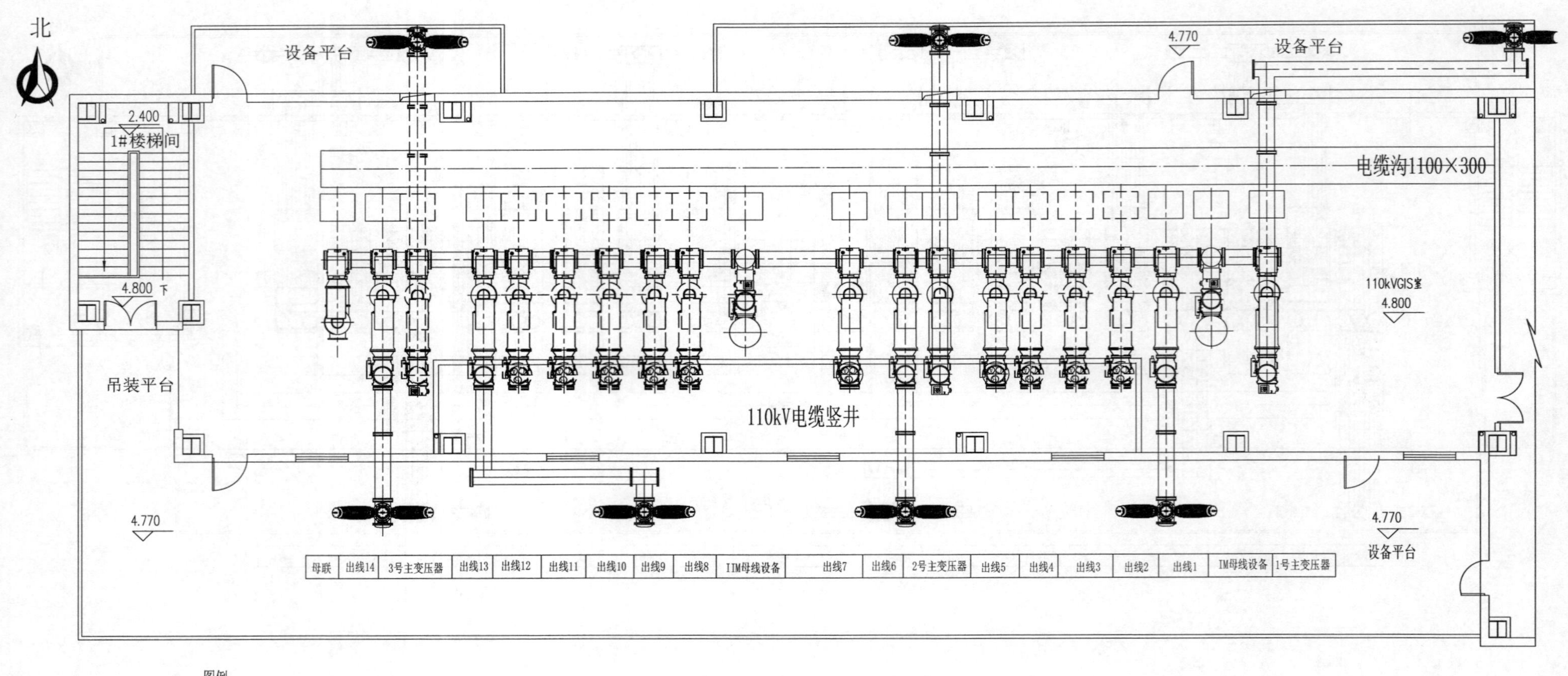

110kV GIS 室屏柜一览表

屏号	名称	数量			备注
		单位	本期	远期	
1Y～14Y	110kV 线路智能汇控柜	面	6	8	保护测控+合智一体化装置+电能表
15Y	110kV 母联智能汇控柜	面	1		保护测控+合智一体化装置+过程层交换机
16Y	110kV Ⅰ段母线智能汇控柜	面	1		母线测控+智能终端+合并单元+间隔层交换机 A
17Y	110kV Ⅱ段母线智能汇控柜	面	1		母线测控+智能终端+监测终端+间隔层交换机 B
18Y～20Y	110kV 主变压器进线智能汇控柜	面	2	1	合智一体化装置 A，B

图 11－23　SC－220－A3－2　110kV GIS 室二次设备平面布置图

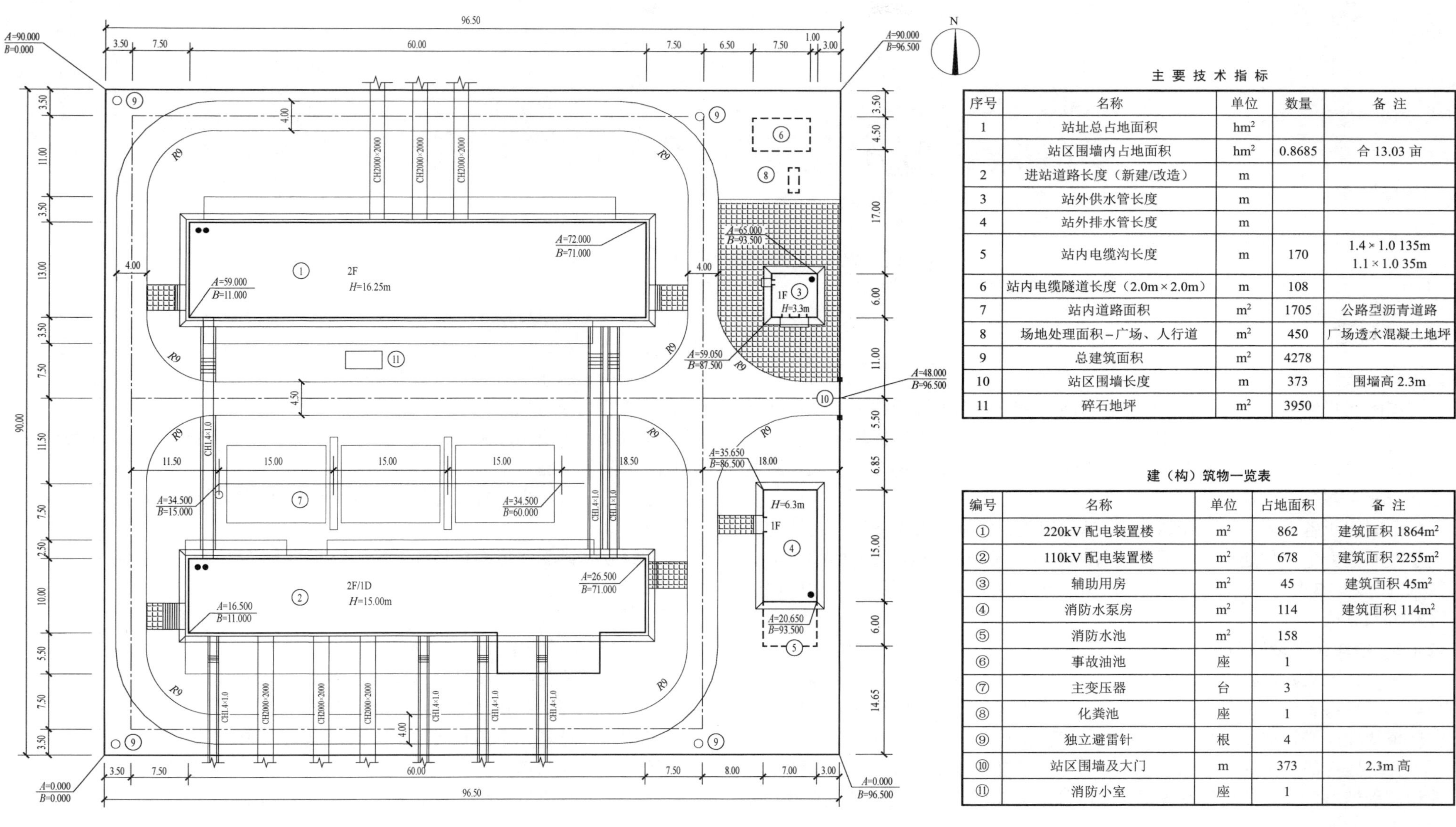

主要技术指标

序号	名称	单位	数量	备注
1	站址总占地面积	hm^2		
	站区围墙内占地面积	hm^2	0.8685	合 13.03 亩
2	进站道路长度（新建/改造）	m		
3	站外供水管长度	m		
4	站外排水管长度	m		
5	站内电缆沟长度	m	170	1.4×1.0 135m 1.1×1.0 35m
6	站内电缆隧道长度（2.0m×2.0m）	m	108	
7	站内道路面积	m^2	1705	公路型沥青道路
8	场地处理面积－广场、人行道	m^2	450	广场透水混凝土地坪
9	总建筑面积	m^2	4278	
10	站区围墙长度	m	373	围墙高 2.3m
11	碎石地坪	m^2	3950	

建（构）筑物一览表

编号	名称	单位	占地面积	备注
①	220kV 配电装置楼	m^2	862	建筑面积 1864m^2
②	110kV 配电装置楼	m^2	678	建筑面积 2255m^2
③	辅助用房	m^2	45	建筑面积 45m^2
④	消防水泵房	m^2	114	建筑面积 114m^2
⑤	消防水池	m^2	158	
⑥	事故油池	座	1	
⑦	主变压器	台	3	
⑧	化粪池	座	1	
⑨	独立避雷针	根	4	
⑩	站区围墙及大门	m	373	2.3m 高
⑪	消防小室	座	1	

图 11－24　SC－220－A3－2 土建总平面布置图

第 3 篇

110kV 变电站通用设计施工图设计

第 12 章　110kV 施工图技术导则

12.1　概述

12.1.1　设计对象

国网四川省电力公司 110kV 变电站通用设计施工图设计技术原则依据国家和电力行业相关设计技术规定，总结了 110kV 智能变电站模块化建设施工图设计经验，同时结合国家电网公司通用设计、通用设备、标准工艺及“两型三新一化”相关要求进行编制。

国网四川省电力公司 110kV 变电站通用设计实施方案系在《国网基建部关于发布输变电工程通用设计通用设备应用目录（2022 年版）的通知》（基建技术〔2022〕3 号）的基础上，结合四川电网建设实际情况选择 3 个通用设计方案编制完成。

12.1.2　模块化建设原则

采用技术成熟、运行可靠的电气主接线方案，主要电气设备采用国家电网公司通用设备。电气一、二次集成设备最大程度实现工厂内规模生产和调试，实现模块化配送，减少现场安装和调试工程量。

各电压等级配电装置采用技术成熟、布置合理的配电装置型式，在环境条件相同的情况下，主接线和设备型式相同的配电装置应统一配电装置型式，实现配电装置布置尺寸标准化，布置型式模块化。

监控、保护、通信等站内公用二次设备宜按功能设置一体化监控模块、电源模块、通信模块等；间隔层设备宜按电压等级或按电气间隔设置模块，户外变电站宜采用模块化二次设备、预制舱式二次组合设备和预制式智能控制柜，户内变电站宜采用模块化二次设备和预制式智能控制柜；过程层智能终端、合并单元宜放下布置于智能控制柜，智能控制柜与 HGIS 控制柜一体化设计。

宜采用预制电缆和预制光缆实现一次设备与二次设备、二次设备间的光缆、电缆即插即用标准化连接。

变电站高级应用应满足电网大运行、大检修的运行管理需求，采用模块化设计、分阶段实施。

建筑物，构、支架宜采用装配式钢结构，实现标准化设计、工厂化制作、机械化安装。

构筑物基础采用标准化尺寸，定型钢模浇制。

12.2　电气部分

12.2.1　电气主接线图

电气主接线根据初步设计所确定的接线形式开展施工图设计。

一键顺控要求：110kV 出线采用三相电压互感器，主变压器 110kV 侧增加三相电压互感器；全站每台电动隔离/接地开关增加 2 只微动开关（每个三工位开关增加 4 只微动开关）。

（1）110kV 电气接线。110kV 配电装置宜采用单母线分段接线。

（2）35kV 电气接线。35kV 配电装置宜采用单母线分段接线。

（3）10kV 电气接线。10kV 配电装置宜采用单母线分段接线，并根据主变压器台数和负荷的重要性确定母线分段数量。

三台主变压器时，也可采用单母线四分段（四段母线，中间两段母线之间不设分段）接线。

（4）主变压器中性点接地方式。主变压器 110kV 侧中性点采用直接接地方式；实际工程需结合系统条件考虑是否装设主变压器直流偏磁治理装置。

35（10）kV 依据系统情况、出线线路总长度及出线线路性质确定系统采用不接地、经消弧线圈或小电阻接地方式。

12.2.2 避雷器设置

本通用设计按以下原则设置避雷器，实际工程需计算确定。

（1）110kV 架空出线应装设避雷器；三绕组变压器高侧一般不设避雷器（当变压器套管距离架空进线避雷器的距离 110~220kV 系统不超过 130m 时）；母线可不设避雷器。

（2）全部出线间隔均采用电缆连接时，仅设置母线避雷器（母线避雷器与变压器的距离不超过表 12－1 中规定的距离）。电缆转架空线连接处设置避雷器。

表 12－1　　避雷器至主变压器间的最大电气距离

系统标称电压（kV）	进线长度（km）	进线路数（m）			
		1	2	3	≥4
35	1.0	20	40	50	55
	1.5	40	55	65	75
	2.0	50	75	90	105
110	1.0	55	85	105	115
	1.5	90	120	145	165
	2.0	125	170	205	230

12.2.3 电气总平面

变电站总平面布置应满足总体规划要求，并应遵循通用设计及“两型三新一化”变电站设计要求，使站内工艺布置合理，功能分区明确，交通便利，配电装置引线流畅，及其他相关专业配合协调，以最少土地资源达到变电站建设要求。

出线方向应适应各电压等级线路走廊要求，尽量减少线路交叉和迂回。

变电站大门及道路的设置应满足主变压器、大型装配式预制件、预制舱式二次组合设备等的整体运输要求。户外变电站宜采用预制舱式二次组合设备，宜利用配电装置附近空余场地布置预制舱式二次组合设备，优化二次设备室面积和变电站总平面；户内变电站宜采用智能控制柜，布置于装配式建筑内。

站内电缆沟、管布置在满足安全及使用要求下，应力求最短路径、最少转弯，可适当集中布置，减少交叉。电缆沟宽度宜采用 800、1100mm 或 1400mm 等规格。

12.2.4 配电装置

配电装置型式的选择，应根据设备选型及进出线方式，结合工程实际情况，因地制宜，并与变电站总体布置协调，通过技术经济比较确定。在技术经济合理时，应优先采用占地少的配电装置型式。

配电装置布局紧凑合理，主要电气设备及建构筑物的布置应便于安装、消防、扩建、运维、检修及试验工作，尽量减小由此产生的停电影响。

配电装置可结合总平面布置进一步合理优化，确保在任一工况下配电装置内部电气设施之间及其与建（构）筑物之间距离符合 DL/T 5352《高压配电装置设计技术规程》的要求。

110kV 模块化变电站中 110kV 配电装置主要考虑采用户外 HGIS 组合电器、户内 GIS 组合电器等。10kV 配电装置采用户内空气绝缘开关柜，35kV 配电装置采用户内 SF_6 气体绝缘开关柜。

12.2.4.1 户外配电装置

（1）总体要求。户外配电装置的布置，导体、电气设备、架构的选择，应满足在当地环境条件下正常运行、安装检修、短路和过电压时的安全要求，并满足规划容量要求。

110kV 户外配电装置应设置设备搬运以及检修通道和必要的巡视小道。

配电装置各回路的相序排列宜一致。一般按面对出线，从左到右、从远到近、从上到下的顺序，相序为 A、B、C。对户内硬导体及户外母线桥裸导体应有相色标志，A、B、C 相色标志应为黄、绿、红三色。对于扩建工程应与原有配电装置相序一致。

110kV 进（出）线三相电压互感器、避雷器及母线设备间隔采用户外 AIS 设备布置。

（2）跨线设计。110kV 各跨导线以上人状况为最大荷载条件。跨线耐张绝缘子串仅限于根部可以三相同时上人，三相上人总重（人及工具）不超过 1000N/相；跨线中部有引下线处仅可以单相上人，单相上人总重（人及工具）不超过 1500N/相。主变压器进线档不考虑三相同时上人。

各跨导线在安装紧线时应采用上滑轮牵引方案，牵引线与地面的夹角不大于45°，并严格控制放线速度，以满足构架的荷载条件。安装紧线时，梁上上人荷载不应超过2000N。

主变压器架构的设计仅考虑 110kV 主变压器进线档导线的荷载，不考虑主变压器上节油箱的起吊重量，主变压器检修需起吊上节油箱时，必须采用吊车进行。

跨线弧垂应根据跨线电压等级、导线型号、跨距长度、电气距离校验及构架受力要求等多方面因素确定。

（3）出线构架设计。当户外配电装置采用架空出线时，其出线构架应满足线路张力要求及进线档允许偏角要求。如果出线零档线采用同塔双回路，则终端塔宜设在两出线间隔的垂直平分线上。

各级电压配电装置出线挂环常规控制水平张力为 110kV 导线 5kN/相、地线 3kN/根。实际工程中出线梁受力要求应根据线路资料进行复核。

（4）专业配合要求。户外配电装置设计需要向土建专业提供以下资料：

1）平面布置资料：其中包括构、支架的定位，道路围墙等的布置等。

2）设备支架资料：需包含设备支架制作详图、设备荷重、埋管要求等。

3）构架资料：需包括构架受力、导线挂线角度要求、爬梯设置要求等。构架受力计算应按单相上人、三相上人、最大风速、最低温度、最高温度等不同工况下的计算结果分别给出。爬梯设置需满足检修需要和安全距离要求，必要时可设置护笼。

（5）配电装置尺寸。以下为根据通用设计边界条件推荐的配电装置标准尺寸（见表 12-2）。当具体工程处于高海拔等特殊环境条件时需进行修正。当具体工程处于复杂地形环境地区时，还需对出线架构高度进行校核。

表 12-2　110kV 户外 HGIS 配电装置尺寸　（m）

项　目	控制距离
间隔宽度	15（双回）、8（单回）
出线挂点高度	12
设备相间距离	2.0
跨线相间距离	2.2

12.2.4.2　户内 GIS 配电装置

（1）总体要求。与 GIS 配电装置连接并需单独检修的电气设备、母线和出线，均应配置接地开关。一般情况下，出线回路的线路侧接地开关和母线接地开关应采用具有关合动稳定电流能力的快速接地开关。

GIS 配电装置宜采用多点接地方式，当选用分相设备时，应设置外壳三相短接线，并在短接线上引出接地线通过接地母线接地。

GIS 配电装置每间隔应分为若干个隔室，隔室的分隔应满足正常运行、检修和扩建的要求。

110kV 电缆进（出）线三相电压互感器、避雷器采用内置式。

（2）布置原则。GIS 配电装置布置的设计，应考虑其安装、检修、起吊、运行、巡视以及气体回收装置所需的空间和通道。起吊设备容量应能满足起吊最大检修单元要求。

配电装置采用单列布置，避免双列布置，以满足室内 GIS 运输及安装的空间要求。

同一间隔 GIS 配电装置的布置应避免跨土建结构缝。

GIS 配电装置室内应清洁、防尘，GIS 配电装置室内地面宜采用耐磨、防滑、高硬度地面，并应满足 GIS 配电装置设备对基础不均匀沉降的要求。

对于全电缆进出线的 GIS 配电装置，应留有满足现场耐压试验电气距离的空间。

（3）专业配合要求。户内 GIS 组合电器土建资料应包括 GIS 的基础埋件、各埋件点的荷重，户内 GIS 最大吊装单元尺寸，设备运输通道设置要求，接地件位置及做法等。

户内 GIS 室搬运通道大门门框高度要求不宜小于以下值：110kV GIS 3200mm（宽）×4000mm（高）。

（4）配电装置尺寸。以下为根据通用设计边界条件推荐的配电装置标准尺寸（具体工程需根据站址条件进行修正，见表 12-3）；

110kV 户内 GIS 间隔宽度宜选用 1m 或 1.3m（进出线间隔之间）。厂房高度按吊装元件考虑，最大起吊重量不大于 3t，配电装置室内吊装净高不小于 6.5m。配电装置室纵向宽度净宽不小于 9.7m（当具体工程处于高海拔等特殊环境条件时需进行修正）。

表 12－3　110kV 户内 GIS 配电装置尺寸　（m）

项目	控制距离
间隔宽度	1.0（1.3）
室内吊装净高	6.5
室内纵向净宽	10.0

12.2.4.3　10～35kV 户内开关柜

（1）户内开关柜室内各种通道的最小宽度（净距），不宜小于表 12－4 所列数值。

表 12－4　配电装置室内各种通道的最小宽度（净距）　（mm）

布置方式	通道分类		
	维护通道	操作通道	
		固定式	移开式
设备单列布置时	800	1500	单车长＋1200
设备双列布置时	1000	2000	双车长＋900

此外，当连续布置开关柜较长时，在不同母线段之间应设置维护通道。

（2）配电装置尺寸。以下为根据通用设计边界条件推荐的配电装置标准尺寸（具体工程需根据站址条件进行修正，见表 12－5 和表 12－6）：

1）10kV 配电装置宜采用户内空气绝缘开关柜。单层建筑室内双列布置时，柜前净距不小于 2.5m。开关柜柜后净距不小于 1m。当柜后设高压电缆沟时，沟宽 1.1m，柜后净距按不小于 1.3m 考虑。多层建筑受相关楼层约束时根据具体方案确定。

2）35kV 配电装置宜采用户内 SF_6 气体绝缘开关柜。35kV 和 10kV 配电装置采用单层建筑室内混合双列布置时，柜前净距不小于 2.5m。开关柜柜后净距不小于 1m。当柜后设高压电缆沟时，沟宽 1.1m（或 1.4m），柜后净距按不小于 1.3m 考虑。多层建筑受相关楼层约束时根据具体方案确定。

3）35（10）kV 户内配电装置室搬运通道大门门框高度要求不宜小于以下值：35kV 2400mm（宽）×3200mm（高）、10kV 2400mm（高）×2800mm（高）。

表 12－5　10kV 户内空气绝缘开关柜配电装置尺寸　（m）

项目	控制距离
间隔宽度	0.8（1.0）
室内净高	3.8
室内纵向净宽（双列）	9.0

表 12－6　35kV 户内 SF_6 气体绝缘开关柜配电装置尺寸　（m）

项目	控制距离
间隔宽度	0.8
室内净高	4.5
室内纵向净宽（35、10kV 混合双列）	11

12.2.4.4　主变压器的布置

（1）户外油浸变压器。油量为 2500kg 及以上的户外油浸变压器之间的最小间距应符合表 12－7 的规定。

表 12－7　户外油浸变压器之间的最小间距　（m）

电压等级（kV）	最小间距
110	8

（2）户内油浸变压器。户内油浸变压器有散热器挂本体及散热器与本体分离两种布置方式，布置图可参照通用设备中变压器部分内容。

户内油浸变压器外廓与变压器室四壁的最小净距不应小于表 12－8 所列数值。

表 12－8　户内油浸变压器外廓与变压器室四壁的最小净距　（mm）

变压器容量	1000kVA 及以下	1250kVA 及以上
变压器与后壁侧壁之间	600	800
变压器与门之间	800	1000

（3）干式站用变压器。设置于室内的无外壳干式变压器，其外廓与四周墙壁的净距不应小于 600mm。干式变压器之间的距离不应小于 1000mm，并应满

足巡视维修的要求。对全封闭型干式变压器可不受上述距离的限制。但应满足巡视维护的要求。

12.2.5　设备安装

变电站电气设备的安装应根据工艺标准库的要求，设计工艺标准化与安装效果感观度相结合，结合工程总体实际安装情况，通过技术经济比较确定合适的设备安装工艺。典型设备安装主要分为变压器安装、组合电器安装、AIS 设备安装、电容器安装、母线安装、开关柜安装等。

12.2.5.1　总体原则

（1）设备安装时，应满足安装地点的自然环境条件。

（2）工艺布置设计应考虑土建施工误差，确保电气安全距离的要求留有适当裕度。

（3）充油电气设备的布置，应满足带电观察油位、油温时安全、方便的要求，并应便于抽取油样。

（4）除支持绝缘子外，其余电气一次设备均应通过两点与主接地网相连接。

12.2.5.2　变压器安装

（1）户内主变压器安装。

1）总油量超过 100kg 的户内油浸变压器，应安装在单独的变压器间内。变压器外廓与变压器室四周墙壁净距不宜小于 800mm。

2）在户内配电装置楼板下的适当位置设置吊环，并在楼板引线孔或安装孔的两侧留出挑耳，作为搁置起吊轻型设备的横梁用。

（2）户外主变压器安装。

1）户外单台电气设备的油量在 1000kg 以上时，应设置储油或挡油设施。

2）防火间距不能满足最小净距要求时，应设置防火墙。

3）在防火要求较高的场所，有条件时宜选用非油绝缘的电气设备。

（3）主变压器各侧连接线的选择。主变压器高压侧引线一般采用软导线连接，中、低压侧一般采用硬母线连接，与主变压器连接时应设置伸缩金具，金具的选择应与变压器套管的接线端子和硬母线相配合。

（4）接地。

1）变压器铁芯、夹件的接地引下线应与油箱绝缘，从装在油箱上的套管引出后一并在油箱下部与油箱连接接地，接地处应有明显的接地符号或“接地”字样。

2）主变压器中性点直接接地时，应采用两根接地引下线引至主地网的不同方向，接地引线与设备本体采用镀锌螺栓搭接。

（5）主变压器基础的固定方案。当主变压器基础采用条形基础时，土建基础梁的表面预埋钢板，变压器底座宜采用点焊方式固定在基础的预埋钢板上。

（6）走线槽的设置。

1）主变压器本体上的端子箱、机构箱引出的电缆应采用不锈钢槽盒保护，槽盒大小应与箱底开孔尺寸一致，高度为箱底至基础，与端子箱、机构箱的连接采用螺栓。

2）当主变压器户外布置时，端子箱、机构箱引出的电缆采用热镀锌钢管保护，以方便穿越卵石层至电缆沟。

（7）站用变压器安装。

1）油浸式站用变压器的储油柜上的油位计朝向应便于观察。

2）站用变压器高、低压套管引出线采用硬母线连接时统一加装热缩套。

3）户外布置的变压器低压侧母线穿墙若采用环氧树脂绝缘板封堵，则需在其上方设置雨篷，以防漏水并损坏绝缘。

12.2.5.3　组合电器安装

HGIS 底座建议采用焊接固定在水平预埋钢板的基础上，也可采用地脚螺栓或化学锚栓方式固定。

对于 HGIS 出线套管支架，其高度应能保证套管最低部位距离地面不小于 2500mm。

将 HGIS 配电装置的接地线引至主接地网，接地点的接触面和接地连线的截面积应能安全地通过故障接地电流，接地引线与设备本体采用螺栓搭接。

智能控制柜宜采用螺栓固定于基础槽钢上，不宜采用点焊。箱柜底座与主接地网连接牢靠，可开启门应采用软铜绞线可靠接地。

12.2.5.4　AIS 设备安装

（1）电压互感器安装。互感器本体与接地网两处可靠接地，电容式套管末屏、TV 的 N 端、二次备用线圈一端可靠接地；采用高位布置时，安装在支架上，用螺栓与支架固定；每个支架应有两个接地点，接地点高度与其他设备接地点一致。

（2）避雷器安装。

1）采用高位布置时，安装在支架上，用螺栓与支架固定。泄漏电流监测仪安装处宜设置接地端子，便于表计接地；避雷器支架下部设两接地端子，采用接地线分别连接至地网不同的网格线上。

2）避雷器压力释放口方向应合理，监测仪安装高度可按工程实际情况确定。

（3）隔离开关及接地开关安装。隔离开关及接地开关的设备支架采用地脚螺栓固定，地脚螺栓一次浇注在土建基础上。每个支架应分别设有上下两组接地件，下接地件应设置两个。

（4）穿墙套管安装。穿墙套管垂直安装时，法兰应向上；水平安装时，法兰应在外。穿墙套管安装板应割磁处理或采用非导磁材料。1500A 及以上的穿墙套管安装板宜采用非导磁材料制作。穿墙套管端部的金属夹板（紧固件除外）应采用非磁性材料。

12.2.5.5 电容器安装

（1）电容器外壳应与固定电位连接牢固可靠（螺栓压接）。

（2）网门应装设行程开关，并需装设电磁锁或机械编码锁。对于活动式网门上的电缆应采用多股软铜线电缆。

（3）围栏内应铺设碎石（设备基础以外），围栏基础作出挡油坎，围栏应采用非金属合成材料。

（4）空芯串联电抗器之间及其与周围钢构件之间净距要等于或大于制造厂要求的数值。钢构件不应构成闭合回路。

12.2.5.6 母线安装

（1）软导线安装。

1）双分裂导线的间距可取 100～200mm。载流量较小的回路，如电压互感器、耦合电容器等回路，可采用较小截面的导线。

2）在确定分裂导线间隔棒的间距时，应考虑短路动态拉力的大小、时间对构架和电器接线端子的影响，避开动态拉力最大值的临界点。对架空导线间隔棒的间距可取较大的数值，对设备间的连接导线，间距可取较小的数值。

3）在空气中含盐量较大的沿海地区或周围气体对铝有明显腐蚀的场所宜选用防腐型铝绞线或铜绞线。

（2）硬导体安装。

1）硬导体除满足工作电流、机械强度和电晕等要求外，导体形状还应满足电流分布均匀、机械强度高、散热良好、有利于提高电晕起始电压、安装检修简单、连接方便。

2）为消除管形导体的端部效应，可适当延长导体端部或在端部加装屏蔽电极。

3）硬导体和电器连接处，应装设伸缩接头或采取防振措施。

12.2.5.7 开关柜的安装

（1）在配电装置室内应预埋基础槽钢，基础槽钢与变电站地网可靠连接。

（2）开关柜的底部框架应放置在基础槽钢上，可用地脚螺钉将其与基础槽钢相连或用电焊与基础槽钢焊牢。

（3）接地母线须为扁铜排，所有需要接地的设备和回路须接于此排。

12.2.6 交流站用电系统

站用电源采用交直流一体化电源系统。

全站配置两台站用变压器，每台站用变压器容量按全站计算负荷选择，当全站只有一台主变压器时，其中一台站用变压器的电源宜从站外非本站供电线路引接。站用变压器容量根据主变压器容量和台数、配电装置形式和规模、建筑通风采暖方式等不同情况计算确定，寒冷地区需考虑户外设备或建筑室内电热负荷。

站用电低压系统应采用 TN－C－S，系统的中性点直接接地。系统额定电压 380/220V。站用电母线采用按工作变压器划分的单母线接线，相邻两段工作母线同时供电分列运行。两段工作母线间不应装设自动投入装置。

油浸变压器应安装在单独的小间内，变压器的高、低压套管侧或者变压器靠维护门的一侧宜加设网状遮栏。变压器储油柜宜布置在维护入口侧。

检修电源的供电半径不宜大于 50m。主变压器附近电源箱的回路及容量宜满足滤注油的需要。

12.2.7 防雷接地

12.2.7.1 站内防雷

110kV 变电站防雷设计需满足 GB/T 50064《交流电气装置的过电压保护和绝缘配合设计规范》、GB/T 50057《建筑物防雷设计规范》等要求。110kV 变电站采用避雷针（避雷线）、屋顶避雷带联合构成全站防雷保护。

当 110kV 配电装置采用户外配电装置时，站区内需设置避雷针作为防直击雷保护措施。

独立避雷针（含悬挂独立避雷线的架构）的接地电阻在土壤电阻率不大于 500Ω·m 的地区不应大于 10Ω。

独立避雷针（线）宜设独立的接地装置。独立避雷针与配电装置带电部分、变电站电气设备接地部分、架构接地部分之间的空气中距离 S_a，以及独立避雷针的接地装置与发电厂或变电站接地网间的地中距离 S_e，应符合规范要求，并且 S_a 不宜小于 5m，S_e 不宜小于 3m。

装有避雷针和避雷线的架构上的照明灯电源线，均必须采用直接埋入地下的带金属外皮的电缆或穿入金属管的导线。电缆外皮或金属管埋地长度在 10m 以上，才允许与 35kV 及以下配电装置的接地网及低压配电装置相连接。

当采用全户内布置，所有电气设备均布置在户内，只需在建筑顶部设置的避雷带对全站进行防直击雷保护。该避雷带的网络为 8～10m，每隔不大于 18m 设引下线接地。上述接地引下线应与主接地网连接，并在连接处加装集中接地装置。其地下连接点至变压器及其他设备接地线与主接地网的地下连接点之间，沿接地体的长度不得小于 15m。

12.2.7.2 站内接地

主接地网采用水平接地体为主，垂直接地体为辅的复合接地网，接地网工频接地电阻设计值应满足 GB/T 50065《交流电气装置的接地设计规范》要求。

户外站主接地网宜选用热镀锌扁钢，对于土壤碱性腐蚀较严重的地区宜选用钢质接地材料。户内变电站主接地网设计考虑后期开挖困难，宜采用铜质或铜覆钢接地材料，对于土壤酸性腐蚀较严重的地区，需经济技术比较后确定设计方案。

有效接地和低电阻接地系统中发电厂、变电站电气装置保护接地的接地电阻一般情况下应符合 $R \leqslant \frac{2000}{I}$，其中，$R$ 为考虑到季节变化的最大接地电阻，I 为计算用的流经接地装置的入地短路电流。当接地装置的接地电阻不符合上述要求时，可通过技术比较增大接地电阻，但不得大于 5Ω。

不接地、消弧线圈接地和高电阻接地系统中发电厂、发电站电气装置保护接地的接地电阻应符合 $R \leqslant \frac{120}{I}$，但不应大于 4Ω。

在有效接地系统及低电阻接地系统中，变电站电气装置中电气设备接地线的截面应按接地短路电流进行热稳定校验。钢接地线的短时温度不应超过 400℃，铜接地线不应超为 450℃。校验不接地、消弧线圈接地和高电阻接地系统中电气设备接地线的热稳定时，敷设在地上的接地线长时间温度不应大于 150℃，敷设在地下的接地线长时间温度不应大于 100℃。

根据热稳定条件，未考虑腐蚀时，接地线的最小截面应符合式（7－1）要求。

关于 t_e 值，当继电保护装置配置有两套速动主保护、近接地后备保护、断路器失灵保护和自动重合闸时，t_e 应按式（7－2）取值。

当继电保护装置配有一套速动主保护，近或远（或远近结合的）后备保护和自动重合闸，t_e 应按式（7－3）取值。

12.2.8 照明

变电站内设置正常工作照明和应急照明。正常工作照明采用 380/220V 三相五线制，由站用电源供电。应急照明采用逆变电源供电。

户外配电装置场地宜采用 LED 型投光灯；户内 GIS 配电装置采用节能型泛光灯；其他室内照明光源宜采用 LED 灯。

变电站的照明种类可分为正常照明和应急照明。应急照明包括备用照明、安全照明和疏散照明。

户外配电装置考虑设置正常照明，不设应急照明。场区道路照明根据实际需要设置。

主控通信楼户内配电装置和其他房间除设置正常照明外，根据需要设置备用照明，且应考虑设置必要的疏散照明。

变电站宜装设应急照明的工作场所可参照表 12－9。

表 12－9　变电站宜装设应急照明的工作场所

工作场所	备用照明	疏散照明
控制室、继电室及电子设备间	√	
通信机房	√	
户内配电装置	√	
站用电室	√	
蓄电池室	√	
主要通道、主要出入口		√
主要楼梯间		√

备用照明根据实际需要设置，无人值班变电站应尽量减少简化备用照明。

户外灯具采用集中布置、分散布置、集中与分散相结合的布置方式，推荐采用分散布置。考虑到维护方便，不推荐在构架和避雷针高处安装；当采用构架上安装时，要保证安全距离和安全检修条件。低处布置的投光灯，宜具有水平旋转和垂直旋转的支架。

室内灯具布置，可采用均匀布置和选择性布置两种方式。

灯具、插座布置和安装工艺应符合《国家电网有限公司输变电工程标准工艺　变电工程电气分册（2022 年版）》中建筑电气部分的相关要求，并应在图纸中注明需采用的标准工艺。

12.2.9　电缆敷设及防火

12.2.9.1　线缆选型

线缆选择及敷设按照 GB 50217《电力工程电缆设计规范》进行，并需符合 GB 50229《火力发电厂与变电站设计防火规范》、DL 5027《电力设备典型消防规范》有关防火要求。

变电站线缆选择宜视条件采用单端或双端预制型式。高压电气设备本体与汇控柜或智控柜之间宜采用标准预制电缆连接。

变电站火灾自动报警系统的供电线路、消防联动控制线路应采用耐火铜芯电线电缆。其余线缆采用阻燃电缆，阻燃等级不低于 C 级，电缆宜选用铜导体。

低压电缆宜选用交联聚乙烯型或聚氯乙烯型挤塑绝缘类型，中压电缆宜选用交联聚乙烯绝缘类型。明确需要与环境保护协调时，不得选用聚氯乙烯绝缘电缆。高压交流系统中电缆线路，宜选用交联聚乙烯绝缘类型。

60℃以上高温场所应按经受高温及其持续时间和绝缘类型要求，选用耐热聚氯乙烯、交联聚乙烯或乙丙橡皮绝缘等耐热型电缆。高温场所不宜选用普通聚氯乙烯绝缘电缆。

−15℃以下低温环境，应按低温条件和绝缘类型要求，选用交联聚乙烯、聚乙烯绝缘、耐寒橡皮绝缘电缆。低温环境不宜选用聚氯乙烯绝缘电缆。

在人员密集的公共设施，以及有低毒阻燃性防火要求的场所，可选用交联聚乙烯或乙丙橡皮等不含卤素的绝缘电缆。防火有低毒性要求时，不宜选用聚氯乙烯电缆。

12.2.9.2　敷设通道

二次设备室一般不设置电缆半层。若二次设备室位于建筑一层，可采用电缆沟作为屏柜电缆进出通道，也可辅助设置柜顶桥架；若二次设备室位于建筑二层及以上，可采用架空活动地板层作为电缆通道，也可在活动地板层设置槽盒。

主控室或二次设备室布置于建筑二层或以上，且进出线缆较少则可选择电缆桥架与下层电缆沟道联通；进出线缆较多时宜采用竖井，并按规定设置爬梯等人行设施。

12.2.9.3　敷设方式

（1）光缆敷设可视条件采用槽盒、桥架或支架敷设方式，宜采用槽盒或桥架敷设方式并辅以穿管敷设方式过渡。

（2）根据电缆和光缆敷设的特点，工程中应在核算敷设断面电缆、光缆数量的基础上，按实际需求设计电缆通道截面积。

（3）在电缆（光缆）敷设时需考虑其转弯半径的要求。

1）对于常用于地上变电站的聚氯乙烯绝缘电缆（包括单芯及多芯），裸铅包护套的电缆转弯半径应为其外径的 15 倍，加铠装的电缆转弯半径应为其外径的 20 倍。

2）对于常用于地下变电站的交联聚氯乙烯绝缘电缆，多芯且加铠装的电缆转弯半径应为其外径的 15 倍，多芯不加铠装的电缆转弯半径应为其外径的 20 倍，单芯的电缆转弯半径应为其外径的 25 倍。

3）光缆转弯半径应大于其自身直径的 20 倍。

（4）在满足电缆（光缆）敷设容量要求的前提下，永久性建筑之间主通道宜采用小型清水混凝土电缆沟。

（5）在满足电缆（光缆）敷设容量要求的前提下，屋外 HGIS 配电装置场地主通道宜采用地面桥架（槽盒），桥架（槽盒）需根据工程环境条件满足防火和耐腐蚀等要求。

（6）在满足电缆（光缆）敷设容量要求的前提下，HGIS 室内线缆通道宜采用浅槽或槽盒，槽盒需根据工程环境条件满足防火和耐腐蚀等要求。

（7）光缆在垂直敷设时，应特别注意光缆的承重问题，一般每两层要将光缆固定一次；光缆穿墙或穿楼层时，要加带护口的保护用塑料管。

（8）电缆应按照电缆应用场景，按照防火要求进行分沟、分侧、分层敷设。10kV 及以上高压电力电缆设置专沟或直埋敷设。低压动力电缆、控制电缆和光缆可共沟敷设。

1）分沟敷设：① 10kV 及以上高压电力电缆与低压电缆应分沟敷设；② 站用变压器至站用电室之间的动力电缆，两组及以上蓄电池组动力电缆应按照重要动力电缆分沟敷设。

2）分侧敷设：① 变压器强油风（水）冷却装置双电源回路动力电缆、消防水泵及变压器水喷雾装置双电源回路动力电缆、直流主屏至直流分电屏双电源回路动力电缆等重要动力电缆应分侧敷设；② 系统保护（线路、母联、母差）双电源回路控制电缆、双重化继电保护回路控制电缆、断路器操作直流电源双回路控制电缆等重要控制电缆应分侧敷设；③ 110kV 变电站导引光缆应分侧敷设；④ 当电缆沟支架单侧布置时，上述重要电缆不具备分侧敷设条件，应分层敷设。

3）分层敷设：直流充电装置双电源回路动力电缆，交流配电屏至配电区动力电源箱双电源回路动力电缆应分层敷设。

（9）同一通道内电缆数量较多时，若在同一侧的多层支架上敷设，应按电压等级由高至低的电力电缆、强电至弱电的控制和信号电缆、通信电缆由上而下的顺序排列。

（10）同一层支架上电缆排列的配置，应符合下列规定：

1）控制和信号电缆可紧靠或多层重叠。

2）除交流系统用单芯电力电缆的同一回路可采取“品”字型配置外，对重要的同一回路多根电力电缆，不宜重叠。

3）交流系统用单芯电缆情况外，电力电缆相互间宜有 1 倍电缆外径的空隙。

（11）抑制电气干扰强度的弱电回路控制和信号电缆，敷设时可采取下列措施：

1）与电力电缆并行敷设时相互间距，在可能范围内宜远离；对电压高、电流大的电力电缆间距宜更远。

2）敷设于配电装置内的控制和信号电缆，与耦合电容器或电容式电压互感、避雷器或避雷针接地处的距离，宜在可能范围内远离。

3）沿控制和信号电缆可平行敷设屏蔽线，也可将电缆敷设于保护管或槽盒中。

12.2.9.4 电缆孔、洞的封堵

（1）盘柜类封堵。低压柜柜底用耐火隔板、无机堵料及有机堵料组合封堵，封堵厚度与楼板相同。

（2）电缆穿侧墙类封堵。

1）建筑物侧墙一次电缆留孔用耐火隔板、防火包或者无机堵料、有机堵料组合封堵，封堵厚度与墙相同。

2）电缆桥架贯穿内墙孔封堵用耐火隔板、无机堵料、有机堵料组合封堵，封堵厚度与墙相同。

3）电缆桥架贯穿接外墙孔封堵用耐火隔板、无机堵料、有机堵料组合封堵，封堵厚度与墙相同。

（3）电缆穿管类封堵。电缆穿管孔洞用有机堵料封堵。封堵厚度大于 50mm。

（4）端子箱类封堵。端子箱用有机堵料封堵，封堵厚度大于 120mm。

（5）电缆竖井封堵。电缆竖井用角钢、耐火隔板、防火包、有机堵料组合封堵，封堵厚度与楼板相同。

（6）电缆穿楼板孔洞封堵。

1）楼板预留孔洞用角钢、耐火隔板、扎花钢板及防火包组合封堵，封堵厚度与楼板厚度相同。

2）一次电缆穿楼板孔洞用耐火隔板、防火包、无机堵料及有机堵料组合封堵，封堵厚度与楼板相同；当孔洞较大时用角钢加固。

3）二次电缆穿楼板孔洞用耐火隔板、无机堵料及有机堵料组合封堵，封堵厚度与楼板相同。

（7）电缆沟封堵。电缆沟用耐火隔板、有机堵料及防火包组合封堵，封堵厚度为 240mm。电缆桥架贯穿接墙孔封堵用耐火隔板、无机堵料、有机堵料组合封堵，封堵厚度与墙相同。

（8）各设备房间电缆入口，进入设备的孔洞以及电缆沟的接口处，穿过各层楼板的竖井口均需封堵，其封堵厚度应大于 100mm。

（9）消防封堵只起防火作用，不考虑承重。所采用的防火材料对设备无腐蚀作用。

12.3 二次系统

遵循 GB/T 51072《110（66）kV～220kV 智能变电站设计规范》《模块化二次设备设计技术导则》《110kV 变电站模块化建设通用设计技术导则》、DL/T 5136《火力发电厂、变电站二次接线设计技术规程》、DL/T 5044《电力工程直流电源系统设计技术规程》等设计规范、标准及国家电网公司相关文件要求。

12.3.1 二次设备室（舱）及屏（柜）布置

12.3.1.1 二次设备室（舱）的布置

（1）二次设备室应符合 GB/T 2887《计算机场地通用规范》、GB/T 9361

《计算机场地安全要求》的规定，应尽可能避开强电磁场、强振动源和强噪声源的干扰，还应考虑防尘、防潮、防噪声，并符合防火标准。二次设备室内宜采用电缆沟。预制舱式二次组合设备应采用防静电地板。

（2）二次设备室（舱）的布置要有利于防火和有利于紧急事故时人员的安全疏散，其净空高度应满足屏柜的安装要求。Ⅲ型预制舱应设置 2 个舱门，开门尺寸为 2350mm（高）×900mm（宽），满足设备搬运要求。

（3）二次设备柜采用集中布置时，备用柜数宜按终期规模的 10%～15%考虑；采用预制式二次组合设备时，备用柜数宜按 1～3 面考虑。

（4）二次设备室的屏间距离和通道宽度，要考虑运行维护及控制、保护装置调试方便。二次设备室屏间距离和通道宽度要求详见表 12－10。

表 12－10　二次设备室的屏间距离和通道宽度

距离名称	采用尺寸（mm）	
	一般	最小
屏正面至屏正面	1800	1400
屏正面至屏背面	1500	1200
屏背面至屏背面	1000	800
屏正面至墙	1500	1200
屏背面至墙	1200	800
边屏至墙	1200	800
主要通道	1600～2000	1400

注　1. 复杂保护或继电器凸出屏面时，不宜采用最小尺寸。
2. 直流屏、事故照明屏等动力屏的背面间距不宜小于 1000mm。
3. 屏背面至屏背面之间的距离，当屏背面地坪上设有电缆沟及电缆沟盖板时，可根据电缆沟尺寸适当放大。
4. 当二次设备室内二次设备采用前接线、前显示式装置时，屏柜可采用靠墙布置或背靠背布置，屏正面开门，屏后面不开门。

（5）预制舱式二次组合设备内二次设备应采用前接线、前显示式装置，屏柜采用双列靠墙布置，屏正面开门，屏后面不开门。

（6）Ⅲ型舱内设置 2 面集中接线柜，宜结合进线口位置布置在长边侧屏柜两端。

（7）预制舱式二次组合设备内的远期屏柜宜在本期安装好空屏柜，并预留好相关布线。永久性备用的屏位宜布置在靠近舱门的位置，并敷设盖板。

12.3.1.2　二次屏（柜）的选择及安装

（1）室（舱）内屏（柜）的选择。

1）二次设备室（舱）内柜体尺寸宜统一。靠墙布置二次设备宜采用前接线前显示设备，屏柜宜采用 2260mm×800mm×600mm（高×宽×深，高度中包含 60mm 眉头）；设备不靠墙布置采用后接线设备时，屏柜宜采用 2260mm×600mm×600mm（高×宽×深，高度中包含 60mm 眉头），交流屏柜宜采用 2260mm×800mm×600mm（高×宽×深，高度中包含 60mm 眉头）。站控层服务器柜可采用 2260mm×600mm×900mm（高×宽×深，高度中包含 60mm 眉头）屏柜。

2）预制舱式二次组合设备内二次设备宜采用前接线、前显示式装置，二次设备采用双列靠墙布置。

3）当二次设备舱采用机架式结构时，机架单元尺寸宜采用 2260mm×700mm×600mm（高×宽×深，高度中包含 60mm 眉头）。

4）全站二次系统设备柜体颜色应统一。

5）前开门屏（柜）内的布置。

a. 站内所有前接线、前显示式装置的安装固定点及装置前面板（液晶面板）位置应统一，保证整体美观且便于装置安装、拆除及现场布线。

b. 装置布置于在柜体右侧（面对屏柜，下同），装置前面板采用右轴旋转或向上打开方式，竖走线槽布置在柜体左侧，横走线槽置于装置下部。当采用机架式结构时，竖走线槽可布置于柜体两侧。

c. 当采用屏柜结构时，端子排统一设置在柜体下部，并采用横端子排布置方式；当采用机架式结构时，端子排可布置于机架单侧或下部。

（2）预制式智能控制柜的选择。

1）柜的结构。柜结构为柜前后开门、垂直自立、柜门内嵌式的柜式结构，正视柜体转轴在右边，门把手在左边。

2）柜的颜色。全站预制式智能控制柜柜体颜色应统一。

3）柜的要求。

a. 宜采用双层不锈钢结构，内层密闭，夹层通风；当采用户内布置时，柜体的防护等级不低于 IP40；当采用户外布置时，柜体的防护等级不低于 IP54。

b. 宜具有散热和加热除湿装置，在温湿度传感器达到预设条件时启动。

c. 应根据具体外部环境的条件选择合适的柜体。预制式智能控制柜内部的环境应能够满足保护、测控、智能终端、合并单元等二次元件的长年正常工作温度、电磁干扰、防水防尘条件，不影响其运行寿命。

（3）屏柜的安装。采用前开门屏（柜）时，宜在屏（柜）底部中间开孔，开孔尺寸宜为 300mm×200mm；采用前后开门屏（柜）时，宜在屏（柜）底部两侧开孔，开孔尺寸宜为 300mm×150mm。

（4）二次设备的布置要求。

1）对于间隔层设备下放布置时，HGIS 智能控制柜应合理设置柜体结构，双重化的智能组件可安装在同一舱体，应有明显的分隔标记。

2）对于间隔层设备集中布置时，屏面布置应在满足试验、运行方便的条件下适当紧凑。保护、测控、交换机设备共同组屏时，宜按照保护、测控、交换机的顺序由上至下依次排列。

3）相同安装单位的屏面布置宜对应一致，各屏上设备安装的横向高度应整齐一致。

4）试验部件与连接片，安装中心线离地面高度不宜低于 300mm。

5）屏内安装装置高度不宜低于 800mm。

12.3.2　二次回路设计

12.3.2.1　二次回路的基本要求

（1）变电站的强电控制系统电源额定电压选用 220V。

（2）断路器的控制回路应满足下列要求：① 应有电源监视，并宜监视跳、合闸绕组回路的完整性；② 有防止断路器“跳跃”的电气闭锁装置；③ 应使用断路器机构内的防跳回路。

（3）断路器控制电源消失及控制回路断线应发出报警信号。

（4）保护双套配置的设备，相应的断路器可配置两组跳闸线圈。

（5）在计算机监控系统控制的断路器、隔离开关、接地开关的状态量信号应同时接入开、闭两个状态信号。

（6）继电保护及自动装置的动作等信号应通过站控层网络直接接入站控层主机，装置告警、故障信号应通过硬接点接入计算机监控系统。

（7）二次电流回路额定电流宜选 5A；电压回路宜为 100V。

12.3.2.2　二次“虚回路”的基本要求。

（1）根据保护原理及自动化方案，应绘制 SV 信息流图及 GOOSE 信息流图，表达设备间逻辑关系。SV 信息流图反映设备间电流电压数据流的连接，GOOSE 信息流图反映设备控制原理和信号传输要求等内容。

（2）以 SV/GOOSE 信息流图为基础，根据 IED 制造厂商提供的具体设备虚端子图及原理接线图，绘制 SV/GOOSE 信息配置信息及光缆回路。

（3）SV/GOOSE 信息流图应包含信息传输回路图。信息传输回路图表示 SV 和 GOOSE 信息的实际传输路径，包括中间环节交换机。同时信息流中应包括保护原理和控制、信号、闭锁等信息。

（4）SV/GOOSE 信息逻辑配置应包含模拟量开入、开关量开入、开关量开出的分类，将智能设备之间的虚端子通过直观的形式连接起来。信息逻辑配置应包含信息内容、起点设备名称、起点设备虚端子号、起点设备数据属性、终点设备名称、终点设备虚端子号、终点设备数据属性。

12.3.3　二次网络设计

12.3.3.1　站控层网络

（1）可传输 MMS 报文和 GOOSE 报文。

（2）站控层网络采用双星型以太网络，站控层交换机可按二次设备室（舱）或按电压等级配置交换机，并相互级联。

（3）站控层/间隔层 MMS 信息应在站控层网络传输。站控层/间隔层 MMS 信息应具备间隔层设备支持的全部功能，其内容应包含四遥信息及故障录波报告信息，四遥信息主要包含保护、测控、故障录波装置的模拟量、设备参数、定值区号及定值、自检信息、保护动作事件及参数、设备告警、软压板遥控、断路器/刀闸遥控、远方复归、同期控制等。

（4）站控层/间隔层 GOOSE 信息可在站控层网络传输。主要用于间隔层设备间通信，其内容可包含不限于过负荷联切、低频低压减负荷、35（10）kV 集成装置 GOOSE 信息、测控联闭锁信息等。

12.3.3.2　过程层网络

（1）110kV 间隔层设备与过程层设备之间宜采用点对点方式传输 GOOSE、SV 报文。当全站配置有故障录波、母差保护或备自投装置时，110kV 过程层可设置单星形以太网络，GOOSE 报文与 SV 报文共网传输。过程层宜集中设置过程层交换机。

（2）35（10）kV 不宜单独设置过程层网络，当 110kV 过程层设置单星形以太网络时，主变压器 35（10）kV 过程层设备宜接入 110kV 过程层网络。GOOSE 报文通过站控层网络传输。

（3）过程层 SV 信息主要用于过程层设备与间隔层设备间通信，其内容应包含合并单元与保护、测控、故障录波、PMU、电能表等装置间传输的电流、电压采样值信息。

（4）过程层 GOOSE 信息主要用于过程层设备与间隔层设备间通信，其内容应包含合并单元、智能终端与保护、测控、故障录波等装置间传输的一次设备本体位置/告警信息、合并单元/智能终端自检信息、保护跳闸/重合闸信息、测控遥控合闸/分闸信息以及保护失灵启动和保护联闭锁信息等。

12.3.4　二次设备的选择及配置

12.3.4.1　控制保护设备

控制开关的选择应符合该二次回路额定电压、额定电流、分断电流、操作频繁率、电寿命和控制接线等的要求。

二次回路的保护设备用于切除二次回路的短路故障，并作为回路检修、调试时断开交、直流电源之用。二次电源回路宜采用自动开关。

对具有双套配置的快速主保护和断路器具有双跳闸线圈的安装单位，其控制回路和继电保护、自动装置回路应分设独立的自动开关，并由不同的直流母线段分别向双套主保护供电。

控制回路、继电保护、自动装置屏内电源消失时应有报警信号。

凡两个及以上安装单位公用的保护或自动装置的供电回路，应装设专用的自动开关。

控制回路的自动开关应有监视，可用断路器控制回路的监视装置进行监视。保护、自动装置及测控装置回路的自动开关应有监视，其信号应接至计算机监控系统。

各安装单位的控制、信号电源，宜由电源屏或电源分屏的馈线以辐射状供电，供电线应设保护及监视设备。

12.3.4.2　小母线

控制屏及保护屏顶不宜设置小母线。35（10）kV 开关柜顶宜设置小母线，小母线宜采用ϕ6mm 的绝缘铜棒。

12.3.4.3　端子排

端子排应由阻燃材料构成。端子的导电部分应为铜质。潮湿地区宜采用防潮端子。

每个安装单位应有其独立的端子排。同一屏上有几个安装单位时，各安装单位端子排的排列应与屏面布置相配合。

当一个安装单位的端子过多或一个屏上仅有一个安装单位时，可将端子排成组地布置在屏的两侧。

每一安装单位的端子排应编有顺序号，并宜在最后留 2～5 端子作为备用。当条件许可时，各组端子排之间也宜留 1～2 个备用端子。在端子排组两端应有终端端子。

根据通用互换的原则，端子排按不同功能进行划分，端子排布置应考虑各插件的位置，避免接线相互交叉。

端子排列应符合标准，正、负极之间应有间隔，断路器的跳闸和合闸回路、直流（+）电源和跳合闸回路不能接在相邻端子上，端子排应编号。

汇控柜内的端子排按照“功能分段”的原则分别设置：交流回路、直流回路，TA 回路，TV 回路，断路器控制回路，隔离、接地开关控制回路，辅助触点及报警回路等。

汇控柜端子排的一侧为制造厂内部接线，另一侧供用户接线。一个端子宜只接入一根导线。端子排间应留有足够的空间，便于外部电缆的连接。

12.3.4.4　SCD 文件及虚端子

SCD 文件配置主要进行系统的通信子网配置、IED 设备配置以及 SCD 文件检查，SCD 文件以装置为对象订阅全站信息，装置具有唯一性。

IED 设备的配置是将装置 ICD 文件导入 SCD 文件中，并按照实际设备数量进行实例化配置，主要包括 IED 命名及描述配置、IP 地址配置、GOOSE 控制块及其相关参数配置、SV 传输控制块及其相关参数配置、虚端子连接配置等。

GOOSE、SV 输入输出信号为网络上传递的变量，与传统屏柜的端子存在着对应的关系，为了便于形象地理解和应用 GOOSE、SV 信号，这些信号的逻辑连接点称为虚端子。

装置 GOOSE 输入定义采用虚端子的概念，在以“GOIN”为前缀的 GGIO 逻辑节点实例中定义 DO 信号，DO 信号与 GOOSE 外部输入虚端子一一对应，通过该 GGIO 中 DO 的描述和 dU 可以确切描述该信号的含义。

在 SCD 文件中每个装置的 LLN0 逻辑节点中的 Inputs 部分定义了该装置输入的 GOOSE 连线，每一个 GOOSE 连线包含了装置内部输入虚端子信号和外部装置的输出信号信息，虚端子与每个外部输出信号为一一对应关系。

装置采样值输入定义采用虚端子的概念，在以“SVIN”为前缀的 GGIO

逻辑节点实例中定义 DO 信号，DO 信号与采样值外部输入虚端子一一对应，通过该 GGIO 中 DO 的描述和 dU 可以确切描述该信号的含义，作为采样值连线的依据。

在 SCD 文件中每个装置的 LLN0 逻辑节点中的 Inputs 部分定义了该装置输入的采样值连线，每一个采样值连线包含了装置内部输入虚端子信号和外部装置的输出信号信息，虚端子与每个外部输出采样值为一一对应关系。Extref 中的 IntAddr 描述了内部输入采样值的引用地址，应填写与之相对应的以“SVIN”为前缀的 GGIO 中 DO 信号的引用名，引用地址的格式为“LD/LN.DO”。

SCD 文件配置完成后，应对文件 SCL 语法合法性、文件模型实例及数据集正确性、IP 地址和组播地址、VLAN 及优先级通信参数正确性、虚端子连接正确性和完整性及其二次回路描述正确性等进行检查。

12.3.4.5 预制舱式二次组合设备内布线及外部光电缆接口

（1）舱内应设置配电箱、开关面板、插座等，舱内所有线缆均应采用暗敷方式。

（2）舱体应设置两个进线口，宜采用两端进线。

（3）电缆宜直接从舱内各柜体直接引至舱外。

（4）舱内宜采用下走线方式，舱底部设置槽盒，不设置槽盒盖。

（5）舱内与舱外光纤联系应采用预制光缆。

（6）预制舱内宜设置集中接线柜实现对外光缆接线即插即用。

12.3.4.6 控制电缆

（1）控制电缆的选型应符合现行的 GB 50217 及 DL/T 5136、DL/T 5137 的有关规定。微机型继电保护装置及计算机测控装置所有二次回路的电缆均应使用屏蔽电缆。

（2）信号回路电缆截面宜采用 $1.5mm^2$，控制回路电缆截面宜采用 $2.5mm^2$。对电流二次回路，连接导线截面积应按电流互感器的额定二次负荷计算确定，至少应不小于 $4mm^2$。对于电压二次回路，连接导线截面积应按允许的电压降计算确定，至少应不小于 $2.5mm^2$。

（3）主变压器、断路器、隔离开关、接地开关等设备本体与智能控制柜之间的控制、信号回路宜采用预制电缆连接。

（4）预制电缆的使用应遵循以下配置原则：

1）预制电缆应自带航空插头，宜采用体积小、集成密度高、防护性能高、机械性能强、稳定性好的航空插头。

2）宜实现一次设备本体与智能控制柜之间标准的输入、输出，以提高抗干扰能力、适应现场工作环境、便于施工、提高现场实施质量。

3）当一次设备本体至就地控制柜间路径满足预制电缆敷设要求时（全程无电缆穿管）优先选用双端预制电缆。应准确测算双端预制电缆长度，避免出现电缆长度不足或过长情况。预制电缆余长有足够的收纳空间。

4）当电缆采用穿管敷设时，宜采用单端预制电缆，预制端宜设置在智能控制柜侧。预制缆端采用圆形连接器且满足穿管要求时也可采用双端预制。

5）预制电缆采用双端预制且为穿管敷设方式下，宜选用圆形高密度连接器。

6）在满足试验、调试要求前提下，预制电缆插座端宜直接引至二次装置背板端子排。

（5）预制电缆导线应采用多股软导线。预制电缆规格宜按推荐规格选择，见表 12－11。

表 12－11　预制电缆规格

规格	信号回路	控制回路	电流、电压及交流电源回路
截面（mm^2）	1.5	2.5	4
芯数	4、8、12、19	4、8、12、19	4、8、12

（6）电缆应采用电解铜导体、PVC 绝缘，并铠装、阻燃的屏蔽电缆。

（7）交、直流回路不能共用同一根电缆，两套跳闸回路不能共用同一根电缆，控制和动力回路不能共用同一根电缆。

12.3.4.7 光缆和网线

（1）光缆选择。

1）光缆的选用根据其传输性能、使用的环境条件决定；除线路纵联保护专用光纤外，其余宜采用缓变型多模光纤。室外预制光缆宜采用铠装非金属加强芯阻燃光缆，当采用槽盒或穿管敷设时，宜采用非金属加强芯阻燃光缆。室内光缆可采用尾缆。

2）光缆芯数宜选用 4 芯、8 芯、12 芯或 24 芯；尾缆（软装光缆）宜采用 4 芯、8 芯、12 芯规格。每根光缆或尾缆应至少预留 2 芯备用芯，一般预留 20% 备用芯。

3）柜内二次装置间连接宜采用单芯或多芯跳线。

（2）同一室（舱）内站控层网络宜采用网线连接；跨室（舱）或数据级联时站控层网络宜采用光缆连接。

（3）双套保护的电流、电压，以及 GOOSE 跳闸控制回路等需要增强可靠性的两套系统，应采用各自独立的光缆。

（4）光缆起点、终点为同一对象的多个相关装置时（在同一智能控制柜内对应一套继电保护的多个装置），可合用同一根光缆进行连接，一根光缆的芯数不宜超过 24 芯。

（5）跨房间、跨场地不同屏柜间二次装置连接宜采用预制光缆。

（6）预制光缆的使用应遵循以下配置原则：

1）预制光缆应自带连接器，宜采用体积小、集成密度高、防护性能高、机械性能强、稳定性好的带分支的连接器。

2）为了保证光缆的可靠性和使用寿命，应采用密封性能良好和便于接续的光缆接头，宜采用标准化的光纤接口、熔接或插接工艺，可以根据需要适当选用无需现场熔接的预制光缆组件。

3）室外预制光缆可采用双端预制方式，也可采用单端预制方式。

4）双端预制光缆应准确测算预制光缆敷设长度，避免出现光缆长度不足或过长情况。可利用柜体底部或特制槽盒两种方式进行光缆余长收纳。

（7）应根据室外光缆、尾缆、跳线不同的性能指标、布线要求预先规划合理的柜内布线方案，有效利用线缆收纳设备，合理收纳线缆余长及备用芯，满足柜内布线整洁美观、柜内布线分区清楚、线缆标识明晰的要求，便于运行维护。

12.3.5　一键顺控设计

12.3.5.1　基本要求

（1）操作内容。变电站一键顺控包括对母线、线路、变压器等设备的倒闸操作，实现运行、热备用、冷备用三种状态间的转换操作。开关柜采用手动手车时，实现运行、热备用两种状态间的转换操作。

一键顺控范围包含操作涉及的一次设备和二次设备，一次设备包括 10～110kV 断路器和电动隔离开关（含电动手车），二次设备包括继电保护装置、安全自动装置等可远程投退的软压板和可远程切换的定值区。

（2）功能要求。变电站一键顺控应实现操作项目软件预制、操作任务模块式搭建、设备状态自动识别、防误联锁智能校核、操作步骤一键启动、操作过程视频联动等功能。

由监控系统按照预设程序与防误策略，选择相应的操作任务，自动导出变电站操作票并按步骤顺序执行操作；依据遥测、遥信、状态传感器信息等多重判据，判别确认设备实时状态信息，直至所有步骤全部完成；采用防误双校核和设备状态双确认机制，确保操作控制安全可靠。

12.3.5.2　总体方案

变电站一键顺控功能在站端实现，部署于安全Ⅰ区，由站控层设备（监控主机、智能防误主机、Ⅰ区数据通信网关机）、间隔层设备（测控装置）及一次设备传感器共同实施。具体由监控主机实现相关功能，与智能防误主机之间进行防误逻辑双校核，通过Ⅰ区数据通信网关机采用 DL/T 634.5104 通信协议实现调控/集控站端对变电站一键顺控功能的调用。

双确认防误逻辑中，对断路器和刀闸的位置状态确认应至少包含不同源或不同原理的主辅双重判据。主判据应为断路器和隔离开关的机构辅助开关触点双位置信息，辅助判据宜为设备所在回路的电压、电流遥测信息、带电显示装置反馈的有无电信息或设备状态传感器反馈的位置状态信息。

一键顺控通信规约宜遵循 DL/T 860《变电站通信网络和系统》的有关规定，满足 GB/T 36572《电力监控系统网络安全防护导则》有关要求。

12.3.5.3　设备配置

（1）站控层设备。

1）监控主机。由监控系统主机内置的一键顺控功能软件实现一键顺控功能。

执行操作时，监控主机宜通过物理隔离设备与Ⅳ区视频主机实现联动，Ⅳ区视频主机自动推送被操作设备区的安全环境监视画面。

2）智能防误主机。配置 1 套智能防误主机，智能防误功能模块 1 套部署于监控主机，1 套部署于智能防误主机；当与生产部门达成一致时，2 套智能防误功能模块也可分别由 2 台监控主机集成。

监控主机的防误逻辑与智能防误主机的防误逻辑应相互独立，两套防误逻辑共同实现防误双校核功能。

3）Ⅰ区数据通信网关机。一键顺控数据通信功能由监控系统Ⅰ区数据通信网关机集成。

调控/集控站端通过站内Ⅰ区数据通信网关机调用站端一键顺控功能，并接收一键顺控执行情况的相关信息。

（2）间隔层设备。主判据、辅助判据信息原则上接入本间隔过程层设备，经本间隔测控装置上传至监控系统站控层；当过程层设备无法接入时，直接接入本间隔测控装置上传至监控系统站控层。

1）间隔配置双套智能终端。主判据位置信息接入本间隔第一套智能终端。断路器的辅助判据信息接入合并单元或测控装置（采用三相带电显示装置时接入第二套智能终端）。隔离开关、接地开关的辅助判据位置信息接入第二套智能终端，辅助判据位置信息可接入智能终端的双点遥信开入。

2）间隔配置单套智能终端。主判据、辅助判据位置信息宜接入本间隔合并单元智能终端集成装置，也可接入本间隔保护测控集成装置。

3）间隔不配置智能终端。主判据位置信息接入本间隔保护测控集成装置；按电压等级配置公用测控装置，接入辅助判据位置信息。

12.3.5.4 设备双确认

（1）断路器。断路器双确认主判据采用位置遥信信息，辅助判据采用遥测信息。

1）主判据。采用断路器的合位、分位双位置辅助接点。对于分相断路器，采用三相辅助接点串联方式。

2）辅助判据。采用三相电流和电压。

110kV 电压等级各间隔电压辅助判据，宜取自母线及各间隔三相电压互感器（提高辅助判据可靠性的同时，可提高二次回路可靠性并适应远期结算关口点调整）；当实际工程中配置三相电压互感器存在困难时，也可取自三相带电显示装置。

三相带电显示装置应具备遥信和自检功能。

（2）隔离开关、接地开关（含 AIS、GIS、HGIS、充气开关柜中的隔离开关、接地开关）。隔离开关、接地开关双确认主判据采用辅助开关接点位置信息，辅助判据采用传感器位置信息。

1）主判据。采用隔离开关、接地开关的合位、分位双位置辅助接点。对于分相操作机构，采用三相位置串联方式。

2）辅助判据。采用微动开关，在分闸、合闸位置各安装 1 只微动开关。对于三工位开关，隔离开关、接地开关各安装 2 只微动开关，对于分相操作机构，采用三相位置串联方式。

辅助判据所需微动开关应尽量安装于靠近开关本体位置一侧，也可安装在机构箱内部。安装在机构箱内部时，其安装位置应与“启停电机”用微动开关相同，但不得有电气联系。

微动开关安装位置应固定，保证后期更换、检修时，其与机构的相对位置及角度不变。

隔离开关、接地开关处于不同的状态切换过程中，微动开关应可靠准确判断其分闸到位、合闸到位两种位置状态。

（3）开关柜电动手车。35（10）kV 开关柜手车宜采用电动手车。开关柜电动手车双确认主判据采用辅助开关接点位置信息，辅助判据采用传感器位置信息。

1）主判据。采用工作位置、试验位置双位置辅助接点。

2）辅助判据。采用微动开关，在开关柜电动手车的工作位置、试验位置各安装 1 只微动开关。对微动开关的要求同隔离开关、接地开关。

12.3.6 直流电源及交流不停电电源

12.3.6.1 直流系统

直流电源系统优先采用交直流一体化电源系统，也可采用并联型直流电源系统。

操作电源额定电压 220V，通信电源额定电压 –48V。

蓄电池容量选择应满足全站电气负荷按 2h 事故放电时间计算，对于偏远地区，事故放电时间按 4h 计算。

在进行蓄电池容量选择时，直流负荷统计计算时间和直流负荷统计负荷系数选取应分别按照表 12–12 和表 12–13 执行。

当蓄电池的容量不大于 200Ah 时，宜采用组柜方式布置在二次设备室内；当蓄电池的容量在 300Ah 及以上时应设专用的蓄电池室，采用组架方式安装。

馈线开关选用专用直流空气开关，各直流回路的空气开关的额定电流进行选择计算，分馈线开关与总开关额定电流级差应保证 3 级及以上。

电缆截面的选择计算，根据负荷性质、负荷容量、压降要求、供电距离和电缆材质计算直流各进出线回路以及蓄电池回路的电缆截面。直流柜与直流分电柜间的电缆截面，应根据分电柜最大负荷电流选择。

表 12-12　　直流负荷统计计算时间

<table>
<tr><td rowspan="3">序号</td><td rowspan="3">负荷名称</td><td rowspan="3">经常</td><td colspan="7">事故放电计算时间</td></tr>
<tr><td>初期（min）</td><td colspan="5">持续（h）</td><td>随机（s）</td></tr>
<tr><td>1</td><td>0.5</td><td>1.0</td><td>1.5</td><td>2.0</td><td>3.0</td><td>5</td></tr>
<tr><td>1</td><td>控制、保护、继电器</td><td>√</td><td>√</td><td>—</td><td>—</td><td>—</td><td>√</td><td>—</td><td>—</td></tr>
<tr><td>2</td><td>监控系统、智能装置、智能组件</td><td>√</td><td>√</td><td>—</td><td>—</td><td>—</td><td>√</td><td>—</td><td>—</td></tr>
<tr><td>3</td><td>UPS</td><td>—</td><td>√</td><td>—</td><td>—</td><td>—</td><td>√</td><td>—</td><td>—</td></tr>
<tr><td>4</td><td>DC/DC</td><td>√</td><td>√</td><td>—</td><td>—</td><td>—</td><td>√</td><td>—</td><td>—</td></tr>
</table>

表 12-13　　直流负荷统计负荷系数

序号	负荷名称	负荷系数	备注
1	控制、保护、继电器	0.6	
2	监控系统、智能装置、智能组件	0.8	
3	UPS	0.6	
4	DC/DC	0.8	
5	断路器跳闸	0.6	
6	恢复供电断路器合闸	1.0	
7	事故照明	1.0	

注　事故初期（1min）的冲击负荷，按如下原则统计：

1. 低电压、母线保护、低频减载等跳闸回路按实际数量统计。
2. 控制、信号和保护回路等按实际负荷统计。

蓄电池组引出线为电缆时，其正极和负极的引出线不应共用一根电缆。由直流柜和直流分电柜引出的控制、信号和保护馈线应选择铜芯电缆。

蓄电池宜布置在蓄电池室。

12.3.6.2　不间断电源系统

不间断电源 UPS 的供电负荷包括：① 计算机监控系统；② 电能计费系统；③ 系统调度调信系统。

12.3.7　时钟同步系统

（1）主时钟应双重化配置，另配置扩展装置实现站内所有对时设备的软、硬对时。

（2）站控层设备对时宜采用 SNTP 方式。

（3）间隔层设备对时宜采用 IRIG-B、1pps 方式。

（4）过程层设备对时宜采用 IRIG-B 光信号。

（5）时间同步系统应具备 RJ45、ST、RS-232/485 等类型对时输出接口扩展功能，工程中输出接口类型、数量按需求配置。

12.3.8　智能辅助监控系统

智能辅助监控系统由综合应用服务器、智能巡视主机、各子系统前端设备及通信设备组成。子系统包含一次设备在线监测子系统、火灾消防子系统、安全防卫子系统、动环子系统、智能锁控子系统、智能巡视子系统等，实现一次设备在线监测、火灾、消防、安全警卫、动力环境的监视和控制、智能锁控、安全环境监视及设备智能巡视等功能。

站控层统一采用 DL/T 860 通信报文。一次设备在线监测、火灾消防、安全防卫、动环子系统部署于安全Ⅱ区，信息接入综合应用服务器，通过Ⅱ区网关机与运维主站交互信息；智能巡视子系统部署于安全Ⅳ区，信息接入智能巡视主机，通过Ⅳ区网关机与运维主站交互信息。

（1）一次设备在线监测子系统。一次设备在线监测子系统实现油温及油位监测、变压器油中溶解气体监测、铁芯夹件接地电流监测、避雷器泄漏电流监测、绝缘气体密度监测、开关触头测温等功能，配置前端监测设备。

（2）火灾自动报警及消防子系统。火灾自动报警及消防子系统应取得当地消防部门认证。火灾探测区域应按独立房（套）间划分。火灾探测区域有二次设备室、蓄电池室可燃介质电容器室、各级电压等级配电装置室、油浸变压器及电缆竖井等。应根据所探测区域的不同，配置不同类型和原理的探测器或探测器组合。火灾报警控制器应设置在二次设备室或警卫室靠近门口处。当火灾发生时，火灾报警控制器可及时发出声光报警信号，显示发生火灾的地点。

（3）安全防卫子系统。变电站安全防卫子系统按照安全防范要求，配置安防监控终端、防盗报警控制器、门禁控制器、电子围栏、红外双鉴探测器、红外对射探测器、声光报警器、紧急报警按钮等设备。

（4）动环子系统。变电站动环子系统包括动环监控终端、空调控制器、照明控制器、除湿机控制箱、风机控制器、水泵控制器、温湿度传感器、微气象传感器、水浸传感器、水位传感器、绝缘气体监测传感器等设备。

（5）智能锁控子系统。变电站锁控子系统由锁控监控终端、电子钥匙、锁具等配套设备组成。自成后台系统，后台具备上送开锁任务、人员及锁具配置信息，下发开锁任务至电子钥匙等功能。预留锁控监控终端接入辅助设备智能监控系统的接口。不具备“一匙通开”功能。

（6）智能巡视子系统。变电站智能巡视子系统由智能巡视主机、机器人、视频设备等组成，实现数据采集、自动巡视、智能分析、实时监控、智能联动、远程操作等功能。机器人暂不配置，预留接口。

（7）智能联动。智能联动含主辅联动、子系统间联动及子系统内部联动功能。

（8）无线接入。变电站宜采用有线传输方式，当条件不具备需采用无线传输方式时，应设置安全接入区，配置相应的无线接入设备。无线接入设备由反向隔离装置、安全接入网关、汇聚接点以及各类无线传感器等设备组成。

12.3.9　预制舱式二次组合设备辅助设施

（1）预制舱内应配置照明、消防、暖通、图像监控、通信、环境监控等设备，各设备应接入站内相应智能辅助控制子系统。

（2）照明设施。舱内照明设正常照明和应急照明。应急照明电源宜引自直流分屏，也可自带蓄电池，应急时间不小于 60min。正常照明应采用嵌入式 LED 灯带。各照明开关应设置于门口处，嵌入式安装，开关面板底部距地面高度为 1.5m，照明箱安装于门口处，底部距地面高度为 1.3m。

（3）火灾报警设施。舱内火灾探测及报警系统和消防控制设备选择执行 GB 50116《火灾自动报警系统设计规范》规定。舱内应配置 2 个火灾报警烟感探测装置，火灾报警烟感探测装置采用吸顶布置。

（4）消防设施。舱内配置 5kg 手提式灭火器 2 个，置于门口处。

（5）暖通设施。正常工作状态下舱内温度宜控制在 18～25℃范围内，相对湿度为 45%～75%，任何情况下无凝露。舱内应至少设置 2 台空调，在任一台空调故障时舱内温度应控制在 5～30℃范围内。空调应选用低噪声设备。舱体应设置机械通风装置，舱内形成通风回路。在寒冷地区，应根据变电站环境条件，采用电暖气采暖方式。

（6）环境监测设施。舱内宜设置温湿度传感器，可根据需要设置水浸传感器，并将信息上传至智能辅助控制系统。

（7）视频监控设施。舱内安装视频监控，设置 1～2 台旋转式摄像机。

（8）其他辅助设施。舱内应设置有线电话，壁挂安装。照明箱、检修箱采用户内壁挂嵌入式安装。舱内应配置活动式或固定式折叠桌，方便生产运行。

12.3.10　二次设备接地和抗干扰

12.3.10.1　接地

（1）保护装置之间、保护装置至开关场就地端子箱之间联系电缆以及高频收发信机的电缆屏蔽层应双端接地，使用截面不小于 $4mm^2$ 多股铜质软导线可靠连接到等电位接地网的铜排上。

（2）由开关场的变压器、断路器、隔离刀闸和电流、电压互感器等设备至开关场就地端子箱之间的二次电缆应经金属管从一次设备的接线盒（箱）引至电缆沟，并将金属管的上端与上述设备的底座和金属外壳良好焊接，下端就近与主接地网良好焊接。上述二次电缆的屏蔽层在就地端子箱处单端使用截面不小于 $4mm^2$ 多股铜质软导线可靠连接至等电位接地网的铜排上，在一次设备的接线盒（箱）处不接地。

（3）所有敏感电子装置的工作接地应不与安全地或保护地混接。

（4）在二次设备室、敷设二次电缆的沟道、就地端子箱及保护用结合滤波器等处，使用截面不小于 $100mm^2$ 的裸铜排敷设与变电站主接地网紧密连接的等电位接地网。

（5）在二次设备室内，沿屏（柜）布置方向敷设截面不小于 $100mm^2$ 的专用接地铜排，并首末端连接后构成室内等电位接地网。室（舱）内等电位接地网必须用至少 4 根以上、截面不小于 $50mm^2$ 的铜排（缆）与变电站的主接地网可靠一点接地。连接点处需设置明显的二次接地标识。

（6）在二次设备室内暗敷接地干线，在离地板 300mm 处设置临时接地端子。

（7）沿二次电缆的沟道敷设截面不少于 $100mm^2$ 的裸铜排（缆），构建室外的等电位接地网。开关场的就地端子箱内应设置截面不少于 $100mm^2$ 的裸铜排，并使用截面不少于 $100mm^2$ 的铜缆与电缆沟道内的等电位接地网连接。

（8）有电联系的电压互感器二次侧的接地应仅在一个控制室或继电器室相连一点接地。为保证接地可靠，各电压互感器的中性线不得接有可能断开的断路器等。已在二次设备室一点接地的电压互感器二次绕组，宜在开关场将二次绕组中性点经放电间隙或氧化锌阀片接地。为防止造成电压二次回路多点接地的现象，应定期检查放电间隙或氧化锌阀片。

（9）公用电流互感器二次绕组二次回路只允许、且必须在相关保护屏（柜）内一点接地。独立的、与其他电压互感器和电流互感器的二次回路没有电气联系的二次回路应在开关场一点接地。

（10）微机型继电保护装置屏（柜）内的交流供电电源的中性线不应接入等电位接地网。

（11）预制舱应采用屏蔽措施，满足二次设备抗干扰要求。对于钢柱结构房，可采用 40mm×4mm 的扁钢焊成 2m×2m 的方格网，并连成六面体，与周边接地网相连，网格可与钢构房的钢结构统筹考虑。

（12）在预制舱静电地板下层，按屏柜布置的方向敷设 100mm^2 的专用铜排，将该专用铜排首末端连接，形成预制舱内二次等电位接地网。屏柜内部接地铜排采用 100mm^2 的铜带（缆）与二次等电位接地网连接。舱内二次等电位接地网采用 4 根以上截面积不小于 50mm^2 的铜带（缆）与舱外主地网一点连接。连接点处需设置明显的二次接地标识。

（13）预制舱内暗敷接地干线，Ⅲ型预制舱宜在离活动地板 300mm 处设置 3 个临时接地端子。舱内接地干线与舱外主地网宜采用多点连接，不小于 4 处。

12.3.10.2 防雷

必要时，在各种装置的交、直流电源输入处设电源防雷器。

12.3.10.3 抗干扰

（1）微机型继电保护装置所有二次回路的电缆均应使用屏蔽电缆。

（2）交流电流和交流电压回路、交流和直流回路、强电和弱电回路，以及来自开关场电压互感器二次的四根引入线和电压互感器开口三角绕组的两根引入线均应使用各自独立的电缆。

（3）双套配置的保护装置的跳闸回路均应使用各自独立的光（电）缆。

（4）经长电缆跳闸回路，宜采取增加出口继电器动作功率等措施，防止误动。

（5）制造部门应提高微机保护抗电磁骚扰水平和防护等级，光耦开入的动作电压应控制在额定直流电源电压的 55%～70%范围以内。

（6）针对来自系统操作、故障、直流接地等异常情况，应采取有效防误动措施，防止保护装置单一元件损坏可能引起的不正确动作。

（7）所有涉及直接跳闸的重要回路应采用动作电压在额定直流电源电压的 55%～70%范围以内的中间继电器，并要求其动作功率不低于 5W。

（8）遵循保护装置 24V 开入电源不出保护室的原则，以免引进干扰。

（9）经过配电装置的通信网络连线均采用光纤介质。

（10）合理规划二次电缆的敷设路径，尽可能离开高压母线、避雷器和避雷针的接地点、并联电容器、CVT、结合电容及电容式套管等设备，避免和减少迂回，缩短二次电缆的长度。

12.3.11 光缆、电缆的标准化连接

12.3.11.1 光缆的标准化连接

为了保证光缆的可靠性和使用寿命，应采用密封性能良好和便于接续的光缆接头，宜采用标准化的光纤接口、熔接或插接工艺，可以根据需要适当选用无需现场熔接的预制光缆组件。

柜内二次装置间连接宜采用跳纤，室内不同屏柜间二次装置连接宜采用尾缆或软装光缆，跨房间、跨场地不同屏柜间二次装置连接可采用无金属、阻燃、多芯室外预制光缆。

室外预制光缆可采用双端预制方式，也可采用单端预制方式。

预制光缆应自带连接器，宜采用体积小、集成密度高、防护性能高、机械性能强、稳定性好的带分支的连接器。

预制舱式二次组合设备内部屏柜间光缆接线全部由集成商在工厂内完成。现场施工宜采用预制光缆实现二次光缆接线即插即用。

二次设备预制舱对外预制光缆宜采用双端预制方式。

12.3.11.2 电缆的标准化连接

宜实现一次设备本体与智能控制柜之间标准的输入、输出，以提高抗干扰能力、适应现场工作环境、便于施工、提高现场实施质量。

主变压器、HGIS 本体与智能控制柜之间二次控制电缆宜采用航空插头连接，断路器、刀闸、互感器与智能控制柜之间二次控制电缆宜采用标准化连接，条件具备时可采用航空插头连接。

当电缆采用穿管敷设时，宜采用单端预制电缆，预制端宜设置在智能控制柜侧。预制缆端采用圆形连接器且满足穿管要求时也可采用双端预制。各供货商应按照标准化设计图纸，进行航空插头及电缆的制作、检验、测试、连接，实现快捷的、标准的二次控制电缆连接方式，减少现场电缆接线工作量，提高连接可靠性。

航空插头的选型应满足回路工作额定电压、额定电流的要求，同时还需要满足接触电阻、屏蔽性能、机械性能、振动、冲击、碰撞等要求；航空插头的连接方式应满足接触电阻等的要求；航空插头还应满足现场环境温湿度等要求。

航空插头宜采用高可靠性的防误插头；当一个间隔内部有多个相同的接插件时，需要有防止航空插件插错位置的措施，以保证间隔内部若干个航空插头的防误插，避免误操作，便于现场安装及运行、检修工作。

12.4 土建部分

12.4.1 站址基本条件

海拔＜1000m，设计基本地震加速度值 0.10*g*，建筑场地为Ⅱ类，设计风速 30m/s，地基承载力特征值 f_{ak}=150kPa，地下水无影响，非采暖区，场地同一标高。

12.4.2 总平及竖向布置

12.4.2.1 站址征地

站址征地图应注明坐标及高程系统，应标注指北针，并提供测量控制点坐标及高程。在地形图上绘出变电站围墙及进站道路的中心线、征地轮廓线及规划控制红线等。

变电站征（占）地面积一览表见表 12－14。

表 12－14　　变电站征（占）地面积一览表

序号	指　标 名 称	单位	数量	备注
1	站址总用地面积	hm^2		
1.1	站区围墙内占地面积	hm^2		
1.2	进站道路占地面积	hm^2		
1.3	站外供水设施占地面积	hm^2		
1.4	站外排水设施占地面积	hm^2		
1.5	站外防（排）洪设施占地面积	hm^2		
1.6	其他占地面积	hm^2		

12.4.2.2 总平面布置图

（1）变电站的总平面布置应根据生产工艺、运输、防火、防爆、环境保护和施工等方面的要求，按最终规模对站区的建、构筑物，管线及道路进行统筹安排。

（2）图中应表示进站道路、站外排水沟、挡土墙、护坡等，综合布置各种主要管沟，并标明起相对关系和尺寸。

（3）图中应标明站内各建筑物、配电装置构架、主变压器场地、围墙、道路等建构筑物的控制点坐标，并在说明中标明建筑坐标与测量坐标间相互的换算关系。

（4）图中应标注指北针，并应标出指北针与建筑坐标的夹角。

（5）图中应标明各道路的宽度及转弯半径。

（6）场地处理。变电站配电装置场地宜采用碎石地坪不设检修小道，操作地坪按电气专业要求设置。

规划部门对绿化有明确要求时，可进行简易绿化，但应综合考虑养护管理，选择经济合理的本地区植物，不应选用高级乔灌木、草皮或花木。

（7）应按现行的 DL/T 5056《变电站总布置设计技术规程》，在图中列出主要技术经济指标一览表（见表 12－15）和站区建（构）筑物一览表（见表 12－16）。

表 12－15　　主要技术经济指标一览表

序号	名　称	单位	数量	备　注
1	站址总用地面积	hm^2		
1.1	站区围墙内用地面积	hm^2		
1.2	进站道路用地面积	hm^2		
1.3	站外供水设施用地面积	hm^2		
1.4	站排洪水设施用地面积	hm^2		
1.5	站外防（排）洪设施用地面积	hm^2		
1.6	其他用地面积	hm^2		
2	进站道路长度（新建/改造）	m		
3	站外供水管长度	m		
4	站外排水管长度	m		
5	站内主电缆沟长度（0.6m×0.6m 以上）	m		
6	站内外挡土墙体积	m^3		
7	站内外护坡面积	m^2		

续表 12－15

序号	名　　称		单位	数量	备　　注
8	站址土（石）方量	挖方（－）	m^3		
		填方（＋）	m^3		
8.1	站区场地平整	挖方（－）	m^3		
		填方（＋）	m^3		
8.2	进站道路	挖方（－）	m^3		
		填方（＋）	m^3		
8.3	建（构）筑物基槽余土		m^3		
8.4	站址土方综合平衡	弃土	m^3		
		取土	m^3		
9	站内道路面积		m^3		
10	屋外场地面积		m^3		
11	总建筑面积		m^3		
12	站区围墙长度		m		

注　如有软弱土或特殊地基处理方式引起的土石方量变化可调整相应项目。

表 12－16　　站区建（构）筑物一览表

序号	项　目　名　称	单位	数量	备　　注
1	配电装置室（楼）	m^2	—	占地面积/建筑面积
2	警卫室	m^2	—	占地面积/建筑面积
3	消防泵房及水池	m^2		占地面积/建筑面积
4	110kV 配电装置场地	m^2		
5	主变压器场地	m^2		
6	电容器场地	m^2		
7	雨水泵井	座		
8	事故油池	座		
9	独立避雷针	根		

注　具体建（构）筑物根据工程具体情况调整。

12.4.2.3　竖向布置

（1）竖向布置的形式应综合考虑站区地形、场地及道路允许坡度、站区排水方式、土石方平和等条件来确定，场地的地面坡度宜取 0.5%～2%。

（2）图中应标出站区各建（构）筑物、道路、配电装置场地、围墙内侧及站区出入口处的设计标高，建筑物设计标高以室内地坪为±0.000。标明场地、道路及排水沟排水坡度及方向。

12.4.2.4　土（石）方平衡

根据总平面布置及竖向布置要求，采用横断面法、方网格法、分块计算法或经鉴定的计算软件计算土（石）方工程量，绘制场区土方图，编制土方平衡表。对土方回填或开挖的技术要求作必要说明。

12.4.3　站内外道路

（1）站内外道路的型式。进站道路采用公路型道路，城区变电站采用城市型道路；站内道路采用公路型道路，湿陷性黄土地区、膨胀土地区和城区户内变电站采用城市型道路；路面可采用混凝土路面或沥青混凝土路面。采用公路型道路时，路面宜高于场地设计标高 150mm。

（2）全户内变电站站内道路采用环形道路，全户外变电站采用 H 形道路布置。变电站大门宜面向站内主变压器运输道路。

变电站大门及道路的设置应满足主变压器、大型装配式预制件、预制舱式二次组合设备等整体运输的要求。

（3）其他。进站道路与桥涵或沟渠等交汇处应标明其坐标并绘制其断面详图。站内道路平面布置应站内地下管沟，标示穿越道路管沟的位置。

12.4.4　装配式建筑

12.4.4.1　建筑物布置

（1）建筑应严格按工业建筑标准设计，风格统一、造型协调、方便生产运行，并做好 建筑“四节（节能、节地、节水、节材）一环保”工作。建筑材料选用因地制宜，选择节能、 环保、经济、合理的材料。

（2）变电站内建筑物名称和房间名称应统一。

（3）变电站设配电装置室（楼）、消防泵房等建筑物，各类型变电站均设置独立的警卫室。

（4）建筑物按无人值守运行设计，仅设置生产用房及辅助生产用房。

户外变电站生产用房设有二次设备室、蓄电池室、35（10）kV 配电装置室等。

全户内变电站生产用房设有主变压器室、散热器室、110kV GIS 室、35（10）kV 配电装置室、电容器室、站用变压器室、二次设备室、蓄电池室等。

（5）建筑设计的模数应结合工艺布置要求协调，宜按 GB 50006《厂房建筑模数协调标准》执行，建筑物柱距一般不宜超过三种。

35（10）kV 配电装置室柱距宜为 6m，当采用单列布置时，跨度采用 7.5m（6m）；当采用双列布置时，跨度采用 12m（9m）；当采用混合布置时，跨度采用 11m。35kV 配电装置室层高 4.5m（电缆进线层高 4m），10kV 配电装置室层高 4m。

户内变电站主变压器室和 110kV GIS 室柱距宜采用 6.0～8.0m。110kV GIS 室层高 8m，跨度 10m；主变压器室层高 8m，跨度 10m。

12.4.4.2 墙体

（1）应选用节能环保、经济合理的材料；应满足保温、隔热、防水、防火、强度及稳定性要求。

（2）墙板尺寸应根据建筑外形进行排版设计，减少墙板长度和宽度种类，在满足荷载及温度作用的前提下，结合生产、运输、安装等因素确定，避免现场裁剪、开洞；采用工业化生产的成品，减少现场叠装，现场无需涂刷，便于安装。

（3）外围护墙体应根据使用环境条件合理选用，采用纤维水泥复合墙板。强腐蚀性地区宜优先选用水泥基板材。

（4）应根据使用条件合理选择墙体中间保温层材料及厚度，外墙厚度不低于 300mm；内隔墙厚度不低于 200mm。

（5）用于防火墙时，应满足 3h 耐火极限（其中岩棉组合结构为一体化结构体系，应具有防火专业机构认可报告）。

（6）建筑内隔墙宜采用纤维水泥复合墙板集成墙板。

（7）变压器室设计应采取泄压措施，泄压墙宜采用装配式轻质墙体，轻质墙体容重不宜大于 60kg/m^2，且具备泄压迅速、强度良好、轻质、耐久、防火和安装拆卸方便等特点。

12.4.4.3 屋面

（1）屋面板采用钢筋桁架楼承板，轻型门式钢架结构屋面板宜采用压型钢板复合板。屋面宜设计为结构找坡，平屋面采用结构找坡不得小于 5%，建筑找坡不得小于 3%；天沟、沿沟纵向找坡不得小于 1%；寒冷地区可采用坡屋面。坡屋面坡度应符合设计规范要求。

（2）屋面采用有组织防水，防水等级采用Ⅰ级。

12.4.4.4 室内外装饰装修

（1）外墙外挂板应免二次涂刷，内墙免二次涂刷。

（2）变电站楼、地面做法应按照现行国家标准图集或地方标准图集选用，无标准选用时，可按国家电网公司输变电工程标准工艺选用。

（3）主变压器室、配电装置室、电容器室、站用变压器室、蓄电池室等电气设备房间宜采用环氧树脂漆地坪、自流平地坪、地砖或细石混凝土地坪等；卫生间、室外台阶采用防滑地砖，卫生间四周除门洞外，应做高度不应小于 120mm 混凝土翻边。

（4）卫生间设铝扣板吊顶，其余房间和走道均不宜设置吊顶。当采用坡屋面时宜设吊顶。

（5）室内装饰装修应满足 GB 50222《建筑内部装修设计防火规范》防火要求。

12.4.4.5 门窗

（1）门窗应设计成规整矩形，不应采用异型窗。

（2）门窗应设计成以 3M 为基本模数的标准洞口，尽量减少门窗尺寸，一般房间外窗宽度不宜超过 1.50m，高度不宜超过 1.50m。

（3）门采用木门、钢门、铝合金门。

（4）外窗宜采用断桥铝合金门窗，窗玻璃宜采用中空玻璃。蓄电池室、卫生间的窗采用磨砂玻璃。

（5）建筑外门窗抗风压性能分级不得低于 4 级，气密性能分级不得低于 3 级，水密性能分级不得低于 3 级，保温性能分级为 7 级，隔音性能分级为 4 级，外门窗采光性能等级不低于 3 级。

12.4.4.6 楼梯、坡道、台阶及散水

（1）楼梯尺寸设计应经济合理。楼梯间轴线宽度宜为 3m，踏步高度宜在 0.15～0.20m 之间，踏步宽度宜在 0.26～0.30m 之间，步宽不宜大于 0.30m。踏步应防滑。室内台阶踏步数不应小于 2 级。当高差不足 2 级时，应按坡道要求设置。

（2）楼梯梯段改变方向时，扶手转向端处的平台最小宽度不应小于梯段宽度，并不得小于 1.20m。

（3）室内楼梯扶手高度不宜小于 0.90m。靠楼梯井一侧水平扶手长度超过 0.50m 时，其高度不应小于 1. 05 m。

（4）踏步、坡道、台阶采用细石混凝土或水泥砂浆材料。

（5）细石混凝土散水宽度为 0.80m，散水与建筑物外墙间应留置沉降缝，缝宽 20～25mm，纵向 6m 左右设分隔缝一道。

12.4.4.7 建筑节能

（1）控制建筑物窗墙比，窗墙比应满足国家规范要求。

（2）建筑外窗选用中空玻璃，改善门窗的隔热性能。

（3）墙面、屋面宜采用保温隔热层设计。

12.4.5 装配式结构

12.4.5.1 基本设计规定

（1）装配式建筑物宜采用钢结构。结构体系宜采用钢框架结构或轻型门式钢架结构。当单层建筑物恒载、活载均不大于 0.7kN/m^2，基本风压不大于 0.7kN/m^2 时可采用轻型门式钢架结构。地下电缆层采用钢筋混凝土结构。

（2）根据 GB 50068《建筑结构可靠性设计统一标准》，建筑结构安全等级取为二级；根据 GB 50011《建筑抗震设计规范》、GB 50223《建筑工程抗震设防分类标准》，建筑抗震设防类别取为乙类或丙类；荷载标准值、荷载分项系数、荷载组合值系数等，应满足 GB 50009《建筑结构荷载规范》和 DL/T 5427《变电站建筑结构设计技术规程》的规定。结构的重要性系数 γ_0 宜取 1.0。

（3）承重结构应按承载力极限状态和正常使用极限状态进行设计，按承载能力极限状态设计时，采用荷载效应的基本组合；按正常使用极限状态设计时，采用荷载效应的标准组合。

12.4.5.2 材料

（1）钢结构梁柱等主要承重构件宜采用 Q235、Q355 钢材，截面采用 H 型或箱型。

（2）钢结构的传力螺栓连接宜选用高强度螺栓连接，高强度螺栓宜选用 8.8 级、10.9 级，高强度螺栓的预拉应力应满足表 12－17 的要求，钢结构构件上螺栓钻孔直径宜比螺栓直径大 1.5～2.0mm。

表 12－17　高强度螺栓的预拉应力值

螺栓公称直径（mm）	M16	M20	M22	M24	M27	M30
螺栓预拉力（kN）	100	155	190	225	290	355

（3）Q355 与 Q355 钢之间焊接宜采用 E50 型焊条，Q235 与 Q235 钢之间焊接宜采用 E43 型焊条，Q235 与 Q355 钢之间焊接宜采用 E43 型焊条，焊缝的质量等级不小于二级。

12.4.5.3 结构布置

结构柱网尺寸按照模块化建设通用设计要求进行布置，厂房柱宜采用 H 型截面；框架梁宜采用 H 型截面；梁柱宜采用刚性连接。次梁的布置应综合考虑设备布置和工艺要求，次梁宜与主梁铰接，并与板组成简支组合梁。

12.4.5.4 钢结构计算的基本原则

（1）钢结构的计算宜采用空间结构计算方法，对结构在竖向荷载、风荷载及地震荷载作用下的位移和内力进行分析。

（2）进行构件的截面设计时，应分别对每种荷载组合工况进行验算，取其中最不利的情况作为构件的设计内力。荷载及荷载效应组合应满足 GB 50009《建筑结构荷载规范》的规定。

（3）框架柱在压力和弯矩共同作用下，应进行强度计算、强轴平面内稳定计算和弱轴平面内稳定计算。在验算柱的稳定性时，框架柱的计算长度应根据有无支撑情况按照 GB 50017《钢结构设计标准》进行计算。

（4）柱与梁连接处，柱在与梁上翼缘对应位置宜设置水平加劲肋，以形成柱节点域，节点域腹板的厚度应满足节点域的屈服承载力要求和抗剪强度要求。

（5）中心支撑宜采用十字交叉支撑，且宜采用 H 型截面，支撑在框架内宜相向对称布置，每层不同方向在水平方同的投影面积，不宜超过 10%。

（6）柱与基础的连接采用锚栓连接，锚栓宜采用 Q355 钢材，钢柱脚宜设置钢抗剪件，抗剪件的选择应根据计算确定。

12.4.5.5 钢结构节点设计与构造

（1）梁与柱刚性连接节点应具有足够的刚性。梁与柱的连接应验算其在弹性阶段的连接强度、弹塑性阶段的极限承载力、在梁翼缘拉力和压力作用下腹板的受压承载力和柱翼缘板刚度、节点域的抗剪承载力。

箱型柱在与梁翼缘对应位置处应设横向隔板，隔板应采用全熔透对接焊缝与柱壁板相连。H 型柱在与梁翼缘对应位置处应设横向加劲肋，加劲肋与柱翼缘应采用全熔透对接焊缝连接，与腹板可采用角焊缝连接。

加劲板（隔板）厚度不应小于梁翼缘厚度，强度与梁翼缘相同。

梁腹板上下端均作扇形切角，切角高度应容许焊条通过，下翼缘焊接衬板的反面与柱翼缘或壁板的连接处，应沿衬板全长用角焊缝连接，焊缝尺寸宜取为 6mm。

梁腹板与柱的连接螺栓不宜小于两列，且螺栓总数不宜小于计算值的 1.5 倍。

H型截面柱在弱轴方向与主梁刚性连接时，应在主梁翼缘对应位置设置柱水平加劲肋，其厚度分别与梁翼缘和腹板厚度相同。柱水平加劲肋与柱翼缘和腹板均为全熔透坡口焊缝，竖向连接板柱腹板连接为角焊缝。

（2）柱与柱的连接要求。焊接H型截面柱，腹板与翼缘的组合焊缝可采用角焊缝或部分熔透焊的K形坡口焊缝。

箱型截面柱壁板四角的焊缝一般采用部分焊透的V形或J形焊缝，焊脚尺寸可根据实际作用的水平剪力计算确定，但不得小于壁板厚度2/3。

梁与柱刚性连接时，焊接H型截面柱在梁翼缘上下各500mm范围内，柱翼缘与柱腹板之间或箱型柱壁板之间的连接焊缝应采用全熔透坡口焊缝。

柱的拼接接头应位于框架节点塑性区以外，宜在框架梁上方1.3m附近，上下柱的对接接头应采用全熔透焊。柱拼接接头上下各100mm范围内，焊接H型截面柱翼缘与腹板间或箱型柱壁板之间的连接焊缝，应采用全熔透坡口焊缝，柱的接头处应设置安装耳板，厚度宜大于10mm。

钢柱的上下层截面应保持一致，当需要变截面时，柱的截面尺寸宜保持不变，仅改变翼缘厚度。

（3）梁与梁的连接要求。主梁的现场拼接节点，一般应设在内力较小的位置。也可根据施工安装方便的需要，设置在距离梁端1m左右的位置处。连接节点应按照板件截面面积的等强条件进行设计。

次梁与主梁的连接宜铰接，次梁与主梁的竖向加劲板宜采用高强螺栓连接。

（4）梁腹板开孔补强要求。为满足电气工艺要求，梁腹板上需开孔时应满足以下要求：

1）当圆孔尺寸不大于梁高的1/3，孔洞的间距大于3倍的孔径，且在梁端1/8跨度范围内无开孔时，可不予补强。

2）当开孔需要补强时，在梁腹板上加焊V形加劲肋，且纵向加劲板伸过洞口的长度不小于矩形孔的高度，加劲肋的宽度为梁翼缘宽度的1/2，厚度与腹板同。

（5）楼、屋面底模构造要求。楼面板宜采用压型钢板为底模的现浇钢筋混凝土板。压型钢板质量应符合GB/T 12755《建筑用压型钢板》要求，宜选用闭口型热镀钢板，其基板应选用厚度不小于0.5mm的双面热镀锌钢板。在组合楼板的正弯矩区应根据使用阶段的受力情况及防火设计的要求确定是否配置受力钢筋。压型钢板公母肋扣合处，应采用有效的机械连接固定，当采用自攻螺丝或拉铆钉固定时，固定间距不宜大于500mm。钢筋桁架楼承板的型号及技术参数根据JG/T 368《钢筋桁架楼承板》选用，屋面钢筋桁架楼承板建议选用HB1－90，楼板厚度取120mm。底模钢板厚度不应小于0.5mm，宜采用咬口式搭缝构造。压型钢板或楼承板端部的连接宜采用圆柱头栓钉将压型钢板与钢梁焊接固定，栓钉宜穿透压型钢板焊于钢梁翼缘上。栓钉的直径不宜大于19mm。

12.4.5.6 钢结构防腐和防火

（1）钢结构防腐。

1）钢结构建筑物梁柱均应进行防腐处理，可采用热镀锌、冷喷锌或涂层防腐。

2）钢柱脚埋入地下部分应采用比基础或连接处混凝土等级高一级的混凝土包裹，包裹厚度不宜小于50mm。

（2）钢结构防火。丙类钢结构多层厂房主变压器室和散热器室的耐火等级为一级，钢柱和防火墙的耐火极限为3.0h，钢梁的耐火极限为2.0h，如为单层布置，钢柱的耐火极限为2. 5h。

丁、戊类单层钢结构厂房耐火等级为二级，钢柱耐火极限为2.0h，钢梁的耐火极限为1.5h。

1）防火板。耐火等级为一级的丙类钢结构多层厂房柱宜采用防火板外包防火构造。板材的耐火性能应经国家检测机构认定。外包板的厚度和层数应根据外包板的板材型式和结构的耐火极限进行计算选定。

2）防火涂料。根据建筑物耐火等级，确定各构件的耐火极限，选择厚薄型的防火涂料。防火涂料的厚度应满足表12－18要求。防火涂料的黏结强度宜大于0.05MPa；钢结构节点部位的防火涂料宜适当加厚。

表12－18　防火涂料的耐火极限

涂层厚度（mm）	20	30	40	50
耐火极限（h）	1.5	2.0	2.5	3.0

12.4.6 装配式构筑物

12.4.6.1 围墙

（1）围墙形式可采用大砌块实体围墙，砌体材料因地制宜，采用环保材料（如混凝土空心砌块），围墙高度不低于2.3m。围墙饰面采用水泥砂浆或干黏石抹面，围墙顶部宜设置预制压顶。大砌块推荐尺寸为600mm（长）×300mm（宽）×300mm（高）或600mm（长）×200mm（宽）×300mm（高）。围墙中及转角处设置构造柱，构造柱间距不宜大于3m，采用标准钢模浇制。当造价较为经济时，可采用装配式围墙，如城市规划有特殊要求的变电站可采用通透式围墙。

（2）饰面及压顶。围墙饰面采用水泥砂浆或干黏石抹面。围墙压顶应采用预制压顶。

（3）围墙变形缝。围墙变形缝宜留在墙垛处，缝宽 25mm，并与墙基础伸缩缝上下贯通，变形缝间距不大于 15m。

12.4.6.2 大门

变电站大门宜采用电动推拉门。宽度不宜小于 4.5m，门高不小于 2.0m。

12.4.6.3 防火墙

（1）主变压器防火墙宜采用框架 + 大砌块、框架 + 砌块、框架 + 预制墙板、组合钢模板清水钢筋混凝土等形式。墙体需满足耐火极限≥3h 的要求。装配式防火墙应根据主变压器构架钢管根开和防火墙长度设置钢筋混凝土现浇筑。

（2）主变压器防火墙的耐火等级为一级，墙应高出储油柜顶，墙长应不小于储油坑两侧各 1m。结构采用平法布置表示梁、柱的配筋。

（3）防火墙墙体材料应采用环保材料，宜就地取材。

12.4.6.4 电缆沟

（1）配电装置区不设置电缆支沟，可采用电缆埋管或电缆排管，电缆沟宽度宜采用 800、1100、1400mm。

（2）电缆支沟可采用电缆槽盒，主电缆沟宜采用砌体、现浇混凝土或钢筋混凝土沟体，砌体沟体顶部宜设置预制压顶。沟深≤1000mm 时，沟体宜采用砌体；沟体≥1000mm 或离路边＜1000mm 时，沟体宜采用现浇混凝土。在寒冷地区，采用混凝土电缆沟。电缆沟沟壁应高出场地地坪 100mm。

（3）电缆沟盖板采用有机复合盖板或包角混凝土盖板，盖板每边宜超出沟壁（压顶）外沿 30～50mm。电缆沟支架宜采用角钢支架。潮湿环境下，宜采用复合支架。

（4）带油设备周边电缆沟采用企口式电缆沟盖板。

12.4.6.5 构架

（1）结构形式。110kV 构架采用钢结构，梁柱连接采用铰接。与基础之间宜采用地脚螺栓连接。户外 HGIS 变电站宜采用两回一跨构架，构架柱采用钢管 A 型柱，管径宜采用ϕ300～350mm；三角形钢桁架梁，梁柱连接采用铰接。柱与基础之间以采用地脚螺栓连接。

（2）构造要求。人字柱的根开与柱高之比不宜小于 1/7。构架梁的高跨比：格构式钢梁不宜小于 1/25；变电构架人字柱的主柱与水平横杆的连接，应在平面外有足够的刚度，以保证拉压杆的共同工作。

（3）爬梯及接地。构架设计应设有便利维护检修人员上下的直爬梯，直爬梯的设置应满足带电检修的上人条件，梯宽不宜小于 0.40m，爬梯第一档到地面的距离为 450mm，爬梯底部宜设置防止人随意攀爬的带锁安全门。构架柱在距地面 0.5m 高处均设接地件，接地件位于柱外侧。柱脚排水孔设在人字柱内侧最低点。爬梯应设置安全护笼或防坠落装置。

（4）防腐。构架应根据大气腐蚀介质采取有效的防腐措施，对通常环境条件的钢结构宜采用热镀锌防腐。

（5）构架基础。采用标准钢模浇制混凝土，基础尺寸推荐采用 1800、2100、2400、2700mm。

12.4.6.6 设备支架

（1）设备支架应与构架的结构型式相协调，可采用钢管结构，钢管宜采用 273mm×6mm、300mm×6mm 等。管母支架采用 T 型支架或 π 型支架。设备支架钢管与基础之间宜采用地脚螺栓连接。接地件根据电气要求设置，接地件位于柱外侧。柱脚排水孔设在支架柱最低点。

（2）防腐。支架应根据大气腐蚀介质采取有效的防腐措施，对通常环境条件的钢结构宜采用热镀锌防腐或冷喷锌。

（3）支架基础。采用标准钢模浇制混凝土，基础尺寸推荐采用 900、1200、1500mm。

12.4.6.7 避雷针

独立避雷针及构架避雷针采用钢管结构型式或格构式结构。

对一般气候条件地区，避雷针钢材应具有常温冲击韧性的合格保证；当结构工作环境温度低于 0℃但高于 –20℃时，避雷针钢材应具有 0℃冲击韧性的合格保证；当结构工作环境温度低于 –20℃时，避雷针钢材应具有 –20℃冲击韧性的合格保证。

应严格控制避雷针针身的长细比，法兰连接处应采用有劲肋板法兰刚性连接。法兰连接螺栓应采用 8.8 级高强度螺栓，双帽双垫，螺栓规格不小于 M20。螺栓的紧固应采用力矩扳手，安装时的紧固力矩需满足 GB 50205《钢结构工程施工质量验收规范》的相关要求。

12.4.7 给排水

12.4.7.1 给水

（1）生活给水：变电站生活用水水源应根据供水条件综合比较确定，宜优先选用已建市政供水管网供水方式。

（2）消防给水：变电站消防用水量应按火灾时一次最大消防用水量，即需要同时作用的室内和室外消防用水量之和计算。变电站消防给水水源应根据供水条件综合比较确定，宜优先选用已建市政供水管网供水方式。

12.4.7.2 排水

（1）场地排水应根据站区地形、地区降雨量、土质类别、站区竖向及道路布置，变电站内排水系统宜采用分流制排水。站区雨水采用散排或有组织排放。生活污水采用化粪池处理，定期清掏，当变电站周围有规划市政污水管网时，化粪池宜预留接口。当变电站周围有已建市政污水管网时，可不设化粪池，生活污水采用格栅井/池处理后接入已建市政污水管网。

（2）站内排水应优先采用重力自流排水，当站内排水采用压力抽排时，站内应采用地下或半地下式排水泵站，不设排水泵房。

（3）事故排油必须进行回收处理。事故油池的储油池容积按变电站内油量最大的一台设备100%油量设计。

12.4.8 暖通

变电站二次设备室、配电间、蓄电池室等房间设置分体空调进行空气调节；在供暖地区，可根据当地环境要求采用分散电暖设备供暖；建筑物内各房间应根据人员、工艺及设备的需求设置分体空调或电暖，不宜采用集中空调。

主变压器室采用自然进风、机械排风的通风系统排除室内余热；配电装置室设低噪声风机机械排风排除室内余热；GIS室设置事故排风，事故排风由下部排风和上部排风共同保证，平时通风采用下部排风系统，排风设备需与SF_6泄漏报警装置连锁；蓄电池室平时通风系统兼作事故排风，设防爆轴流风机作排风机；电容器室、消防水泵房等采用自然进风、机械排风的通风系统。

供暖通风及空调系统与消防报警系统应能联动闭锁，同时具备自动启停、现场控制和远方控制功能。供暖通风及空调设备具备自动控制功能及与智能辅助控制系统实现协同联动。

12.4.9 消防

12.4.9.1 建筑物消防

（1）根据GB 50229《火力发电厂与变电站设计防火标准》、GB 50016《建筑设计防火规范》，当建筑体积不超过3000m^3，建筑物危险等级为戊类，耐火等级不低于二类时，可不设置室外消火栓系统。当建筑物危险等级为丁、戊类，耐火等级不低于二类时，可不设置室内消防栓给水系统，宜设置消防软管卷盘或轻便消防水龙。户内变电站配电装置楼危险等级为丙类，应设置室内外消火栓系统。

（2）结合灭火配置场所的火灾种类和变电站建筑灭火器配置场所的危险等级，按现行规范配置灭火器并标注定位尺寸。

12.4.9.2 主变压器消防

主变压器消防采用移动式化学灭火装置。

12.4.9.3 电缆夹层、电缆隧道消防措施

电缆从室外进入室内的入口处、电缆竖井的出入口处、电缆接头处、配电装置室与电缆夹层之间的电缆沟或隧道，均采取防止电缆火灾蔓延的阻燃或分隔措施：采用防火隔墙或隔板，并用防火材料封堵电缆通过的孔洞；电缆局部涂防火涂料或局部采用防火带、防火槽盒。

12.5 绿色建设

12.5.1 总体原则

为了践行绿色发展理念，贯彻落实国网公司“一体四翼”发展布局，推动输变电工程建设由传统模式向绿色建造方式转型升级，深入推进输变电工程高质量建设，助力国网公司“碳达峰、碳中和”行动实施，依据国家绿色建造相关法律法规，标准规范及公司有关规定，坚持“两型三化顶层设计”、坚持“四个阶段”分步实施、坚持“五方主体”协同推进工作原则。

12.5.2 电气一次

根据《国家电网有限公司《关于全面推进 输变电工程绿色建造的指导意见》（国家电网基建〔2021〕367号）及GB 20052—2020《电力变压器能效限定值及能效等级》的要求选择设备等。

选择低损耗变压器：变压器的空载损耗和短路损耗为变压器的能耗指标，设备选择需满足主变压器能耗选择需满足Ⅱ级及以上能耗的要求，从根源上解决主变压器能耗高的问题。

选择节能照明灯具：采用绿色照明技术，在工艺生产建构筑物内全面选择高效率照明灯具和长寿命光源，采用能耗较低的LED灯具或节能较高的节能型灯具等。户外配电装置区域照明采用投光灯与路灯相结合措施，路灯和投光灯分别控制，根据变电站不同的场地进行分区域控制，以达到节能，减少能耗。

12.5.3 电气二次

（1）变电站应整体考虑保护、自动化、通信等二次设备的布置。二次设备

室宜按规划建设规模一次建成，在便于巡视和检修的条件下，二次设备室布置应紧凑，应合理预留屏位。

（2）变电自动化系统宜配置一键顺控功能，以提升变电站智能化水平，减少运维人员工作量。

（3）变电站宜配置接入远程监控的智能辅助监控系统，以实现站内照明、通风、排水、空调、火灾报警、电子围栏等功能的联动控制。

（4）变电站二次设备应选择低功耗服务器等节能型产品。

（5）二次组屏方案设计应考虑设备的功耗和散热，同一屏柜中不宜配置过多设备。

（6）除主变压器间隔外，10(35) kV 间隔宜采用保护测控集成装置，以减少设备、降低功耗。主变压器间隔和 110kV 以上间隔测控装置宜独立配置。

（7）220kV 及以下户内变电站间隔层设备宜下放布置于智能控制柜。

（8）智能变电站宜采用预制光缆。起点、终点为同一对象的多根光缆宜按照双重化原则整合。

（9）站控层设备宜采用 SNTP 对时方式，间隔层和过程层设备宜采用 IRIG-B、1pps 对时方式，以减少计算机屏蔽电缆的使用量。

12.5.4　变电土建

12.5.4.1　总平面设计

（1）站址选择要因地制宜，靠近负荷中心，进出线合理，交通便利，尽量不占用农田林地，提高土地利用率。场地设计应有效利用地域自然条件，实现建筑布局、交通组织、场地环境、场地设施和管网的合理设计。

（2）站址选择应避开滑坡、泥石流、地震断裂带等地质危险地段；场地周围应无危险化学品、易燃易爆危险源的威胁；无不良土壤的影响；尽量避开易发生洪涝的地区。变电站建造行为对周围环境无不良影响。

（3）变电站总平面布置应满足总体规划要求，预留发展用地应按最终规模一次征地。

（4）站区总平面布置宜尽量规整，站内工艺布置合理，功能分区明确。宜将近期建设的建构筑物集中布置，以利分期建设和节约用地。

（5）积极采用通用基础，基础宜考虑一次性建成，避免土建二次进场。涉及深基坑的构筑物工程，应一次性建成。

（6）在变电站整体改造时，应充分利用原有建筑、基础及构架。

（7）合理规划和适度开发地下空间，建设地下变电站，提高土地利用效率。

（8）变电站在兼顾出线顺畅的前提下，宜结合自然地形合理进行竖向布置。场地设计标高应兼顾洪（潮）水位标高、场地排水、土质边坡条件等。

（9）场地的土石方宜结合建构筑物基础出土、室内回填土、地下管线沟槽和道路工程的土方量、景观用土进行自平衡，也可与周边地块建设场地土方进行平衡，避免重复运输，力求减少外购土方和土方外运量。

（10）站外挖、填方边坡宜根据周围环境及边坡土质状况优先采用喷播等绿色环保措施，防止水土流失，保护自然环境。

（11）充分保护耕地农田，可考虑采用净地表层土回收利用等生态补偿措施。

（12）变电站围墙型式应根据站址位置、城市规划和环境要求等因素综合确定，宜优先选用与周边相匹配的装配式围墙。根据节约用地和便于安全保卫原则力求规整，地形复杂或山区变电站的围墙可结合地形布置。

（13）变电站的主出入口宜面向当地道路，便于引接进站道路。城市变电站的主入口方位及处理要求宜与城市规划和街景相协调。

（14）进站道路设计应结合地形综合考虑，宜利用已有道路或路基，站外道路建设应充分考虑施工临时道路与永久道路的结合利用。

12.5.4.2　建筑设计

（1）建筑设计除满足电气设备的运行要求外，尚应符合城市规划等部门提出的规划要求和对环境、噪声、景观、节能等方面要求。

（2）建筑外观与周边环境相协调，简洁大方，分区合理。

（3）宜按照“被动式技术优先、主动式技术优化”的原则，根据实际情况，优化建筑空间布局及设备布置，充分挖掘建筑本体与设备在节约资源方面的潜力。

（4）建筑物外立面造型协调，装配式墙板、门窗等建筑模数协调统一。门窗的设置、尺寸、功能和质量应符合使用、节能、设备运输和安装检修的要求。

（5）建筑物内隔墙型式应因地制宜，宜采用装配式轻质隔墙，使用新型、环保建筑材料，考虑节能环保、防火、防潮隔热等相关措施。

（6）建筑物外墙、屋面、外门窗等围护结构的力学性能、热工性能和耐久性等应符合相应产品标准规定，并应满足设计使用年限要求。建筑采用外保温时，外墙和屋面应减少挑出构件、附墙构件和屋顶突出物，外墙与屋面的热桥部分应采取阻断措施。

（7）建筑体形系数、外围护结构（外墙、屋顶、外门窗）的热工参数（如传热系数、热惰性指标等）应符合现行国家标准对围护结构相关保温和气密性等规定。

（8）外墙饰面材料、室内装饰装修材料、防水和密封材料等宜选用耐久性好、易维护、无毒的材料。合理选用可再循环材料、可再利用材料。在保证功能性的前提下，宜选用以废弃物为原料生产的利废建材。

（9）建筑物装饰装修宜选用工业化内装饰，优先采用装配式装修。装配式钢结构建筑内部不应为强调观感，采用装饰性材料对钢柱、钢梁等结构件进行包裹；鼓励在涉水房间内采用干式施工的装配式防水型板材墙面。

（10）选用的装饰装修材料在满足 GB 50222《建筑内部装修设计防火规范》的同时，要符合国家现行绿色产品评价标准。宜优先选用获得绿色建材评价认证标识的建筑材料和产品。

（11）当变电站处于噪音控制严格地区时，变电站设计宜通过选择户内变布置方式，或采取设备隔振垫、吸音板、隔音屏障、实体围墙等措施，满足噪声控制要求。

（12）管材、管线、管件应选用耐腐蚀、抗老化、耐久性能好的材料，活动配件应选用长寿命产品，并应考虑部品之间合理的寿命匹配性；不同使用寿命的部品组合时，构造应便于分别拆换、更新和升级。

（13）变电站建筑物外墙不宜选择玻璃幕墙，避免产生光污染。

（14）建筑管线宜与建筑结构分离布置，便于安装、检修、维护。

（15）结合城市绿化可持续发展，变电站建筑设计可采用立体绿化设计，利用植物对建筑物或构筑物的屋面、墙面及立面进行绿化和美化。

12.5.4.3　结构设计

（1）变电站应综合考虑安全耐久、节能减排、易于建造等因素，根据建筑物的重要性、安全等级、抗震设防烈度等要求，优先采用工厂加工、现场组装的装配式结构体系。

（2）地基处理方案应经济合理，减少对环境的污染。宜选用工厂化预制的桩型；当采用灌注桩时，宜考虑采用长螺旋钻孔压灌桩技术等；尽量避免采用人工挖孔桩，提高机械化施工；桩基施工宜结合实际情况选用低噪、环保、节能、高效的机械设备和工艺。

（3）按照有效防治水土流失的要求，合理优化地下构筑物、挡墙、护坡设计；深基坑宜采用沉井、支护桩等，减少基坑开挖方量。

（4）建构筑物部品部件应采用标准化设计，固化构件选型、构件模块；固化专业间接口设计，形成设备电气接口和土建接口标准化方案；推广使用集成化、模块化、预制式建筑部品，提高工程品质，降低运行维护成本。

（5）变电站混凝土原则上应采用预拌混凝土；宜采用预拌砂浆；钢筋连接宜采用机械连接。

（6）钢结构宜采用全螺栓连接，减少现场焊接。钢结构楼板宜采用免支撑的楼板承重体系。

（7）钢管柱构（支）架可采用冷喷锌防腐，减少对环境的污染。

（8）建筑结构材料宜优先选择高强轻质、高耐久性混凝土、耐候和耐火结构钢等。

12.5.4.4　给排水及消防设计

（1）变电站地下管线布置应按变电站的最终规模统筹规划，管线（沟道）与建（构）筑物基础、道路之间在平面与竖向上应相互协调，近远期结合，合理布置，便于扩建。

（2）场地应采用有组织排水，实现雨污分流，永临结合。

（3）竖向设计应有利于雨水的收集或排放，应结合各地气候条件，采用“渗、滞、蓄、净、用、排”等措施对施工期间及建筑竣工后的场地雨水进行有效统筹控制。

（4）合理规划场地地表和屋面雨水径流。

（5）管材选用应符合耐腐蚀、抗老化、耐久性等绿色材料要求。

（6）结合坡度、山地特点，宜采用雨污水自流排放，取消或减少雨水泵井设置。

（7）场地事故油池应具有油水分离措施。

（8）使用较高用水效率等级的卫生器具。

（9）利用场地空间设置绿色雨水基础设施，可通过收集、沉淀、过滤、消毒等处理，将雨水直接利用于除饮用水外的生活用水中。

12.5.4.5　暖通设计

（1）变电站宜优化建筑空间和平面布局，改善自然通风效果，建筑排烟系统宜优先采用自然排烟系统。

（2）配电装置室通风系统可设置温度自动控制装置，设定风机的启停温度，以利于节能和减少噪声。

（3）暖通设计时要做好经济性比较，保证空调及采暖设备的可调节性及可操作性。空调设备宜选用环保冷媒，满足绿色环保的要求。

（4）变电站通风设备宜选用高效、低噪声风机，合理选择通风设备的保温材料。

（5）主变压器及电抗器的散热器等主要散热设备宜结合当地实际情况布置在户外，如布置在户内时应采取隔热散热措施。

第 13 章　SC－110－B－1 通用设计实施方案

13.1　SC－110－B－1 方案主要技术条件

SC－110－B－1 方案主要技术条件见表 13－1。

表 13－1　SC－110－B－1 方案主要技术条件

序号	项目		技术条件
1	建设规模	主变压器	本期 2×50MVA，远期 3×50MVA
		出线	110kV：本期出线 2 回，远期出线 4 回，架空出线； 35kV：本期出线 6 回，远期出线 6 回，电缆出线； 10kV：本期出线 16 回，远期出线 28 回，电缆出线
		无功补偿装置	每台主变压器配置 10kV 并联电容器 2 组，单组容量为 5004kvar
2	站址基本条件		海拔＜1000m，设计基本地震加速度 0.10g 考虑，重现期 50 年的基本风速 V_0≤30m/s，地基承载力特征值 f_{ak} =150kPa，无地下水影响，假设场地为同一标高，污秽等级 d 级
3	电气主接线		110kV 本期及远期采用单母线分段接线； 35kV 本期及远期采用单母线分段接线； 10kV 本期采用单母线分段接线，远期采用单母线三分段接线
4	主要设备选型		110、35、10kV 短路电流控制水平分别为 40、31.5、31.5kA； 主变压器采用三相、三绕组、有载调压、低损耗、自然油循环自冷变压器； 110kV 采用户外 HGIS； 35kV 采用户内 SF_6 气体绝缘开关柜，配置真空断路器； 10kV 采用户内空气绝缘开关柜，配置真空断路器； 10kV 并联电容器采用户外框架式； 10kV 接地变压器及消弧线圈成套装置采用户外干式
5	电气总平面		主变压器：户外布置； 110kV：户外 HGIS，架空出线； 35、10kV：户内开关柜混合双列布置
6	二次系统		全站采用预制舱式二次组合设备、模块化二次设备、预制式智能控制柜及预制光电缆的二次设备模块化设计方案； 变电站自动化系统按照一体化监控设计； 采用常规互感器＋合并单元； 110kV GOOSE 与 SV 共网，保护直采直跳； 主变压器采用保护、测控独立装置，110kV 采用保护测控集成装置，35、10kV 采用保护测控集成装置； 采用一体化电源系统，通信电源不独立设置； 110kV 间隔保护测控集成装置，主变压器保护、测控装置采用预制舱式二次组合设备，站控层设备、通信设备等布置在二次设备室
7	土建部分		围墙内占地面积 0.4815hm²； 全站总建筑面积 737m²，其中，配电装置室建筑面积为 580m²；警卫室建筑面积为 50m²；消防泵房建筑面积为 93m²；消防小室建筑面积为 14m²； 配电装置室和警卫室建筑结构形式为装配式钢结构； 建筑物外墙采用水泥纤维复合板，内墙采用防火石膏板或轻质复合内墙板，屋面板采用钢筋桁架楼承板；消防泵房建筑结构形式为钢筋混凝土框架结构，建筑外墙采用水泥纤维复合板，屋外板采用现浇钢筋混凝土板； 围墙采用装配式成品围墙； 构、支架基础采用定型钢模浇筑，构支架与基础采用地脚螺栓连接

13.2　SC－110－B－1 方案基本模块划分

SC－110－B－1 方案主要包括 110kV 配电装置模块、主变压器及 35kV 和 10kV 配电装置模块、配电装置楼模块、预制舱式二次组合设备模块 4 个基本模块，模块内容说明见表 13－2。

表 13－2　SC－110－B－1 方案基本模块内容说明

序号	基本模块编号	基本模块名称	基本模块描述
1	SC－110－B－1－110	110kV 配电装置模块	110kV 本期 2 回出线、2 回三变压器进线，远期 4 回出线、3 回主变压器进线；110kV 本期采用单母线分段接线，远期接线形式不变。110kV 采用 HGIS 户外布置，架空出线
2	SC－110－B－1－ZB &35&10	主变压器及 35kV 和 10kV 配电装置模块	主变压器本期 2 台 50MVA，远期 3 台 50MVA，采用 110/38.5/10.5kV 三相、三绕组（远期 1 台双绕组）、有载调压节能型变压器，主变压器户外布置。 35kV 本期及远期均为 6 回出线、2 回主变压器进线；35kV 本期及远期均采用单母线分段接线。35kV 采用户内 SF_6 气体绝缘开关柜。 10kV 本期 16 回出线、2 回主变压器进线，远期 28 回出线、3 回主变压器进线；10kV 本期采用单母线分段接线，远期采用单母线三分段接线。10kV 采用空气绝缘开关柜。35、10kV 采用户内混合双列三通道布置

续表 13-2

序号	基本模块编号	基本模块名称	基本模块描述
3	SC-110-B-1-PDL	配电装置楼模块	单层建筑，钢框架结构，建筑面积 580m^2
4	SC-110-B-1-YZC	预制舱式二次组合设备模块	采用预制舱式二次组合设备模块全站设置 1 个二次设备间及 1 个Ⅱ型预制舱，舱内二次设备双列布置

13.3 SC-110-B-1 方案主要图纸

SC-110-B-1 方案主要图纸见图 13-1～图 13-20，设计方案说明及其他图纸见书后所附光盘。

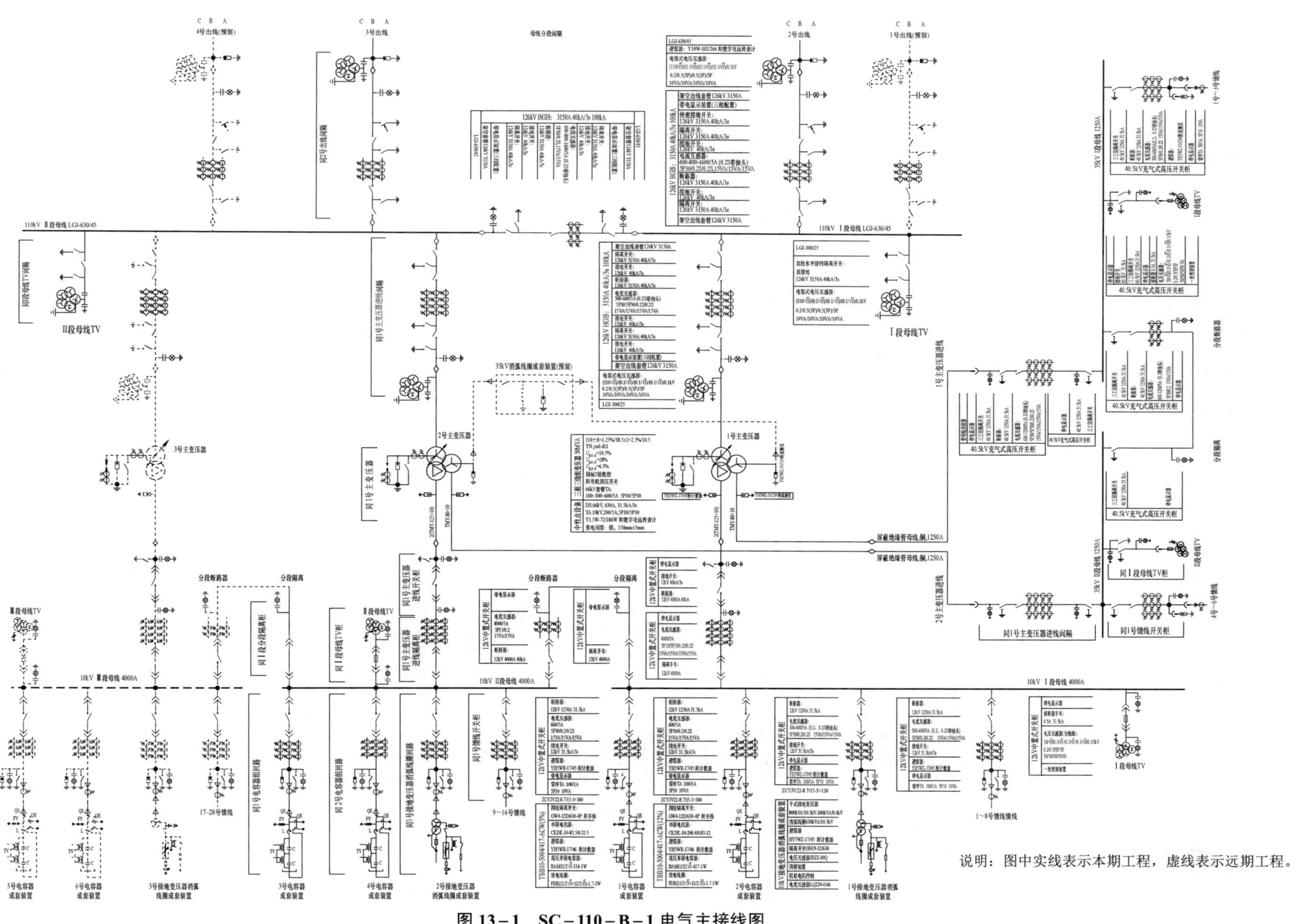

图 13-1　SC-110-B-1 电气主接线图

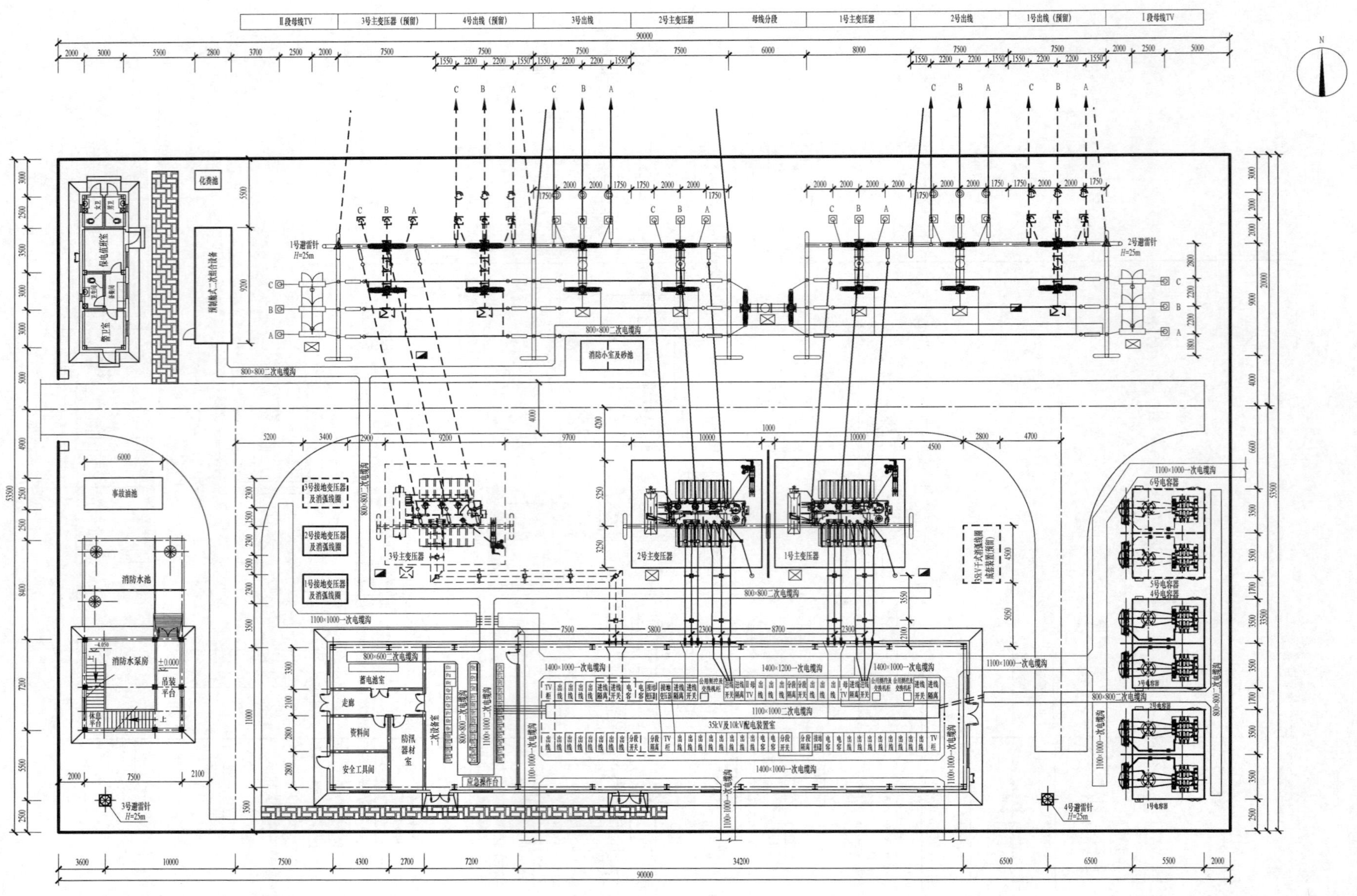

说明：实线为本期工程，虚线工程为远期工程。

图 13－2　SC－110－B－1 电气总平面布置图

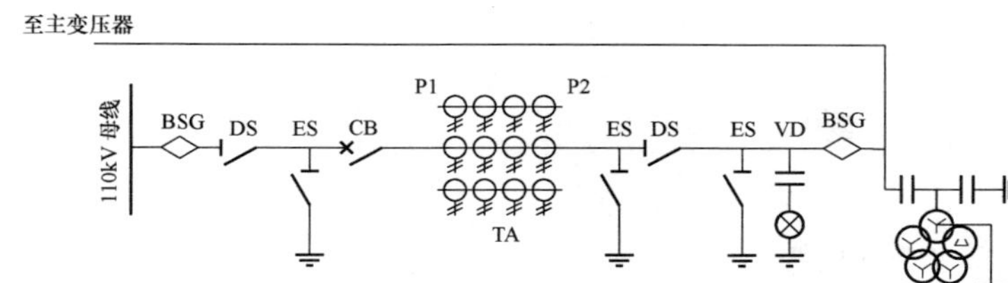

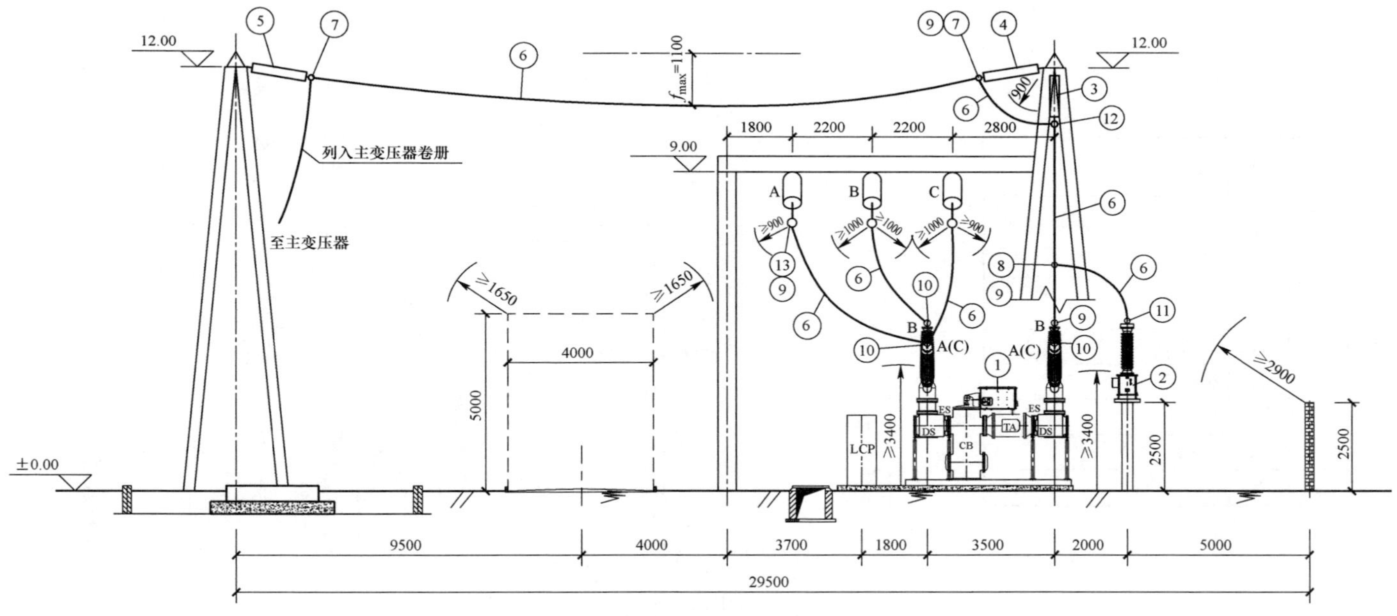

设 备 材 料 表

编号	名称	型号及规范	单位	数量	备注
①	HGIS 气体绝缘金属封闭开关设备	126kV，3150A，40kA，主变压器间隔，配置绝缘气体密度远传表计	间隔	1×2	满足一键顺控要求
②	电容式电压互感器	TYD110/ $\sqrt{3}$ –0.01, 110/ $\sqrt{3}$ /0.1/ $\sqrt{3}$ /0.1/ $\sqrt{3}$ /0.1/ $\sqrt{3}$ /0.1kV	台	3×2	0.2/0.5（3P）/0.5（3P）/3P
③	悬垂绝缘子串	10（U70BP/146D–450）	串	3×2	附组装金具
④	耐张绝缘子串	11（U70BP/146D–450）	串	3×2	附组装金具
⑤	可调耐张绝缘子串	11（U70BP/146D–450）	串	3×2	附组装金具
⑥	钢芯铝绞线	LGJ–300/25	m	135×2	
⑦	耐张线夹	NY–300/25	套	6×2	
⑧	T 型线夹	TY–300/25	套	3×2	
⑨	0°铝设备线夹	SY–300/25A	套	10×2	
⑩	30°铝设备线夹	SY–300/25B	套	5×2	
⑪	90°铝设备线夹	SY–300/25C	套	3×2	
⑫	悬垂线夹	CGU–5A	套	3×2	
⑬	T 型线夹	TY–630/45	套	3×2	

22.50m 档距 LGJ–300/25 导线安装曲线表

温度（℃）	40	30	20	10	0	–10	–20
张力（N）	2451	2461	2471	2482	2492	2503	2514
弧垂（m）	1.063	1.059	1.054	1.050	1.045	1.041	1.036

说明：1. 材料表中包含 3 号、2 号主变压器进线间隔的设备材料。
2. 材料表中绝缘子片配置按 e 级防污考虑，具体工程以实际情况为准。

图 13–3 SC–110–B–1 110kV 配电装置主变压器进线间隔断面图

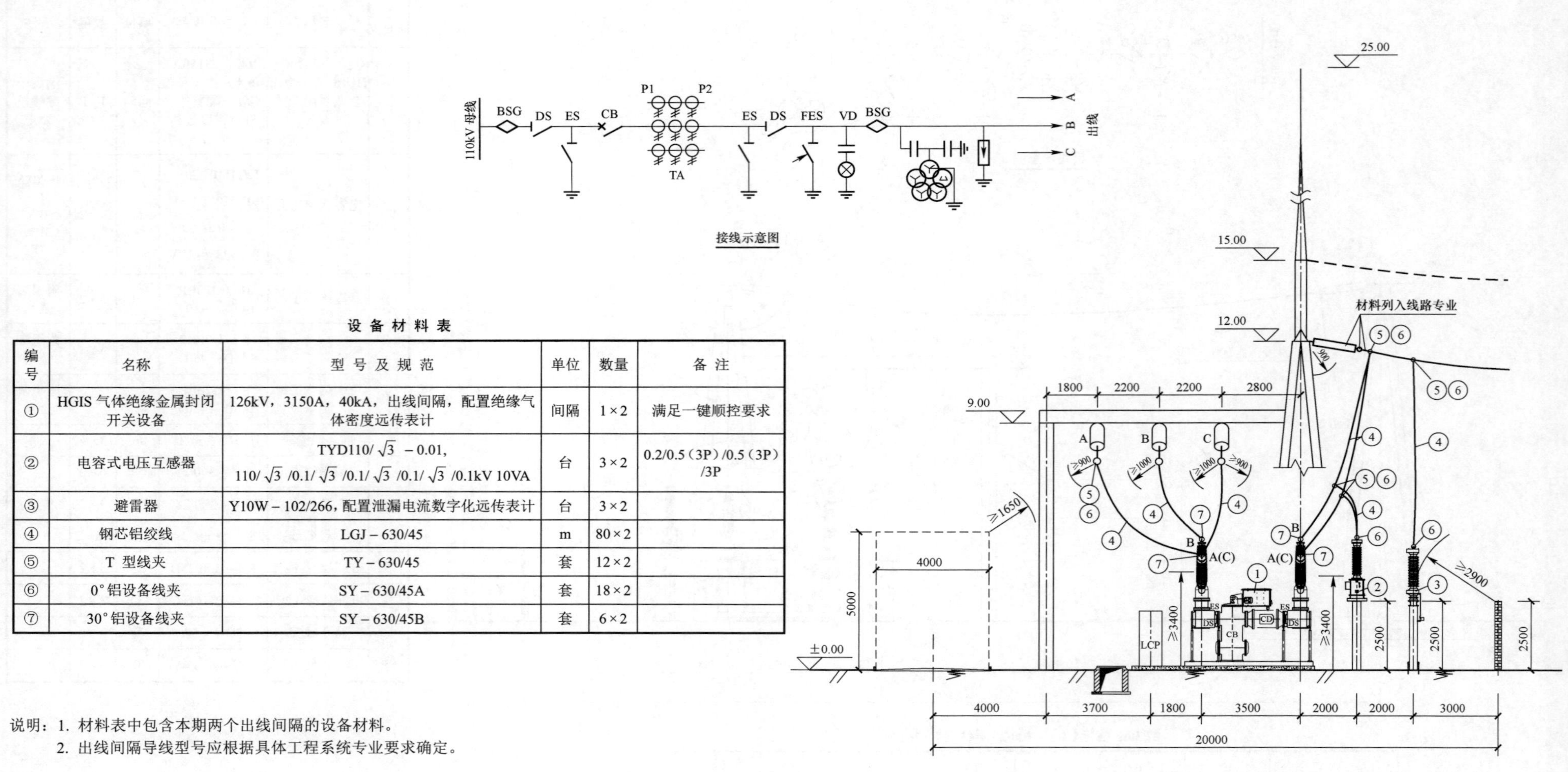

设 备 材 料 表

编号	名称	型 号 及 规 范	单位	数量	备 注
①	HGIS 气体绝缘金属封闭开关设备	126kV，3150A，40kA，出线间隔，配置绝缘气体密度远传表计	间隔	1×2	满足一键顺控要求
②	电容式电压互感器	TYD110/ $\sqrt{3}$ －0.01，110/ $\sqrt{3}$ /0.1/ $\sqrt{3}$ /0.1/ $\sqrt{3}$ /0.1/ $\sqrt{3}$ /0.1kV 10VA	台	3×2	0.2/0.5（3P）/0.5（3P）/3P
③	避雷器	Y10W－102/266，配置泄漏电流数字化远传表计	台	3×2	
④	钢芯铝绞线	LGJ－630/45	m	80×2	
⑤	T 型线夹	TY－630/45	套	12×2	
⑥	0°铝设备线夹	SY－630/45A	套	18×2	
⑦	30°铝设备线夹	SY－630/45B	套	6×2	

说明：1. 材料表中包含本期两个出线间隔的设备材料。
2. 出线间隔导线型号应根据具体工程系统专业要求确定。

图 13－4 SC－110－B－1 110kV 配电装置出线间隔断面图

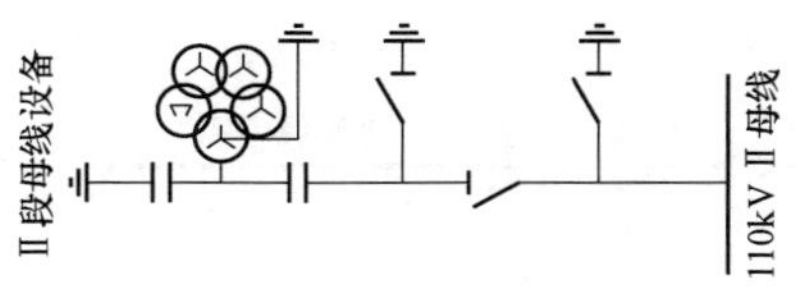

接线示意图

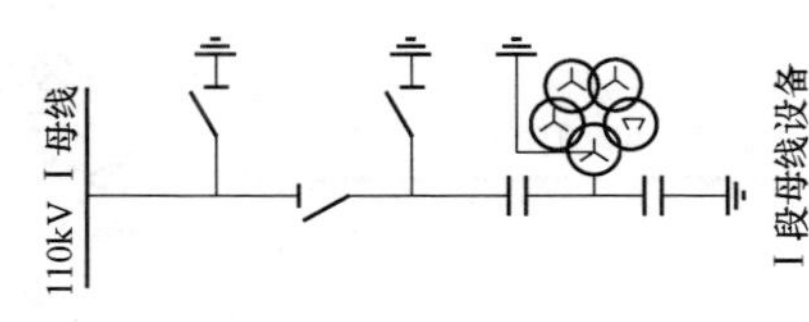

接线示意图

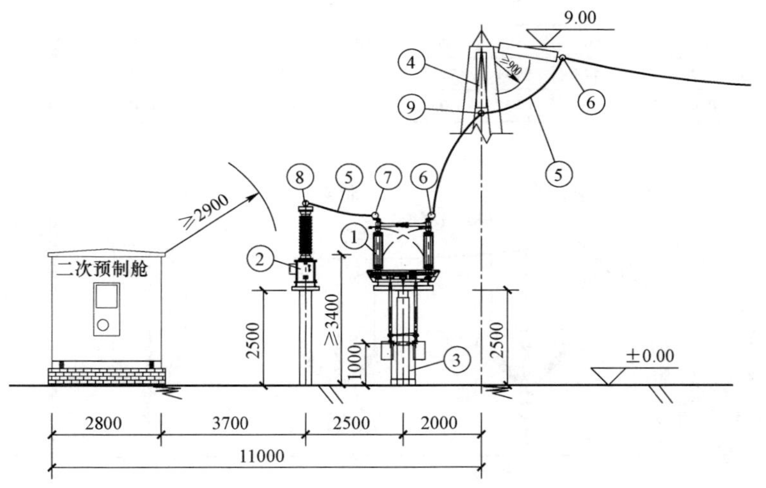

设 备 材 料 表

编号	名 称	型 号 及 规 范	单位	数量	备 注
①	双柱水平旋转式隔离开关	126kV,3150A,40kA/3s，双接地	组	1×2	满足一键顺控要求
②	电容式电压互感器	TYD110/ $\sqrt{3}$ －0.02，110/ $\sqrt{3}$ /0.1/ $\sqrt{3}$ / 0.1/ $\sqrt{3}$ /0.1/ $\sqrt{3}$ /0.1kV 10VA	台	3×2	
③	智能汇控柜		个	1×2	电压互感器配套提供
④	悬垂绝缘子串	10（U70BP/146D－450）	串	3×2	附组装金具
⑤	钢芯铝绞线	LGJ－300/25	m	30×2	
⑥	0°铝设备线夹	SY－300/25A	套	6×2	
⑦	30°铝设备线夹	SY－300/25B	套	3×2	
⑧	90°铝设备线夹	SY－300/25C	套	3×2	
⑨	悬垂线夹	CGU－5A	套	3×2	

说明：材料表中包含本期 2 个母线设备间隔的设备材料。

图 13－5　SC－110－B－1　110kV 配电装置母线设备间隔断面图

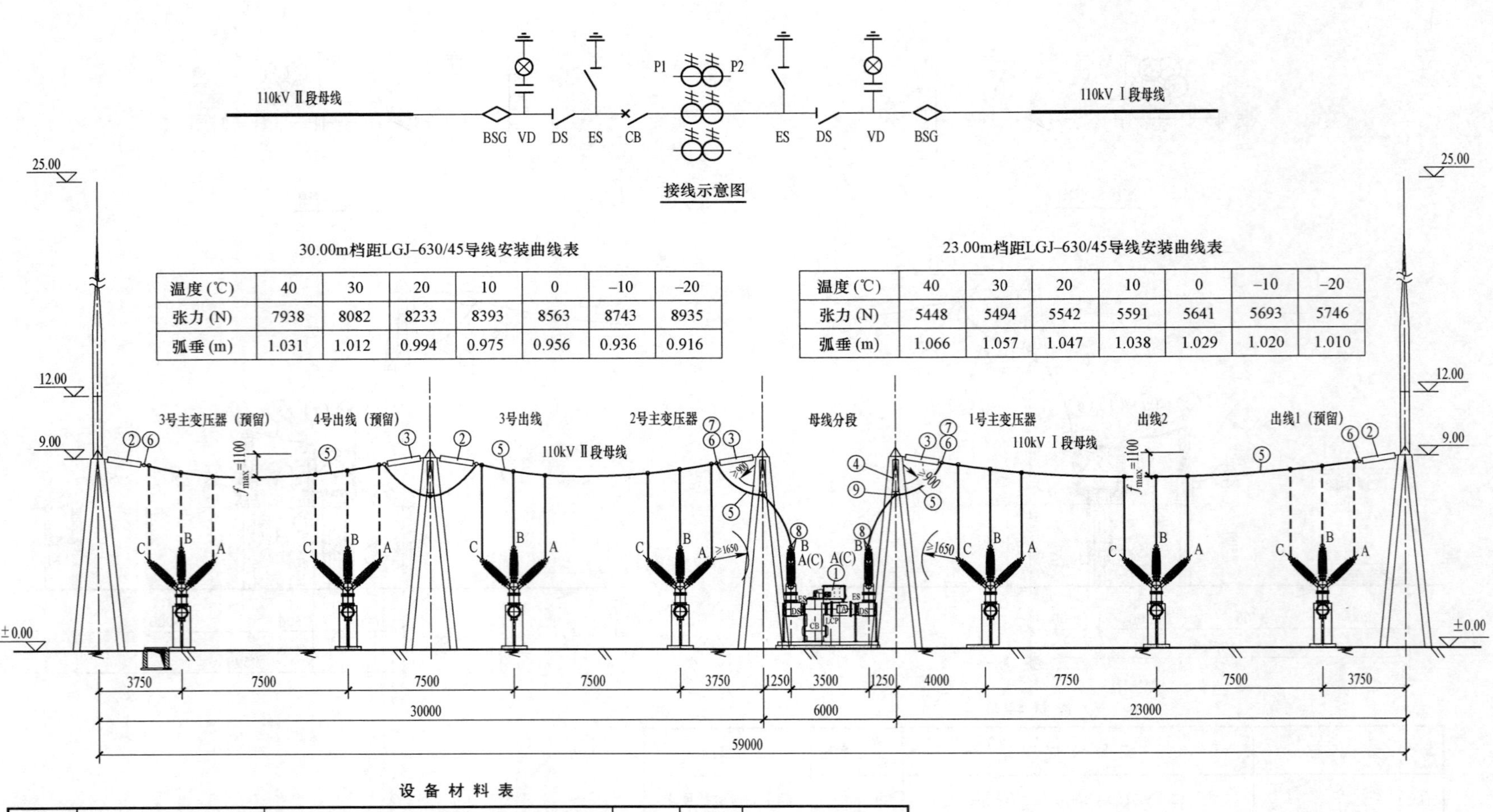

温度(℃)	40	30	20	10	0	-10	-20
张力(N)	7938	8082	8233	8393	8563	8743	8935
弧垂(m)	1.031	1.012	0.994	0.975	0.956	0.936	0.916

温度(℃)	40	30	20	10	0	-10	-20
张力(N)	5448	5494	5542	5591	5641	5693	5746
弧垂(m)	1.066	1.057	1.047	1.038	1.029	1.020	1.010

设备材料表

编号	名称	型号及规范	单位	数量	备注
①	HGIS气体绝缘金属封闭开关设备	126kV，3150A，40kA，分段间隔，配置绝缘气体密度远传表计	间隔	1	满足一键顺控要求
②	耐张绝缘子串	11（U70BP/146D－450）	串	9	附组装金具
③	可调耐张绝缘子串	11（U70BP/146D－450）	串	9	附组装金具
④	悬垂绝缘子串	10（U70BP/146D－450）	串	9	附组装金具
⑤	钢芯铝绞线	LGJ－630/45	m	240	
⑥	耐张线夹	NY－630/45	套	18	
⑦	0°铝设备线夹	SY－630/45A	套	12	
⑧	30°铝设备线夹	SY－630/45B	套	6	
⑨	悬垂线夹	CGU－5A	套	9	

说明：1. 主母线导线型号应根据具体工程系统专业要求确定。
2. 材料表中包含分段间隔的设备材料及主母线材料。
3. 除分段间隔外，其他间隔的设备及材料详见本卷册其他相关图纸。

图13－6 SC－110－B－1 110kV配电装置母线横断面及分段间隔断面图

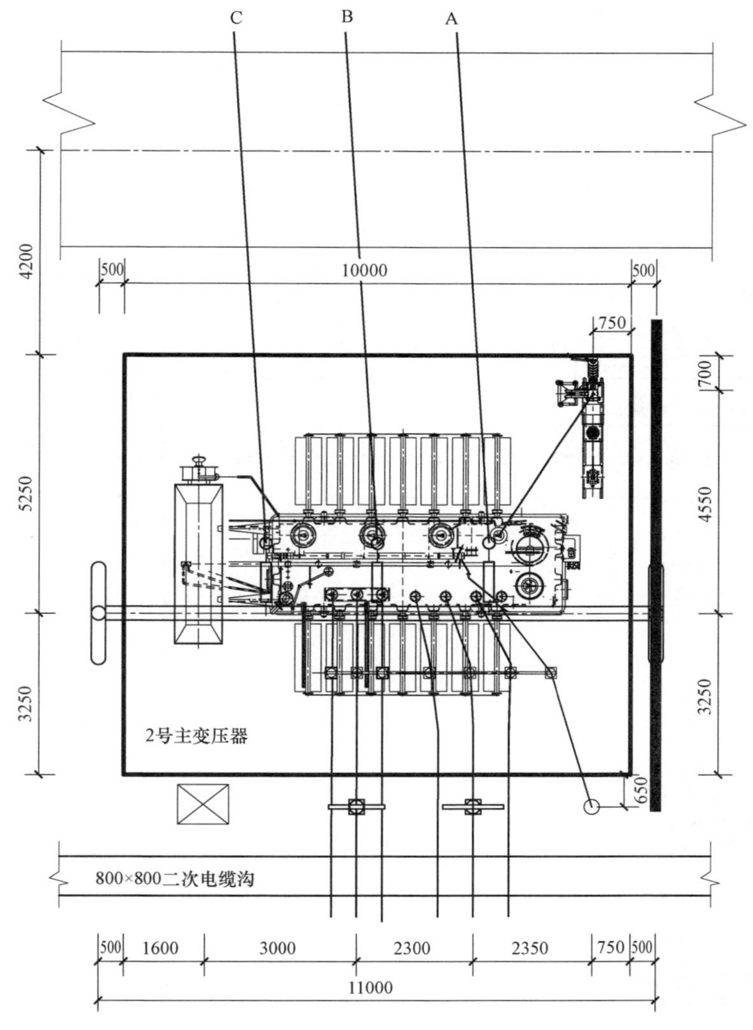

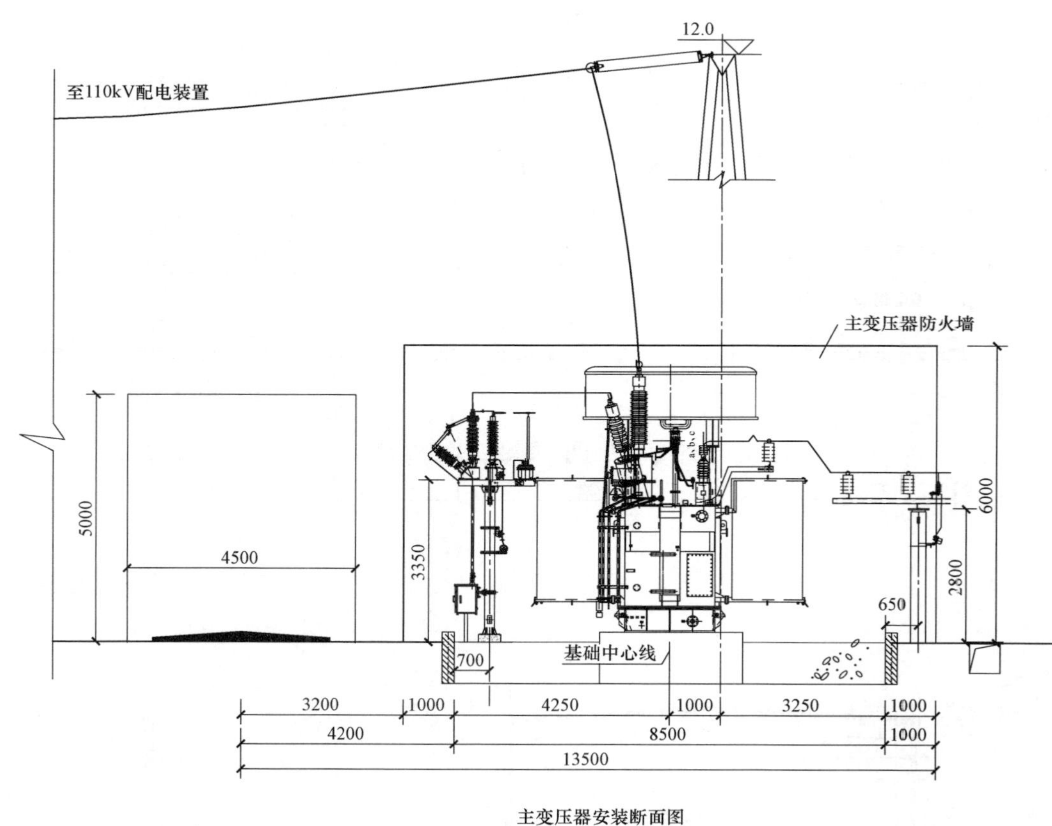

图 13－7　SC－110－B－1 主变压器平断面图

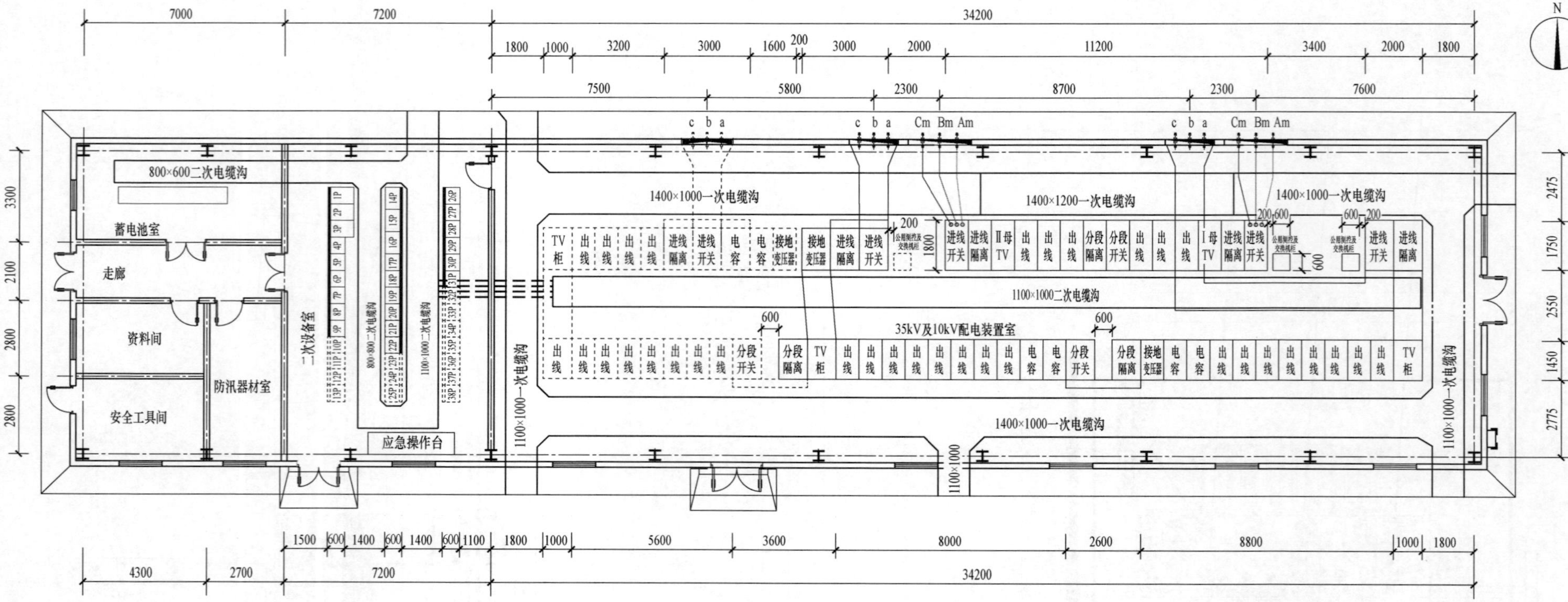

蓄电池室
800×600二次电缆沟
走廊
资料间
安全工具间
防汛器材室
二次设备室
800×800二次电缆沟
1100×1000二次电缆沟
应急操作台
1100×1000一次电缆沟
1400×1000一次电缆沟
1400×1200一次电缆沟
1100×1000二次电缆沟
35kV及10kV配电装置室
TV柜
出线
进线隔离
进线开关
电容
接地变压器
II母TV
I母TV
分段隔离
分段开关
公用测控及交换机柜
c b a
Cm Bm Am
N
7000
7200
34200
4300
2700
11000

配电装置室平面布置图

5.400
4.500
±0.000
35kV充气式高压开关柜
10kV开关柜
柜前
1400×1200电缆沟
1100×1000电缆沟
1400×1000电缆沟
2425
1800
2550
1450
2775
11000

35kV开关柜进线断面图

5.400
4.500
±0.000
10kV开关柜
柜前
1400×1000电缆沟
1100×1000电缆沟
2475
300
1450
2550
1450
300
2475
11000

10kV开关柜进线断面图

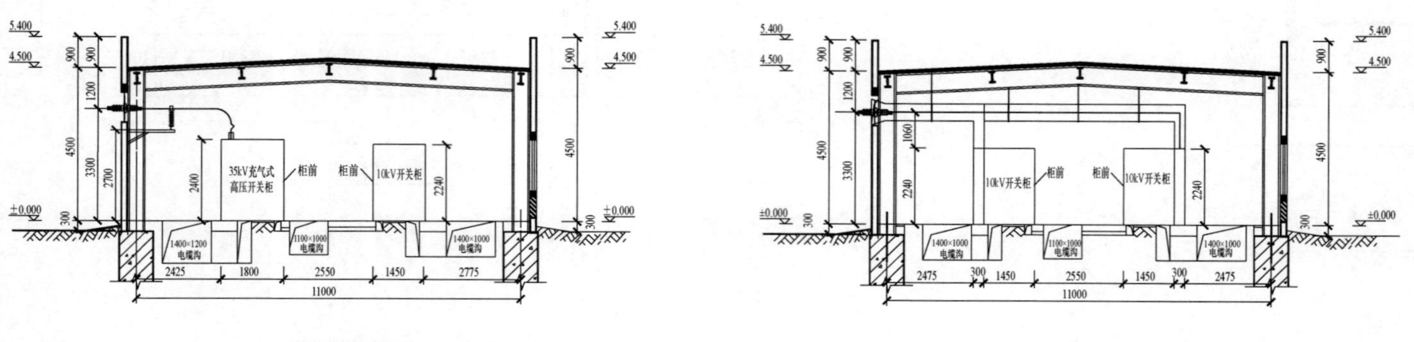

说明：实线为本期工程，虚线工程为远期工程。

图 13－8　SC－110－B－1　35kV 及 10kV 屋内配电装置平断图

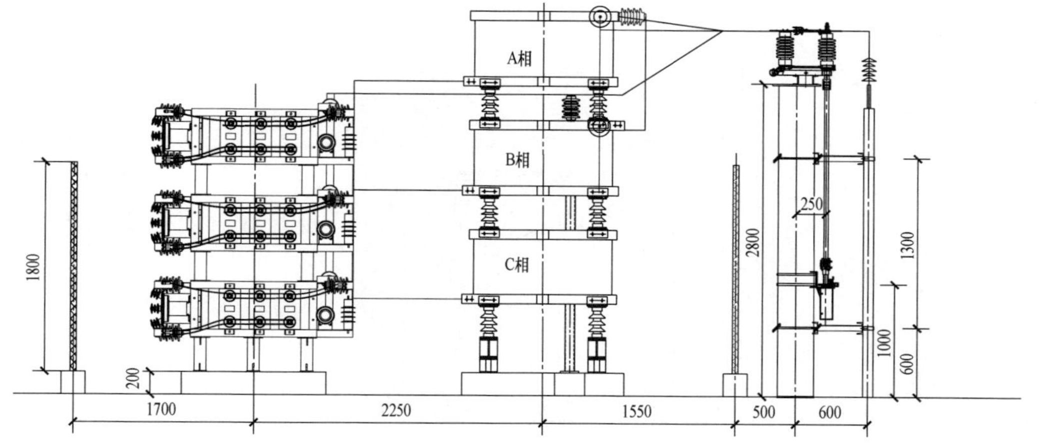

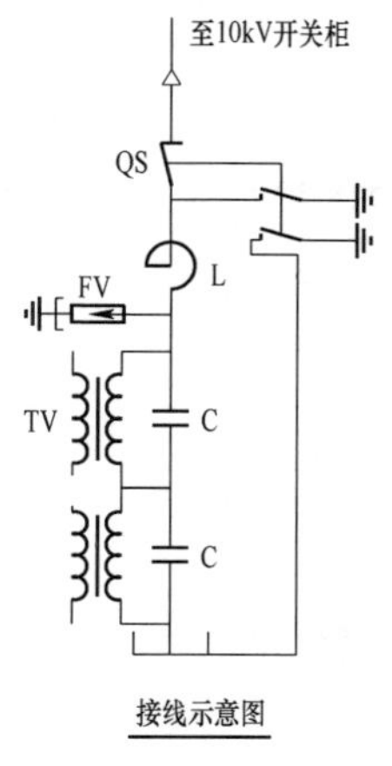

接线示意图

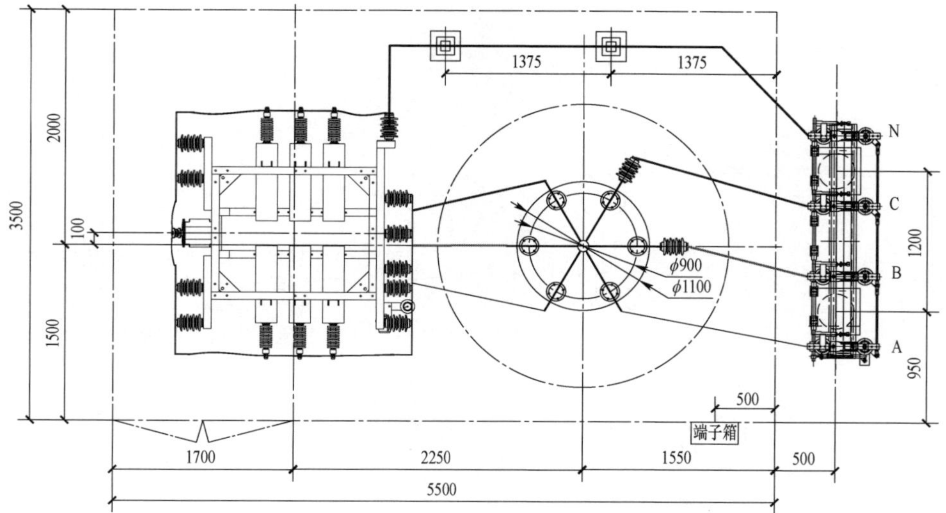

说明：1. 此图参考国网通用设备 5Mvar/417kvar 电容器组绘制，具体工程以实际采用电容器组规格结合通用设备四统一接口要求进行设计。

2. 干式空心电抗器的基础内钢筋、底层绝缘子的接地线以及所采用的金属围栏，不应通过自身和接地线构成闭合回路。

3. 电容器组采用单星型接线，相电压差动保护。

4. 厂家配套提供电抗器非导磁材料制作的防护网，以防鸟类及小动物窜入造成相间短路。

图 13－9　SC－110－B－1　10kV 无功补偿装置平断面图

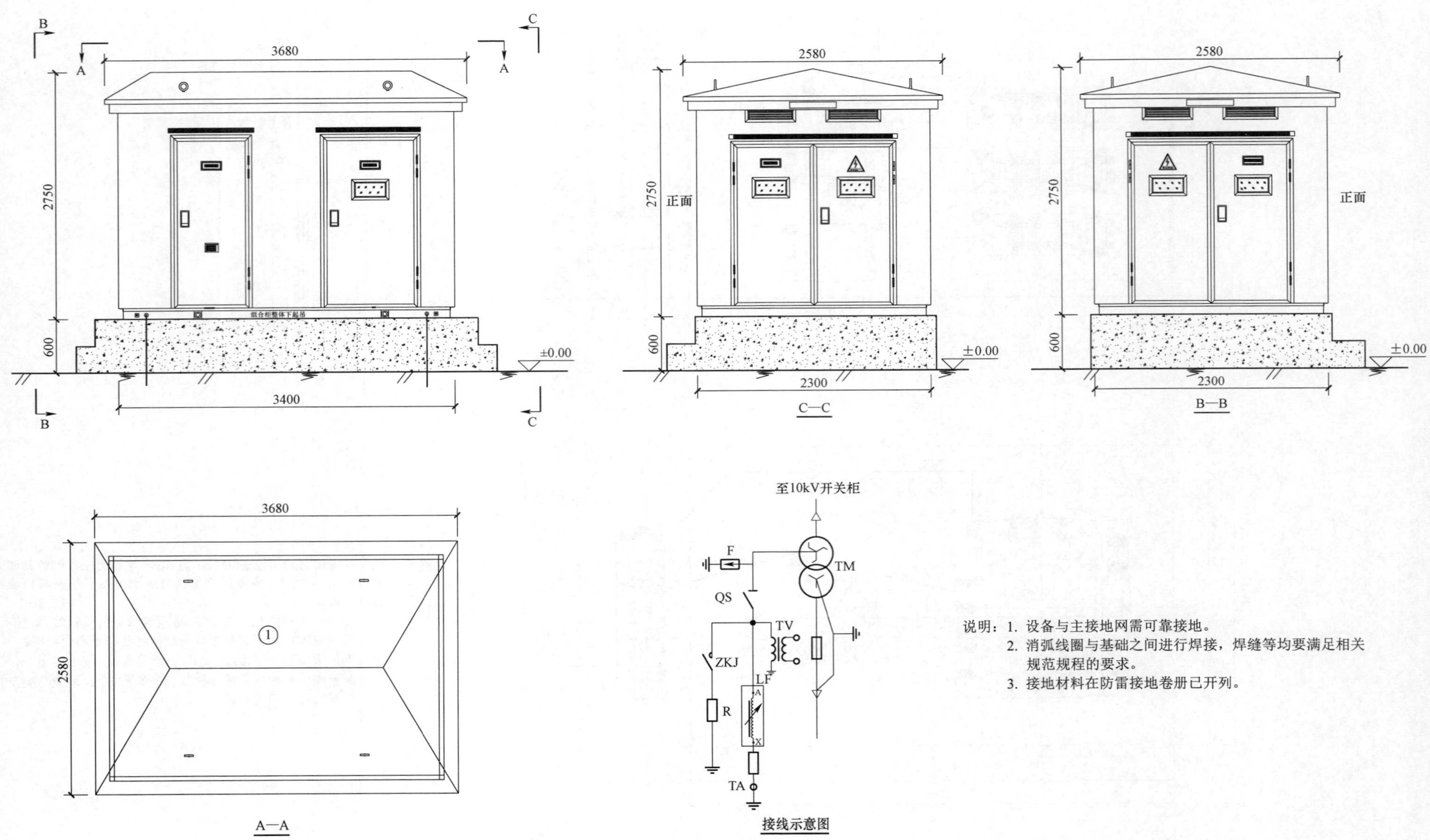

说明：1. 设备与主接地网需可靠接地。
2. 消弧线圈与基础之间进行焊接，焊缝等均要满足相关规范规程的要求。
3. 接地材料在防雷接地卷册已开列。

图 13－10　SC－110－B－1　10kV 接地变压器及消弧线圈成套装置平断面图

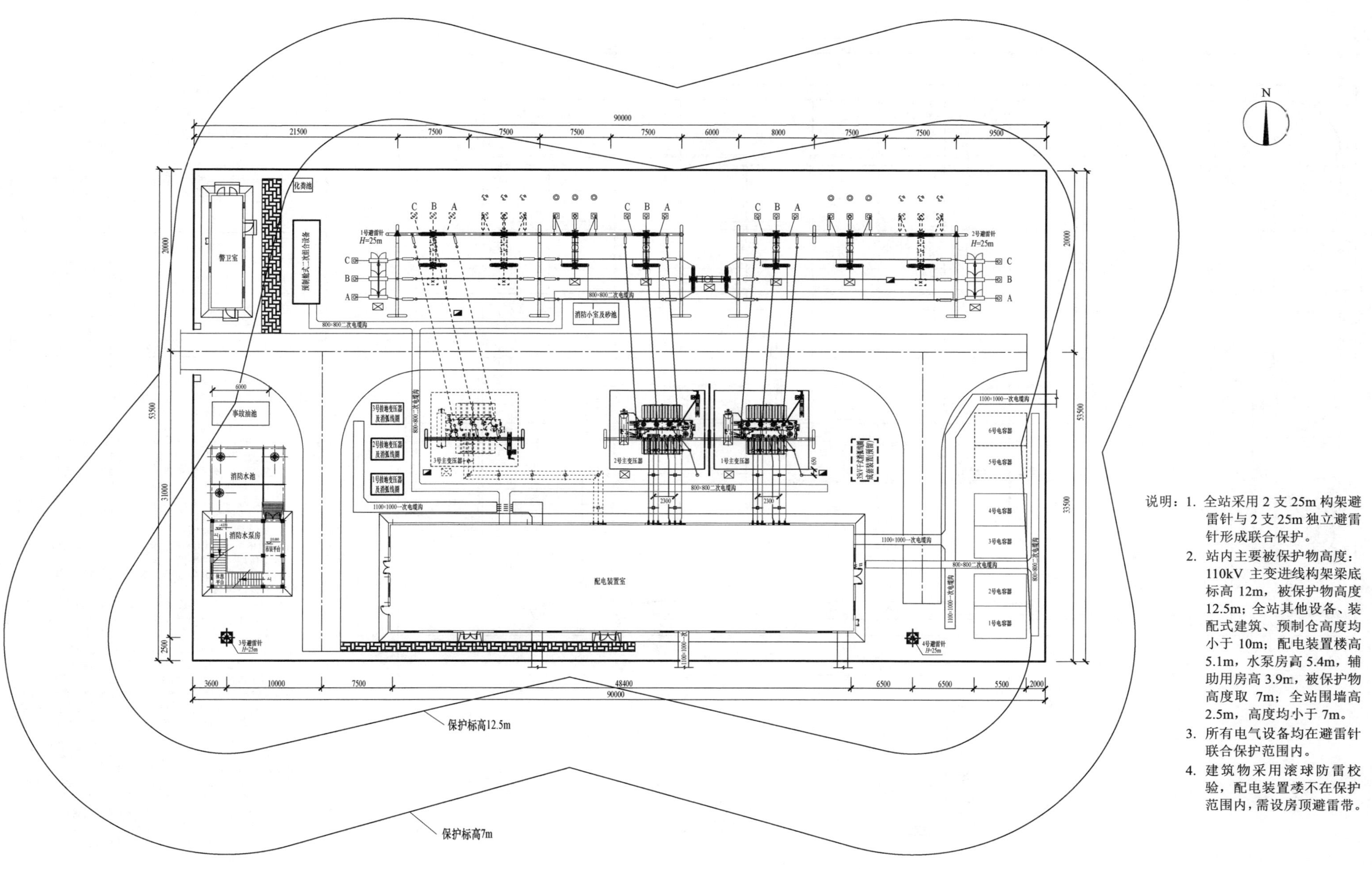

说明：1. 全站采用2支25m构架避雷针与2支25m独立避雷针形成联合保护。
2. 站内主要被保护物高度：110kV主变进线构架梁底标高12m，被保护物高度12.5m；全站其他设备、装配式建筑、预制仓高度均小于10m；配电装置楼高5.1m，水泵房高5.4m，辅助用房高3.9m，被保护物高度取7m；全站围墙高2.5m，高度均小于7m。
3. 所有电气设备均在避雷针联合保护范围内。
4. 建筑物采用滚球防雷校验，配电装置楼不在保护范围内，需设房顶避雷带。

图 13-11　SC-110-B-1全站防雷保护范围图

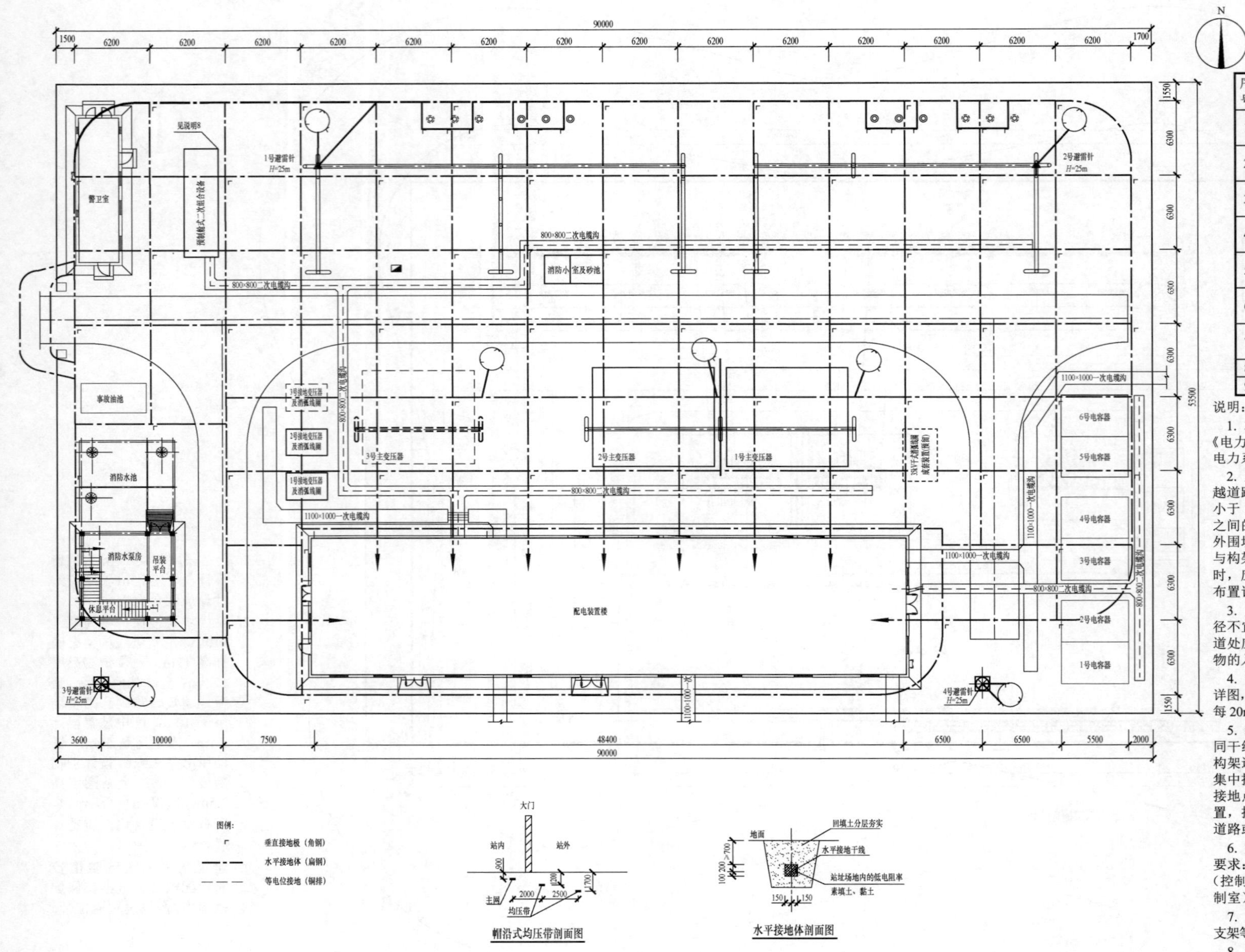

材 料 表

序号	设备名称	型号及规格	单位	数量	备 注
1	热镀锌扁钢	－60×8（根据工程实际选择截面）	m	1600	主网水平接地体及集中接地装置
2	热镀锌扁钢	－60×8（根据工程实际选择截面）	m	300	户外构架、爬梯等接地引下线
3	热镀锌扁钢	－60×8（根据工程实际选择截面）	m	1300	户外设备及基础接地线
4	热镀锌扁钢	－30×4	m	100	户外灯具等接地
5	热镀锌角钢	∠63×63×6 L=2500	根	96	垂直接地极
6	铜缆	100mm²	m	200	电缆沟等电位接地网
7	铜缆	100mm²	m	80	智能汇控柜等电位接地
8	铜排	－30×4	m	50	电气设备接地专用
9	铜缆	50mm²	m	100	电气设备接地专用

说明：

1. 本设计以 GB 50065—2011《交流电气装置的接地设计规范》和《电力工程电气设计手册》为依据。主接地网的布置应根据具体工程电力系统、站址地质等因素设计。

2. 主接地网水平接地干线（60×8）镀锌扁钢埋地深度 0.9m，穿越道路、电缆沟、进出通道处埋深＞1m。水平接地干线的间距不宜小于 5m。垂直接地极安装时，顶端应高出接地干线 0.1m。接地体之间的所有焊接点均应刷沥青漆进行防腐处理。接地干线沿建筑物外围埋设时，离建筑物应不小于 1.5m，并构成环形。接地干线埋设与构架、电缆沟及其它基础有冲突时，应适当避开。经过 GIS 基础时，应从大板基础下方穿过。110kV 配电装置区域 GIS 专用接地网布置详见本卷册图 D0108－07。

3. 为减小边角电势，接地网的边缘各角应做成圆弧形，圆弧的半径不宜小于水平接地干线间距的 1/2。在进站大门经常有人进出的走道处应按图所示敷设帽沿式均压带，做法见详图。接地线引进建筑物的入口处，应设置标志。

4. 电缆沟中应沿沟壁预埋通长接地扁钢，具体做法参见土建电缆沟详图，此部分接地扁钢列入土建施工图。电缆沟沟壁的接地支线应至少每 20m 引出与主接地网可靠连接，且其本身应构成良好的电气通路。

5. 避雷器、主变压器中性点设备应采用两根接地引下线与主网不同干线可靠连接，且在附近设置集中接地装置，做法见左图所示。构架避雷针双引下线应与主接地网不同干线连接，并在连接处装设集中接地装置（做法参见避雷器集中接地装置），此连接点至变压器接地点沿接地体的长度不应小于 15m。独立避雷针设置独立接地装置，接地电阻不宜超过 10Ω。独立避雷针其接地装置与主接地网、道路或出入口距离不宜小于 3m。

6. 按《国家电网公司十八项电网重大反事故措施（2018 修订版）》要求：沿电缆沟敷设截面不少于 100mm² 的铜排（缆），并在保护室（控制室）及开关场的就地控制柜处与主接地网紧密连接，保护室（控制室）的连接点宜设在室内等电位接地网与厂、站主接地网连接处。

7. 土建施工时应在主变、电容器、接地变（消弧线圈）、避雷器、钢构支架等需接地的位置提前引出接地线以供接地用，以免二次开挖。

8. 二次预制舱箱体与主接地网的连接点与构架避雷针与主接地网的连接点沿接地体电气距离应大于 15m。

图 13－12　SC－110－B－1 全站接地平面布置图

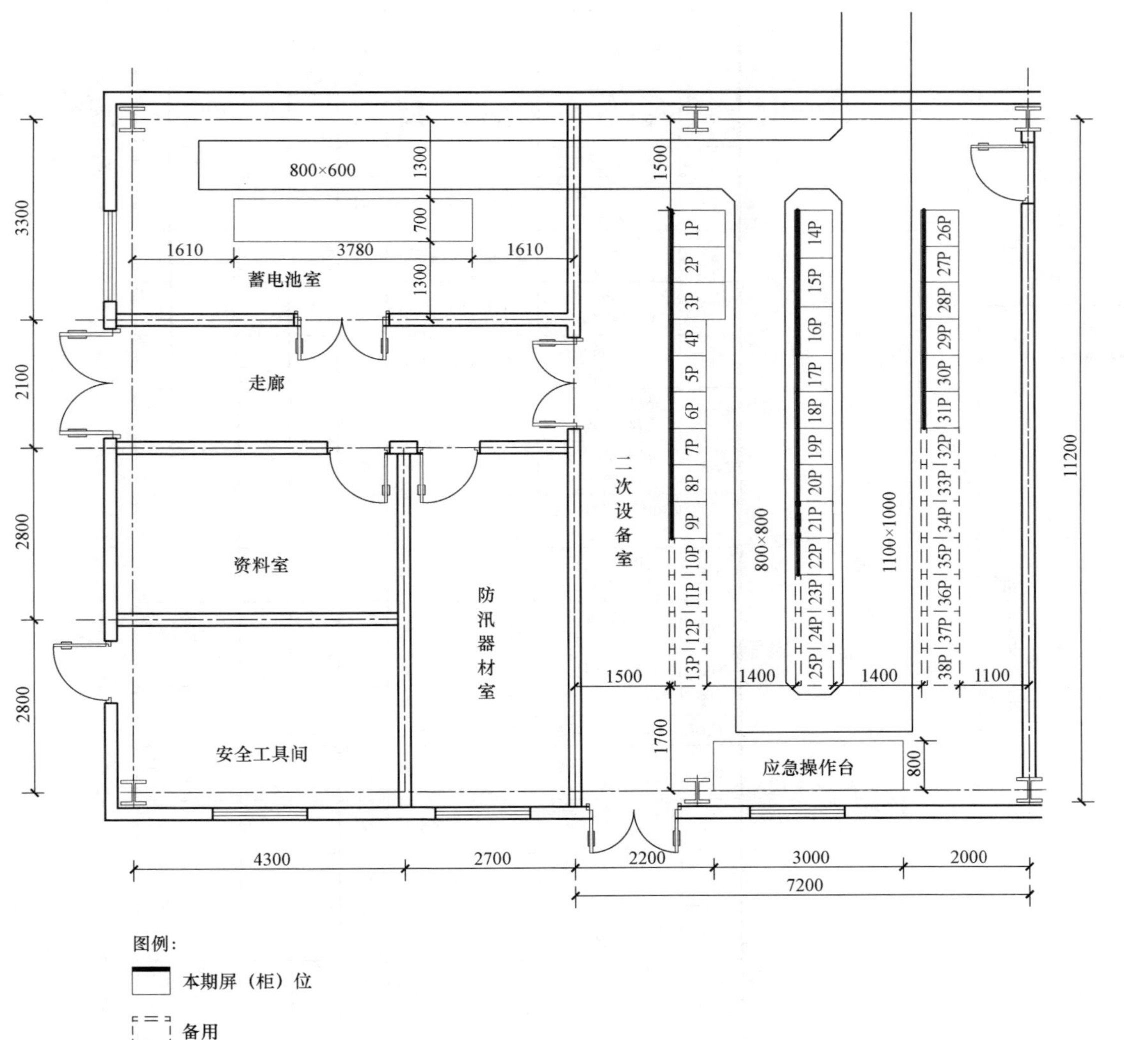

二次设备室屏位布置图

编号	名称	型 式	数量			备注
			单位	本期	远期	
1P	监控主机及数据服务器柜	2260×600×900	面	1		
2P	综合应用服务器柜	2260×600×900	面	1		
3P	智能防误主机柜	2260×600×900	面	1		
4P	Ⅰ区数据通信网关机柜	2260×600×600	面	1		
5P	Ⅱ区/Ⅳ区数据通信网关机柜	2260×600×600	面	1		
6P	站控层网络及公用设备柜	2260×600×600	面	1		
7P	时钟同步系统主机柜	2260×600×600	面	1		
8P	智能辅助监控系统柜	2260×600×600	面	1		
9P	智能巡视系统柜	2260×600×600	面	1		
10－13P	备用	2260×600×600	面		4	
14P	交流进线柜	2260×800×600	面	1		
15－16P	交流馈线柜	2260×800×600	面	2		
17－18P	直流馈线柜	2260×600×600	面	2		
19P	通信电源柜	2260×600×600	面	1		
20P	通信馈线柜	2260×600×600	面	1		
21P	UPS 电源柜	2260×600×600	面	1		
22P	事故照明电源柜	2260×600×600	面	1		
23－25P	备用	2260×600×600	面		3	
26P	消弧线圈控制柜	2260×600×600	面	1		
27P	调度数据网设备柜1	2260×600×600	面	1		
28P	调度数据网设备柜2	2260×600×600	面	1		
29－31P	通信设备柜	2260×600×600	面	3		
32－38P	备用	2260×600×600	面		7	

说明：35kV 公共测控柜（2260×600×600，1 面）、10kV 公共测控柜（2260×600×600，1 面）集中布置于 10kV、35kV 配电室，见总平面布置。

图 13－13　SC－110－B－1 二次设备室屏位布置图

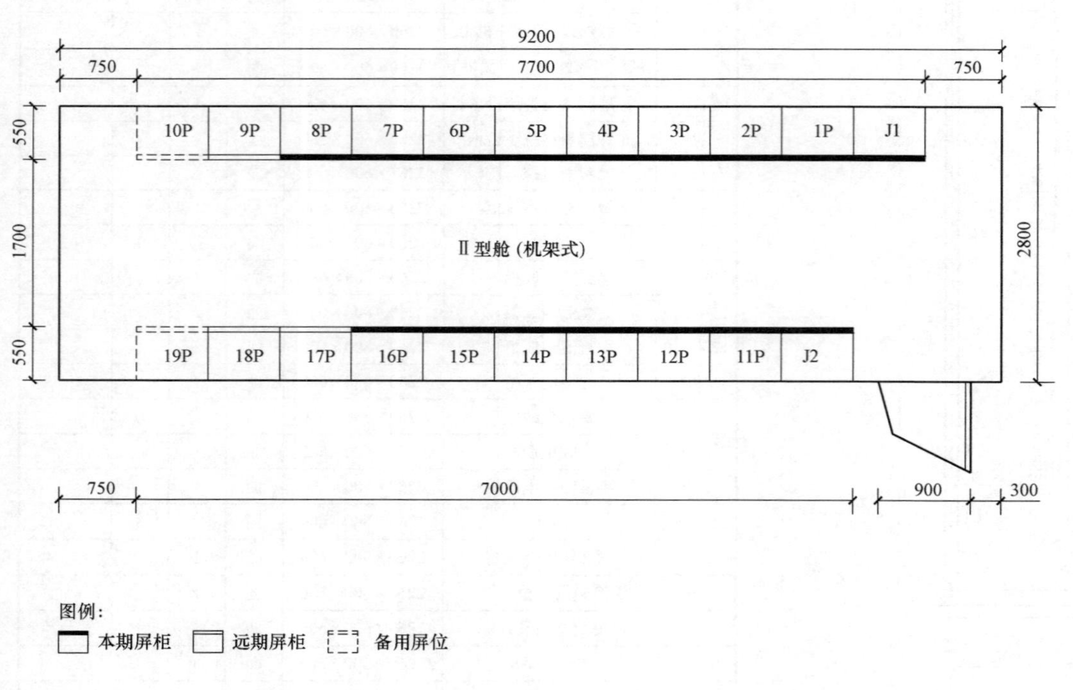

预制舱屏位布置图

编号	名称	型式	数量			备注
			单位	本期	远期	
J1	集中接线柜1	2260×700×550	面	1		110母线、线路、分段
J2	集中接线柜2	2260×700×550	面	1		主变压器
1P	时间同步拓展及母线测控柜	2260×700×550	面	1		
2P	站控层网络及公共测控柜	2260×700×550	面	1		
3P	电能表及电能量采集柜	2260×700×550	面	1		
4P	二次设备在线监测柜	2260×700×550	面	1		
5P	故障录波及网络分析柜	2260×700×550	面	1		
6P	110kV 母线保护柜	2260×700×550	面	1		
7P	110kV 分段及备自投柜	2260×700×550	面	1		
8P	110kV 线路保护测控柜1	2260×700×550	面	1		
9P	110kV 线路保护测控柜2	2260×700×550	面		1	空屏柜，预留配线
10P	备用屏位	2260×700×550	面		1	
11P	直流分电屏1	2260×700×550	面	1		
12P	直流分电屏2	2260×700×550	面	1		
13P	1号主变压器保护柜	2260×700×550	面	1		
14P	1号主变压器测控柜	2260×700×550	面	1		
15P	2号主变压器保护柜	2260×700×550	面	1		
16P	2号主变压器测控柜	2260×700×550	面	1		
17P	3号主变压器保护柜	2260×700×550	面		1	空屏柜，预留配线
18P	3号主变压器测控柜	2260×700×550	面		1	空屏柜，预留配线
19P	备用屏位	2260×700×550	面		1	

图 13-14 SC-110-B-1 预制舱屏位布置图

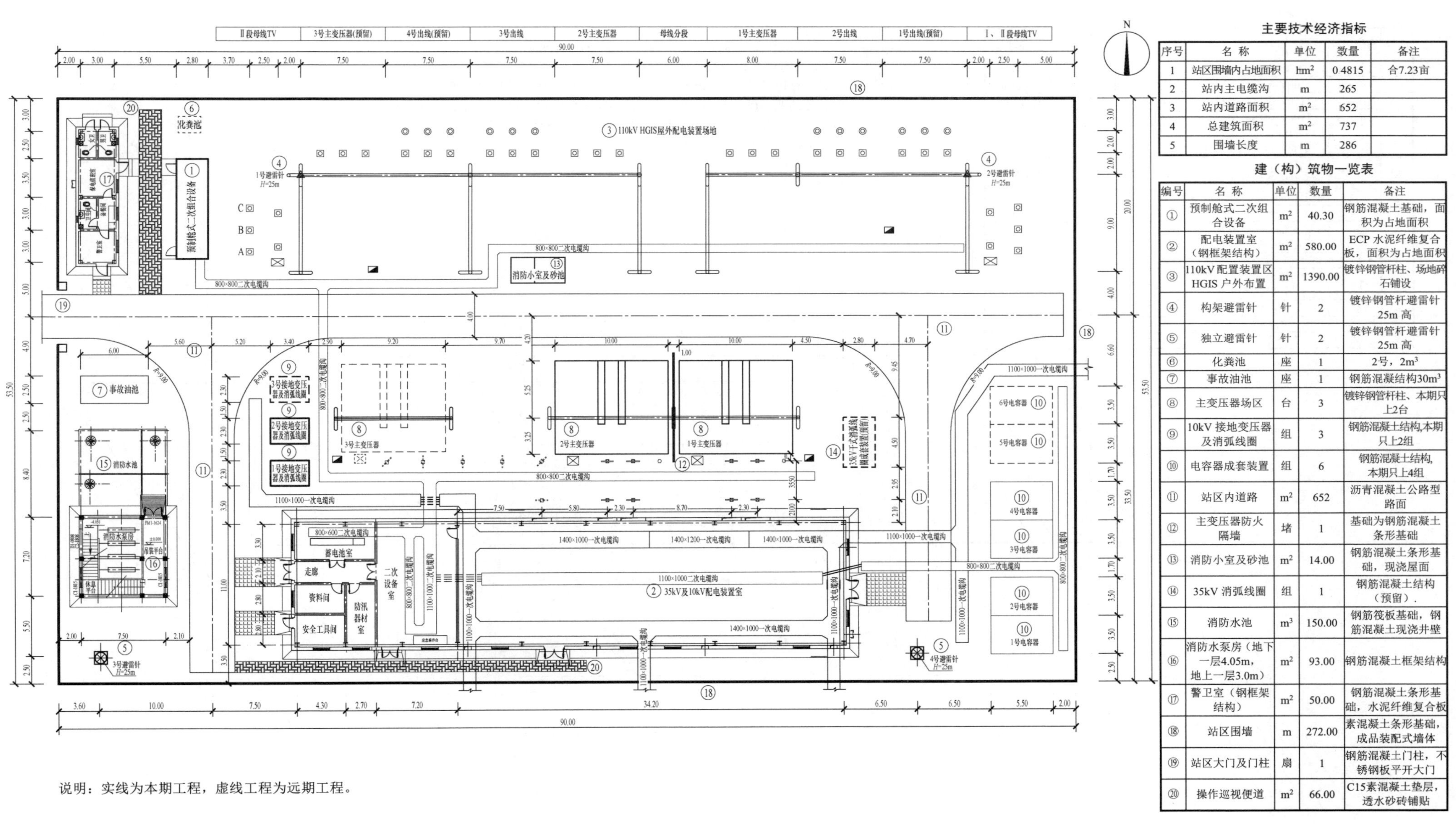

主要技术经济指标

序号	名 称	单位	数量	备注
1	站区围墙内占地面积	hm^2	0.4815	合7.23亩
2	站内主电缆沟	m	265	
3	站内道路面积	m^2	652	
4	总建筑面积	m^2	737	
5	围墙长度	m	286	

建（构）筑物一览表

编号	名 称	单位	数量	备注
①	预制舱式二次组合设备	m^2	40.30	钢筋混凝土基础，面积为占地面积
②	配电装置室（钢框架结构）	m^2	580.00	ECP 水泥纤维复合板，面积为占地面积
③	110kV 配置装置区 HGIS 户外布置	m^2	1390.00	镀锌钢管杆柱、场地碎石铺设
④	构架避雷针	针	2	镀锌钢管杆避雷针 25m 高
⑤	独立避雷针	针	2	镀锌钢管杆避雷针 25m 高
⑥	化粪池	座	1	2号，$2m^3$
⑦	事故油池	座	1	钢筋混凝结构$30m^3$
⑧	主变压器场区	台	3	镀锌钢管杆柱、本期只上2台
⑨	10kV 接地变压器及消弧线圈	组	3	钢筋混凝土结构,本期只上2组
⑩	电容器成套装置	组	6	钢筋混凝土结构,本期只上4组
⑪	站区内道路	m^2	652	沥青混凝土公路型路面
⑫	主变压器防火隔墙	堵	1	基础为钢筋混凝土条形基础
⑬	消防小室及砂池	m^2	14.00	钢筋混凝土条形基础，现浇屋面
⑭	35kV 消弧线圈	组	1	钢筋混凝土结构（预留）.
⑮	消防水池	m^3	150.00	钢筋筏板基础，钢筋混凝土现浇井壁
⑯	消防水泵房（地下一层4.05m，地上一层3.0m）	m^2	93.00	钢筋混凝土框架结构
⑰	警卫室（钢框架结构）	m^2	50.00	钢筋混凝土条形基础，水泥纤维复合板
⑱	站区围墙	m	272.00	素混凝土条形基础，成品装配式墙体
⑲	站区大门及门柱	扇	1	钢筋混凝土门柱，不锈钢板平开大门
⑳	操作巡视便道	m^2	66.00	C15素混凝土垫层，透水砂砖铺贴

说明：实线为本期工程，虚线工程为远期工程。

图 13－15　SC－110－B－1 土建总平面布置图

站外屋外配电装置构、支架统计表

编号	构件编号	构件名称	单位	数量	单重（kg）	总重（t）	备注
①	GL－1	主变压器构架横梁	根	2			跨度11m
②	GL－2	110kV 出线构架横梁	根	3			跨度15m
③	GL－3	110kV 出线构架横梁	根	1			跨度8.0m
④	GL－4	110kV 母线构架横梁	根	5			跨度9.0m
⑤	Z－1	110kV 进出线及主变压器构架端撑柱	榀	3			高度12.0m
⑥	Z－2	110kV 进出线及主变压器构架 A 型柱	榀	5			高度12.0m
⑦	Z－3	主变压器防火墙 A 型构架柱	榀	1			高度12.0m
⑧	Z－4	母线构架 A 型柱	榀	5			高度9.0m
⑨	PT－1	110kV 进出线及主变压器构架爬梯	副	8			
⑩	PT－2	110kV 母线构架爬梯	副	5			
⑪	PT－3	主变压器防火墙 A 型构架柱爬梯	副	1			
⑫	DZ－1	地线短柱	个	6			
⑬	BLZ－1	构架避雷针	根	2			高度25.0m
⑭	BLZ－2	室外独立避雷针	座	2			高度25.0m

说明：1. 各构架当地地坪点位按照下述原则确定：

（1）出线构架等非单柱结构为人字组合柱中心点；

（2）各母线架构为组合柱中心点。

2. 所有构架柱±0.00m 标高为该组构架柱中心所在的场地标高。

3. 各构架和母线架构上的构架高度以其组合柱地坪面标高至图中所示绝对标高的高差为准。

4. 人字柱根开尺寸为环型杆基础顶面标高处各环型杆中心点的水平距离。

5. 实线为本期工程，虚线工程为远期工程。

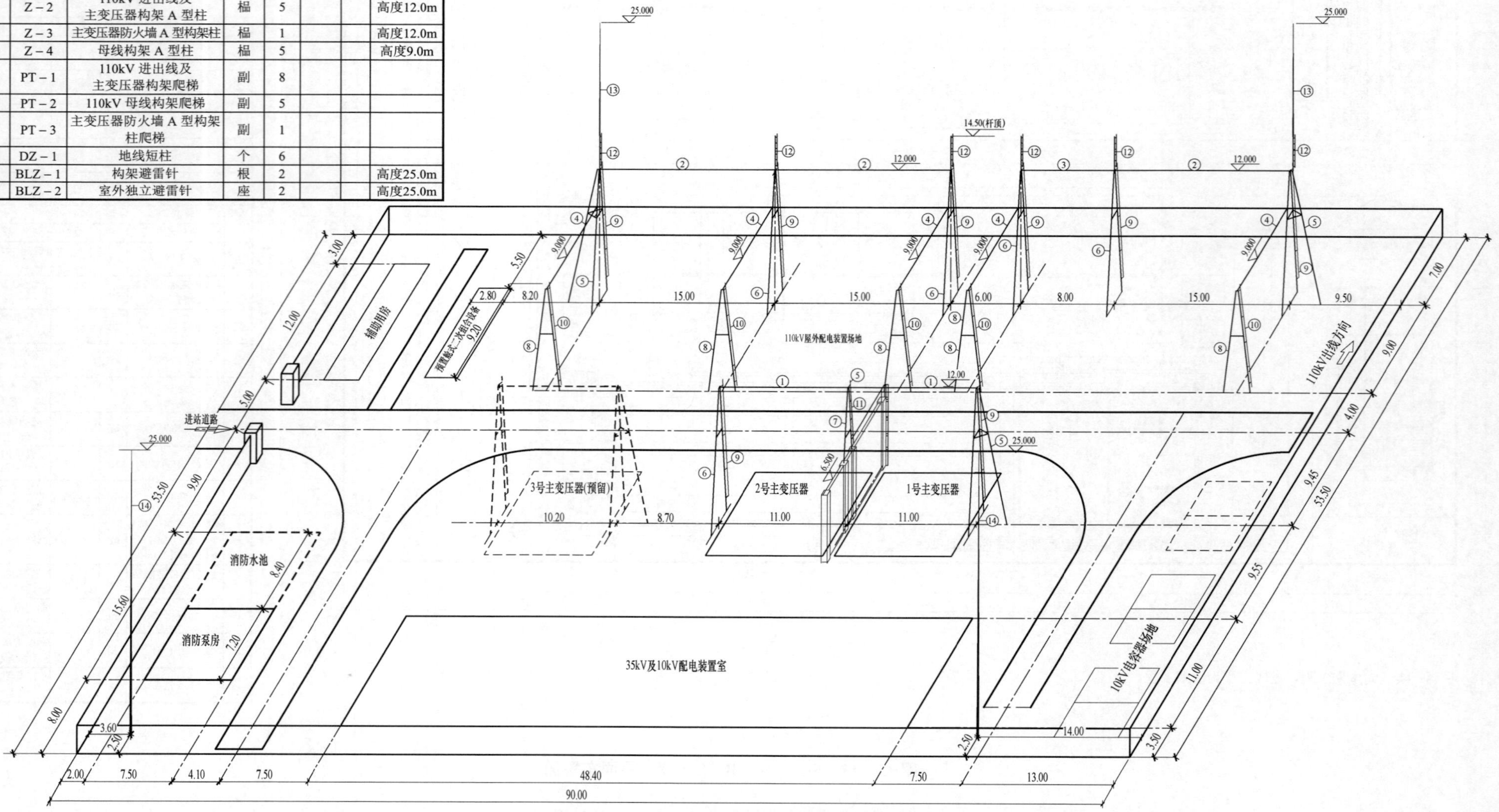

图 13－16　SC－110－B－1 屋外构架透视图

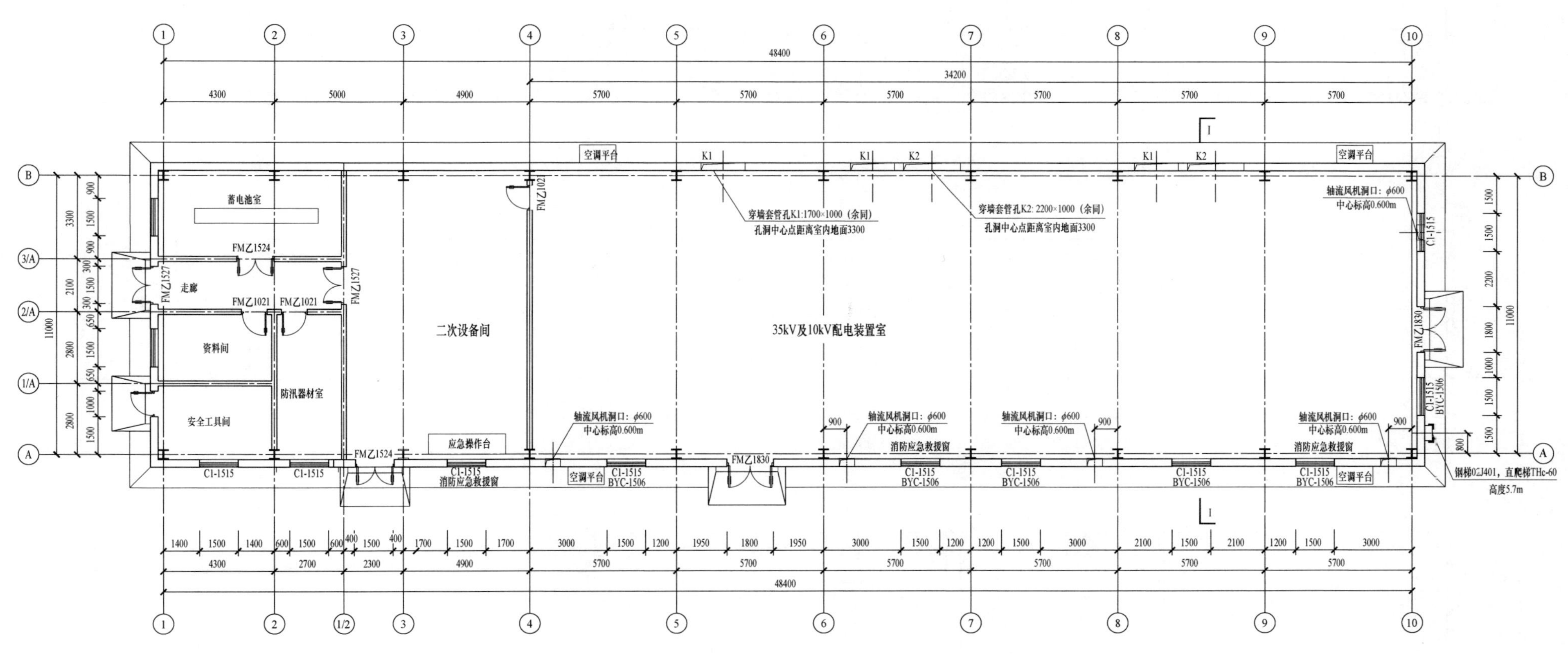

图 13－17　SC－110－B－1 配电装置室平面图

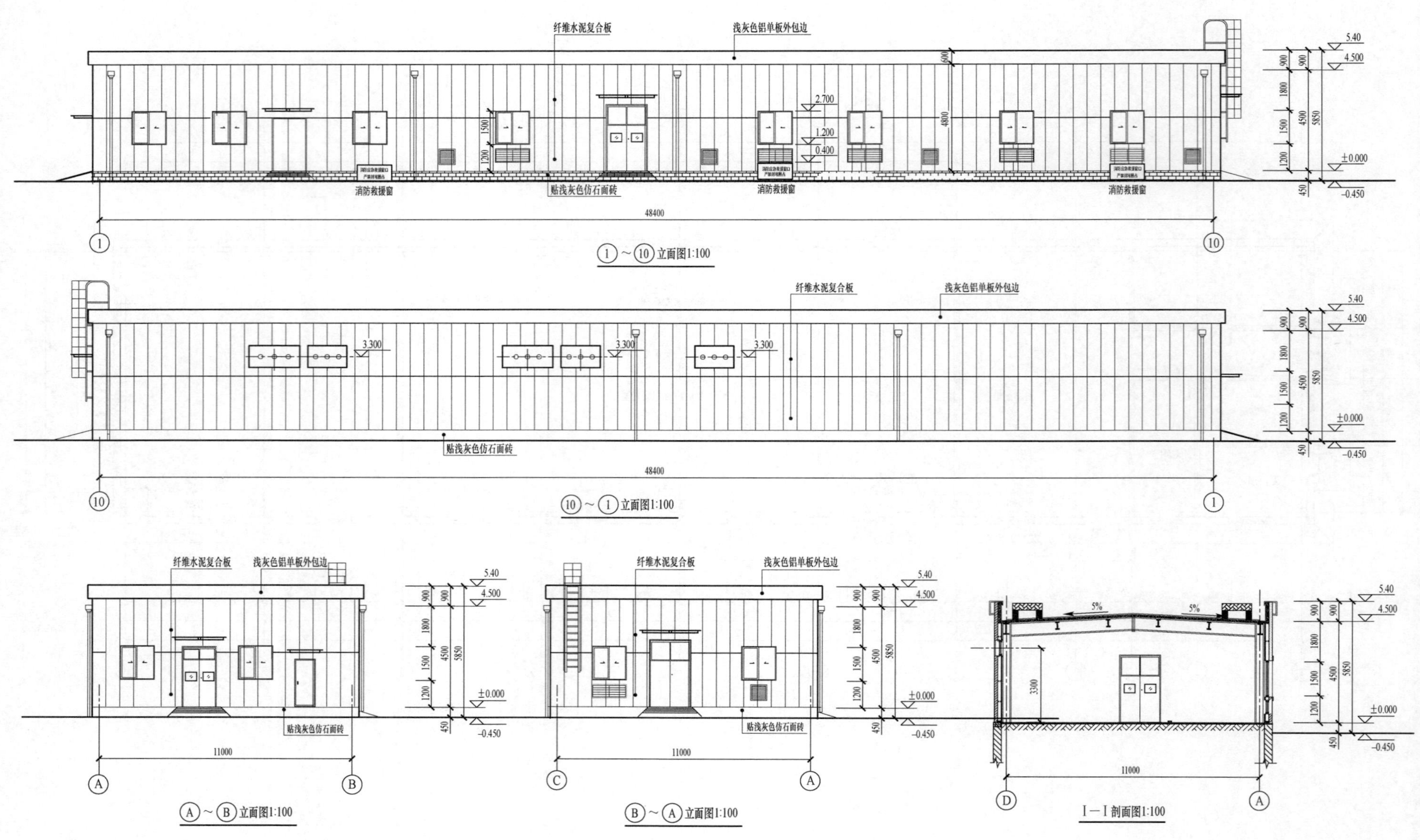

图 13-18　SC-110-B-1 配电装置室立面、剖面图

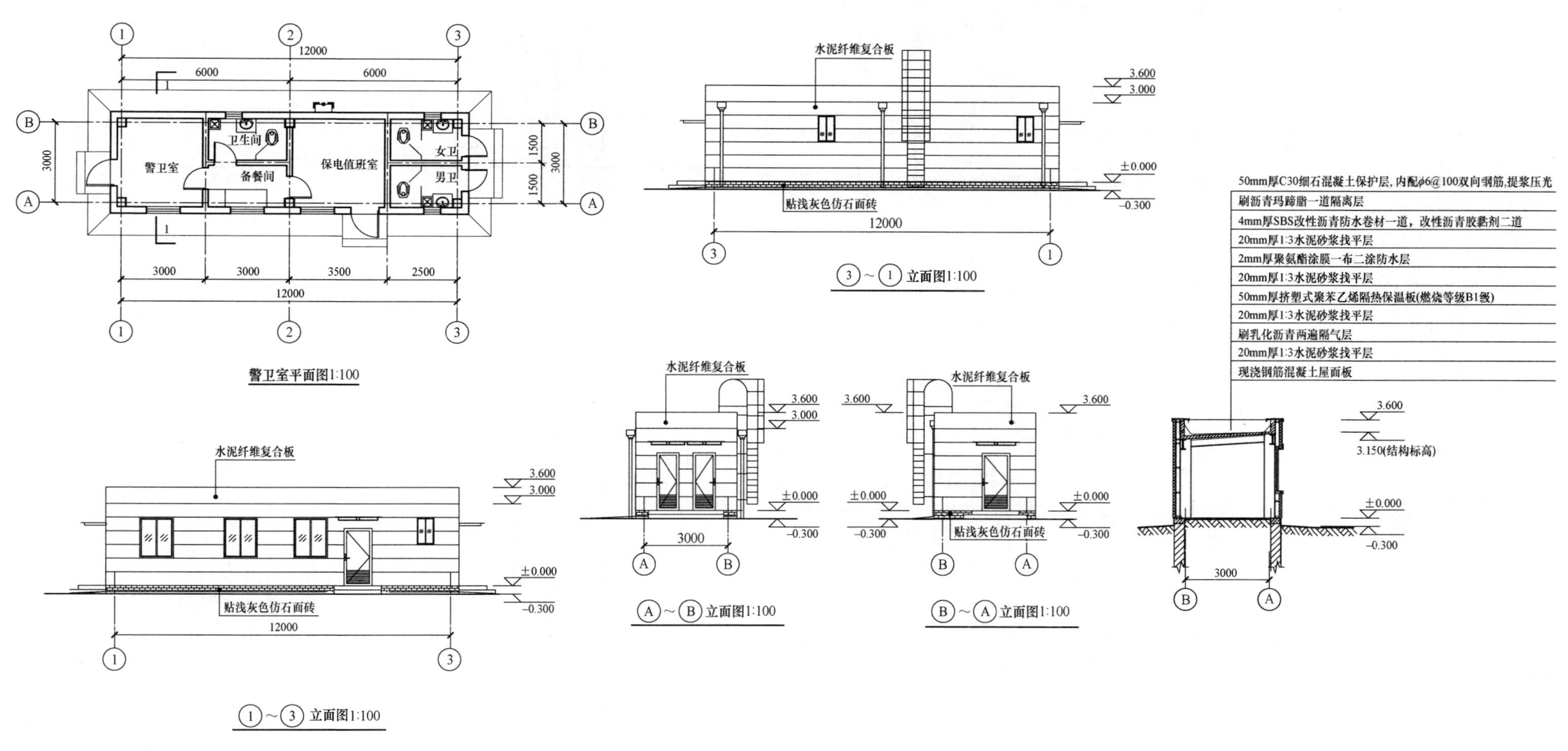

图 13-19 SC-110-B-1 警卫室平立面图

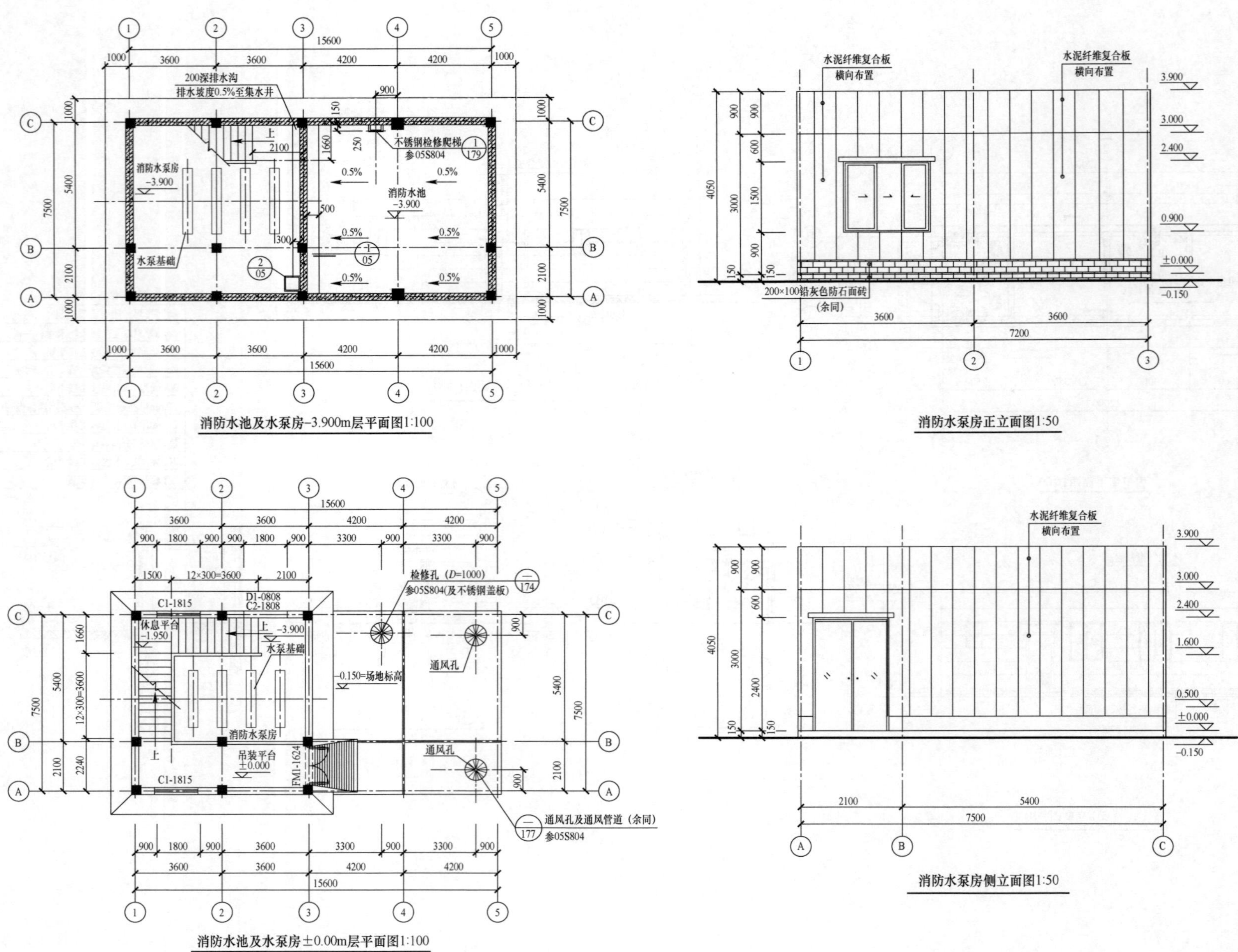

图 13-20　SC-110-B-1 消防水泵房平立面图

第 14 章 SC－110－B－3 通用设计实施方案

14.1 SC－110－B－3 方案主要技术条件

SC－110－B–3 方案主要技术条件见表 14－1。

表 14－1 SC－110－B－3 方案主要技术条件

序号	项目		技术条件
1	建设规模	主变压器	本期 2×50MVA，远期 3×50MVA
		出线	110kV：本期出线 2 回，远期出线 4 回，架空出线 10kV：本期出线 24 回，远期出线 36 回，电缆出线
		无功补偿装置	每台主变压器配置 10kV 并联电容器 2 组，单组容量为 5004kvar
2	站址基本条件		海拔＜1000m，设计基本地震加速度 0.10*g* 考虑，重现期 50 年的基本风速 V_0≤30m/s，地基承载力特征值 f_{ak} =150kPa，无地下水影响，假设场地为同一标高，污秽等级 d 级
3	电气主接线		110kV 本期及远期采用单母线分段接线； 10kV 本期采用单母线三分段，按单母线分段接线，远期采用单母线四分段接线
4	主要设备选型		110、10kV 短路电流控制水平分别为 40、31.5kA； 主变压器采用三相、双绕组、有载调压、低损耗、自然油循环自冷变压器； 110kV 采用户外 HGIS； 10kV 采用户内空气绝缘开关柜，配置真空断路器； 10kV 并联电容器采用户外框架式； 10kV 接地变压器及消弧线圈成套装置采用户外干式
5	电气总平面		主变压器：户外布置； 110kV：户外 HGIS，架空出线； 10kV：户内开关柜双列布置
6	二次系统		全站采用预制舱式二次组合设备、模块化二次设备、预制舱式智能控制柜及预制光电缆的二次设备模块化设计方案； 变电站自动化系统按照一体化监控系统设计，完成全站一键顺控功能； 采用常规互感器＋合并单元； 110kV GOOSE 与 SV 共网，保护直采直跳； 主变压器采用保护、测控独立装置，110kV 采用保护测控集成装置，10kV 采用保护测控集成装置； 采用一体化电源系统，通信电源不独立设置； 110kV 间隔层及主变压器二次设备采用预制舱式二次组合设备，公用及站控层设备布置于二次设备室
7	土建部分		围墙内占地面积为 0.4519hm²，总建筑面积为 628m²，设一座配电装置楼，采用单层钢框架结构，室内外设置移动式化学灭火装置

14.2 SC－110－B－3 方案基本模块划分

SC－110－B－3 方案主要包括 110kV 配电装置模块、主变压器及 10kV 配电模块、配电装置室模块、预制舱式二次组合设备模块 4 个基本模块，模块内容说明见 14－2。

表 14－2 SC－110－B－3 方案基本模块内容说明

序号	基本模块编号	基本模块名称	基本模块描述
1	SC－110–B－3－110	110kV 配电装置模块	110kV 本期 2 回出线、2 回主变压器进线，远期 4 回出线、3 回主变压器进线；110kV 本期采用单母线分段接线，远期接线形式不变。110kV 采用 HGIS 户外布置，架空出线
2	SC－110–B－3 －ZB &10	主变压器及 10kV 配电装置模块	主变压器本期 2 台 50MVA，远期 3 台 50MVA，采用 110/10.5kV 三相、双绕组、有载调压变压器，主变压器户外布置； 10kV 本期 24 回出线、2 回主变压器进线，远期 36 回出线、3 回主变压器进线；10kV 本期采用单母线分段接线，远期采用单母线四分段接线。10kV 采用空气绝缘开关柜户内双列布置
3	SC－110–B－3 －PDS	配电装置室模块	单层建筑，钢框架结构，总建筑面积 628m²
4	SC－110–B－3 －YZC	预制舱式二次组合设备模块	全站设置 1 个Ⅱ型二次设备预制舱，舱内二次设备双列布置

14.3 SC－110－B－3 方案主要图纸

SC－110－B－3 方案主要图纸见图 14－1～图 14－19，设计方案说明及其他图纸见书后所附光盘。

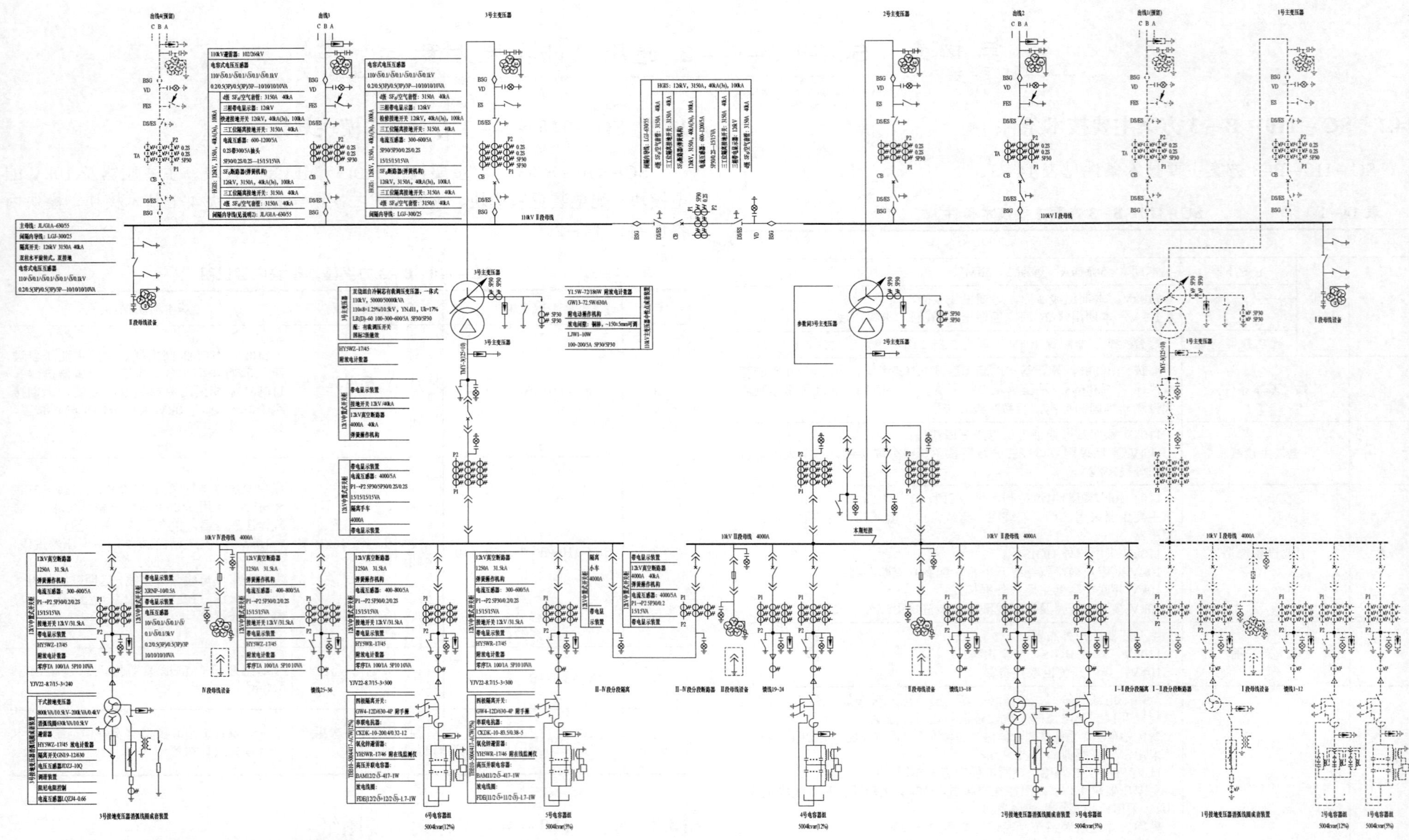

说明：1. 110kV、10kV 开关柜内的电流互感器根据实际工程需要进行变比、抽头设计。

2. 为 110kV 出线间隔内 HGIS 设备母线侧的连接导线，HGIS 设备线路侧连接导线与线路导线截面匹配。

图 14－1　SC－110－B－3 电气主接线图

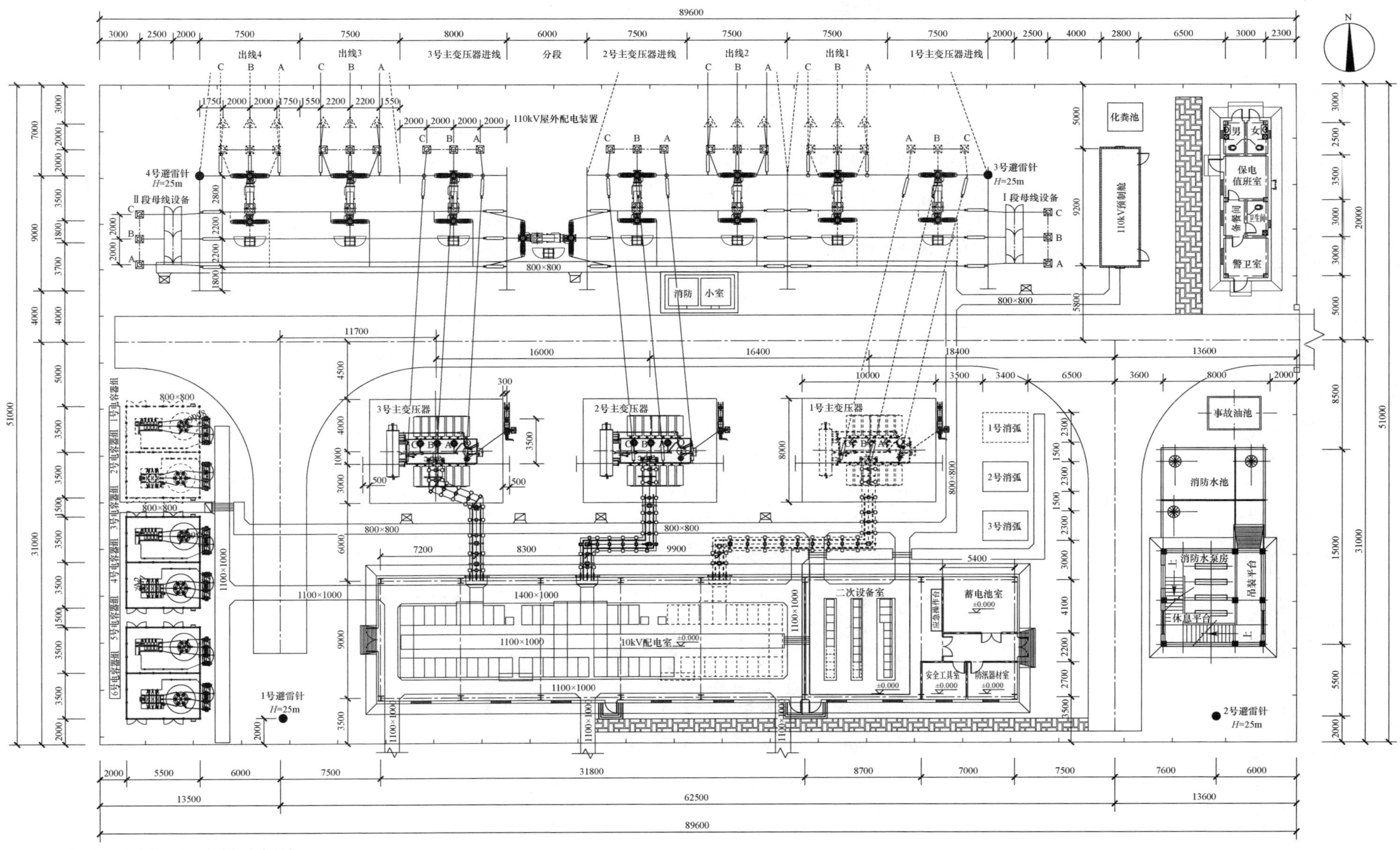

说明：实线部分为本期工程，虚线部分为预留。

图 14－2　SC－110－B－3 电气总平面布置图

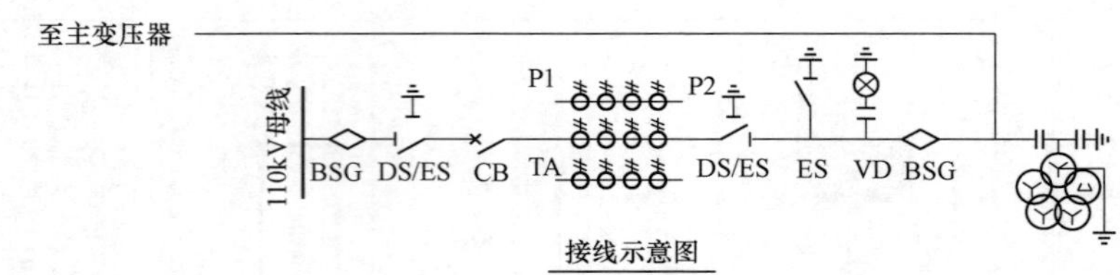

接线示意图

22.50m档距LGJ-300/25导线安装曲线表

温度（℃）	40	30	20	10	0	－10	－20
张力（N）	2451	2461	2471	2482	2492	2503	2514
弧垂（m）	1.063	1.059	1.054	1.050	1.045	1.041	1.036

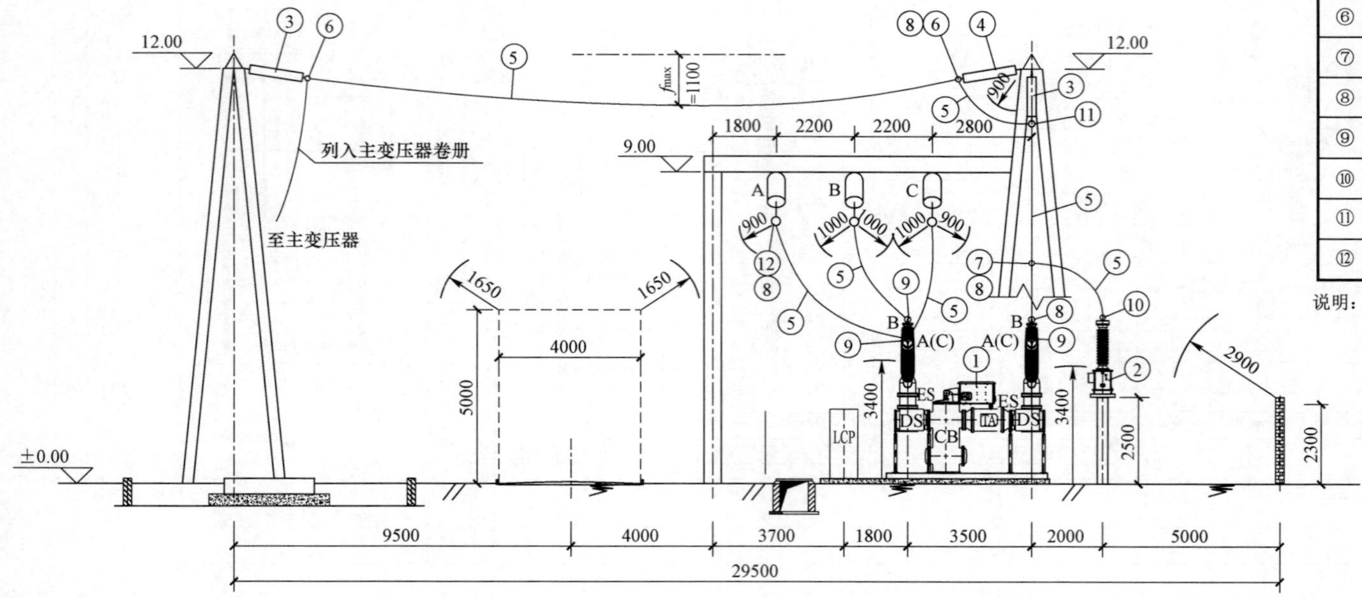

设备材料表

编号	名称	型号及规范	单位	数量	备注
①	气体绝缘金属封闭开关设备	ZF□－126，3150A，40kA	间隔	1×2	
②	电容式电压互感器	$110/\sqrt{3}/0.1/\sqrt{3}/0.1/\sqrt{3}/0.1/\sqrt{3}/0.1$kV	台	3×2	
③	耐张绝缘子串	10（U70BP/146D）	串	6×2	附组装金具
④	可调耐张绝缘子串	10（U70BP/146D）	串	3×2	附组装金具
⑤	钢芯铝绞线	LGJ－300/25	m	135×2	
⑥	耐张线夹	NY－300/25	套	6×2	
⑦	T 型线夹	TY－300/25	套	3×2	
⑧	0°铝设备线夹	SY－300/25A	套	10×2	
⑨	30°铝设备线夹	SY－300/25B	套	5×2	
⑩	90°铝设备线夹	SY－300/25C	套	3×2	
⑪	悬垂线夹	XGH－5	套	3×2	
⑫	T 型线夹	TY－630/45	套	3×2	

说明：材料表中包含2、3号主变压器进线间隔的设备材料。

图 14－3 SC－110－B－3 110kV 主变压器进线间隔断面图

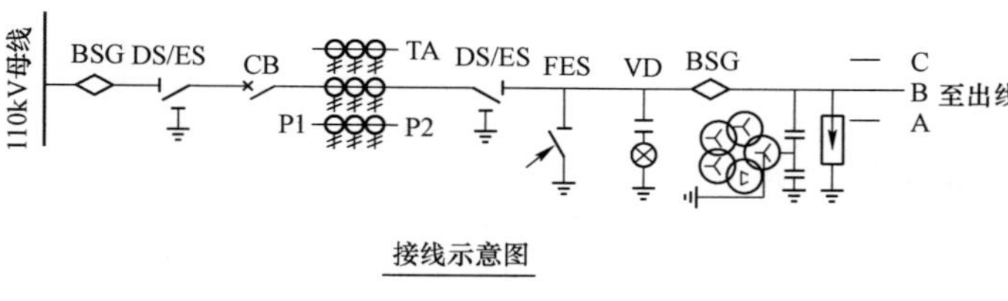

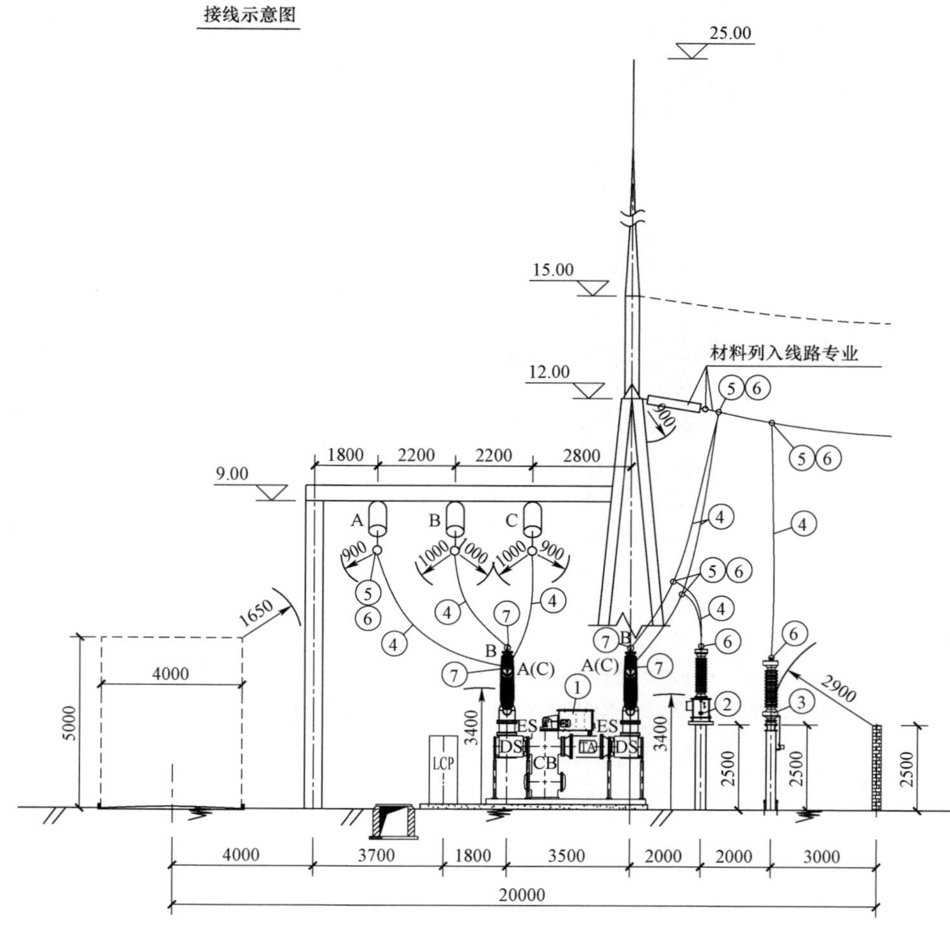

设备材料表

编号	名称	型号及规范	单位	数量	备注
①	气体绝缘金属封闭开关设备	ZF□－126，3150A，40kA	间隔	1×2	
②	电容式电压互感器	$110/\sqrt{3}/0.1/\sqrt{3}/0.1/\sqrt{3}/0.1/\sqrt{3}/0.1$kV	台	3×2	
③	氧化锌避雷器	Y10WZ－102/266，附具有监测功能的泄漏记录仪	台	3×2	
④	钢芯铝绞线	LGJ－630/55	m	80×2	
⑤	T 型线夹	TY－630/55	套	12×2	
⑥	0°铝设备线夹	SY－630/55A	套	18×2	
⑦	30°铝设备线夹	SY－630/55B	套	6×2	

说明：材料表中包含本期两个出线间隔的设备材料。

图 14－4　SC－110－B－3 110kV 出线间隔断面图

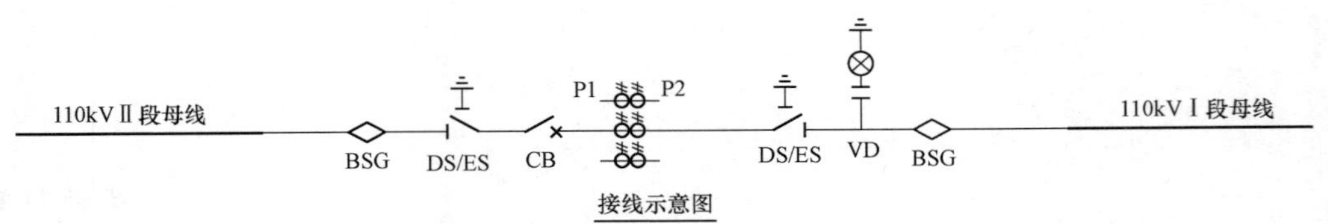

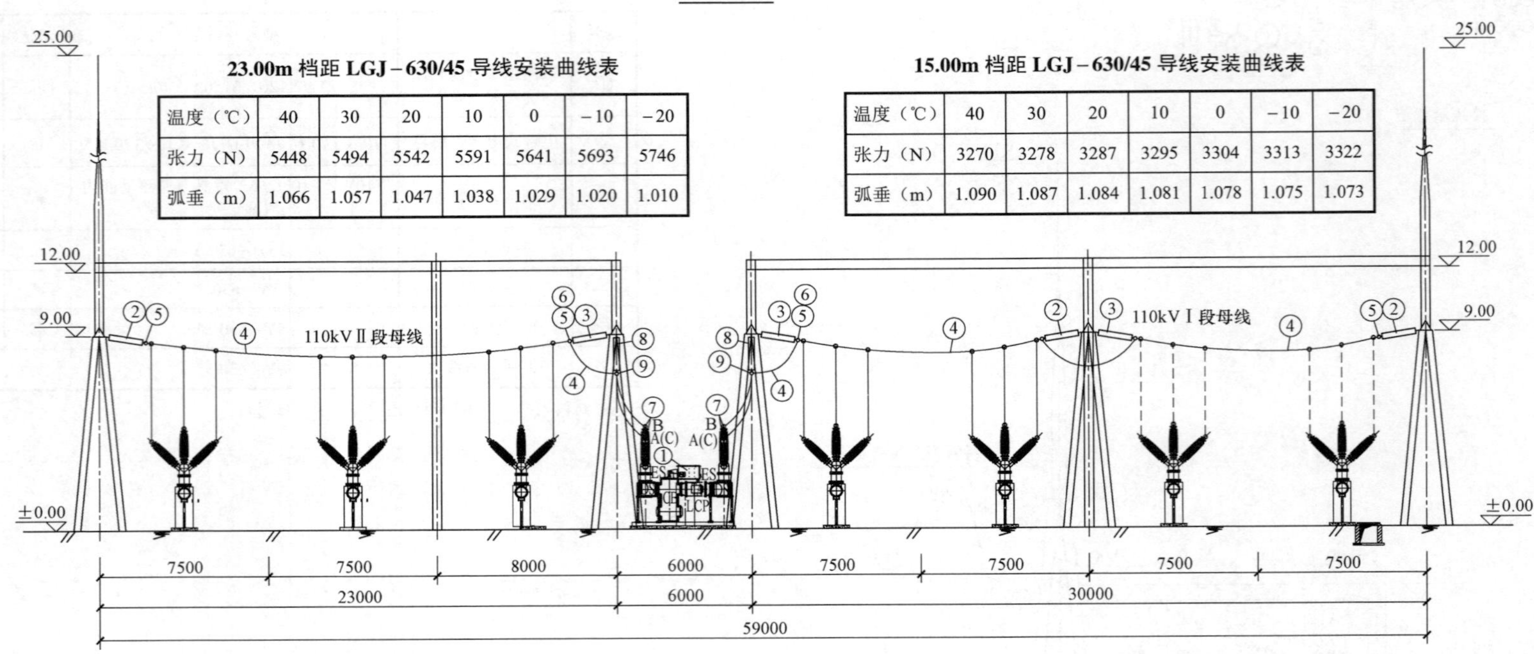

23.00m 档距 LGJ－630/45 导线安装曲线表

温度（℃）	40	30	20	10	0	－10	－20
张力（N）	5448	5494	5542	5591	5641	5693	5746
弧垂（m）	1.066	1.057	1.047	1.038	1.029	1.020	1.010

15.00m 档距 LGJ－630/45 导线安装曲线表

温度（℃）	40	30	20	10	0	－10	－20
张力（N）	3270	3278	3287	3295	3304	3313	3322
弧垂（m）	1.090	1.087	1.084	1.081	1.078	1.075	1.073

设 备 材 料 表

编号	名称	型号及规范	单位	数量	备注
①	气体绝缘金属封闭开关设备	ZF□－126，3150A，40kA	间隔	1	
②	耐张绝缘子串	10(U70BP/146D)	串	9	附组装金具
③	可调耐张绝缘子串	10(U70BP/146D)	串	9	附组装金具
④	钢芯铝绞线	LGJ－630/45	m	240	
⑤	耐张线夹	NY－630/45	套	18	
⑥	0°铝设备线夹	SY－630/45A	套	12	
⑦	30°铝设备线夹	SY－630/45B	套	6	
⑧	悬垂绝缘子串	10(U70BP/146D)	串	6	附组装金具
⑨	悬垂线夹	XGH－5	套	6	

说明：1. 材料表中包含分段间隔的设备材料及主母线材料。

2. 除分段间隔及 TV 间隔外，其他间隔的设备及材料详见本卷册其他相关图纸。

图 14－5　SC－110－B－3 110kV 分段间隔断面图

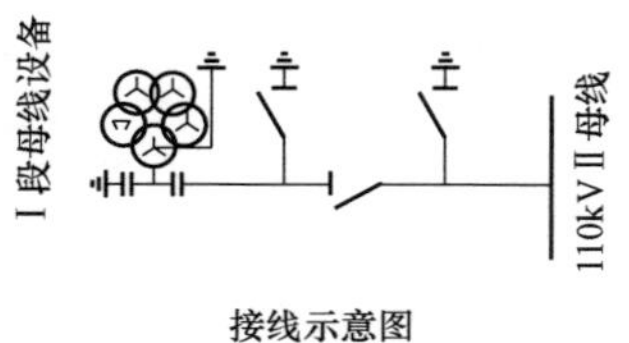

接线示意图

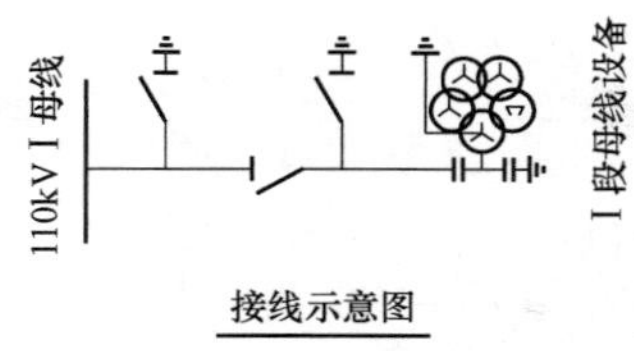

接线示意图

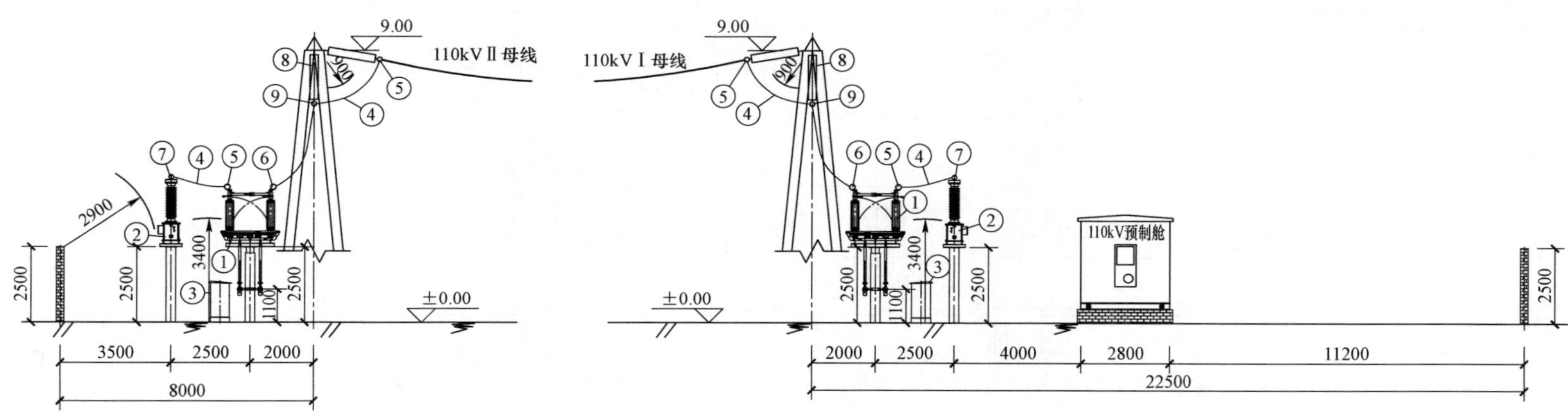

设 备 材 料 表

编号	名称	型号及规范	单位	数量	备注
①	隔离开关	GW4-126IID（W）/3150，3150A，40kA	组	1×2	
②	电容式电压互感器	110/$\sqrt{3}$/0.1/$\sqrt{3}$/0.1/$\sqrt{3}$/0.1/$\sqrt{3}$/0.1kV	台	3×2	
③	端子箱	XDW1-1 型	面	1×2	
④	钢芯铝绞线	LGJ-240/30	m	30×2	
⑤	0°铝设备线夹	SY-240/30A	套	6×2	
⑥	30°铝设备线夹	SY-240/30B	套	3×2	
⑦	90°铝设备线夹	SY-240/30C	套	3×2	
⑧	悬垂绝缘子串	10（U70BP/146D）	串	6	附组装金具
⑨	悬垂线夹	XGH-5	套	6	

说明：材料表中包含本期两个 TV 间隔的设备材料。

图 14-6　SC-110-B-3 110kV 母线设备间隔断面图

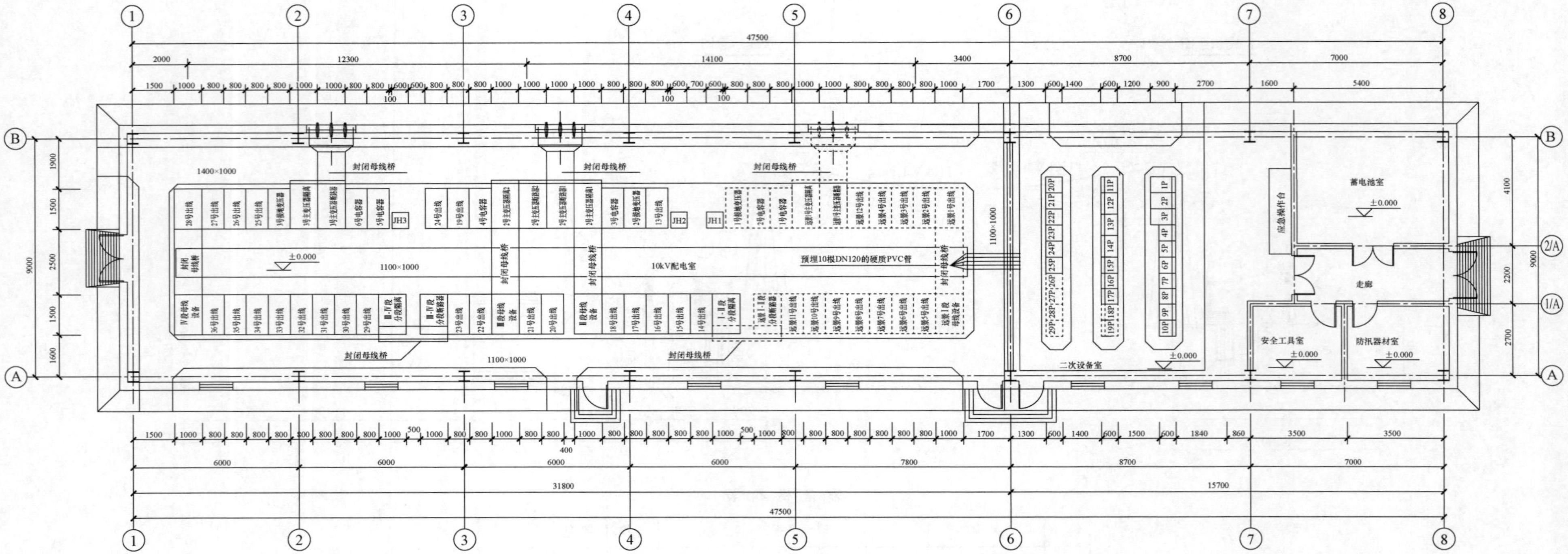

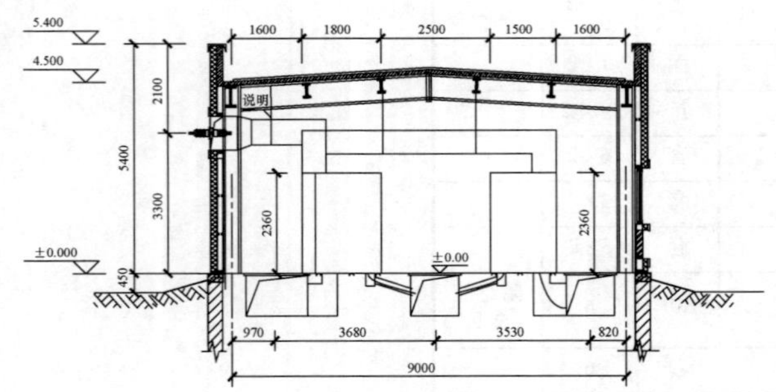

说明：为防止母线桥弯曲，在房间顶部的扁钢上焊接吊钩，吊钩沿母线桥方向的焊接位置与母线桥两边的吊钩位置一一对应，做到安装完毕后母线桥水平方向受力最小，根据厂家资料，母线桥的重量按 200kg/m 考虑。

图 14－7　SC－110－B－3 10kV 配电装置平断面图

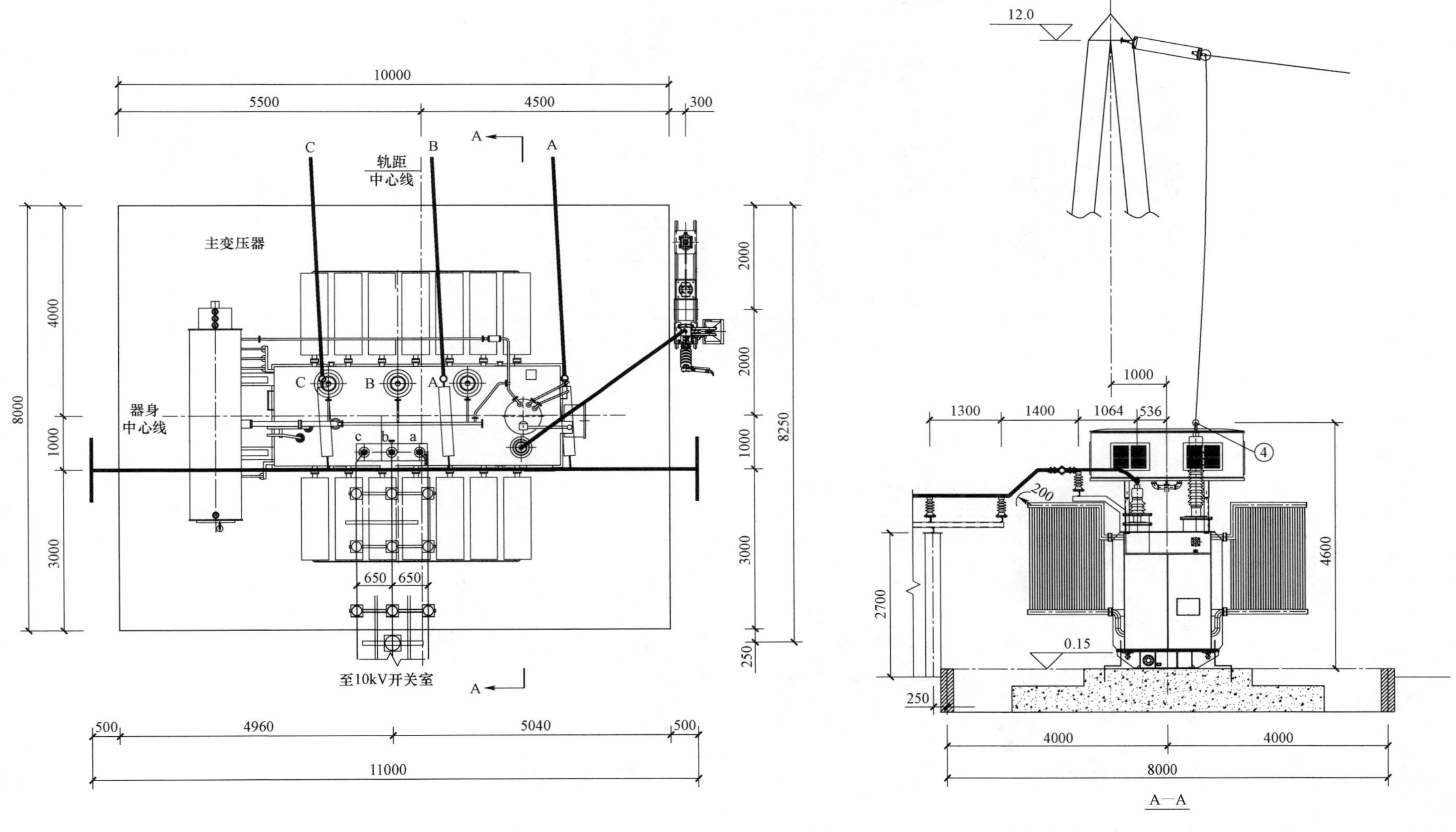

图 14－8　SC－110－B－3 110kV 主变压器平断面图

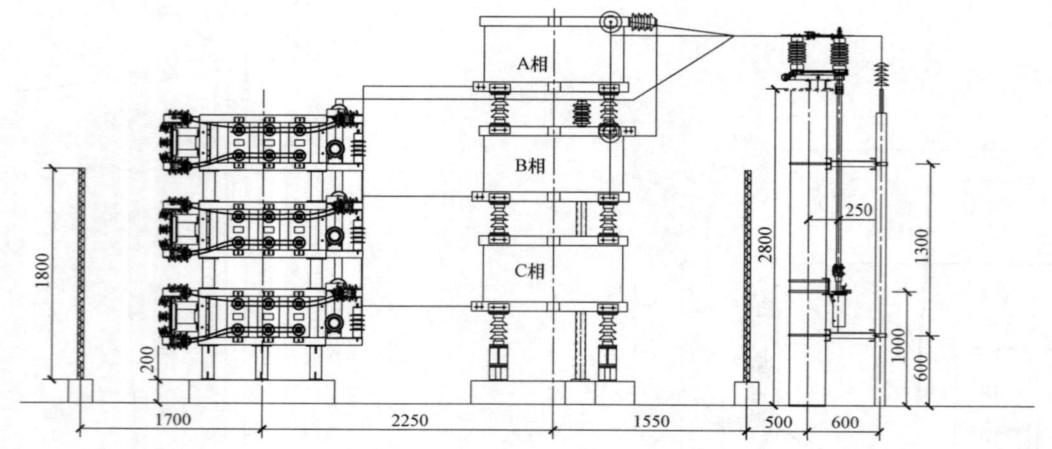

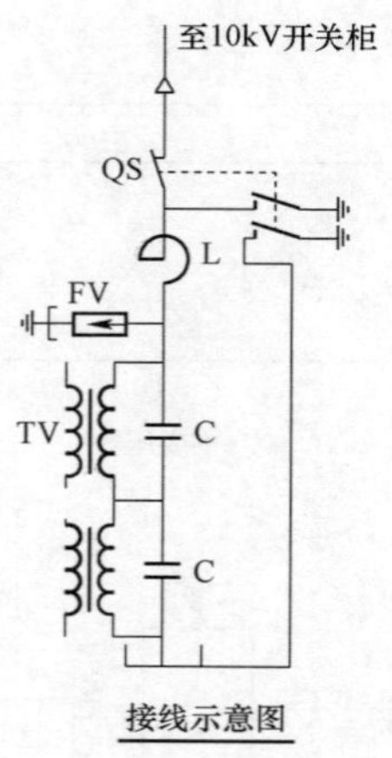

接线示意图

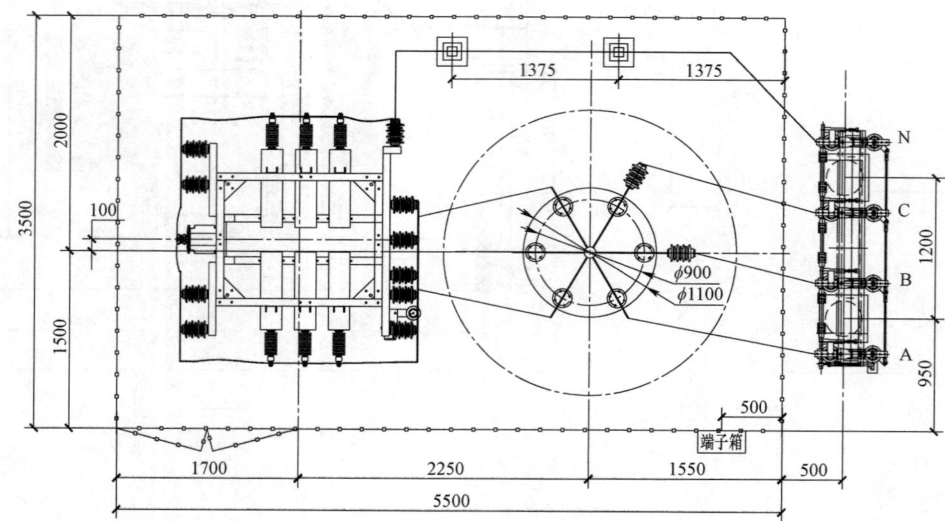

说明：1. 此图参考国网通用设备5Mvar/417kvar电容器组绘制，具体工程以实际采用电容器组规格结合通用设备四统一接口要求进行设计。

2. 干式空心电抗器的基础内钢筋、底层绝缘子的接地线以及所采用的金属围栏，不应通过自身和接地线构成闭合回路。

3. 电容器组采用单星型接线，相电压差动保护。

4. 厂家配套提供电抗器非导磁材料制作的防护网，以防鸟类及小动物窜入造成相间短路。

图 14－9　SC－110－B－3 10kV 并联电容器平断面图

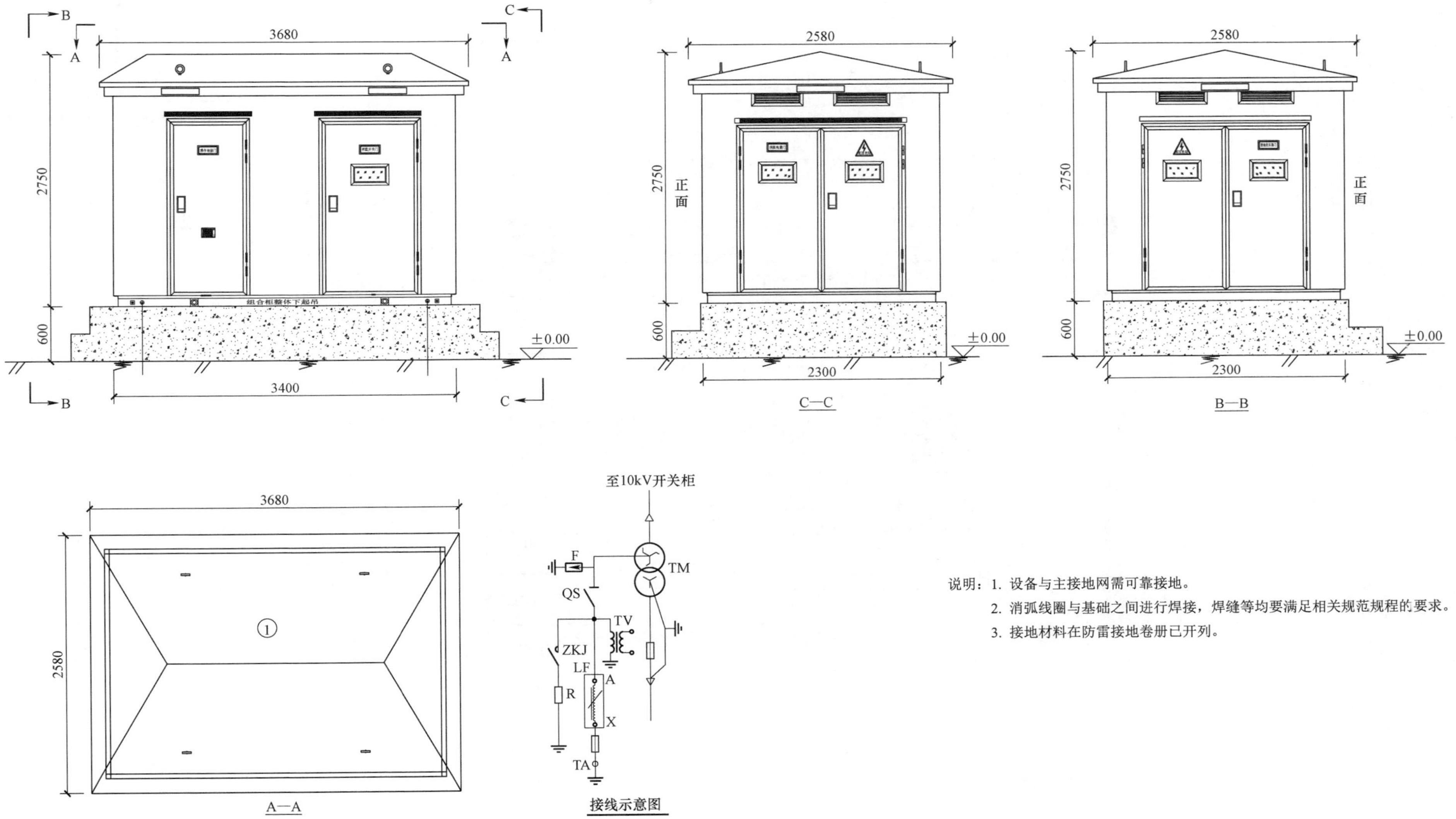

说明：1. 设备与主接地网需可靠接地。

2. 消弧线圈与基础之间进行焊接，焊缝等均要满足相关规范规程的要求。

3. 接地材料在防雷接地卷册已开列。

图 14－10　SC－110－B－3 10kV 接地变压器及消弧线圈成套装置平断面图

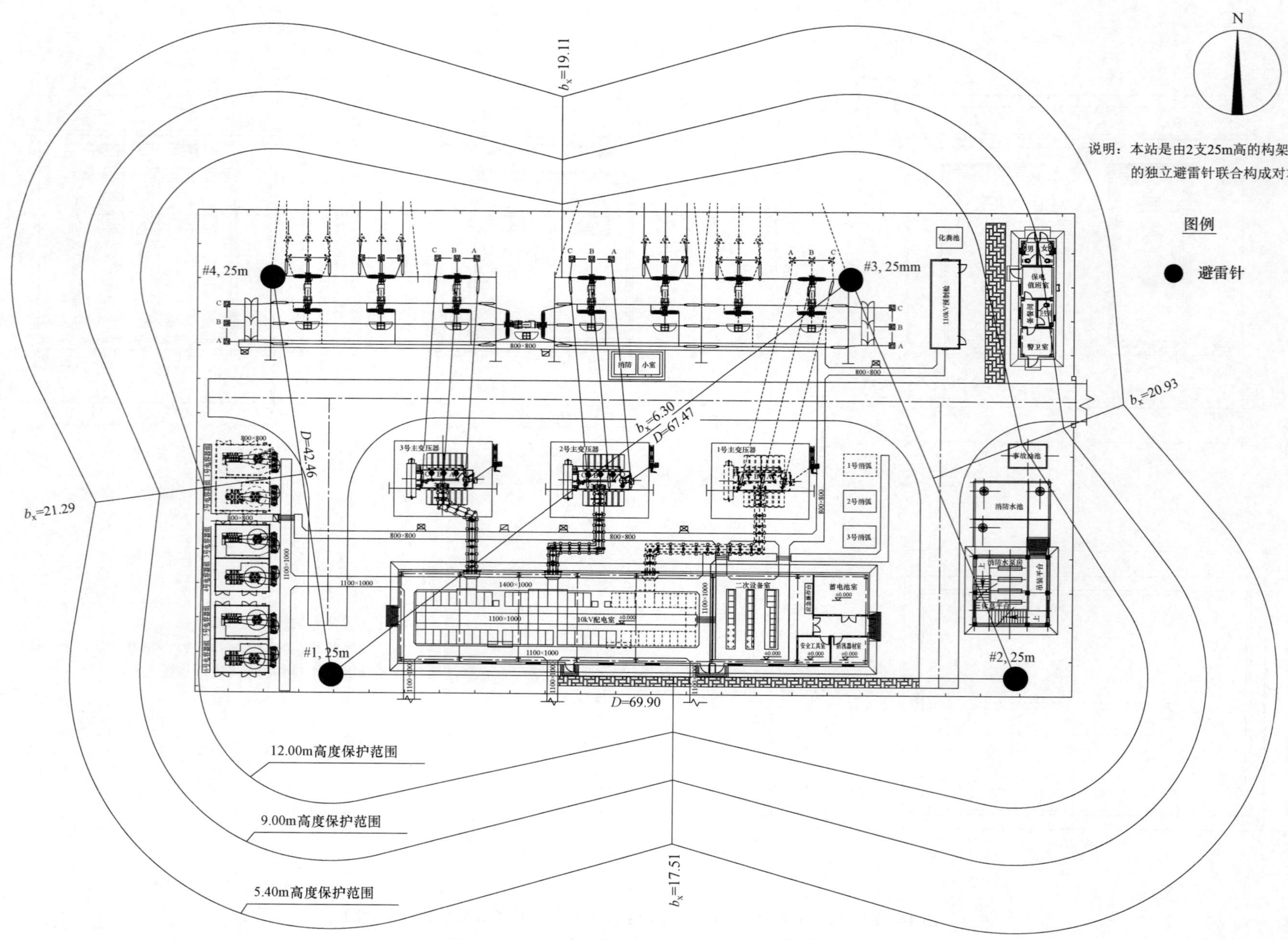

图 14-11　SC-110-B-3 全站直击雷保护范围图

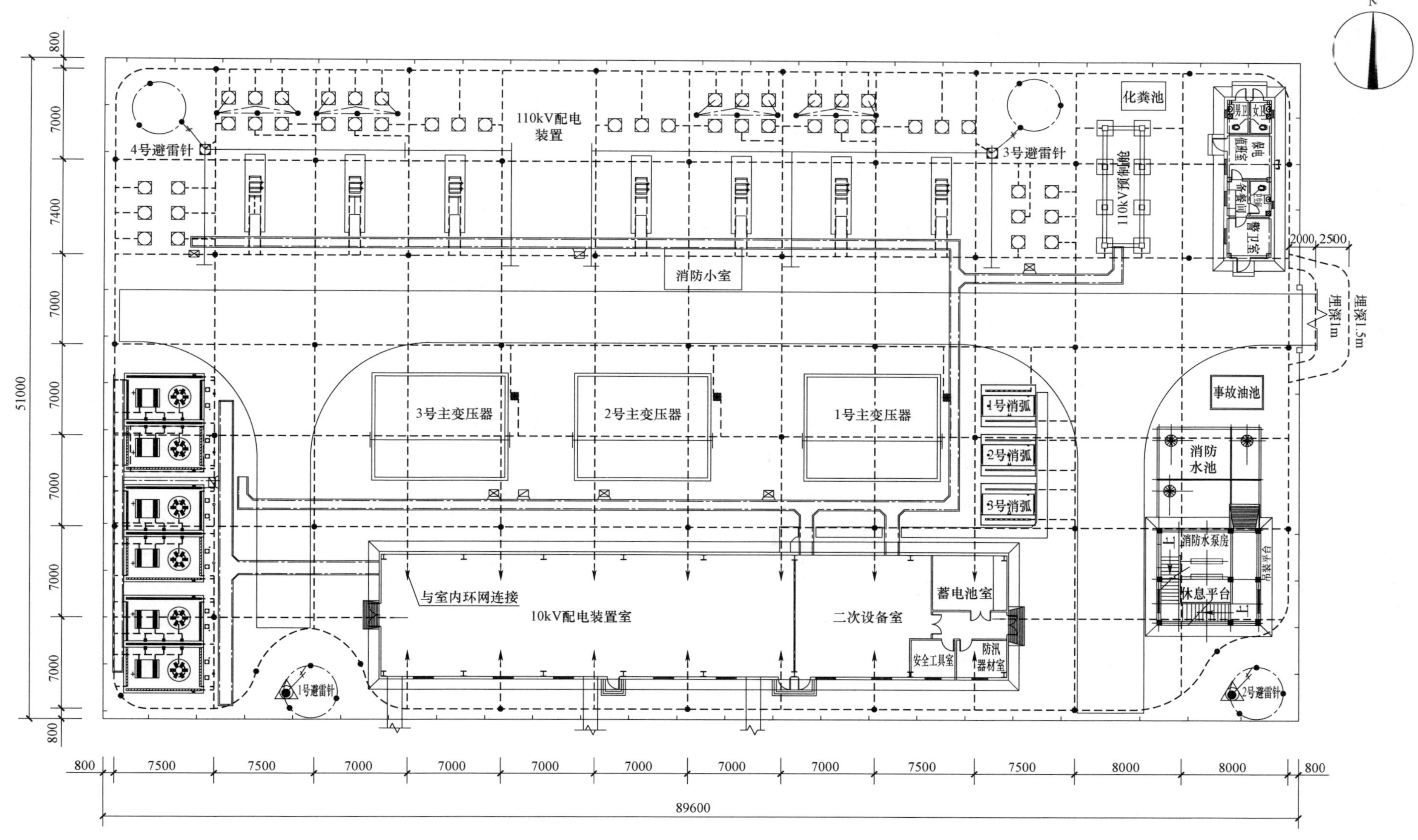

图 14－12　SC－110－B－3 全站接地平面布置图

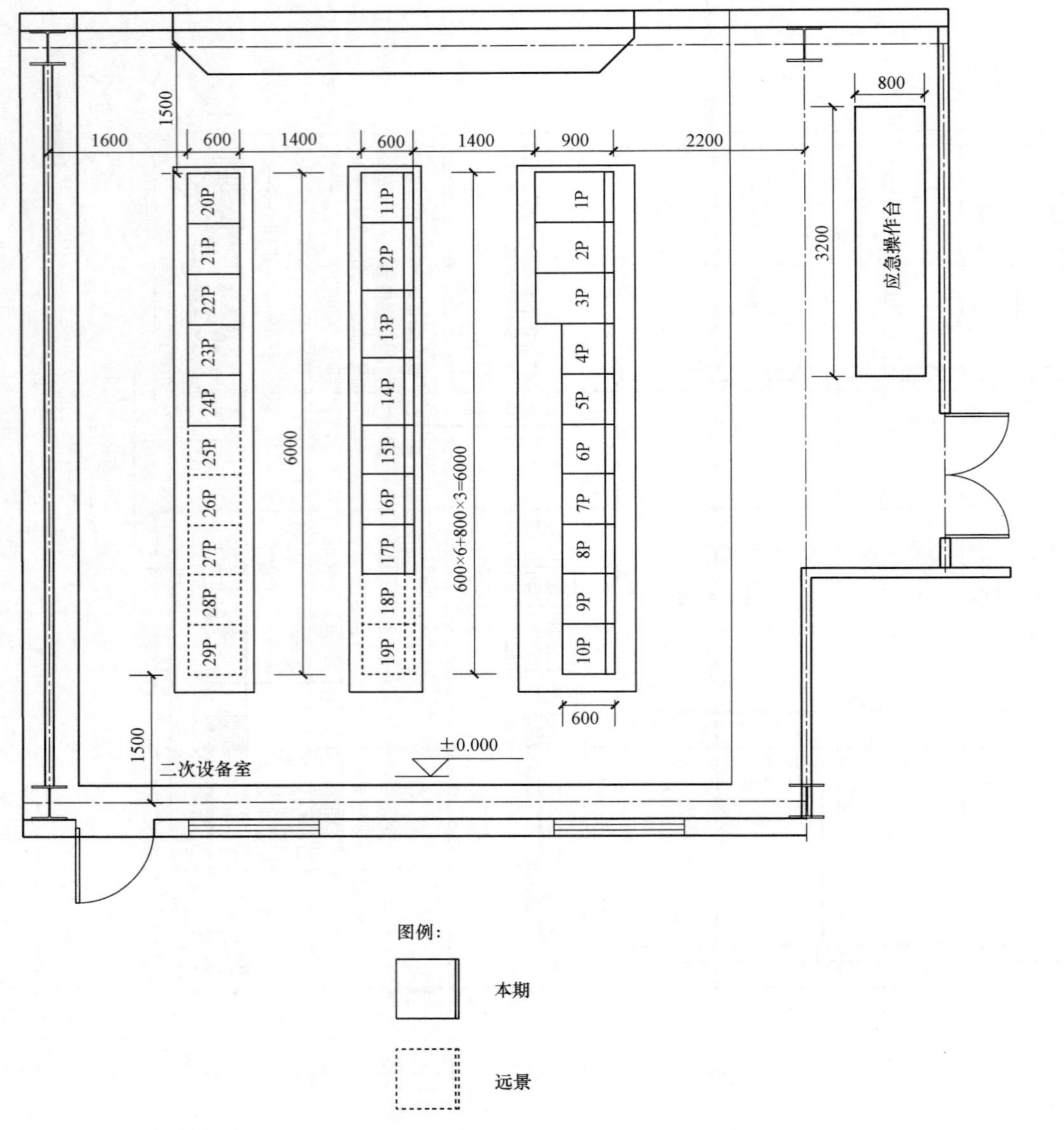

二次设备室屏位布置表

屏号	名称	型式	数量	备注
1P	监控主机及数据服务器柜	2260×900×600	1	
2P	综合应用服务器柜	2260×900×600	1	
3P	智能防误主机柜	2260×900×600	1	
4－5P	数据通信网关机柜	2260×600×600	2	
6P	站控层网络及公用设备柜	2260×600×600	1	
7－8P	智能辅助控制系统柜	2260×600×600	2	
9－10P	调度数据网络设备柜	2260×600×600	2	
11P	时间同步系统柜	2260×600×600	1	
12－14P	交流电源柜	2260×800×600	3	
15P	直流充电柜	2260×600×600	1	
16P	直流馈线及通信电源柜	2260×600×600	1	
17P	UPS 柜	2260×600×600	1	
18－19P	备用	2260×600×600	2	
20P	消弧线圈控制柜 1	2260×600×600	1	
21P	SDH 光端机柜	2260×600×600	1	
22P	PTN 柜	2260×600×600	1	
23P	综合配线架柜	2260×600×600	1	
24P	通信馈线柜	2260×600×600	1	
25－29P	通信备用	2260×600×600	5	

图 14－13　SC－110－B－3 二次设备室平面布置图

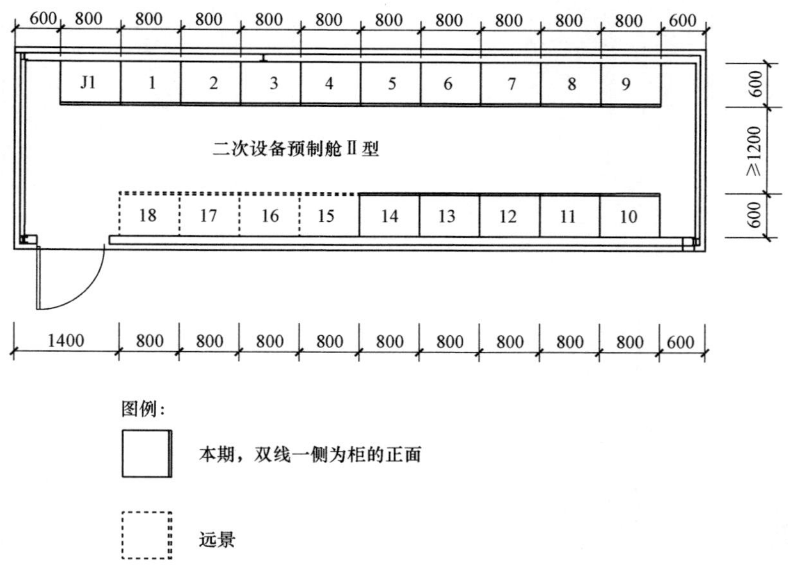

二次设备室屏位布置表

屏号	名称	型式	数量	备注
J1	集中接线柜	2260×800×600	1	
1	公用测控及时钟扩展柜	2260×800×600	1	
2	故障录波及网络分析柜	2260×800×600	1	
3	电能表及电量采集柜	2260×800×600	1	
4	110kV 分段保护测控柜	2260×800×600	1	
5	110kV 线路保护测控柜	2260×800×600	1	
6	110kV 母线保护柜	2260×800×600	1	
7	1 号主变压器测控柜	2260×800×600	1	
8	1 号主变压器保护柜	2260×800×600	1	
9	2 号主变压器测控柜	2260×800×600	1	
10	2 号主变压器保护柜	2260×800×600	1	
11	3 号主变压器测控柜	2260×800×600	1	
12	3 号主变压器保护柜	2260×800×600	1	
13－14	直流馈线柜	2260×800×600	2	
15－18	备用	2260×800×600	4	

图 14－14　SC－110－B－3 预制舱屏位布置图

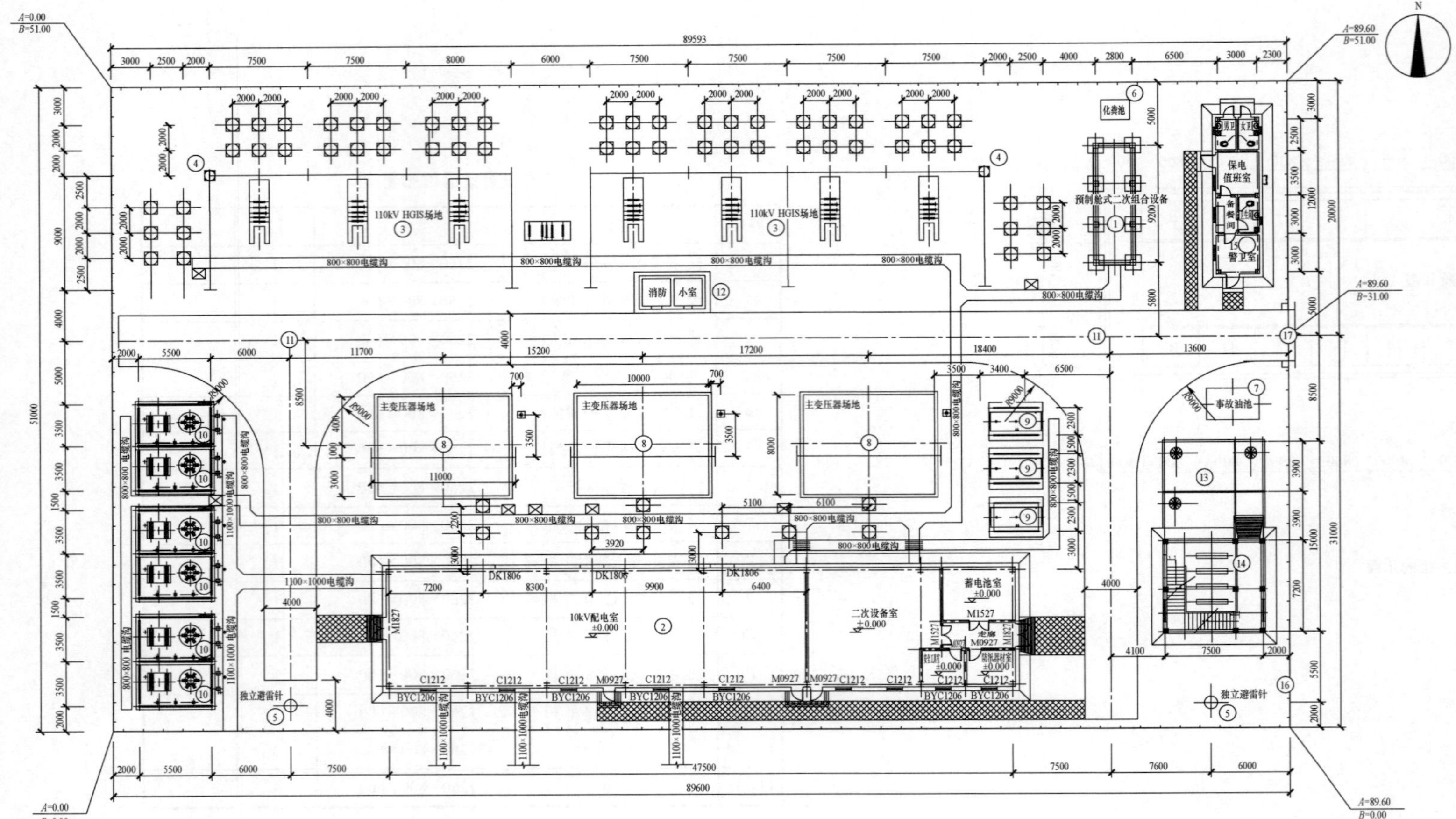

主要技术经济指标

序号	名称	单位	数量	备注
1	站区围墙内占地面积	hm^2	0.4570	合 6.86 亩
2	站内主电缆沟	m	310	
3	站内道路面积	m^2	640	
4	总建筑面积	m^2	628	
5	围墙长度	m	275.2	

建（构）筑物一览表

编号	名称	单位	数量	备注	编号	名称	单位	数量	备注
①	预制舱式二次组合设备	m^2	30.70	钢筋混凝土基础，面积为占地面积	⑩	电容器成套装置	组	6	钢筋混凝土结构，本期只上 4 组
②	配电装置室（钢框架结构）	m^2	485	水泥纤维复合板，面积为占地面积	⑪	站区内道路	m^2	640	沥青混凝土郊区型路面
③	110kV 配置装置区 HGIS 户外布置	m^2	1320	镀锌钢管杆柱、场地碎石铺设	⑫	消防小室及砂池	m^2	14	钢筋混凝土条形基础，现浇屋面
④	构架避雷针	针	2	镀锌钢管杆避雷针 25m 高	⑬	消防水池	m^3	150	钢筋筏板基础，钢筋混凝土现浇井壁
⑤	独立避雷针	针	2	镀锌钢管杆避雷针 25m 高	⑭	消防泵房（地下一层 4.05m，地上一层 3.0m）	m^2	93.0	钢筋混凝土结构
⑥	化粪池	座	1	钢筋混凝结构 $2m^3$	⑮	警卫室（钢框架结构）	m^2	50	钢筋混凝土条形基础，水泥纤维复合板
⑦	事故油池	座	1	钢筋混凝结构 $30m^3$	⑯	站区围墙	m	275.2	素混凝土条形基础，成品装配式墙体
⑧	主变压器场区	台	3	镀锌钢管杆柱、本期只上 2 台	⑰	站区大门及门柱	扇	1	钢筋混凝土门柱，不锈钢板平开大门
⑨	10kV 接地变压器及消弧线圈	组	3	钢筋混凝土结构，本期只上 2 组					

图 14-15　SC-110-B-3 土建总平面布置图

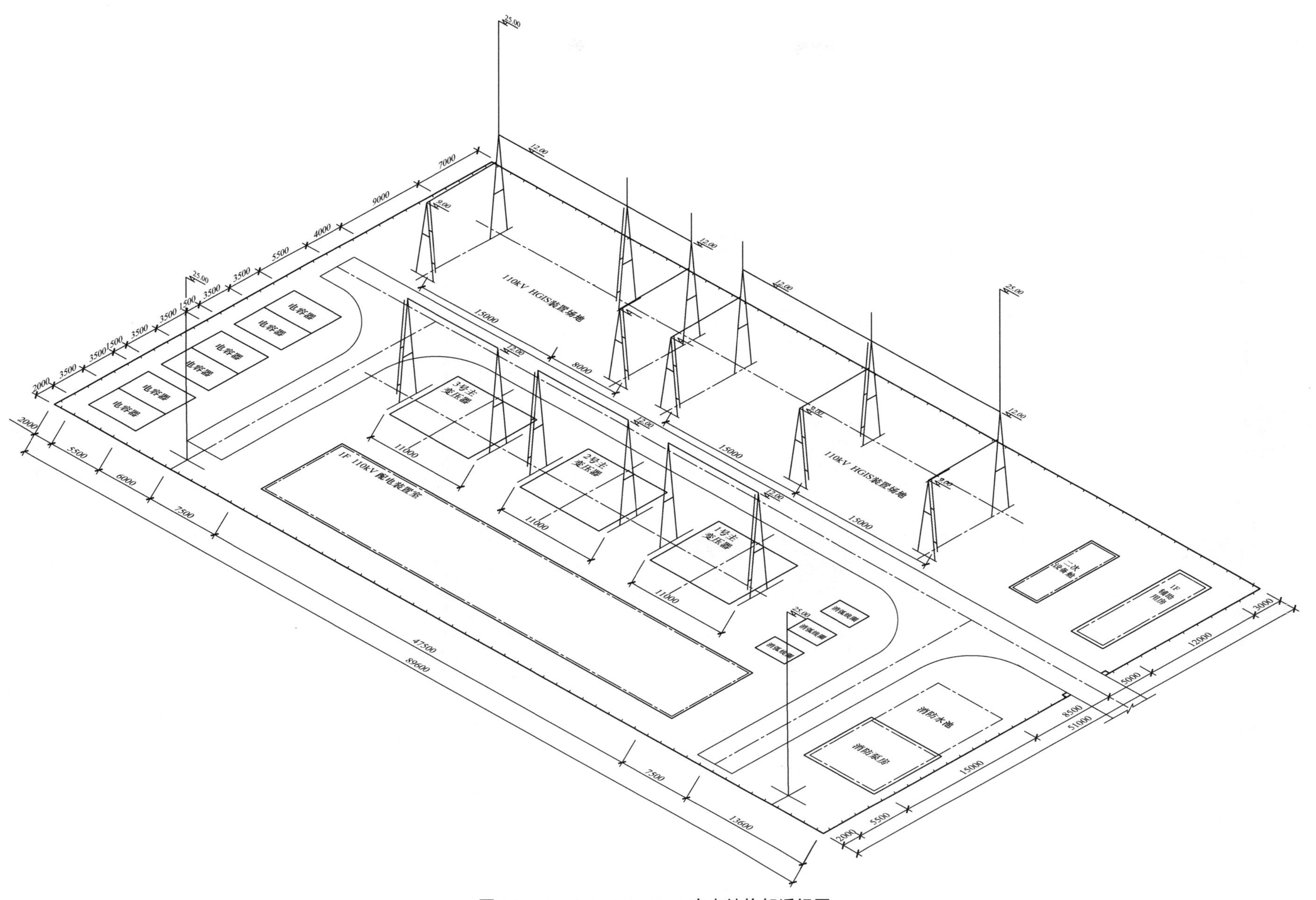

图 14-16　SC-110-B-3 变电站构架透视图

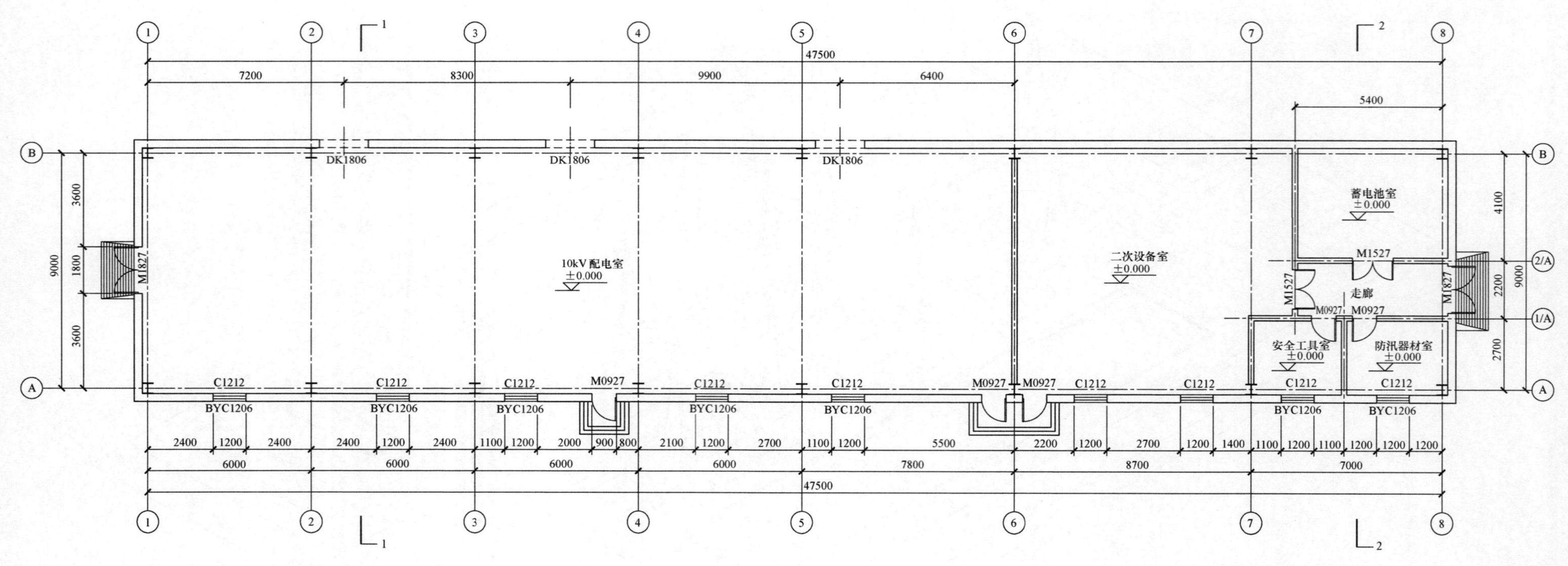

图 14-17　SC-110-B-3 配电装置楼平面图

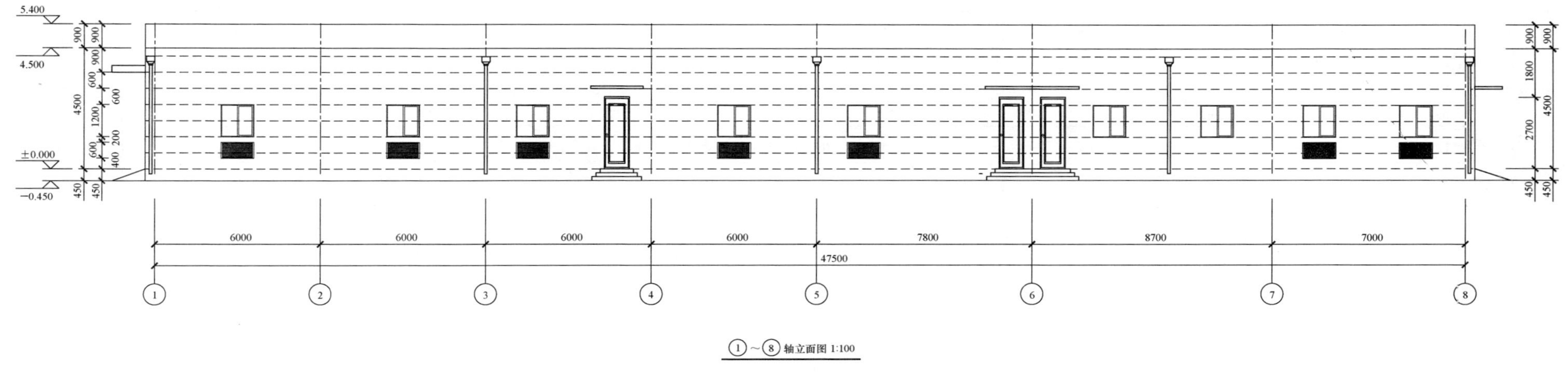

①~⑧轴立面图 1:100

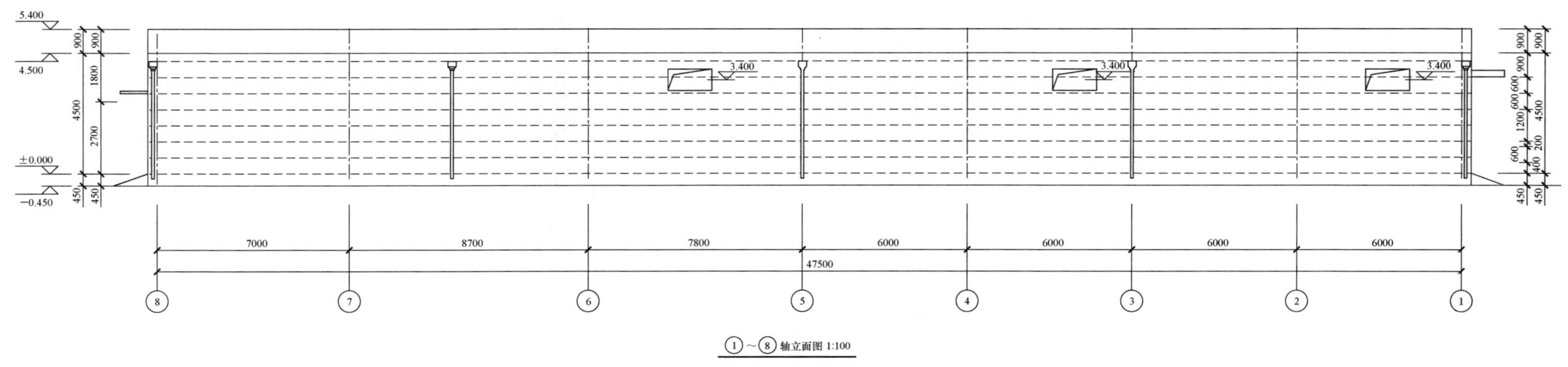

①~⑧轴立面图 1:100

图 14–18　SC–110–B–3 配电装置立面图

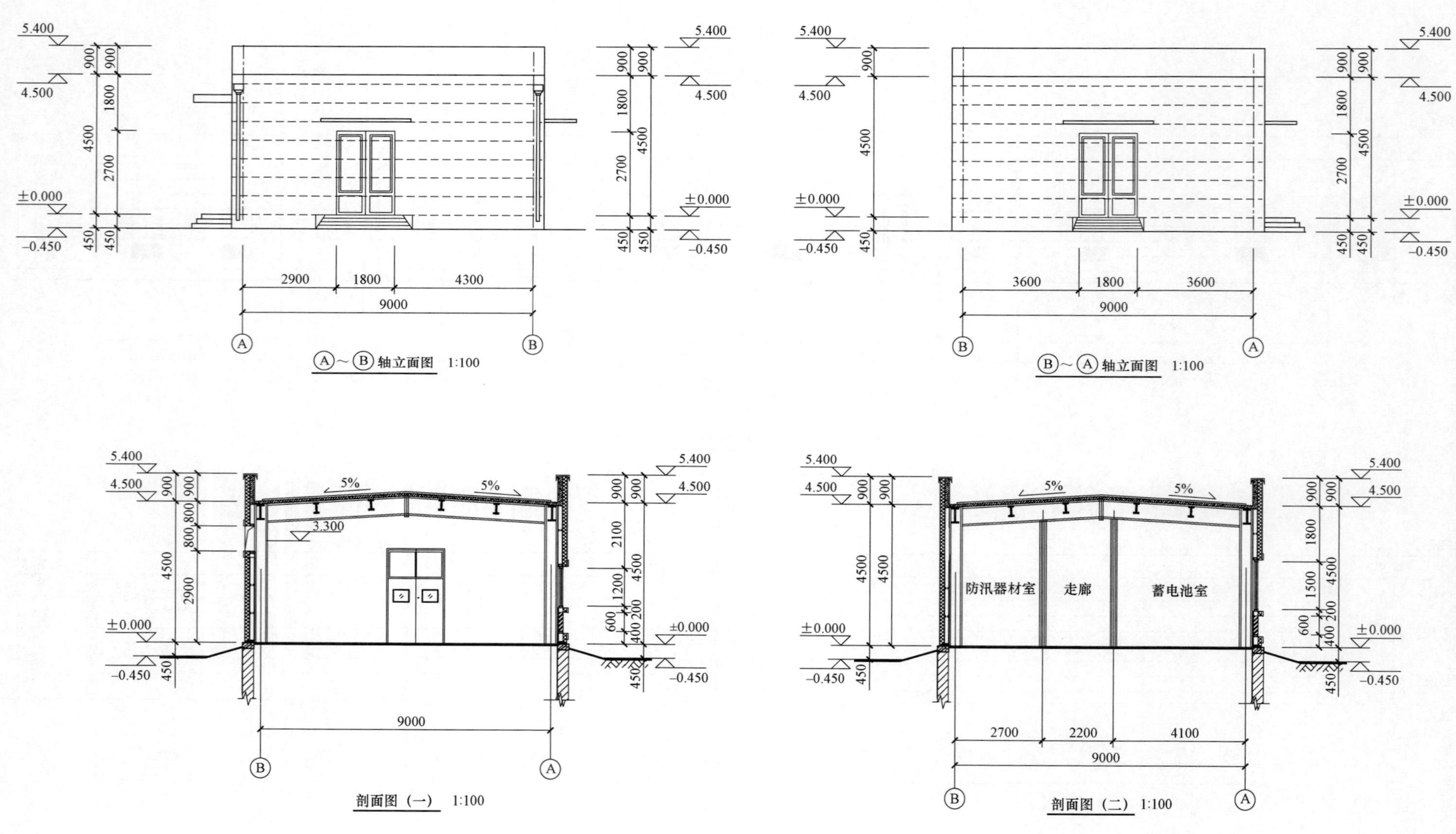

图 14-19 SC-110-B-3 配电装置楼立面图及剖面图

第 15 章　SC－110－A2－6 通用设计实施方案

15.1　SC－110－A2－6 方案主要技术条件

SC－110－A2－6 方案主要技术条件见表 15－1。

表 15－1　　SC－110－A2－6 方案主要技术条件

序号	项目		技术条件
1	建设规模	主变压器	本期 2×63MVA，远期 3×63MVA
		出线	110kV：本期出线 2 回，远期出线 4 回； 10kV：本期出线 28 回，远期出线 42 回
		无功补偿装置	每台主变压器配置 10kV 并联电容器 2 组，容量为 2×4800kvar
2	站址基本条件		海拔＜1000m，设计基本地震加速度 0.10g 考虑，重现期 50 年的基本风速 V_0≤30m/s，地基承载力特征值 f_{ak}=150kPa，无地下水影响，假设场地为同一标高，污秽等级 d 级
3	电气主接线		110kV 本期及远期采用单母线分段接线； 10kV 本期采用单母线三分段接线，按单母线分段运行，远期采用单母线四分段接线
4	主要设备选型		110、10kV 短路电流控制水平分别为 40、31.5kA； 主变压器采用三相、双绕组、有载调压、低损耗、自然油循环自冷变压器； 110kV 采用户内 GIS； 10kV 采用户内空气绝缘开关柜，配置真空断路器； 10kV 并联电容器采用户内框架式； 10kV 接地变压器及消弧线圈成套装置采用户内干式
5	电气总平面		主变压器：户内布置； 110kV：户内 GIS，电缆出线； 10kV：户内开关柜双列布置
6	二次系统		全站采用模块化二次设备、预制式智能控制柜及预制光电缆的二次设备模块化设计方案； 变电站自动化系统按照一体化监控设计； 采用常规互感器＋合并单元； 110kV GOOSE 与 SV 共网，保护直采直跳； 主变压器采用保护、测控独立装置，110kV 采用保护测控集成装置，10kV 采用保护测控集成装置； 采用一体化电源系统，通信电源不独立设置； 110kV 间隔层设备下放预制式智能控制柜，10kV 间隔层设备下放布置开关柜，公用及主变压器二次设备布置在二次设备室
7	土建部分		围墙内占地面积 0.4257hm²； 全站总建筑面积 1214m²，其中配电装置室建筑面积 1111m²； 建筑物结构型式配电装置楼、警卫室为钢结构；水泵房为混凝土结构； 钢结构建筑物外墙采用纤维水泥复合板，内墙采用防火石膏板或复合轻质内墙板，楼面板采用压型钢板为底模的现浇钢筋混凝土板，屋面板采用钢筋桁架楼承板； 混凝土建筑外墙外挂纤维水泥复合板； 围墙采用装配式围墙； 构、支架基础采用定型钢模浇筑，构支架与基础采用地脚螺栓连接

15.2　SC－110－A2－6 方案基本模块划分

SC－110－A2－6 方案主要包括 110kV 配电装置模块、主变压器模块、10kV 配电装置模块、10kV 无功补偿模块、配电装置室模块 5 个基本模块，模块内容说明见表 15－2。

表 15－2　　SC－110－A2－6 方案基本模块内容说明

序号	基本模块编号	基本模块名称	基本模块描述
1	SC－110－A2－6－110	110kV 配电装置模块	110kV 本期 2 回出线、2 回主变压器进线，远期 4 回出线、3 回主变压器进线；110kV 本期采用单母线分段接线，远期接线形式不变。110kV 采用 GIS 户内布置，电缆出线
2	SC－110－A2－6－ZB	主变压器模块	主变压器本期 2 台 63MVA，远期 3 台 63MVA，采用 110/10.5kV 三相，双绕组，有载调压变压器，主变压器户内布置
3	SC－110－A2－6－10	10kV 配电装置模块	10kV 本期 28 回出线、3 回主变压器进线，远期 42 回出线、4 回主变压器进线；10kV 本期采用单母线三分段接线，按单母线分段运行，远期采用单母线四分段接线。10kV 采用空气绝缘开关柜户内双列布置
4	SC－110－A2－6－10WGBC	10kV 无功补偿模块	本期及远期每组主变压器 10kV 侧分别设置 2 组 4800kvar 并联电容器
5	SC－110－A2－6－PDS	配电装置室模块	单层建筑，钢框架结构，　建筑面积 1111m²

15.3　SC－110－A2－6 方案主要图纸

SC－110－A2－6 方案主要图纸见图 15－1～图 15－11，设计方案说明及其他图纸见书后所附光盘。

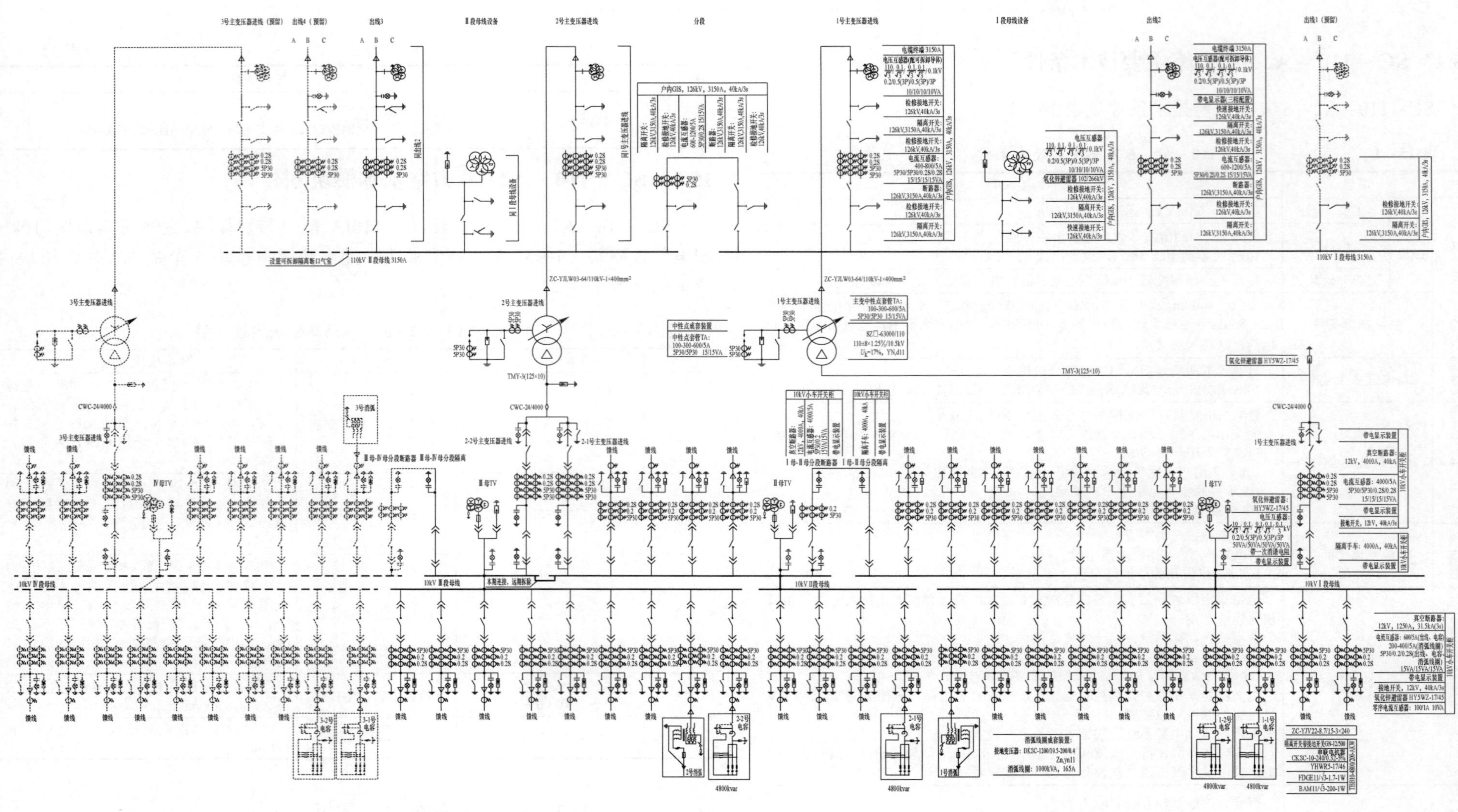

图 15-1 SC-110-A2-6 电气主接线图

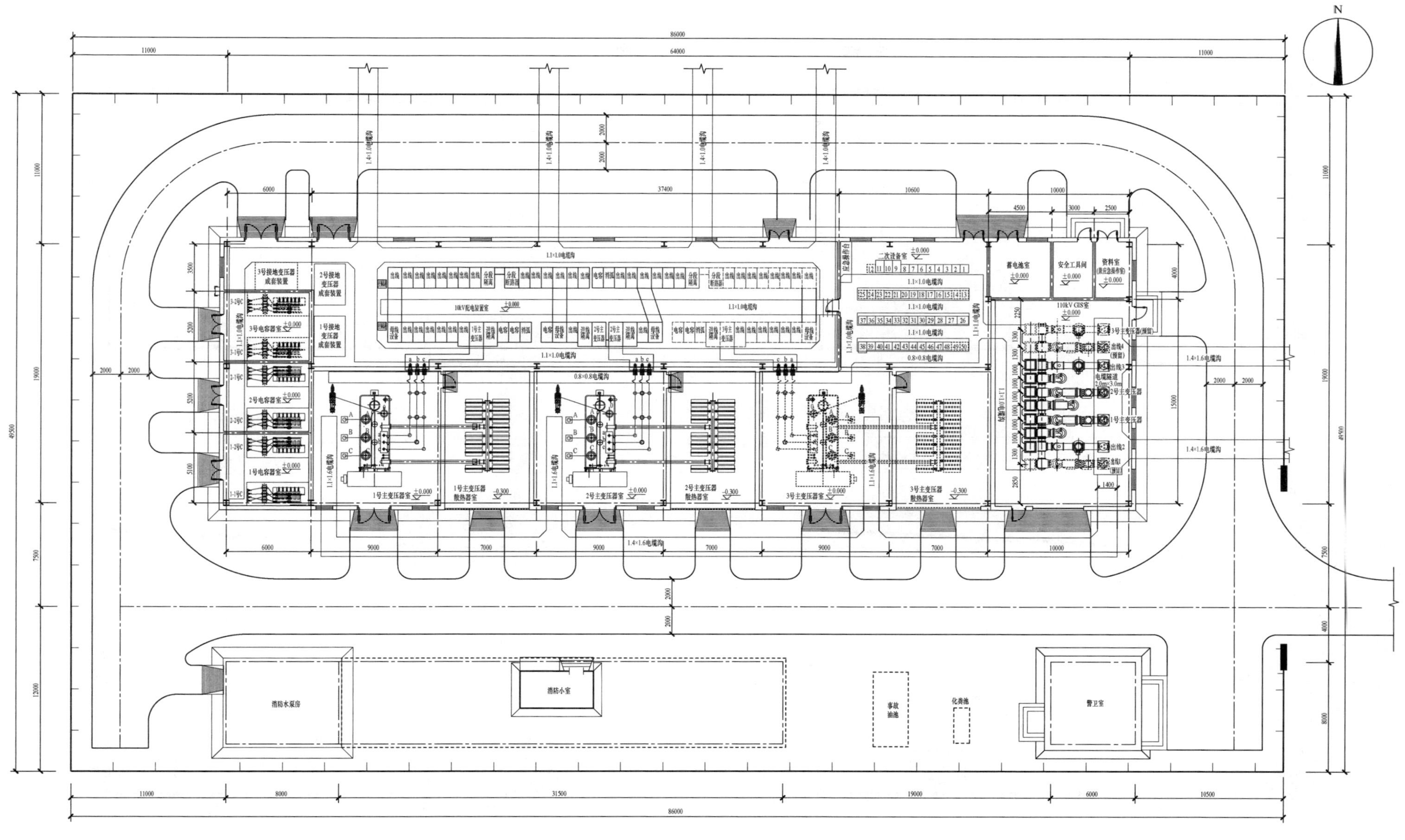

图 15－2　SC－110－A2－6 电气总平面布置图

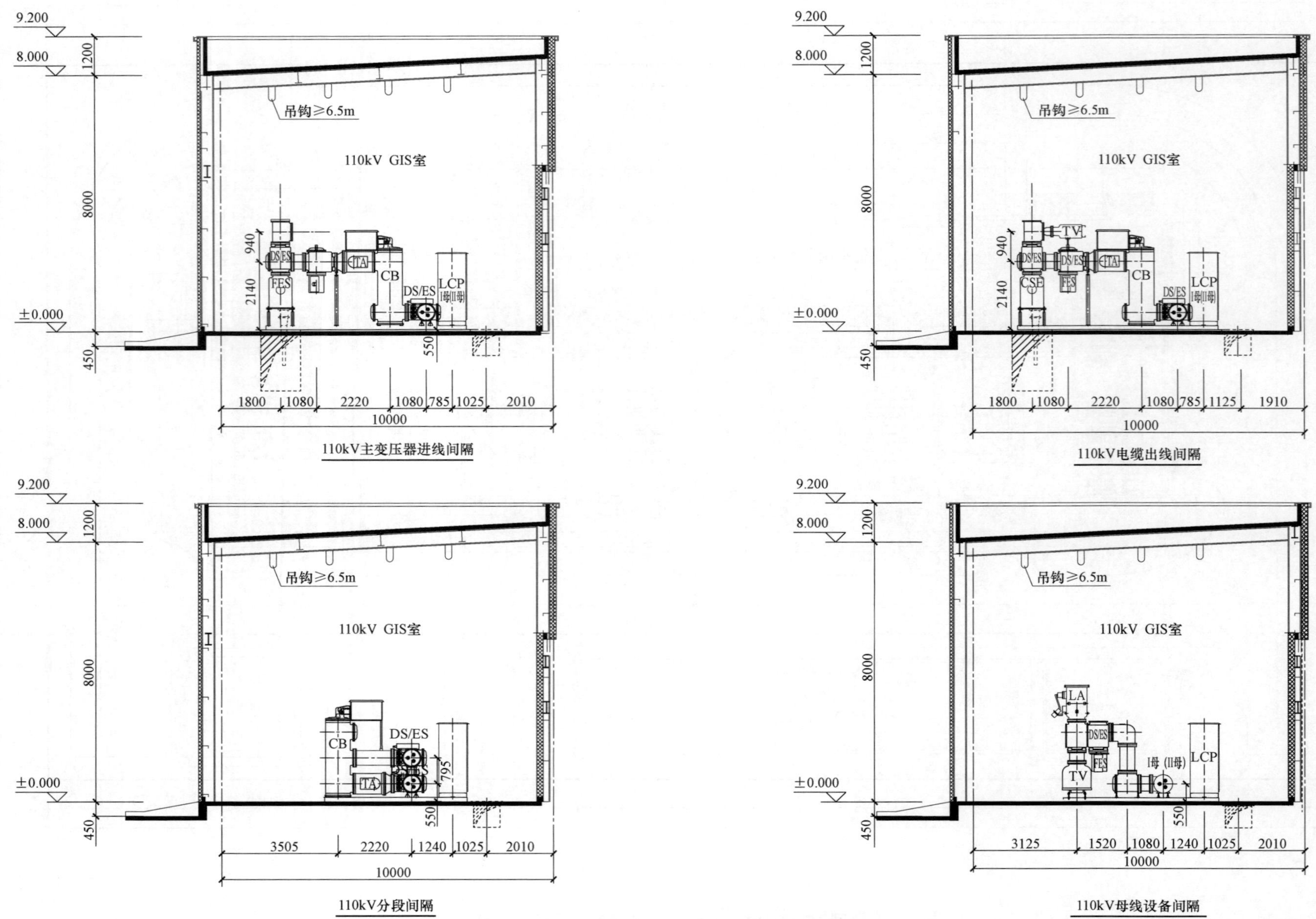

图 15－3 SC－110－A2－6 110kV 屋内配电装置断面图

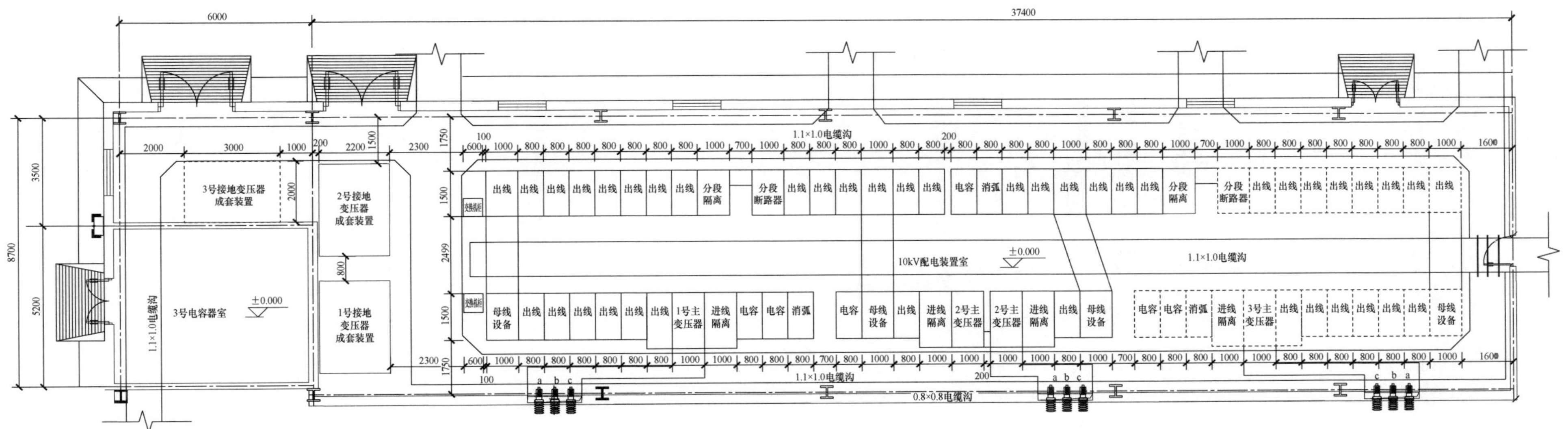

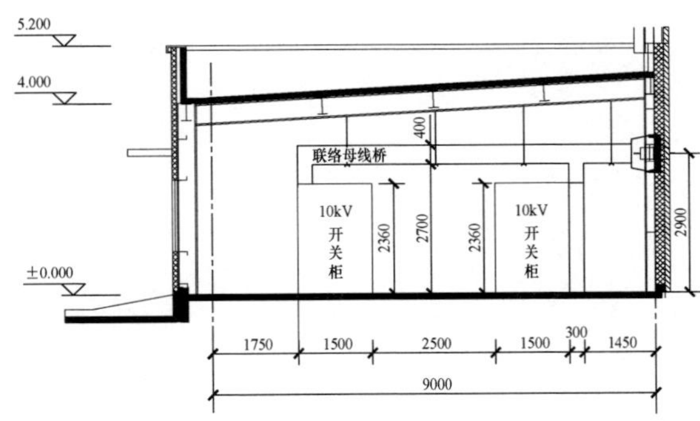

说明：进线母线桥和联络母线桥的支吊架仅为示意，由开关柜厂家负责配套提供。

图 15-4　SC-110-A2-6 10kV 屋内配电装置平、断面图

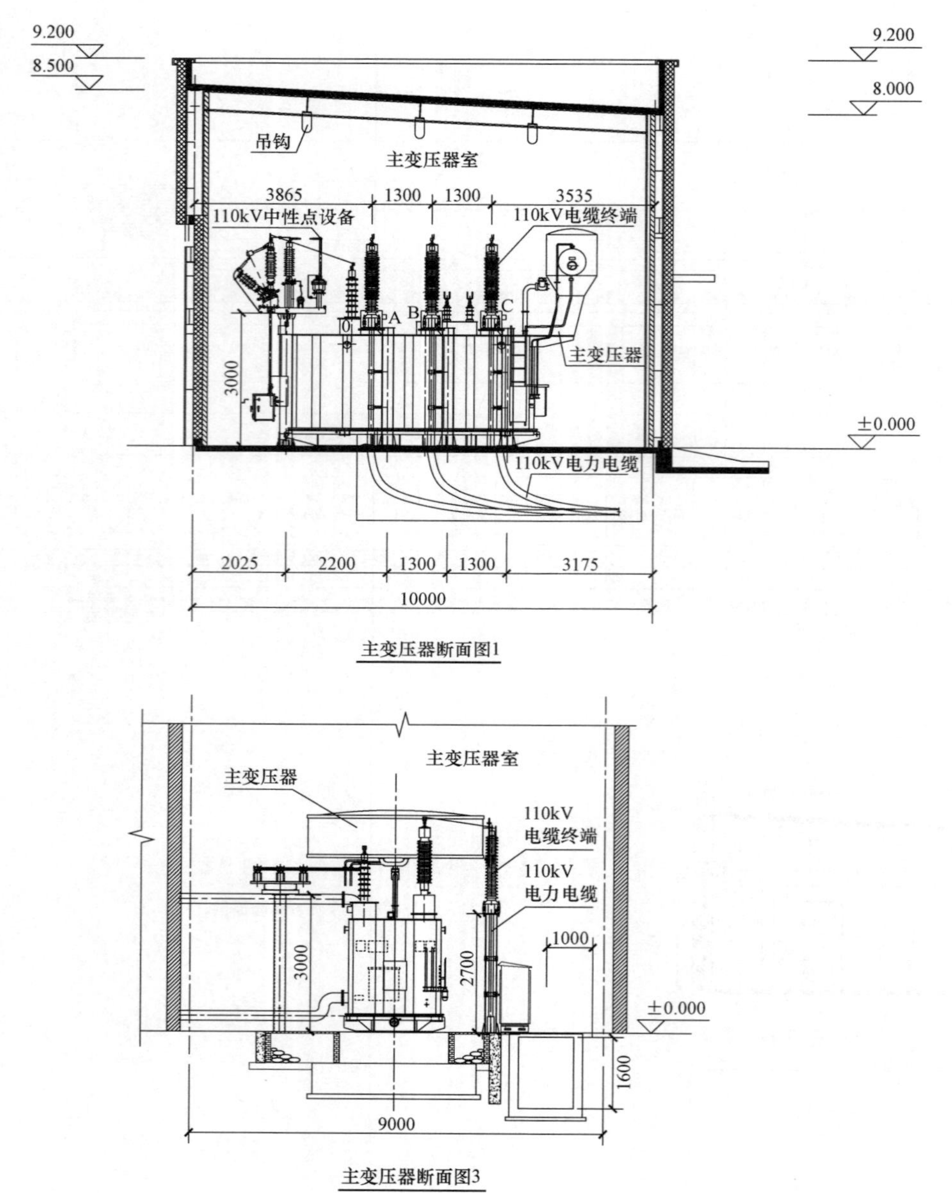

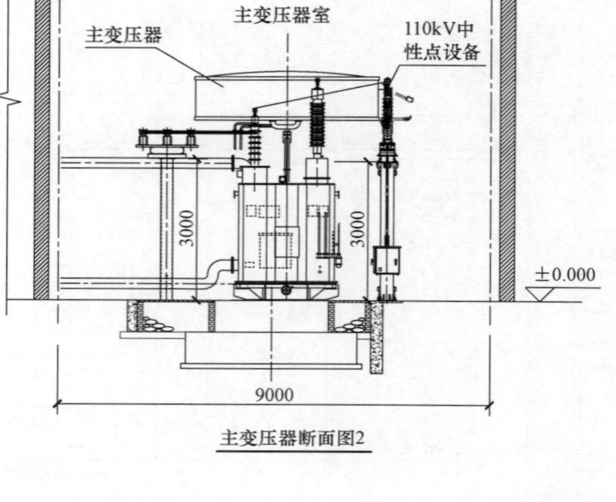

图 15-5　SC-110-A2-6 主变压器断面图

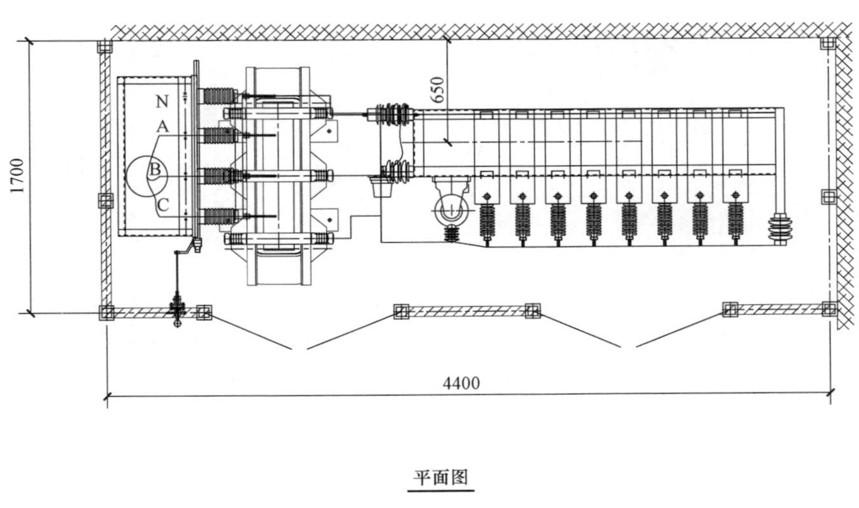

平面图

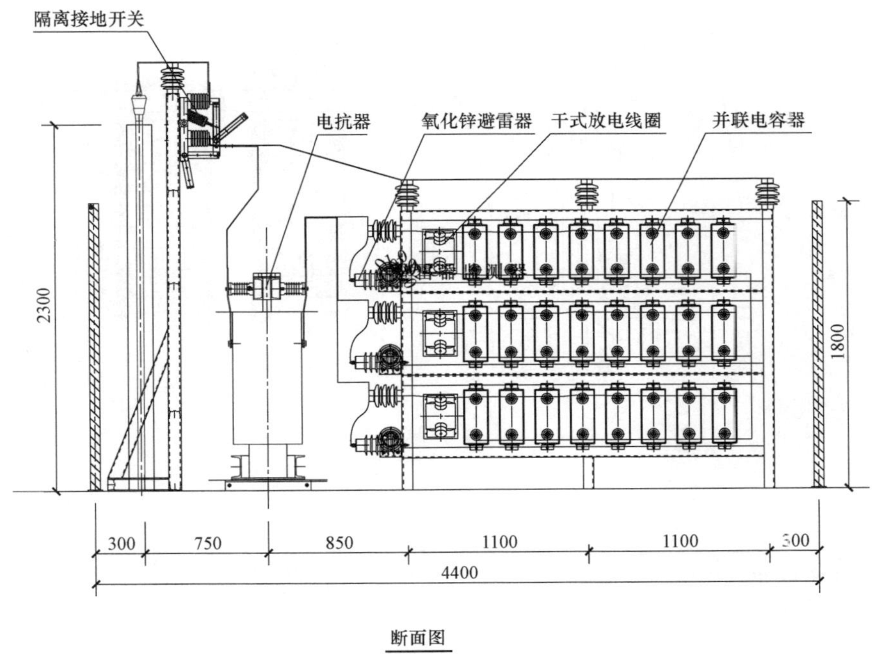

断面图

图 15-6 SC-110-A2-6 无功补偿装置平、断面图

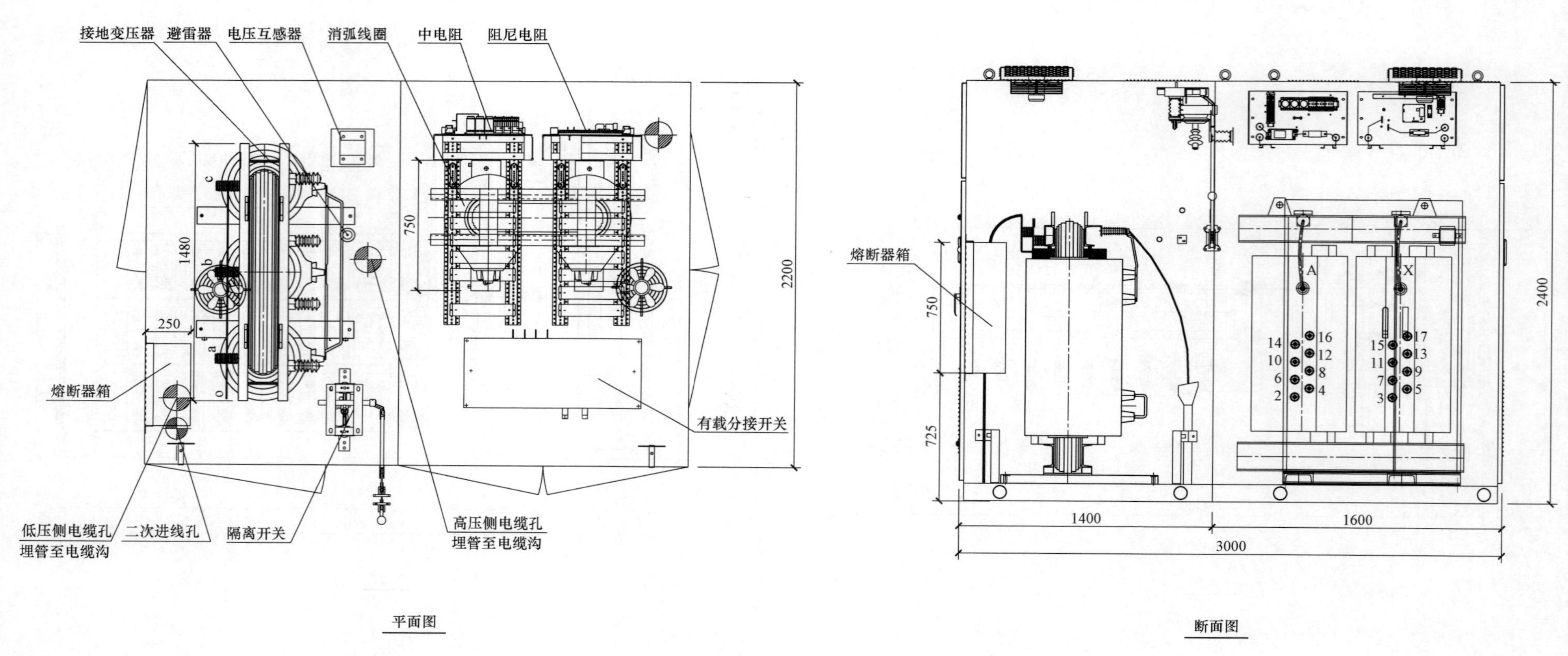

图 15-7　SC-110-A2-6 接地变压器及消弧线圈成套装置平、断面图

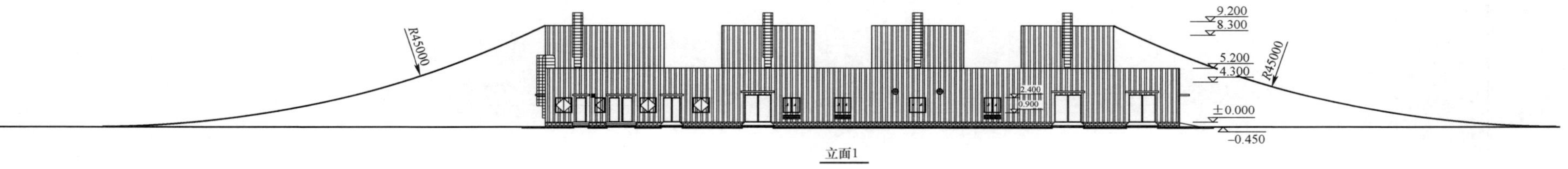

立面1

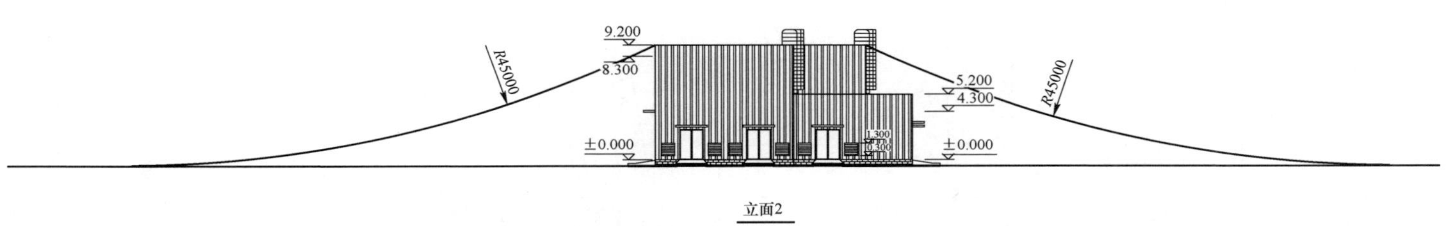

立面2

说明：1. 布置于女儿墙上的避雷带敷设在抹灰层下，布置于屋面的避雷带敷设于刚性防水层下。

2. 屋顶避雷带设置避雷针处需采用$\phi25$的圆钢与设有防雷接地引出的钢柱可靠焊接，并利用其作接地引下线与全站主接地网可靠连接。采用$\phi25$圆钢搭接焊，焊接长度要求大于6*D*（单边）。

3. 防雷保护按第二类防雷建筑物设计，滚球半径$h_r=45$m，避雷网网格≤10m×10m。

h——避雷线的高度；

h_0——两根避雷线间保护范围最低点的高度；

D——两根避雷线间的距离。

图 15-8　SC-110-A2-6 全站建筑防雷保护图

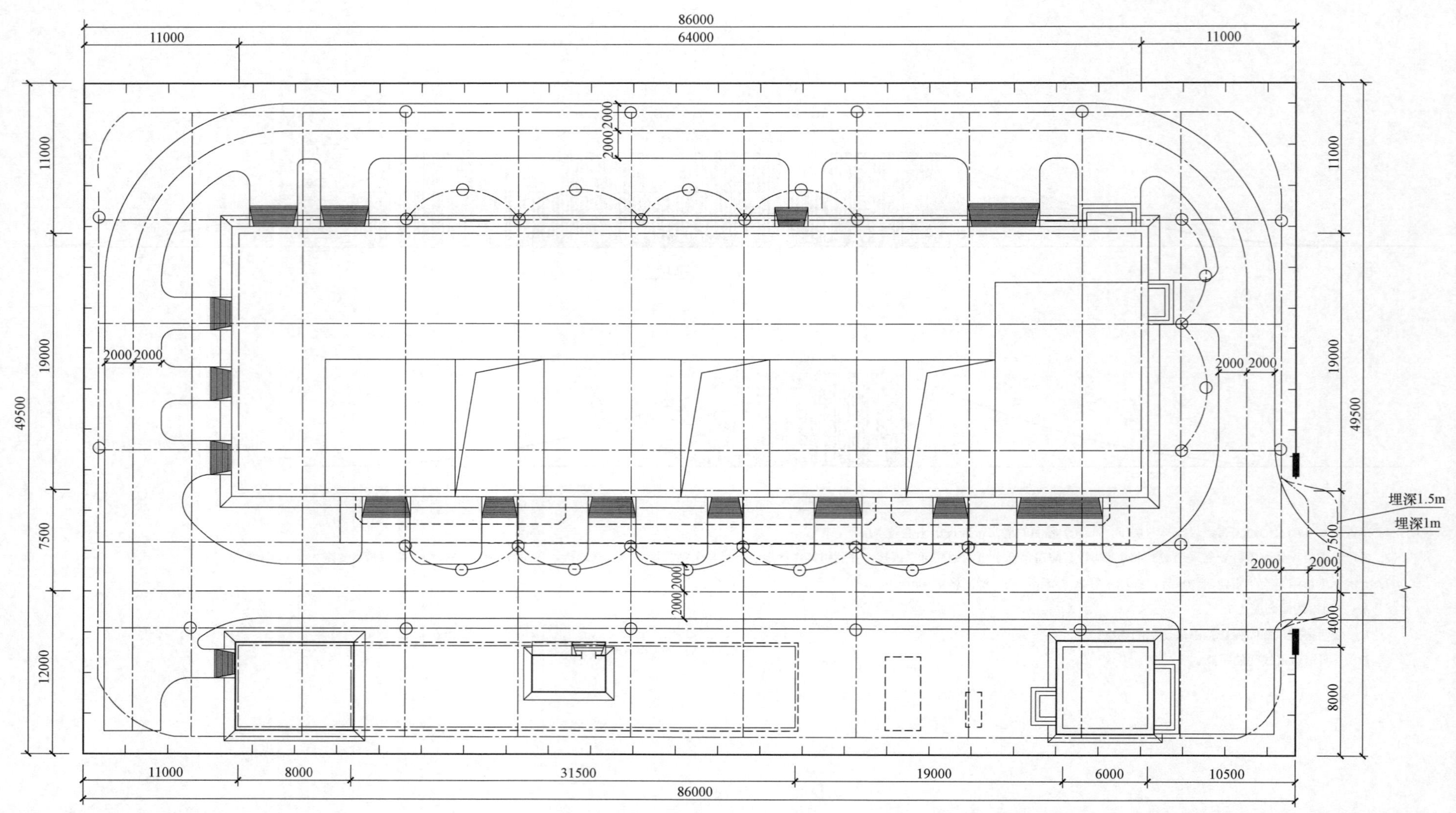

说明：主接地网水平接地体在无大开挖处埋深为 800mm，有大开挖处弯入其底部，并保证 500mm 的距离。水平接地体采用 40×4 的扁铜，垂直接地体采用铜覆钢接地棒（ϕ14mm²，L=2.5m），垂直接地体顶部与水平接地体等高，间距不小于相邻两根接地体长度之和。接地网工频接地电阻设计值应满足 GB/T 50065《交流电气装置的接地设计规范》的要求。

图 15－9　SC－110－A2－6 全站接地平面布置图

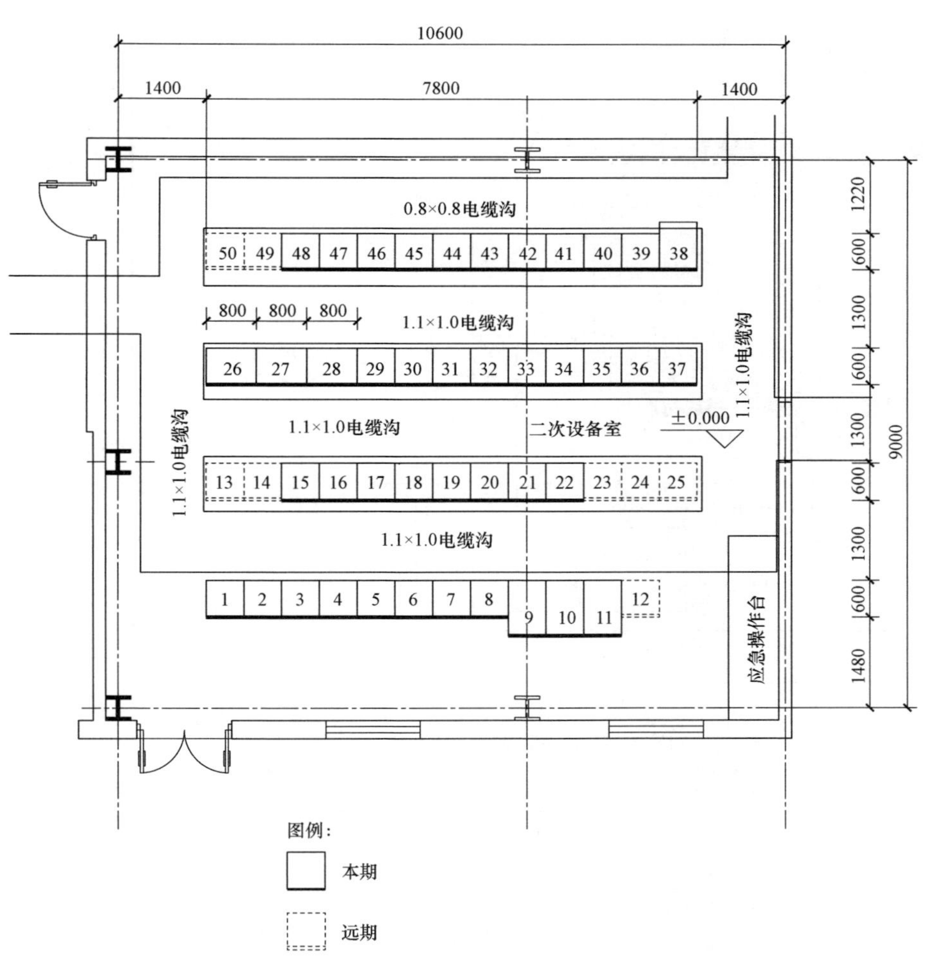

设 备 表

屏号	名称	数量			备注
		单位	本期	远期	
二次设备室					
1	智能辅助控制系统柜 1	面	1		
2	智能辅助控制系统柜 2	面	1		
3	智能巡视主机柜	面	1		
4	时钟同步柜	面	1		
5	调度数据网络设备柜 1	面	1		
6	调度数据网络设备柜 2	面	1		
7	Ⅰ区数据通信网关机柜	面	1		
8	Ⅱ/Ⅳ区数据通信网关机柜	面	1		
9	智能防误主机柜	面	1		
10	综合应用服务器柜	面	1		
11	监控主机柜	面	1		
12	备用	面		1	
13	3 号主变压器保护柜（预留）	面		1	
14	3 号主变压器测控柜（预留）	面		1	
15	2 号主变压器保护柜	面	1		
16	2 号主变压器测控柜	面	1		
17	1 号主变压器保护柜	面	1		
18	1 号主变压器测控柜	面	1		
19	主变压器电能表及电量采集柜	面	1		
20	故障录波及网络报文记录柜	面	1		
21	110kV 母差保护柜	面	1		
22	公用测控柜	面	1		
23	消弧线圈控制柜（预留）	面		1	
24～25	备用	面		2	
26	交流系统柜 1	面	1		
27	交流系统柜 2	面	1		
28	交流系统柜 3	面	1		
29	事故照明柜	面	1		
30	直流充电柜	面	1		
31	直流馈线柜 1	面	1		
32	直流馈线柜 2	面	1		
33	直流馈线柜 3	面	1		
34	直流馈线柜 4	面	1		
35	UPS 电源柜	面	1		
36	通信电源柜	面	1		
37	消弧线圈控制柜	面	1		
38～47	通信屏柜	面	10		
48	电能质量监测柜	面	1		
49～50		面		2	

图 15-10　SC-110-A2-6 二次设备室屏位布置图

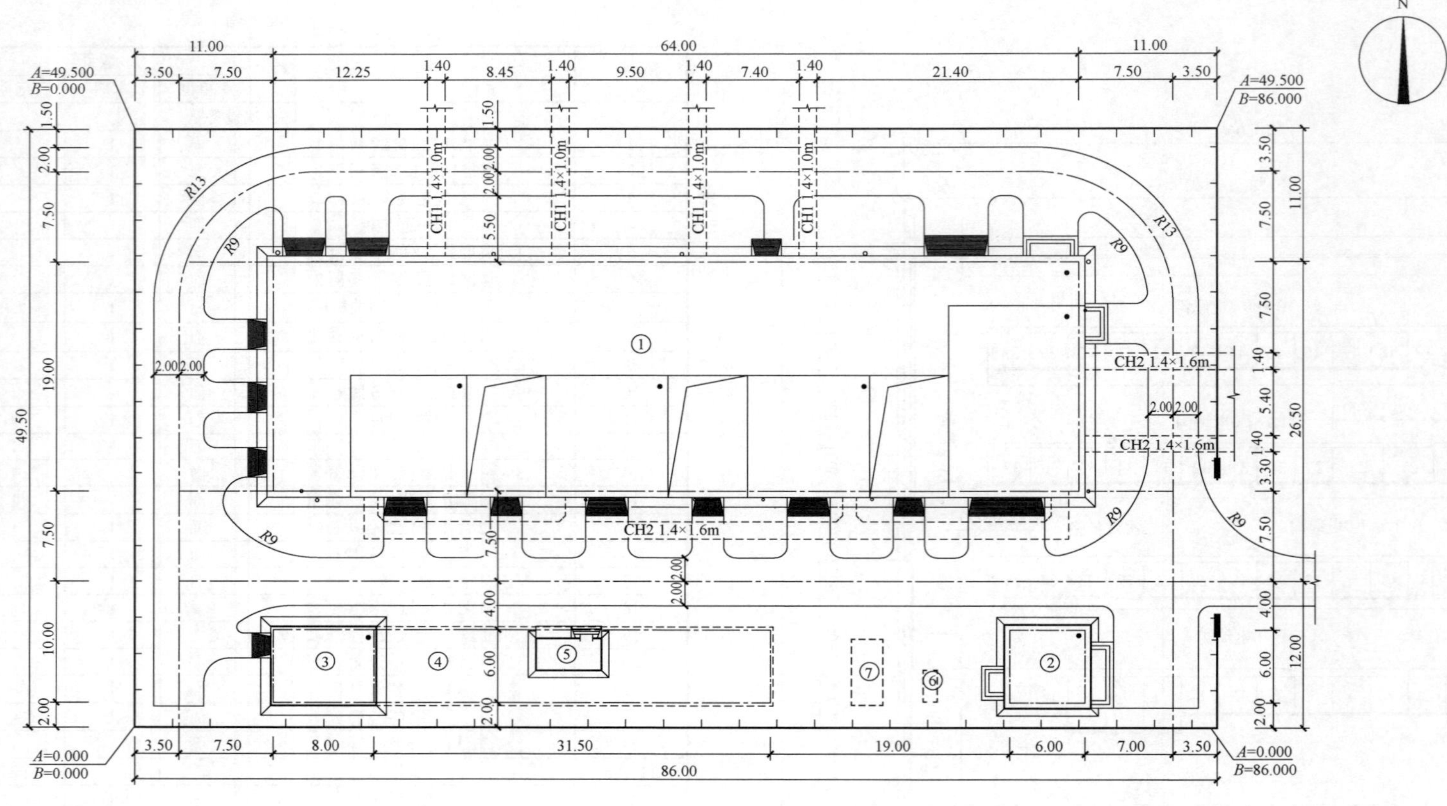

建（构）筑物一览表

编号	名称	占地面积（m²）	备注
①	配电装置室	1300	建筑面积 1111m²
②	警卫室	48	建筑面积 48m²
③	消防水泵房	55	建筑面积 55m²
④	消防水池	260	有效容积 486m³
⑤	消防小室	12	
⑥	化粪池	5	
⑦	事故油池	12.7	

技术经济指标

编号	建构筑物名称	单位	数量	备注
①	围墙内用地面积	hm²	0.4257	合 6.386 亩
②	站内主电缆沟长度 800×800 以上	m	135	
③	站内道路面积	m²	1300	
④	总建筑面积	m²	1214	
⑤	站区围墙长度	m	271	

说明：图中尺寸、标高均以“m”为单位。

图 15－11　SC－110－A2－6 土建总平面布置图

国家电网有限公司
STATE GRID
CORPORATION OF CHINA

第 4 篇

35kV 变电站通用设计施工图设计

第 16 章　35kV 施工图技术导则

16.1　概述

16.1.1　设计对象

国网四川省电力公司 35kV 变电站通用设计施工图设计技术原则依据国家和电力行业相关设计技术规定，总结了 35kV 智能变电站模块化建设施工图设计经验，同时结合国家电网公司通用设计、通用设备、标准工艺及“两型三新一化”相关要求进行编制。

国网四川省电力公司 35kV 变电站通用设计实施方案施工图系在《国网基建部关于发布输变电工程通用设计通用设备应用目录（2022 年版）的通知》（基建技术〔2022〕3 号）的基础上，结合四川电网建设实际情况选择 2 个通用设计方案编制完成。

16.1.2　模块化建设原则

（1）采用技术成熟、运行可靠的电气主接线方案，主要电气设备采用国家电网公司通用设备。电气一、二次集成设备最大程度实现工厂内规模生产和调试，实现模块化配送，减少现场安装和调试工程量，提升建设质量、效率。

（2）变电站二次设备宜采用模块化设计，二次设备模块化宜结合建设规模、总平面布置、配电装置型式等合理设置。

（3）监控、保护、通信等站内公用二次设备宜按功能设置一体化监控模块、电源模块、通信模块等。

（4）变电站高级应用应满足电网大运行、大检修的运行管理需求，采用模块化设计、分阶段实施。

（5）建筑物采用装配式结构，工厂化制作、现场机械化装配，按工业建筑实现标准化设计，统一建筑结构、材料、模数。

（6）构支架应采用装配式结构，工程预制、现场机械化装配，按工业建筑实现标准化设计，统一建筑结构、材料、模数。

（7）围墙、防火墙等构筑物宜采用装配式。

（8）基础采用标准化、系列化尺寸，应用定型钢模浇制。

16.2　电气部分

16.2.1　电气主接线图

电气主接线根据初步设计所确定的接线形式开展施工图设计。

一键顺控要求：全站每台电动隔离/接地开关增加 2 只微动开关（每个三工位开关增加 4 只微动开关）。

（1）35kV 电气接线。35kV 采用线路变压器组接线或单母线接线。

实际工程中应根据出线规模、变电站在电网中的地位及负荷性质，确定电气接线，当满足运行要求时，宜简化接钱。

（2）10kV 电气接线。单台主变压器时宜采用单母线接线；2 台主变压器时宜采用单母线分段接线。

（3）主变压器中性点接地方式。35kV 主变压器不接地；依据出线线路总长度及出线线路性质确定 10kV 系统采用不接地、经消弧线圈或小电阻接地方式。

16.2.2 避雷器设置

本通用设计按表 16－1 的原则设置避雷器，实际工程需计算确定。

表 16－1　　避雷器至主变压器间的最大电气距离

系统标称电压（kV）	进线长度（km）	进线路数（m）			
		1	2	3	≥4
35	1.0	20	40	50	55
	1.5	40	55	65	75
	2.0	50	75	90	105

16.2.3 电气总平面

变电站总平面布置应满足总体规划要求，并应遵循通用设计及“两型三新一化”变电站设计要求，使站内工艺布置合理，功能分区明确，交通便利，配电装置引线流畅，及其他相关专业配合协调，以最少土地资源达到变电站建设要求。

出线方向应适应各电压等级线路走廊要求，尽量减少线路交叉和迂回。

变电站大门及道路的设置应满足主变压器、大型装配式预制件、预制舱式二次组合设备等的整体运输要求。站内电缆沟、管布置在满足安全及使用要求下，应力求最短线路、最少转弯，可适当集中布置，减少交叉。高压电缆与低压电缆分沟敷设。电缆沟宽度应采用 800、1100mm 等规格。站内户外电缆（埋管）在满足工艺要求下应减少埋深。不设置电缆支沟，采用直埋或穿管方式敷设。

16.2.4 配电装置

配电装置型式的选择，应根据设备选型及进出线方式，结合工程实际情况，因地制宜，并与变电站总体布置协调，通过技术经济比较确定。在技术经济合理时，应优先采用占地少的配电装置型式。

配电装置布局紧凑合理，主要电气设备及建构筑物的布置应便于安装、消防、扩建、运维、检修及试验工作，尽量减小由此产生的停电影响。

配电装置可结合总平面布置进一步合理优化，确保在任一工况下配电装置内部电气设施之间及其与建（构）筑物之间距离符合 DL/T 5352《高压配电装置设计技术土地程》的要求。

主变压器为户外布置；35、10kV 配电装置采用预制舱式配电装置。35kV 采用户内 SF_6 气体绝缘开关柜；10kV 采用户内空气绝缘开关柜或户内 SF_6 气体绝缘开关柜。

16.2.4.1 10～35kV 预制舱式配电装置

（1）总体要求。35、10kV 配电装置及二次设备采用预制舱式配电装置。预制舱宽度根据实际设备排列布置确定，标准长度为 12.2、9.2m 两种规格，允许拼舱。

35、10kV 开关柜及二次屏柜混合双列布置，柜后留检修通道，预制舱总宽度为 5.6m。

（2）预制舱内布线及外部光电缆接口。

1）预制舱内应设置配电箱、开关面板、插座等，舱内所有线缆均应采用暗敷方式。

2）预制舱应设置两个进线口，宜采用两端进线。

3）电缆经电缆沟或埋管引至舱外。

4）舱内宜采用下走线方式，舱底部设置槽盒，不设置槽盒盖。

5）舱内与舱外光纤联系应采用预制光缆，预制光缆宜采用 ODC 接头。

（3）专业配合要求。户外配电装置设计需要向土建专业提供以下资料：

1）平面布置资料：其中包括支架的定位，道路围墙等的布置等。

2）预制舱配电装置土建提资资料应包括预制舱的基础埋件位置、各埋件点的荷重、站内电缆通道、设备运输通道设置要求、接地件位置及做法等。

16.2.4.2 主变压器及站用变压器的布置

油量为 2500kg 及以上的屋外油浸变压器之间的最小间距应符合表 16－2 规定。

表 16－2　　屋外油浸变压器之间的最小间距

电压等级（kV）	最小间距（m）
35	5

16.2.5 设备安装

变电站电气设备的安装应根据工艺标准库的要求，设计工艺标准化与安装效果感观度相结合，结合工程总体实际安装情况，通过技术经济比较确定合适的设备安装工艺。典型设备安装主要分为变压器安装、预制舱式设备安装、电容器安装、母线桥安装等。

16.2.5.1　总体原则

（1）设备安装时，应满足安装地点的自然环境条件。

（2）工艺布置设计应考虑土建施工误差，确保电气安全距离的要求留有适当裕度。

（3）充油电气设备的布置，应满足带电观察油位、油温时安全、方便的要求，并应便于抽取油样。

（4）除支持绝缘子外，其余电气一次设备均应通过两点与主接地网相连接。

16.2.5.2　变压器安装

（1）户外单台电气设备的油量在1000kg以上时，应设置储油或挡油设施；储油设施内应铺设卵石层。

防火间距不能满足最小净距要求时，应设置防火墙。防火墙的高度应高于变压器储油柜，其长度应大于变压器储油池。储油和挡油设备应大于设备外廓每边各1000mm。

（2）变压器铁芯、夹件的接地引下线应与油箱绝缘，从装在油箱上的套管引出后一并在油箱下部与油箱连接接地，接地处应有明显的接地符号或“接地”字样。

（3）主变压器基础的固定方案。当主变压器基础采用条形基础时，土建基础梁的表面预埋钢板，变压器底座宜采用点焊方式固定在基础的预埋钢板上。

（4）走线槽的设置。

1）主变压器本体上的端子箱、机构箱引出的电缆应采用不锈钢槽盒保护，槽盒大小应与箱底开孔尺寸一致，高度为箱底至基础，与端子箱、机构箱的连接采用螺栓。

2）当主变压器户外布置时，端子箱、机构箱引出的电缆采用热镀锌钢管保护，以方便穿越卵石层至电缆沟。

（5）站用变压器安装。

1）油浸式站用变压器的储油柜上的油位计朝向应便于观察。

2）站用变压器高、低压套管引出线采用硬母线连接时统一加装热缩套。

16.2.5.3　预制舱设备安装

（1）预制舱基础与土建预留基础可靠连接。

（2）将预制舱设备配电装置的接地线引至接地母线，由接地母线再与接地网连接；接地点的接触面和接地连线的截面积应能安全地通过故障接地电流；接地引线与设备本体采用螺栓搭接。

16.2.5.4　电容器的安装

（1）电容器外壳应与固定电位连接牢固可靠（螺栓压接）。

（2）网门应装设行程开关，并需装设电磁锁或机械编码锁。对于活动式网门上的电缆应采用多股软铜线电缆。

（3）围栏内应铺设碎石（设备基础以外），围栏基础作出挡油坎，围栏应采用非金属合成材料。

（4）空芯串联电抗器之间及其与周围钢构件之间净距要等于或大于制造厂要求的数值。钢构件不应构成闭合回路。

16.2.5.5　母线桥安装

（1）硬导体除满足工作电流、机械强度和电晕等要求外，导体形状还应满足电流分布均匀、机械强度高、散热良好、有利于提高电晕起始电压、安装检修简单、连接方便。

（2）硬导体和电器连接处，应装设伸缩接头或采取防振措施。

16.2.6　交流站用电系统

站用电源采用交直流一体化电源系统。

全站配置两台站用变压器，每台站用变压器容量按全站计算负荷选择，两台站用变压器的电源分别从35kV及10kV侧进行引接。站用变压器容量根据主变压器容量和台数、配电装置形式和规模、建筑通风采暖方式等不同情况计算确定，寒冷地区需考虑户外设备或建筑室内电热负荷。

站用电低压系统应采用TN－C－S，系统的中性点直接接地。系统额定电压380/220V。站用电母线采用单母线接线，进线应装设自动投入装置。

油浸变压器安装在户外，变压器设网状遮栏或其他防护措施。

检修电源的供电半径不宜大于50m。主变压器附近电源箱的回路及容量宜满足滤注油的需要。

16.2.7　防雷接地

16.2.7.1　站内防雷

变电站防雷计算应根据GB/T 50064《交流电气装置的过电压和绝缘配合设计规范》设计规范要求执行。

变电站设置独立避雷针作为全站配电装置和建筑物防直击雷保护。

独立避雷针的接地电阻在非高土壤电阻率地区，其接地电阻不宜超过

10Ω；当有困难时，该接地装置可与主接地网连接，但避雷针与主接地网的地下连接点至35kV及以下设备与主接地网的地下连接点之间，沿接地体的长度不得小于15m。

独立避雷针（线）宜设独立的接地装置。独立避雷针与配电装置带电部分、变电站电气设备接地部分、架构接地部分之间的空气中距离 S_a，以及独立避雷针的接地装置与发电厂或变电站接地网间的地中距离 S_e，应符合规范要求，并且 S_a 不宜小于5m，S_e 不宜小于3m。

独立避雷针不应设在人经常通行的地方，避雷针及其接地装置与道路或出入口等的距离不宜小于3m，否则应采取均压措施，或铺设砾石或沥青地面。

16.2.7.2 站内接地

主接地网采用水平接地体为主，垂直接地体为辅的复合接地网，接地网工频接地电阻设计值应满足GB/T 50065《交流电气装置的接地设计规范》要求。

户外站主接地网宜选用热镀锌扁钢，对于土壤碱性腐蚀较严重的地区宜选用钢质接地材料。对于土壤酸性腐蚀较严重的地区，需经济技术比较后确定设计方案。

不接地、消弧线圈接地和高电阻接地系统中发电厂、发电站电气装置保护接地的接地电阻应符合 $R \leqslant \frac{2000}{I}$，但不应大于4Ω。

在有效接地系统及低电阻接地系统中，变电站电气装置中电气设备接地线的截面应按接地短路电流进行热稳定校验。钢接地线的短时温度不应超过400℃，铜接地线不应超为450℃。校验不接地、消弧线圈接地和高电阻接地系统中电气设备接地线的热稳定时，敷设在地上的接地线长时间温度不应大于150℃，敷设在地下的接地线长时间温度不应大于100℃。

根据热稳定条件，未考虑腐蚀时，接地线的最小截面应符合式（7－1）要求。

关于 t_e 值，当继电保护装置配置有两套速动主保护、近接地后备保护、断路器失灵保护和自动重合闸时，t_e 应按式（7－2）取值。

当继电保护装置配有一套速动主保护，近或远（或远近结合的）后备保护和自动重合闸，t_e 应按式（7－3）取值。

16.2.8　照明

变电站内设置正常工作照明和应急照明。正常工作照明采用380/220V三相五线制，由站用电源供电。应急照明采用逆变电源供电。

户外场地宜采用节能型泛光灯，室内照明光源宜采用LED灯。

变电站的照明种类可分为正常照明和应急照明。应急照明包括备用照明、安全照明和疏散照明。

户外考虑设置正常照明，不设应急照明。场区道路照明根据实际需要设置。

预制舱内除设置正常照明外，根据需要设置备用照明，且应考虑设置必要的疏散照明。

变电站宜装设应急照明的工作场所可参照表16－3。

表16－3　变电站装设应急照明的场所

工作场所	备用照明	疏散照明
预制舱	√	√
主要通道、主要出入口		√

备用照明根据实际需要设置，无人值班变电站应尽量减少简化备用照明。

户外灯具采用集中布置、分散布置、集中与分散相结合的布置方式，推荐采用分散布置。考虑到维护方便，不推荐在避雷针高处安装。低处布置的泛光灯，宜具有水平旋转和垂直旋转的支架。

灯具、插座布置和安装工艺应符合《国家电网有限公司输变电工程标准工艺变电工程电气分册（2022年版）》中建筑电气部分的相关要求，并应在图纸中注明需采用的标准工艺。

16.2.9　电缆敷设及防火

16.2.9.1　电缆选型

线缆选择及敷设按照GB 50217《电力工程电缆设计规范》进行，并需符合GB 50229《火力发电厂与变电站设计防火规范》、DL 5027《电力设备典型消防规范》有关防火要求。

变电站火灾自动报警系统的供电线路、消防联动控制线路应采用耐火铜芯电线电缆。其余线缆采用阻燃电缆，阻燃等级不低于C级，电缆宜选用铜导体。

低压电缆宜选用交联聚乙烯型或聚氯乙烯型挤塑绝缘类型，中压电缆宜选用交联聚乙烯绝缘类型。明确需要与环境保护协调时，不得选用聚氯乙烯绝缘电缆。高压交流系统中电缆线路，宜选用交联聚乙烯绝缘类型。

60℃以上高温场所应按经受高温及其持续时间和绝缘类型要求，选用耐热聚氯乙烯、交联聚乙烯或乙丙橡皮绝缘等耐热型电缆。高温场所不宜选用普通聚氯乙烯绝缘电缆。

－15℃以下低温环境，应按低温条件和绝缘类型要求，选用交联聚乙烯、聚乙烯绝缘、耐寒橡皮绝缘电缆。低温环境不宜选用聚氯乙烯绝缘电缆。

在人员密集的公共设施，以及有低毒阻燃性防火要求的场所，可选用交联聚乙烯或乙丙橡皮等不含卤素的绝缘电缆。防火有低毒性要求时，不宜选用聚氯乙烯电缆。

16.2.9.2 敷设通道

变电站电缆敷设通道采用电缆沟、穿管、直埋等方式。

当采用气体绝缘开关柜或空气绝缘开关柜时，沿开关柜平行布置一条电缆通道。

16.2.9.3 敷设方式

（1）光缆敷设可视条件采用槽盒、桥架或支架敷设方式，宜采用槽盒或桥架敷设方式并辅以穿管敷设方式过渡。

（2）根据电缆和光缆敷设的特点，工程中应在核算敷设断面电缆、光缆数量的基础上，按实际需求设计电缆通道截面积。

（3）在电缆（光缆）敷设时需考虑其转弯半径的要求。

1）电缆最小弯曲半径见表16－4。

2）光缆转弯半径应大于其自身直径的20倍。

表16－4　　电缆最小弯曲半径

电缆型式			多芯	单芯
控制电缆	非铠装型、屏蔽型软电缆		$6D$	—
	铠装型、铜屏蔽型		$12D$	
	其他		$10D$	
橡皮绝缘电力电缆	无铅包、钢铠护套		$10D$	
	裸铅包护套		$15D$	
	钢铠护套		$20D$	
塑料绝缘电缆	无铠装		$15D$	$20D$
	有铠装		$12D$	$15D$
油浸纸绝缘电力电缆	铝套		$30D$	
	铅套	有铠装	$15D$	$20D$
		无铠装	$20D$	—
自容式充油（铅包）电缆			—	$20D$

注　D为电缆直径。

（4）在满足电缆（光缆）敷设容量要求的前提下，永久性建筑之间主通道宜采用小型清水混凝土电缆沟。

（5）电缆应按照电缆应用场景，按照防火要求进行分沟、分侧、分层敷设。10kV及以上高压电力电缆设置专沟或直埋敷设。低压动力电缆、控制电缆和光缆可共沟敷设。

1）分沟敷设：① 10kV及以上高压电力电缆与低压电缆应分沟敷设；② 站用变压器至站用电室之间的动力电缆，两组及以上蓄电池组动力电缆应按照重要动力电缆分沟敷设。

2）分侧敷设：① 变压器强油风（水）冷却装置双电源回路动力电缆、消防水泵及变压器水喷雾装置双电源回路动力电缆、直流主屏至直流分电屏双电源回路动力电缆等重要动力电缆应分侧敷设；② 系统保护（线路、母联、母差）双电源回路控制电缆、双重化继电保护回路控制电缆、断路器操作直流电源双回路控制电缆等重要控制电缆应分侧敷设；③ 当电缆沟支架单侧布置时，上述重要电缆不具备分侧敷设条件，应分层敷设。

3）分层敷设：直流充电装置双电源回路动力电缆，交流配电屏至配电区动力电源箱双电源回路动力电缆应分层敷设。

（6）同一通道内电缆数量较多时，若在同一侧的多层支架上敷设，应按电压等级由高至低的电力电缆、强电至弱电的控制和信号电缆、通信电缆由上而下的顺序排列。

（7）同一层支架上电缆排列的配置，应符合下列规定：

1）控制和信号电缆可紧靠或多层重叠。

2）除交流系统用单芯电力电缆的同一回路可采取品字型配置外，对重要的同一回路多根电力电缆，不宜重叠。

3）交流系统用单芯电缆情况外，电力电缆相互间宜有 1 倍电缆外径的空隙。

（8）抑制电气干扰强度的弱电回路控制和信号电缆，敷设时可采取下列措施：

1）与电力电缆并行敷设时相互间距，在可能范围内宜远离；对电压高、电流大的电力电缆间距宜更远；

2）敷设于配电装置内的控制和信号电缆，与耦合电容器或电容式电压互感、避雷器或避雷针接地处的距离，宜在可能范围内远离；

3）沿控制和信号电缆可平行敷设屏蔽线，也可将电缆敷设于保护管或槽盒中。

16.2.9.4 电缆沟层间防火

电缆沟防火隔离措施主要有防火分隔、防火封堵、阻燃材料涂敷等，电缆沟内防火隔离措施的设置应遵循 GB 50229《火力发电厂与变电站设计防火标准》、GB 50217《电力工程电缆设计标准》的相关要求。

（1）层间防火设置原则。当动力电缆、控制电缆、通信光缆敷设于同一电缆沟内时，控制电缆、通信光缆的电压低、负荷小且大部分回路处于冷态，本身不易自发起火；动力电缆载流量大、运行温度较高，且有短路击穿的可能，应作为变电站层间防火的重点。

电缆沟层间防火措施通过设置防火隔板、耐火槽盒、阻燃管等方式实现。

每层敷设的动力电缆应设置防火隔板进行分隔；重要回路控制电缆的其中一个回路应设置防火隔板进行分隔；通信光缆敷设于耐火槽盒进行分隔。

（2）层间防火隔板。层间防火隔板采用 L 形，通过对其底边宽度及翻边高度的设定，可控制着火电缆仅在本层内燃烧，从而实现层间及侧间的有效隔离，同时便于电缆散热、施工安装、运行维护。

L 形防火隔板平铺于电缆托臂上方，相邻隔板间通过连接件固定；单块隔板长 1600mm、宽 300mm、厚 10mm；动力电缆托臂层隔板翻边高 80mm，控制电缆托臂层隔板翻边高 50mm。

L 形防火隔板采用无机型，耐火时间≥1.0h，抗弯强度≥10MPa，其余性能需满足 GB 23864《防火封堵材料》的相关要求。

（3）耐火槽盒。耐火槽盒采用耐火复合型槽盒（外层为钢制镀锌后涂覆钢结构防火涂料，内层为非金属防火层），槽盒的耐火性能应不低于 GB 29415《耐火电缆槽盒》规定的 F2 级要求。

16.2.9.5 电缆孔、洞的封堵

（1）盘柜类封堵。低压柜柜底用耐火隔板、无机堵料及有机堵料组合封堵，封堵厚度与楼板相同。

（2）电缆穿侧墙类封堵。

1）建筑物侧墙一次电缆留孔用耐火隔板、防火包或者无机堵料、有机堵料组合封堵，封堵厚度与墙相同。

2）电缆桥架贯穿内墙孔封堵用耐火隔板、无机堵料、有机堵料组合封堵，封堵厚度与墙相同。

3）电缆桥架贯穿接外墙孔封堵用耐火隔板、无机堵料、有机堵料组合封堵，封堵厚度与墙相同。

（3）电缆穿管类封堵。电缆穿管孔洞用有机堵料封堵，封堵厚度大于 50mm。

（4）端子箱类封堵。端子箱用有机堵料封堵，封堵厚度大于 120mm。

（5）电缆沟封堵。电缆沟用耐火隔板、有机堵料及防火包组合封堵，封堵厚度为 240mm。电缆桥架贯穿接墙孔封堵用耐火隔板、无机堵料、有机堵料组合封堵，封堵厚度与墙相同。

（6）各设备房间电缆入口，进入设备的孔洞以及电缆沟的接口处，其封堵厚度应大于 100mm。

（7）消防封堵只起防火作用，不考虑承重。所采用的防火材料对设备无腐蚀作用。

16.3 二次系统

遵循《模块化二次设备设计技术导则》、DL/T 5136《火力发电厂、变电站二次接线设计技术规程》、DL/T 5044《电力工程直流电源系统设计技术规程》等设计规范、标准及国家电网公司相关文件要求。

16.3.1 二次设备室（舱）及屏（柜）布置

16.3.1.1 二次设备室（舱）的布置

（1）预制舱应符合 GB/T 2887《计算机场地通用规范》、GB/T 9361《计算

机场地安全要求》的规定，应尽可能避开强电磁场、强振动源和强噪声源的干扰，还应考虑防尘、防潮、防噪声，并符合防火标准。预制舱式二次组合设备宜采用电缆沟。

（2）预制舱的布置要有利于防火和有利于紧急事故时人员的安全疏散，其净空高度应满足屏柜的安装要求。单开门开门尺寸为2350mm（高）×1500mm/900mm（宽）；双开门开门尺寸为2350mm（高）×1500mm（宽），满足设备搬运要求。

（3）预制舱内的二次设备屏柜宜在本期安装好空屏柜，并预留好相关布线。永久性备用的屏位宜布置在靠近舱门的位置，并敷设盖板。

16.3.1.2 二次屏（柜）的选择及安装

（1）室内屏（柜）的选择。

1）屏（柜）的尺寸。预制舱内柜体尺寸应统一。间隔层二次设备、一体化交直流设备等二次设备屏柜宜采用 2260mm×800mm×600mm（高×宽×深，高度中包含60mm 眉头），通信设备屏柜宜采用 2260mm×600mm×600mm（高×宽×深，高度中包含60mm 眉头）。站控层服务器柜可采用2260mm×800mm×900mm 或 2260mm×600mm×900mm（高×宽×深，高度中包含60mm 眉头）屏柜。

2）屏（柜）的结构。设备不靠墙布置采用后接线设备时，屏（柜）前后开门。屏（柜）应采用垂直自立、柜门内嵌式的柜式结构，前门宜为玻璃门（不包括通信设备屏柜），正视屏（柜）体转轴在右边，门把手在左边。预制舱内的二次屏柜可采用机架式的结构。

3）屏（柜）的颜色。全站二次系统设备屏（柜）体颜色应统一，采用国网标准色冰灰橘纹 GY09。

（2）屏柜的安装。采用前开门屏（柜）时，宜在屏（柜）底部中间开孔，开孔尺寸为 300mm×200mm；采用前后开门屏（柜）时，宜在屏（柜）底部两侧开孔，开孔尺寸为300mm×150mm。

16.3.2 二次回路设计

二次回路的基本要求如下:

（1）变电站的强电控制系统电源额定电压选用DC220V。

（2）断路器的控制回路应满足下列要求：① 应有电源监视，并宜监视跳、合闸绕组回路的完整性；② 有防止断路器“跳跃”的电气闭锁装置；③ 应使用断路器机构内的防跳回路。

（3）断路器控制电源消失及控制回路断线应发出报警信号。

（4）在计算机监控系统控制的35（10）kV 断路器、隔离开关、接地开关的状态量信号应同时接入开、闭两个状态信号。

（5）继电保护及自动装置的动作等信号应通过站控层网络直接接入站控层主机，装置告警、故障信号应通过硬接点接入计算机监控系统。

（6）测量回路的电流回路额定电流选5A；电压回路宜为100V。

16.3.3 二次网络设计

16.3.3.1 站控层网络

（1）站控层网络宜采用单星型以太网络，站控层交换机可按预制舱或按电压等级配置交换机，并相互级联。

（2）站控层/间隔层信息应在站控层网络传输。站控层/间隔层信息应具备间隔层设备支持的全部功能，其内容应包含四遥信息及故障录波报告信息，四遥信息主要包含保护、测控、故障录波装置的模拟量、设备参数、定值区号及定值、自检信息、保护动作事件及参数、设备告警、软压板遥控、断路器、刀闸遥控、远方复归、同期控制等。

（3）站控层/间隔层 GOOSE 信息可在站控层网络传输。主要用于间隔层设备间通信，其内容可包含站域保护后备保护跳闸信息、过负荷联切、低频低压减负荷、35（10）kV 保护测控装置 GOOSE 信息、测控联闭锁信息等。

16.3.3.2 过程层网络

35（10）kV 不宜单独设置过程层网络，35kV 间隔层设备与过程层设备之间宜采用电缆点对点方式。

16.3.4 二次设备的选择及配置

16.3.4.1 控制保护设备

控制开关的选择应符合该二次回路额定电压、额定电流、分断电流、操作频繁率、电寿命和控制接线等的要求。

二次回路电源的保护设备用于切除二次回路的短路故障，并作为回路检修、调试时断开交、直流电源之用。二次电源回路宜采用自动开关。

控制回路、继电保护、自动装置屏内电源消失时应有报警信号。

凡两个及以上安装单位公用的保护或自动装置的供电回路，应装设专用的自动开关。

控制回路的自动开关应有监视，可用断路器控制回路的监视装置进行监视。保护、自动装置及测控装置回路的自动开关应有监视，其信号应接至计算机监控系统。

各安装单位的控制、信号电源，宜由电源屏或电源分屏的馈线以辐射状供电，供电线应设保护及监视设备。

16.3.4.2 小母线

控制屏及保护屏顶不宜设置小母线。35（10）kV 开关柜顶宜设置小母线，小母线宜采用ϕ6mm 的绝缘铜棒。

16.3.4.3 端子排

端子排应由阻燃材料构成。端子的导电部分应为铜质。潮湿地区宜采用防潮端子。

每个安装单位应有其独立的端子排。同一屏上有几个安装单位时，各安装单位端子排的排列应与屏面布置相配合。

当一个安装单位的端子过多或一个屏上仅有一个安装单位时，可将端子排成组地布置在屏的两侧。

每一安装单位的端子排应编有顺序号，并宜在最后留 2～5 端子作为备用。当条件许可时，各组端子排之间也宜留 1～2 个备用端子。在端子排组两端应有终端端子。

根据通用互换的原则，端子排按不同功能进行划分，端子排布置应考虑各插件的位置，避免接线相互交叉。

端子排列应符合标准，正、负极之间应有间隔，断路器的跳闸和合闸回路、直流（+）电源和跳合闸回路不能接在相邻端子上，端子排应编号。

一个端子宜只接入一根导线。

16.3.4.4 控制电缆

（1）控制电缆的选型应符合现行的 GB 50217 及 DL/T 5136、DL/T 5137 的有关规定。微机型继电保护装置及计算机测控装置所有二次回路的电缆均应使用屏蔽电缆。

（2）信号回路电缆截面宜采用 1.5mm^2，控制回路电缆截面宜采用 2.5mm^2。对电流二次回路，连接导线截面积应按电流互感器的额定二次负荷计算确定，至少应不小于 4mm^2。对于电压二次回路，连接导线截面积应按允许的电压降计算确定，至少应不小于 2.5mm^2。

（3）电缆应采用电解铜导体、PVC 绝缘，并铠装、阻燃的屏蔽电缆。

（4）交、直流回路不能共用同一根电缆，两套跳闸回路不能共用同一根电缆，控制和动力回路不能共用同一根电缆。

16.3.5 一键顺控设计

16.3.5.1 基本要求

（1）操作内容。变电站一键顺控包括对母线、线路、变压器等设备的倒闸操作，实现运行、热备用、冷备用三种状态间的转换操作。开关柜采用手动手车时，实现运行、热备用两种状态间的转换操作。

一键顺控范围包含操作涉及的一次设备和二次设备，一次设备包括 10～35kV 断路器和电动隔离开关（含电动手车），二次设备包括继电保护装置、安全自动装置等可远程投退的软压板和可远程切换的定值区。

（2）功能要求。变电站一键顺控应实现操作项目软件预制、操作任务模块式搭建、设备状态自动识别、防误联锁智能校核、操作步骤一键启动、操作过程视频联动等功能。

由监控系统按照预设程序与防误策略，选择相应的操作任务，自动导出变电站操作票并按步骤顺序执行操作；依据遥测、遥信、状态传感器信息等多重判据，判别确认设备实时状态信息，直至所有步骤全部完成；采用防误双校核和设备状态双确认机制，确保操作控制安全可靠。

16.3.5.2 总体方案

变电站一键顺控功能在站端实现，部署于安全Ⅰ区，由站控层设备（监控主机、智能防误主机、Ⅰ区数据通信网关机）、间隔层设备（测控装置）及一次设备传感器共同实施。具体由监控主机实现相关功能，与智能防误主机之间进行防误逻辑双校核，通过Ⅰ区数据通信网关机采用 DL/T 634.5104 通信协议实现调控/集控站端对变电站一键顺控功能的调用。

双确认防误逻辑中，对断路器和刀闸的位置状态确认应至少包含不同源或不同原理的主辅双重判据。主判据应为断路器和隔离开关的机构辅助开关触点双位置信息，辅助判据宜为设备所在回路的电压、电流遥测信息、带电显示装置反馈的有无电信息或设备状态传感器反馈的位置状态信息。

一键顺控通信规约宜遵循 DL/T 860《变电站通信网络和系统》的有关规定，满足 GB/T 36572《电力监控系统网络安全防护导则》有关要求。

16.3.5.3 设备配置

（1）站控层设备。

1）监控主机。由监控系统主机内置的一键顺控功能软件实现一键顺控功能。

执行操作时，监控主机宜通过物理隔离设备与视频主机实现联动，视频主机自动推送被操作设备区的安全环境监视画面。

2）智能防误主机。配置 1 套智能防误主机，智能防误功能模块 1 套部署于监控主机，1 套部署于智能防误主机；当与生产部门达成一致时，2 套智能防误功能模块也可分别由 2 台监控主机集成。

监控主机的防误逻辑与智能防误主机的防误逻辑应相互独立，两套防误逻辑共同实现防误双校核功能。

3）Ⅰ区数据通信网关机。一键顺控数据通信功能由监控系统Ⅰ区数据通信网关机集成。

调控/集控站端通过站内Ⅰ区数据通信网关机调用站端一键顺控功能，并接收一键顺控执行情况的相关信息。

（2）间隔层设备。主判据、辅助判据信息原则上接入本间隔过程层设备，经本间隔测控装置上传至监控系统站控层；当过程层设备无法接入时，直接接入本间隔测控装置上传至监控系统站控层。

间隔不配置智能终端：主判据位置信息接入本间隔保护测控集成装置；按电压等级配置公用测控装置，接入辅助判据位置信息。

16.3.5.4 设备双确认

（1）断路器。断路器双确认主判据采用位置遥信信息，辅助判据采用遥测信息。

1）主判据。采用断路器的合位、分位双位置辅助接点。对于分相断路器，采用三相辅助接点串联方式。

2）辅助判据。采用三相电流和电压。

35kV 及 10kV 电压等级各间隔断路器电压辅助判据宜取自三相带电显示装置。

三相带电显示装置应具备遥信和自检功能。

（2）隔离开关、接地开关（含充气开关柜中的隔离开关、接地开关）。隔离开关、接地开关双确认主判据采用辅助开关接点位置信息，辅助判据采用传感器位置信息。

1）主判据。采用隔离开关、接地开关的合位、分位双位置辅助接点。对于分相操作机构，采用三相位置串联方式。

2）辅助判据。采用微动开关，在分闸、合闸位置各安装 1 只微动开关。对于三工位开关，隔离开关、接地开关各安装 2 只微动开关，对于分相操作机构，采用三相位置串联方式。

辅助判据所需微动开关应尽量安装于靠近开关本体位置一侧，也可安装在机构箱内部。安装在机构箱内部时，其安装位置应与“启停电机”用微动开关相同，但不得有电气联系。

微动开关安装位置应固定，保证后期更换、检修时，其与机构的相对位置及角度不变。

隔离开关、接地开关处于不同的状态切换过程中，微动开关应可靠准确判断其分闸到位、合闸到位两种位置状态。

（3）开关柜电动手车。35（10）kV 开关柜手车宜采用电动手车。开关柜电动手车双确认主判据采用辅助开关接点位置信息，辅助判据采用传感器位置信息。

1）主判据。采用工作位置、试验位置双位置辅助接点。

2）辅助判据。采用微动开关，在开关柜电动手车的工作位置、试验位置各安装 1 只微动开关。对微动开关的要求同隔离开关、接地开关。

16.3.6 直流电源及交流不停电电源

16.3.6.1 直流系统

直流电源系统优先采用交直流一体化电源系统，也可采用并联型直流电源系统。

操作电源额定电压采用 220V，通信电源额定电压–48V。

蓄电池容量选择应满足全站电气负荷按 2h 事故放电时间计算，对于偏远地区，事故放电时间按 4h 计算。

在进行蓄电池容量选择时，直流负荷统计计算时间和直流负荷统计负荷系数选取应分别按照表 16－5 和表 16－6 执行。

当蓄电池的容量小于 300Ah 时，宜采用组柜方式布置在预制舱内。

馈线开关选用专用直流空气开关，各直流回路的空气开关的额定电流进行选择计算，分馈线开关与总开关额定电流级差应保证 3 级及以上。

电缆截面的选择计算，根据负荷性质、负荷容量、压降要求、供电距离和电缆材质计算直流各进出线回路以及蓄电池回路的电缆截面。直流柜与直流分电柜间的电缆截面，应根据分电柜最大负荷电流选择。

表 16-5　　直流负荷统计计算时间

序号	负荷名称	经常	事故放电计算时间						
			初期（min）	持续（h）					随机（s）
			1	0.5	1.0	1.5	2.0	3.0	5
1	微机监控保护系统	√	√	—	—	—	√	—	—
2	UPS	—	√	—	—	—	√	—	—
3	INV	—	—	—	√	—	—	—	—
4	DC/DC	√	√	—	—	—	√	—	—

表 16-6　　直流负荷统计负荷系数

序号	负 荷 名 称	负荷系数	备注
1	微机监控保护系统	0.8	
2	UPS	0.6	
3	INV	0.8	
4	DC/DC	0.8	
5	断路器跳闸	0.6	
6	恢复供电断路器合闸	1.0	
7	事故照明	1.0	

注　事故初期（1min）的冲击负荷，按如下原则统计：
1. 低电压、母线保护、低频减载等跳闸回路按实际数量统计。
2. 控制、信号和保护回路等按实际负荷统计。

蓄电池组引出线为电缆时，其正极和负极的引出线不应共用一根电缆。由直流柜和直流分电柜引出的控制、信号和保护馈线应选择铜芯电缆。

各控制屏内安装单位的控制、信号电源，宜由电源屏馈线以辐射状供电；35（10）kV 开关柜内安装单位的控制、信号电源，宜由小母线供电，供电线应设保护及监视设备。

16.3.6.2　不间断电源系统

不间断电源 UPS 的供电负荷包括：① 计算机监控系统；② 电能计费系统；③ 火灾报警系统；④ 系统调度调信系统。

16.3.7　时钟同步系统

（1）主时钟宜单套配置，同时满足北斗及 GPS 对时功能，实现站内所有对时设备的软、硬对时。

（2）站控层设备对时宜采用 SNTP 方式。

（3）间隔层主变压器设备对时宜采用 IRIG-B 方式，35k（10）kV 间隔设备对时宜采用网络对时方式。

（4）时间同步系统应具备 RJ45、RS-232/485 等类型对时输出接口扩展功能，工程中输出接口类型、数量按需求配置。

16.3.8　智能辅助监控系统

（1）智能辅助监控系统包括一次设备在线监测子系统、火灾自动报警及消防子系统、安全防卫子系统、动环子系统、智能锁控子系统、智能巡视子系统等，实现一次设备在线监测、火灾报警、安全警卫、动力环境监视及控制、智能锁控、图像监视信息的分类存储、智能联动及综合展示等功能。

（2）智能巡视子系统。功能按满足安全防范要求配置。

智能巡视子系统视频服务器等设备按全站最终规模配置，并留有远方监视的接口；就地摄像头按本期建设规模配置。

35kV 变电站视频安全监视系统配置一览表见表 16-7。

表 16-7　　35kV 变电站视频安全监视系统配置一览表

序号	安装地点	数量
1	主变压器区	每台主变压器配置 1 台
2	10kV 无功补偿装置区	配置 1 台
3	35（10）kV 配电装置室（区）	根据规模配置 1～2 台
4	预制舱	根据规模配置 1～2 台
5	门厅	配置 1 台低照度摄像机
6	全景（安装在配电装置楼顶部）	配置 1 台
7	高压脉冲电子围栏周界（安装在变电站围墙边角）	根据围墙边界进行防区划分，含大门上端可移动护栏。每个围墙边角配置 1 台
8	门禁装置	变电站进站大门、生产设备室进门处安装

（3）火灾自动报警及消防子系统。火灾自动报警及消防子系统应取得当地消防部门认证。火灾探测区域应按独立房（套）间划分。火灾探测区域有预制舱、各级电压等级配电装置室、油浸变压器及电缆竖井等。应根据所探测区域的不同，配置不同类型和原理的探测器或探测器组合。火灾报警控制器应设置

在预制舱或警卫室靠近门口处。当火灾发生时，火灾报警控制器可及时发出声光报警信号，显示发生火灾的地点。

（4）动环子系统。环境监测设备包括环境数据处理单元1套、温度传感器、湿度传感器、风速传感器（可选）、水浸探头（可选）、SF_6探测器等。各类型传感器根据环境测点的实际需求配置，数据处理单元布置于预制舱，传感器安装于设备现场。将各环境数据信号发送至后台数据处理单元或与其他设备联动。

（5）智能锁控子系统。系统应具备对变电站内各类锁具（不含防止电气误操作的锁具）和电子钥匙的控制和管理功能，实现开锁权限、开锁记录和开锁流程的智能化管控；锁具部署在全站屏柜门锁、箱门锁、爬梯门锁、围栏门锁（不含防止电气误操作的锁具），消防小室门、水泵房门等需要常开的场合，不部署锁具。

（6）一次设备在线监测子系统。一次设备在线监测子系统实现油温及油位监测、绝缘气体密度监测等功能，配置前端监测设备。

（7）智能联动。智能联动含主辅联动、子系统间联动及子系统内部联动功能。

16.3.9 二次设备接地和抗干扰

16.3.9.1 接地

（1）保护装置之间、保护装置至开关场就地端子箱之间联系电缆以及高频收发信机的电缆屏蔽层应双端接地，使用截面不小于4mm^{2}多股铜质软导线可靠连接到等电位接地网的铜排上。

（2）由开关场的变压器、断路器、隔离开关和电流、电压互感器等设备至开关场就地端子箱之间的二次电缆应经金属管从一次设备的接线盒（箱）引至电缆沟，并将金属管的上端与上述设备的底座和金属外壳良好焊接，下端就近与主接地网良好焊接。上述二次电缆的屏蔽层在就地端子箱处单端使用截面不小于4mm^{2}多股铜质软导线可靠连接至等电位接地网的铜排上，在一次设备的接线盒（箱）处不接地。

（3）所有敏感电子装置的工作接地应不与安全地或保护地混接。

（4）在预制舱、敷设二次电缆的沟道、就地端子箱及保护用结合滤波器等处，使用截面不小于100mm^{2}的裸铜排敷设与变电站主接地网紧密连接的等电位接地网。

（5）在预制舱内，沿屏（柜）布置方向敷设截面不小于100mm^{2}的专用接地铜排，并首末端连接后构成室内等电位接地网。室（舱）内等电位接地网必须用至少4根以上、截面不小于50mm^{2}的铜排（缆）与变电站的主接地网可靠一点接地。连接点处需设置明显的二次接地标识。

（6）在预制舱内暗敷接地干线，在离地板300mm处设置临时接地端子。

（7）沿二次电缆的沟道敷设截面不少于100mm^{2}的裸铜排（缆），构建室外的等电位接地网。开关场的就地端子箱内应设置截面不少于100mm^{2}的裸铜排，并使用截面不少于100mm^{2}的铜缆与电缆沟道内的等电位接地网连接。

（8）有电联系的电压互感器二次侧的接地应仅在一个控制室或继电器室相连一点接地。为保证接地可靠，各电压互感器的中性线不得接有可能断开的断路器等。已在预制舱一点接地的电压互感器二次绕组，宜在开关场将二次绕组中性点经放电间隙或氧化锌阀片接地。为防止造成电压二次回路多点接地的现象，应定期检查放电间隙或氧化锌阀片。

（9）公用电流互感器二次绕组二次回路只允许、且必须在相关保护屏（柜）内一点接地。独立的、与其他电压互感器和电流互感器的二次回路没有电气联系的二次回路应在开关场一点接地。

（10）微机型继电保护装置屏（柜）内的交流供电电源的中性线不应接入等电位接地网。

（11）预制舱应采用屏蔽措施，满足二次设备抗干扰要求。

16.3.9.2 防雷

必要时，在各种装置的交、直流电源输入处设电源防雷器。

16.3.9.3 抗干扰

（1）微机型继电保护装置所有二次回路的电缆均应使用屏蔽电缆。

（2）交流电流和交流电压回路、交流和直流回路、强电和弱电回路，以及来自开关场电压互感器二次的四根引入线和电压互感器开口三角绕组的两根引入线均应使用各自独立的电缆。

（3）经长电缆跳闸回路，宜采取增加出口继电器动作功率等措施，防止误动。

（4）制造部门应提高微机保护抗电磁骚扰水平和防护等级，光耦开入的动作电压应控制在额定直流电源电压的55%～70%范围以内。

（5）针对来自系统操作、故障、直流接地等异常情况，应采取有效防误动措施，防止保护装置单一元件损坏可能引起的不正确动作。

（6）所有涉及直接跳闸的重要回路应采用动作电压在额定直流电源电压的55%～70%范围以内的中间继电器，并要求其动作功率不低于5W。

（7）遵循保护装置24V开入电源不出保护室的原则，以免引进干扰。

（8）经过配电装置的通信网络连线均采用光纤介质。

（9）合理规划二次电缆的敷设路径，尽可能离开高压母线、避雷器和避雷针的接地点、并联电容器、CVT、结合电容及电容式套管等设备，避免和减少迂回，缩短二次电缆的长度。

16.4 土建部分

16.4.1 站址基本条件

海拔＜1000m，设计基本地震加速度值 0.10*g*，建筑场地为Ⅱ类，设计风速 30m/s，地基承载力特征值 f_{ak}=150kPa，地下水无影响，非采暖区，场地同一标高。

16.4.2 总布置

16.4.2.1 站址征地

站址征地图应注明坐标及高程系统，应标注指北针，并提供测量控制点坐标及高程。在地形图上绘出变电站围墙及进站道路的中心线、征地轮廓线及规划控制红线等。变电站征（占）地面积一览表见表16－8。

表16－8　　变电站征（占）地面积一览表

序号	指　标 名 称	单位	数量	备注
1	站址总用地面积	hm^2		
1.1	站区围墙内占地面积	hm^2		
1.2	进站道路占地面积	hm^2		
1.3	站外供水设施占地面积	hm^2		
1.4	站外排水设施占地面积	hm^2		
1.5	站外防（排）洪设施占地面积	hm^2		
1.6	其他占地面积	hm^2		

16.4.2.2 总平面布置图

（1）变电站的总平面布置图应根据生产工艺、运输、防火、防爆。环境保护和施工等方面的要求，按最终规模对站区的建、构筑物，管线及道路进行统筹安排。

（2）图中应表示进站道路、站外排水沟、挡土墙、护坡等，综合布置各种主要管沟，并标明其先对关系和尺寸。

（3）图中应标明站内各建筑物、支架、主变压器场地、围墙、道路等建构筑物的控制点坐标，并在说明中标明建筑坐标与测量坐标间相互的换算关系。

（4）图中应标注指北针，并应标出指北针与建筑坐标的夹角。

（5）图中应标明各道路的宽度及转弯半径。

（6）场地处理。变电站配电装置场地宜采用碎石地坪不设检修小道，操作地坪按电气专业要求设置。

规划部门对绿化有明确要求时，可进行简易绿化，但应综合考虑养护管理，选择经济合理的本地区植物，不应选用高级乔灌木、草皮或花木。

（7）应按 DL/T 5056《变电站总布置设计技术规程》，在图中列出主要技术经济指标一览表（见表16－9）和站区建（构）筑物一览表（见表16－10）。

表16－9　　主要技术经济指标一览表

序号	名称		单位	数量	备注
1	站址总用地面积		hm^2		
1.1	站区围墙内占地面积		hm^2		
1.2	进站道路占地面积		hm^2		
1.3	站外供水设施占地面积		hm^2		
1.4	站外排水设施占地面积		hm^2		
1.5	站外防（排）洪设施占地面积		hm^2		
1.6	其他占地面积		hm^2		
2	进站道路长度（新建/改造）		m		
3	站外供水管长度		m		
4	站外排水管长度		m		
5	站内主电缆沟长度		m		
6	站内外挡土墙体积		m^3		
7	站内外护坡面积		m^2		
8	站址土（石）方量	挖方（−）	m^3		
		填方（+）	m^3		

续表 16－9

序号	名称		单位	数量	备注
8.1	站区场地平整	挖方（－）	m^3		
		填方（+）	m^3		
8.2	进站道路	挖方（－）	m^3		
		填方（+）	m^3		
8.3	建（构）筑物基槽余土		m^3		
8.4	站址土方综合平衡	挖方（－）	m^3		
		填方（+）	m^3		
9	站内道路面积		m^2		
10	屋外场地面积		m^2		
11	总建筑面积		m^2		
12	站区围墙长度		m		

注　如有软弱土或特殊地基处理方式引起的土石方量变化可调整相应项目。

表 16－10　　站区建（构）筑物一览表

序号	名 称	单位	数量	备注
1	电气预制舱	座		
2	主变压器场地	m^2		
3	电容器场地	m^2		
4	辅助用房	m^2		
5	事故油池	座		
6	独立避雷针	根		

16.4.2.3　竖向布置

（1）竖向布置的形式应综合考虑站区地形、场地及道路允许坡度、站区排水方式、土石方平和等条件来确定，场地的地面坡度不宜小于 0.5%。

（2）图中应标出站区各建（构）筑物、道路、配电装置场地、围墙内侧及站区出入口处的设计标高，建筑物设计标高以室内地坪为±0.000。标明场地、道路及排水沟排水坡度及方向。

16.4.2.4　土（石）方平衡

根据总平面布置及竖向布置要求，采用横断面法、方网格法、分块计算法或经鉴定的计算软件计算土（石）方工程量，绘制场区土方图，编制土方平衡表。对土方回填或开挖的技术要求做必要说明。

16.4.3　站内外道路

（1）站内外道路的型式。进站道路宜采用公路型道路；站内道路宜采用公路型道路，湿陷性黄土地区、膨胀土地区宜采用城市型道路；路面可采用混凝土路面或沥青混凝土路面。采用公路型道路时，路面宜高于场地设计标高 150mm。

（2）变电站大门宜面向站内主变压器运输道路。

变电站大门及道路的设置应满足主变压器、大型装配式预制件、预制舱式二次组合设备等整体运输的要求。

站内主变压器运输道路及消防道路宽度为 4m，设置回车场（不小于 12m×12m）。

（3）其他。进站道路与桥涵或沟渠等交汇处应标明其坐标并绘制断面详图。站内道路平面布置应标明站内地下管沟，并标示穿越道路管沟的位置。

16.4.4　装配式建筑

16.4.4.1　建筑布置

（1）建筑应严格按工业建筑标准设计，风格统一、造型协调、方便生产运行，并做好 建筑“四节（节能、节地、节水、节材）一环保”工作。建筑材料选用因地制宜，选择节能、 环保、经济、合理的材料。

（2）变电站内建筑物名称和房间名称应统一。

（3）各类型变电站均设置独立的警卫室。

（4）建筑物按无人值守运行设计，仅设置辅助生产用房。

辅助生产用房设有安全工具间、资料室、男女卫生间、1～2 间机动用房、警卫室等。边远地区、维稳地区的变电站可根据需要适当增加附属用房。

（5）建筑设计的模数应结合工艺布置要求协调，宜按 GB 50006《厂房建筑模数协调标准》执行，建筑物柱距一般不宜超过 3 种。

16.4.4.2　墙体

（1）应选用节能环保、经济合理的材料；应满足保温、隔热、防水、防火、强度及稳定性要求。

（2）墙板尺寸应根据建筑外形进行排版设计，减少墙板长度和宽度种类，在满足荷载及温度作用的前提下，结合生产、运输、安装等因素确定，避免现场裁剪、开洞；采用工业化生产的成品，减少现场叠装，减少现场涂刷，便于安装。

（3）外围护墙体宜采用一体化纤维水泥复合墙板等一体化墙板。强腐蚀性地区宜优先选用水泥基板材。

（4）应根据使用条件合理选择墙体中间保温层材料及厚度。

（5）用于防火墙时，应满足 3h 耐火极限。

（6）建筑内隔墙宜采用一体化纤维水泥复合墙板。

16.4.4.3 屋面

（1）屋面板采用钢筋桁架楼承板，轻型门式刚架结构屋面板宜采用压型钢板复合板。屋面宜设计为结构找坡，平屋面采用结构找坡不得小于 5%，建筑找坡不得小于 3%，天沟、檐沟纵向找坡不得小于 1%。寒冷地区建筑物屋面宜采用坡屋面，坡屋面坡度应符合设计规范要求。

（2）屋面采用有组织防水，防水等级采用 Ⅰ 级。

16.4.4.4 室内外装饰装修

（1）外墙外挂板应免二次涂刷，内墙应免二次涂刷。采用非金属外墙板时，建筑外装饰色彩与周围景观相协调。

（2）变电站楼、地面做法应按照现行国家标准图集或地方标准图集选用，无标准选用时，可按国家电网公司输变电工程标准工艺选用。

（3）卫生间、室外台阶采用防滑地砖，卫生间四周除门洞外，应做高度不应小于 120mm 混凝土翻边。

（4）卫生间设铝板吊顶，其余房间和走道均不宜设置吊顶。当采用坡屋面时宜设吊顶。

（5）室内装饰装修应满足 GB 50222《建筑内部装修设计防火规范》防火要求。

16.4.4.5 门窗

（1）门窗应设计成规整矩形，不应采用异型窗。

（2）门窗宜设计成以 3m 为基本模数的标准洞口，尽量减少门窗尺寸，一般房间外窗宽度不宜超过 1.50m，高度不宜超过 1.50m。

（3）门采用木门、钢门、铝合金门。

（4）外窗宜采用断桥铝合金门窗或塑钢窗，窗玻璃宜采用中空玻璃。卫生间的窗采用磨砂玻璃。

（5）建筑外门窗抗风压性能分级不得低于 4 级，气密性能分级不得低于 3 级，水密性能分级不得低于 3 级，保温性能分级为 7 级，隔音性能分级为 4 级，外门窗采光性能等级不低于 3 级。

16.4.4.6 楼梯、坡道、台阶及散水

（1）楼梯尺寸设计应经济合理。楼梯间轴线宽度宜为 3m，踏步高度不宜小于 0.15m，步宽不宜大于 0.30m。踏步应防滑。室内台阶踏步数不应小于 2 级。当高差不足 2 级时，应按坡道要求设置。

（2）楼梯梯段改变方向时，扶手转向端处的平台最小宽度不应小于梯段宽度，并不得小于 1.20m。

（3）室内楼梯扶手高度不宜小于 0.90m。靠楼梯井一侧水平扶手长度超过 0.50m 时，其高度不应小于 1.05m。

（4）踏步、坡道、台阶采用细石混凝土或水泥砂浆材料。

（5）细石混凝土散水宽度为 0.60m，湿陷性黄土地区不得小于 1.50m。散水与建筑物外墙间应留置沉降缝，缝宽 20～25mm，纵向 6m 左右设分隔缝一道。

16.4.4.7 建筑节能

（1）控制建筑物窗墙比，窗墙比应满足国家规范要求。

（2）建筑外窗选用中空玻璃，改善门窗的隔热性能。

（3）墙面、屋面宜采用保温隔热层设计。

16.4.5 装配式结构

16.4.5.1 基本设计规定

（1）装配式建筑物宜采用钢结构。结构体系宜采用钢框架结构或轻型门式刚架结构。当单层建筑物恒载、活载均不大于 $0.7kN/m^2$，基本风压不大于 $0.7kN/m^2$ 时可采用轻型门式刚架结构。地下电缆层采用钢筋混凝土结构。

（2）根据 GB 50068《建筑结构可靠性设计统一标准》，建筑结构安全等级取为二级；根据 GB 50011《建筑抗震设计规范》、GB 50223《建筑工程抗震设防分类标准》，建筑抗震设防类别取为乙类或丙类；荷载标准值、荷载分项系数、荷载组合值系数等，应满足 GB 50009《建筑结构荷载规范》和 DL/T 5427《变电站建筑结构设计技术规程》的规定。结构的重要性系数 γ_0 宜取 1.0。

（3）承重结构应按承载力极限状态和正常使用极限状态进行设计，按承载能力极限状态设计时，采用荷载效应的基本组合，按正常使用极限状态设计时，采用荷载效应的标准组合。

16.4.5.2 材料

（1）钢结构梁柱等主要承重构件宜采用 Q235、Q355 钢材，截面采用 H 型或箱型。

（2 钢结构的传力螺栓连接宜选用高强度螺栓连接，高强度螺栓宜选用 8.8 级、10.9 级，高强度螺栓的预拉应力应满足表 16－11 的要求，钢结构构件上螺栓钻孔直径宜比螺栓直径大 1.5～2.0m。

表 16－11 高强度螺栓的预拉应力值

螺栓公称直径（mm）	M16	M20	M22	M24	M27	M30
螺栓预拉力（kN）	100	155	190	225	290	355

（3）Q355 与 Q355 钢之间焊接宜采用 E50 型焊条，Q235 与 Q235 钢之间焊接宜采用 E43 型焊条，Q235 与 Q355 钢之间焊接宜采用 E43 型焊条，焊缝的质量等级不小于二级。

16.4.5.3 结构布置

结构柱网尺寸按照模块化建设通用设计要求进行布置，厂房框架柱采用 H 形、箱形截面；框架梁宜采用 H 型截面；梁柱宜采用刚性连接。次梁的布置应综合考虑设备布置和工艺要求，次梁宜与主梁铰接，并与楼板组成简支组合梁。

16.4.5.4 钢结构计算的基本原则

（1）钢结构的计算宜采用空间结构计算方法，对结构在竖向荷载、风荷载及地震荷载作用下的位移和内力进行分析。

（2）进行构件的截面设计时，应分别对每种荷载组合工况进行验算，取其中最不利的情况作为构件的设计内力。荷载及荷载效应组合应满足 GB 50009《建筑结构荷载规范》的规定。

（3）框架柱在压力和弯矩共同作用下，应进行强度计算、平面内和平面外稳定计算。在验算柱的稳定性时，框架柱的计算长度应根据有无支撑情况按照 GB 50017《钢结构设计标注》 进行计算。

（4）柱与梁连接处，柱在与梁上翼缘对应位置宜设置水平加劲肋，以形成柱节点域，节点域腹板的厚度应满足节点域的屈服承载力要求和抗剪强度要求。

（5）中心支撑宜采用十字交叉支撑，且宜采用 H 型截面，支撑在框架内宜相向对称布置，每层不同方向在水平方向的投影面积，不宜超过 10%。

（6）当设地下室时，钢框架柱应直接延伸至基础。不设地下室时，柱也应能可靠地传递柱身荷载，宜采用埋人式、插入式或外包式柱脚；6、7 度抗震设防时也可采用外露式柱脚，柱与基础的连接采用锚栓连接，锚栓宜采用 Q355 钢材，钢柱脚宜设置钢抗剪件，抗剪件的选择应根据计算确定。

16.4.5.5 钢结构节点设计与构造

（1）梁与柱的连接要求。梁与柱刚性连接节点应具有足够的刚性。梁与柱的连接应验算其在弹性阶段的连接强度、弹塑性阶段的极限承载力、在梁翼缘拉力和压力作用下腹板的受压承载力和柱翼缘板刚度、节点域的抗剪承载力。

箱型柱在与梁翼缘对应位置处应设横向隔板，隔板应采用全熔透对接焊缝与柱壁板相连。H 型柱在与梁翼缘对应位置处应设横向加劲肋，加劲肋与柱翼缘应采用全熔透对接焊缝连接，与腹板可采用角焊缝连接。

加劲板（隔板）厚度不应小于梁翼缘厚度，强度与梁翼缘相同。

梁腹板与柱的连接螺栓不宜小于两列，且螺栓总数不宜小于计算值的 1.5 倍。

H 型截面柱在弱轴方向与主梁刚性连接时，应在主梁翼缘对应位置设置柱水平加劲肋，其厚度分别与梁翼缘和腹板厚度相同。柱水平加劲肋与柱翼缘和腹板均为全熔透坡口焊缝，竖向连接板柱腹板连接为角焊缝。

（2）柱与柱的连接要求。焊接 H 型截面柱，腹板与翼缘的组合焊缝可采用角焊缝或部分熔透焊的 K 形坡口焊缝。

箱型截面柱壁板四角的焊缝一般采用部分焊透的 V 形或 J 形焊缝，焊脚尺寸可根据实际作用的水平剪力计算确定，但不得小于壁板厚度 2/3。

梁与柱刚性连接时，焊接 H 型截面柱在梁翼缘上下各 500mm 范围内，柱翼缘与柱腹板之间或箱型柱壁板之间的连接焊缝应采用全熔透坡口焊缝。

柱的拼接接头应位于框架节点塑性区以外，宜在框架梁上方 1.3m 附近，上下柱的对接接头应采用全熔透焊。柱拼接接头上下各 100mm 范围内，焊接 H 型截面柱翼缘与腹板间或箱型柱壁板之间的连接焊缝，应采用全熔透坡口焊缝，柱的接头处应设置安装耳板，厚度宜大于 10mm。

钢柱的上下层截面应保持一致，当需要变截面时，柱的截面尺寸宜保持不变，仅改变翼缘厚度。

（3）梁与梁的连接要求。主梁的现场拼接节点，一般应设在内力较小的位置。也可根据施工安装方便的需要，设置在距离梁端 1m 左右的位置处。连接节点应按照板件截面面积的等强条件进行设计。

次梁与主梁的连接宜为铰接，次梁与主梁的竖向加劲板宜采用高强螺栓连接。

（4）梁腹板开孔补强要求。为满足电气工艺要求，梁腹板上需开孔时应满足以下要求：

1）当圆孔尺寸不大于梁高的 1/3，孔洞的间距大于 3 倍的孔径，且在梁端 1/8 跨度范围内无开孔时，可不予补强。

2）当开孔需要补强时，在梁腹板上加焊 V 形加劲肋，且纵向加劲板伸过洞口的长度不小于矩形孔的高度，加劲肋的宽度为梁翼缘宽度的 1/2，厚度与腹板同。

（5）楼、屋面底模构造要求。屋面板选用钢筋桁架楼承板，应满足建筑防水、保温、耐腐蚀性能和结构 承载等功能。钢筋桁架楼承板的型号及技术参数根据 JG/T 368《钢筋桁架楼 承板》 选用，屋面钢筋桁架楼承板建议选用 HB1－90，楼板厚度取 120mm。 底模钢板厚度不应小于 0.5mm，宜采用咬口式搭缝构造。压型钢板或楼承板端部的连接宜采用圆柱头栓钉将压型钢板与钢梁焊接固定，栓钉宜穿透压型钢板焊于钢梁翼缘上。栓钉的直径不宜大于 19mm。

16.4.5.6 钢结构防腐和防火

（1）钢结构防腐。钢结构建筑物梁柱均应进行防腐处理，可采用热镀锌、冷喷锌或涂层防腐。

钢柱脚埋入地下部分应采用比基础或连接处混凝土等级高一级的混凝土包裹，包裹厚度不宜小于 50mm。

（2）钢结构防火。戊类单层钢结构厂房耐火等级为二级，钢柱耐火极限为 2.0h，钢梁的耐火极限为 1.5h。

1）防火板。耐火等级为一级的丙类钢结构多层厂房柱宜采用防火板外包防火构造。板材的耐火性能应经国家检测机构认定。外包板的厚度和层数应根据外包板的板材形式和结构的耐火极限进行计算选定。

2）防火涂料。根据建筑物耐火等级，确定各构件的耐火极限，选择厚、薄型的防火涂料。防火涂料的厚度应满足表 16－12 的要求。防火涂料的黏结强度宜大于 0.05MPa；钢结构节点部位的防火涂料宜适当加厚。

表 16－12　　防火涂料的耐火极限

涂层厚度（mm）	20	30	40	50
耐火极限（h）	1.5	2.0	2.5	3.0

16.4.6 装配式构筑物

16.4.6.1 围墙

（1）围墙形式可采用大砌块实体围墙，砌体材料因地制宜，采用环保材料（如混凝土空心砌块），围墙高度不低于 2.3m。围墙饰面采用水泥砂浆或干粘石抹面，围墙顶部宜设置预制压顶。大砌块推荐尺寸为 600mm（长）×300mm（宽）×300mm（高）或 600mm（长）×200mm（宽）×300mm（高）。围墙中及转角处设置构造柱，构造柱间距不宜大于 3m，采用标准钢模浇制。当造价较为经济时，可采用装配式围墙，如城市规划有特殊要求的变电站可采用通透式围墙。

（2）饰面及压顶。围墙饰面采用水泥砂浆或干粘石抹面。围墙压顶应采用预制压顶。

（3）围墙变形缝。围墙变形缝宜留在墙垛处，缝宽 25mm，并与墙基础伸缩缝上下贯通，变形缝间距不大于 15m。

16.4.6.2 大门

站区大门宜采用电动实体推拉门，宽度为 5.0m，门高不宜小于 2.0m。

16.4.6.3 电缆沟

（1）配电装置区不设置电缆支沟，可采用电缆埋管或电缆排管。电缆沟宽度宜采用 800、1100mm。

（2）电缆支沟可采用电缆槽盒，主电缆沟宜采用砌体、现浇混凝土或钢筋混凝土沟体，砌体沟体顶部宜设置预制压顶。沟深≤1000mm 时，沟体宜采用砌体；沟体≥1000mm 或离路边＜1000mm 时，沟体宜采用现浇混凝土。在湿陷性黄土地区及寒冷地区，采用混凝土电缆沟。电缆沟沟壁应高出场地地坪 100mm。当造价较为经济时，可采用装配式电缆沟。

（3）电缆沟盖板采用包角钢混凝土盖板或有机复合盖板，风沙地区盖板应带槽口盖板。盖板每边宜超出沟壁（压顶）外沿 50mm。电缆沟支架宜采用角钢支架。潮湿环境下，宜采用复合支架。

（4）带油设备周边电缆沟采用企口式电缆沟盖板。

16.4.6.4 构架

（1）结构型式。构架柱宜采用钢管 A 柱；三角形钢桁架梁；梁柱连接采用铰接。柱与基础之间宜采用地脚螺栓连接。

（2）构造要求。人字柱的根开与柱高之比不宜小于 1/7。构架梁的高跨比：格构式钢梁不宜小于 1/25；变电构架人字柱的主柱与水平横杆的连接，应在平面外有足够的刚度，以保证拉压杆的共同工作。

（3）爬梯及接地。构架设计应设有便利维护检修人员上下的直爬梯，直爬梯的设置应满足带电检修的上人条件，梯宽不宜小于 0.40m，爬梯第一档到地面的距离为 450mm，爬梯底部宜设置防止人随意攀爬的带锁安全门。构架柱在距地面 0.5m 高处均设接地件，接地件位于柱外侧。柱脚排水孔设在人字柱内侧最低点。爬梯应设置安全护笼或防坠落装置。

（4）防腐。构架应根据大气腐蚀介质采取有效的防腐措施，对通常环境条件的钢结构宜采用热镀锌防腐或冷喷锌。

（5）构架基础。采用标准钢模浇制混凝土，基础尺寸推荐采用 1800、2100、2400、2700mm。

16.4.6.5 设备支架

（1）设备支架应与构架的结构型式相协调，可采用钢管结构。设备支架钢管与基础之间宜采用地脚螺栓连接。接地件根据电气要求设置，接地件位于柱外侧。柱脚排水孔设在支架柱最低点。

（2）防腐。支架应根据大气腐蚀介质采取有效的防腐措施，对通常环境条件的钢结构宜采用热镀锌防腐或冷喷锌。

（3）支架基础。采用标准钢模浇制混凝土，基础尺寸推荐采用 900、1200、1500mm。

16.4.6.6 避雷针

独立避雷针及构架避雷针采用钢管结构型式或格构式结构。

对一般气候条件地区，避雷针钢材应具有常温冲击韧性的合格保证；当结构工作环境温度低于 0℃但高于 –20℃时，避雷针钢材应具有 0℃冲击韧性的合格保证；当结构工作环境温度低于 –20℃时，避雷针钢材应具有 –20℃冲击韧性的合格保证。

应严格控制避雷针针身的长细比，法兰连接处应采用有劲肋板法兰刚性连接。螺栓的紧固应采用力矩扳手，安装时的紧固力矩需满足 GB 50205《钢结构工程施工质量验收规范》的相关要求。

16.4.7 给排水

水源宜采用自来水水源或打井供水。生活污水排入市政污水管网或经化粪池预处理后定期清掏外运，不设污水处理装置。站区雨水采用散排或集中排放。主变压器设油水分离式总事故油池，油池有效容积按最大主变压器油量的 100%设计。排水设施在经济合理时，可采用预制式成品构件。

16.4.8 暖通

建筑物内生产用房应根据工艺设备对环境温度的要求采用分体空调或多联空调，寒冷地区可采用电辐射加热器。警卫室等人员房间设置分体空调。

采暖、通风、空调系统与报警系统联动闭锁，同时具备自动启停、现场控制和远方控制的功能。

16.4.9 消防

建筑物按建筑体积、火灾危险性分类及耐火等级确定是否设置消防给水及消火栓系统。主变压器采用移动式化学灭火装置。建筑物采用移动式化学灭火器。电缆从室外进入室内的入口处，应采取防止电缆火灾蔓延的阻燃及分隔的措施。

消防器材按 DL 5027《电力设备典型消防规程》附表配置。

16.5 绿色建设

16.5.1 总体原则

为了践行绿色发展理念，贯彻落实国网公司“一体四翼”发展布局，推动输变电工程建设由传统模式向绿色建造方式转型升级，深入推进输变电工程高质量建设，助力国网公司“碳达峰、碳中和”行动实施，依据国家绿色建造相关法律法规，标准规范及公司有关规定，坚持“两型三化顶层设计”，坚持“四个阶段”分步实施、坚持“五方主体”协同推进工作原则。

16.5.2 电气一次

根据《国家电网有限公司关于全面推进输变电工程绿色建造的指导意见》（国家电网基建〔2021〕367 号）及 GB 20052—2022《电力变压器能效限定值及能效等级》的要求选择设备等。

选择低损耗变压器：变压器的空载损耗和短路损耗为变压器的能耗指标，设备选择需满足主变压器能耗选择需满足Ⅱ级及以上能耗的要求，从根源上解决主变压器能耗高的问题。

选择节能照明灯具：采用绿色照明技术，在工艺生产建构筑物内全面选择高效率照明灯具和长寿命光源，采用能耗较低的 LED 灯具或节能较高的节能型灯具等。户外配电装置区域照明采用投光灯与路灯相结合措施。

16.5.3　电气二次

（1）变电站应整体考虑保护、自动化、通信等二次设备的布置。二次设备室宜按规划建设规模一次建成，在便于巡视和检修的条件下，二次设备室布置应紧凑，应合理预留屏位。

（2）变电自动化系统宜配置一键顺控功能，以提升变电站智能化水平，减少运维人员工作量。

（3）变电站宜配置接入远程监控的智能辅助监控系统，以实现站内照明、通风、排水、空调、火灾报警、电子围栏等功能的联动控制。

（4）变电站二次设备应选择低功耗服务器等节能型产品。

（5）二次组屏方案设计应考虑设备的功耗和散热，同一屏柜中不宜配置过多设备。

（6）除主变压器间隔外，10（35）kV 间隔宜采用保护测控集成装置，以减少设备、降低功耗。主变压器间隔和 110kV 以上间隔测控装置宜独立配置。

（7）220kV 及以下户内变电站间隔层设备宜下放布置于智能控制柜。

（8）智能变电站宜采用预制光缆。起点、终点为同一对象的多根光缆宜按照双重化原则整合。

（9）站控层设备宜采用 SNTP 对时方式，间隔层和过程层设备宜采用 IRIG-B、1pps 对时方式，以减少计算机屏蔽电缆的使用量。

16.5.4　变电土建

16.5.4.1　总平面设计

（1）站址选择要因地制宜，靠近负荷中心，进出线合理，交通便利，尽量不占用农田林地，提高土地利用率。场地设计应有效利用地域自然条件，实现建筑布局、交通组织、场地环境、场地设施和管网的合理设计。

（2）站址选择应避开滑坡、泥石流、地震断裂带等地质危险地段；场地周围应无危险化学品、易燃易爆危险源的威胁；无不良土壤的影响；尽量避开易发生洪涝的地区。变电站建造行为对周围环境无不良影响。

（3）变电站总平面布置应满足总体规划要求，预留发展用地应按最终规模一次征地。

（4）站区总平面布置宜尽量规整，站内工艺布置合理，功能分区明确。宜将近期建设的建构筑物集中布置，以利分期建设和节约用地。

（5）积极采用通用基础，基础宜考虑一次性建成，避免土建二次进场。涉及深基坑的构筑物工程，应一次性建成。

（6）在变电站整体改造时，应充分利用原有建筑、基础及构架。

（7）合理规划和适度开发地下空间，建设地下变电站，提高土地利用效率。

（8）变电站在兼顾出线顺畅的前提下，宜结合自然地形合理进行竖向布置。场地设计标高应兼顾洪（潮）水位标高、场地排水、土质边坡条件等。

（9）场地的土石方宜结合建构筑物基础出土、室内回填土、地下管线沟槽和道路工程的土方量、景观用土进行自平衡，也可与周边地块建设场地土方进行平衡，避免重复运输，力求减少外购土方和土方外运量。

（10）站外挖、填方边坡宜根据周围环境及边坡土质状况优先采用喷播等绿色环保措施，防止水土流失，保护自然环境。

（11）充分保护耕地农田，可考虑采用净地表层土回收利用等生态补偿措施。

（12）变电站围墙型式应根据站址位置、城市规划和环境要求等因素综合确定，宜优先选用与周边相匹配的装配式围墙。根据节约用地和便于安全保卫原则力求规整，地形复杂或山区变电站的围墙可结合地形布置。

（13）变电站的主出入口宜面向当地道路，便于引接进站道路。城市变电站的主入口方位及处理要求宜与城市规划和街景相协调。

（14）进站道路设计应结合地形综合考虑，宜利用已有道路或路基，站外道路建设应充分考虑施工临时道路与永久道路的结合利用。

16.5.4.2　建筑设计

（1）建筑设计除满足电气设备的运行要求外，尚应符合城市规划等部门提出的规划要求和对环境、噪声、景观、节能等方面要求。

（2）建筑外观与周边环境相协调，简洁大方，分区合理。

（3）宜按照“被动式技术优先、主动式技术优化”的原则，根据实际情况，优化建筑空间布局及设备布置，充分挖掘建筑本体与设备在节约资源方面的潜力。

（4）建筑物外立面造型协调，装配式墙板、门窗等建筑模数协调统一。门窗的设置、尺寸、功能和质量应符合使用、节能、设备运输和安装检修的要求。

（5）建筑物内隔墙型式应因地制宜，宜采用装配式轻质隔墙，使用新型、环保建筑材料，考虑节能环保、防火、防潮隔热等相关措施。

（6）建筑物外墙、屋面、外门窗等围护结构的力学性能、热工性能和耐久性等应符合相应产品标准规定，并应满足设计使用年限要求。建筑采用外保温时，外墙和屋面应减少挑出构件、附墙构件和屋顶突出物，外墙与屋面的热桥部分应采取阻断措施。

（7）建筑体形系数、外围护结构（外墙、屋顶、外门窗）的热工参数（如传热系数、热惰性指标等）应符合现行国家标准对围护结构相关保温和气密性等规定。

（8）外墙饰面材料、室内装饰装修材料、防水和密封材料等宜选用耐久性好、易维护、无毒的材料。合理选用可再循环材料、可再利用材料。在保证功能性的前提下，宜选用以废弃物为原料生产的利废建材。

（9）建筑物装饰装修宜选用工业化内装饰，优先采用装配式装修。装配式钢结构建筑内部不应为强调观感，采用装饰性材料对钢柱、钢梁等结构件进行包裹；鼓励在涉水房间内采用干式施工的装配式防水型板材墙面。

（10）选用的装饰装修材料在满足 GB 50222《建筑内部装修设计防火规范》的同时，要符合国家现行绿色产品评价标准。宜优先选用获得绿色建材评价认证标识的建筑材料和产品。

（11）当变电站处于噪音控制严格地区时，变电站设计宜通过选择户内变布置方式，或采取设备隔振垫、吸音板、隔音屏障、实体围墙等措施，满足噪声控制要求。

（12）管材、管线、管件应选用耐腐蚀、抗老化、耐久性能好的材料，活动配件应选用长寿命产品，并应考虑部品之间合理的寿命匹配性；不同使用寿命的部品组合时，构造应便于分别拆换、更新和升级。

（13）变电站建筑物外墙不宜选择玻璃幕墙，避免产生光污染。

（14）建筑管线宜与建筑结构分离布置，便于安装、检修、维护。

（15）结合城市绿化可持续发展，变电站建筑设计可采用立体绿化设计，利用植物对建筑物或构筑物的屋面、墙面及立面进行绿化和美化。

16.5.4.3 结构设计

（1）变电站应综合考虑安全耐久、节能减排、易于建造等因素，根据建筑物的重要性、安全等级、抗震设防烈度等要求，优先采用工厂加工、现场组装的装配式结构体系。

（2）地基处理方案应经济合理，减少对环境的污染。宜选用工厂化预制的桩型；当采用灌注桩时，宜考虑采用长螺旋钻孔压灌桩技术等；尽量避免采用人工挖孔桩，提高机械化施工；桩基施工宜结合实际情况选用低噪、环保、节能、高效的机械设备和工艺。

（3）按照有效防治水土流失的要求，合理优化地下构筑物、挡墙、护坡设计；深基坑宜采用沉井、支护桩等，减少基坑开挖方量。

（4）建构筑物部品部件应采用标准化设计，固化构件选型、构件模块；固化专业间接口设计，形成设备电气接口和土建接口标准化方案；推广使用集成化、模块化、预制式建筑部品，提高工程品质，降低运行维护成本。

（5）变电站混凝土原则上应采用预拌混凝土；宜采用预拌砂浆；钢筋连接宜采用机械连接。

（6）钢结构宜采用全螺栓连接，减少现场焊接。钢结构楼板宜采用免支撑的楼板承重体系。

（7）钢管柱构（支）架可采用冷喷锌防腐，减少对环境的污染。

（8）建筑结构材料宜优先选择高强轻质、高耐久性混凝土、耐候和耐火结构钢等。

16.5.4.4 给排水及消防设计

（1）变电站地下管线布置应按变电站的最终规模统筹规划，管线（沟道）与建（构）筑物基础、道路之间在平面与竖向上应相互协调，近远期结合，合理布置，便于扩建。

（2）场地应采用有组织排水，实现雨污分流，永临结合。

（3）竖向设计应有利于雨水的收集或排放，应结合各地气候条件，采用“渗、滞、蓄、净、用、排”等措施对施工期间及建筑竣工后的场地雨水进行有效统筹控制。

（4）合理规划场地地表和屋面雨水径流。

（5）管材选用应符合耐腐蚀、抗老化、耐久性等绿色材料要求。

（6）结合坡度、山地特点，宜采用雨污水自流排放，取消或减少雨水泵井设置。

（7）场地事故油池应具有油水分离措施。

（8）使用较高用水效率等级的卫生器具。

（9）利用场地空间设置绿色雨水基础设施，可通过收集、沉淀、过滤、消毒等处理，将雨水直接利用于除饮用水外的生活用水中。

16.5.4.5 暖通设计

（1）变电站宜优化建筑空间和平面布局，改善自然通风效果，建筑排烟系统宜优先采用自然排烟系统。

（2）暖通设计时要做好济性比较，保证空调及采暖设备的可调节性及可操作性。空调设备宜选用环保冷媒，满足绿色环保的要求。

第 17 章 SC－35－E1－1 通用设计方案

17.1 SC－35－E1－1 方案主要技术条件

SC－35－E1－1 方案主要技术条件见表 17－1。

表 17－1 SC－35－E1－1 方案主要技术条件

序号	项目		技术条件
1	建设规模	主变压器	本期 1×6.3MVA，远期 1×6.3MVA
		出线	35kV：本期出线 1 回，远期出线 1 回； 10kV：本期出线 4 回，远期出线 4 回
		无功补偿装置	10kV 并联电容器：本期 1 组 1000kvar，远期 1 组 1000kvar
2	站址基本条件		海拔＜1000m，设计基本地震加速度 0.10*g*，设计风速≤30m/s，地基承载力特征值 f_{ak}=150kPa，无地下水影响，假设场地为同一标高，污秽等级 d 级
3	电气主接线		35kV 本期及远期采用线变组接线； 10kV 本期及远期采用单母线接线
4	主要设备选型		主变压器选用三相双绕组低损耗油浸自冷式有载调压变压器； 35kV：户内 SF_6 气体绝缘开关柜； 10kV：户内 SF_6 气体绝缘开关柜； 10kV 电容器：户外框架式成套装置
5	电气总平面及配电装置		主变压器：户外布置； 35、10kV 采用预制舱式，开关柜单列布置； 10kV 电容器：户外框架式成套装置； 35、10kV 站用变压器：户外油浸式
6	二次系统		全站采用预制舱式二次组合设备的二次设备模块化设计方案； 变电站自动化系统按照一体化监控设计，完成全站一键顺控功能 采用常规互感器； 35kV 出线不配置线路保护； 主变压器采用主、后备保护独立装置，后备保护宜与测控装置集成，10kV 采用保护测控集成装置； 主变压器后备保护测控装置在主变压器高低进线开关柜中布置； 采用一体化电源系统，通信电源不独立设置； 35kV 测控、10kV 保护测控设备及三相智能电能表就地布置在开关柜内，其他公共二次设备及通信设备布置在预制舱

续表 17－1

序号	项目	技术条件
7	土建部分	围墙内用地面积 0.067hm²/0.0716hm²（高海拔）； 全站总建筑面积 45.36m²； 建筑物结构形式为钢结构； 建筑物外墙采用一体化铝镁锰复合墙板、纤维水泥复合墙板或一体化纤维水泥集成板等一体化墙板； 内墙采用防火石膏板或者一体化纤维水泥集成板，屋面板采用钢筋桁架楼承版； 围墙采用大砌块或者装配式围墙

17.2 SC－35－E1－1 方案基本模块划分

SC－35－E1－1 方案主要包括设备预制舱模块、主变压器模块 2 个基本模块，模块内容说明见表 17－2。

表 17－2 SC－35－E1－1 方案基本模块内容说明

序号	基本模块编号	基本模块名称	基本模块描述
1	SC－35－E1－1－YZC	设备预制舱模块	全站设置一个预制舱设备，一、二次设备布置在预制舱内。 35kV 出线：本期 1 回，远期 1 回； 本期及远期均采用线变组接线，电缆进出线； 10kV 出线：本期 4 回，远期 4 回； 本期及远期均采用单母线接线，电缆进出线
2	SC－35－E1－1－ZB	主变压器模块	主变压器本期及远期 1 台 6.3MVA，采用 35/10.5kV 三相、双绕组、有载调压变压器，主变压器户外布置

17.3 SC－35－E1－1 方案主要图纸

SC－35－E1－1 方案主要设计图纸详见图 17－1～图 17－16，设计方案说明及其他图纸见书后所附光盘。

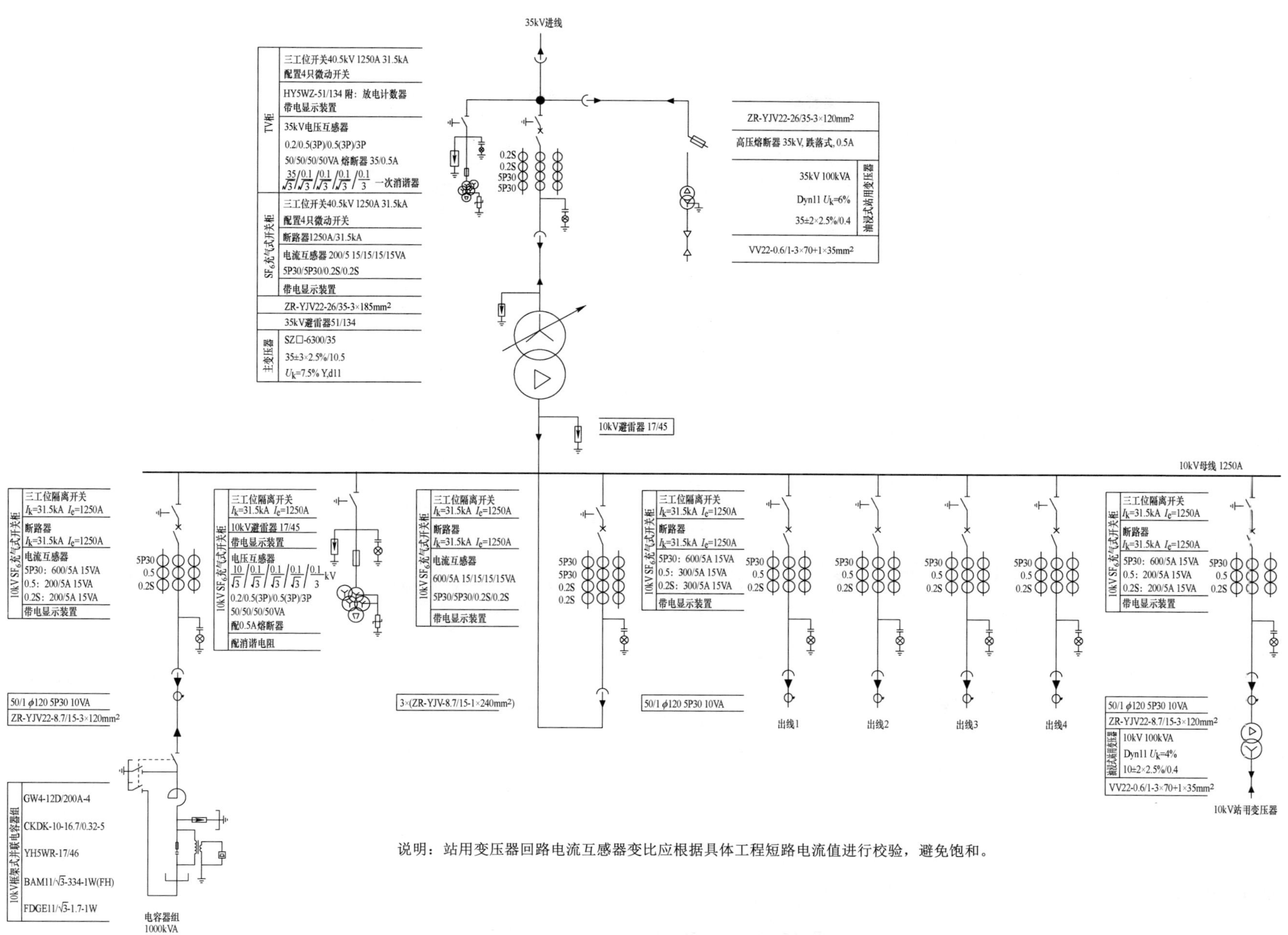

说明：站用变压器回路电流互感器变比应根据具体工程短路电流值进行校验，避免饱和。

图 17－1　SC－35－E1－1 电气主接线图

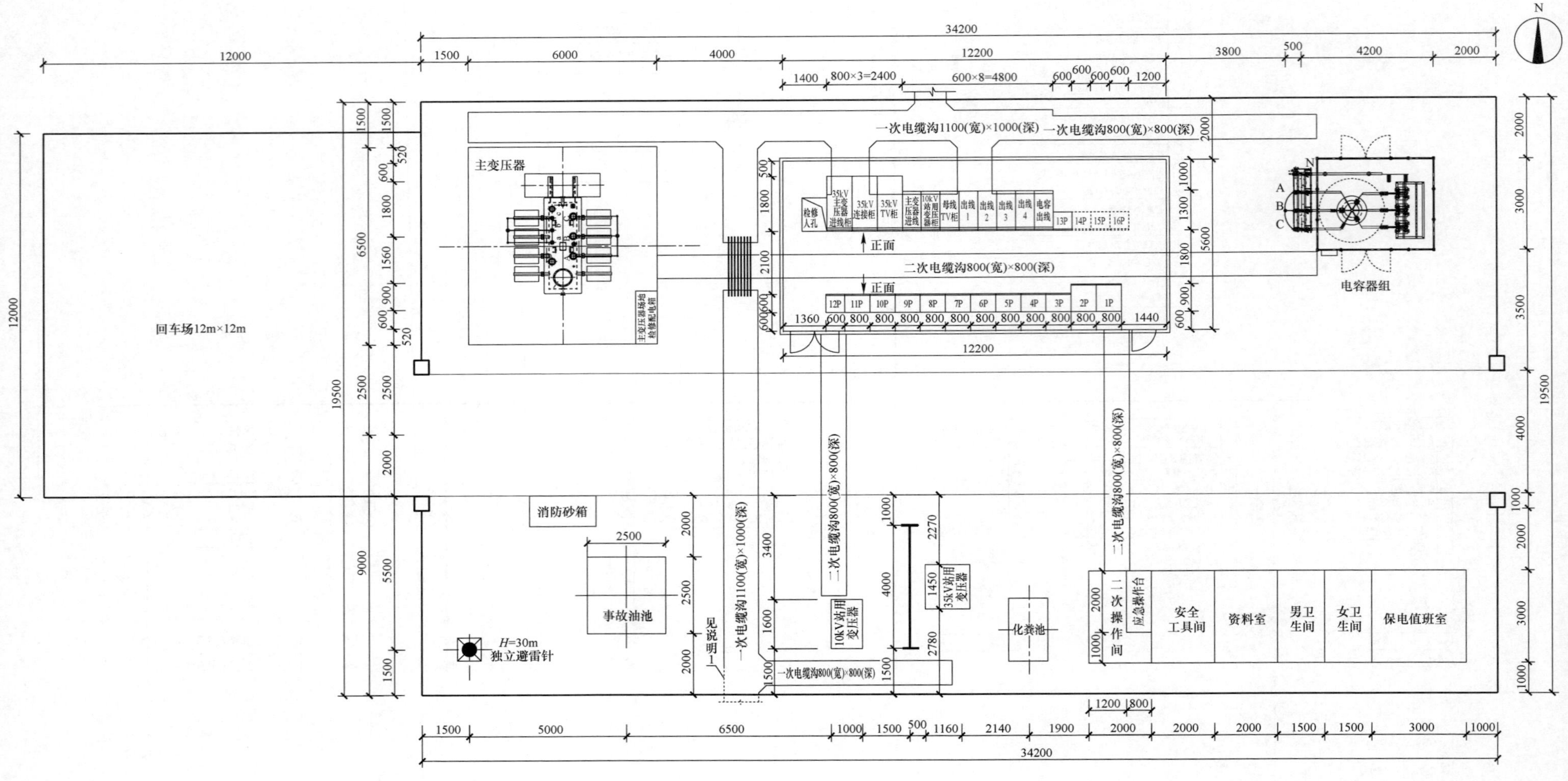

说明：工程应根据实际电缆的出线方向进行确定，如该方向有出线，可将电缆沟修至站外。

图 17-2　SC-35-E1-1 电气总平面布置图

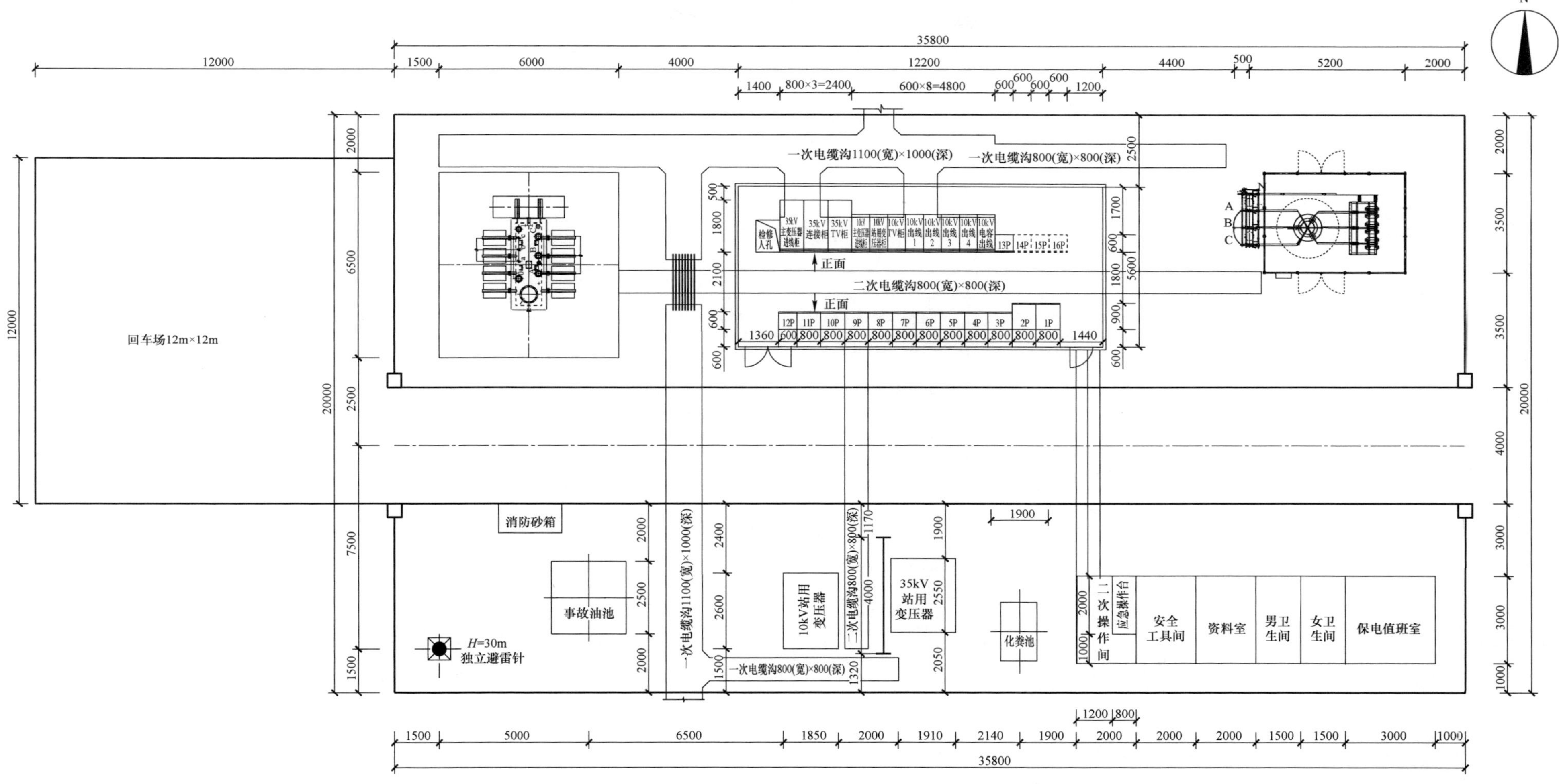

说明：1. 本图是按海拔 3000<H≤5000m 进行布置。海拔 1000<H≤3000m 时可进行适当调整。

2. 工程应根据实际电缆的出线方向进行确定，如该方向有出线，可将电缆沟修至站外。

3. 本图中电容器尺寸按照海拔 3000<H≤5000m 设计，当海拔 1000<H≤3000m 时，需根据通用设备（2018 年版）进行调整电容器尺寸，并调整围墙尺寸为 35800mm×20000mm。

图 17－3　SC－35－E1－1 电气总平面布置图（高海拔实施方案）

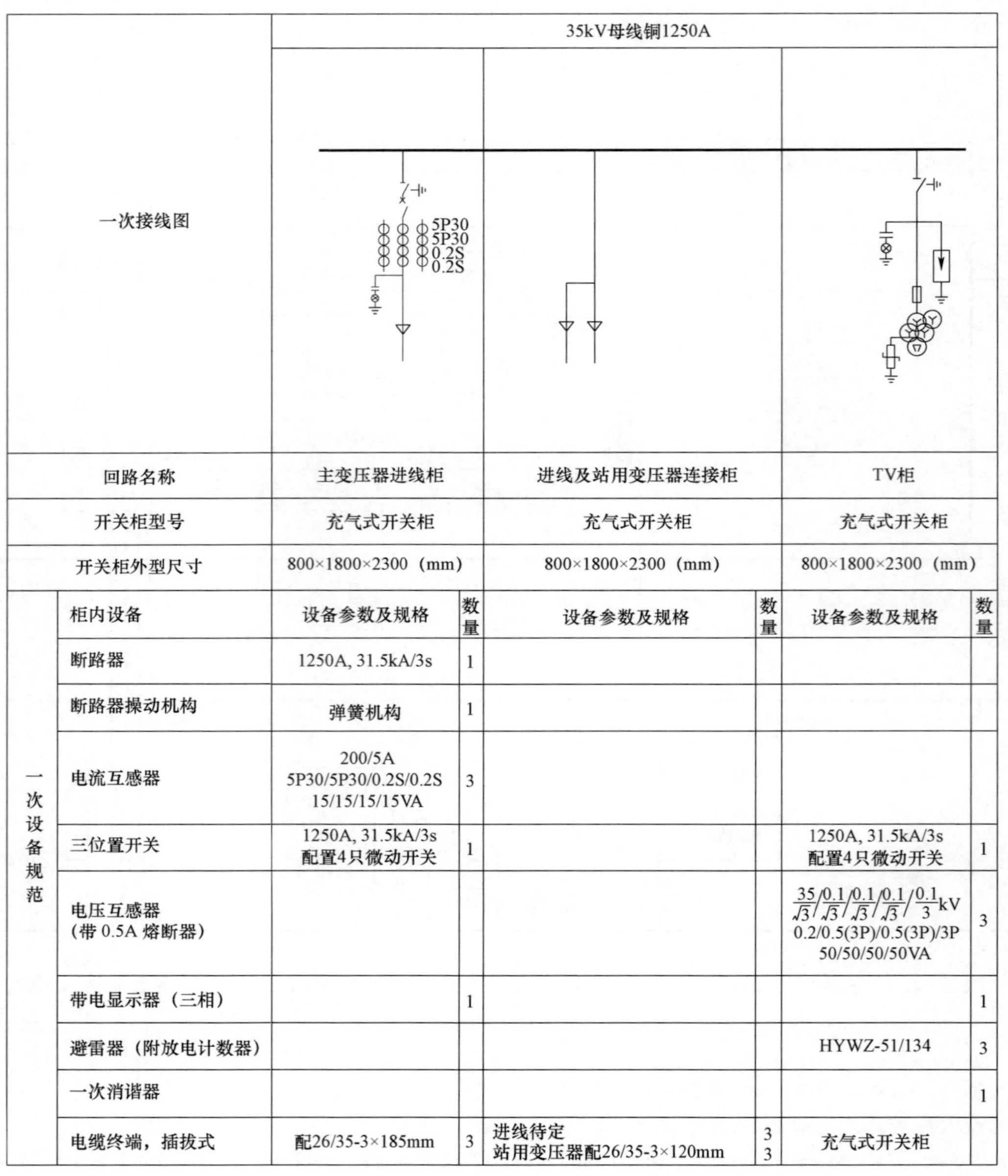

		35kV母线铜1250A					
一次接线图		5P30 5P30 0.2S 0.2S					
回路名称		主变压器进线柜		进线及站用变压器连接柜		TV柜	
开关柜型号		充气式开关柜		充气式开关柜		充气式开关柜	
开关柜外型尺寸		800×1800×2300（mm）		800×1800×2300（mm）		800×1800×2300（mm）	
一次设备规范	柜内设备	设备参数及规格	数量	设备参数及规格	数量	设备参数及规格	数量
	断路器	1250A, 31.5kA/3s	1				
	断路器操动机构	弹簧机构	1				
	电流互感器	200/5A 5P30/5P30/0.2S/0.2S 15/15/15/15VA	3				
	三位置开关	1250A, 31.5kA/3s 配置4只微动开关	1			1250A, 31.5kA/3s 配置4只微动开关	1
	电压互感器 （带 0.5A 熔断器）					$\frac{35}{\sqrt{3}}/\frac{0.1}{\sqrt{3}}/\frac{0.1}{\sqrt{3}}/\frac{0.1}{\sqrt{3}}/\frac{0.1}{3}$kV 0.2/0.5(3P)/0.5(3P)/3P 50/50/50/50VA	3
	带电显示器（三相）		1				1
	避雷器（附放电计数器）					HYWZ-51/134	3
	一次消谐器						1
	电缆终端，插拔式	配26/35-3×185mm	3	进线待定 站用变压器配26/35-3×120mm	3 3	充气式开关柜	

图 17-4　SC-35-E1-1 35kV 配电装置配置接线图

		10kV母线铜1250A														
一次主接线图			5P30 5P30 0.2S 0.2S		5P30 0.5 0.2S				5P30 0.5 0.2S		5P30 0.5 0.2S		5P30 0.5 0.2S		5P30 0.5 0.2S	5P30 0.5 0.2S
回路名称		主变压器进线柜		站用变压器出线柜		母线TV柜		出线柜		出线柜		出线柜		出线柜		电容器出线柜
开关柜型号		充气式开关柜		充气式开关柜		充气式开关柜		充气式开关柜		充气式开关柜		充气式开关柜		充气式开关柜		充气式开关柜
开关柜外形尺寸		600×1300×2400		600×1300×2400		600×1300×2400		600×1300×2400		600×1300×2400		600×1300×2400		600×1300×2400		600×1300×2400
一次设备规范	柜内设备	数量	设备参数及规格	数量	设备参数及规格	数量	设备参数及规格	数量	设备参数及规格	数量	设备参数及规格	数量	设备参数及规格	数量	设备参数及规格	数量	设备参数及规格
	断路器	1	31.5kA/3s 1250A	1	31.5kA/3s 1250A			1	31.5kA/3s 1250A	1	31.5kA/3s 1250A	1	31.5kA/3s 1250A	1	31.5kA/3s 1250A	1	31.5kA/3s 1250A
	操作机构	1	弹簧操作机构	1	弹簧操作机构			1	弹簧操作机构	1	弹簧操作机构	1	弹簧操作机构	1	弹簧操作机构	1	弹簧操作机构
	三工位隔离开关	1	31.5kA/3s 1250A	1	31.5kA/3s 1250A			1	31.5kA/3s 1250A	1	31.5kA/3s 1250A	1	31.5kA/3s 1250A	1	31.5kA/3s 1250A	1	31.5kA/3s 1250A
	电压互感器					3	$\frac{10}{\sqrt{3}}/\frac{0.1}{\sqrt{3}}/\frac{0.1}{\sqrt{3}}/\frac{0.1}{\sqrt{3}}/\frac{0.1}{3}$kV 全绝缘0.2/0.5(3P)/0.5(3P)/3P 50/50/50/50VA配消谐电阻										
	电流互感器	3	600/5A 0.2S/0.2S/5P30/5P30 15/15/15/15VA	3	0.2S：200/5A 15VA 0.5：200/5A 15VA 5P30：600/5A 15VA			3	0.2S：300/5A 15VA 0.5：300/5A 15VA 5P30：600/5A 15VA	3	0.2S：300/5A 15VA 0.5：300/5A 15VA 5P30：600/5A 15VA	3	0.2S：300/5A 15VA 0.5：300/5A 15VA 5P30：600/5A 15VA	3	0.2S：300/5A 15VA 0.5：300/5A 15VA 5P30：600/5A 15VA	3	0.2S：200/5A 15VA 0.5：200/5A 15VA 5P30：600/5A 15VA
	氧化锌避雷器					3	HY5WZ-17/45										
	熔断器					3	XRNP-10/0.5										
	带电显示器（三相）	1		1		1		1		1		1		1		[illegible]	
	零序电流互感器			1	50/1 ϕ120 5P30 10VA		50/1 ϕ120 5P30 10VA	1	50/1 ϕ120 5P30 10VA	1	50/1 ϕ120 5P30 10VA	1	50/1 ϕ120 5P30 10VA	1	50/1 ϕ120 5P30 10VA	[illegible]	50/1 ϕ120 5P30 10VA
	电缆终端，插拔式	3		3				3		3		3		3		3	

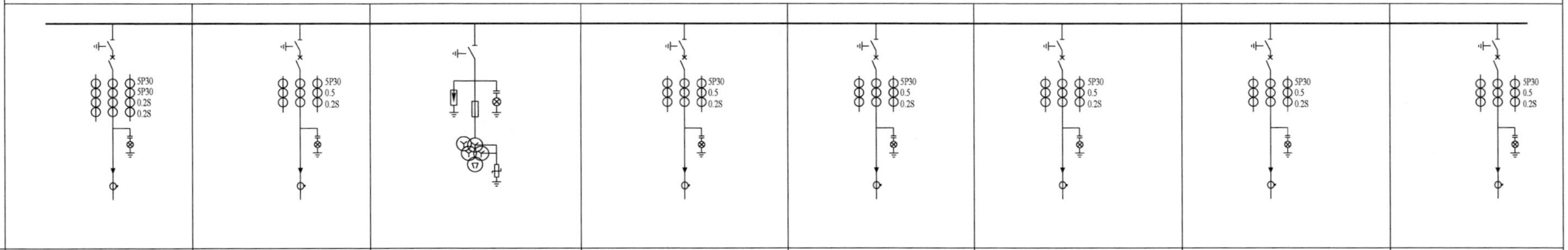

图 17-5 SC-35-E1-1 10kV 配电装置配置接线图

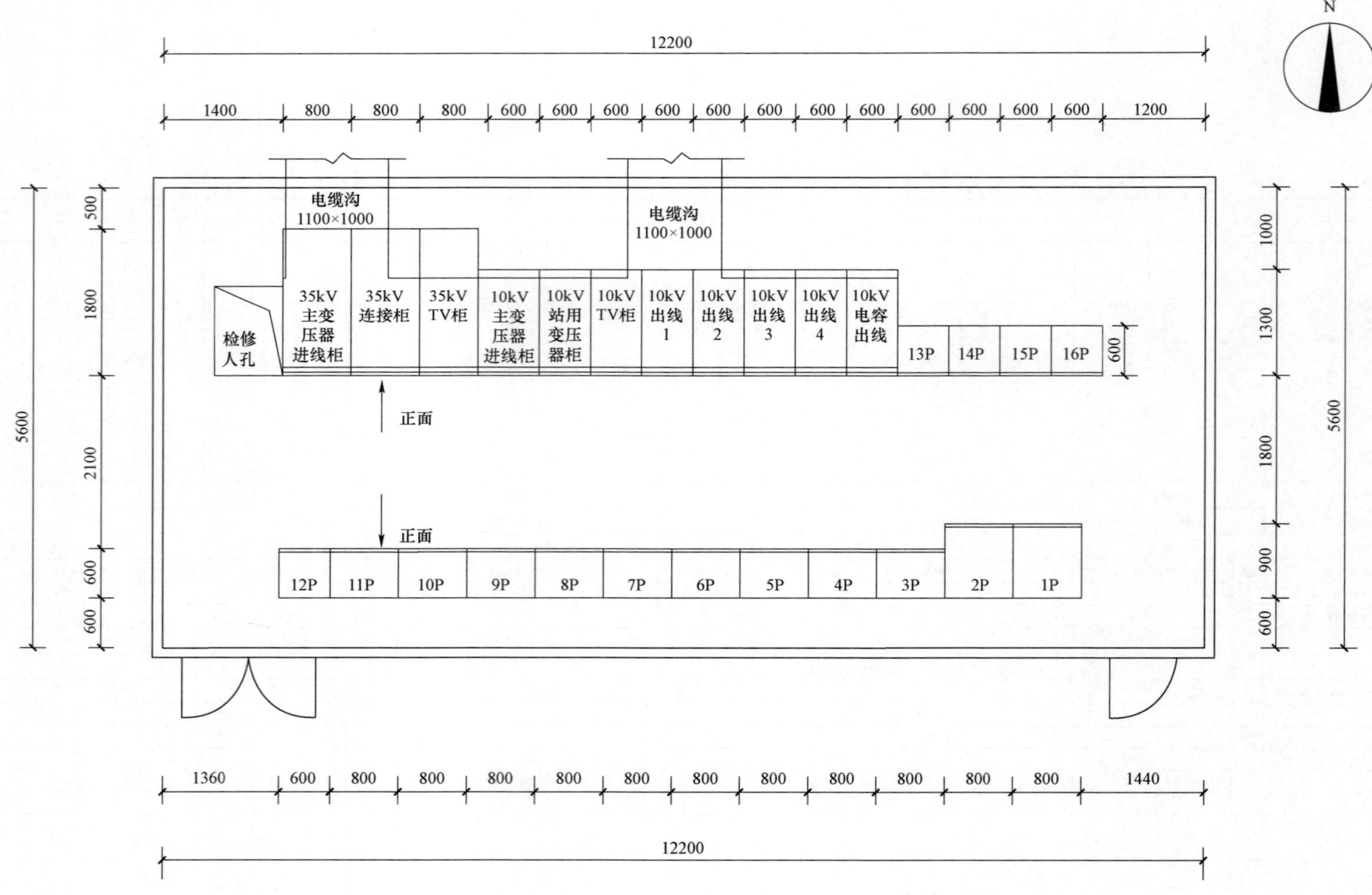

图 17－6　SC－35－E1－1 35、10kV 预制舱平面布置图

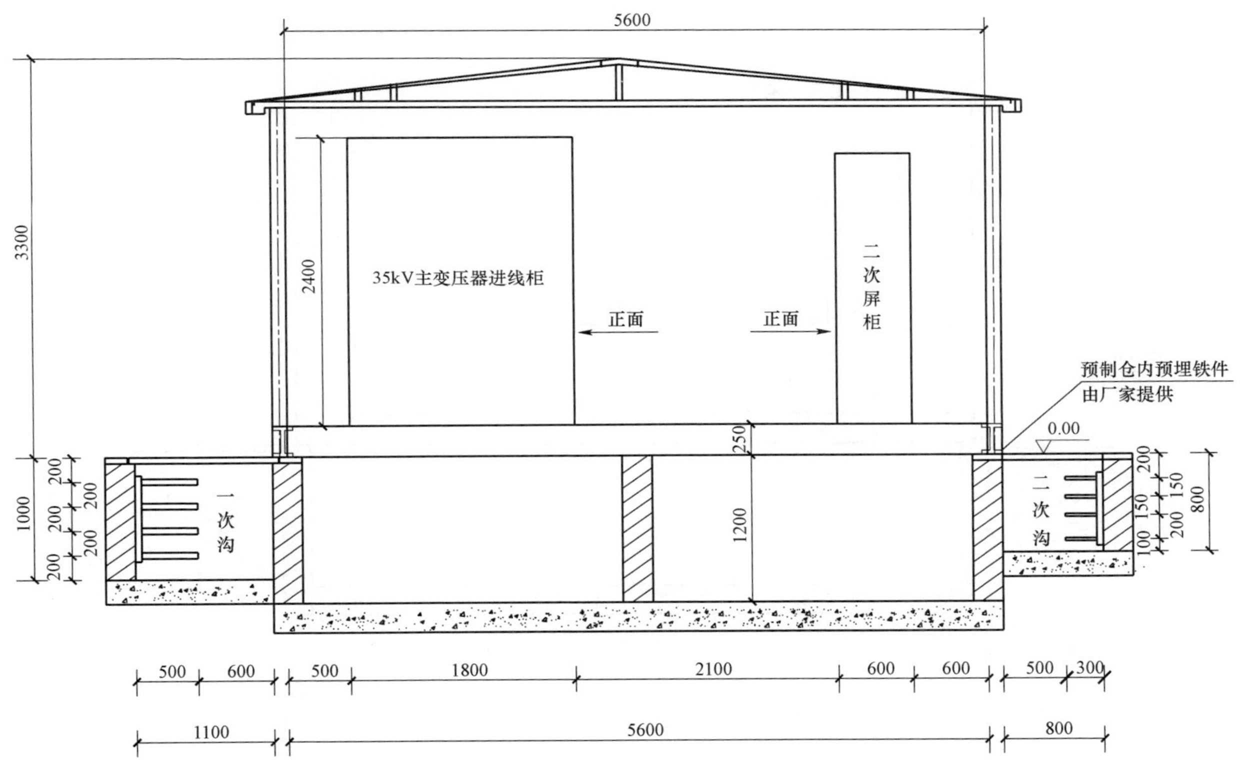

设 备 材 料 表

序号	名称	型号及规格	单位	数量	备注
1	35kV 主变压器进线柜	SF_6充气式开关柜	面	1	
2	二次屏柜		面	1	

图 17－7 SC－35－E1－1 35kV 配电装置断面布置图

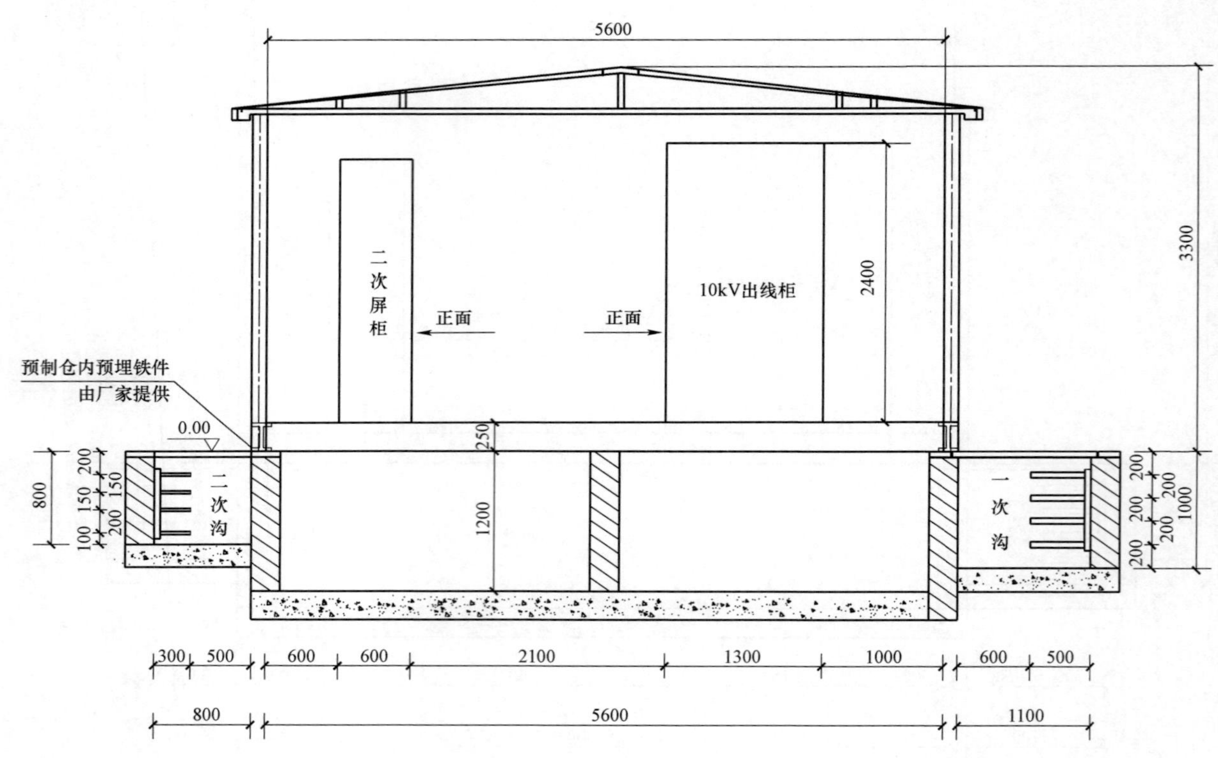

设 备 材 料 表

序号	名称	型号及规格	单位	数量	备注
1	10kV 出线柜	充气式开关柜	面	1	
2	二次屏柜		面	1	

图 17-8　SC-35-E1-1 10kV 配电装置断面布置图

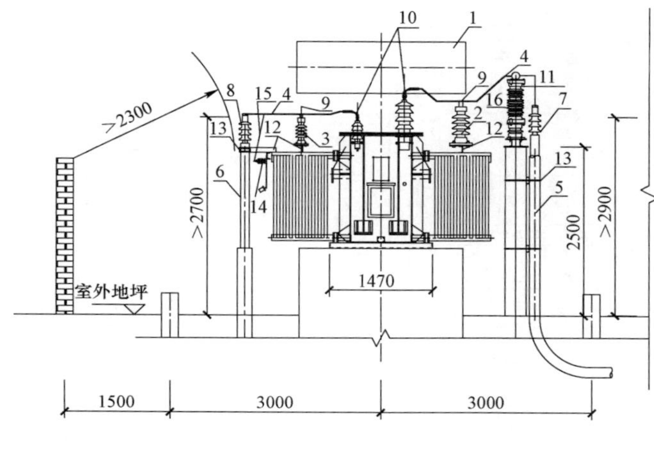

Ⅰ—Ⅰ断面

Ⅱ—Ⅱ断面

设备材料表

序号	名称	型号及规格	单位	数量	备注
1	主变压器	SZ□－6300/35 35±3×2.5%/10.5kV	台	1	U_d=7.5% Yd11
2	35kV 支柱绝缘子	ZSW－40.5/12.5	支	6	
3	20kV 支柱绝缘子	ZSW－24/12.5	支	6	
4	矩形铜母线	TMY－80×8	m	20	
5	35kV 电力电缆	ZR－YJV22－26/35－3×185mm^2	m	30	
6	10kV 电力电缆	3×（ZR－YJV－8.7/15－1×240mm^2）	m	50	
7	35kV 冷缩式电力电缆终端	配 ZR－YJV22－26/35－3×185	套	1	三相/套、户外
8	10kV 冷缩式电力电缆终端	配 ZR－YJV22－8.7/15－1×240	套	3	单相/套、户外
9	矩形铜母线固定金具	MWP－102	套	12	
10	矩形铜母线伸缩节	MST－80×8	套	12	
11	绝缘护套		m	20	
12	热镀锌槽钢	L10	m	10	
13	电缆抱箍		套	2	根据电缆外径选用
14	10kV 氧化锌避雷器	氧化锌避雷器 17/45 附放电计数器	只	3	带绝缘安装夹具
15	矩形铜母线	TMY－60×8	m	3	
16	35kV 氧化锌避雷器	氧化锌避雷器 51/134 附放电计数器	只	3	

图 17－9 SC－35－E1－1 主变压器断面图

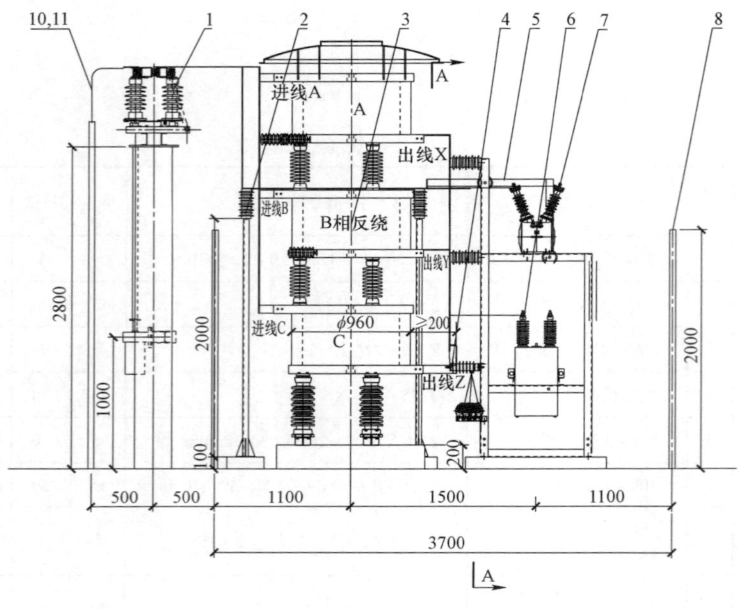

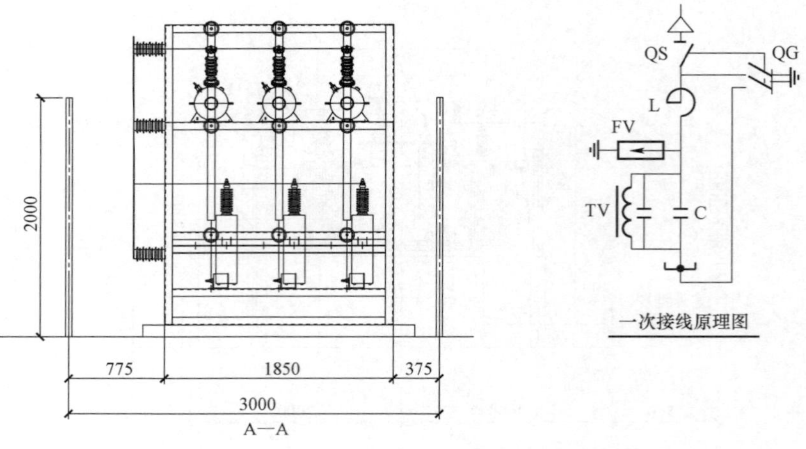

说明：1. 电容器组主接线为单星形接线，采用分相差压保护。

2. 铜母线接头处用紧固件压接方法或焊接方法连接，A、B、C 三相母线分别漆成：A 相黄色，B 相绿色，C 相红色，中性线淡蓝色，接地线黄绿双色。

3. 电容器组支架及基础埋件需通过扁钢可靠接地。

4. 此图适用于海拔 $H \leqslant 1000$m，其余海拔情况下请参照通用设备进行设计。

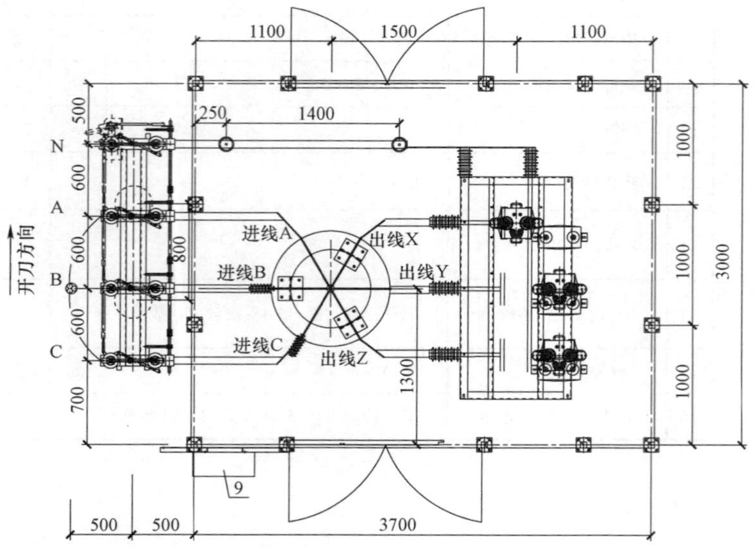

序号	名称	型号及规范	单位	数量	备注
一	电容器组成套装置	TBB10－1000/334－AKW	套	1	
1	隔离开关	GW4－12D/200－4	组	1	
2	支柱绝缘子	ZSWR－10/4	支	足量	
3	串联电抗器	CKDK－10－16.7/0.32－5	台	3	
4	避雷器	HY5WR－17/45	支	3	附放电计数器
5	铜排	TMY－60×6.3	m	足量	
6	并联电容器	BAM11/$\sqrt{3}$－334－1W（FH）	台	3	
7	放电线圈	FDGE11/$\sqrt{3}$－1.7－1W	台	3	
8	围栏	3700mm×3000mm×2000mm	套	1	
9	不锈钢端子箱		套	1	
二	用户自备材料				
10	10kV 电力电缆		m	30	
11	10kV 电力电缆终端		套	2	含 10kV 开关柜侧

图 17－10　SC－35－E1－1 TBB10－1000/334－AKW 型电容器组成套装置安装图

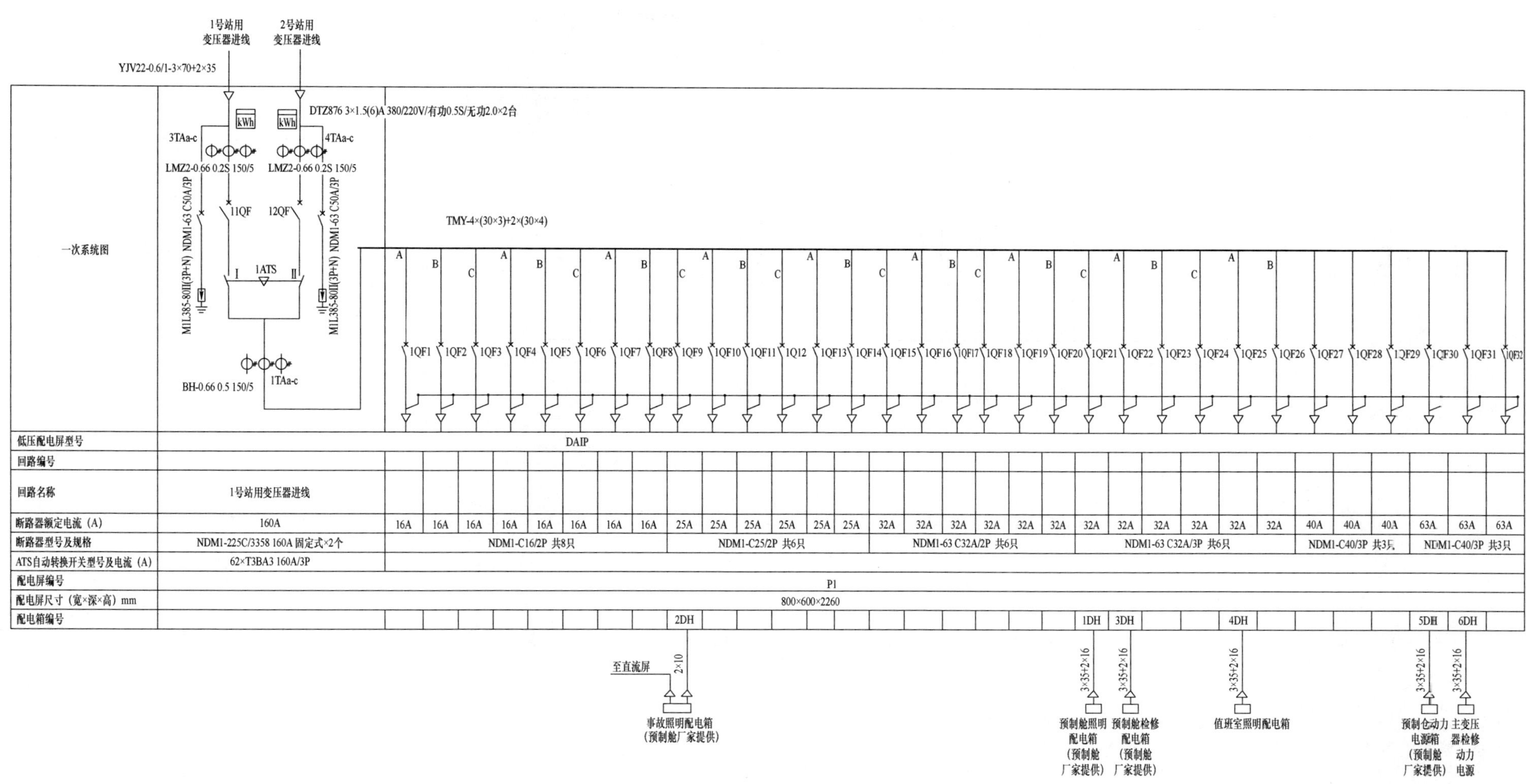

说明：预制舱内照明、检修、动力配电箱、事故照明配电箱由预制舱厂家成套提供。

图 17-11　SC-35-E1-1 380V 站用电屏接线图

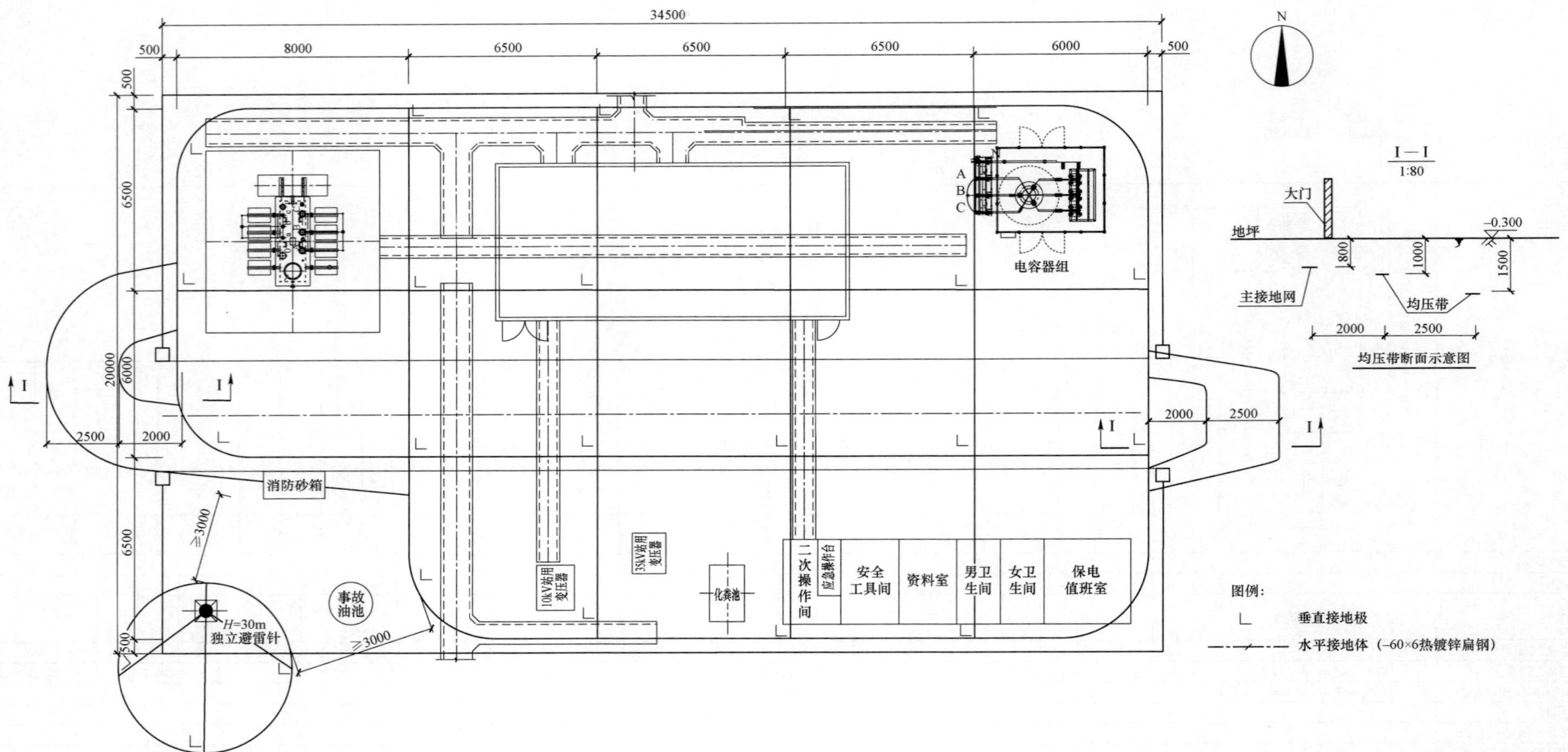

说明：本站地网设计是按照土壤电阻率实测值××××Ω·m，接地电阻不大于4Ω计算得出，如实际土壤电阻率高于此，应适当增加接地极数量或采取降阻措施。

1. 接地网采用热镀锌扁钢和热镀锌角钢组成的复合式接地方式。水平接地主网采用−60×6热镀锌扁钢，埋深≥0.8m敷设（冻土层以下）。
2. 垂直接地极采用∠50mm×5mm（l=2500mm），其间距不小于5m。
3. 主接地网壕沟采用电阻率较低的土回填。
4. 接地网施工应密切与土建及总图专业配合，以确保接地网电气通路的完整与可靠。
5. 地下金属管道（除油管道外），电缆外皮，设备支架，设备外壳，配电屏等均应可靠接地，且接地点不应少于两点。电缆沟内预埋扁钢（土建预埋）应与全站主地网可靠连接，其连接点至避雷针集中接地装置与35kV及以下设备接地点沿接地体的长度不小于15m。为防止雷击时高电位对低压电缆产生反击过电压，在避雷针集中接地装置较近处的水平接地线与电缆沟交叉时，接地线不要与电缆沟内预埋扁钢相连。
6. 接地网施工应密切与土建及总图专业配合，以确保接地网电气通路的完整与可靠。
7. 接地干线交叉处应焊接。接地体的焊接应采用搭接焊，其搭接长度应满足有关规定。
8. 为保证安全，在进站大门口处（经常有人出入的走道）敷设两条与主接地网相联“帽檐式”均压带，距主网距离分别为2m和4.5m，埋深分别为1m和1.5m，并在站内操作机构处设置绝缘地坪。
9. 本站接地装置应满足中华人民共和国国家标准GB/T 50065—2011《交流电气装置的接地设计规范》。

编号	名称	型号规格	图例	单位	数量	备注
1	扁钢（水平接地体）	热镀锌−60×6	——	m	250	用于水平接地敷设
2	扁钢	热镀锌−60×6		m	36	用于舱内环形接地敷设
3	扁钢	热镀锌−60×6		m	150	用于设备接地引线
4	扁钢	热镀锌−60×6	----	m	64	用于电缆沟接地
5	角钢（垂直接地极）	热镀锌∠50mm×5mm（L=2500mm）	┌	根	23	
6	二次等电位接地网	铜排25×4	—-—	m	80	

图17−12　SC−35−E1−1全站防雷接地布置图

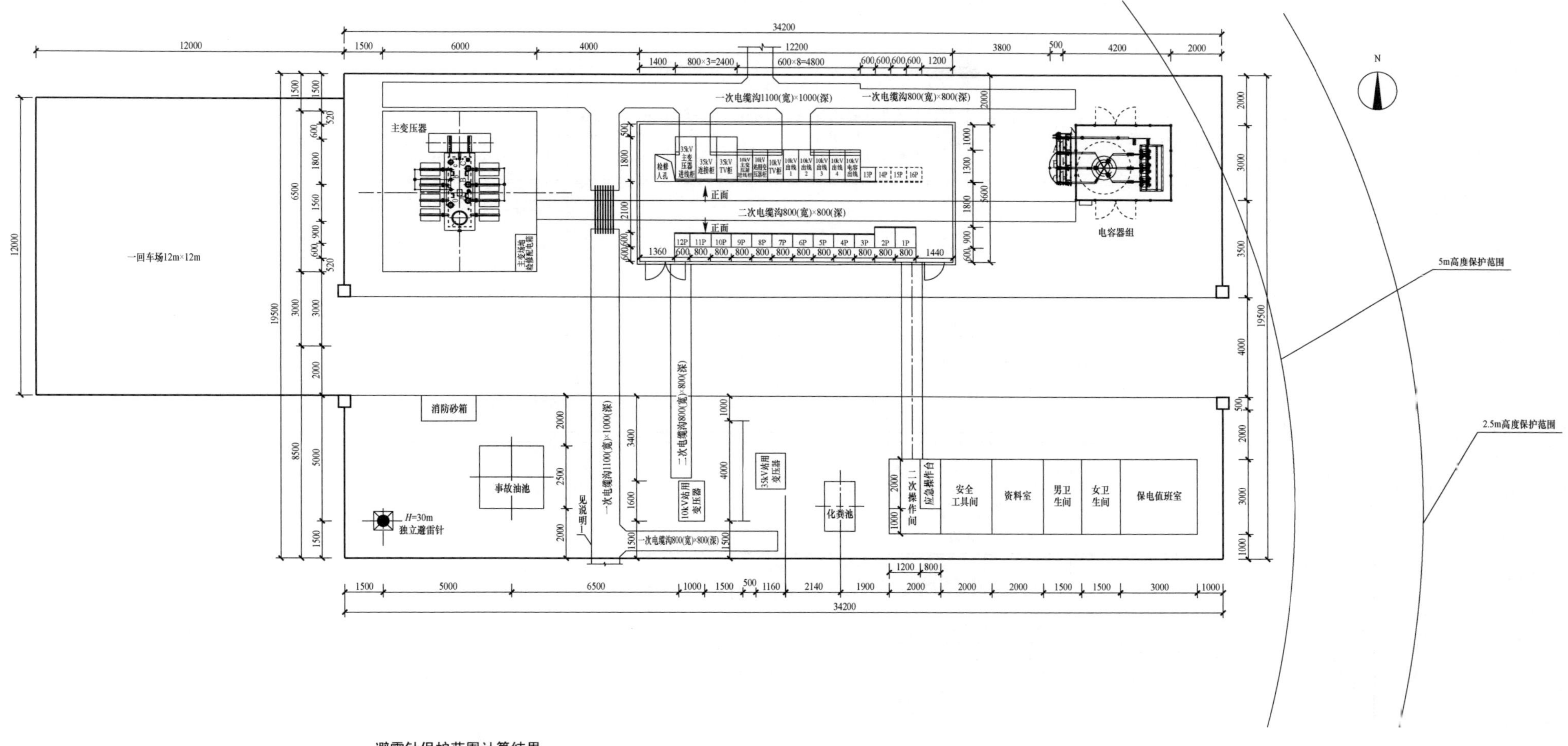

避雷针保护范围计算结果

避雷针编号	避雷针高度（m）	被保护物高度 h_x（m）	避雷针有效高度 h_a（m）	单针保护半径 r_x（m）	两针间距离 D（m）	两针间等效距离 D'（m）	两针间最低保护高度 h_o（m）	双针保护最小宽度 b_x（m）	高度影响系数
1#	30	5	25	35	—	—	—	—	1.00
1#	30	2.5	27.5	40	—	—	—	—	1.00

说明　1. 本站共设一支避雷针，避雷针为独立避雷针，高度为30m。

2. 图中被保护物高度均以变电站场地标高进行核算。

图 17-13　SC-35-E1-1 全站直击雷保护范围图

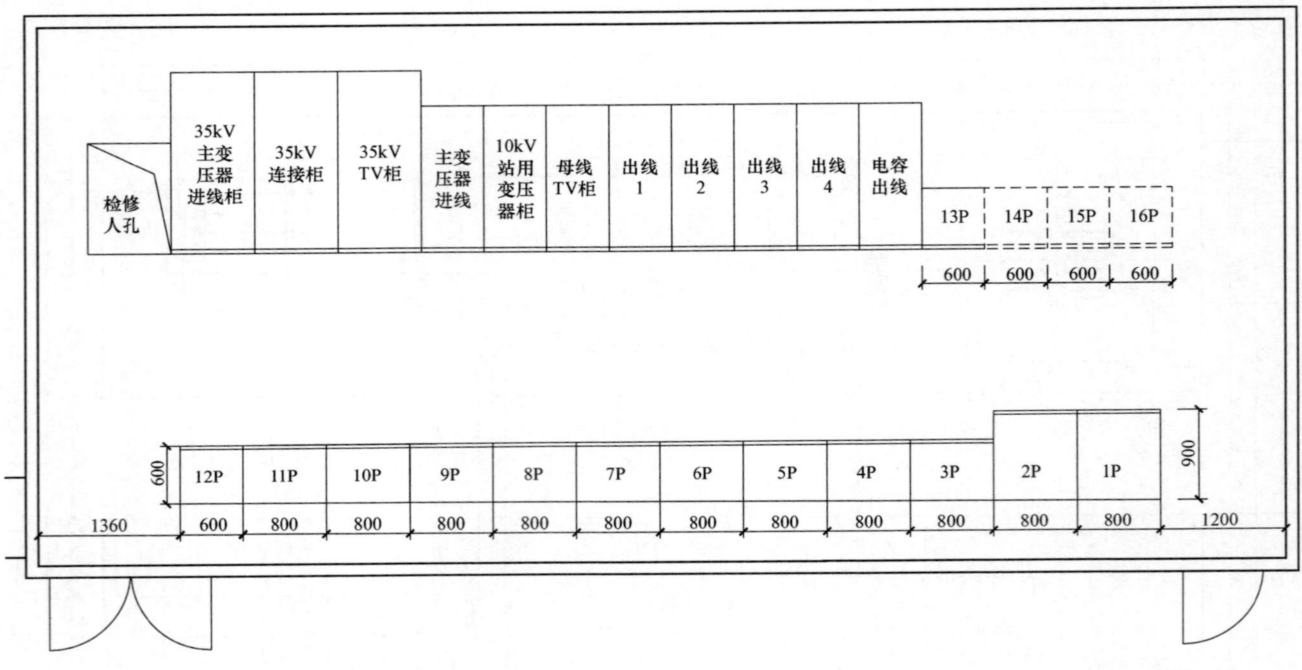

二次设备屏柜一览表

屏号	名称	型式及规范	数量		备注
			本期	远期	
13～16P	系统通信屏	2260×600×600mm（高×宽×深）	1面	3面	
12P	系统通信屏	2260×600×600mm（高×宽×深）	1面		
10～11P	蓄电池柜	2260×800×600mm（高×宽×深）	2面		
9P	交流进线及馈线柜	2260×800×600mm（高×宽×深）	2面		
8P	直流馈线柜	2260×800×600mm（高×宽×深）	1面		
7P	直流充电柜	2260×800×600mm（高×宽×深）	1面		
6P	主变压器保护测控柜	2260×800×600mm（高×宽×深）	1面		
5P	智能巡视及辅助监控设备柜	2260×800×600mm（高×宽×深）	1面		
4P	调度数据网接入设备柜	2260×800×600mm（高×宽×深）	1面		
3P	公用及时钟同步电能量采集柜	2260×800×600mm（高×宽×深）	1面		
2P	综合应用服务器柜	2260×800×900mm（高×宽×深）	1面		
1P	监控主机柜	2260×800×900mm（高×宽×深）	1面		

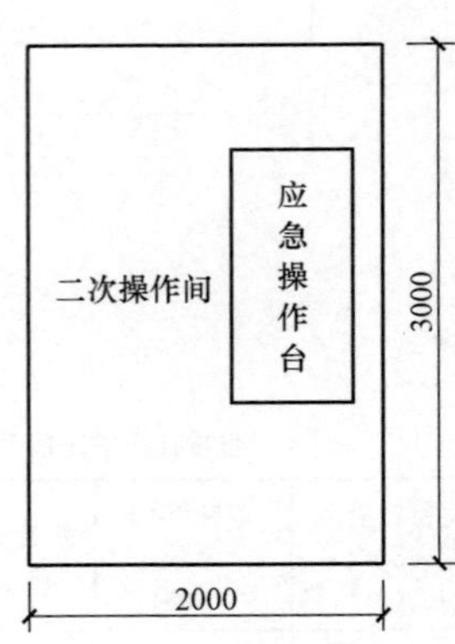

图 17－14　SC－35－E1－1 二次设备屏柜布置图

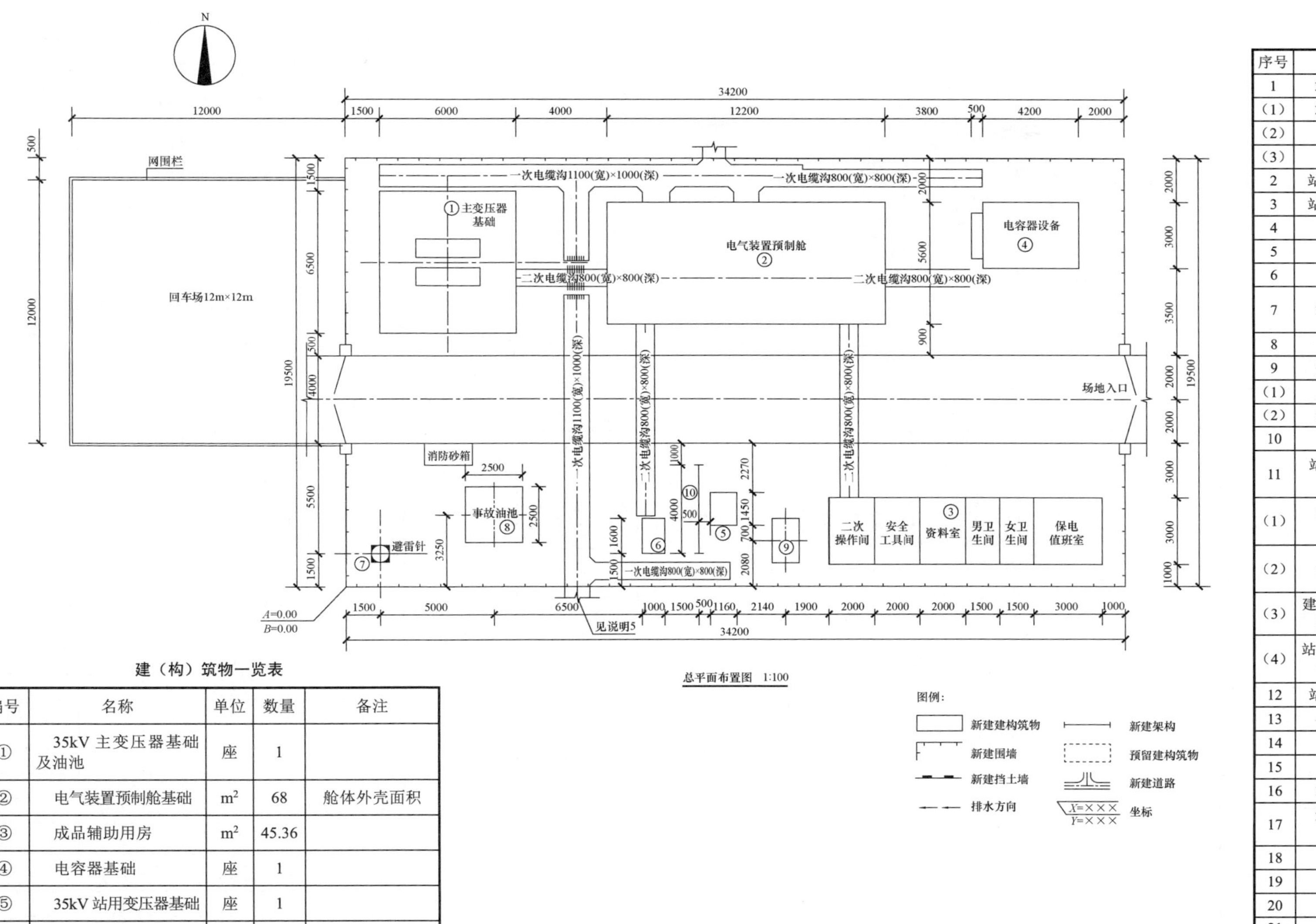

建（构）筑物一览表

编号	名称	单位	数量	备注
①	35kV 主变压器基础及油池	座	1	
②	电气装置预制舱基础	m^2	68	舱体外壳面积
③	成品辅助用房	m^2	45.36	
④	电容器基础	座	1	
⑤	35kV 站用变压器基础	座	1	
⑥	10kV 站用变压器基础	座	1	
⑦	独立避雷针	座	1	$H=25m$
⑧	事故油池	座	1	有效容积 $V=6m^3$
⑨	化粪池	座	1	
⑩	Z-1 构架	座	1	

主要技术经济指标表

序号	指标名称		单位	数量	备注
1	站址总用地占地面积		hm^2	按实	
（1）	站区围墙内用地面积		hm^2	0.066 7	约合 1.00 亩
（2）	进站道路用地面积		hm^2	按实	
（3）	其他用地面积		hm^2	按实	
2	站外供水设施用地面积		hm^2		
3	站外排水设施用地面积		hm^2		
4	进站道路长度		m	按实	
5	站外供水管长度		m		
6	站外排水管长度		m	按实	
7	站内室外电缆沟长度		m	按实	1000×1000
			m	按实	800×800
8	站内电缆隧道长度		m		
9	变电站挡土墙总体积		m^3	按实	
（1）	站区挡土墙体积		m^3	按实	
（2）	进站道路挡土墙体积		m^3	按实	
10	站内外护坡面积		m^2		
11	站址土石方工程量	挖方（-）	m^3	按实	
		填方（+）	m^3	按实	
（1）	站区场地平整	挖方（-）	m^3	按实	
		填方（+）	m^3	按实	
（2）	进站道路	挖方（-）	m^3	按实	
		填方（+）	m^3	按实	
（3）	建（构）筑物基槽余土		m^3	按实	
（4）	站址土方综合平衡后需	弃土	m^3	按实	
		取土	m^3	按实	
12	站内道路及回车场面积		m^2	281	
13	碎石场地处理面积		m^2	按实	
14	总建筑面积		m^2	48	
15	站区围墙长度		m	107	
16	站外排水沟 300×300		m	按实	
17	进站道路中预埋ϕ300混凝土排水管		m	按实	
18	基础超深换填		m^3	按实	
19	站外硬化地面		m^2	按实	
20	沥青硬化		m^2	按实	
21					

说明：

1. 本图单位尺寸为 mm。
2. 本图中采用假定坐标系 AB 为建筑坐标。
3. 图中建筑尺寸定位为建筑物的轴线尺寸建筑物标准尺寸为外墙尺寸围墙以墙中心线定位。
4. 站内道路采用公路型道路站区场地排水坡度 0.5%。
5. 工程应根据实际电缆的出线方向进行确定，如该方向有出线，可将电缆沟修至站外。

图 17-15 SC-35-E1-1 土建总平面布置图

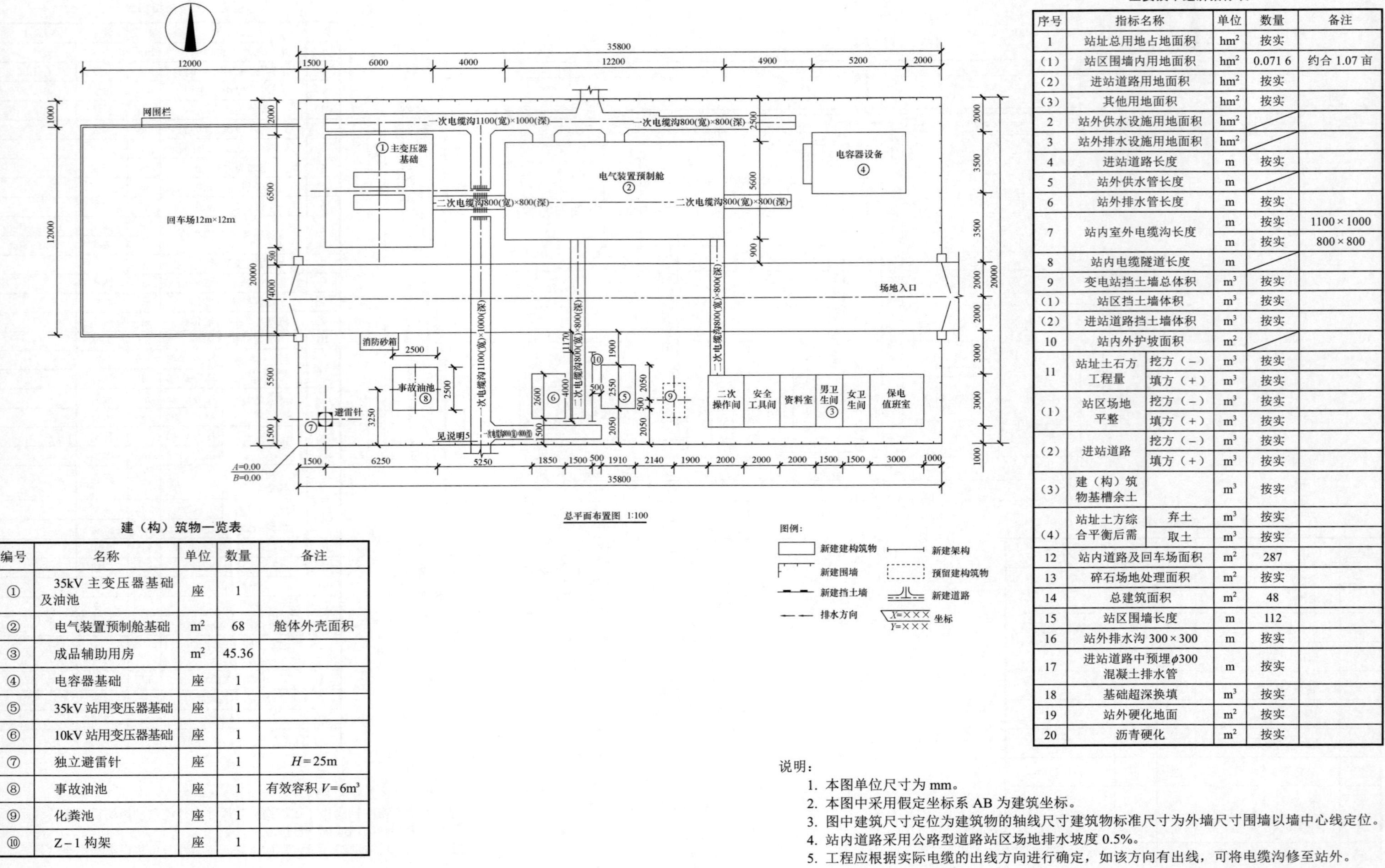

主要技术经济指标表

序号	指标名称		单位	数量	备注
1	站址总用地占地面积		hm²	按实	
(1)	站区围墙内用地面积		hm²	0.071 6	约合 1.07 亩
(2)	进站道路用地面积		hm²	按实	
(3)	其他用地面积		hm²	按实	
2	站外供水设施用地面积		hm²		
3	站外排水设施用地面积		hm²		
4	进站道路长度		m	按实	
5	站外供水管长度		m		
6	站外排水管长度		m	按实	
7	站内室外电缆沟长度		m	按实	1100×1000
			m	按实	800×800
8	站内电缆隧道长度		m		
9	变电站挡土墙总体积		m³	按实	
(1)	站区挡土墙体积		m³	按实	
(2)	进站道路挡土墙体积		m³	按实	
10	站内外护坡面积		m²		
11	站址土石方工程量	挖方（−）	m³	按实	
		填方（+）	m³	按实	
(1)	站区场地平整	挖方（−）	m³	按实	
		填方（+）	m³	按实	
(2)	进站道路	挖方（−）	m³	按实	
		填方（+）	m³	按实	
(3)	建（构）筑物基槽余土		m³	按实	
(4)	站址土方综合平衡后需	弃土	m³	按实	
		取土	m³	按实	
12	站内道路及回车场面积		m²	287	
13	碎石场地处理面积		m²	按实	
14	总建筑面积		m²	48	
15	站区围墙长度		m	112	
16	站外排水沟 300×300		m	按实	
17	进站道路中预埋ϕ300混凝土排水管		m	按实	
18	基础超深换填		m³	按实	
19	站外硬化地面		m²	按实	
20	沥青硬化		m²	按实	

建（构）筑物一览表

编号	名称	单位	数量	备注
①	35kV 主变压器基础及油池	座	1	
②	电气装置预制舱基础	m²	68	舱体外壳面积
③	成品辅助用房	m²	45.36	
④	电容器基础	座	1	
⑤	35kV 站用变压器基础	座	1	
⑥	10kV 站用变压器基础	座	1	
⑦	独立避雷针	座	1	H=25m
⑧	事故油池	座	1	有效容积 V=6m³
⑨	化粪池	座	1	
⑩	Z−1 构架	座	1	

说明：

1. 本图单位尺寸为 mm。
2. 本图中采用假定坐标系 AB 为建筑坐标。
3. 图中建筑尺寸定位为建筑物的轴线尺寸建筑物标准尺寸为外墙尺寸围墙以墙中心线定位。
4. 站内道路采用公路型道路站区场地排水坡度 0.5%。
5. 工程应根据实际电缆的出线方向进行确定，如该方向有出线，可将电缆沟修至站外。

图 17−16　SC−35−E1−1 土建总平面布置图（高海拔）

第 18 章　SC－35－E1－2 通用设计方案

18.1　SC－35－E1－2 方案主要技术条件

SC－35－E1－2 方案主要技术条件见表 18－1。

表 18－1　　SC－35－E1－2 方案主要技术条件

序号	项目		技术条件
1	建设规模	主变压器	本期 1×6.3MVA，远期 2×6.3MVA
		出线	35kV：本期出线 2 回，远期出线 2 回； 10kV：本期出线 4 回，远期出线 8 回
		无功补偿装置	10kV 并联电容器：本期 1 组 1000kvar，远期 1 组 1000kvar
2	站址基本条件		海拔＜1000m，设计基本地震加速度 0.10g，设计风速≤30m/s，地基承载力特征值 f_{ak}=150kPa，无地下水影响，假设场地为同一标高，污秽等级 d 级
3	电气主接线		35kV 本期及远期采用单母线接线； 10kV 本期采用单母线接线，远期采用单母线分段接线
4	主要设备选型		35、10kV 短路电流控制水平分别为 31.5、31.5kA； 主变压器采用三相、双绕组、有载调压、自冷变压器； 35kV 配电装置采用户内 SF_6 气体绝缘开关柜；10kV 配电装置：海拔 H≤2000m 时，采用户内空气绝缘开关柜；海拔 H＞2000m 时，采用户内 SF_6 气体绝缘开关柜； 10kV 并联电容器采用户外框架式
5	电气总平面及配电装置		主变压器：户外布置； 35kV：户内开关柜单列布置； 10kV：户内开关柜单列布置； 10kV 电容器：户外框架式成套装置； 35、10kV 站用变压器：户外油浸式
6	二次系统		全站采用预制舱式二次组合设备的二次设备模块化设计方案； 变电站自动化系统按照一体化监控设计，实现全站一键顺控功能； 采用常规互感器； 主变压器采用主、后备保护独立装置，后备保护与测控装置集成，非电量保护单套配置。35kV、10kV 采用保护测控集成装置； 采用一体化电源系统，通信电源不独立设置； 35、10kV 保护测控装置及电能表就地布置在开关柜内，其他公共二次设备及通信设备组柜布置在预制舱

续表 18－1

序号	项目	技术条件
7	土建部分	围墙内占地面积 0.1165hm²； 全站总建筑面积 73m²，其中辅助用房建筑面积 48m²； 建筑物结构型式为钢框架结构； 围墙采用大砌块或者装配式围墙； 构支架与基础采用地脚螺栓连接

18.2　SC－35－E1－2 方案基本模块划分

SC－35－E1－2 方案主要包括设备预制舱模块、主变压器模块 2 个基本模块，模块内容说明见表 18－2。

表 18－2　　SC－35－E1－2 方案基本模块内容说明

序号	基本模块编号	基本模块名称	基本模块描述
1	SC－35－E1－2－YZC	设备预制舱模块	全站设置两个预制舱设备，本期一、二次设备布置在预制舱内。预留一次设备舱一座。 35kV 出线：本期 2 回，远期 2 回； 本期及远期均采用单母线接线，电缆进出线。 10kV 出线：本期 4 回，远期 8 回； 本期采用单母线接线，远期采用单母线分段接线，电缆进出线
2	SC－35－E1－2－ZB	主变压器模块	主变压器本期及远期 1 台 6.3MVA，采用 35/10.5kV 三相，双绕组，有载调压变压器，主变压器户外布置

18.3　SC－35－E1－2 方案主要图纸

SC－35－E1－2 方案主要设计图纸详见图 18－1～图 18－16，设计方案说明及其他图纸见书后所附光盘。

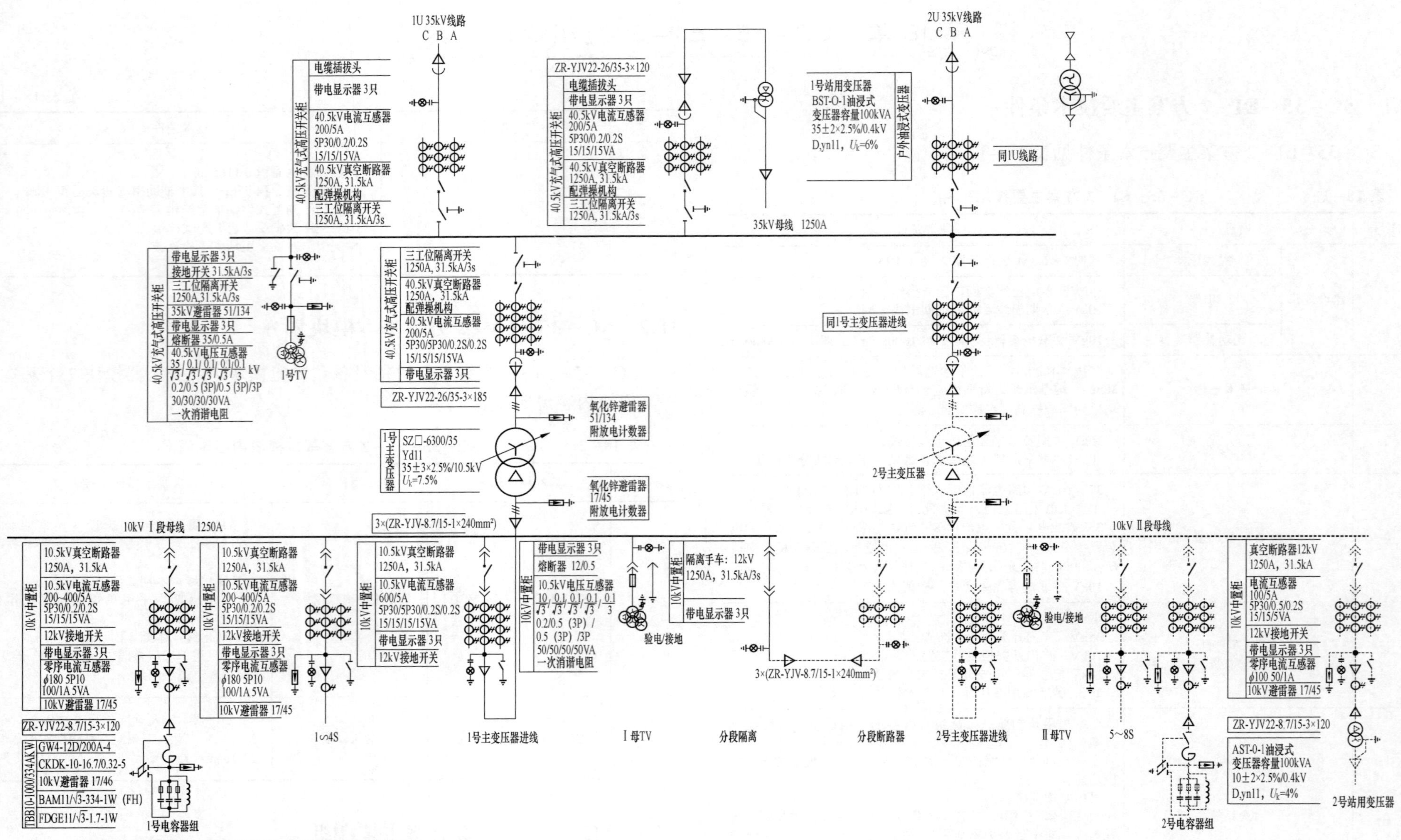

说明：1. 图中实线部分为一期工程建设部分，虚线为预留部分。

2. 具体工程实施时根据实际工程建设规模设置 2 号站用变压器。若本期上 2 台主变压器，按终期规模 2 台站用变压器及回路上齐；若本期上 1 台主变压器，施工电源兼做 2 号站用变压器。

3. 10kV 站用变压器回路电流互感器变比应根据具体工程短路电流值进行校验，避免饱和。

图 18－1 SC－35－E1－2 电气主接线图

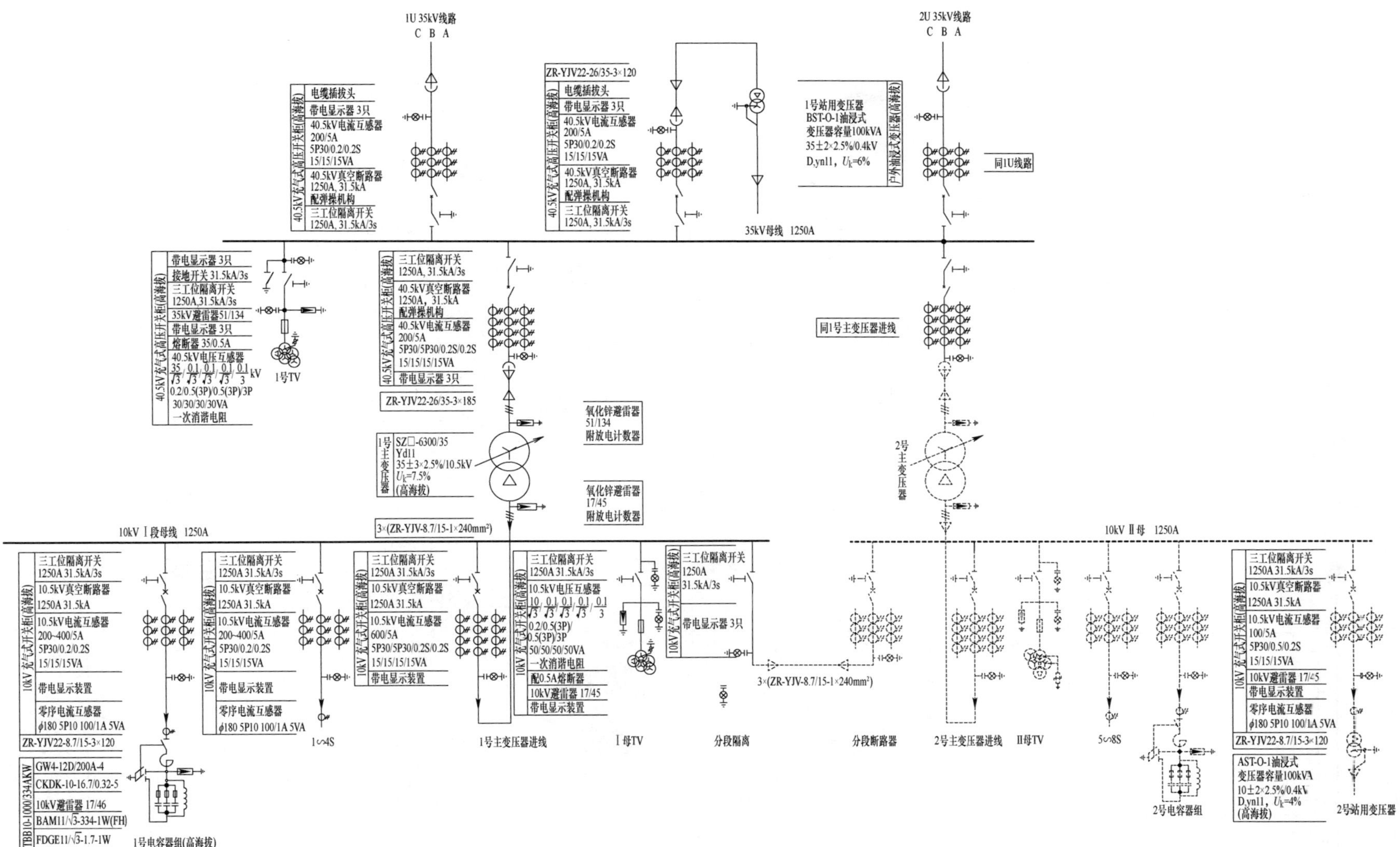

说明：1. 图中实线部分为一期工程建设部分，虚线为预留部分。

2. 具体工程实施时根据实际工程建设规模设置 2 号站用变压器。若本期上 2 台主变压器，按终期规模 2 台站用变压器及回路上齐；若本期上 1 台主变压器，施工电源兼做 2 号站用变压器。

3. 10kV 站用变压器回路电流互感器变比应根据具体工程短路电流值进行校验，避免饱和。

4. 海拔 $H \leqslant 2000$m 时，10kV 开关柜采用小车式开关柜；海拔 2000m＜$H \leqslant 5000$m 时，10kV 开关柜采用充气式开关柜。

图 18－2　SC－35－E1－2 电气主接线图（高海拔实施方案）

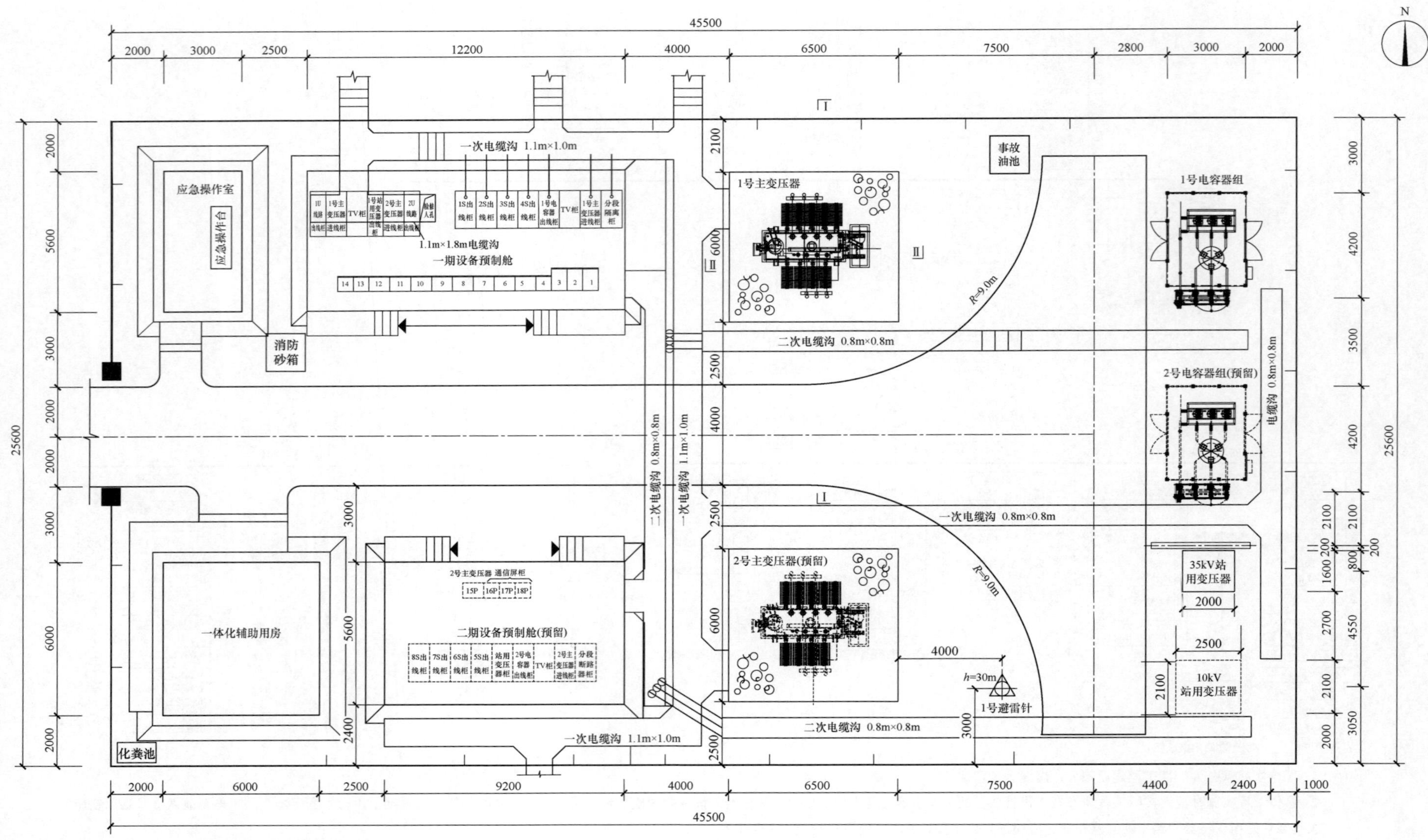

说明：图中实线为本期工程内容，虚线为预留部分。

图 18-3　SC-35-E1-2 电气总平面布置图

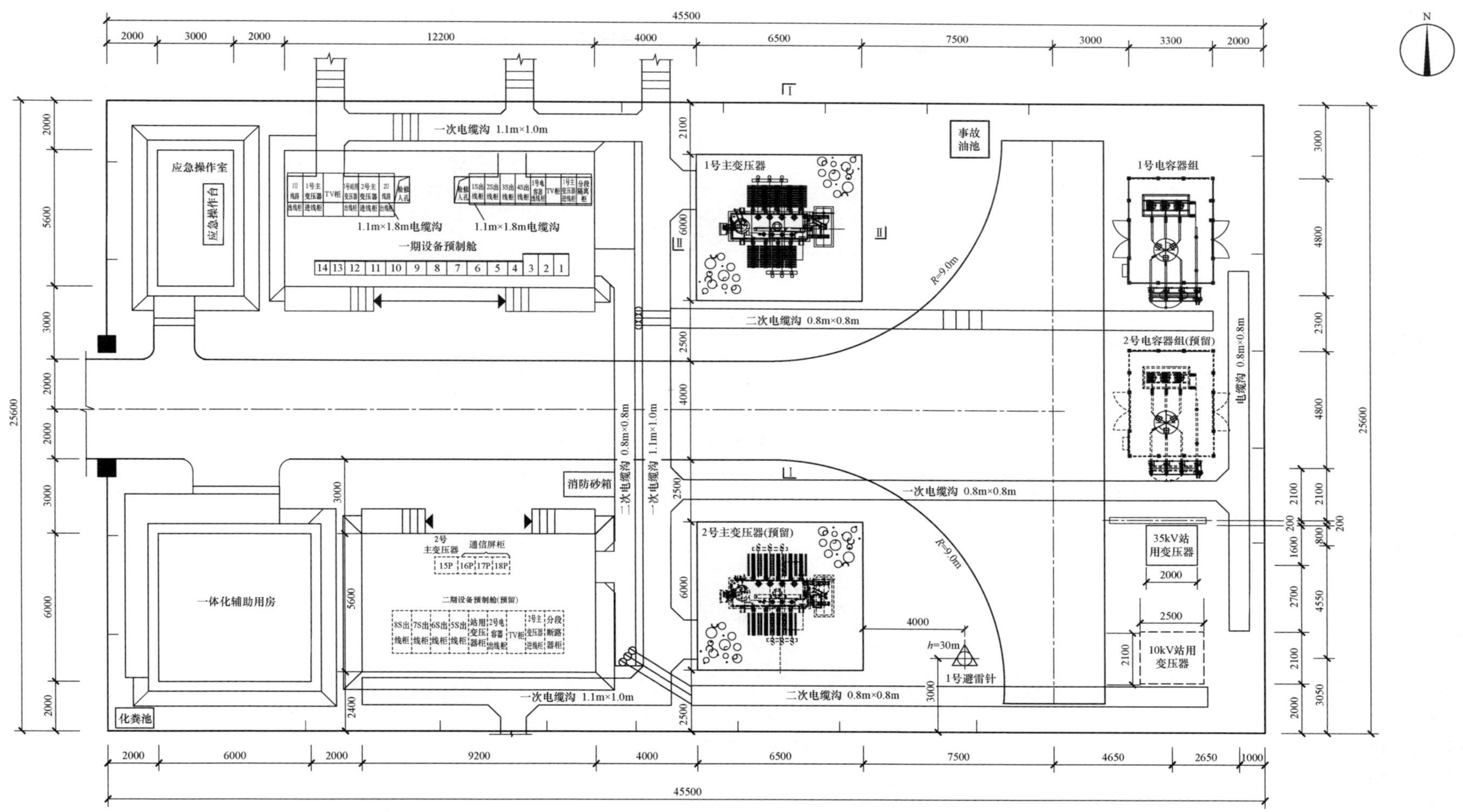

说明：1. 图中实线部分为一期工程建设部分，虚线为预留部分。

2. 具体工程实施时根据实际工程建设规模。

3. 海拔高度 $H \leqslant 2000$m 时，10kV 开关柜采用小车式开关柜；海拔高度 $H > 2000$m 时，10kV 开关柜采用充气式开关柜。

4. 本图中电容器尺寸按照海拔高度 $1000\text{m} < H \leqslant 3000$m 设计，当海拔高度 $3000\text{m} < H \leqslant 5000$m 时，需根据通用设备（2022 版）进行调整电容器尺寸，并调整布置。

图 18－4　SC－35－E1－2 电气总平面布置图（高海拔实施方案）

主母线：1250A													
一次接线	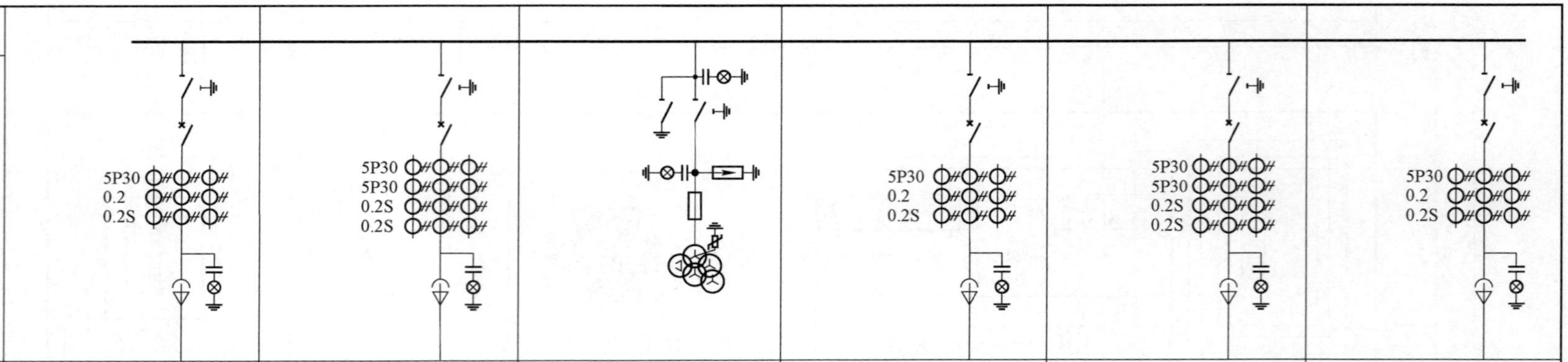	5P30 0.2 0.2S		5P30 5P30 0.2S 0.2S				5P30 0.2 0.2S		5P30 5P30 0.2S 0.2S		5P30 0.2 0.2S	
间隔编号		1		2		3		4		5		6	
间隔名称		1U出线柜		1号主变压器进线柜		母线设备柜		1号站用变压器出线柜		2号主变压器进线柜（备用）		2U出线柜	
开关柜型号		充气式开关柜		充气式开关柜		充气式开关柜		充气式开关柜		充气式开关柜		充气式开关柜	
开关柜外形尺寸（宽×深×高）		600×1800×2400mm		800×1800×2400mm		800×1800×2400mm		600×1800×2400mm		800×1800×2400mm		600×1800×2400mm	
柜内主要电气设备	柜内设备	设备参数及规格	数量	设备参数及规格	数量	设备参数及规格	数量	设备参数及规格	数量	设备参数及规格	数量	设备参数及规格	数量
	真空断路器	40.5kV 1250A 31.5kA	1	40.5kV 1250A 31.5kA	1			40.5kV 1250A 31.5kA	1	40.5kV 1250A 31.5kA	1	40.5kV 1250A 31.5kA	1
	断路器操作机构	专用弹操机构	1	专用弹操机构	1			专用弹操机构	1	专用弹操机构	1	专用弹操机构	1
	电流互感器	200/5A 5P30/0.2/0.2S 15/15/15VA	3	200/5A 5P30/5P30/0.2S/0.2S 15/15/15/15VA	3			200/5A 5P30/0.2/0.2S 15/15/15VA	3	200/5A 5P30/5P30/0.2S/0.2S 15/15/15/15VA	3	200/5A 5P30/0.2/0.2S 15/15/15VA	3
	电压互感器					$\frac{35}{\sqrt{3}}/\frac{0.1}{\sqrt{3}}/\frac{0.1}{\sqrt{3}}/\frac{0.1}{\sqrt{3}}/\frac{0.1}{3}$kV 0.2/0.5 (3P)/3 0.5 (3P)/3P 30/30/30/30VA 一次消谐电阻							
	三工位隔离开关	40.5kV 1250A 31.5kA/3s	1	40.5kV 1250A 31.5kA/3s	1	40.5kV 1250A 31.5kA/3s	1	40.5kV 1250A 31.5kA/3s	1	40.5kV 1250A 31.5kA/3s	1	40.5kV 1250A 31.5kA/3s	1
	接地开关					31.5kA/3s	1						
	氧化锌避雷器					35kV避雷器 51/134	3						
	(附放电计数器)						3						
	熔断器					XRNP-35/0.5A	3						
	带电显示装置		3		3		6		3		3		3
	柜内分支母线												
	零序电流互感器												

说明：电缆出线柜的电缆插拔头由开关柜厂家提供。

图 18－5　SC－35－E1－2 35kV 配电装置电气接线图

柜内主要电气设备	规范	数量	规范	数量	规范	数量	规范	数量	规范	数量	规范	数量	规范	数量	规范	数量
零序电流互感器	ϕ180,100/1 5P10 5VA	1	ϕ180,100/1 5P10 5VA	1	ϕ180,100/1 5P10 5VA	1	ϕ180,100/1 5P10 5VA	1	ϕ180,100/1 5P10 5VA	1						
柜内分支母线																
等电位带电显示装置		3		3		3		3		3		3		3		3
带电显示装置																
熔断器											XRNP-10/0.5A 31.5kA	3				
氧化锌避雷器	10kV避雷器 17/45 附带电计数器	3	10kV避雷器 17/45 附带电计数器	3	10kV避雷器 17/45 附带电计数器	3	10kV避雷器 17/45 附带电计数器	3	10kV避雷器 17/45 附带电计数器	3						
电压互感器											$10/\sqrt{3}/0.1/\sqrt{3}/0.1/\sqrt{3}/0.1/\sqrt{3}/0.1/3$kV 0.2/0.5(3P)/0.5(3P)/3P 50/50/50/50VA 一次消谐电阻	3 1				
电流互感器	电流互感器 200~400/5A 5P30/0.2/0.2S 15/15/15VA	3	电流互感器 200~400/5A 5P30/0.2/0.2S 15/15/15VA	3	电流互感器 200~400/5A 5P30/0.2/0.2S 15/15/15VA	3	电流互感器 200~400/5A 5P30/0.2/0.2S 15/15/15VA	3	电流互感器 200~400/5A 5P30/0.2/0.2S 15/15/15VA	3			电流互感器 600/5A 5P30/5P30/0.2S/0.2S 15/15/15/15VA	3		
接地开关	12kV 31.5kA/3s	1	12kV 31.5kA/3s	1	12kV 31.5kA/3s	1	12kV 31.5kA/3s	1	12kV 31.5kA/3s	1			12kV 31.5kA/3s	1		
断路器操作机构	弹簧操作机构	1	弹簧操作机构	1	弹簧操作机构	1	弹簧操作机构	1	弹簧操作机构	1			弹簧操作机构	1		
真空断路器	额定电压12kV 1250A 31.5kA	1	额定电压12kV 1250A 31.5kA	1	额定电压12kV 1250A 31.5kA	1	额定电压12kV 1250A 31.5kA	1	额定电压12kV 1250A 31.5kA	1			额定电压12kV 1250A 31.5kA	1	隔离车 1250A 31.5kA	1
柜内设备名称	规　范	数量	规　范	数量	规　范	数量	规　范	数量	规　范	数量	规　范	数量	规　范	数量	规　范	数量
开关柜外形尺寸(宽×深×高)	800×1450×2240		800×1450×2240		800×1450×2240		800×1450×2240		800×1450×2240		800×1450×2240		800×1450×2240		800×1450×2240	
开关柜型号	中置柜		中置柜		中置柜		中置柜		中置柜		中置柜		中置柜		中置柜	
间隔名称	馈线柜		馈线柜		馈线柜		馈线柜		电容器出线柜		母线设备柜		主变压器进柜		分段隔离柜	
间隔编号	1		2		3		4		5		6		7		8	
一次接线													0.2S 0.2S 5P30 5P30			
主母线：铜1250A																

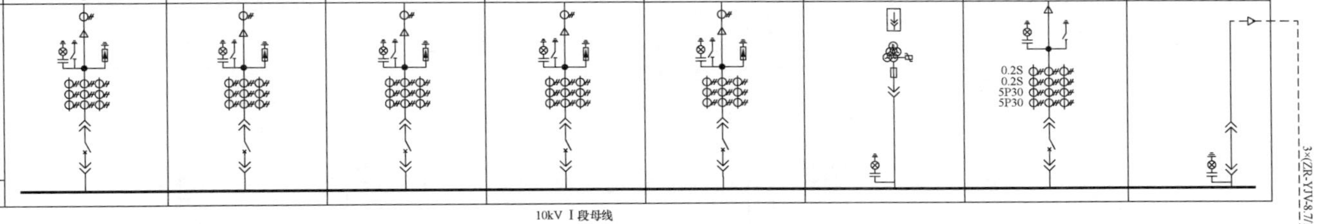

10kV Ⅰ段母线

3×(ZR-YJV-8.7/15-1×240mm²)

10kV Ⅱ段母线

主母线：铜1250A																		
一次接线																		
间隔编号	17		16		15		14		13		12		11		10		9	
间隔名称	馈线柜		馈线柜		馈线柜		馈线柜		站用变压器柜		电容器出线柜		母线设备柜		主变压器进柜		分段断路器柜	
开关柜型号	中置柜		中置柜		中置柜		中置柜		中置柜		中置柜		中置柜		中置柜		中置柜	
开关柜外形尺寸(宽×深×高)	800×1450×2240		800×1450×2240		800×1450×2240		800×1450×2240		800×1450×2240		800×1450×2240		800×1450×2240		800×1450×2240		800×1450×2240	
柜内主要电气设备　柜内设备名称	规　范	数量	规　范	数量	规　范	数量	规　范	数量	规　范	数量	规　范	数量	规　范	数量	规　范	数量	规　范	数量
真空断路器																		
断路器操作机构																		
接地开关																		
电流互感器																		
电压互感器																		
氧化锌避雷器																		
熔断器																		
带电显示装置																		
等电位带电显示装置																		
柜内分支母线																		
零序电流互感器																		

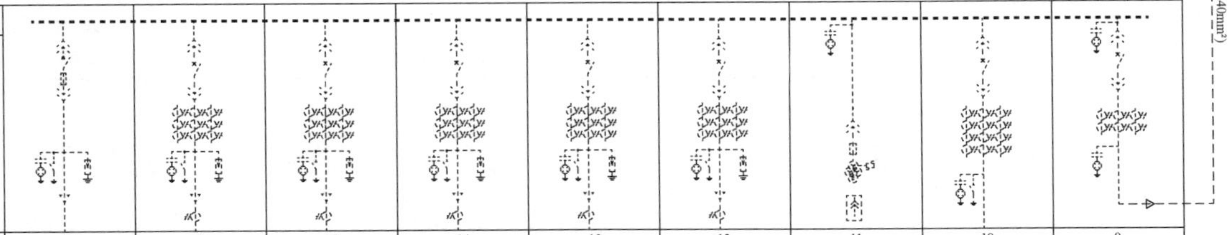

说明：1. 实线部分为本期工程，虚线部分为预留。

2. 开关柜尺寸说明：图中尺寸为不含前后柜门、不含眉头及泄压盖板的尺寸。其中，前后柜门的尺寸一般为50，门眉及泄压盖板的尺寸一般为120。

图 18－6　SC－35－E1－2 10kV 配电装置电气接线图

柜内主要电气设备																	
	零序电流互感器	ϕ180,100/1 5P10 5VA	1	ϕ180,100/1 5P10 5VA	1	ϕ180,100/1 5P10 5VA	1	ϕ180,100/1 5P10 5VA	1	ϕ180,100/1 5P10 5VA	1						
	柜内分支母线																
	等电位带电显示装置		3		3		3		3		3		3		3		3
	带电显示装置																
	熔断器											XRNP-10/0.5A 31.5kA	3				
	氧化锌避雷器											10kV避雷器 17/45 附带电计数器	3				
	电压互感器											$10/\sqrt{3}$ /$0.1/\sqrt{3}$ /$0.1/\sqrt{3}$ /$0.1/\sqrt{3}$ /0.1/3kV 0.2/0.5(3P)/0.5(3P)/3P 50/50/50/50VA 一次消谐电阻	3				
	电流互感器	电流互感器 200~400/5A 5P30/0.2/0.2S 15/15/15VA	3	电流互感器 200~400/5A 5P30/0.2/0.2S 15/15/15VA	3	电流互感器 200~400/5A 5P30/0.2/0.2S 15/15/15VA	3	电流互感器 200~400/5A 5P30/0.2/0.2S 15/15/15VA	3	电流互感器 200~400/5A 5P30/0.2/0.2S 15/15/15VA	3		1	电流互感器 600/5A 5P30/5P30/0.2S/0.2S 15/15/15/15VA	3		
	三工位隔离开关	12kV 31.5kA/3s	1	12kV 31.5kA/3s	1	12kV 31.5kA/3s	1	12kV 31.5kA/3s	1	12kV 31.5kA/3s	1			12kV 31.5kA/3s	1		
	断路器操作机构	弹簧操作机构	1	弹簧操作机构	1	弹簧操作机构	1	弹簧操作机构	1	弹簧操作机构	1			弹簧操作机构	1		
	真空断路器	额定电压12kV 1250A 31.5kA	1	额定电压12kV 1250A 31.5kA	1	额定电压12kV 1250A 31.5kA	1	额定电压12kV 1250A 31.5kA	1	额定电压12kV 1250A 31.5kA	1			额定电压12kV 1250A 31.5kA	1	隔离车 1250A 31.5kA	1
	柜内设备名称	规 范	数量	规 范	数量	规 范	数量	规 范	数量	规 范	数量	规 范	数量	规 范	数量	规 范	数量
开关柜外形尺寸(宽×深×高)		600×1300×2400		600×1300×2400		600×1300×2400		600×1300×2400		600×1300×2400		600×1300×2400		600×1300×2400		600×1300×2400	
开关柜型号		充气柜		充气柜		充气柜		充气柜		充气柜		充气柜		充气柜		充气柜	
间隔名称		馈线柜		馈线柜		馈线柜		馈线柜		电容器出线柜		母线设备柜		主变压器进柜		分段隔离柜	
间隔编号		1		2		3		4		5		6		7		8	
一次接线																	
主母线：铜 1250A																	

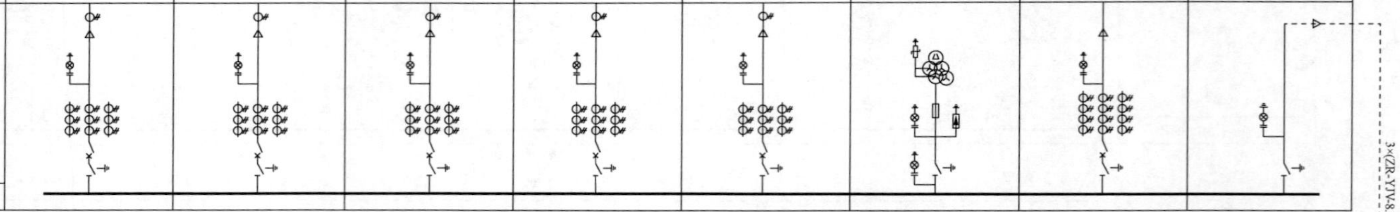

10kV I 段母线

3×(ZR-YJV-8.7/15-1×240mm²)

10kV II段母线

主母线：铜 1250A																		
一次接线																		
间隔编号		17		16		15		14		13		12		11		10		9
间隔名称		馈线柜		馈线柜		馈线柜		馈线柜		站用变压器柜		电容器出线柜		母线设备柜		主变压器进柜		分段断路器柜
开关柜型号		充气柜		充气柜		充气柜		充气柜		充气柜		充气柜		充气柜		充气柜		充气柜
开关柜外形尺寸(宽×深×高)		600×1300×2400		600×1300×2400		600×1300×2400		600×1300×2400		600×1300×2400		600×1300×2400		600×1300×2400		600×1300×2400		600×1300×2400
柜内主要电气设备	柜内设备名称	规 范	数量	规 范	数量	规 范	数量	规 范	数量	规 范	数量	规 范	数量	规 范	数量	规 范	数量	规 范	数量
	真空断路器																		
	断路器操作机构																		
	接地开关																		
	电流互感器																		
	电压互感器																		
	氧化锌避雷器																		
	熔断器																		
	带电显示装置																		
	等电位带电显示装置																		
	柜内分支母线																		
	零序电流互感器																		

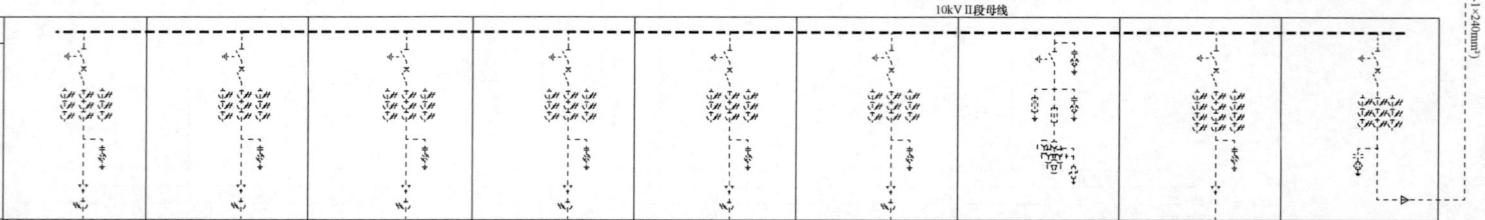

说明：实线部分为本期工程，虚线部分为预留。

图 18-7 SC-35-E1-2 10kV 配电装置电气接线图（高海拔实施方案）

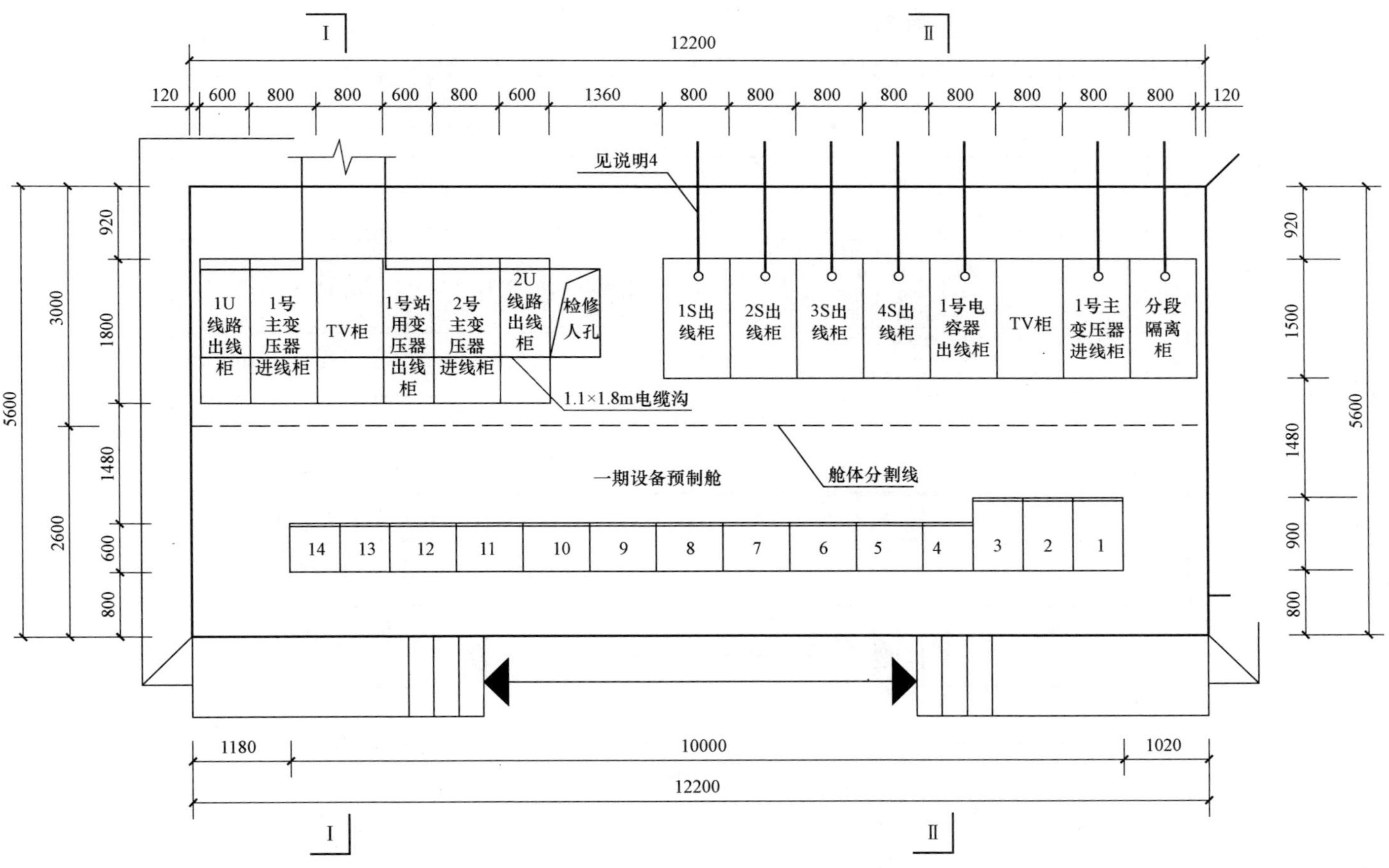

说明：1. 图中实线部分为一期工程建设部分，虚线为预留部分。

2. 一期设备预制舱采用 2 个 12.2m×2.8m 预制舱拼接。

3. 舱体巡视门尺寸为 900×2100（宽×高），设备运输门尺寸 1200×2500（宽×高）。

4. 35kV 充气式开关柜一次电缆采用电缆沟敷设，通过开关柜下方的电缆沟道将电缆引出舱外至舱体外电缆沟；10kV 小车式开关柜一次电缆出舱采用埋管方式至舱体外电缆沟。

5. 10kV 小车式尺寸说明：图中尺寸为含前后柜门的尺寸，此柜体尺寸与通用设备中 800mm×1450mm（不含前后 柜门）×2240mm（不含眉头及泄压盖板）是一致的。

图 18－8　SC－35－E1－2 35、10kV 预制舱平面布置图

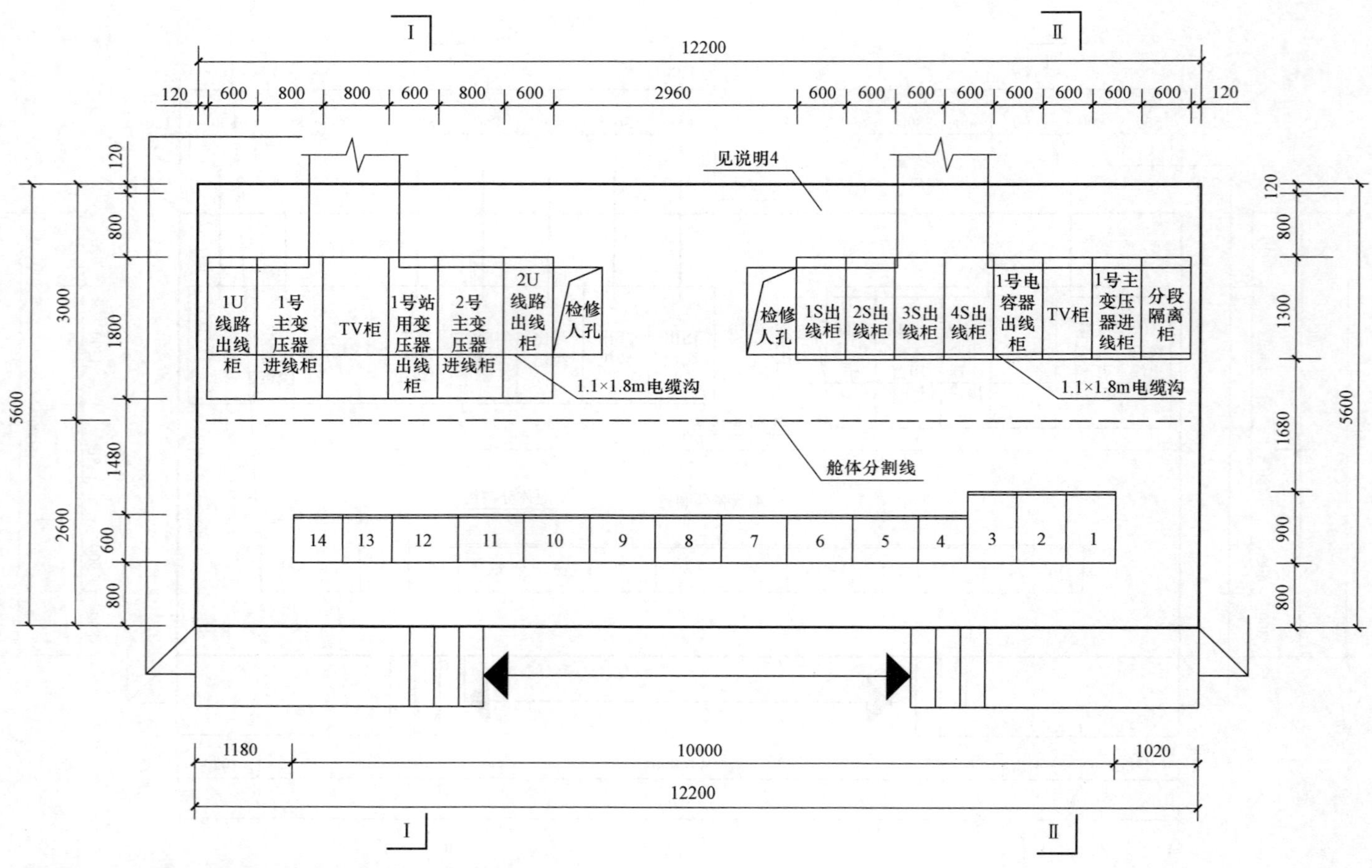

说明：1. 图中实线部分为一期工程建设部分，虚线为预留部分。

2. 一期设备预制舱采用2个12.2m×2.8m预制舱拼接。

3. 舱体巡视门尺寸为900×2100（宽×高），设备运输门尺寸1200×2500（宽×高）。

4. 35kV充气式开关柜一次电缆采用电缆沟敷设，通过开关柜下方的电缆沟道将电缆引出舱外舱体外电缆沟；10kV 充气式开关柜一次电缆采用电缆沟敷设，通过开关柜下方的电缆沟道将电缆引出舱外至舱体外电缆沟。

图18-9　SC-35-E1-2 35、10kV预制舱平面布置图（高海拔实施方案）

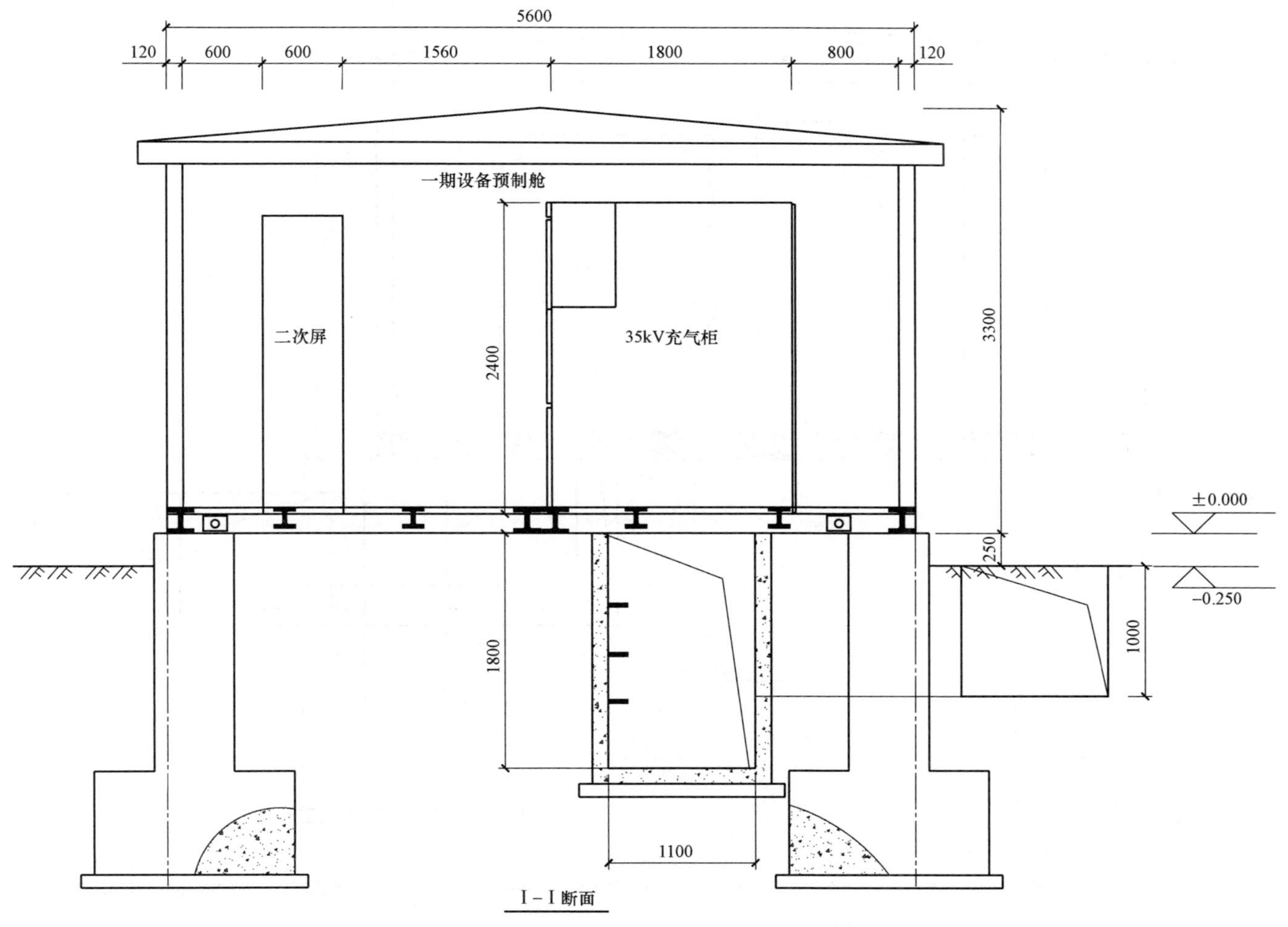

说明：本图所示 I－I 断面详见图 18－8。

图 18－10　SC－35－E1－2 35kV 配电装置断面布置图

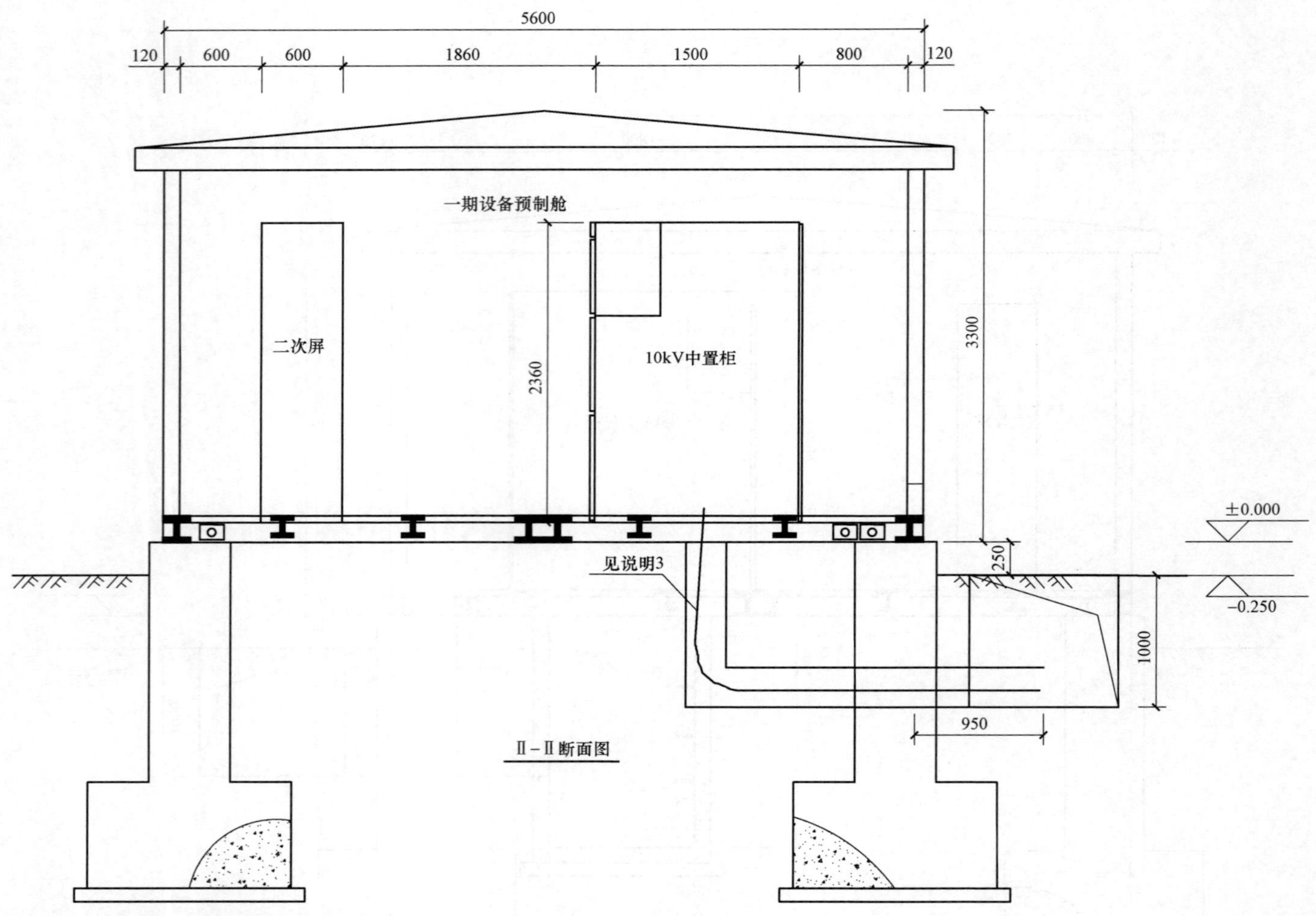

说明：1. 本图所示Ⅱ-Ⅱ断面详见图 18-8。

2. 10kV 小车式尺寸说明：图中尺寸为含前后柜门的尺寸，此柜体尺寸与通用设备中 800mm×1450mm（不含前后柜门）×2240mm（不含眉头及泄压盖板）是一致的。

3. 10kV 小车式开关柜一次电缆出舱采用埋管方式至舱体外电缆沟。

图 18-11　SC-35-E1-2 10kV 配电装置断面布置图

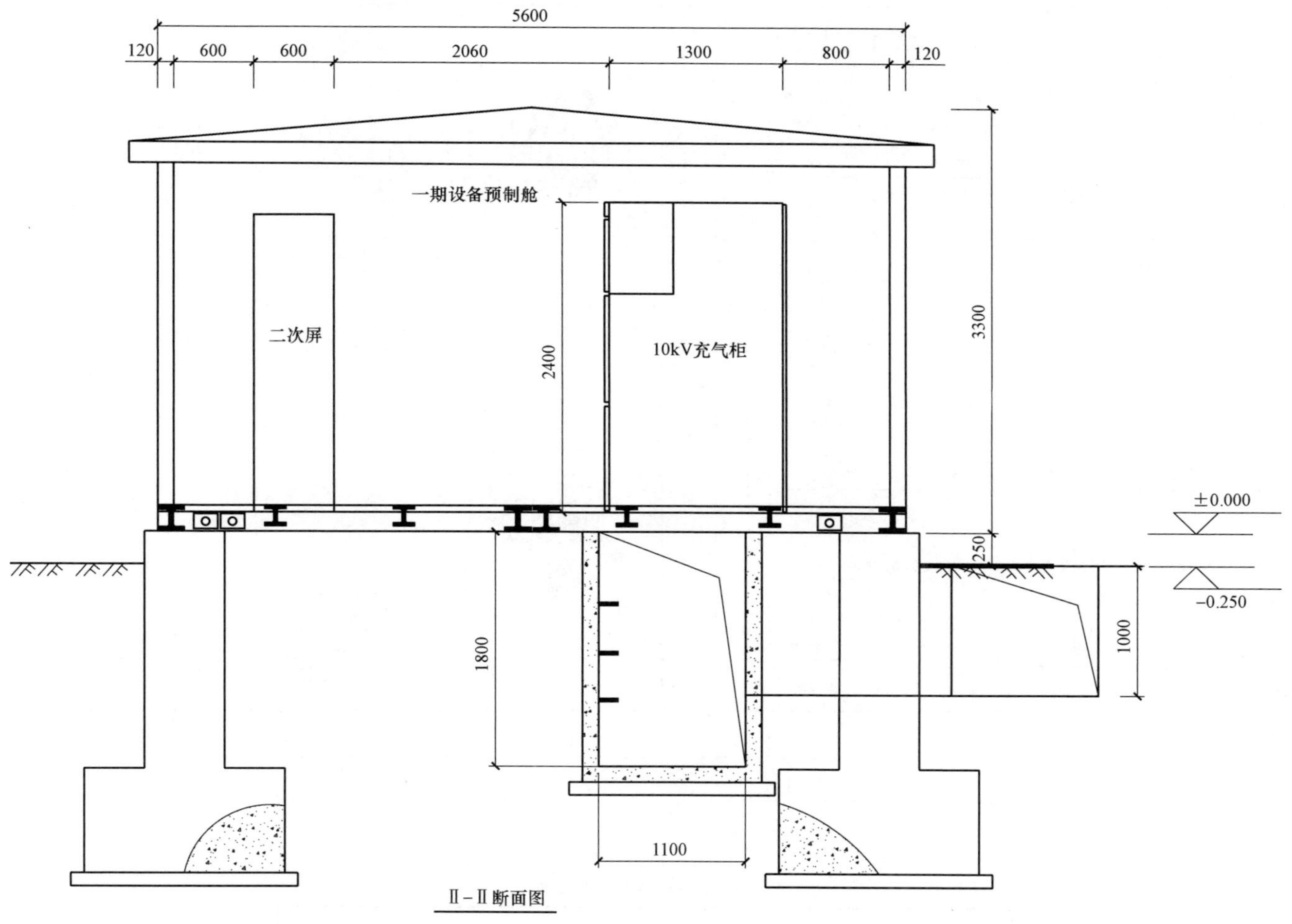

说明：本图所示Ⅱ-Ⅱ断面详见图 18-9。

图 18-12　SC-35-E1-2 10kV 配电装置断面布置图（高海拔实施方案）

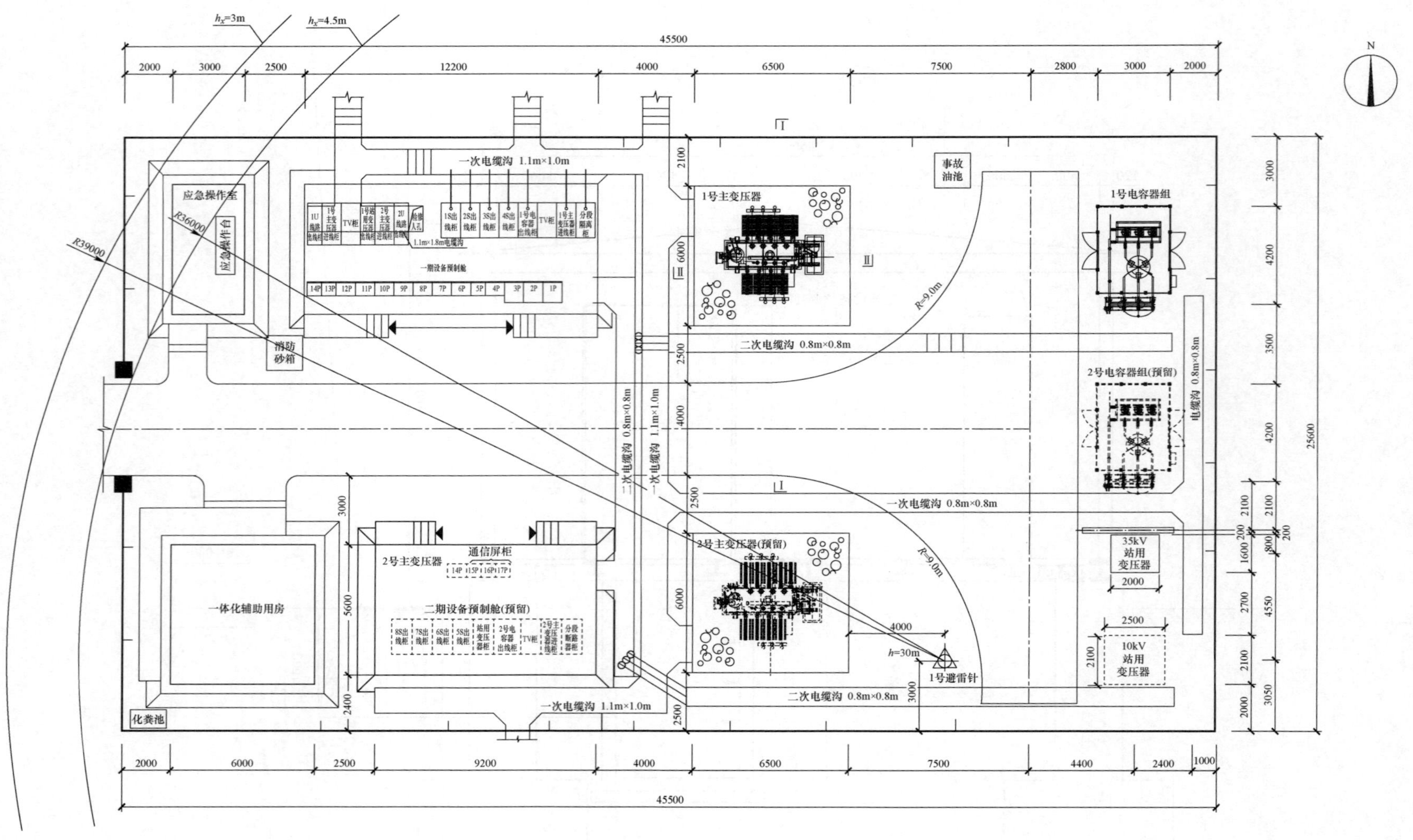

避雷针保护范围计算结果

避雷针编号	避雷针高度（m）	被保护物高度 h_x（m）	单针保护半径 r_x（m）	高度影响系数
1号	30	4.5	36	1.00
		3	39	1.00

图 18－13　SC－35－E1－2 全站防直击雷保护范围图

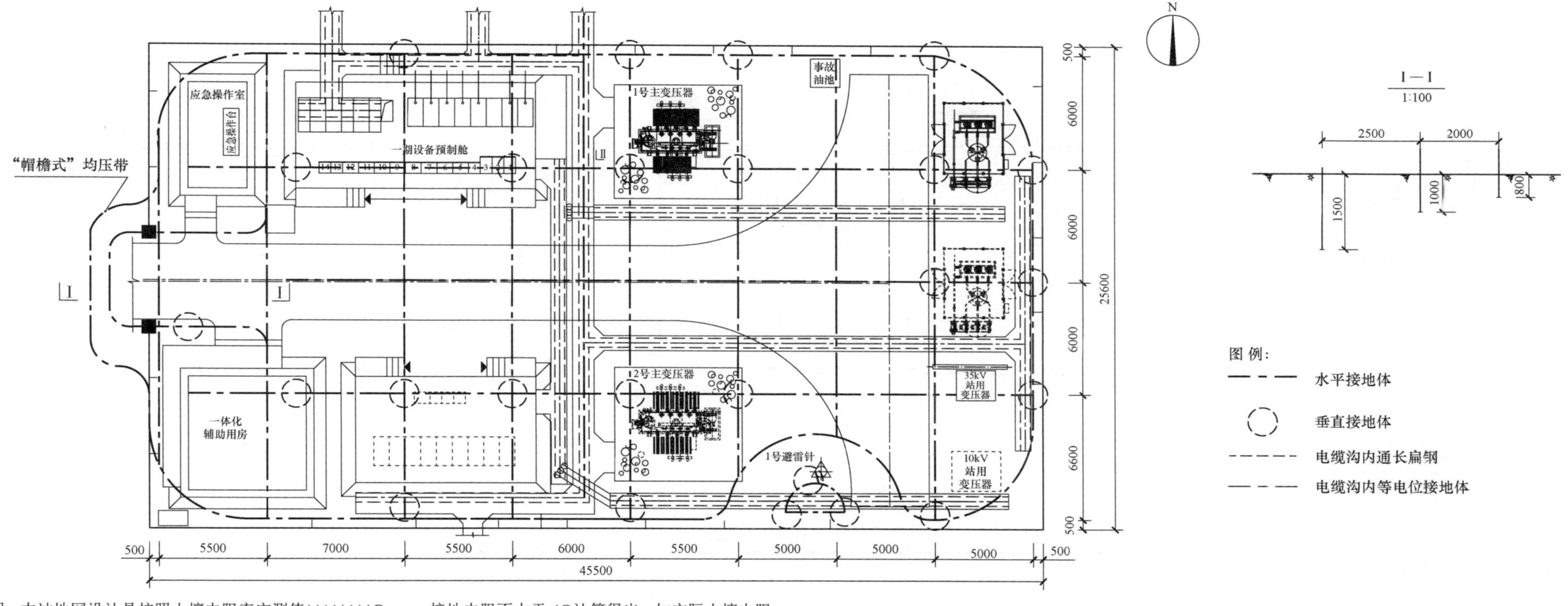

说明：本站地网设计是按照土壤电阻率实测值××××Ω·m，接地电阻不大于 4Ω计算得出，如实际土壤电阻率高于此，应适当增加接地极数量或采取降租措施。

1. 接地网采用热镀锌扁钢和热镀锌角钢组成的复合式接地方式。水平接地主网采用 −60×6 热镀锌扁钢，埋深≥0.8m 敷设（冻土层以下）。
2. 垂直接地极采∠50mm×5mm（1=2500mm），其间距不小于 5m。
3. 主接地网壕沟采用电阻率较低的土回填。
4. 接地网施工应密切与土建及总图专业配合，以确保接地网电气通路的完整与可靠。
5. 地下金属管道（除油管道外）、电缆外皮、设备支架、设备外壳、配电屏等均应可靠接地，且接地点不应少于两点。电缆沟内预埋扁钢（土建预埋）应与全站主地网可靠连接，其连接点至避雷针集中接地装置与 35kV 及以下设备接地点沿接地体的长度不小于 15m，为防止雷击时高电位对低压电缆产生反击过电压，在避雷针集中接地装置较近处的水平接地线与电缆沟交叉时，接地线不要与电缆沟内预埋扁钢相连。
6. 接地干线交叉处应焊接。接地体的焊接应采用搭接焊，其搭接长度应满足有关规定。
7. 为保证安全，在进站大门口处（经常有人出入的走道）敷设两条与主接地网相连"帽檐式"均压带，距主网距离分别为 2m 和 4.5m，埋深分别为 1m 和 1.5m，并在站内操作机构处设置绝缘地坪。
8. 本站接地装置应满足 GB/T 50065—2011《交流电气装置的接地设计规范》。

序号	设备名称	型号及规格	位单	数量	备注
1	热镀锌扁钢	−60×6	m	900	通长扁钢主网，设备接地引线及电缆沟
2	热镀锌钢管	−2500mm	根	25	垂直接地极
3	铜排	TMY−25×4	m	150	二次设备等电位体
4	低压绝缘子	1kV	个	300	
5	放热焊焊药		罐	30	
6	放热焊模具		套	3	
7	放热焊夹具		套	1	
8	模具刷		套	1	
9	点火枪		套	1	

图 18−14 SC−35−E1−2 全站主接地网平面布置图

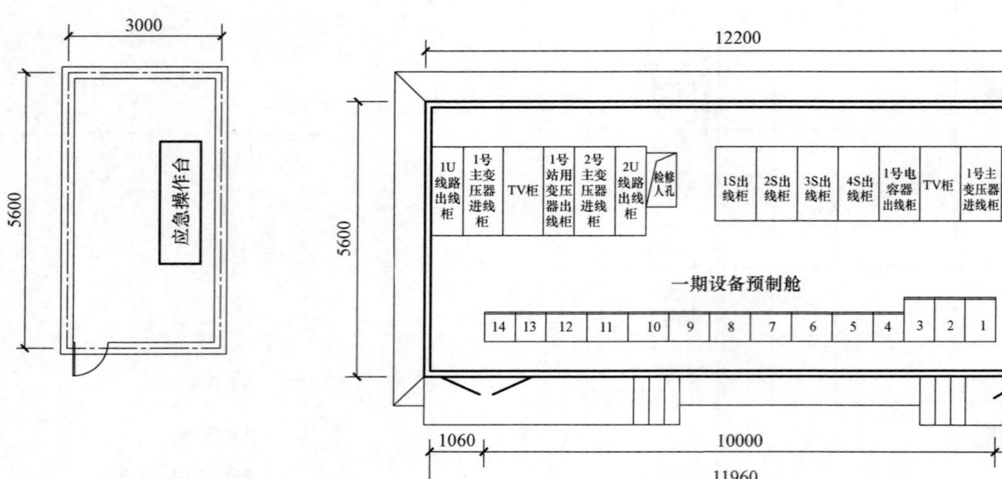

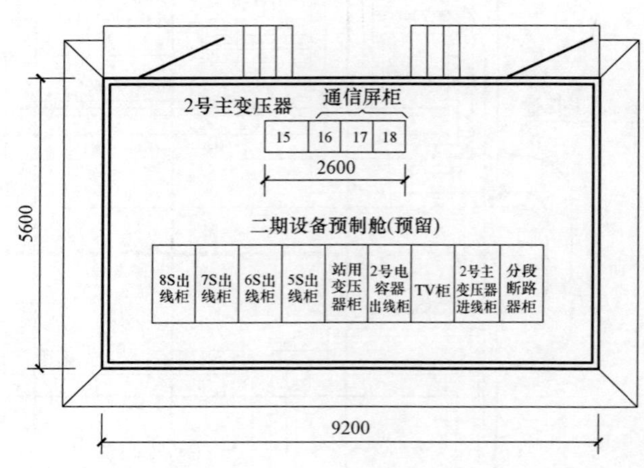

二次设备屏柜一览表

序号	名称	型式及规范	数量		备注
			本期	远期	
1	监控主机柜	2260×600×900	1		
2	综合应用服务器柜	2260×600×900	1		
3	智能巡视主机及辅助监控设备柜	2260×600×900	1		
4	调度数据网接入设备柜	2260×600×600	1		
5	公用及时钟同步电能量采集柜	2260×800×600	1		
6	1 号主变压器保护测控柜	2260×800×600	1		
7	直流充电柜	2260×800×600	1		
8	直流馈线柜	2260×800×600	1		
9	交流电源及 UPS 柜	2260×800×600	1		
10～11	蓄电池柜	2260×800×600	2		
12	备用柜	2260×800×600		1	
13～14	通信设备柜	2260×600×600	2		
15	2 号主变压器保护测控柜	2260×800×600		1	
16～18	通信柜	2260×600×600		3	

图 18－15　SC－35－E1－2 二次设备屏柜布置图

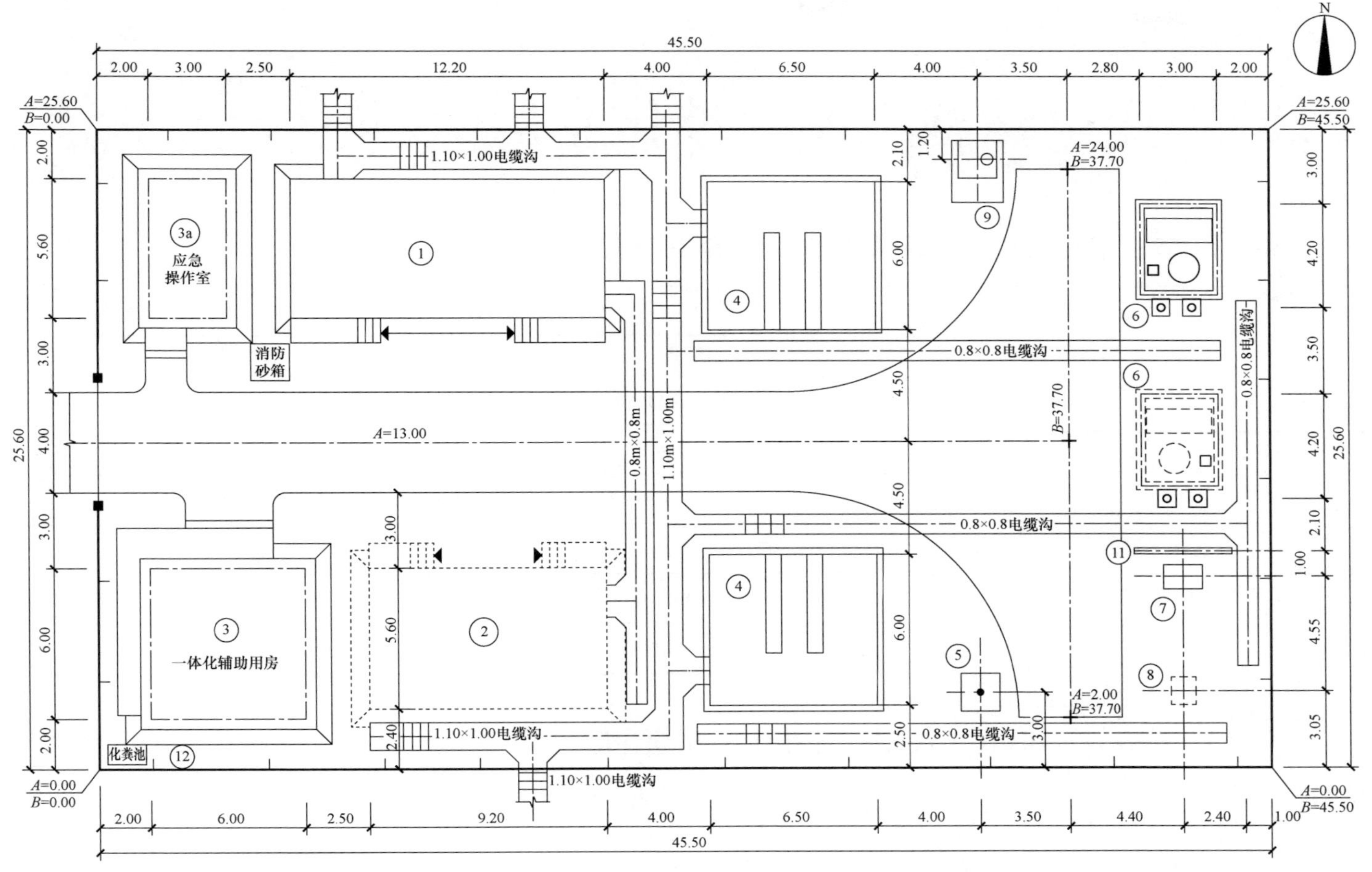

说明：1. 本图采用假定坐标系，*A*、*B* 为建筑坐标，图中所注高程和尺寸均以 m 计。

2. 站区场地排水坡度≥0.5%。

3. 图中实线部分为一期工程建设部分，虚线为预留部分。

建（构）筑物一览表

编号	名称	单位	数量	备注
①	35kV 配电装置、二次设备、本期 10kV 配电装置预制舱	m²	64.33	
②	本期 10kV 配电装置预制舱	m²	51.52	
③	一体化辅助用房	m²	48/25	
④	主变压器基础及油盆	m²	78.00	2 座
⑤	独立避雷针	座	1	30m
⑥	电容器基础及支架	组	2	
⑦	35kV 站用变压器基础	座	1	
⑧	10kV 站用变压器基础	座	1	预留
⑨	事故油池	座	1	8m³
⑩	主变压器消防沙池	座	1	2m³
⑪	防火墙	座	1	
⑫	化粪池	座	1	

主要技术经济指标

序号	名称		单位	数量	备注
1	站址总占地面积		hm²		
1.1	站区围墙内占地面积		hm²	0.116 5	合 1.75 亩
1.2	进站道路占地面积		hm²		
1.3	站外供水设施占地面积		hm²		
1.4	站排洪水设施占地面积		hm²		
1.5	站外防（排）洪设施占地面积		hm²		
1.6	其他占地面积		hm²		
2	进站道路长度（新建/改造）		m		
3	站外供水管长度		m		
4	站外排水管长度		m		
5	站内电缆沟长度（0.6×0.6 以上）		m	158	
6	站内外挡土墙体积		m²		
7	站内外护坡面积		m²		
8	站址土（石）方量	挖方(−)	m³		
		填方(+)	m³		
8.1	站区场地平整	挖方(−)	m³		
		填方(+)	m³		
8.2	进站道路	挖方(−)	m³		
		填方(+)	m³		
8.3	建（构）筑物基槽余土		m³		
8.4	站址土方综合平衡	挖方(−)	m³		
		填方(+)	m³		
9	站内道路面积		m²	272	4.0m 公路型沥青道路
10	屋外配电装置场地面积		m²		
11	总建筑面积		m²	73	
12	站区围墙长度		m	138	围墙高 2.3m

图 18－16　SC－35－E1－2 土建总平面布置图

第5篇

35～220kV变电站施工图标准化套用图

第19章 电气一次专业标准化套用图

19.1 标准化套用图目录

表19－1 电气一次专业标准化套用图

序号	图号	图名
1	TY－D1－2VT－01	220kV电容式电压互感器安装图
2	TY－D1－1VT－01	110kV电容式电压互感器安装图
3	TY－D1－2MOV－01	220kV氧化锌避雷器安装图
4	TY－D1－1MOV－01	110kV氧化锌避雷器安装图
5	TY－D1－BMOV－01	35kV氧化锌避雷器安装图
6	TY－D1－AMOV－01	10kV氧化锌避雷器安装图
7	TY-D1-1QS(2D)-01	110kV双柱双平旋转式隔离开关安装图
8	TY－D1－1BTK－01	110kV中性点成套装置安装图
9	TY－D1－1BTK－02	220kV中性点成套装置安装图

续表19－1

序号	图 号	图名
10	TY－D1－XWP－01	XWP－70绝缘子串配单导线（可调）组装图
11	TY－D1－XWP－02	XWP－160绝缘子串配双导线（可调）组装图
12	TY－D1－XWP－03	XWP－210绝缘子串配单导线（可调）组装图
13	TY－D1－ACQT－01	10kV穿墙套管安装图
14	TY－D1－BCQT－01	35kV穿墙套管安装图
15	TY－D1－DXW－01	主变压器智能控制柜在电缆沟上安装图

19.2 标准化套用图图纸

图纸见书后所附光盘。

第20章 土建专业标准化套用图

20.1 标准化套用图目录

表20－1 土建专业标准化套用图

序号	图号	图名
1	TY－T－ZSM－01	总说明及卷册目录

续表20－1

序号	图号	图名
2	TY－T－DM－01	站区大门及标识牌详图
3	TY－T－1WQ－01	装配式围墙
4	TY－T－2WQ－02	大砌块围墙

续表 20-1

序号	图号	图名
5	TY-T-DL-01	郊区型混凝土道路
6	TY-T-DL-02	郊区型沥青混凝土道路
7	TY-T-DL-03	城市型混凝土道路
8	TY-T-DL-04	城市型沥青混凝土道路
9	TY-T-DLG-01	搭盖式混凝土电缆沟详图
10	TY-T-DLG-02	嵌入式混凝土电缆沟详图
11	TY-T-DLG-03	搭盖式砖砌电缆沟详图
12	TY-T-DLG-04	嵌入式砖砌电缆沟详图
13	TY-T-1SGYC-01	220kV 站事故油池施工图
14	TY-T-2SGYC-01	110kV 站事故油池施工图（一）
15	TY-T-2SGYC-02	110kV 站事故油池施工图（二）
16	TY-T-3SGYC-01	35kV 站事故油池施工图
17	TY-T-XFXS-01	消防小室及砂池建筑结构详图
18	TY-T-1JWS-01	6m×6m 警卫室建筑设计说明
19	TY-T-1JWS-02	6m×6m 警卫室建筑做法及门窗一览表
20	TY-T-1JWS-03	6m×6m 警卫室平立剖面图
21	TY-T-1JWS-04	6m×6m 警卫室节点施工图
22	TY-T-1JWS-05	6m×6m 警卫室结构设计说明
23	TY-T-1JWS-06	6m×6m 警卫室基础施工图

续表 20-1

序号	图号	图名
24	TY-T-1JWS-07	6m×6m 警卫室柱梁板施工图
25	TY-T-1JWS-08	6m×6m 警卫室结构节点施工图（一）
26	TY-T-1JWS-09	6m×6m 警卫室结构节点施工图（二）
27	TY-T-2JWS-01	3m×12m 警卫室建筑设计说明
28	TY-T-2JWS-02	3m×12m 警卫室建筑做法及门窗一览表
29	TY-T-2JWS-03	3m×12m 警卫室平立剖面图
30	TY-T-2JWS-04	3m×12m 警卫室节点施工图
31	TY-T-2JWS-05	3m×12m 警卫室结构设计说明
32	TY-T-2JWS-06	3m×12m 警卫室基础施工图
33	TY-T-2JWS-07	3m×12m 警卫室柱梁板施工图
34	TY-T-2JWS-08	3m×12m 警卫室结构节点施工图（一）
35	TY-T-2JWS-09	3m×12m 警卫室结构节点施工图（二）
36	TY-T-QBJD-01	水泥纤维墙板节点详图
37	TY-T-GJGJD-01	钢结构节点详图（一）
38	TY-T-GJGJD-02	钢结构节点详图（二）

20.2 标准化套用图图纸

图纸见书后所附光盘。

第6篇

35～220kV 变电站施工图方案说明及图纸

第21章 SC－220－B－2（10）施工图

21.1 施工图目录

表21－1 SC－220－B－2（10）电气一次卷册目录

序号	卷册号	卷册名称
1	SC－220－B－2（10）－D0101	电气一次施工说明及主要设备材料清册
2	SC－220－B－2（10）－D0102	电气主接线图及电气总平面布置图
3	SC－220－B－2（10）－D0103	220kV 屋外配电装置
4	SC－220－B－2（10）－D0104	110kV 屋外配电装置
5	SC－220－B－2（10）－D0105	10kV 屋内配电装置
6	SC－220－B－2（10）－D0106	主变压器安装
7	SC－220－B－2（10）－D0107	无功补偿装置
8	SC－220－B－2（10）－D0108	接地变压器及消弧线圈装置
9	SC－220－B－2（10）－D0109	全站防雷、接地
10	SC－220－B－2（10）－D0110	全站动力、照明
11	SC－220－B－2（10）－D0111	光缆/电缆敷设及防火封堵

表21－2 SC－220－B－2（10）电气二次卷册目录

序号	卷册号	卷册名称
1	SC－220－B－2（10）－D0201	二次施工说明及设备材料清册
2	SC－220－B－2（10）－D0202	公用设备二次线
3	SC－220－B－2（10）－D0203	主变压器二次线
4	SC－220－B－2（10）－D0204	220kV 线路保护及二次线
5	SC－220－B－2（10）－D0205	220kV 母联（分段）、母线保护及二次线
6	SC－220－B－2（10）－D0206	故障录波系统
7	SC－220－B－2（10）－D0207	110kV 线路保护及二次线
8	SC－220－B－2（10）－D0208	110kV 母联、母线保护及二次线
9	SC－220－B－2（10）－D0209	10kV 二次线
10	SC－220－B－2（10）－D0210	交直流电源系统
11	SC－220－B－2（10）－D0211	时间同步系统
12	SC－220－B－2（10）－D0212	智能辅助监控系统
13	SC－220－B－2（10）－D0213	火灾报警系统
14	SC－220－B－2（10）－D0214	调度自动化系统
15	SC－220－B－2（10）－D0215	变电站自动化系统

表 21-3 SC-220-B-2（10）土建卷册目录

序号	卷册号	卷册名称
1	SC-220-B-2（10）-T0101	土建施工总说明及卷册目录
2	SC-220-B-2（10）-T0102	总平面布置图
3	SC-220-B-2（10）-T0201	主控通信室建筑施工图
4	SC-220-B-2（10）-T0202	主控通信室结构施工图
5	SC-220-B-2（10）-T0203	10kV 配电装置室建筑施工图
6	SC-220-B-2（10）-T0204	10kV 配电装置室结构施工图
7	SC-220-B-2（10）-T0205	警卫室建筑施工图
8	SC-220-B-2（10）-T0206	警卫室结构施工图
9	SC-220-B-2（10）-T0207	消防水泵房及消防水池建筑图
10	SC-220-B-2（10）-T0208	消防水泵房及消防水池结构图
11	SC-220-B-2（10）-T0209	雨淋阀间建筑结构施工图
12	SC-220-B-2（10）-T0301	220kV 构（支）架及基础施工图

续表 21-3

序号	卷册号	卷册名称
13	SC-220-B-2（10）-T0302	220kV HGIS 基础施工图
14	SC-220-B-2（10）-T0303	110kV 构（支）架及基础施工图
15	SC-220-B-2（10）-T0304	110kV HGIS 基础施工图
16	SC-220-B-2（10）-T0305	主变压器构（支）架及基础施工图
17	SC-220-B-2（10）-T0306	电容器施工图
18	SC-220-B-2（10）-T0307	接地变压器基础施工图
19	SC-220-B-2（10）-T0401	事故油池施工图
20	SC-220-B-2（10）-T0402	消防小室及砂池施工图
21	SC-220-B-2（10）-S0101	水工施工图
22	SC-220-B-2（10）-N0101	暖通施工图

21.2 施工图图纸

图纸见书后所附光盘。

第 22 章 SC-220-B-2（35）施工图

22.1 施工图目录

表 22-1 SC-220-B-2（35）电气一次卷册目录

序号	卷册号	卷册名称
1	SC-220-B-2（35）-D0101	电气一次施工说明及主要设备材料清册
2	SC-220-B-2（35）-D0102	电气主接线图及电气总平面布置图
3	SC-220-B-2（35）-D0103	220kV 屋外配电装置
4	SC-220-B-2（35）-D0104	110kV 屋外配电装置
5	SC-220-B-2（35）-D0105	35kV 屋内配电装置

续表 22-1

序号	卷册号	卷册名称
6	SC-220-B-2（35）-D0106	主变压器安装
7	SC-220-B-2（35）-D0107	无功补偿装置
8	SC-220-B-2（35）-D0108	接地变压器及消弧线圈装置
9	SC-220-B-2（35）-D0109	全站防雷、接地
10	SC-220-B-2（35）-D0110	全站动力、照明
11	SC-220-B-2（35）-D0111	光缆/电缆敷设及防火封堵

表 22-2　　SC-220-B-2（35）电气二次卷册目录

序号	卷册号	卷册名称
1	SC-220-B-2（35）-D0201	二次系统施工说明及设备材料清册
2	SC-220-B-2（35）-D0202	公用设备二次线
3	SC-220-B-2（35）-D0203	主变压器二次线
4	SC-220-B-2（35）-D0204	220kV 线路保护及二次线
5	SC-220-B-2（35）-D0205	220kV 母联（分段）、母线保护及二次线
6	SC-220-B-2（35）-D0206	故障录波系统
7	SC-220-B-2（35）-D0207	110kV 线路保护及二次线
8	SC-220-B-2（35）-D0208	110kV 母联、母线保护及二次线
9	SC-220-B-2（35）-D0209	35kV 二次线
10	SC-220-B-2（35）-D0210	交直流电源系统
11	SC-220-B-2（35）-D0211	时间同步系统
12	SC-220-B-2（35）-D0212	智能辅助监控系统
13	SC-220-B-2（35）-D0213	火灾报警系统
14	SC-220-B-2（35）-D0214	调度自动化系统
15	SC-220-B-2（35）-D0215	变电站自动化系统

表 22-3　　SC-220-B-2（35）土建卷册目录

序号	卷册号	卷册名称
1	SC-220-B-2（35）-T0101	土建施工总说明及卷册目录
2	SC-220-B-2（35）-T0102	总平面布置图
3	SC-220-B-2（35）-T0201	主控通信室建筑施工图
4	SC-220-B-2（35）-T0202	主控通信室结构施工图
5	SC-220-B-2（35）-T0203	35kV 配电装置室建筑施工图
6	SC-220-B-2（35）-T0204	35kV 配电装置室结构施工图
7	SC-220-B-2（35）-T0205	警卫室建筑施工图
8	SC-220-B-2（35）-T0206	警卫室结构施工图
9	SC-220-B-2（35）-T0207	消防水泵房及消防水池建筑图
10	SC-220-B-2（35）-T0208	消防水泵房及消防水池结构图
11	SC-220-B-2（35）-T0209	雨淋阀间建筑结构图
12	SC-220-B-2（35）-T0301	220kV 构（支）架及基础施工图
13	SC-220-B-2（35）-T0302	220kV HGIS 基础施工图
14	SC-220-B-2（35）-T0303	110kV 构（支）架及基础施工图
15	SC-220-B-2（35）-T0304	110kV HGIS 基础施工图
16	SC-220-B-2（35）-T0305	主变压器构（支）架及基础施工图
17	SC-220-B-2（35）-T0306	电容器施工图
18	SC-220-B-2（35）-T0307	接地变压器基础施工图
19	SC-220-B-2（35）-T0401	事故油池施工图
20	SC-220-B-2（35）-T0402	消防小室及砂池施工图
21	SC-220-B-2（35）-S0101	水工施工图
22	SC-220-B-2（35）-N0101	暖通施工图

22.2　施工图图纸

图纸见书后所附光盘。

第 23 章　SC－220－A2－10 施工图

23.1　施工图目录

表 23－1　　SC－220－A2－10 电气一次卷册目录

序号	卷册号	卷册名称
1	SC－220－A2－10－D0101	电气一次施工说明及主要设备材料清册
2	SC－220－A2－10－D0102	电气主接线图及电气总平面布置图
3	SC－220－A2－10－D0103	220kV 屋内配电装置
4	SC－220－A2－10－D0104	110kV 屋内配电装置
5	SC－220－A2－10－D0105	10kV 屋内配电装置
6	SC－220－A2－10－D0106	主变压器安装图
7	SC－220－A2－10－D0107	10kV 并联电容器
8	SC－220－A2－10－D0108	10kV 并联电抗器
9	SC－220－A2－10－D0109	交流站用电系统及设备
10	SC－220－A2－10－D0110	全站防雷、接地
11	SC－220－A2－10－D0111	全站动力及照明
12	SC－220－A2－10－D0112	光缆/电缆敷设及防火封堵

表 23－2　　SC－220－A2－10 电气二次卷册目录

序号	卷册号	卷册名称
1	SC－220－A2－10－D0201	二次系统施工说明及设备材料清册
2	SC－220－A2－10－D0202	公用设备二次线
3	SC－220－A2－10－D0203	主变压器保护及二次线

续表 23－2

序号	卷册号	卷册名称
4	SC－220－A2－10－D0204	220kV 线路保护及二次线
5	SC－220－A2－10－D0205	220kV 母联（分段）、母线保护及二次线
6	SC－220－A2－10－D0206	故障录波系统
7	SC－220－A2－10－D0207	110kV 线路保护及二次线
8	SC－220－A2－10－D0208	110kV 母联、母线保护及二次线
9	SC－220－A2－10－D0209	10kV 二次线
10	SC－220－A2－10－D0210	交直流电源系统
11	SC－220－A2－10－D0211	时间同步系统
12	SC－220－A2－10－D0212	辅助控制系统
13	SC－220－A2－10－D0213	火灾报警系统
14	SC－220－A2－10－D0214	调度自动化系统
15	SC－220－A2－10－D0215	变电站自动化系统

表 23－3　　SC－220－A2－3（10）土建卷册目录

序号	卷册号	卷册名称
1	SC－220－A2－10－T0101	土建施工总说明及卷册目录
2	SC－220－A2－10－T0102	总平面布置图
3	SC－220－A2－10－T0201	配电装置楼建筑施工图
4	SC－220－A2－10－T0202	配电装置楼结构施工图
5	SC－220－A2－10－T0203	警卫室建筑施工图
6	SC－220－A2－10－T0204	警卫室结构施工图

续表 23－3

序号	卷册号	卷册名称
7	SC－220－A2－10－T0205	消防水泵房建筑施工图
8	SC－220－A2－10－T0206	消防水泵房结构施工图
9	SC－220－A2－10－T0207	主变压器基础施工图
10	SC－220－A2－10－T0301	事故油池施工图

23.2 施工图图纸

图纸见书后所附光盘。

第 24 章 SC－220－A3－2 施工图

24.1 施工图目录

表 24－1 SC－220－A3－2 电气一次卷册目录

序号	卷册号	卷册名称
1	SC－220－A3－2－ D0101	电气一次施工说明及主要设备材料清册
2	SC－220－A3－2－D0102	电气主接线图及电气总平面布置图
3	SC－220－A3－2－D0103	220kV 屋内配电装置
4	SC－220－A3－2－D0104	110kV 屋内配电装置
5	SC－220－A3－2－D0105	10kV 屋内配电装置
6	SC－220－A3－2－D0106	主变压器安装
7	SC－220－A3－2－ D0107	10kV 并联电容器
8	SC－220－A3－2－ D0108	10kV 并联电抗器
9	SC－220－A3－2－D0109	交流站用电系统及设备
10	SC－220－A3－2－ D0110	全站防雷、接地
11	SC－220－A3－2－ D0111	全站动力及照明
12	SC－220－A3－2－ D0112	光缆/电缆敷设及防火封堵

表 24－2 SC－220－A3－2 电气二次卷册目录

序号	卷册号	卷册名称
1	SC－220－A3－2－D0201	二次系统施工说明及设备材料清册
2	SC－220－A3－2－D0202	公用设备二次线
3	SC－220－A3－2－D0203	主变压器保护及二次线
4	SC－220－A3－2－D0204	220kV 线路保护及二次线
5	SC－220－A3－2－D0205	220kV 母联（分段）、母线保护及二次线
6	SC－220－A3－2－D0206	故障录波系统
7	SC－220－A3－2－D0207	110kV 线路保护及二次线
8	SC－220－A3－2－D0208	110kV 母联、母线保护及二次线
9	SC－220－A3－2－D0209	10kV 二次线
10	SC－220－A3－2－D0210	交直流电源系统
11	SC－220－A3－2－D0211	时间同步系统
12	SC－220－A3－2－D0212	辅助控制系统
13	SC－220－A3－2－D0213	火灾报警系统

续表 24-2

序号	卷册号	卷册名称
14	SC-220-A3-2-D0214	调度自动化系统
15	SC-220-A3-2-D0215	变电站自动化系统

表 24-3　　SC-220-A3-2 土建卷册目录

序号	卷册号	卷册名称
1	SC-220-A3-2-T0101	土建施工总说明及卷册目录
2	SC-220-A3-2-T0102	总平面布置图
3	SC-220-A3-2-T0201	220kV 配电装置楼建筑
4	SC-220-A3-2-T0202	220kV 配电装置楼结构
5	SC-220-A3-2-T0203	电容器及电抗器基础
6	SC-220-A3-2-T0204	110kV 配电装置楼建筑

续表 24-3

序号	卷册号	卷册名称
7	SC-220-A3-2-T0205	110kV 配电装置楼结构
8	SC-220-A3-2-T0206	接地变压器、开关柜基础
9	SC-220-A3-2-T0207	警卫室建筑施工图
10	SC-220-A3-2-T0208	警卫室结构施工图
11	SC-220-A3-2-T0209	消防水泵房及水池建筑
12	SC-220-A3-2-T0210	消防水泵房及水池结构
13	SC-220-A3-2-T0301	主变压器、母线桥构支架及基础
14	SC-220-A3-2-T0401	事故油池施工图

24.2　施工图图纸

图纸见书后所附光盘。

第 25 章　SC-110-B-3 施工图

25.1　施工图目录

表 25-1　　SC-110-B-3 电气一次卷册目录

序号	卷册号	卷册名称
1	SC-110-B-3-D0101	电气一次施工说明及主要设备材料清册
2	SC-110-B-3-D0102	电气主接线及电气总平面布置
3	SC-110-B-3-D0103	110kV 屋外配电装置
4	SC-110-B-3-D0104	10kV 配电装置部分

续表 25-1

序号	卷册号	卷册名称
5	SC-110-B-3-D0105	主变压器安装
6	SC-110-B-3-D0106	无功补偿装置
7	SC-110-B-3-D0107	接地变压器及消弧线圈装置
8	SC-110-B-3-D0108	全站防雷、接地
9	SC-110-B-3-D0109	全站动力及照明
10	SC-110-B-3-D0110	光缆电缆敷设及防火封堵施工图

表 25-2　　SC-110-B-3 电气二次卷册目录

序号	卷册号	卷册名称
1	SC-110-B-3-D0201	二次系统施工说明及设备材料清册
2	SC-110-B-3-D0202	公用设备二次线
3	SC-110-B-3-D0203	变电站自动化系统
4	SC-110-B-3-D0204	主变压器保护及二次线
5	SC-110-B-3-D0205	110kV 线路保护及二次线
6	SC-110-B-3-D0206	110kV 母联（分段）母线保护及二次线
7	SC-110-B-3-D0207	故障录波及网络记录分析系统
8	SC-110-B-3-D0208	10kV 二次线
9	SC-110-B-3-D0209	时间同步系统
10	SC-110-B-3-D0210	交直流电源系统
11	SC-110-B-3-D0211	辅助控制系统
12	SC-110-B-3-D0212	火灾报警系统
13	SC-110-B-3-D0213	调度数据专网
14	SC-110-B-3-D0214	消弧线圈二次线
15	SC-110-B-3-D0215	站内通信

。

表 25-3　　SC-110-B-3 土建卷册目录

序号	卷册号	卷册名称
1	SC-110-B-3-T0101	土建施工图总说明及卷册目录
2	SC-110-B-3-T0102	土建总平面
3	SC-110-B-3-T0201	配电装置室建筑施工图
4	SC-110-B-3-T0202	配电装置室结构施工图
5	SC-110-B-3-T0203	辅助房间建筑、结构施工图
6	SC-110-B-3-T0204	消防水泵房及水池施工图
7	SC-110-B-3-T0301	预制舱基础施工图
8	SC-110-B-3-T0302	110kV 构支架施工图
9	SC-110-B-3-T0303	主变压器构支架及基础施工图
10	SC-110-B-3-T0305	接地变压器及消弧线圈施工图
11	SC-110-B-3-T0401	事故油池施工图
12	SC-110-B-3-T0402	消防小室及砂池施工图
13	SC-110-B-3-T0501	独立避雷针施工图
14	SC-110-B-3-S0101	给排水施工图
15	SC-110-B-3-N0101	暖通施工图

25.2　施工图图纸

图纸见书后所附光盘。

第 26 章　SC－110－B－1 施工图

26.1　施工图目录

表 26－1　　SC－110－B－1 电气一次卷册目录

序号	卷册号	卷册名称
1	SC-110-B-1－D0101	电气一次施工说明及主要设备材料清册
2	SC-110-B-1－D0102	电气主接线及电气总平面布置
3	SC-110-B-1－D0103	110kV 屋外配电装置
4	SC-110-B-1－D0104	35、10kV 屋内配电装置
5	SC-110-B-1－D0105	主变压器及各级电压进线
6	SC-110-B-1－D0106	10kV 并联电容器装置
7	SC-110-B-1－D0107	10kV 接地变压器及消弧线圈成套装置
8	SC-110-B-1－D0108	全站防雷、接地
9	SC-110-B-1－D0109	全站动力、照明
10	SC-110-B-1－D0110	光缆/电缆敷设及防火封堵施工图

表 26－2　　SC－110－B－1 电气二次卷册目录

序号	卷册号	卷册名称
1	SC-110-B-1－D0201	二次系统施工说明及设备材料清册
2	SC-110-B-1－D0202	公用设备二次线
3	SC-110-B-1－D0203	变电站自动化系统
4	SC-110-B-1－D0204	主变压器保护及二次线
5	SC-110-B-1－D0205	110kV 线路保护及二次线
6	SC-110-B-1－D0206	110kV 分段保护及二次线

续表 26－2

序号	卷册号	卷册名称
7	SC-110-B-1－D0207	故障录波及网络记录分析系统
8	SC-110-B-1－D0208	35kV 二次线
9	SC-110-B-1－D0209	10kV 二次线
10	SC-110-B-1－D0210	时间同步系统
11	SC-110-B-1－D0211	一体化电源系统
12	SC-110-B-1－D0212	智能辅助监控系统
13	SC-110-B-1－D0213	调度数据网设备
14	SC-110-B-1－D0214	站内通信

表 26－3　　SC－110－B－1 土建卷册目录

序号	卷册号	卷册名称
1	SC-110-B-1－T0101	土建施工总说明及卷册目录
2	SC-110-B-1－T0102	总平面布置图
3	SC-110-B-1－T0201	配电装置室建筑
4	SC-110-B-1－T0202	配电装置室结构
5	SC-110-B-1－T0203	警卫室建筑
6	SC-110-B-1－T0204	警卫室结构
7	SC-110-B-1－T0205	消防水池及水泵房建筑
8	SC-110-B-1－T0206	消防水池及水泵房结构
9	SC-110-B-1－T0207	预制舱基础
10	SC-110-B-1－T0301	110kV 构（支）架及基础

续表 26－3

序号	卷册号	卷册名称
11	SC-110-B-1－T0302	110kV HGIS 及设备支架基础
12	SC-110-B-1－T0303	主变压器防火墙、构（支）架及设备基础
13	SC-110-B-1－T0304	电容器及接地变压器消弧线圈设备基础
14	SC-110-B-1－T0305	站区独立避雷针部分
15	SC-110-B-1－N0101	全站室内外通风空调
16	SC-110-B-1－S0101	给排水施工图
17	SC-110-B-1－S0102	站区事故油池部分
18	SC-110-B-1－X0101	站区消防部分

26.2 施工图图纸

图纸见书后所附光盘。

第 27 章 SC－110－A2－6 施工图

27.1 施工图目录

表 27－1　　SC－110－A2－6 电气一次卷册目录

序号	卷册号	卷册名称
1	SC－110－A2－6－D0101	电气一次施工说明及主要设备材料清册
2	SC－110－A2－6－D0102	电气主接线及电气总平面布置
3	SC－110－A2－6－D0103	110kV 屋内配电装置
4	SC－110－A2－6－D0104	10kV 屋内配电装置
5	SC－110－A2－6－D0105	主变压器安装
6	SC－110－A2－6－D0106	无功补偿装置安装
7	SC－110－A2－6－D0107	交流站用电系统及装置安装
8	SC－110－A2－6－D0108	全站防雷、接地
9	SC－110－A2－6－D0109	全站动力、照明
10	SC－110－A2－6－D0110	光缆/电缆敷设及防火封堵施工图

表 27－2　　SC－110－A2－6 电气二次卷册目录

序号	卷册号	卷册名称
1	SC－110－A2－6－D0201	二次系统施工说明及设备材料清册
2	SC－110－A2－6－D0202	公用设备二次线
3	SC－110－A2－6－D0203	主变压器保护及二次线
4	SC－110－A2－6－D0204	故障录波及网络记录分析系统
5	SC－110－A2－6－D0205	110kV 线路保护及二次线
6	SC－110－A2－6－D0206	110kV 分段保护及二次线
7	SC－110－A2－6－D0207	10kV 二次线
8	SC－110－A2－6－D0208	交直流电源系统
9	SC－110－A2－6－D0209	时间同步系统
10	SC－110－A2－6－D0210	智能辅助监控系统
11	SC－110－A2－6－D0211	火灾报警系统
12	SC－110－A2－6－D0212	调度自动化系统
13	SC－110－A2－6－D0213	变电站自动化系统

表 27－3 SC－110－A2－6 土建卷册目录

序号	卷册号	卷册名称
1	SC－110－A2－6－T0101	土建施工图总说明
2	SC－110－A2－6－T0102	总平面布置图
3	SC－110－A2－6－T0201	配电装置楼建筑图
4	SC－110－A2－6－T0202	配电装置楼结构图
5	SC－110－A2－6－T0203	警卫室建筑施工图
6	SC－110－A2－6－T0204	警卫室结构施工图
7	SC－110－A2－6－T0301	设备基础施工图
8	SC－110－A2－6－T0401	事故油池施工图
9	SC－110－A2－6－T0402	消防小室及砂池
10	SC－110－A2－6－T0403	消防水池及泵房建筑图
11	SC－110－A2－6－T0404	消防水池及泵房结构图
12	SC－110－A2－6－S0101	水工施工图
13	SC－110－A2－6－N0101	暖通施工图

27.2 施工图图纸

图纸见书后所附光盘。

第 28 章 SC－35－E1－1 施工图

28.1 施工图目录

表 28－1 SC－35－E1－1 电气一次卷册目录

序号	卷册号	卷册名称
1	SC－35－E1－1－D0101	电气一次总的部分
2	SC－35－E1－1－D0102	配电装置及设备安装
3	SC－35－E1－1－D0103	全站防雷、接地
4	SC－35－E1－1－D0104	全站动力及照明
5	SC－35－E1－1－D0105	电缆敷设

表 28－2 SC－35－E1－1 电气二次卷册目录

序号	卷册号	卷册名称
1	SC－35－E1－1－D0201	二次系统施工说明及设备材料清册
2	SC－35－E1－1－D0202	公用设备二次线
3	SC－35－E1－1－D0203	计算机监控系统
4	SC－35－E1－1－D0204	主变压器保护二次线
5	SC－35－E1－1－D0205	35kV 二次线
6	SC－35－E1－1－D0206	10kV 二次线
7	SC－35－E1－1－D0207	一体化电源系统
8	SC－35－E1－1－D0208	智能辅助控制系统部分

表 28－3　　SC－35－E1－1 土建卷册目录

序号	卷册号	卷册名称
1	SC－35－E1－1－T0101	土建施工总说明及卷册目录
2	SC－35－E1－1－T0102	总平面布置图
3	SC－35－E1－1－T0201	预制舱基础施工图
4	SC－35－E1－1－T0202	辅助用房施工图
5	SC－35－E1－1－T0301	主变压器场地基础施工图
6	SC－35－E1－1－T0302	电容器及站用变压器施工图
7	SC－35－E1－1－T0303	独立避雷针施工图

续表 28－3

序号	卷册号	卷册名称
8	SC－35－E1－1－N0101	暖通施工图
9	SC－35－E1－1－S0101	给排水施工图
10	SC－35－E1－1－S0102	消防部分施工图
11	SC－35－E1－1－S0103	事故油池施工图

28.2　施工图图纸

图纸见书后所附光盘。

第 29 章　SC－35－E1－2 施工图

29.1　施工图目录

表 29－1　　SC－35－E1－2 电气一次卷册目录

序号	卷册号	卷册名称
1	SC－35－E1－2－D0101	电气一次总的部分
2	SC－35－E1－2－D0102	配电装置及设备安装
3	SC－35－E1－2－D0103	全站防雷、接地
4	SC－35－E1－2－D0104	全站动力、照明
5	SC－35－E1－2－D0105	电缆敷设

表 29－2　　SC－35－E1－2 电气二次卷册目录

序号	卷册号	卷册名称
1	SC－35－E1－2－D0201	二次系统施工说明及设备材料清册
2	SC－35－E1－2－D0202	公用设备二次线
3	SC－35－E1－2－D0203	计算机监控系统

续表 29－2

序号	卷册号	卷册名称
4	SC－35－E1－2－D0204	主变压器保护二次线
5	SC－35－E1－2－D0205	35kV 二次线
6	SC－35－E1－2－D0206	10kV 二次线
7	SC－35－E1－2－D0207	一体化电源系统
8	SC－35－E1－2－D0208	智能辅助监控系统部分

表 29－3　　SC－35－E1－2 土建卷册目录

序号	卷册号	卷册名称
1	SC－35－E1－2－T0101	土建总说明及卷册目录
2	SC－35－E1－2－T0102	总平面布置图
3	SC－35－E1－2－T0201	预制舱施工图
4	SC－35－E1－2－T0202	警卫室建筑结构施工图
5	SC－35－E1－2－T0203	应急操作室建筑结构施工图

续表 29－3

序号	卷册号	卷册名称
6	SC－35－E1－2－T0301	主变压器场地基础施工图
7	SC－35－E1－2－T0302	电容器及站用变压器基础施工图
8	SC－35－E1－2－T0303	独立避雷针施工图
9	SC－35－E1－2－S0101	给排水施工图
10	SC－35－E1－2－S0102	消防施工图
11	SC－35－E1－2－S0103	事故油池施工图
12	SC－35－E1－2－N0101	暖通施工图

29.2 施工图图纸

图纸见书后所附光盘。

附录A　光 盘 使 用 说 明

A.1　内容介绍

本 DVD–ROM 数据光盘与《国网四川省电力公司输变电工程 35～220kV 变电站通用设计实施方案（2022 年版）》纸质部分配套使用。光盘内容将图书的第 5 篇 35～220kV 变电站施工图标准化套用图和，利用计算机数据技术进行处理，建立起以 Adobe Reader 为环境的数据浏览和查询检索。

A.2　使用说明

光盘放入光驱，需要用户在光盘根目录下点击 setup.exe 文件运行执行程序。

引导程序第一次运行时，首先检测本机是否安装了 PDF 阅读器 Adobe Reader。如果检测到该阅读器存在，则直接运行光盘程序；如果检测到该阅读器未存在，则自动安装随盘所带的 Adobe Reader 8.0，然后运行光盘程序。此后双击光盘根目录下的 setup.exe 文件即可直接启动光盘程序。

需要注意的是，所有数据都加密保存在光盘上，所以要正常浏览和检索数据，需保证光盘始终在光驱中。

A.3　功能介绍

光盘上所有数据都基于 Adobe Reader 进行浏览，对数据进行处理时采用 PDF 格式文件保留原版面（包括工程图纸）版式，同时实现关键词的任意检索。

对 Adobe Reader 进行的二次开发在数据结构上采用书签和目录相结合的形式。书签形式清晰地表示出光盘目录的层次结构，化繁为简，可逐级点开，能够最快定位到所需数据；而目录形式则将光盘数据结构全部呈现，一目了然，可精准定位到要查询的目录、模块和文件，并可直接打开进行浏览。

此外，由于使用了矢量处理技术，所有 PDF 文件可在极大范围内进行无损缩放。

A.4　运行环境

A.4.1　硬件条件

主机：Intel PentiumⅡ以上

内存：64MB 以上

硬盘：剩余空间 1.5GB 以上

显示器：VGA/SVGA

其他：DVD–ROM 光盘驱动器

A.4.2　软件条件

操作系统：Windows 2000/XP/Vista/7/8 等简体中文版

浏览器：Adobe Reader 8.0 或以上版本

语言环境：简体中文系统

A.5　加密说明

光盘以及数据采用高强度加密。光盘本身不能够被复制，其上的关键数据文件被隐藏；文件仅供浏览和打印，不支持选中和拷贝；即使 PDF 文件被另存为副本，由于文件做了加密处理，拷出本机后也无法正常打开。

敬请注意：由于用户强行尝试破解导致的光盘损坏是不可恢复的。

通用设计四川
实施方案
更新信息